Kernverfahrenstechnik

Eine Einführung für Ingenieure

Von

Dr.-Ing. Werner Mialki
o. Professor für Allgemeine und Kern-Verfahrenstechnik
an der Technischen Universität Berlin

Mit 179 Abbildungen

Springer-Verlag
Berlin / Göttingen / Heidelberg
1958

ISBN-13: 978-3-642-92742-3   e-ISBN-13: 978-3-642-92741-6
DOI: 10.1007/978-3-642-92741-6

Alle Rechte, insbesondere das der Übersetzung in fremde Sprachen, vorbehalten
Ohne ausdrückliche Genehmigung des Verlages ist es auch nicht gestattet,
dieses Buch oder Teile daraus auf photomechanischem Wege
(Photokopie, Mikrokopie) zu vervielfältigen
© by Springer-Verlag OHG., Berlin / Göttingen / Heidelberg 1958
Softcover reprint of the hardcover 1st edition 1958

Die Wiedergabe von Gebrauchsnamen, Handelsnamen, Warenbezeichnungen usw. in diesem Buche berechtigt auch ohne besondere Kennzeichnung nicht zu der Annahme, daß solche Namen im Sinn der Warenzeichen- und Markenschutz-Gesetzgebung als frei zu betrachten wären und daher von jedermann benutzt werden dürften

Meinem Vater

Geleitwort

Die Verfahrenstechnik ist als Ergebnis einer nicht immer spannungsfreien Entwicklung zu einer festumrissenen Disziplin geworden. Sie hat die wissenschaftlichen Grundlagen für ein umfassendes Gebiet der Ingenieurtätigkeit geschaffen, das früher nur der Empirie zugänglich war und — in gewissem Gegensatz zu anderen Industrieländern — bei uns sowohl einer unzweckmäßigen Spezialisierung als auch der Entstehung heterogener Mischformen der Ingenieurausbildung erfolgreich entgegenwirkt.

Das vorliegende Werk geht daher mit Recht davon aus, daß die „Kernverfahrenstechnik" ein Teilgebiet der Verfahrenstechnik ist. Es sucht dem Ingenieur ein Hilfsmittel zu bieten, diese neue technische Entwicklung logisch in seinen Fachbereich einzugliedern.

Es ergänzt damit die noch spärlich vorliegende deutsche Literatur über die technischen und wirtschaftlichen Fragen der Energiegewinnung aus Kernreaktionen und führt andererseits den Verfahrensingenieur wieder an die physikalischen Grundlagen dieses neuen Fachgebietes heran, ohne ihn unnötigerweise zum „Kernphysiker" machen zu wollen.

Die klare Abgrenzung dessen, was die Kernverfahrenstechnik voraussetzt, von dem, was sie selbst ist, und der Verzicht auf spekulative Erörterungen scheint mir ein Verdienst des Werkes zu sein, das um so höher ist, als das Buch einen ersten Versuch im deutschen Sprachbereich darstellt. Dem Kenner auch nur eines der vielfältigen Sachgebiete, die sich in der Verfahrenstechnik zusammenfinden, steht die Schwierigkeit des Bemühens vor Augen, ein noch in voller Entwicklung befindliches Arbeitsfeld mit einem schon bewährten übergeordneten Begriff zu verknüpfen und als Ingenieuraufgabe geschlossen darzustellen.

Nachdem in Deutschland die ersten Forschungsreaktoren kritisch geworden sind und die Entwicklung in anderen Ländern aus der „Kernverfahrenstechnik" schon ein Teilgebiet der Industrietechnik und der

Wirtschaftspolitik gemacht hat, ist das Erscheinen eines Buches zu begrüßen, das die neuen Problemstellungen auch den Studierenden und dem praktisch tätigen Ingenieur im deutschen Sprachbereich näherbringt. Ich bin überzeugt, daß sich die vom Verfasser aufgewendete Mühe lohnen wird.

Professor Dr.-Ing. SIEGFRIED BALKE,
Bundesminister für Atomkernenergie
und Wasserwirtschaft

Vorwort

Wenn man den gesamten Komplex aller technischen Aufgaben betrachtet, welche zu lösen sind, um die Kernenergie industriell und wirtschaftlich auszunutzen, sieht man sofort, daß die *Kernspaltungsreaktion* selbst nur ein Teil des Ganzen ist und daß sehr viele dieser Aufgaben dem *Ingenieur* längst aus anderen Gebieten der Technik, vornehmlich aus der *Verfahrenstechnik*, geläufig sind: Stofftrennung und Stoffvereinigung, Stoff- und Wärmeaustausch, Messung und Regelung. Die meisten Konstruktionsaufgaben bieten daher dem Ingenieur im Prinzip keine Schwierigkeiten. Es treten aber einige neue, zunächst ungewohnte Forderungen auf, mit denen er sich vertraut machen muß: Auswahl von Bau- und Betriebsstoffen nach kernphysikalischen Gesichtspunkten (ohne die mechanischen und thermischen Anforderungen zu vernachlässigen!), Befriedigung extrem hoher Reinheitsansprüche, ungewöhnlich hohe Anforderungen an die Dichtheit von Konstruktionsteilen und — als ganz neue Forderung — Schutz gegen gesundheitsschädliche oder materialgefährdende Strahlungen. Schließlich soll der Ingenieur aber auch den ihm als Wärmequelle dienenden Kernspaltreaktor in seinem Verhalten verstehen. Er muß einsehen, daß gewisse Forderungen des Physikers unabdingbar sind, die konstruktive Gestaltung sich ihnen also unterordnen muß. Dazu ist es aber weder erforderlich, den Reaktor selbst exakt berechnen zu können, noch in die Tiefen der strengen quantenmechanischen Atomtheorie einzudringen.

Jede technische Disziplin ist irgendwann einmal aus dem physikalischen oder chemischen Laboratorium gekommen und hat sich als Ingenieuraufgabe selbständig gemacht. Es spricht offenbar nichts gegen die Erwartung, daß es auch mit der Kernspaltung einmal so sein wird oder nach Ansicht amerikanischer Autoren sogar schon ist. R. STEPHENSON [1][1] sagt z. B.:

"The field of nuclear engineering is now in the same transition period as all major branches of engineering have undergone. Although the original development of nuclear energy was carried out almost entirely by theoretical scientists, now that the fundamental principles have been established, the further use of nuclear energy is falling more and more into the province of the engineer. If the engineering profession is to accept the responsibilities created by this new scientific field, the younger engineers must be willing to undertake such problems as radiation shielding, radiation damage, chemical processing of radioisotopes, and the engineering design of nuclear chain reactors."

[1] Die Ziffern in [ ] beziehen sich auf das Literaturverzeichnis S. 462.

Wir dürfen daher behaupten, daß es für den Ingenieur notwendig ist, sich mit den Grundlagen so vertraut zu machen, daß er den neuen, ihm als Konstrukteur und Betriebsmann zuwachsenden Aufgaben mit genügender Sachkenntnis entgegentreten kann; und zwar auch dann, wenn er nicht Kernreaktoren zu konstruieren, sondern das vielfältige Zubehör zu entwickeln, wirtschaftlich zu fertigen und zu betreiben hat, sei es nun ein einfaches Absperrventil für flüssiges Natrium oder schweres Wasser, sei es ein Wärmetauscher oder eine komplizierte Trennanlage.

Einen solchen Überblick auch dem *deutschen Ingenieur* zu verschaffen, hat sich der Verfasser zum Ziel gesetzt. Dieses Buch ist aus Vorlesungen und Übungen entstanden, die seit zwei Jahren an der *Technischen Universität Berlin* für Studierende des allgemeinen Maschinenbaues und speziell der *Verfahrenstechnik* abgehalten werden. Es soll also eine erste Information für alle diejenigen sein, die sich mit der Technik der Kernspaltung aus eigenem Antrieb oder aus beruflichen Gründen ernsthaft befassen wollen. Aus dieser Zielsetzung und den vorher genannten Gründen ergibt es sich, daß den physikalischen Begriffen nur derjenige Umfang eingeräumt wird, der ihnen auch in anderen technischen Disziplinen als Grundlage zugemessen zu werden pflegt. Für eine den Ingenieur in erster Linie angehende anschauliche Darstellung der *Reaktortechnik* sind sie nicht erforderlich, sondern wirken eher verwirrend. Wer ihrer nicht glaubt entraten zu können — eine Umfrage in den USA ergab, daß nur 12% der in diesem Bereich Beschäftigten die physikalischen Grundlagen für unbedingt erforderlich halten —, kann weitergehende Bedürfnisse aus amerikanischen, englischen und neuerdings auch deutschen Lehrbüchern [*1, 2, 3, 4, 5, 6, 7, 8*] befriedigen.

Die Technischen Hochschulen bemühen sich seit geraumer Zeit, Ingenieure mit breiter Wissensgrundlage heranzubilden und lehnen eine vorzeitige Spezialisierung ab. Dazu gehört ganz selbstverständlich eine gute physikalische Grundausbildung, die in dem späteren Fachstudium immer wieder ergänzt und vertieft werden soll. Es ist daher nicht einzusehen, warum das auf diesem Gebiet der Technik nicht ebenfalls möglich sein könnte: Erweiterung der physikalischen Grundausbildung auf die Kernphysik unter Beschränkung auf die für den Ingenieur *wirklich notwendigen Bereiche* und Vertiefung dieser Kenntnisse in den speziellen Ingenieurfächern.

Einführende Vortragsreihen vor Ingenieurvereinigungen haben ebenso wie die Vorlesungen und Übungen selbst gezeigt, auf welche Schwierigkeiten es stößt, die Energiegewinnung aus der Kernspaltung deutschen Ingenieuren und Studierenden des Maschinenbaues verständlich zu machen. Es gilt ferner, die Scheu vor den dem Ingenieur so sehr ungewohnten kernphysikalischen Begriffen, an die unsere Physiker seit Jahrzehnten gewöhnt sind, überwinden zu helfen, ihm zu zeigen, daß auch sie und ihre gegenseitigen Verknüpfungen lernbar sind wie jede andere, bereits seit langem gewohnte physikalische Grundlage der Technik. Aus diesen Erfahrungen heraus schien es dem Verfasser richtiger, ein deutsches Buch für den Ingenieur und Studierenden hierüber abzufassen, anstatt eine der vorzüglichen amerikanischen „Einführungen" [1, 2] zu übersetzen. Es liegt in der Natur eines solchen Unternehmens, daß es sich nur auf die vorhandene angelsächsische Literatur und auf die aus Studienaufenthalten in den USA und England gewonnenen Eindrücke und Erfahrungen stützen kann. Zweifellos werden deutschsprachige Darstellungen der Kerntechnik in späteren Jahren vollständiger und besser sein können, sobald wir über *eigene Erfahrungen* auf diesem Gebiet verfügen werden. Möge daher dieses Buch trotz mancher Mängel den deutschen Ingenieuren auf dem vielfältig verschlungenen und dornenvollen Weg, den sie sich in dieses neue Gebiet der Technik und einer kommenden Industrie zu bahnen haben, ein bescheidener erster Helfer sein. Es hätte seinen Zweck erfüllt, wenn es ihnen beim Einarbeiten in die Spezialliteratur nützlich wäre.

Schließlich habe ich allen denen zu danken, die mir bei dieser Arbeit geholfen haben. Mein Dank gilt in erster Linie Herrn Dipl.-Ing. G. MARDUS, der unter großem Zeitopfer das Manuskript durchgesehen und viele wertvolle Vorschläge für Verbesserungen und Änderungen gemacht hat; ferner Frau JOHANNA HOFFMANN, die mit großer Geduld trotz vieler Änderungen das Manuskript geschrieben hat. Nicht zuletzt aber danke ich meiner Frau, die durch aufopferndes Verständnis die Durchführung der Arbeit neben meiner beruflichen Beanspruchung ermöglicht und die Hauptlast des Korrekturenlesens getragen hat.

Der Verlag hat, wie stets, auch dieses Buch mit Sorgfalt betreut. Hierfür und für die gute Ausstattung sei ihm besonders gedankt.

Berlin-Lichterfelde, März 1958

W. Mialki

Inhaltsverzeichnis

                                                                                   Seite

I. Einleitung 1

II. Das verfahrenstechnische Grundfließbild der Kernspaltprozesse 5
    1. Allgemeine Übersicht über die Grundverfahren 6
    2. Das schematische Fließbild nach DIN 7091 8
    3. Der Kernspaltprozeß als Wärmequelle 14
    4. Die Grundverfahren der Kernenergiegewinnung 17
    5. Das Fließbild der Kernenergiegewinnung 25

III. Physikalische Grundzüge 27
    6. Die Atomhülle 30
    7. Der Atomkern 41
    8. Radioaktivität 59
    9. Kernspaltung 80

IV. Reaktortechnik 89
    10. Die Kettenreaktion 92
        a) Neutronenreaktionen 94
        b) Neutronendiffusion 112
        c) Diffusionsgleichung 122
        d) Neutronenbremsung 129
    11. Bedingungen für den Ablauf einer Kettenreaktion im stationären Zustand 142
        a) Vierfaktorenformel 142
        b) Schneller Spaltfaktor ε 146
        c) Resonanzfluchtfaktor p 149
        d) Thermische Ausnutzung f und Störfaktor F 152
        e) Thermische Spaltungsausbeute η 154
    12. Der Thermische Reaktor 155
        a) Typen thermischer Reaktoren 157
        b) Kritische Größe des homogenen Reaktors 164
        c) Thermischer Reaktor mit Reflektor 177
        d) Massenverhältnis von Spaltstoff und Moderator 184
        e) Heterogener Reaktor 187
    13. Grundzüge der Reaktorregelung 197
    14. Grundzüge des Brutverfahrens 211

V. Werkstofftechnik 219
    15. Kernphysikalische Anforderungen an die Bau- und Betriebsstoffe für Reaktoren 221
    16. Spaltstoffe 225

Inhaltsverzeichnis XI

Seite
17. Stoffe für Moderatoren, Reflektoren, Regel- und Sicherheitselemente 226
18. Stoffe für den Strahlenschutz 229
19. Kühlmittel 231

VI. Strahlenschutztechnik 235

20. Maßeinheiten für radioaktive Strahlung und deren biologischer Wirkung 236
21. Wechselwirkung von Strahlung und Materie 245
22. Reaktorabschirmung 258

VII. Meß- und Regelungstechnik 260

23. Teilchenzählung 260
    a) Proportionalzähler 262
    b) Auslösezähler 265
    c) Szintillationszähler 274
24. Neutronenmessung 279
25. Anfahren und Regeln von Reaktoren 283
    a) Reaktivitätsreserven 284
    b) Regelorgane 293
    c) Anfahren von Reaktoren 300
26. Reaktor-Simulatoren 310

VIII. Isotopentechnik 314

27. Radioaktive Isotope und ihre Herstellung 315
28. Industrielle Anwendung von Radioisotopen 320

IX. Wärmeübertragung 329

29. Allgemeine Gesichtspunkte 331
30. Grundzüge der Wärmeübertragung im Reaktor 334
    a) Temperaturverteilung 334
    b) Wärmeübergang 353
31. Wärmeübertragung durch flüssige Metalle 358

X. Spaltstoffherstellung und -aufbereitung 372

32. Gewinnung von Uran 373
33. Isotopentrennung 383
34. Herstellung von Spaltstoffelementen 396
35. Spaltstofflösungen 404
36. Aufbereitung von Spaltstoffen 409
37. Beseitigung der radioaktiven Abfälle 415

Anhang 1. Tabellen (1—14): Maßeinheiten und deren Umrechnung, Stoffwerte, Formeln und Formelzeichen 419
Anhang 2. Englisch-deutsches Fachwörterverzeichnis 449
Anhang 3. Übersicht über die wichtigsten Reaktortypen 457

Literaturverzeichnis 462
Namenverzeichnis 465
Sachverzeichnis 465

I. Einleitung

Es ist sicher angebracht, zunächst einige Worte über den für dieses Buch gewählten Titel voranzuschicken. Der Name *Kernverfahrenstechnik*, der wohl erstmalig von OETJEN in seinem Bericht [9] auf der Physikertagung in Hamburg über den I. International Congress of Nuclear Engineering in Ann Arbor (Michigan, USA) im Jahre 1954 angewendet worden ist, soll die große Breite des Aufgabengebietes kennzeichnen, welches der Ingenieur, der sich mit den unmittelbar und mittelbar durch die Ausnutzung der Kernenergie entstehenden Aufgaben zu befassen hat, vorfindet und welches die Amerikaner unter dem Begriff des „Nuclear Engineering" zusammenzufassen beginnen. Dieses Aufgabengebiet reicht von der Aufbereitung der Erze zur Gewinnung spaltbarer Materialien über den Reaktorbetrieb, die Wärmeübertragung und die Ausnutzung radioaktiver Strahlung für Stoffumwandlungsprozesse bis zur Beseitigung unverwertbarer radioaktiver Abfälle und der Meßtechnik und bei dieser insbesondere wiederum bis zu den modernen kernphysikalischen Meßmethoden und -geräten. Zwar kann es keinem Zweifel unterliegen, daß die Berechnung von Reaktoren einstweilen und bis auf weiteres Aufgabe der Physik sein wird. Ebensowenig ist aber daran zu zweifeln, daß die Konstruktion und der Betrieb der ungeheuren Vielzahl von technischen Einrichtungen, Apparaten und Maschinen, die zu einem Reaktor gehören, von Ingenieuren übernommen werden müssen. OETJEN gibt in seinem Bericht eine Aufstellung über eine „Arbeitsgruppe für Kernverfahrenstechnik", wie sie nach amerikanischer Ansicht — und man darf auch sagen, nach amerikanischer Erfahrung in den Reaktorschulen — [*9, 10, 11, 12*] zusammengesetzt sein muß:

Tabelle 1

Maschineningenieure	33%[1]
Elektroingenieure	12%
Chemie-Ingenieure	5%[1]
Andere Ingenieure	9%
Ingenieure insgesamt	59%
Physiker	13%
Chemiker	6%
Mathematiker	6%
Metallurgen	8%
Nichttechniker	8%
	100%

[1] Nach der deutschen Begriffsbildung sind die Verfahrensingenieure sowohl den Maschinen- wie den Chemieingenieuren zuzurechnen.

Damit ist eindringlich genug auf das Problem hingewiesen, das uns gestellt ist: Wir brauchen Ingenieure jeder Art, die mit den Grundlagen der Kernenergiegewinnung in geeigneter Weise vertraut gemacht werden, und mit Rücksicht auf den uns durch die Umstände aufgezwungenen Zeitverlust bedarf es eigentlich überhaupt keiner Diskussion mehr darüber, daß wir es bitter nötig haben, mit allen nur erreichbaren Mitteln an die Ausbildung unserer Ingenieure, mögen sie nun noch studieren oder schon längst in der Praxis stehen, heranzugehen.

Dieses großes Gebiet umfaßt eine bedeutende Zahl von einzelnen Aufgaben. Es sei besonders hervorgehoben, daß ein sehr großer, wenn nicht der größte Teil dieser Aufgaben mit einem Kernreaktor unmittelbar nichts zu tun hat. Viele der später in der Kernverfahrenstechnik tätigen Ingenieure und Konstrukteure brauchen eigentlich niemals mit einem Reaktor in Berührung zu kommen, ihn nicht einmal zu sehen, und doch werden sie wesentliche Beiträge zum Problem der Kernenergieausnutzung zu leisten haben. Dies besonders zu betonen scheint deswegen notwendig, weil z.Z., wo dieses niedergeschrieben wird, in Deutschland nur noch von Reaktoren, Reaktorinstituten und Kernphysik gesprochen wird, niemand aber daran zu denken scheint, daß das alles müßig und nutzlos bleibt, wenn wir keine Ingenieure haben, die mit der Materie *rechtzeitig* hinreichend vertraut gemacht werden. Das nächste Kapitel wird sich mit dem Gesamtüberblick über die Kernverfahrenstechnik an Hand sog. Fließbilder beschäftigen. Man sollte sich aber stets vor Augen halten, daß diese Flut von neuen Ingenieuraufgaben ausgelöst worden ist durch die Schaffung des Kernreaktors, der im Mittelpunkt steht, jenes merkwürdigen Gerätes, mit dem es gelingt, die Bindungsenergie der Atomkerne frei und damit nutzbar zu machen. Um diese Leistung der Physik — wir neigen ja dazu, auch die erregendsten Schöpfungen des menschlichen Geistes bei der Flut der Eindrücke, die täglich auf uns einstürmt, allzuschnell für selbstverständlich zu halten! — richtig zu würdigen, sollten wir uns vielleicht wieder einmal daran erinnern, daß noch kurze Zeit vor der Entdeckung der Urankernspaltung einer der berühmtesten Kernphysiker, RUTHERFORD, dem im Jahre 1919 die erste künstliche Atomkernumwandlung gelang, gesagt hat: „Anyone who looked for a source of power in the transformation of the atoms, was talking moonshine!"

Nach der Entdeckung von HAHN und STRASSMANN im Jahre 1938, daß die Atomkerne des Uranisotops mit der Massenzahl 235 durch Neutronen in zwei mittelschwere Kerne gespalten werden können, haben MEITNER und FRISCH darauf hingewiesen, daß dabei Energie frei wird. Nachdem schon früher HAHN und STRASSMANN die Vermutung ausgesprochen hatten und kurze Zeit später JOLIOT und seine Mitarbeiter bestätigen konnten, daß außer den mittelschweren Kernen auch einige

Neutronen frei werden, die ihrerseits unter geeigneten Bedingungen weitere Kerne von Uran 235 spalten können, ergab es sich, daß die Reaktion von selbst weiterlaufen und u. U. lawinenartig anwachsen kann. Auf dem Wege über die Atombombe ist daraus im Laufe der vergangenen zehn Jahre die technische Möglichkeit — zunächst in den Vereinigten Staaten von Nordamerika — entwickelt worden, aus solchen Atomkern-Kettenreaktionen in beherrschbarer Weise Energie in Form von fühlbarer Wärme — und zwar bisher nur als fühlbare Wärme — zu gewinnen. Während diese Entwicklungen bis zur *Genfer Internationalen Konferenz zur friedlichen Nutzung der Atomenergie* vom 8. bis 20. August 1955 noch in einen dichten Schleier der Geheimhaltung gehüllt waren, sind seit dieser Zeit die wesentlichen Grundlagen dieses Verfahrens der Energiegewinnung aus Materie aller Welt zugänglich geworden. Wir haben uns hier nicht mit der Tragik auseinanderzusetzen, die darin liegt, daß diese Entwicklung ihren Ausgang von Deutschland genommen hat und gerade uns bisher nahezu vollständig unzugänglich war, wenn man davon absieht, daß einige wenige deutsche Physiker sich in den vergangenen Jahren damit beschäftigt haben. Für uns ist es vielmehr wesentlich, daß diese Möglichkeiten jetzt auch uns erreichbar geworden sind und wir uns daher damit zu beschäftigen haben werden, wie wir diese neue Energiequelle auch für unser Land nutzbar machen können.

Die technische und industrielle Nutzung setzt, wie bereits gesagt, die Arbeit von Ingenieuren voraus. Diese Ingenieurarbeit aber hat wiederum zur Voraussetzung, daß die Ingenieure sich mit den neuen ihnen hier zuwachsenden Aufgaben und den Grundlagen ihrer Lösungen vertraut machen. Dazu gehört die Kenntnis einiger physikalischer Grundbegriffe, die den Physikern längst vertraut, den Ingenieuren aber meist unbekannt geblieben sind. Aus diesen Grundlagen erwächst die Einsicht in die Arbeitsweise von Kernreaktoren, also denjenigen Apparaten, in denen die Kernkettenreaktion abläuft, und daraus wiederum die Formulierung der Konstruktionsaufgaben, die der Ingenieur zu lösen hat. Um einen Kernreaktor betreiben zu können, sind eine Reihe von Hilfsmitteln bereitzustellen, mit deren zweckmäßiger Gestaltung die Betriebssicherheit und die Wirtschaftlichkeit einer Kernspaltanlage steht und fällt. Diese Hilfsmittel dienen zur Durchführung der obengenannten Verfahrensschritte von der Erzaufbereitung bis zur Beseitigung von Abfällen. Zwar sind sehr viele dieser Einrichtungen und Anlagen in ihren Konstruktionsprinzipien dem Ingenieur, und insbesondere dem Apparatebauer, schon längst bekannt. Wäre es nicht so, hätte die Kerntechnik nicht ihren atemraubenden Aufschwung in so kurzer Zeit nehmen können: Sie konnte auf einer ausgereiften Ingenieurtechnik aufbauen. Ohne diese, ohne erfahrene Ingenieure wäre diese Entwicklung nicht möglich gewesen! Es treten aber neue Forderungen auf, die in der Konstruktion zweckentsprechend berücksichtigt werden müssen. Mit ihnen hat sich der Ingenieur also hinreichend vertraut zu machen.

Welcher Nutzen uns aus der Kernenergie einmal zuwachsen wird, kann heute noch niemand übersehen. Es ist nicht Aufgabe dieses Buches, sich mit der wirtschaftlich zweckmäßigen Anwendung dieser neuen Prozesse auseinanderzusetzen. Das wäre zudem auch verfrüht, denn noch ist es keineswegs geklärt, wann damit gerechnet werden kann, daß die aus Kernspaltprozessen gewonnene Energie einen nennenswerten Beitrag zur Befriedigung unseres Energiebedarfes, der ja bisher aus festen oder flüssigen Brennstoffen und aus Wasserkräften gedeckt werden muß, leisten wird. Es ist auch noch keineswegs geklärt, welches der zahlreichen möglichen Verfahren der Kernspaltung — ganz zu schweigen von sog. thermo-nuklearen Reaktionen [*13, 14*] — das aussichtsreichste ist. Es steht aber wohl fest, daß wir dazu gezwungen sind, unsere Aufmerksamkeit diesen neuen Möglichkeiten mit größter Sorgfalt zuzuwenden, weil das Anwachsen des Weltenergiebedarfes in ein bedrohliches Mißverhältnis zu den Aussichten seiner Deckung durch die herkömmlichen Brennstoffe zu kommen scheint. Wenn *wir* auch noch keine Schwierigkeiten haben werden, so wäre es doch denkbar, daß spätere Generationen in Energienot geraten können. Nach dem heutigen Stande der Wissenschaft und Technik scheint die Kernenergie z.Z. der einzige wirklich aussichtsreiche Weg aus dem drohenden Dilemma zu sein. Da aber andererseits feststeht, daß der Weg zu allgemein brauchbaren, d.h. technisch befriedigenden und wirtschaftlich tragbaren Lösungen noch ein sehr langer, sich über Jahre und Jahrzehnte dehnender sein wird, sind die Ingenieure dafür verantwortlich, so früh wie möglich sich dieser Aufgabe zuzuwenden und daran zu arbeiten, sie einer vernünftigen Lösung zuzuführen. Das bedeutet aber nicht nur Befriedigung des anwachsenden Energiebedarfes, ohne die sich der Neige nähernden Reste des wertvollen, für unsere Verbrauchsgüterindustrie so wichtigen, ja unersetzlichen „Rohstoffes" Kohle durch die Verbrennung in Feuerungsanlagen mit unbefriedigendem Wirkungsgrad zu vergeuden. Es bedeutet auch, sich von vornherein der riesigen, heute noch keineswegs übersehbaren Gefahren bewußt zu sein, die aus der zwangsläufig mit der Durchführung von Kernspaltprozessen verbundenen Erzeugung von „radioaktiven", d.h. gefährlich strahlenden Stoffen, entstehen! Es nützt nichts, den Energiebedarf zu decken, wenn damit gleichzeitig eine andere Gefahr für die Existenz der Menschheit heraufbeschworen wird. Es wird heute vielfach versucht, diese Gefahren zu bagatellisieren, und es wird anderseits versucht, sie in allzu düsteren Farben zu malen [*15*]. Wo die Wirklichkeit liegt, weiß heute noch niemand. Daher also ist *größte Vorsicht* beim Bau und Betrieb solcher Anlagen *erste Voraussetzung*. Der Grundsatz der größtmöglichen Sicherheit hat also als oberstes Gesetz über jeder

Konstruktion zu stehen. Die Gefahr droht durchaus nicht vom Reaktor selbst, solange er einwandfrei arbeitet. Aber schon ein bescheidenes Ventil im Kühlmittelkreislauf, ein einfacher Schalter in der Regelung können zu schwerwiegenden Katastrophen führen, wenn sie der Anlaß dazu sind, daß strahlendes Material als Staub, als Gas oder als Flüssigkeit in die Umgebung gelangen kann [77]. Eine weitere Gefahr droht ferner von den unvermeidlichen radioaktiven Abfallprodukten des Reaktors, wenn sie nicht in einer wirklich vollkommen unschädlichen Weise beseitigt werden können. Es wird noch sehr vieler Mühe und sehr viel erfinderischen Geistes bedürfen, um hierfür wirklich zuverlässige Lösungen zu finden. Auf diese wichtigsten Gesichtspunkte für den konstruierenden Ingenieur kann daher nicht eindringlich genug hingewiesen werden.

Auf den gegenwärtigen Stand der Kerntechnik im Ausland und in Deutschland kann hier nicht eingegangen werden. Dazu sind die Dinge viel zu sehr im Fluß, als daß eine Darstellung in einem Buch nicht schon veraltet wäre, bevor es in die Hand des Lesers kommt. Hierüber unterrichtet laufend eine große Zahl von Zeitschriften [*16, 17, 18, 19, 20, 20a*], auf die hier lediglich verwiesen werden mag.

II. Das verfahrenstechnische Grundfließbild der Kernspaltprozesse

Wie bereits einleitend angedeutet wurde, läßt sich der Kernspaltungsprozeß auf eine Reihe von Grundverfahren zurückführen, die dem Ingenieur aus der Verbrauchsgüterindustrie geläufig sind und bei denen lediglich bestimmte, z.T. allerdings einschneidende Abwandlungen vorzunehmen sind, um sie den speziellen Aufgaben des Kernspaltprozesses anzupassen. Es scheint deswegen zweckmäßig, die Energiegewinnung aus der Kernspaltung zunächst unter dem Blickpunkt der verfahrenstechnischen Grundoperationen zu betrachten, denn der Prozeß beschränkt sich ja nicht nur allein auf die Kernreaktion im Reaktor, sondern auf alle zu ihrer Durchführung notwendigen technischen Vorgänge. Diese Betrachtungsweise ist auch in anderen Zweigen der Technik üblich und führt zu dem Fließbild des betreffenden Prozesses. Dabei ist es für die ingenieurmäßige Betrachtung zunächst völlig gleichgültig, ob es sich dabei um eine chemische Reaktion — z.B. eine Ammoniaksynthese — oder um eine Kernreaktion handelt, wenn nur die jeweils gültigen Bedingungen beachtet werden. Auf diese Weise wird ein Gesamtüberblick gewonnen, der das Verständnis der Zusammenhänge wesentlich erleichtert. Um diese Betrachtungsweise anwenden zu können, sei zunächst ein Blick auf die sog. Grundverfahren geworfen.

1. Allgemeine Übersicht über die Grundverfahren

Nahezu alle technischen Herstellverfahren lassen sich in bestimmte Grundoperationen zerlegen, die immer wiederkehren, also nicht an ein bestimmtes Erzeugnis gebunden sind. Es hat sich in der Verfahrenstechnik als zweckmäßig erwiesen, diese Grundverfahren unabhängig von ihrem Verwendungszweck zu behandeln und technisch-physikalisch zu durchdringen, weil sie, herausgelöst aus dem Zusammenhang einer technischen Anlage, frei von störendem Beiwerk das Wesentliche ihrer besonderen Eigenart zu zeigen vermögen und damit wiederum dem Ingenieur erlauben, ihre Anwendbarkeit und zweckmäßige Auswahl für ein bestimmtes Verfahren kritisch zu beurteilen. So bietet sich die Möglichkeit, den geplanten Prozeß aus den Elementen seiner Verfahrensschritte zusammenzusetzen und schließlich zu einer optimalen Lösung für die durch den auszuführenden Prozeß vorgeschriebene Anlage zu kommen. Die Grundverfahren bzw. die apparativen Mittel zu ihrer Ausführung erweisen sich somit gewissermaßen als die Bausteine, aus denen jede Anlage zu formen ist. Sie bieten aber noch einen Vorteil: Ein geplanter Prozeß, etwa zur Herstellung eines neuen Stoffes, kann zunächst, abgeleitet von den physikalischen Grundlagen der bekannten Verfahren, modellmäßig im Laboratorium untersucht werden, und aus dieser Untersuchung wiederum können die Regeln und Vorschriften für die Übertragung in den großtechnischen Maßstab gewonnen werden. Die planende Zusammenfügung der für den Prozeß erforderlichen Grundverfahren erfolgt im *Fließbild*, auf das später zu sprechen zu kommen sein wird.

Die Ausübung der Grundverfahren erfordert nun bestimmte Mittel, das sind Maschinen und Apparate, die je nach den physikalischen Bedingungen für die günstigste Durchführung des betreffenden Verfahrens so zu gestalten sind, daß sie die Aufgabe so gut wie möglich erfüllen, d.h. weitestgehend die gestellten technischen Bedingungen befriedigen und möglichst wirtschaftlich arbeiten. Mithin kann man sagen, daß die Verfahrenstechnik die Lehre von den Mitteln ist, die zur Durchführung bestimmter Verfahren angewendet werden müssen.

Bei den Herstellverfahren von Verbrauchsgütern handelt es sich nun fast stets um die gleichen Grundaufgaben, nämlich gegebene Ausgangsstoffe zu trennen oder zu vereinigen oder einen Stoffaustausch oder einen Austausch von Energie, meist in Form von Wärme, vorzunehmen. Bei sehr vielen Prozessen treten diese Aufgaben gleichzeitig, zum Teil sich überlagernd oder hintereinander in einzelnen Verfahrensschritten auf. Man kann daher die Grundverfahren nach ihnen unterteilen und kommt dann etwa zu folgendem Schema, welches die wichtigsten Grundverfahren aufzählt:

A. *Stofftrennung*
  1. Mechanische Stofftrennung

     a) Zerkleinern (Mahlen, Zerstäuben); — b) Klassieren, Sieben, Sichten; — c) Filtrieren, Auspressen, Läutern; — d) Zentrifugieren, Schleudern; — e) Elektrostatische und Magnetscheidung; — f) Diffusion, Osmose, Dialyse; — g) Flotieren.

  2. Thermische Stofftrennung

     a) Trocknen; — b) Verdampfen; — c) Destillieren und Rektifizieren; — d) Kristallisieren; — e) Sublimieren; — f) Thermodiffusion; — g) Molekulardestillation.

B. *Stoffvereinigung*
  1. Mechanische Stoffvereinigung

     a) Mischen, Rühren, Kneten; — b) Verschäumen; — c) Emulgieren; — d) Tablettieren und Brikettieren.

  2. Thermische Stoffvereinigung

     a) Lösen; — b) Absorbieren und Adsorbieren; — c) Sintern; — d) Schmelzen; — e) Gefrieren und Gefriertrocknen.

Dieses Schema ist zwar unvollständig und tut den Begriffsinhalten, wie jedes Schema, hier und da Zwang an. Es genügt aber, um zu zeigen, welcher Art die Einteilung der Grundverfahren etwa ist und daß es tatsächlich möglich ist, physikalische Sachverhalte auf diesem Wege mit dem Ziel, die Einsichten zu vertiefen, voneinander zu trennen. Wenn man tiefer eindringen will, ist es allerdings unerläßlich, weitere Gesichtspunkte zu berücksichtigen, z.B. die Phasensysteme, in denen die Grundverfahren sich abspielen, also z.B. die Trennung fest-flüssig beim Filtrieren einer flüssigen Suspension oder beim Eindampfen einer Lösung; oder die Trennung fest-gasförmig bei der Gasfiltration oder der Wirbelsichtung. Weiterhin müssen z.B. bei der Zerkleinerung von festen (Mahlen) oder flüssigen (Zerstäuben) Stoffen die für feinzerteilte Stoffe gültigen Gesetzmäßigkeiten beachtet werden. Bei der Destillation und Rektifikation spielen in die Vorgänge gleichzeitig Stoffaustausch, z.B. in Form von Diffusionsvorgängen, und Wärmeaustausch hinein, ebenso wie bei der Trocknung und zahlreichen anderen Verfahren. Bezüglich der stets zu beachtenden physikalischen und technischen Einzelheiten kann nur auf das Fachschrifttum [21, 22, 23, 24] verwiesen werden. Wir müssen uns hier damit begnügen, das Gerippe zu zeigen, um für unser spezielles Vorhaben den Weg zur verfahrenstechnischen Gliederung der Kernenergieprozesse zu finden.

Nach diesen Grundverfahren nun läßt sich jeder Prozeß zur Erzeugung oder Umwandlung von Stoffen gliedern. Wenn man dann die Mittel zur Durchführung jedes einzelnen Grundverfahrens kennt, vermag man anzugeben, aus welchen Elementen, also aus welchen Apparaten und Maschinen eine Anlage aufzubauen ist, sofern man noch die erforderlichen Förder-, Meß- und Regeleinrichtungen hinzunimmt.

2. Das schematische Fließbild nach DIN 7091

Es hat sich nun als zweckmäßig erwiesen, für die einzelnen Grundverfahren bzw. für die Mittel zu ihrer Durchführung bestimmte Symbole einzuführen, die es erlauben, irgendeinen beliebigen Prozeß im Ablauf seiner Verfahrensschritte mittels der angewendeten Grundverfahren vereinfacht darzustellen und so die Möglichkeit zu gewinnen, den betreffenden Prozeß mit einem Blick übersehen zu können. Dieser Vorzug einer solchen Darstellung würde aber die hierzu aufzuwendende Mühe noch nicht rechtfertigen. Der wesentliche Vorteil des so gewonnenen Fließbildes liegt darin, daß aus ihm heraus die großtechnische Anlage entwickelt werden kann, indem die Symbole im *schematischen Fließbild* durch detaillierte Angaben und technische Einzelheiten über die tatsächlich anzuwendenden Maschinen und Apparate ersetzt werden und man so schließlich zum exakten Plan der Anlage selbst, des Stoff- und Energieflusses und letztlich zu einer einwandfreien Kalkulationsunterlage für die Berechnung der Investitions- und Betriebskosten gelangt.

Diese Darstellung der ursprünglichen bloßen Beschreibung eines Prozesses hat sich schon frühzeitig eingeführt und vor allem in den USA eine intensive Entwicklung erfahren. Tabelle 2 stellt einen Auszug aus dem DIN-Blatt 7091 dar, welches einen Überblick über die zu verwendenden Symbole in einem schematischen Fließbild (amerikanisch: „flow sheet") gibt. Es muß darauf hingewiesen werden, daß im schematischen Fließbild möglichst auch schon die dem Prozeß zuzuführenden und aus ihm abzuführenden Energiearten und die wichtigsten Meß- und Regelstellen angegeben werden sollten. Als Grundregel für die Anfertigung des Fließbildes empfiehlt DIN 7091 die Einteilung des Bildfeldes in drei waagerechte Zeilen: das Oberfeld, das Mittelfeld und das Unterfeld. In das Oberfeld kommen alle Ausgangsstoffe und zugeführten Energien in jeweils gleicher Höhe, in das Mittelfeld der Fertigungsfluß und in das Unterfeld die Erzeugnisse und abzuführenden Energien wiederum in jeweils einer Zeile wie im Oberfeld.

Als einfaches Beispiel für ein solches schematisches Fließbild nach den Regeln von DIN 7091 zeigt Abb. 1 das Kontakt-Schwefelsäureverfahren nach KIESSKALT [21], welches nach den chemischen Gleichungen

$$4 FeS_2 + 11 O_2 = 2 Fe_2O_3 + 8 SO_2 + 800 \text{ kcal}$$ und
$$2 SO_2 + O_2 \rightleftharpoons 2 SO_3 + 45,2 \text{ kcal}$$

abläuft.

Das schematische Fließbild nach DIN 7091

Tabelle 2. *Symbole für das schematische Fließbild nach DIN 7091*

Benennung	Grundzeichen	Zusammengesetzte Zeichen

A. Stoffwege und Stoffe

1. **Stoffwege**
   a) Hauptweg der Fertigung ....
   b) Nebenwege der Fertigung einschließlich Zu- und Abgänge (Strichdicke entsprechend der Wichtigkeit; vgl. I. Aufbau), z. B. Gasleitung ....
   c) Wegkreuzungen ohne Verbindung ....
   d) Wegkreuzung mit Verbindung ....
   e) Abzweig oder Zusammenfluß ....
   f) Verzweigung mit rhythmischer Umschaltung ...

2. **Stoffzustandsformen (Aggregatzustände)**
   a) Feststoff ....
   b) Flüssigkeit ....
   c) Gas ....
   d) Dampf*) ....

Die Zeichen II A 2a bis d werden vorzugsweise in Verbindung mit Stoffwegen und parallel zu diesen angeordnet verwendet (siehe Spalte „Zusammengesetzte Zeichen").

3. **Stoffverteilung**
Der Verteilungsgrad von festen Stoffen kann genauer gekennzeichnet werden durch Hinzufügen eines 3. Punktes, den man bei grober Verteilung über die 2 Punkte (Häufung), bei feiner Verteilung neben die 2 Punkte setzt.
   a) Feststoff, grob verteilt ....
   b) Feststoff, fein verteilt ....

Die Zeichen II A 3a und b werden vorzugsweise in Verbindung mit Stoffwegen und parallel zu diesen angeordnet verwendet (siehe Spalte „Zusammengesetzte Zeichen").

4. **Mehrere Stoffzustandsformen nebeneinander**

In der Regel wird man mit den unter II A 2 und 3 aufgeführten Grundzeichen auskommen. Sollte das Bedürfnis vorliegen, die gleichzeitige Anwesenheit mehrerer Stoffzustandsformen nebeneinander (2 flüssige

---

* Wasserdampf sowie Gase, die im Ablauf des Verfahrens auch flüssig auftreten.

Tabelle 2. *(Fortsetzung)*

Benennung	Grundzeichen	Zusammengesetzte Zeichen
Phasen oder Phasen verschiedenen Aggregatzustandes) anzudeuten, so wird dafür die Verbindung der Zeichen unter II A 2 und 3 empfohlen. Dabei soll die vorherrschende Stoffzustandsform deutlich sichtbar werden, z. B. durch entsprechendes Verlängern bzw. Auseinanderziehen des für sie geltenden Zeichens. So werden bei Emulsionen, Suspensionen und Schlämmen die entsprechenden Zeichen untereinandergesetzt.		
Beispiele:		
a) Suspension		
b) Schlamm (fein)		
c) Schlamm (grob)		
d) Emulsion		
e) Schaum		
f) Nebel		
g) Nasser Dampf		
h) Staub (in Gas suspendiert)		
Soll bei fluiden Phasen, insbes. Lösungen, zum Ausdruck gebracht werden, daß sie eine weitere Phase enthalten, dann werden die Zeichen für diese Phase dem Zeichen für die vorherrschende Phase vorangesetzt.		
Beispiele:		
i) Lösungen:		
Feststoff in Flüssigkeit		
Flüssigkeit in Flüssigkeit		
Gas in Flüssigkeit		
Dampf in Gas		
B. Energiewege und Energieformen		
1. Energiewege (lang gestrichelt)		
z. B. elektrische Leitung		W_e
2. Energien (nach DIN 1304)		
a) Mechanische Energie	$A.$	
b) Wärmeenergie	$Q.$	
c) Elektrische Energie	$W_e.$	
d) Magnetische Energie	$W_m.$	
e) Lichtenergie	$W_l.$	
f) Schallenergie	$W_{ak}.$	

Das schematische Fließbild nach DIN 7091

Tabelle 2. *(Fortsetzung)*

Benennung	Grund-zeichen	Zusammen-gesetzte Zeichen
C. Meßstellen und Meßwege Meß- und Regelgeräte sind im schematischen Fließbild nur einzusetzen, wenn sie für die Durchführung des Verfahrens unumgänglich notwendig sind. Hierfür sind Kreise zu verwenden, wobei Meßgeräte durch Einzeichnen eines schrägen Pfeiles und Regelgeräte durch den Buchstaben R unterschieden werden. Die Meß- oder Regelgröße ist entweder durch das entsprechende Formelzeichen (nach DIN 1304) oder durch die Maßeinheit (nach DIN 1301) zu kennzeichnen. Nach Möglichkeit soll in einer Zeichnung nur eine der beiden Kennzeichnungsarten verwendet werden. An Stelle eines ungeläufigen Zeichens kann der Meß- oder Regelwert auch durch die wörtliche Kennzeichnung festgelegt werden. Beispiel siehe nebenstehend.		
D. Fertigungsstellen		
1. Fertigung		*
2. Lagern (liegendes Rechteck) (bei Ausgangs-, Zwischen- und Endprodukten)		
3. a) Fertigung b) Lagern } unter erhöhtem Druck		
4. a) Fertigung b) Lagern } unter Vakuum		
5. Fertigung mit Wärmezu- oder -abfuhr		
6. Fertigung mit zeitweisem Festhalten eines Bestandteils, z. B. durch Katalyse, Adsorption usw.		

* Die Länge des Grundmaßes *a* ist durch die Größe des Fließbildes bedingt.

Tabelle 2. *(Fortsetzung)*

Benennung	Zusammengesetzte Zeichen	Benennung	Zusammengesetzte Zeichen
E. Fertigungsvorgänge Die Fertigungsvorgänge ergeben sich zwanglos aus der Kombination der Zeichen von Stoffwegen und Stoffen (II A 1 und 2) mit den Fertigungsstellen (II D). Im folgenden sind einige Beispiele aufgeführt.		6. Trennen* (kontinuierliche Arbeitsweise) .. (diskontinuierl. Arbeitsweise) ..	a) b) c)
1. Fördern		7. Trennen durch Verdampfen* ..	
2. Mischen*		8. Trennen durch Ad- und Desorption*	
3. Suspendieren		9. Verdichten	$5\,ata$ $20\,ata$
4. Lösen*		10. Pressen, Brikettieren	
5. Zerkleinern			

* Hier ist nur eines der je nach den beteiligten Aggregatzuständen anders auszustattenden zusammengesetzten Zeichen als Beispiel gegeben.

Das Verfahren besteht darin, gemahlenen und auf die gewünschte Korngröße gesiebten Pyrit FeS_2 unter Luftzutritt zu rösten, wobei sich Schwefeldioxyd bildet. Dieser Prozeß ist exotherm. Bei der nachfolgenden Entstaubung werden vor allem die für die Kontakte gefährlichen Stoffe, in diesem Falle z.B. Arsen, entfernt. In dem anschließenden Kontaktofen wird bei etwa 430 °C das SO_2 durch den mitgeführten Luftsauerstoff mittels einer Kontaktsubstanz, z. B. Vanadiumpentoxyd, katalytisch oxydiert. Dabei kommt es darauf an, die richtige Temperatur einzuhalten: Je höher die Temperatur, desto schneller die Oxydation, desto geringer aber die Ausbeute und umgekehrt. Deswegen oxydiert man in der Praxis meist in zwei Stufen, um eine möglichst hohe Ausbeute und trotzdem einen genügend schnellen Prozeßablauf zu erreichen. Schließlich wird in Schwefelsäure verschiedener Konzentrationsstufen das SO_3 absorbiert, weil es sich in reinem Wasser praktisch nicht löst.

Das schematische Fließbild nach DIN 7091

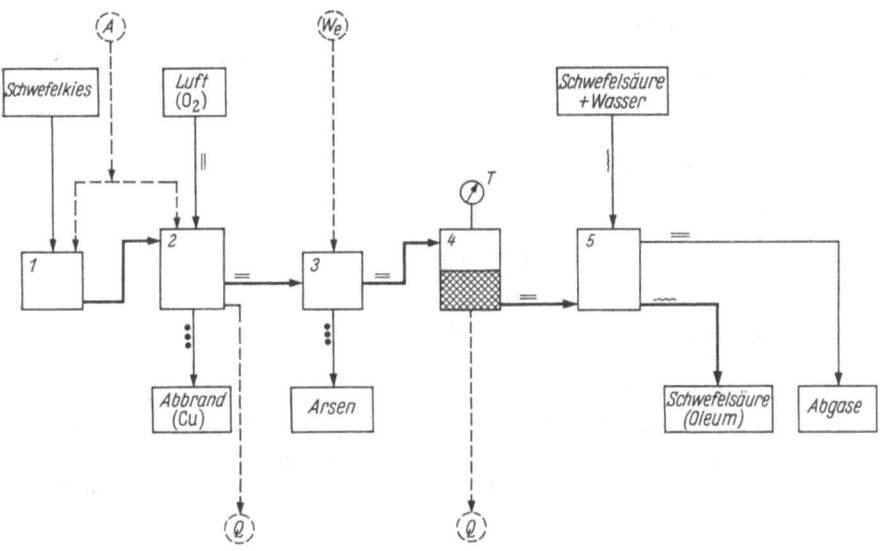

Abb. 1. Schematisches Fließbild des Kontakt-Schwefelsäureverfahrens.
1 Kiesbrecherei; *2* Röstofen; *3* elektrische Gasreinigung; *4* Kontaktofen; *5* Absorber; *T* Temperaturmessung; *A* mechan. Energie; *Q* Wärme; *We* elektrische Energie (nach KIESSKALT)

Aus dem so gewonnenen schematischen Fließbild läßt sich nun das *konstruktive Fließbild* ableiten, welches schon genauere Angaben über die Bauart der anzuwendenden Apparate und Maschinen macht, und welches vor allem aber auch Hilfs- und Nebenapparate berücksichtigt, die z.B.

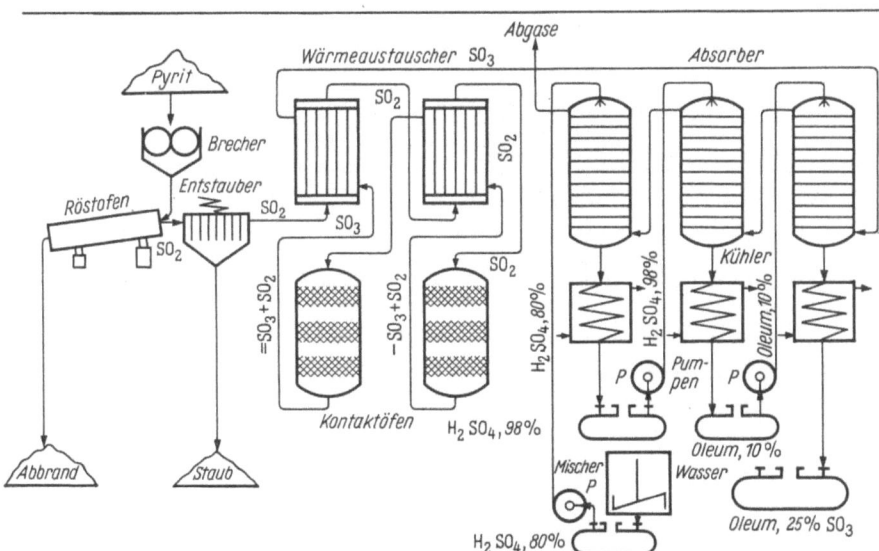

Abb. 2. Konstruktives Fließbild des Kontakt-Schwefelsäure-Verfahrens (nach TEGEDER)

14 Das verfahrenstechnische Grundfließbild der Kernspaltprozesse

erforderlich sind, ein Höchstmaß an Wärmeausnutzung zu sichern. Hierzu gehören Wärmeaustauscher, Absorber, Kühler, Kondensatoren, Pumpen, Mischer usw. Abb. 2 zeigt ein solches konstruktives Fließbild nach TEGEDER [25, S.11], wie es sich aus der Weiterentwicklung des schematischen Fließbildes nach Abb. 1 ergeben würde. In dem folgenden Abschnitt soll diese Methode nun auf den Kernspaltprozeß angewendet werden.

3. Der Kernspaltprozeß als Wärmequelle

Im Interesse eines geschlossenen Gesamtbildes verzichten wir zunächst auf die Erörterung des Kernspaltprozesses im einzelnen, die den nächsten Kapiteln vorbehalten bleibt, und fassen den Kernreaktor als eine Wärmequelle, wenn auch mit besonderen Eigenarten, auf. Wir wollen daher zunächst in vereinfachter, hauptsächlich qualitativer Weise das Arbeitsverfahren eines Reaktors betrachten, um daraus zu erkennen, welche Hilfs- und Nebeneinrichtungen zu seinem Betrieb notwendig sind.

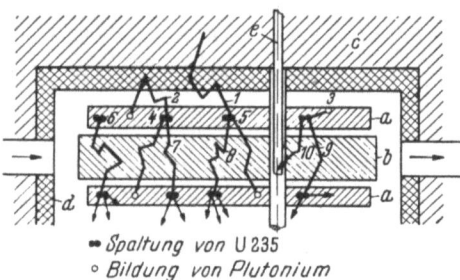

→ Spaltung von U 235
○ Bildung von Plutonium

Abb. 3. Schema des thermischen, heterogenen Graphitreaktors mit natürlichem Uran; Kühlmittel strömt links ein und rechts aus
a natürliches Uran (99,3% U-238 + 0,7% U-235) als Spaltstoff; *b* Moderator aus Graphitblöcken; *c* Strahlungsschutz aus Beton; *d* Neutronenreflektor aus Graphit oder Beryllium; *e* Trimmstab zur Regelung aus Kadmium oder Bor
1 Neutron entweicht nach außen; *2* Reflektiertes Neutron spaltet einen Kern bei *4*; *3* Neutronenabsorption führt zur Bildung eines Pu-239-Kernes; *4*, *5*, *6* Spaltungen; *7*, *8*, *9* Reflexionen im Moderator bremsen die Neutronen auf thermische Energie und weitere Spaltungen; *10* Neutron wird im Trimmstab absorbiert (nach MÜNZINGER [26])

Die „klassische" Form des Reaktors ist der von FERMI und seinen Mitarbeitern errichtete Reaktor CP-1 („Chicago Pile 1"), der am 2. Dezember 1942 „kritisch" geworden ist, d.h. anfing, die Kettenreaktion selbsttätig aufrechtzuerhalten. Seine Arbeitsweise, die heute von sehr vielen Reaktoren verwendet wird — es sind die sog. „thermischen heterogenen Graphitreaktoren mit natürlichem Uran" —, beruht auf folgendem Prinzip, welches in Abb. 3 schematisch dargestellt ist: In einer auf physikalischen Überlegungen beruhenden bestimmten geometrischen Anordnung werden Körper, z.B. zylindrische Stäbe aus metallischem natürlichem Uran in einem Block aus Graphit untergebracht. Von einer bestimmten Mindestgröße, der „kritischen Größe" ab, vermögen die bei der Spaltung von Kernen des Uranisotops 235 entstehenden Neutronen, die im Graphit auf eine bestimmte, sog. „thermische" Geschwindigkeit (worauf später ausführlich einzugehen sein wird) abgebremst werden, weitere Kerne zu spalten und somit die sog. Kettenreaktion aufrechtzuerhalten. Die als Spaltprodukte entstehenden mittelschweren Kerne, also die Bruchstücke des ursprünglichen Urankernes, werden weggeschleudert und in der umgebenden Materie, also in den Urankörpern, abgebremst, bis sie wieder zum Stillstand gekommen sind. Ihre kinetische Energie, die sie bei der Spaltung erhalten haben, wird dabei in fühlbare Wärme umgewandelt, wie wir es auch vom makroskopischen Geschehen her (z.B. bei einer Pistolenkugel, die in Sand eindringt und dort zur Ruhe kommt) kennen. Diese Wärmemenge, zu der noch etwa 15% aus anderen Quellen hinzukommen, ist die nutzbare *Kernenergie*. Wir kennen vorläufig keinen anderen Weg, die Kernenergie, etwa durch unmittelbare Umwandlung in elektrischen Strom, auszunutzen. Um diese Wärme, die uns also als regellose mechanische Energie (Reibungswärme) entgegentritt, nutzbar zu machen, muß sie aus dem Kern[1] des Reaktors herausgeführt werden. Das kann in an sich bekannter Weise dadurch geschehen, daß der Kern von einem Kühlmittel (wie jede Feuerung) durchströmt wird, welches die aufgenommene Wärme zu einer Senke, also zu einem Wärmeverbraucher führt. *Mithin ist das Problem der Energieausnutzung eines jeden beliebigen Kernreaktors ein Problem der Wärmeübertragung.* Eine der Ausnutzungsmöglichkeiten ist die Erzeugung elektrischen Stromes über einen geeigneten thermodynamischen Prozeß. Damit sind aber andere Möglichkeiten keineswegs ausgeschlossen, z.B. die Deckung des Wärmebedarfes von Verfahren der Verbrauchsgüterindustrie oder die Heizung von Gebäuden, von Gewässern zur Fischzucht oder die Bodenheizung zur Steigerung des Ertrages in klimatisch ungünstigen Gebieten und schließlich auch die Erzeugung von Kälte, z.B. mittels Absorptionsmaschinen oder anderer geeigneter Verfahren. Volkswirtschaftlich interessiert indessen zunächst wohl die Stromerzeugung mit Rücksicht auf die Zukunftssorgen unserer Energiewirtschaft hinsichtlich der Deckungsmöglichkeit des ansteigenden Energiebedarfes. Gerade dieser Prozeß ist aber leider von vornherein mit einer unangenehmen Schwierigkeit behaftet, von deren Überwindung die Technik trotz aller optimisti-

---

[1] Mit „Kern" wird sowohl das Innere des Reaktors, also der Teil, in welchem sich die Reaktion abspielt, bezeichnet wie auch der Atomkern. In der englischen Sprache wird der erstere „core", der letztere „nucleus" genannt. Vielfach wird im physikalischen deutschen Schrifttum das Wort „core" übernommen. Oft wird es auch mit „Herz" oder „Reaktorherz" übersetzt. Indessen scheint es dem Verf. zweckmäßig zu sein, die Benennung Reaktorkern oder einfach Kern zu wählen, denn Verwechslungen sind kaum denkbar.

schen Erwartungen hierüber weit entfernt ist: Bekanntlich hängt der Wirkungsgrad eines Kreisprozesses von dem zur Verfügung stehenden Temperaturgefälle ab. Unsere Dampfkraftingenieure haben im modernen Kraftwerksbau die ausnutzbare Temperaturspanne in den letzten Jahrzehnten beträchtlich steigern können. Dem Reaktor sind aber leider vorläufig noch enge Grenzen gezogen: Die Technologie der Reaktorbaustoffe, worauf später ausführlich zurückzukommen sein wird, erlaubt z. Z. nur Temperaturen, die wesentlich unter denjenigen in Brennstoffkraftwerken liegen. Zwar werden heute bereits Temperaturen von 500 °C im Reaktorbetrieb genannt. Es scheint aber zunächst zweifelhaft, ob sie wirklich mit der gebotenen Betriebssicherheit angewendet werden können. Bisher noch sind Temperaturen um 400 °C viel wahrscheinlicher. Es ist ferner schwierig, den Dampf zu überhitzen. Es muß also mit Sattdampf gearbeitet werden, wenn man nicht Überhitzung durch „chemische" Brennstoffe[1] vornehmen will, z.B. mittels eines ölgefeuerten Überhitzers. Mit diesen Schwierigkeiten hängt aber die Wirtschaftlichkeit der Energieerzeugung eng zusammen. Es gibt zwar außerordentlich viele Berechnungen darüber, aber leider noch keine nennenswerten Erfahrungen. Hier finden wir also noch eine entscheidende Aufgabe vor, die ihrer Lösung harrt. Es wird der Arbeit sehr vieler Ingenieure und Wissenschaftler bedürfen, ehe diese Schwierigkeit wirklich befriedigend überwunden sein wird. Immerhin haben wir den Vorteil, daß eine große Zahl von Maschineningenieuren über erhebliche Erfahrungen auf dem Gebiet der Wärmeübertragung verfügt, sie also somit unmittelbar zur Mitarbeit *an erster Stelle an einem der wichtigsten Probleme* der Kernenergieausnutzung berufen sind!

Im Laufe der Zeit nun sammeln sich die vorher erwähnten Spaltprodukte aus den ständig weiterlaufenden Urankernspaltungen an, und zugleich nimmt der Gehalt an spaltbarem Uran 235 immer weiter ab. Es ist ohne weiteres einzusehen, daß irgendwann einmal ein Zustand erreicht wird, in dem zuwenig spaltbares Uran und zuviel störende, nämlich neutronenwegfangende Spaltprodukte, vorhanden sind: Die Neutronen vermögen dann die Kettenreaktion nicht mehr aufrechtzuerhalten, d.h., die Energielieferung muß abnehmen und schließlich zum Erliegen kommen, wenn nicht die Spaltprodukte entfernt und neues spaltbares Uran wieder zugeführt werden würde. Die Spaltstoffelemente müssen also von Zeit zu Zeit ausgewechselt, gegen neue ausgetauscht und selbst gereinigt und wieder an spaltbarem Uran angereichert werden.

---

[1] Wir unterscheiden zwischen „Brennstoffen", die durch Oxydation Wärme frei machen, und „Spaltstoffen", bei welchen die Wärme durch Kernspaltreaktionen erzeugt wird. Bei *beiden* jedoch gilt die Einsteinsche Äquivalenzbeziehung (vgl. S. 52) streng!

4. Die Grundverfahren der Kernenergiegewinnung

Um das zentrale Problem der Wärmeabfuhr aus dem Reaktor — wir sprechen hier nur von Energie- oder Leistungsreaktoren — gruppieren sich demnach eine Reihe von Verfahrensschritten, deren jeder eine mehr oder weniger große Zahl von Grundverfahren umfaßt, die notwendig sind, um den Reaktorbetrieb aufrechterhalten zu können. Wir können dabei folgende Schritte unterscheiden, die zum Bau und Betrieb eines Reaktors durchlaufen werden müssen (vgl. OETJEN [9]), Abb. 4:

Schon der erste Verfahrensschritt, die Erzaufbereitung zur Gewinnung reinen Urans (oder Thoriums, worauf später zurückzukommen sein wird) stellt komplizierte Aufgaben, die dazu noch besonders erschwert werden, weil z. T. ungewöhnliche Reinheitsgrade gefordert werden müssen, wie wir sie bislang eigentlich im wesentlichen nur bei der Her-

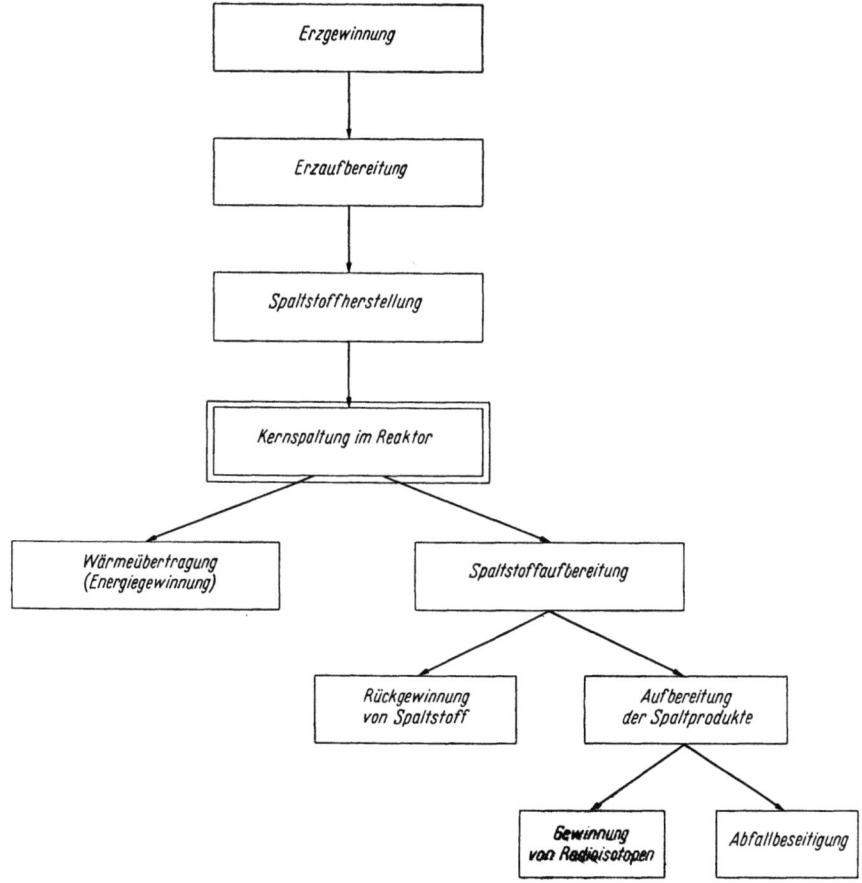

Abb. 4. Verfahrensschritte beim Reaktorbetrieb

stellung von Chemikalien für analytische Zwecke kennen, die aber hier im großtechnischen Maßstabe erzielt werden müssen. Abb. 5 zeigt das schematische Fließbild der Gewinnung von reinem Thorium. Ausgangsstoff ist Monazitsand, der meist einige Prozent Thorium und einen großen Anteil an seltenen Erden enthält. Der Aufschluß der vorzugsweise als Phosphate vorliegenden Mineralien erfolgt mit Natronlauge, nachdem vorher durch Mahlen und Sieben eine geeignete Korngrößenverteilung herbeigeführt worden ist. Die Lösung wird filtriert, und anschließend wird durch Neutralisation mit Salzsäure das Thorium in mehreren Stufen gefällt. Auf diese Weise gelingt es, das Thorium und die seltenen Erden zu trennen.

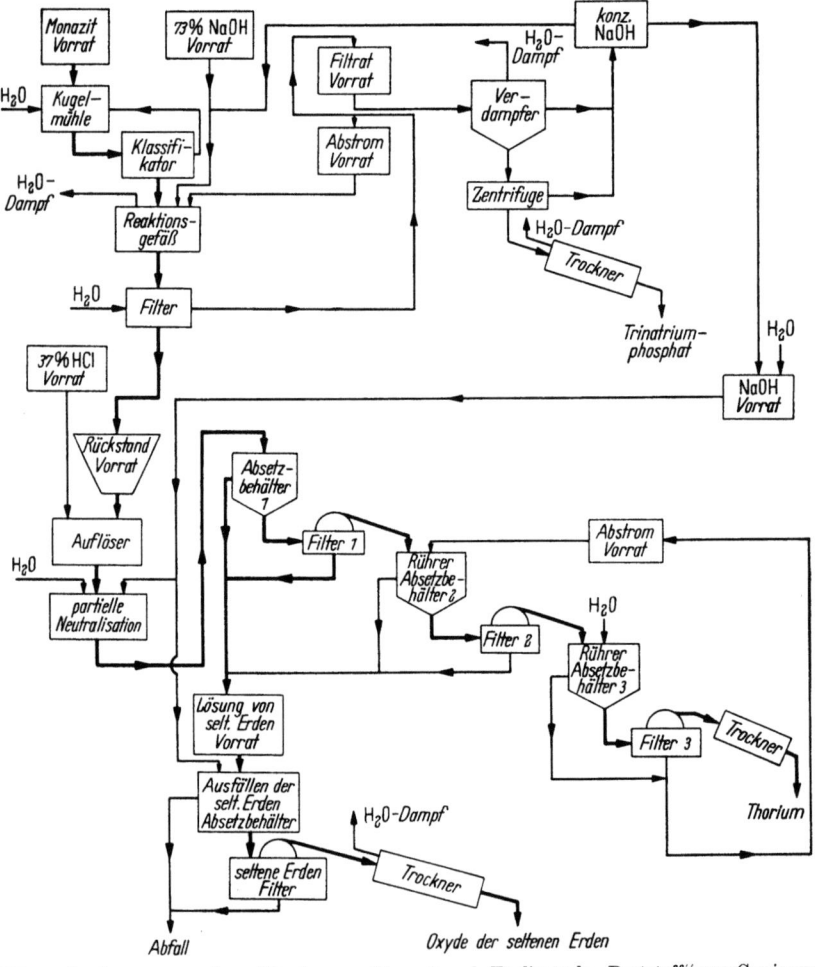

Abb. 5. Gewinnung von reinem Thorium aus Monazitsand. Es dient als „Brutstoff" zur Gewinnung des spaltbaren Isotops U-233 (nach OETJEN [9])

Wesentlich komplizierter ist im allgemeinen die Gewinnung von Uran, weil die Zusammensetzung der Ausgangsstoffe, meist Pechblende oder Carnotit, stark schwankt. Uran wird schon seit der Jahrhundertwende gewonnen, und naturgemäß haben sich die Verfahren der Reindarstellung gerade in den letzten Jahren, nachdem die Kernprozesse neue Ansprüche zu stellen begannen, erheblich gewandelt und verbessert. Als weitere wesentlich erschwerende Forderungen sind die für Kernreaktionen erforderlichen Reinheitsgrade hinzugekommen. Es geht dabei darum, alle Stoffe, insbesondere bei natürlichem Uran für thermische Reaktoren, zu entfernen, die zu Neutronenverlusten führen können. Aus technischen Gründen muß dieser hohe Reinheitsgrad bereits im Anfang des Herstellprozesses erzielt werden. Von den zahlreichen möglichen und angewendeten Verfahren ist in Abb. 6 die Gewinnung von Uranoxyd als Vorstufe für die Erzeugung metallischen Urans über Urantetrafluorid in einem vereinfachten schematischen Fließbild dargestellt. Es wird vorzugsweise für Pechblende afrikanischen Ursprunges angewendet [26]. Das angereicherte Erz wird gemahlen, mit Säure ausgelaugt, und dann wird im Autoklaven durch Zusatz von Sodalösung aus dem sechswertigen Uran das wasserlösliche Natriumuranylkarbonat gebildet. Nach weiterer Behandlung in Rührwerken zur Entfernung von Verunreinigungen mittels Natriumsulfit, Natronlauge, Schwefelsäure und Ammoniak wird schließlich das Oxyd U_3O_8 gewonnen. Zur Feinreinigung macht man von der Eigenschaft des Uranylnitrats $UO_2(NO_3)_2$ Gebrauch, sich in gewissen organischen Lösungsmitteln zu lösen [27]. Während ursprünglich hierzu Diäthyläther verwendet wurde, benutzt man heute wohl durchweg das ungefährlichere (Explosionsgefahr bei Äther!) Tributylphosphat (TBP) mit Zusatz organischer Lösungsmittel, obwohl es nicht ein so spezifisches Lösungsmittel für das Uranylnitrat ist wie Äther. Trotzdem aber sind die Unterschiede in den Verteilungskoeffizienten noch so groß, daß eine den kernphysikalischen Forderungen entsprechende Reinheit erzielt wird.

Das im ersten Verfahrensabschnitt gewonnene U_3O_8 wird nun mit Salpetersäure behandelt[1]. Dabei entsteht das gewünschte Uranylnitrat:

$$U_3O_8 + 8\,HNO_3 \longrightarrow 3\,UO_2(NO_3)_2 + 2\,NO_2 + 4\,H_2O$$

Jetzt wird die auch sonst ja häufig in der Verfahrenstechnik benutzte Solventextraktion, z. B. mittels Bodenkolonnen oder Extraktionszentrifugen (PODBIELNAK), aber auch mit pulsierenden Kolonnen (STEPHENSON [1], S. 332), mit Tributylphosphat angewendet und darauf das so angereicherte Uranylnitrat in das Urantrioxyd UO_3 verwandelt,

---

[1] Bei Erzen mit hohem Ausgangsgehalt an U_3O_8 kann der erste Abschnitt, nämlich die Behandlung mit Soda usw. natürlich weggelassen und das vorbereitete, durch Auslaugung aufbereitete Erz sofort zur Lösung des U_3O_8 mit Salpetersäure behandelt werden.

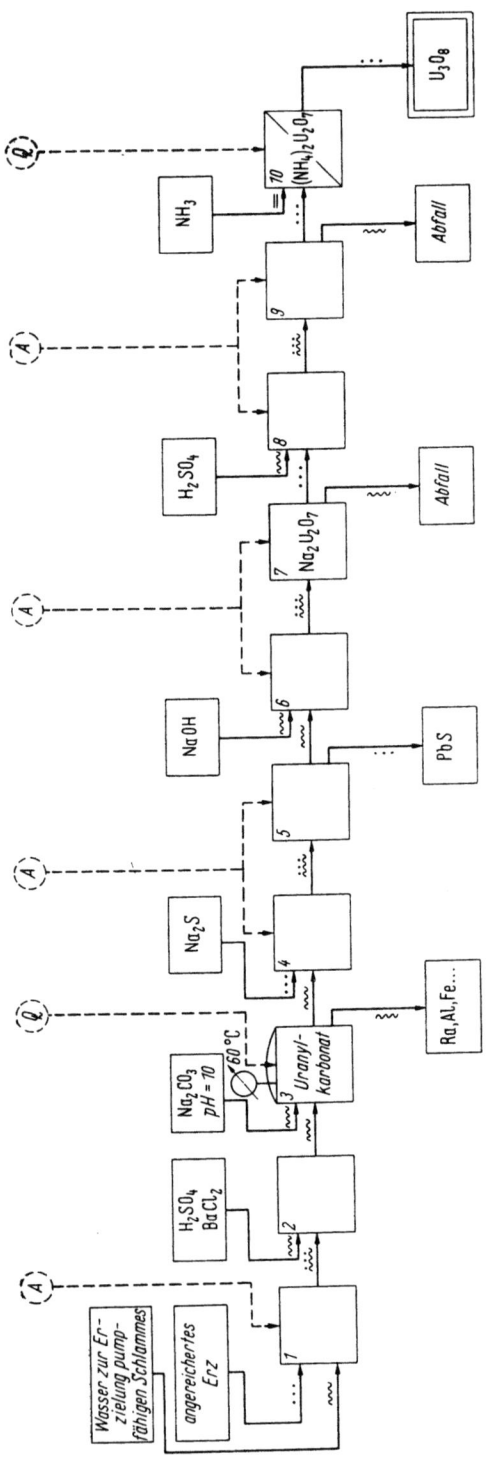

Abb. 6. Vereinfachtes schematisches Fließbild der Gewinnung von Uranoxyd als Ausgangsstoff für die Erzeugung metallischen Urans aus afrikanischer Pechblende

1 Kugelmühle; *2* Lösebehälter; *3* Autoklav; *4* Mischgefäß (Rührwerk); *5* Filter (Trommelfilter); *6* Mischgefäß; *7* Filter; *8* Mischgefäß; *9* Filter; *10* Röstofen

indem man das Uran mittels Wasserstoffperoxyd als Uranperoxyd ausfällt und durch Erwärmung auf 300 bis 400 °C in UO_3 bzw. durch Behandlung mit Wasserstoff bei etwa 600 °C in UO_2, das Urandioxyd, umwandelt.

Der nächste Schritt ist die Überführung des Urandioxyds UO_2 in das Urantetrafluorid („green salt") durch Behandlung mit Flußsäure. Dieser Schritt bietet besondere Schwierigkeiten, da durch Nebenreaktionen, z.B. mit den Gefäßen, wieder starke Verunreinigungen auftreten können, weil die Flußsäure ja stark korrodierend wirkt, insbesondere bei höheren Temperaturen. Schließlich wird das Urantetrafluorid (das Fluor muß wegen seines hohen Preises zurückgewonnen werden!) mit Spänen aus Magnesium gemischt und in einer Bombe reduziert. Dieser Reduktionsprozeß ist exotherm, d.h. daß die Bombenfüllung in geeigneter Weise gezündet werden muß und die Reaktion dann von selbst abläuft. Es entsteht ein Metallregulus, der unter geeigneten Umständen das natürliche Uranmetall, d.h. also das natürliche Isotopengemisch von Uran-238 und Uran-235 in der für Kernreaktoren ausreichenden Reinheit darstellt, nachdem das Metall im Vakuum umgeschmolzen (Lichtbogenofen) worden ist.

Der nächste Verfahrensschritt besteht darin, aus dem Metall die Spaltstoffelemente durch mechanische Bearbeitung herzustellen und sie in geeigneter Weise zu umhüllen, z.B. mit Aluminium- oder Magnesiumhülsen. Hierauf werden wir erst später näher einzugehen haben. Darauf folgt die Aufgabe, den Reaktor in Betrieb zu setzen und die Wärme aus ihm abzuführen. Die ausführliche Behandlung auch dieses Schrittes wird einem späteren Kapitel vorbehalten.

Schließlich bleibt als letzter für den Betrieb wichtiger Schritt die Aufbereitung erschöpfter Spaltstoffelemente, d.h. die Entfernung der Spaltprodukte und ihre Beseitigung, soweit sie für technische Zwecke nicht mehr verwertbar sind. Gerade in diesem letzten Schritt sind wohl die meisten und gleichzeitig schwierigsten verfahrenstechnischen Aufgaben enthalten. Meist laufen sie im wesentlichen darauf hinaus, die erschöpften Elemente von ihren Hüllen zu befreien, die Spaltstoffkörper selbst aufzulösen und dann ebenfalls, ähnlich wie bei der Spaltstoffgewinnung, einer Reihe von Operationen zu unterziehen, die zur Stofftrennung und zur Reindarstellung des Urans führen. Zwei neue Probleme treten jedoch hinzu:

1. Bei der Reaktion im Reaktor mit natürlichem oder schwach angereichertem Uran entsteht aus dem Uran-238 eine gewisse Menge von Plutonium, welches ebenfalls gewonnen werden muß, weil es einen wertvollen neuen Spaltstoff darstellt.

2. Die aus dem Reaktor entnommenen erschöpften Elemente sind äußerst starke Strahler. Daher muß ihre Verarbeitung unter aus-

reichender Abschirmung, d.h. im wesentlichen automatisch und mit Fernbedienung, ausgeführt werden. Auf einige der damit zusammenhängenden Konstruktionsprobleme kommen wir später noch zurück.

Ein besonderer Gesichtspunkt ist noch der, daß überall dort, wo spaltbares Material, also U-235 oder Plutonium, anfällt, peinlich darauf geachtet werden muß, daß nirgendwo Stoffmengen angehäuft werden, die die Größenordnung der kritischen Menge erreichen, bzw. muß sonst irgendwie dafür gesorgt werden, z. B. auch durch geeignete Behälterabmessungen, daß die Erreichung der kritischen Bedingungen ausgeschlossen ist. Die Folge wäre unvermeidlich eine Katastrophe, weil in dieser kritischen Menge unter kritischen Bedingungen die Kettenreaktion ohne weiteres durch die überall vorhandenen Neutronen ausgelöst werden würde.

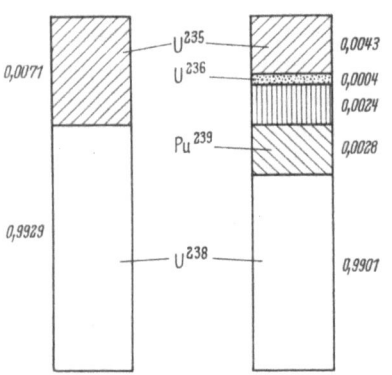

Abb. 7. Zusammensetzung von 1 g natürlichem Uran vor und nach der Bestrahlung im Reaktor (nach MURRAY)

Abb. 7 zeigt schematisch die Gegenüberstellung der Zusammensetzung von Spaltstoffelementen aus natürlichem Uran vor und nach der Verwendung (Bestrahlung) im Reaktor [2]. Es handelt sich nun um die verfahrenstechnische Aufgabe, die rechts im Bild dargestellte Zusammensetzung wieder in die links dargestellte Ausgangszusammensetzung zurückzuführen. Das Grundsätzliche des Verfahrens zeigt Abb. 8. Seine 3 Stufen sind:

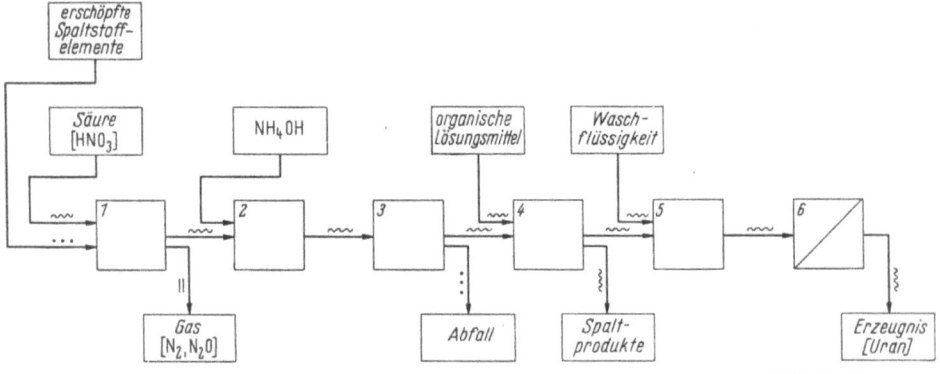

Abb. 8. Schematisches Fließbild der Aufbereitung metallischer Spaltstoffelemente (MTR-Typ) zur Trennung von Uran und Spaltprodukten
Das Schema ist sehr stark vereinfacht. U. a. sind in Wirklichkeit die Stufe 2 zwei-, die Stufen 4—6 je dreistufig! (Ausführliche Angaben mit Konzentrationsverhältnissen und technischen Einzelheiten der Anlage in Idaho in: Reactor Handbook, Bd. 6: Chemical Processing and Equipment, S. 3—44 [28].)
1 Lösebehälter; *2* Mischbehälter (Anpassung); *3* Filter; *4* Solventextraktion; *5* Waschkolonne; *6* Eindampfer

1. Auflösung der Spaltstoffelemente in Salpetersäure. — 2. Anpassung der Lösung an die Bedingungen der Solventextraktion. — 3. Trennung des Urans von dem Aluminium, den Spaltprodukten und den Transuranen, z. B. dem Plutonium.

Bei vielen Reaktoren sind die Spaltstoffelemente mit Aluminium umhüllt. Da eine mechanische Trennung nicht nur wegen der starken Strahlung dieser Elemente, sondern auch aus anderen Gründen Schwierigkeiten macht, zieht man es vor, das Aluminium zusammen mit dem Uran aufzulösen. Das erfolgt absatzweise in Lösetanks. Da die Lösung von Aluminium durch eine Schutzschichtbildung aus Aluminiumoxyd recht schwierig ist, wird noch ein Katalysator, ein Quecksilbersalz, z. B. als Nitrat zugesetzt. Die Auflösung dauert bei Siedetemperatur etwa 7 Stunden[1]. Die Vorbereitung der Lösung für die Extraktion wird in zwei Stufen vorgenommen, wobei ungelöste Bestandteile durch Filtration in gesinterten Filtern aus nichtrostendem Stahl entfernt werden. Auch diese Behandlung erfolgt absatzweise schon allein deswegen, weil die Filter häufig mit Salpetersäure ausgewaschen werden müssen. Selbstverständlich muß für den einwandfreien Ablauf der Extraktion der Salzgehalt (Aluminium- und Ammoniumnitrat) sorgfältig kontrolliert und geregelt werden.

Die Solventextraktion wird dann mittels eines der genannten selektiven Lösungsmittel für Uranylnitrat, aber auch mit Methyl-Isobutylketon, wieder ähnlich der Erzaufbereitung in drei Stufen vorgenommen. Dabei geht das Plutonium in der ersten Stufe im wesentlichen mit den Spaltprodukten mit. In der zweiten und dritten Stufe wird dann das Uranyl durch Reduktion mit Eisenammoniumsulfat oder auf andere Weise abgetrennt[2].

Das Erzeugnis ist eine Lösung, die zu einem gewissen Betrage an Uran angereichert ist. Sie muß — insbesondere für Reaktoren, die mit angereichertem Uranisotop 235 arbeiten — durch massenspektroskopische Untersuchungen auf ihren Gehalt an U-235 geprüft und gegebenenfalls auf den vorgeschriebenen Anteil angereichert werden. Die weitere Wiederverarbeitung zu Metall und zu betriebsfertigen Spaltstoffelementen unterscheidet sich nicht von der Herstellung der ursprünglichen Elemente.

---

[1] Es sei hier nur der Ordnung halber darauf hingewiesen, daß die Elemente aus kernphysikalischen Gründen nicht sofort nach der Entnahme aus dem Reaktor in die Lösebehälter gebracht werden dürfen. Sie brauchen eine gewisse Zeit, bis ihre Aktivität um einen bestimmten Betrag, der u. a. durch die Halbwertzeit der Spaltprodukte bestimmt wird, zurückgegangen ist.

[2] Man muß sich bei diesen Prozessen immer daran erinnern, daß auf *chemischem* Wege nur solche Stoffe voneinander getrennt werden können, die sich *chemisch voneinander unterscheiden*. *Isotope* ein und desselben Elementes können im allgemeinen chemisch nicht getrennt werden, weil sie sich chemisch gleichartig verhalten (vgl. S. 39).

Der nächste und letzte Schritt in dem Prozeß ist die Aufbereitung der Abfälle. Es handelt sich darum, die Lösungen aus der Aufbereitung, die die radioaktiven Spaltprodukte als gelöste Salze enthalten, so weiterzuverarbeiten, daß die Abfälle in zweckentsprechender Weise gelagert werden können, entweder um ihnen Zeit zu lassen, je nach ihrer Halbwertzeit abzuklingen, oder aber um sie für immer zu beseitigen. Meistens läuft das darauf hinaus, die Lösungen durch Eindampfen zu konzentrieren, so daß das zu bewältigende Volumen verkleinert wird. Diese Aufgaben bereiten noch große Sorgen, und ihre Lösungsmethoden sind noch stark im Fluß. Zur Zeit bestehen die Maßnahmen darin, je nach der

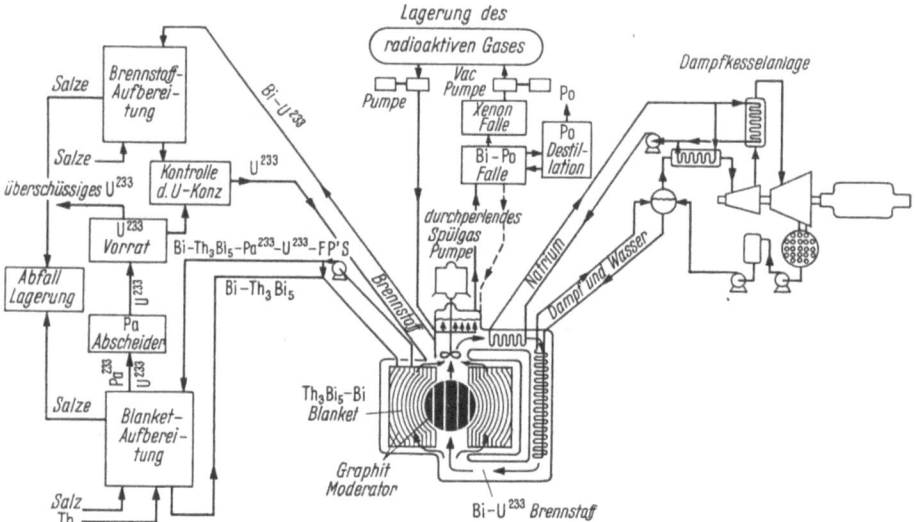

Abb. 9. Schema eines homogenen Reaktors mit flüssigmetallischer Brennstofflösung und Brutmantel bei gleichzeitiger kontinuierlicher Spaltstoffaufbereitung, d.h. Abtrennung der Spaltprodukte und des erbrüteten Spaltstoffes U-233 (nach OETJEN)

Aktivität die Abfälle entweder zu versickern, ins Meer laufen zu lassen oder in geeigneten sicheren Behältern zu vergraben. Auf die Abfallbeseitigung wird in spezieller Hinsicht später noch einmal zurückzukommen sein.

Ganz andere Konstruktionsgesichtspunkte für Aufbereitungsanlagen sind zugrunde zu legen, wenn es sich um sog. homogene Reaktoren handelt, bei denen der Spaltstoff in gelöster Form im Kreislauf umläuft. Hierbei besteht die offenbar bestechende Möglichkeit, ihn *kontinuierlich* aufzubereiten, d.h. also die Spaltprodukte und neu entstandene Spaltstoffe (auf die es bei den später zu besprechenden Konversions- und Brutverfahren besonders ankommt) ohne Unterbrechung aus dem Kreislauf zu entfernen. OETJEN [9] beschreibt eine solche Anlage. Das schematische

Bild in Abb. 9 ist von ihm mitgeteilt worden [29]. Die verfahrenstechnischen Schwierigkeiten der wirklichen Ausführung sind so erheblich, daß wir hier nicht darauf eingehen können.

5. Das Fließbild der Kernenergiegewinnung

Aus den im vorigen Abschnitt kurz beschriebenen Verfahrensschritten setzt sich das Fließbild des Gesamtprozesses zusammen. Abb. 10 gibt ein Gesamtfließbild der Verfahrensschritte vom Erz bis zur Abfallbeseitigung wieder, wobei die einzelnen Verfahrensstufen bzw. die ange-

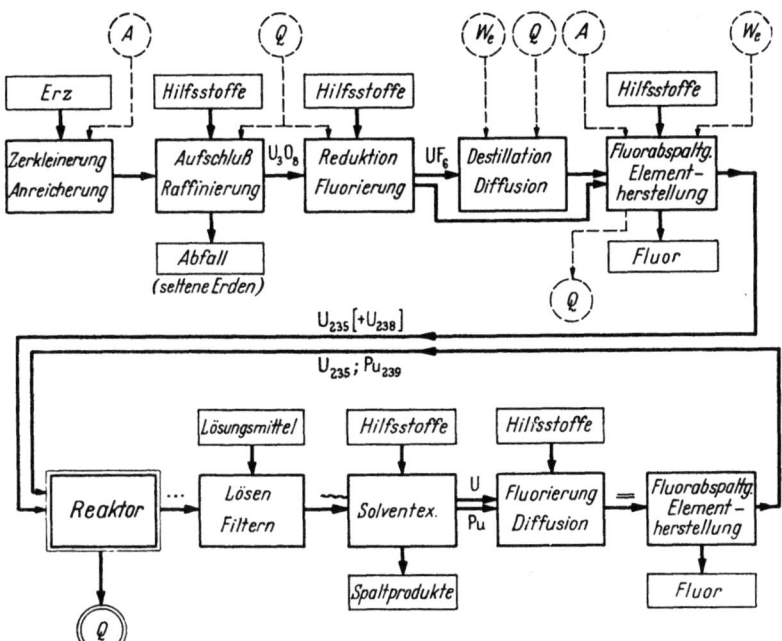

Abb. 10. Schematisches Grundfließbild der Kernenergiegewinnung

wendeten Grundverfahren, wie sie z. T. ausführlicher im vorigen Abschnitt in den Abb. 5, 6, 8 dargestellt worden sind, zusammengefaßt wurden. Als Sinnbilder können hierbei außer den bereits aus *DIN 7091* geläufigen weitere für den Reaktor selbst nach einem Vorschlag verwendet werden, den SCHÄFF [30, 31] als Ergänzung zu *DIN 2481* gemacht hat. Er ist in Abb. 11 wiedergegeben.

Damit ist nun allerdings nicht gesagt, daß alle Schritte tatsächlich in ein und derselben Anlage zusammengefaßt werden müssen. Nach dem heutigen Stande der Technik ist zu erwarten, daß Trennanlagen zur Spaltstoffaufbereitung, ganz zu schweigen von denjenigen zur Anreicherung, außerordentlich kostspielig sein werden[1]. Infolgedessen muß man einstweilen damit rechnen, daß Spaltstoffherstellung und Spaltstoffaufbereitung in großen zentralen Anlagen zusammengefaßt werden

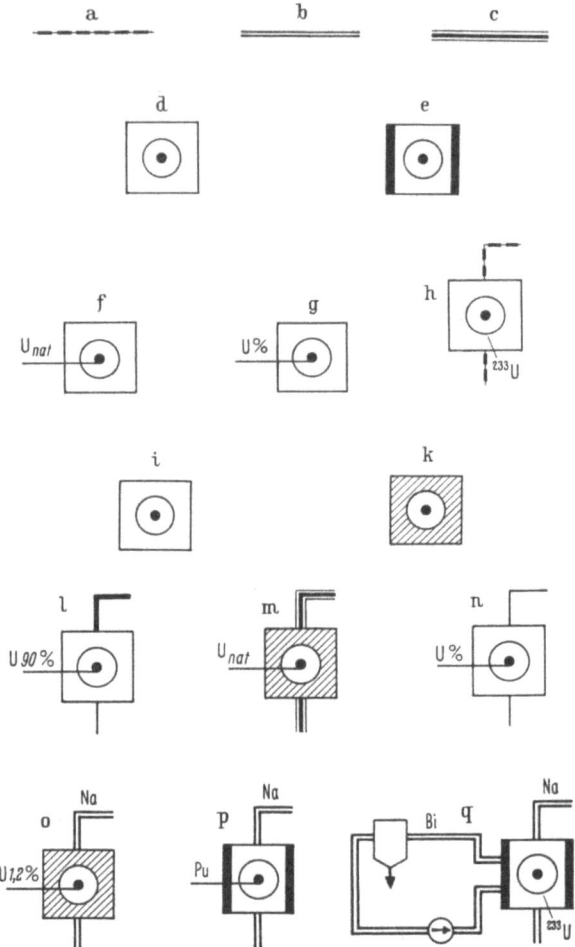

Abb. 11. Sinnbilder für Kernenergieanlagen
Reaktorkühlkreise: a nichtmetallische Lösungen oder Suspensionen; b metallische Lösungen oder Flüssigmetalle; c Gase
Reaktoren: d Reaktor allgemein; e Brutreaktor; f Reaktor mit nat. Uran; g Reaktor mit angereichertem Isotop U-235; h Reaktor mit Spaltstofflösung oder -suspension; i Reaktor mit Wasser als Moderator; k Reaktor mit Graphitmoderator
Beispiele: l Verdampferreaktor mit 90% U-235; m Gasgekühlter Graphitreaktor mit nat. Uran; n Druckwasserreaktor mit angereichertem U-235; o Graphitreaktor mit auf 1,2% angereichertem U-235 und Natriumkühlung; p Schneller Brutreaktor mit Plutonium und Natriumkühlung; q Homogener Brutreaktor mit kontinuierlicher Spaltstoffaufbereitung und Natriumkühlung (nach SCHÄFF)

---

[1] Das schließt indessen nicht aus, daß durch neue Entwicklungen eine wesentliche Änderung in dieser Hinsicht eintreten kann. Ansätze hierzu, die auf eine pyrometallurgische Aufbereitung hinzielen, sind bereits zu verzeichnen.

müssen. Die einzelnen Reaktoranlagen werden dann die neuen Spaltstoffelemente von dort zu beziehen und die erschöpften zur Aufarbeitung wieder dorthin zu liefern haben. Das geht allerdings dann nicht, wenn in homogenen Reaktoren mit umlaufenden Spaltstofflösungen gearbeitet werden soll. In diesem Falle ist die Aufbereitung an den Standort des Reaktors gebunden.

III. Physikalische Grundzüge

Es wurde bereits im Vorwort gesagt, daß den physikalischen Grundzügen nur derjenige Raum zugemessen werden soll, der zum Verständnis der Sprache des Physikers und der wesentlichen kernphysikalischen Forderungen notwendig ist. Der Verfahrensingenieur kann für diesen Bereich ebensowenig Physik studieren, wie er für die chemische Industrie Chemie studieren kann. Gegenüber den chemischen Prozessen bietet sich hier aber der Vorteil, daß die physikalische Grundausbildung ohnehin zum Ingenieurstudium gehört und daß alle Arbeitsmethoden des Ingenieurs letztlich immer auf den Grundlagen der Physik basieren. Wie für den Ingenieur aus der Hydrodynamik eine Strömungslehre, aus der Thermodynamik eine technische Wärmelehre und aus der Elektrizitätslehre der Physik eine Elektrotechnik geworden ist, so wird in späterer Zeit aus der Kernphysik eine Kerntechnik werden, und diese wiederum wird ein Bestandteil der verfahrenstechnischen Grundlehren ebenso werden, wie es heute andere Disziplinen schon sind.

Aus dieser Auffassung heraus verzichten wir hier grundsätzlich auf die Darstellung der historischen Entwicklung der Atom- und Kernphysik. Wir unterstellen die Existenz technischer Kernreaktionen genauso, wie wir die Existenz chemischer Reaktionen oder etwa die Tatsache voraussetzen, daß heute nicht nur jeder Ingenieur, sondern jeder Laie weiß, daß man aus einer Steckdose elektrischen Strom entnehmen kann und daß es dazu nicht des Reibens eines Hartgummistabes oder des Drehens einer Influenzmaschine bedarf.

Der Physiker KIRCHHOFF hat früher einmal gesagt, daß es das allein vernünftige Ziel der Physik sei, die beobachtbaren Erscheinungen als die einzige Wissensgrundlage richtig und vollständig zu beschreiben. Dieses Ziel verfolgt die Physik auch heute noch, und HEISENBERG hat etwa dasselbe als das Ziel der *Quantenmechanik* genannt.

Die Quantenmechanik hat ihren Ursprung in der Einsicht, daß das Verhalten der Atome nicht, wie man früher glaubte, im Rahmen der klassischen Physik mechanisch-anschaulich verstanden werden kann. Erst mit ihrer Hilfe gelingt es, die im atomaren Bereich wirkenden

Kräfte, z. B. die chemischen Valenzen[1] zu deuten. Die Quantenmechanik kennt keine bestimmten Zustände[2], also z. B. auch keine definierten Elektronenbahnen um den Atomkern, sondern nur eine *Wahrscheinlichkeitsverteilung*[3]. Das Bild des Atoms wird damit unanschaulich. Das ändert aber nichts daran, daß man zur Erörterung atomphysikalischer Probleme ein anschauliches Bild verwenden kann. Man muß sich dabei nur darüber klar sein, daß es sich um ein *Modell* handelt, welches nur angenähert die beobachteten Erscheinungen beschreibt! Die Frage nach dem „wirklichen" Aussehen des Atoms ist auch für den Techniker belanglos; genauso bedeutungslos wie die Frage danach, ob Strahlungen und Teilchen nun „wirklich" *eine Welle* oder *eine Korpuskel* sind. Es kommt lediglich darauf an, mit Hilfe des Modells die sich makroskopisch äußernden Vorgänge, die wir direkt sinnlich wahrnehmen oder messen können, vernünftig zu beschreiben und über zu erwartende Ergebnisse gewisse Voraussagen zu machen, d. h. also die makroskopische Bauform eines bestimmten Gerätes, z. B. eines Kernreaktors, in gewissen Grenzen vorausberechnen zu können. Wir betonen infolgedessen, daß uns als Ingenieuren jedes anschauliche, vernünftige Modell recht ist, welches uns bei der Ingenieurarbeit eine Hilfe sein kann, ohne nach seinem physikalischen Begriffsinhalt oder seiner exakten theoretischen Brauchbarkeit zu fragen. In diesem Sinne erfüllt das „klassische" Atommodell in der BOHRschen Form alle an ein Modell zu stellenden Anforderungen für uns, obwohl es streng physikalisch gesehen unbefriedigend ist. Wir müssen uns nur völlig darüber im klaren sein, daß das Atom nicht aus einem kugelförmigen Kern und kugelförmigen Elektronen, die auf Planetenbahnen um diesen Kern kreisen, besteht, sondern daß wir nicht wissen – auch die Quantenmechanik „weiß" es nicht! –, wie es „wirklich aussieht". Die Anwendungsmöglichkeit solcher Vorstellung hört hier überhaupt auf. Das Atom ist nicht „sehbar", daher ist es auch ein sinnloses Unterfangen, sich ein Bild seiner Wirklichkeit machen zu wollen. Wir brauchen, wie gesagt, dieses Wissen auch nicht, wenn das Modell uns das leistet, was wir für das Verständnis der Vorgänge, die uns makroskopisch

---

[1] Soweit sie nicht elektrostatischer Natur (Ionenmoleküle) sind, also z. B. Doppelbindungen von Kohlenstoffatomen, also gleichartigen Teilchen, die ihre Rollen tauschen können, weil sie nicht voneinander unterschieden werden können („Austauschkräfte"); aber auch z. B. die VAN DER WAALSschen Kräfte gehören hierher.

[2] Im klassischen Sinn. Der „Zustand" eines Teilchens entsteht erst durch die Beobachtung. Der Zustandsbegriff ist gegenüber der klassischen Physik dahingehend eingeschränkt, daß von zwei konjugierten Größen jeweils nur eine festgestellt werden kann.

[3] Über die Bewegung der Elektronen im Atom macht die Quantenmechanik nur noch Wahrscheinlichkeitsaussagen („Aufenthaltswahrscheinlichkeit"). Der zu einem bestimmten Quantenzustand gehörende *mittlere* Abstand Elektron—Atomkern entspricht aber dem Radius der Elektronenbahn im BOHRschen Atommodell!

entgegentreten, brauchen, und das tut das klassisch-mechanische Modell in hinreichendem Maße: Es läßt uns die Vorgänge bei der Kernspaltung verstehen und berechnen, „als ob" wir Teilchen und Wellen vor uns haben. Dabei brauchen wir auch nicht danach zu fragen, ob es wirklich Wellen oder Teilchen sind.

Der Zwang zur heutigen Quantenmechanik, und darüber hinaus zur modernen Quantenelektrodynamik, entstammt der Unmöglichkeit, mit den alten Vorstellungen die physikalisch beobachtbaren Tatsachen befriedigend, d. h. in Übereinstimmung miteinander, zu deuten. Eine der ersten Schwierigkeiten ergab sich dadurch, daß gewisse Erscheinungen des Lichtes nur gedeutet werden können, wenn man das Licht als Wellenvorgang[1], als Schwingung also, betrachtet, während andere nur zu verstehen sind, wenn man annimmt, daß das Licht in einzelnen Teilchen[2], in „Lichtquanten", ausgestrahlt wird. Die Bemühungen gingen anfänglich darum, diese Diskrepanz zu beseitigen, bis man einsehen lernte, daß es sich nicht um eine Alternative, sondern um einen Dualismus handelt: Das Licht tritt nicht entweder als Welle oder als Teilchen auf, sondern sowohl als Welle wie als Teilchen. Damit mußte irgendwann die Frage gestellt werden, ob die Materieteilchen, die z.B. als α- oder β-Strahlen bekannt sind, nicht umgekehrt ebenfalls eine Wellennatur zeigen. Das konnte experimentell durch Elektronenbeugung bewiesen werden: Die Korpuskeln der β-Strahlen, also die Elektronen, benehmen sich u.U. so, als ob sie nicht Teilchen, sondern eine Welle wären. Es gelang schließlich, eine Beziehung zu gewinnen, die mit Hilfe des PLANCKschen Wirkungsquantums h (Dimension einer „Wirkung": Arbeit × Zeit, z.B. erg · sek oder Watt · sek · sek, also Watt · sek[2]) erlaubt, jedem Teilchen gemäß seiner Geschwindigkeit und Masse eine Wellenlänge zuzuordnen. Davon ausgehend, ist die Quantenmechanik (als Erweiterung der klassischen Mechanik) auf zwei verschiedenen Wegen von SCHRÖDINGER über die Wellengleichung und von HEISENBERG über Matrizenrechnung — beide führen zum gleichen mathematischen Endergebnis — entwickelt worden. Sie vermag, wie oben gesagt, in bezug auf den Bereich der Deutung bisher unverständlicher Vorgänge ganz wesentlich mehr zu leisten als die klassische Mechanik, erreicht dies aber auf Kosten der Anschaulichkeit mit mehr oder weniger erheblichem mathematischem Aufwand. Um die technisch interessierenden Probleme anschaulich zu verstehen, genügt jedoch das mechanische Atommodell, mit dem wir uns im folgenden begnügen werden. Ein weiteres Eingehen auf diese Dinge würde den Rahmen dieses Buches sprengen, und wir müssen uns damit zufriedengeben, auf ausführliche Darstellungen der Atomphysik und der Quantenmechanik zu verweisen [*33, 34, 35, 36, 37, 38, 39*].

---
[1] Interferenz.
[2] Z.B. beim lichtelektrischen Effekt.

6. Die Atomhülle

Ausgehend vom RUTHERFORDschen Atommodell hat BOHR ein Modell geformt, welches wir unseren ferneren Betrachtungen zugrunde legen werden, wobei wir uns stets des im vorigen Abschnitt Gesagten über seine ,,Wirklichkeit" bewußt sein müssen. Der geniale Grundgedanke von

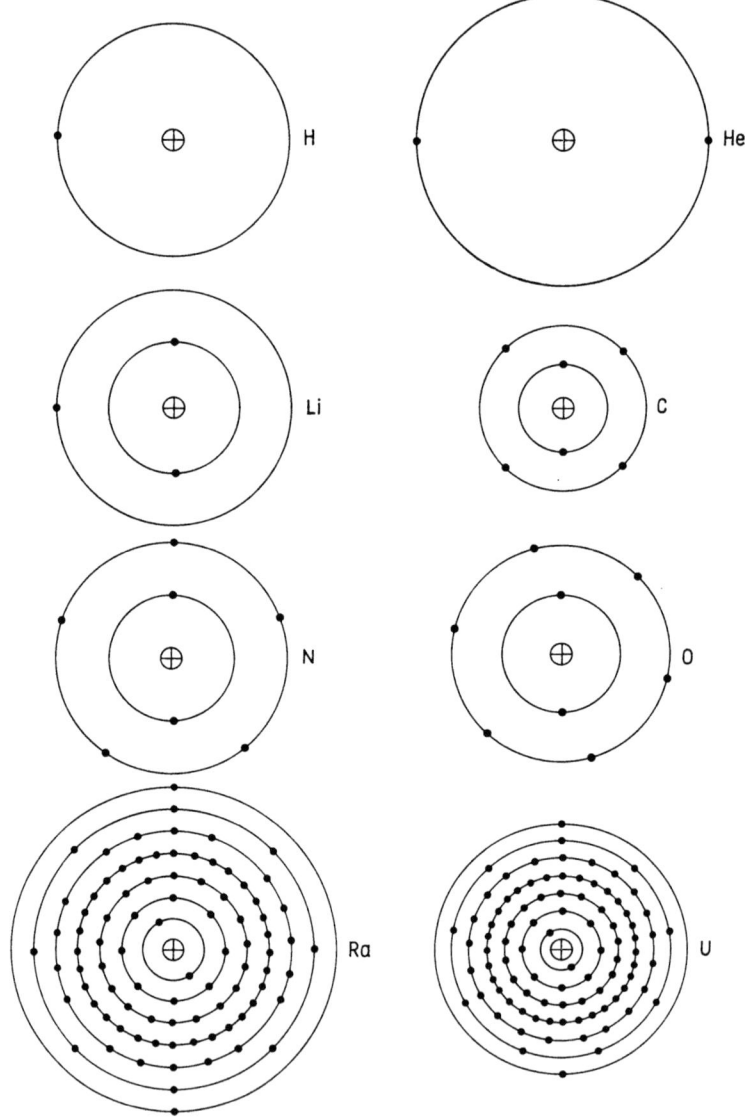

Abb. 12. Atommodelle verschiedener Elemente. Die kleinen Kreise mit Kreuz bedeuten die (positiv geladenen) Atomkerne, die Punkte die negativen Elektronen und die großen Kreise die ,,Schalen", in denen die Atome angeordnet sind (nach HANLE)

BOHR bestand darin, den PLANCKschen Begriff des Wirkungsquantums auf das RUTHERFORDsche Atommodell anzuwenden. Um das zu verstehen, ist von folgendem auszugehen:

1. Das Atommodell von RUTHERFORD ist dem kosmischen Planetensystem nachgebildet, nachdem es sich erwiesen hatte, daß die elektrische Ladung in Form von Elektronen frei existieren kann und damit irgendwie die Vorstellung verbunden werden mußte, daß die Elementarmenge oder die „Elementarquanten" dieser Ladung, „Elektron" genannt, in irgendeiner Weise in das Atom eingebaut und von ihm entfernt werden können muß. Dazu bot sich eine Vorstellung an, die etwa einem Sonnensystem entspricht, Abb. 12: Um einen „Kern", nämlich den Atomkern, sind die Elektronen auf ihren Planetenbahnen untergebracht. Auf diese Weise

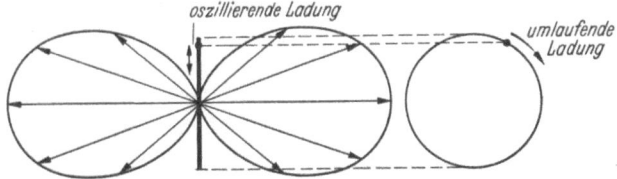

Abb. 13. Strahlung eines Oszillators (nach HANLE)

wird die positive Ladung des Kerns mittels einer entsprechenden Anzahl negativer Elementarladungen, also mittels Elektronen, kompensiert.

Indessen ergeben sich hierbei zwei Schwierigkeiten:

a) Um Gleichgewicht zwischen der Zentrifugalkraft der auf ihren Bahnen kreisenden Elektronen und der COULOMBschen Anziehungskraft herzustellen, müssen die Elektronen mit einer bestimmten Winkelgeschwindigkeit um den Kern rotieren[1]. Ein z. B. auf einer Kreisbahn umlaufendes Elektron stellt aber eine oszillierende elektrische Ladung dar. Um das einzusehen, braucht man sich nur die Projektion der Kreisbahn auf eine zur Kreisebene senkrechte Ebene vorzustellen, Abb. 13: Wir haben einen Oszillator vor uns, der Energie ausstrahlt wie jede technische Dipolantenne. Wenn aber das Elektron Energie ausstrahlt, muß das auf Kosten seiner kinetischen Energie geschehen, da die Ladung erwiesenermaßen unveränderlich ist. Infolgedessen müßte der Bahnradius ständig kleiner werden und das Elektron schließlich in den Kern stürzen. Die Erfahrung lehrt nun, daß weder das eine noch das andere der Fall ist: Atome im Normalzustand strahlen keine Energie aus, und ihr Zustand bleibt ohne äußere Einwirkung erhalten[2]. Dieses Atommodell ist also nur dann möglich, wenn aus irgendwelchen Gründen *keine* Energie von den kreisenden Elektronen ausgestrahlt wird.

---

[1] Sie führen also eine *beschleunigte* Bewegung aus.
[2] Jeder Bahn entspricht eine bestimmte Energie des Atoms. „Angeregte" Atome, d. h. solche mit höherer Energie, strahlen.

b) Wie ein Planet in einem Sonnensystem müßte auch das Elektron bei seinem Umlauf um den Kern jede beliebige Bahn, lediglich bestimmt durch die Umlaufgeschwindigkeit, einnehmen können, weil in einem solchen System beliebige Bahnen möglich sind. Wenn man aber annimmt — und das müßte man zunächst tun —, daß die ausgestrahlte Energie, also speziell die Wellenlänge ausgestrahlten Lichtes der Umlauffrequenz des Elektrons entspricht, dann bliebe es völlig unerklärlich, weshalb das Spektrum der Atome (z.B. leuchtender Gase wie Wasserstoff u.a.) nur einzelne, diskrete Frequenz- (oder was dasselbe bedeutet gemäß $\lambda = \nu \cdot c$, Wellenlängen-) Werte, nämlich die Spektrallinien, zeigt.

2. Bei der Untersuchung des (Strahlungs-) Spektrums glühender Körper[1] findet man mit geeigneten Meßmitteln, daß mit steigender Temperatur das Strahlungsmaximum der Energieverteilungskurve sich nach dem Bereich kürzerer Wellen verschiebt, wie es Abb. 14 zeigt. Der Versuch, diese gemessenen Kurven theoretisch abzuleiten, scheiterte zunächst: Mit den Ansätzen der kinetischen Wärmetheorie ergeben sich nicht die gemessenen Kurven, also nicht ein Maximum bei einer bestimmten Wellenlänge mit einem dann folgenden relativ steilen Abfall in Richtung auf kürzere Wellenlängen, sondern eine ständige Zunahme nach dem kurzwelligen Gebiet hin. Es gelang erst MAX PLANCK, diese Diskrepanz zu beseitigen, indem er davon ausging, daß die Strahlungsenergie einer Licht- oder Wärmestrahlung nicht stetig, sondern nur in ganzen Vielfachen einer Mindestmenge, also eines „Quantums", abgegeben werden kann. Dieses Quantum E [erg] der Energie ist nach seinem Ansatz proportional der Schwingungszahl ν [sek^{-1}]. Den Proportionalitätsfaktor nannte er h [erg · sek]:

$$E = h \cdot \nu. \tag{1}$$

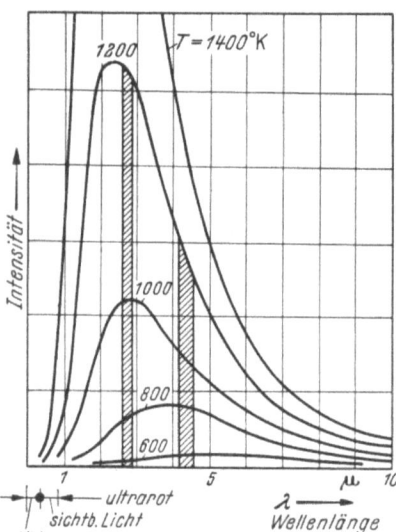

Abb. 14. Verteilung der Strahlungsenergie des schwarzen Körpers (nach KIESSKALT)

Es zeigte sich nun, daß dieses „PLANCKsche Wirkungsquantum h" weit mehr war als eine geschickt angesetzte Rechengröße mit dem Ziel, die Energieverteilung des besagten Spektrums zu berechnen. Es erwies sich als eine *universelle Konstante*, die dazu geeignet war, eine

---

[1] Für den Grenzfall der Hohlraumstrahlung, also Spektrum des heißen, schwarzen Körpers.

große Zahl bisher offener Probleme der Physik ihrer Lösung zuzuführen. Der Name „Wirkungsquantum" leitet sich aus dem entsprechenden Begriff der klassischen Mechanik ab, wo das Produkt aus Energie und Zeit „Wirkung" genannt wird. Es zeigte sich im Laufe der Zeit, daß Gl. (1) für alle Wechselwirkungen zwischen Strahlung und Materie im atomaren Bereich gilt.

BOHR verknüpfte nun das RUTHERFORDsche Modell mit der PLANCKschen Quantenhypothese, und es gelang ihm dadurch, das Linienspektrum der Atome, zunächst wenigstens beim Wasserstoff, zu berechnen. Er stellt die kühne, anfänglich durch nichts begründete Behauptung auf, daß die Elektronen den Kern nur auf ganz bestimmten Bahnen, den „Quantenbahnen" umkreisen könnten und dann auf solchen Bahnen keine Energie nach außen abgeben! Mit anderen Worten mußte also die Gültigkeit der MAXWELLschen Gleichungen im atomaren Bereich aufhören. Warum das so sein sollte, blieb offen. Das PLANCKsche Wirkungsquantum h erscheint hier als ein „Deus ex machina", wie es R. W. POHL einmal treffend ausgedrückt hat. Es ergab sich aber auf jeden Fall, daß mit dieser und einer anderen Annahme es möglich wurde, die bisher existierenden empirischen Formeln für das Linienspektrum des Wasserstoffatoms exakt abzuleiten. Es konnte das sog. erste BOHRsche Postulat aufgestellt werden, wonach das Produkt aus dem Impuls $m \cdot v$ des Elektrons und dem Umfang seiner Bahn $2\pi r$ — also wiederum eine Wirkung — gleich dem ganzzahligen Vielfachen des PLANCKschen Wirkungsquantums sein muß:

$$m \cdot v \cdot 2\pi r = n \cdot h. \tag{2}$$

Daraus ergibt sich im einfachsten Fall kreisförmiger Bahnen:

$$r = \frac{n \cdot h}{2\pi \cdot m \cdot v}. \tag{3}$$

Für die Stabilität der Bahnen gilt nach dem RUTHERFORDschen Modell, daß Gleichgewicht zwischen Zentrifugalkraft und elektrischer Anziehung herrschen muß, also:

$$\frac{m \cdot v^2}{r} = \frac{q \cdot e}{4 \cdot \pi \varepsilon_0 r^2}, \tag{4}$$

wobei q die Ladung des Kernes, e die elektrische Elementarladung, also die Ladung des Elektrons, und ε_0 die Dielektrizitätskonstante des leeren Raumes sind. Daraus folgt

$$r = \frac{q \cdot e}{4\pi\varepsilon_0 mv^2}. \tag{4a}$$

Für das einfache Wasserstoffatom mit $q = e$ ergibt sich damit aus den Gln. (2) und (4a) der Radius der n-ten Quantenbahn

$$r_n = h^2 \cdot n^2 \cdot \frac{\varepsilon_0}{m \cdot \pi \cdot e^2} \qquad n = 1, 2, 3 \ldots \tag{5}$$

Da im speziellen Fall des betrachteten Wasserstoffatoms alle Größen Konstanten sind, ergibt sich die Aussage, daß nur Elektronenbahnen möglich sind, deren Radius dem Quadrat der Quantenzahl n proportional ist. Wir erhalten so das Wasserstoffatommodell in Abb. 15: Um den Kern, der eine positive Ladung trägt, kreist ein Elektron, dem die Bahnen mit den Quantenzahlen $n = 1, 2, 3 \ldots$, und nur diese Bahnen, zur Verfügung stehen. Wenn es sich auf einer dieser Bahnen befindet, strahlt es *keine* Energie aus. Es ergeben sich dafür die Werte der Tab. 3. Es zeigt sich nun tatsächlich, daß die Umlauffrequenzen durchaus nicht den gemessenen Lichtfrequenzen der Spektrallinien entsprechen, was auch gar nicht zu erwarten ist, da das Atom in diesen Zuständen, in denen sich das Elektron auf einer stabilen Bahn befindet, keine Energie ausstrahlt.

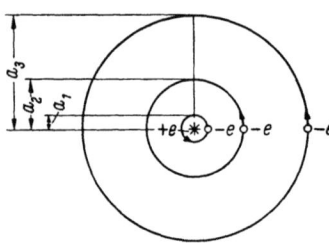

Abb. 15. Modell des Wasserstoffatoms mit Kern und Quantenbahnen der Elektronenhülle. Radien a_1, a_2, a_3 der Quantenbahnen $n = 1, 2, 3$ (nach BAVINK)

Tabelle 3. *Energieniveaus des Wasserstoffes*
(nach Schwenkhagen [*41*])

Quantenzahl k [—]	Bahnradius r [Å]	Geschwindigkeit v [km/sek]	Umlauffrequenz n [sek^{-1}]
1	0,53	2 250	$6{,}50 \cdot 10^{15}$
2	2,13	1 125	$0{,}81 \cdot 10^{15}$
3	4,80	750	$0{,}24 \cdot 10^{15}$
4	8,53	563	$0{,}10 \cdot 10^{15}$

Die weitere Behauptung BOHRs — das sog. zweite BOHRsche Postulat — ging daher dahin, daß nur dann Energie ausgestrahlt wird, wenn das Elektron sich von einer Quantenbahn auf eine andere, energieärmere, begibt und umgekehrt Energie aufnimmt, wenn es von einer energieärmeren auf eine energiereichere Quantenbahn gehoben wird, und zwar gemäß Gl. (1), also $E_i - E_k = h \cdot \nu$, wobei $E_i > E_k$ ist. Mit dieser zweiten Quantenbedingung (Frequenzbedingung) lassen sich nun tatsächlich die optisch gemessenen Linienspektren des Wasserstoffs ausrechnen[1]. Wir finden für die Frequenz ν des umlaufenden Elektrons mit $\nu = v/2\,r\,\pi$ aus Gl. (4)

---

[1] Trotzdem ist das natürlich kein Beweis für die „Wirklichkeit" des Atommodells. Man sieht das schon dann ein, wenn man sich nur folgende Frage vorlegt: Dem Elektron ist nur der Aufenthalt auf den einzelnen Quantenbahnen „erlaubt". Dazwischen darf es sich niemals befinden. Trotzdem muß es den Zwischenraum zwischen zwei Bahnen durchlaufen, um von einer Quantenbahn auf die andere zu gelangen. Weil es sich also bei diesem Atommodell offensichtlich nur um ein Modell handeln kann, welches erlaubt, die „wirklichen" makroskopisch meßbaren Vorgänge zu berechnen, spricht man u. a. heute nicht mehr von Elektronenbahnen, sondern von Quanten-„Zuständen", Energiestufen oder Energieniveaus.

$$v = \frac{1}{2\pi} \sqrt{\frac{q \cdot e}{4\pi\varepsilon_0 \cdot r^3 \cdot m}} \qquad (6)$$

und aus Gl. (6) durch Einsetzen von Gl. (2) die Umlauffrequenz auf der n-ten Quantenbahn:

$$v_n = \frac{1}{h^3 n^3} \cdot \frac{e^4 m}{4\varepsilon_0^2} \qquad n = 1, 2, 3 \ldots \qquad (7)$$

Die kinetische Energie des Elektrons nach der allgemeinen Beziehung $E_{kin} = mv^2/2$ wird unter Benutzung von Gl. (4)

$$E_{kin} = \frac{q \cdot e}{8\pi\varepsilon_0 \cdot r} \qquad (8)$$

und die potentielle Energie, wenn sie beim unendlich weit vom Kern entfernten Elektron Null ist,

$$E_{pot} = -\frac{q \cdot e}{4\pi\varepsilon_0 \cdot r}. \qquad (9)$$

Daraus erhalten wir wiederum mit Hilfe von Gl. (5) die Gesamtenergie $E = E_{kin} + E_{pot}$:

$$E = -\frac{1}{h^2 n^2} \cdot \frac{e^4 \cdot m}{8\varepsilon_0^2}. \qquad (10)$$

Unter normalen Umweltbedingungen[1] befindet sich das Elektron des Wasserstoffatoms auf der „tiefsten", d. h. also der innersten Bahn mit der Quantenzahl $n = 1$. Es hat dabei die größte (negative) Bindungsenergie und damit die niedrigste Energiestufe der möglichen Bahnen. Die Hebung auf weiter außenliegende Bahnen erfordert Energiezufuhr, die beim Zurückfallen auf Bahnen mit kleineren Quantenzahlen n als Licht (es braucht kein sichtbares Licht zu sein) wieder ausgestrahlt wird. So ergibt sich nun für die freiwerdende Energie beim Übergang des Elektrons von der k-ten auf die n-te Bahn aus Gl. (10) mit $k > n$

$$\Delta E = E_k - E_n = h \cdot v = \frac{e^4 \cdot m}{8\varepsilon_0^2 h^2} (1/n^2 - 1/k^2) \qquad (11a)$$

und daraus ohne weiteres für die Frequenz der ausgestrahlten Energie

$$v = \frac{e^4 m}{8\varepsilon_0^2 \cdot h^3} (1/n^2 - 1/k^2). \qquad (11b)$$

Den Ausdruck

$$R = \frac{e^4 m}{8\varepsilon_0^2 h^3}$$

nennt man die RYDBERG-Konstante. Sie ist ursprünglich auf rein empirischem Wege aus der Ausmessung der Wasserstoffspektren als eine Art von „Hexeneinmaleins" abgeleitet worden. Es ist ein besonders in die Augen springender Erfolg der BOHRschen Theorie, daß die in der RYD-

---
[1] „Grund- oder Normalzustand".

BERG-Konstanten gegebene Rechenregel sich als durch das Atommodell fundiert ergab, wenn auch für die Quantenbedingungen von BOHR zunächst ebenfalls keine physikalische Begründung gegeben werden konnte. Das blieb erst der späteren Wellen- und Quantenmechanik vorbehalten, auf die wir hier nicht einzugehen haben, ebensowenig wie es

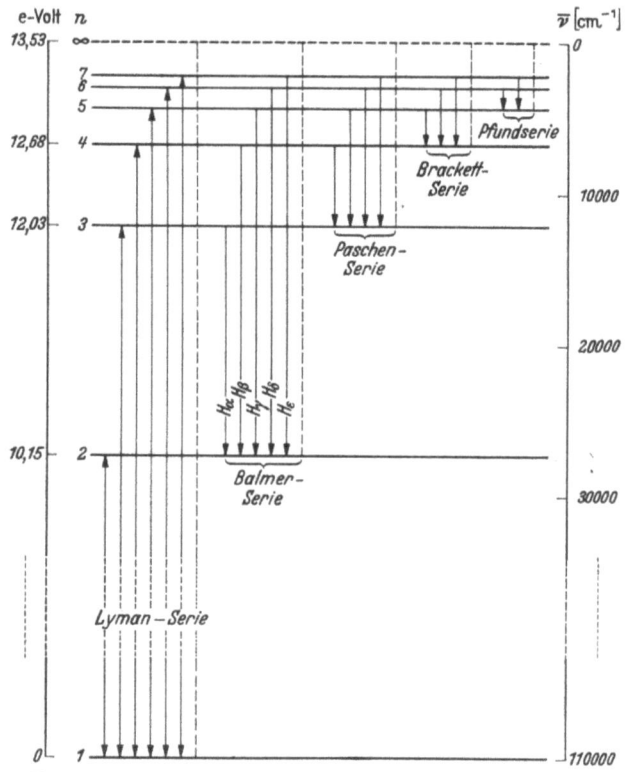

Abb. 16. Term-(Energieniveau-)-schema des Wasserstoffatoms mit Spektralserien (nach FINKELNBURG)

für unser Vorhaben erforderlich ist, die wesentlich komplizierteren Feinheiten der BOHRschen Theorie zu erörtern.

Mit den Gln. (11a) und (11b) ist es möglich, die Spektrallinien zu berechnen und in ein sog. Termschema einzuordnen, wie es Abb. 16 zeigt. Man kann jeder Stufe einen Energiebetrag zuordnen, der in einem beliebigen Energiemaß angegeben werden kann, z. B. in *erg* oder in eV, worauf später noch zurückzukommen sein wird.

Es erweist sich damit, daß die Elektronen eines Atoms in bestimmte Energieniveaus eingeordnet werden können. Allerdings wird die Sache schon beim Helium wesentlich komplizierter. Wir begnügen uns mit der Feststellung, daß das Wasserstoffatom, bestehend aus einem positiv geladenen Kern mit einer Elementarladung und einem diese positive Elementarladung kompensierenden Elektron, das einfachste Atom ist. Wenn ihm das Elektron, z.B. dadurch, daß diesem so viel Energie zugeführt wird, daß es auf eine Quantenbahn $n = \infty$ gehoben wird, genommen wird, bleibt der „nackte" Kern mit einer positiven Elementarladung zurück: Das Wasserstoffatom ist „ionisiert". Es ist nicht mehr elektrisch neutral und wird daher in einem elektrischen Felde bestrebt sein, zur negativen Elektrode zu wandern oder sonst irgendwie sich zu neutralisieren. Das kann z.B. auch dadurch geschehen, daß es sich mit einem negativen Ion, einem Atom also, welches eine negative Elementarladung zuviel, demnach also ein überschüssiges Elektron hat, verbindet, so daß ein Ladungsausgleich stattfindet. Ein Beispiel hierfür ist die *chemische Reaktion* $Na^+ + Cl^- = NaCl$:

Ein positives Natriumion verbindet sich mit einem negativen Chlorion zu einem neutralen Kochsalzmolekül. Bei solchen chemischen Reaktionen kann Bindungsenergie frei oder verbraucht werden. Die Verbindung von Kohlenstoff mit Sauerstoff z.B. ist eine Reaktion, bei der Bindungsenergie, nämlich die Verbrennungswärme, frei wird. Wir entnehmen daraus, daß die chemischen Reaktionen sich lediglich in der Elektronenhülle der Atome abspielen. Die hierbei freiwerdende Energie je Atom ist um viele Größenordnungen kleiner als diejenige bei Kernreaktionen. Darauf wird zurückzukommen sein.

Wir haben gesehen, daß das Wasserstoffatom das einfachste der bekannten Atomsorten der Elemente ist. Die Zahl der positiven Kernladungen und damit der die Hülle bildenden Elektronen steigt bei den natürlichen Elementen bis auf 92 beim Uran an. Es ist schon frühzeitig gelungen (MENDELEJEFF, MEYER), die Elemente nach diesen Ladungszahlen[1] zu ordnen, und zwar sie in Perioden so unterzubringen, daß chemisch sich ähnlich verhaltende Elemente bei durchlaufender Numerierung nach ihrer Elektronenzahl übereinanderstehen. Diese Anordnung ist das periodische System, Tab. 4. Sie zeigt die herkömmliche Art der Darstellung, wie sie vor allem von den Chemikern verwendet wird, weil das System eben gerade in dieser Form die chemischen Eigenschaften, z.B. das ähnliche Verhalten bestimmter Elemente, wie der Halogene oder der Edelgase, oder die chemische Wertigkeit u.a. gut und übersichtlich erkennen läßt. Man kann den fortschreitenden Aufbau der Elemente nach der Ordnungszahl Z, also der Anzahl der Elektronen in der Hülle bzw. der Anzahl der positiven Kernladungen des Atomkerns aber auch noch anders betrachten. Die Verfeinerung der BOHRschen Theorie hat ergeben, daß die möglichen Bahnen oder Energiestufen nicht allein durch die

---

[1] Genauer gesagt, wurde damals die Ordnung der Elemente nach ihren Atomgewichten vorgenommen. Damit ergab sich die Kernladungszahl zunächst als bloße Numerierung.

Tabelle 4. Das Periodische System der Elemente. (Chemische Atomgewichtsskala.)

	Ia	Ib	IIa	IIb	IIIa	IIIb	IVa	IVb	Va	Vb	VIa	VIb	VIIa	VIIb	VIIIa		VIIIb
1	1 H 1,0080																2 He 4,003
2	3 Li 6,940		4 Be 9,013		5 B 10,82		6 C 12,010		7 N 14,008		8 O 16,000		9 F 19,00				10 Ne 20,183
3	11 Na 22,997		12 Mg 24,32		13 Al 26,97		14 Si 28,06		15 P 30,98		16 S 32,066		17 Cl 35,457				18 A 39,944
4	19 K 39,096	29 Cu 63,54	20 Ca 40,08	30 Zn 65,38	21 Sc 45,10	31 Ga 69,72	22 Ti 47,90	32 Ge 72,60	23 V 50,95	33 As 74,91	24 Cr 52,01	34 Se 78,96	25 Mn 54,93	35 Br 79,916	26 Fe 55,85	27 Co 58,94	28 Ni 58,69 36 Kr 83,7
5	37 Rb 85,48	47 Ag 107,880	38 Sr 87,63	48 Cd 112,41	39 Y 88,92	49 In 114,76	40 Zr 91,22	50 Sn 118,70	41 Nb 92,91	51 Sb 121,76	42 Mo 95,95	52 Te 127,61	43 Tc [99]	53 J 126,92	44 Ru 101,7	45 Rh 102,91	46 Pd 106,7 54 X 131,3
6	55 Cs 132,91	79 Au 197,2	56 Ba 137,36	80 Hg 200,61	57 La 138,92	81 Tl 204,39	58—71 s. u. 82 Pb 207,21	72 Hf 178,6	73 Ta 180,88	83 Bi 209,00	74 W 183,92	84 Po 210	75 Re 186,31	85 At [210]	76 Os 190,2	77 Ir 193,1	78 Pt 195,23 86 Em 222
7	87 Fr [223]		88 Ra 226,05		89 Ac [227]	90—103 s. u.											

Lanthaniden. (Seltene Erden.)

58 Ce 140,13	59 Pr 140,92	60 Nd 144,27	61 Pm [147]	62 Sm 150,43	63 Eu 152,0	64 Gd 156,9	65 Tb 159,2	66 Dy 162,46	67 Ho 164,94	68 Er 167,2	69 Tu 169,4	70 Yb 173,04	71 Lu 174,99

Actiniden.

90 Th 232,12	91 Pa 231	92 U 238,07	93 Np —	94 Pu —	95 Am —	96 Cm —	97 Bk —	98 Cf —	99 (Es) —	100 (Fm) —	101 (Md) —	102 —	103 —

Quantenzahl, genauer gesagt die Hauptquantenzahl $n = 1, 2, 3 \ldots$ beschrieben werden kann, sondern daß noch drei weitere Quantenzahlen hinzutreten, so daß der Zustand eines Elektrons nicht durch eine, sondern durch vier Quantenzahlen gekennzeichnet ist. Durch deren Kombination unter Anwendung bestimmter Regeln (u. a. das „PAULI-Verbot", wonach niemals zwei Elektronen in allen vier Quantenzahlen übereinstimmen können) ergeben sich ganz bestimmte Elektronen-Konfigurationen, deren Darstellung in den sog. Elektronenschalen gipfelt, die mit großen Buchstaben $K, L, M \ldots$ bezeichnet werden. Man findet dann, daß die innerste, die K-Schale, nur höchstens mit zwei Elektronen besetzt werden kann. Sie beginnt mit Wasserstoff, $Z = 1$ und endet mit dem Edelgas Helium, $Z = 2$. Dann beginnt die nächste, die L-Schale, die aus zwei Untergruppen besteht, deren eine wiederum mit zwei, deren andere jedoch mit sechs, die L-Schale also insgesamt mit acht Elektronen besetzt werden kann. Sie beginnt mit Lithium, $Z = 3$, wobei zwei Elektronen sich in der K-Schale, eines in der L-Schale befindet, und endet wiederum mit einem Edelgas, dem Neon, $Z = 10$, wobei zwei Elektronen in der K-Schale und nunmehr acht Elektronen in der vollausgefüllten L-Schale untergebracht sind. So setzt sich der Aufbau der Schalen von Element zu Element durch das periodische System fort. Allerdings werden die Schritte des Aufbaues komplizierter als in den ersten beiden Schalen: Bei der M-Schale z. B. wird der Aufbau nach der Auffüllung der zweiten Untergruppe abgebrochen, setzt sich in der ersten Untergruppe der N-Schale fort und springt dann wieder zurück zur dritten Untergruppe der M-Schale. Unter Beachtung dieser Gesetzmäßigkeiten läßt sich das periodische System auch so darstellen, wie es Tab. 5 zeigt. Man sieht dabei, daß die Edelgase immer dadurch gekennzeichnet sind, daß sie mit einer voll aufgefüllten Schale enden. Daraus erklärt sich ihre chemische Trägheit, d.h. die Unmöglichkeit, Verbindungen von ihnen herzustellen. Atome sind im allgemeinen nur dann reaktionsfähig, wenn sie ein Elektron oder einige Elektronen in einer angefangenen, also noch nicht voll aufgefüllten Schale haben. Diese Elektronen einer unvollständigen Schale nennt man Valenzelektronen, weil sie für die chemischen Verbindungen wesentlich sind, oder in der Physik auch oft Leuchtelektronen.

Wir sehen daraus, daß die chemischen Eigenschaften, nach denen wir die Elemente seit alters her zu unterscheiden gelernt haben, durchaus eine periphere Angelegenheit der Atome, eine Angelegenheit der Elektronenhülle der Atomkerne sind, und zwar meistens auch nur eine Angelegenheit der äußeren Schale. Mit steigender Ordnungszahl werden die inneren Schalen immer weniger an Vorgängen beteiligt, die von außen auf das Atom einwirken. Während z. B. Wasserstoff noch ohne großen Aufwand zu ionisieren ist, obwohl sich sein einziges Elektron auf der K-Schale

40 Physikalische Grundzüge

Tabelle 5. *Periodisches System nach Elektronenschalen geordnet.* (Nach SCHWENKHAGEN [41])

befindet, spielt sich bei Elementen höherer Ordnungszahl die Ionisation nur in der äußersten Hülle, z. B. in der M-Schale, ab, während die Elektronen der K- oder L-Schale nur noch schwer zugänglich sind. Dies äußert sich u. a. darin, daß die Elektronen der K-Schale des Kupfers z. B. nur noch durch Stoß mit Elektronen hoher Energie auf ein höheres Niveau gehoben werden können und dann unter Aussendung entsprechend energiereicher Strahlung, nämlich von Röntgenstrahlung[1] gemäß der Beziehung $E = h \cdot v$ auf ihr Niveau zurückfallen. Aber auch diese Vorgänge lassen den Atomkern selbst völlig unberührt.

7. Der Atomkern

Zwei Gründe sind es hauptsächlich, die den Kern gegen äußere Eingriffe durch elektrisch geladene Teilchen abschirmen: seine elektrische Ladung mit den daraus resultierenden COULOMBschen Kräften und die Elektronenhülle, die ihn in weitem Abstand von anderen Atomkernen hält. Die BOHRsche Theorie ergab in guter Übereinstimmung mit anderen Meßmethoden einen Durchmesser des Wasserstoffatoms im Normalzustand von $2\,r = 1{,}06 \cdot 10^{-8}$ cm. Allerdings muß man sich dabei darüber klar sein, daß es nicht möglich ist, einen „wirklichen" Atomdurchmesser, wie etwa bei einem makroskopischen festen Körper, zu bestimmen, weil das Atom, wie wir bereits gesehen haben, kein starrer Körper ist. Die Kräfte klingen ohne scharfe Grenze nach außen ab, und die Bestimmung des Durchmessers auf experimentellem Wege wird wesentlich von der gewählten Methode abhängen. Für die Untersuchungen mit langsamen Elektronen z. B. ergibt sich die Größenordnung von 10^{-8} cm in Übereinstimmung mit gaskinetischen und quantentheoretischen Untersuchungen. Wendet man jedoch schnelle, also sehr energiereiche Elektronen an, schrumpft der Durchmesser je nach der angewandten Energie bis auf etwa 10^{-13} cm zusammen[2]. Daraus wird der Schluß gezogen, daß der letztere Durchmesser *dem Kern des Atoms eignet*. Da Messungen ergeben haben, daß die Masse des Wasserstoffkerns etwa 2000mal so groß ist wie diejenige des Elektrons, muß man annehmen, daß die Masse des Atoms im Kern auf kleinem Raum konzentriert ist und daß das Atom im wesentlichen „leer" ist. Der Kerndurchmesser verhält sich zum Atomdurchmesser wie 1 : 100000.

Beim einfachsten Atom, dem Wasserstoff, steht eine positive Ladung des Kerns einem Hüllenelektron gegenüber. Die Masse des Wasserstoff-

---

[1] Sog. „charakteristische" Röntgenstrahlung.
[2] Auch der Kerndurchmesser ist „verschwommen", ein Kraftfeld, welches ebensowenig eine scharfe Grenze hat wie etwa die Lufthülle der Erde. Deswegen definiert man als Kernradius diejenige Entfernung von der Kernmitte, bei der sich die Ablenkung von α-Teilchen (positiv geladene nackte Heliumkerne) nicht mehr durch das COULOMBsche Gesetz darstellen läßt.

atoms ist im wesentlichen im Kern konzentriert. Dieses „Masseklümpchen" wird Proton (nach RUTHERFORD: „Das erste", nämlich das Elementarbauteilchen der Atomkerne) genannt. Ein ionisiertes Wasserstoffatom, dem sein einziges Hüllenelektron entrissen ist, ist also identisch mit einem Proton. Seine Masse beträgt $m_p = 1{,}672 \cdot 10^{-24}$ g.

Da jedes Elektron hinsichtlich seiner Ladung durch eine positive Kernladung, also demnach durch ein Proton, kompensiert wird, müssen offenbar nach dieser Vorstellung über das Atom im Kern ebensoviel Protonen enthalten sein, wie Elektronen vorhanden sind. Demnach gibt die Ordnungszahl Z, die ja, wie wir schon gesehen haben, mit der Zahl der Elektronen in der Atomhülle bei *neutralem Zustand* des Atoms identisch ist, auch gleichzeitig die Zahl der positiven Elementarladungen im Kern, mithin also die Zahl der Protonen im Kern, an.

Es wäre nun allzu unbequem, mit der Massenangabe in Gramm zu rechnen. In der Chemie wird schon seit langem mit „Atomgewichten" gerechnet, die einfacher zu handhaben sind. Als Einheit dient $1/16$ des Atomgewichtes des Sauerstoffs, dessen Atomgewicht mit 16,000 angesetzt wird. Daraus ergibt sich das Atomgewicht des Wasserstoffs zu 1,008. Im periodischen System, Tab. 4, S. 38, sind bei jedem Element die „chemischen" Atomgewichte eingetragen. Sie sind nur selten ganze oder nahezu ganze Zahlen. Der Grund hierfür ist, daß die meisten Elemente *Gemische aus Atomen verschiedener Massen, aber gleicher Kernladungszahl Z, sog. „Isotope"*, sind. Darauf wird noch ausführlich zurückzukommen sein. Für die Zwecke der Kernphysik ist die Angabe der Atomgewichte in dieser Form unzulänglich. Im Laufe der Jahre hat sich eine Einheit in der Physik eingebürgert, die auf das häufigste Isotop des Sauerstoffs bezogen ist. Auch in der *physikalischen atomaren Massenskala* wird die Einheit ähnlich wie in der Chemie gebildet, jedoch nicht als $1/16$ des Sauerstoff-Isotopgemisches, sondern als $1/16$ des häufigsten Sauerstoffisotops. Sie wird mit 1 ME (sprich: Masseneinheit) = 1000 TME (sprich: tausendstel Masseneinheit) = $1{,}6597 \cdot 10^{-24}$ g bezeichnet. Die in der Einheit ME gemessene Masse eines Atoms wird *Massenwert* genannt und liegt, im Gegensatz zum chemischen Atomgewicht, stets ganz nahe einer ganzen Zahl! In dieser Einheit ausgedrückt beträgt die Masse des Protons 1,007592 ME. Da die Abweichung von einer ganzen Zahl meist weniger als 1% beträgt, darf man für die meisten Zwecke abrunden. Diesen auf eine ganze Zahl abgerundeten Wert nennt man die *Massenzahl*. Sie wird häufig in Anlehnung an das Wort „Atomgewicht" mit A abgekürzt. Demnach beträgt die Massenzahl des Protons genau $A = 1$.

Auf den ersten Blick würde man nun geneigt sein anzunehmen, daß die Massenzahl der Atomkerne bei jedem Element bzw. bei jedem Isotop gleich der Ordnungs- bzw. Kernladungszahl Z sein müßte. Das ist indessen nicht der Fall. Die in jahrzehntelanger Arbeit ermittelten Atomgewichte und die durch die Ermittlung der Isotope festgestellten Kernmassen, als Massenzahlen ausgedrückt, stimmen nur beim Wasserstoff mit der Kernladungszahl überein. Wie ein Blick auf das periodische System lehrt, wachsen aber die Atomgewichte und mithin die Kernmassen schneller an als die Ordnungszahl. Bei den leichtesten Elementen betragen die Atomgewichte etwa das Doppelte der Kernladungszahl, bei den schweren Elementen mehr als das Doppelte. Während man noch vor wenig mehr als 20 Jahren sich diese experimentell erwiesene Tatsache — man kann die Atomgewichte bzw. die Isotopgewichte bzw. die Atommassen und Isotopmassen auf verschiedene Weisen außer-

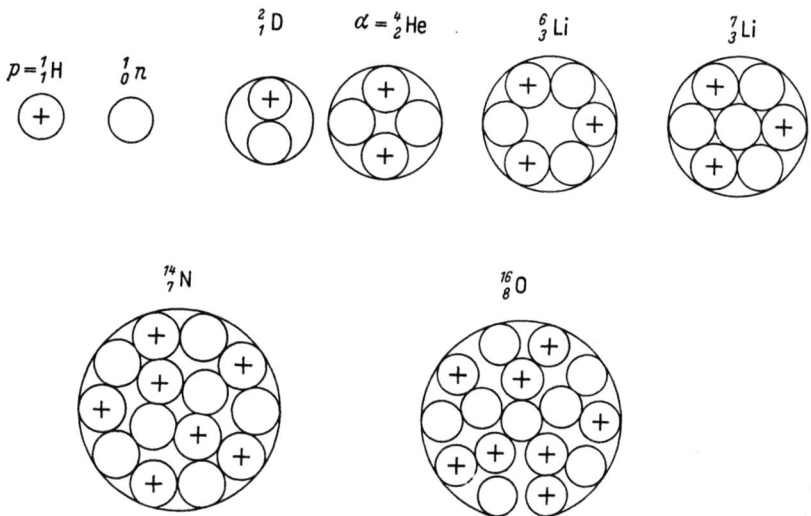

Abb. 17. Schema des Aufbaues einiger Atomkerne aus Protonen und Neutronen (nach HANLE)

ordentlich genau bestimmen — im Atommodell so zu erklären versuchte, daß man sich im Kern eine der Massenzahl A entsprechende Anzahl von Protonen dachte, während ihre die Zahl Z der Elektronen in der Hülle übertreffende positive Ladung durch eine entsprechende Anzahl von $A-Z$ „Kernelektronen" kompensiert würde — denn im neutralen Zustand soll ja die negative Hüllenladung $Z \cdot e$ gleich der positiven Kernladung sein —, geht man heute von der ein hohes Maß von Wahrscheinlichkeit besitzenden Annahme aus, daß nur ebensoviel Protonen im Kern vorhanden sind, wie die intakte, normale Elektronenhülle an Elektronen besitzt, also Z positive Kernladungen und demnach Z Protonen. Die über die Zahl der Protonen überschießende Kernmasse wird durch *ungeladene Kernteilchen* gebildet, nämlich durch $A - Z = N$ „*Neutronen*", wie der Name sagt: Ungeladene Kernteilchen, jedoch ebenfalls mit der Massenzahl 1 wie das Proton, abgerundet vom Massenwert 1,008981 ME, entsprechend einer Masse von $1{,}675 \cdot 10^{-24}$ g.

Demnach stellen wir uns heute das Kernmodell so vor, wie es Abb. 17 darstellt. Die Gesamtheit der Kernbauteile, also die Protonen und Neutronen zusammen, nennt man „Nukleonen"[1].

Die unerfreuliche Abweichung der Atomgewichte von der Ganzzahligkeit hat schon seit langer Zeit gestört, und es hat auch nicht an Versuchen gefehlt, die Gründe hierfür aufzuklären. Es gelang, angeregt durch die Beobachtung an radioaktiven Elementen, bereits im Jahre 1910[2] festzustellen, daß auch einige der stabilen Elemente kein einheitliches Atomgewicht haben, sondern Gemische von Isotopen, also von

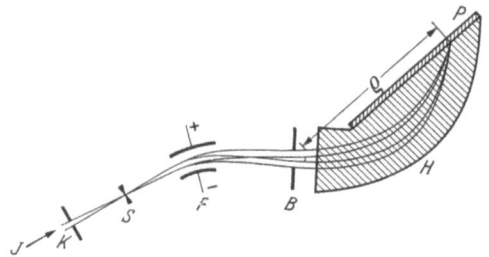

Abb. 18. Schema des Massenspektrographen nach MATTAUCH
J Ionenstrahl; K Eintrittsblende; S Spalt des Spektrographen; F elektrisches Ablenkfeld; B Blende; H Magnetfeld; P photographische Platte; ϱ Abstand der Abbildung des Spaltes vom Strahleintritt ins Magnetfeld (nach HANLE)

Atomen gleicher Ordnungszahl Z, aber verschiedener Massenzahl A sind. Diese Methoden wurden im Laufe der Jahre verfeinert (Massenspektrograph von ASTON und MATTAUCH), und wir wissen genau, daß sehr viele Elemente aus Gemischen von Atomen gleicher Ordnungszahl Z und verschiedener Massenzahl A, also aus Isotopgemischen bestehen (vgl. Isotoptafel Anhang 1, S. 426ff.). Die Messungen können heute mit außerordentlicher Genauigkeit ausgeführt werden. Das Prinzip eines solchen Massenspektrographen ist in Abb. 18 wiedergegeben. Man erzeugt

---

[1] In dieser Ausdrucksweise ist die Auffassung enthalten, daß das Proton und das Neutron genaugenommen nur zwei verschiedene Erscheinungsformen ein und desselben Elementarteilchens sind: Sie können, wie wir später noch sehen werden, ineinander übergehen, indem z. B. bei der Umwandlung eines Protons in ein Neutron ein Elektron „verschwindet" oder im umgekehrten Fall ein Elektron „geboren" wird und frei austritt.

[2] Für uns Ingenieure ist es bemerkenswert, daß alle die vielen Dinge, denen wir in der Kernverfahrenstechnik begegnen, vielfach schon seit vielen Jahrzehnten gesichertes Wissen der Physiker gewesen sind. Wir dürfen dabei aber nicht vergessen, daß von den Versuchen von OERSTED und SIEMENS bis zu der modernen Energieversorgung unserer Tage ebenfalls ein langer Weg zurückzulegen war!

Der Atomkern

Teilchenstrahlen aus dem zu untersuchenden Element derart, daß man die Atome ionisiert und sie infolgedessen in einem elektrischen Feld auf eine angebbare Geschwindigkeit beschleunigen kann. Da diese Ionen Ladungsträger sind, können sie in elektrischen und magnetischen Feldern — ähnlich wie die Elektronen in einer BRAUNschen Röhre, also dem Kathodenstrahl-Oszillographen oder in der Bildröhre eines Fernsehempfängers — abgelenkt werden, wobei diese Ablenkung von Geschwindigkeit, Ladungszustand und Masse abhängt. Die Teilchen ein und derselben Masse werden dann auf einer Photoplatte „fokussiert" und ihr „Massenspektrum" sichtbar und meßbar gemacht. Aus den Daten der Apparatur kann man dann auf die Massenzahl A schließen[1].

Wichtig ist nun folgendes:

Wenn man die einzelnen Isotope kennt, kann man aus dem chemischen Atomgewicht, also aus dem Mischgewicht der Atomsorten des einzelnen Elementes, auf den Anteil der einzelnen Isotope an dem Element schließen. Die Massenwerte der Isotope sind, wie bereits gesagt, im Gegensatz zu den Atomgewichten nun tatsächlich alle ausnahmslos nahezu ganze Zahlen[2], so daß man also nach der vorher vereinbarten Regel diese Massenwerte auf ganzzahlige Massenzahlen A abrunden kann. Damit bekommt jedes Isotop eine ihm und nur ihm eindeutig zugeordnete Massenzahl in Verbindung mit seiner Kernladungszahl Z. Infolgedessen genügt in der Kernphysik nicht mehr die Angabe des Symbols des chemischen Elementes für ein Isotop, sondern es muß die Massenzahl hinzugefügt werden, um eine eindeutige Bezeichnung zu erzielen, denn die Isotope sind ja dadurch gekennzeichnet, daß sie sich chemisch völlig gleichartig verhalten. Wir verstehen das aus den früher angestellten Überlegungen, nämlich daß für die chemischen Reaktionen nur die Elektronenhülle maßgebend ist, und daß diese Elektronenhülle ja wesentlich wieder durch die Kernladungszahl Z gekennzeichnet wird. Im allgemeinen fügt man auch noch die Kernladungszahl Z hinzu und schreibt z. B. für das Isotop des Sauerstoffs mit der Massenzahl 16:

$^{16}_{8}O$, also $^{A}_{Z}$ chemisches Symbol.

Daraus ergibt sich ohne weiteres die Zahl der im Kern enthaltenen Neutronen:
$$N = A - Z. \tag{12}$$

---

[1] Diese Einrichtungen werden heute bereits im großtechnischen Maßstab zur technischen Isotoptrennung, d. h. zur Gewinnung wägbarer Mengen von Atomsorten benutzt. Sie haben bei der Atombombenentwicklung eine große Rolle gespielt. Man nennt sie vielfach „Calutron" (nach: California-University-tron).

[2] Die Abweichungen von der Ganzzahligkeit hängen mit den „Massendefekten" zusammen, die sich aus den für den Zusammenbau der Kerne aus den Nukleonen erforderlichen Bindungskräften gemäß der Energieäquivalenzbeziehung ergeben, worauf später zurückzukommen sein wird. Hierin liegen die Wärmetönungen der Kernreaktionen begründet, auf denen die Kernenergiegewinnung aufbaut.

Sauerstoff ist ein Isotopgemisch, welches hauptsächlich, nämlich zu 99,76%, aus dem Isotop $^{16}_{8}O$ und nur zu 0,2% aus dem Isotop $^{17}_{8}O$ und zu 0,04% aus dem Isotop $^{18}_{8}O$ besteht. Das ist insofern ein glücklicher Umstand, als dadurch die Abweichung der physikalischen Massenzahlen von denjenigen der chemischen Massenskala nur 0,027% beträgt, so daß sich die Masseneinheit der chemischen Skala nur um diesen Betrag von der physikalischen Massenskala unterscheidet. Eine Masseneinheit der chemischen Skala (auch ein Dalton = $1{,}6602 \cdot 10^{-24}$ g genannt) entspricht demnach 1,00027 ME (sog. „SMYTHE-Faktor").

Weiterhin hat sich ergeben, daß die natürlich vorkommenden Elemente — selbst die außerirdischen, wie man z.B. aus Meteoruntersuchungen feststellen kann — stets *ein und dasselbe Mischungsverhältnis* von Isotopen zeigen (wäre das nicht so — und es brauchte durchaus nicht so zu sein —, könnte man in der Chemie kein Atomgewicht ohne weiteres als Rechenunterlage für chemische Prozesse angeben!). Die Zahl der Isotope schwankt nun von Element zu Element ebenso wie das Mischungsverhältnis. Im allgemeinen steigt die Zahl der Isotope mit wachsender Ordnungszahl. Zinn (Sn) hat z.B. 10 stabile und noch weitere instabile Isotope. Das natürlich vorkommende Uran (U) besteht aus den beiden Isotopen $^{238}_{92}U$ und $^{235}_{92}U$, deren Mischungsverhältnis 140:1 beträgt. Das natürliche Uran enthält also nur etwa 0,7% des spaltbaren Isotops $^{235}_{92}U$ oder, wie es auch häufig vereinfacht geschrieben wird, des U-235[1].

Weiter muß man noch beachten, daß mit den Massenspektrographen die Massen der *Atom*sorten, also der Kerne mit ihren Elektronen, bestimmt werden. Um genau zu rechnen, muß man also auch das Gewicht der Hüllenelektronen, gegeben durch die Ordnungszahl Z, multipliziert mit der Masse der Elektronen, abziehen. Indessen ist das für die meisten technischen Rechnungen unwichtig, weil, wie bereits erwähnt, das Elektron nur etwa $1/2000$ der Masse[2] eines Protons hat. Außerdem fällt die Masse der Elektronen selbsttätig in all den Fällen heraus, in denen Massen*differenzen* gleicher Atome berechnet werden. Genau beträgt die Masse des Elektrons $m_e = 0{,}9107 \cdot 10^{-27}$ g, entsprechend $5{,}487 \cdot 10^{-4}$ ME = 0,5487 TME. Abgerundet erhält es daher die Massenzahl Null. Da seine Ladung *eine* negative Elementarladung beträgt (die Ordnungszahl Z zählt die *positiven* Kernladungen, die durch die Elektronen kompensiert sind), wird man ihm die Ordnungszahl $Z = -1$ geben müssen. Als Symbol

---

[1] Es gibt verschiedene Schreibweisen in der Literatur, z.B. auch die mit der Massenzahl rechts oben und der Ordnungszahl links unten, also z.B. $_{92}U^{235}$. Im Prinzip sollte man aber, auf jeden Fall bei dem Anschreiben von Kernreaktionsgleichungen, die Schreibweise mit der Massenzahl links oben und der Ordnungszahl links unten, also $^{235}_{92}U$, anwenden.

[2] Genau verhalten sich die Massen m_p des Protons und m_e des Elektrons wie $m_p/m_e = 1836{,}3$. Es ist übrigens durchaus denkbar, daß diese Zahl einen tiefen Sinn hat, der heute noch nicht erkannt ist.

hat sich „e" eingebürgert, und man pflegt daher das Elektron mit $_{-1}^{0}\text{e}$ zu bezeichnen. Sinngemäß erhält das Neutron mit der Massenzahl Eins und der Ladung Null das Symbol $_{0}^{1}\text{n}$. Die Annehmlichkeiten dieser Symbolik werden wir später kennenlernen.

Tab. 6 gibt eine Übersicht über die wichtigsten Elementarteilchen und Isotope, die in der Kernverfahrenstechnik eine Rolle spielen. Man kennt heute bei insgesamt 98 Elementen etwa 300 stabile und über 1000 instabile (oder radioaktive, was dasselbe ist) Isotope, also Atomsorten, auch — vorzugsweise im Englischen — „Nuklide" genannt. Das scheint durchaus insofern nachahmenswert, als „Isotop" streng genommen voraussetzt, daß Z unverändert ist. Man kann also eigentlich nur von den *Isotopen eines bestimmten Elementes* sprechen, nicht aber allgemein von Isotopen, wenn man die Atomsorten beliebiger Elemente meint.

Wir hatten gesehen, daß das heute in der Kernphysik und in der Reaktortechnik verwendete Atommodell den Aufbau der Kerne aus positiv geladenen Protonen, also Wasserstoffkernen des Isotops $_{1}^{1}\text{H}$ (oft mit dem Symbol p bezeichnet) der Anzahl Z und aus Neutronen $_{0}^{1}\text{n}$ der Anzahl $N = A - Z$ unterstellt, die im Normalzustand mit Z Elektronen $_{-1}^{0}\text{e}$ in der Hülle, aufgeteilt in Energieniveaus, das Atom bilden, so daß die positive Kernladung durch die negative Hüllenladung kompensiert wird. Für den stabilen Zustand dieser so aufgebauten Atome ist gemäß Gl. (4) das Gleichgewicht zwischen COULOMBscher Anziehungskraft und Zentrifugalkraft verantwortlich. Es liegt nun die Frage nahe, welches die Bedingungen für die Stabilität der Kerne selbst sind. Auf den ersten Blick fällt ja schon auf, daß im Kern eng aneinandergepackt die Protonen und Neutronen liegen, und zwar außerordentlich eng, weil ja die Masse des Atoms in einem Gebilde von 10^{-13} cm Durchmesser konzentriert ist[1]. Dabei erhebt sich die Frage, wieso die gleichnamig geladenen Protonen, die sich doch nach den auch in der Atomphysik gültigen elektrostatischen Gesetzen abstoßen müßten, zusammenbleiben.

Zunächst müssen wir uns wieder daran erinnern, daß wir ein Modell vor uns haben, das mit der Wirklichkeit des Atomkerns nichts zu tun hat, sondern ein Denk- und Rechenhilfsmittel ist. Wir denken uns zwar den Kern als einen „Tropfen" Materie und wenden die Gesetze, die bei Flüssigkeitstropfen gelten, auf ihn an. Wir erhalten damit brauchbare Resultate für die Berechnung von Kernreaktionen, aber dieses Modell

---

[1] Die sich aus dieser engen Packung ergebende Dichte ist ungeheuer groß! Aus Stoßversuchen kann auf den Radius des Protons zu $2r_0 = 1{,}3 \cdot 10^{-13}$ cm geschlossen werden. Dann ergibt sich der Radius des Atomkerns in Abhängigkeit von der Massenzahl A zu $r_A = r_0 \cdot \sqrt[3]{A}$. Das bedeutet, daß die Dichte aller Kerne der Elemente etwa gleich ist. Sie ist um 13 bis 14 Zehnerpotenzen höher als „makroskopische" Materie. Ein Kubikmeter „Kernmaterie" würde, wenn sie darstellbar wäre, einige hundert Millionen Tonnen wiegen!

Tabelle 6[1]. *Kennzeichnende Daten einiger Elementarteilchen und Nuklide*
($\sigma_{a\text{(therm)}}$ ist der Absorptionswirkungsquerschnitt für *thermische* Neutronen,
also für $v \approx 2200$ m/sek); nur die wichtigsten Isotope sind aufgeführt!

Bezeichnung	Symbol	A	Z	Massenwert [ME]	Masse [g]	Massen-äquivalent [MeV]	σ_a (therm) [b]	Anteil im natürlichen Isotopengem. %
Elektron	e, β	0	−1	5,49·10⁻⁴	0,91 · 10⁻²⁷	0,5109		
Neutron	n	1	0	1,008981	1,675 · 10⁻²⁴	0,939·10³		
Proton	¹₁H, p	1	1	1,007592	1,672 · 10⁻²⁴	0,938·10³		
Heliumkern	⁴₂He, α	4	2	4,00276	6,643 · 10⁻²⁴	3,75 ·10³		
1 ME	—	—	—	1,00000	1,6597·10⁻²⁴	0,9311·10³		
Wasserstoff	H	1	1	1,008145			0,33	99,985
		2		2,01474			5,7 · 10⁻⁴	0,015
Helium	He	4	2	4,00387			0	~100
Beryllium	Be	9	4	9,0150			9 · 10⁻³	100
Bor	B	10	5	10,0161			3 990	18,8
		11		11,0129			5 · 10⁻²	81,2
Kohlenstoff	C	12	6	12,00381			4,5 · 10⁻³	98,9
		13		13,0075			1,0 · 10⁻³	1,1
Stickstoff	N	14	7	14,00753			1,78	99,6
Sauerstoff	O	16	8	16,0000			2 · 10⁻⁴	99,8
Natrium	Na	23	11	22,997			0,53	100
Magnesium	Mg	24	12	23,992			6 · 10⁻²	78,6
Aluminium	Al	27	13	26,990			0,22	100
Argon	Ar	40	18	39,975			0,53	99,63
Kalium	K	39	19	38,976			1,97	93,2
Eisen	Fe	56	26	55,953			2,34	91,6
Kobalt	Co	59	27	58,592			34	100
Zirkon	Zr	90	40	89,933			0,18	51,5
Kadmium	Cd	113	48	112,940			21 000	12,26
Indium	In	115	49	114,940			190	95,5
Xenon	X	135	54				3,5 · 10⁶	0
Thulium	Tm	169	69				118	100
Hafnium	Hf	177	72				380	18,5
Iridium	Ir	191	77	191,021			650	38,5
		193		193,025			130	61,5
Thallium	Tl	205	81	205,0385			0,1	70,5
Blei	Pb	208	82	208,0416			0,17*	52,4
Wismut	Bi	209	83	209,0458			1,9 · 10⁻²	100
Thorium	Th	232	90	232,1108			7,0	100
		233		233,1143			1 400	0
Protactinium	Pa	233	91	233,1130			37	0
Uran	U	235	92	235,11750			σ_f: 549	0,714
		238		238,12522			2,8	99,3
Neptunium	Np	239	93	239,1277			35	0
Plutonium	Pu	239	94	239,1270			σ_f: 664	0

[1] Die hier angegebenen Werte sind zum Teil entnommen aus: W. H. SULLIVAN: Trilinear Chart of Nuclides. ORNL, USAEC, Washington D.C. 1957. Die Zahlenangaben verschiedener Autoren weichen voneinander ab [58].
* Mittelwert der stabilen Isotope 204, 206, 207, 208

eines Flüssigkeitströpfchens ist durchaus nicht in der Lage, alle Vorgänge zu erklären. Wie bisher, so überlassen wir indessen auch diese Sorgen den Physikern und begnügen uns mit dem anschaulichen Modell, das für unser Vorhaben das leistet, was wir brauchen. Vorweg wollen wir bemerken, daß die Geheimnisse der Kernbindungskräfte noch im Bereich der physikalischen Forschung liegen und ihre letzten Ursachen ungeklärt sind. Das Tropfenmodell vermag aber die technisch wichtigsten Vorgänge im Atomkern plausibel zu machen. Da die Kerne existieren und zusammenhalten, müssen also Kernkräfte vorhanden sein, welche, die COULOMBschen Abstoßungskräfte überlagernd, die Protonen und Neutronen, also die Nukleonen, auf engstem Raum zusammenhalten, und zwar sehr fest zusammen-

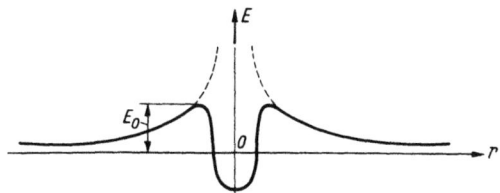

Abb. 19. GAMOWscher „Potentialtopf". E_0 ist der Energiebetrag, den ein *geladenes* Teilchen mitbringen muß, um in den Kern einzudringen

Abb. 20. Zur Oberflächenspannung in einem Flüssigkeitstropfen; sie entsteht, wie die Pfeile in der Figur zeigen, dadurch, daß die Bindungskräfte der Teilchen (Moleküle) an der Oberfläche nicht, wie im Inneren, vollständig abgesättigt sind (nach FUCKS [*40*])

halten. Man nennt sie *Kernbindungskräfte* und kann mit ihnen rechnen, ohne zu wissen, welches ihre Ursache ist[1]. Offenbar muß für sie ein Gesetz gelten, nach welchem sie mit abnehmendem Abstand der Teilchen wesentlich schneller zunehmen als die elektrostatische Abstoßung, die $1/r^2$ proportional ist. Ein schematisches Bild dieses Sachverhaltes ist der sog. „GAMOWsche Potentialtopf", Abb. 19. Auf der Ordinate ist die potentielle Energie zwischen einem Kern und einem geladenen Teilchen aufgetragen, auf der Abszisse der Abstand r dieses Teilchens vom Kernmittelpunkt. Die ausgezogene Kurve stellt schematisch die Resultierende aus COULOMBscher Abstoßung und Kernbindungskraft dar. In dem Inneren des „Topfes" würden sich bei dieser Darstellung also die Nukleonen befinden: die Anziehungskräfte übersteigen die Abstoßungskräfte. Diese Anziehungskräfte nehmen mit wachsendem Radius r sehr schnell ab, was durch den sehr steilen Anstieg der „Topfwand" angedeutet ist. Diese Vorstellung deckt sich mit der früher gemachten Aussage, daß die Dichte aller Kerne etwa gleich groß ist, die Nukleonen also eine ähnliche Verteilung aufweisen wie die Moleküle in einem Flüssigkeitstropfen. Man darf bei einem Vergleich natürlich nicht außer acht lassen, daß die Zahl der Teilchen in einem „Kerntropfen" um viele Größenordnungen kleiner

---
[1] Wie die Ingenieure ja auch mit der Schwerkraft rechnen, ohne ihre Ursachen im einzelnen zu kennen.

ist als diejenige der Moleküle in einem makroskopischen Flüssigkeitstropfen. Darauf ist es auch zurückzuführen, daß das Tropfenmodell bei den leichten Kernen zu versagen beginnt. Trotzdem ist es möglich, sich mittels dieses Modells eine Vorstellung über die Größenordnung der Bindungsenergie zu machen. Wir erklären den Zusammenhalt der Moleküle eines Flüssigkeitstropfens durch Kohäsionskräfte zwischen ihnen. Daraus ergibt sich der Begriff der Oberflächenspannung, weil ja die an der Außenseite des Tropfens liegenden Teilchen nicht mehr allseitig von anderen Teilchen umgeben sind, wie die Abb. 20 schematisch andeutet. Während im Inneren die Resultierende aller auf das betrachtete Teilchen wirkenden Kräfte Null ist, wirkt an der Außenseite eine Kraft, deren Pfeil ins Innere des Tropfens weist. Der daraus resultierenden Oberflächenspannung entspricht eine Oberflächenenergie S (erg/cm²). Ein Beispiel für diese Oberflächenenergie ist diejenige Arbeit, die einem Stoff zugeführt werden muß, wenn man seine Oberfläche vergrößern, ihn also z. B. zerkleinern will. Diese Oberflächenenergie läßt sich für beliebige Flüssigkeiten ausrechnen. Sie liegt für Wasser größenordnungsmäßig bei 10^2 erg/cm², für Quecksilber bei etwa 10^3 erg/cm², bei der „Kernflüssigkeit" aber bei etwa 10^{20} erg/cm² [40]!

Während wir bei der Zerkleinerung eines makroskopischen Teilchens, z. B. bei der Flüssigkeitszerstäubung, bei der ein großer Tropfen in mehrere kleine aufzuteilen ist, immer den dem Oberflächenzuwachs ΔO entsprechenden Energiebetrag zuzuführen haben, liegen die Dinge bei der „Kernflüssigkeit" etwas anders. Hier haben wir es nicht ausschließlich mit Teilchen zu tun, die sich gegenseitig anziehen, sondern auch mit solchen, zwischen denen Abstoßungskräfte wirksam sind, nämlich mit den positiven Protonen. Wenn es also gelingt, durch Energiezufuhr den Kerntropfen zu teilen, dann ist grundsätzlich damit zu rechnen, daß die abstoßenden Kräfte, die ja schon bei geringem Abstand der beiden Teile, wie das Bild des GAMOWschen Potentialtopfes zeigt, überwiegen, diesen Teilen einen gewissen Betrag von kinetischer Energie erteilen, so daß sie auseinanderfliegen. Stoßen sie dabei mit anderen Teilen (oder Kernen) zusammen, wird sich ihre kinetische Energie in Wärme umwandeln. Es kommt also lediglich darauf an, ob die elektrostatische Energie E die Trennenergie, d.h. also die dem Oberflächenzuwachs entsprechende Energie $\Delta O \cdot S$ überwiegt oder nicht: Ist das erstere der Fall, ist also E größer als $\Delta O \cdot S$, dann wird ein bestimmter Energiebetrag E_n, nämlich $E_n = E - \Delta O \cdot S$ z. B. als nutzbare Wärme frei werden, im anderen Falle, wenn E kleiner als $\Delta O \cdot S$ ist, wird insgesamt Energie verbraucht werden. Die Möglichkeit, Energie aus Kernprozessen freizusetzen, hängt also von der Größe der Bindungsenergie ab.

Umgekehrt kann man aus dieser Vorstellung des Tröpfchenmodells heraus auch einsehen, daß bei der Verschmelzung leichter Kerne ebenfalls

Energie frei werden kann (eine sog. „thermonukleare" Verschmelzungsreaktion): Werden nämlich zwei (leichte) Kerne miteinander in „Berührung" gebracht, so muß zunächst gegen das Abstoßungsfeld, Abb. 19, die Arbeit E_{ab} geleistet werden. Ist der Potentialwall überschritten, dann „fallen" die beiden Kerne gegeneinander: sie „verschmelzen" infolge der auf diese kurze Entfernung wirksam werdenden Bindungskräfte. Die Folge ist eine Verringerung der Oberfläche, denn da die Kerndichte unabhängig von der Kerngröße ist, wird eine aus den beiden kleinen Kugeln gebildete größere Kugel eine kleinere Oberfläche haben, als die Summe der Oberflächen der beiden Kugeln vorher betrug, weil die Oberfläche r^2, das Volumen aber r^3 proportional ist. Es verschwindet also ein Teil der ursprünglichen Oberfläche: $O_1 + O_2 > O_{ges}$. Mithin muß, da ja jedem Oberflächenelement ΔO ein Energiebetrag S entspricht, die Energiemenge $\Delta O \cdot S$ frei werden. Wenn sie größer ist als die gegen die Abstoßung aufzuwendende Arbeit E_{ab}, wird Energie frei gemäß $E_n = \Delta O \cdot S - E_{ab}$.

Während uns das Tröpfchenmodell in groben Zügen zunächst einmal einen ersten Einblick in die Energiebilanz von Kernprozessen ermöglichte, bietet die Ermittlung der Massenwerte einen Weg, auch zahlenmäßige Aussagen über die Energiebeträge bei Kernreaktionen zu machen. Es zeigt sich nämlich — dank der hohen Meßgenauigkeit massenspektrographischer Untersuchungen —, *daß die Massenwerte M eines Kernes stets kleiner sind als die Summe der Massenwerte M_x der Nukleonen, aus denen er zusammengesetzt ist!* Ein Beispiel vermag das am schnellsten zu zeigen. Wir entnehmen die Zahlen einer kernphysikalischen Tabelle (z. B. Tab. 6, S. 48). Man kann übrigens mit solchen Tabellen ohne Umstände heute ebenso rechnen wie z. B. mit Dampftafeln oder ähnlichen dem Ingenieur geläufigen Tabellen. Wir finden z. B. für das Proton $M_p = 1{,}007592\ ME$ und für das Neutron $M_n = 1{,}008981\ ME$. Wenn die Masse eines aus beispielsweise zwei Protonen und zwei Neutronen aufgebauten Kernes, also des Heliums $^4_2$He, gleich der Summe der Massenwerte der Nukleonen wäre, also $M = Z \cdot M_p + N \cdot M_n$, also $M_{He} = 2\,M_p + 2\,M_n$, müßten wir $M_{He} = 2 \cdot 1{,}007592 + 2 \cdot 1{,}008981 = 4{,}033146\ ME$ finden. Tatsächlich liefert aber die Tabelle für $^4_2$He den Massenwert $M_{He} = 4{,}00276\ ME$, d. h. also einen um $\Delta M = 4{,}033146 - 4{,}00276 = 0{,}030386$, also etwa $0{,}03\ ME$ kleineren Wert! Der Massenwert des Heliums ist also um den Betrag $\Delta M \approx 0{,}03\ ME$ kleiner als die Summe der Massenwerte seiner Nukleonen. *Diese Differenz ΔM nennt man den Massendefekt.* Wenn man andere Atomkerne in gleicher Weise nachrechnet, findet man ein entsprechendes Ergebnis: Stets tritt ein Massedefekt auf, d. h. daß die Nukleonen beim Zusammentreten zu einem Kern an Masse verlieren. Wir können das Beispiel allgemein ausdrücken und finden dann die wichtige und für Kernreaktionen grundlegende Beziehung:

$$\Delta M = Z \cdot M_p + N \cdot M_n - M\ [ME]. \tag{13}$$

Für den Ingenieur steht diese Einsicht zunächst in krassem Widerspruch zu dem Fundamentalsatz von der Erhaltung der Masse aus der makroskopischen Physik. Im atomaren Bereich gilt er offenbar nicht mehr; offensichtlich verschwindet Masse. Dieser Massendefekt läßt sich etwa folgendermaßen deuten: Die freien Nukleonen haben gegeneinander, solange sie sich in großem Abstand befinden, einen bestimmten Betrag an potentieller Energie. Wenn sie aber zum Kern zusammentreten, sinkt diese Energie, wie das GAMOWsche Potential zeigt, ganz erheblich ab, vgl. Abb. 19. Die Differenz wird nach außen abgegeben (indem z.B. die aus dem Unterschied der potentiellen Energien der die „Kernreaktion" vollziehenden Teilchen entstehende *kinetische* Energie[1] [Strahlung] irgendwann in Wärme verwandelt wird) und „verschwindet" aus dem betrachteten System. Sie müßte wieder von außen zugeführt werden, wenn man die Nukleonen wieder in den Ausgangszustand versetzen, sie also wieder voneinander trennen wollte. Die Quelle für diese bei der „Verschmelzung" der Nukleonen zum Atomkern nach außen abgegebenen Energie ist aber der Massendefekt: *Masse wird in Energie verwandelt!* Tatsächlich „verschwindet" also die Masse ΔM nicht, sondern sie erscheint als nach außen abgegebene Energie wieder. Es liegt nahe anzunehmen, daß dieser Vorgang umkehrbar ist, also auch Energie in Masse umgewandelt werden kann, mithin also im üblichen Sinne auch der Satz von der Erhaltung der Energie nicht mehr stimmt. Das trifft zu, und damit ergibt es sich, daß die beiden Fundamentalsätze von der Erhaltung der Energie und der Masse in ihrer getrennten Geltung bedeutungslos geworden sind und in den einen Satz von der *Äquivalenz von Energie und Masse* zusammenfließen. Aus dieser Umwandlung von Masse in Energie stammt die aus Kernprozessen gewinnbare Energie. EINSTEIN hat dieser Beziehung die endgültige Form (früher schon von HASENÖHRL in anderer Form vorgeschlagen)

$$E = m \cdot c^2 \tag{14}$$

gegeben. Als Proportionalitätsfaktor tritt die Lichtgeschwindigkeit $c = 3 \cdot 10^{10}$ cm/sek auf. Die Energiebeträge, die hierbei auftreten, sind,

---

[1] Der Vorgang ist, wenn man vom Massendefekt absieht, makroskopisch anschaulich: Wirft man z.B. Steine in eine Grube, so sinkt ihre potentielle Energie. Die Differenz erscheint zunächst als kinetische Energie der sich fallend bewegenden Steine, die nach dem Aufprall (unelastischer Stoß) in Wärme verwandelt wird. (Das entspricht der Absorption einer Strahlung: die kinetische Energie der die Strahlung verkörpernden Teilchen wird ebenfalls in Wärme verwandelt. Dabei ist es ganz gleichgültig, ob es sich um Steine, Pistolenkugeln, Lichtquanten oder α-Teilchen handelt.) Dieser Energiebetrag muß den in die Grube gefallenen Steinen als diejenige Arbeit wieder zugeführt werden, die dazu erforderlich ist, sie wieder herauszuholen. Sie gewinnen ihre ursprüngliche potentielle Energie auf Kosten der von außen zugeführten „Trennenergie" zurück.

Der Atomkern

verglichen mit unseren bisherigen Erfahrungen aus chemischen Reaktionen (Verbrennung von C mit O_2 zu CO_2), rund um den Faktor 10^6 größer. Daraus ist ohne weiteres zu verstehen, warum die Gültigkeit der Gl. (14) nicht schon längst bei chemischen Reaktionen bestätigt werden konnte: Selbstverständlich wird auch bei diesen Masse in Energie umgewandelt, denn die Gleichung ist von allgemeiner Gültigkeit. Die Massendefekte sind hier aber um den Faktor 10^6 kleiner und entziehen sich daher unseren Meßmitteln.

Da also die beim Zusammentreten von Nukleonen zu einem Kern frei werdende Energie aus der Masse entnommen, nämlich durch den Massendefekt gedeckt wird, können wir Gl. (14) für unsere Zwecke auch schreiben:

$$E = \Delta M \cdot c^2. \qquad (15)$$

Wir können damit die Bindungsenergie aus den bekannten Massendefekten ausrechnen, denn wir können jetzt ja offenbar ohne Bedenken Energie in einem Massenmaß und umgekehrt Masse in einem Energiemaß messen. In der Physik ist es nun seit Jahrzehnten üblich, anstatt der technisch gewohnten Energiemaße andere Einheiten zu verwenden, z. B. das Erg [erg] oder das Elektronenvolt [eV], wie sie in der Umrechnungstabelle im Anhang 1, S. 421, zusammengestellt sind. Ein Elektronenvolt ist diejenige Bewegungsenergie, die ein beliebiges Teilchen mit der Elementarladung e erhält, wenn es in einem elektrischen Feld die Spannung von 1 Volt durchläuft. *Die Geschwindigkeit* des Teilchens wird natürlich dabei gemäß $m \cdot v^2/2$ von der Masse des Teilchens abhängen. Ein Proton wird infolgedessen bei gleicher kinetischer Energie eine wesentlich kleinere Geschwindigkeit haben als z. B. ein Elektron. Dieses auf den ersten Blick für den Ingenieur unverständliche Energiemaß erklärt sich einfach daraus, daß es für Rechenoperationen mit Elementarteilchen sehr bequem und vielfach auch anschaulicher ist als die dem Ingenieur gewohnten Maßeinheiten kcal oder kWh. Diese technischen Maßeinheiten der Energie sind für den Physiker außerdem meistens viel zu groß und zu unhandlich. Da nun aber die Erforschung der Kernenergieprozesse aus den physikalischen Laboratorien kommt und diese Prozesse aus den einzelnen Kernreaktionen errechnet werden müssen, ist es zu verstehen, warum diese Maßeinheit nun auch bei der Behandlung der mit der Technik der Kernprozesse zusammenhängenden Probleme verwendet werden muß. Das Elektronenvolt ist also lediglich eine für bestimmte Zwecke bequeme Maßeinheit für einen sehr kleinen Bruchteil der technischen Maßeinheiten kWh oder kcal, wie z. B. die Wattsekunde ebenfalls eine kleine Einheit gegenüber der Kilowattstunde ist. Es gilt nämlich:

$$1 \text{ eV} = 1{,}602 \cdot 10^{-12} \text{ erg} = 4{,}45 \cdot 10^{-26} \text{ kWh}$$

und für die bei Kernprozessen übliche 10^6mal größere Einheit

$$1 \text{ MeV} = 10^6 \text{ eV} = 1{,}602 \cdot 10^{-6} \text{ erg} = 4{,}45 \cdot 10^{-20} \text{ kWh}$$

(vgl. auch Umrechnungstafel, Anhang 1, S. 421).

Wie auch sonst in der Technik üblich, lassen sich diese Maße nach Bedarf in mkg, PSh oder kcal umrechnen. Wenn wir diese Maßeinheiten für die Gl. (15) verwenden und für die Lichtgeschwindigkeit den Wert von $c = 3 \cdot 10^{10}$ cm/sek einsetzen, erhalten wir als Umrechnungsfaktor den Bruch $(1{,}6597 \cdot 10^{-24} \cdot 9 \cdot 10^{20})/1{,}602 \cdot 10^{-6} = 0{,}931 \cdot 10^3$ [MeV/ME] und damit die Beziehung

$$E = \Delta M \cdot 0{,}931 \cdot 10^3 \left[\frac{\text{MeV}}{ME} \right]. \tag{16}$$

Damit können wir nun Massendefekte in Energie und umgekehrt Energiebeträge in Massendefekte umrechnen. Für Überschlagsrechnungen merkt man sich den abgerundeten Wert:

$$^1/_{1000} \, ME = 1 \, TME \approx 1 \, \text{MeV}. \tag{16a}$$

Um ein Bild über die Größenordnungen zu gewinnen, mag noch der vorher ermittelte Massendefekt bei der Verschmelzung von 4 Nukleonen zu einem Heliumkern ausgerechnet werden. Wir hatten den Massendefekt zu $\Delta M_{He} \approx 0{,}03 \, ME = 30 \, TME$ gefunden und erhalten daraus $E = 30 \cdot 0{,}931 \approx 28$ MeV je Kern. Demnach ist also, da dieser Kern aus 4 Nukleonen besteht, die Bindungsenergie je Nukleon etwa 7 MeV. Das scheint sehr wenig zu sein. Das Bild sieht aber sofort ganz anders aus, wenn man auf makroskopische Mengen umrechnet. 1 kmol Helium wiegt 4 kg und enthält, wie man mittels der LOSCHMIDTschen Zahl[1] $N_L = 6{,}023 \cdot 10^{23}$ mol^{-1} findet, etwa $6 \cdot 10^{26}$ Atome. Demnach würde, wenn wir den Massendefekt in kWh an Stelle von MeV ausdrücken, die (infolge der Verminderung der potentiellen Energie) frei werdende Bindungsenergie den Wert

$$E = \frac{4{,}45 \cdot 10^{-20} \cdot 28 \cdot 6 \cdot 10^{26}}{4} = 187 \cdot 10^6 \, [\text{kWh/kg}]$$

erreichen, wenn dieser Prozeß technisch realisierbar wäre. Vergleichsweise sei daran erinnert, daß die Verbrennung von 1 kg Kohlenstoff, also ein Prozeß in der Elektronenhülle der Atome, etwa 10 kWh als Wärme liefert, also eine Energiemenge, die zwanzig Millionen mal kleiner ist. Dieser Zahlenvergleich zeigt also den grundlegenden Unterschied zwischen Reaktionen in der Atomhülle, nämlich den chemischen Reaktionen, und den Kernreaktionen.

Dieses Zahlenbeispiel stellt einen bisher nicht technisch durchführbaren Prozeß dar. Uns interessieren bei dem heutigen Stande der Technik nur Kernspaltprozesse, bei denen schwere Kerne in zwei mittelschwere zerfal-

---

[1] In der angelsächsischen Literatur AVOGADROsche Zahl.

len. Wenn ein solcher Spaltprozeß nutzbare Energie abgeben soll, muß dabei ein entsprechender Massendefekt auftreten, d.h. daß die Summe der Massenwerte der bei der Spaltung entstehenden mittelschweren Kerne kleiner sein muß als der Massenwert des schweren Ausgangskernes, denn es gilt ja nach dem vorher Gesagten immer die Regel, daß ein Massenzuwachs durch Energiezufuhr gedeckt werden muß, während ein Massenverlust einen seiner Größe entsprechenden Energiebetrag freisetzt. Um sich über die hierbei geltenden Verhältnisse Klarheit zu verschaffen, ist es zweckmäßig, sich den Verlauf des Massendefektes der Atomkerne näher anzusehen.

Wir haben früher schon darauf hingewiesen, daß die Massenwerte aller Atomkerne nahe bei ganzen Zahlen liegen. Infolgedessen muß der Massendefekt mit wachsender Massenzahl ständig zunehmen. Wäre das nicht der Fall, dann würden sich die Massenwerte mit zunehmender Massenzahl immer weiter von der Ganzzahligkeit entfernen. Wählen wir den Kern des Ca mit der Massenzahl 40, der aus 20 Protonen und 20 Neutronen besteht, so wäre die Massensumme der Nukleonen bereits $20 \cdot 1{,}007592 + 20 \cdot 1{,}008981 = 40{,}3314$. Sie weicht also bereits um 0,3314 von der Ganzzahligkeit ab. In Wirklichkeit ist der Massenwert des Isotops $^{40}_{20}$Ca aber $M = 39{,}9749$, er weicht also nur um 0,0251 von der nächsten ganzen Zahl 40,0000 ab. Der Massendefekt beträgt $\Delta M = 0{,}3592\, ME$ oder etwa 360 TME und ist damit etwa 12mal größer als derjenige des Heliums. Wenn man diese Berechnung für alle Atomsorten, d.h. also für alle Massenzahlen A anstellt und ΔM über A aufträgt, erhält man die Kurve in Abb. 21, bei der, wie es üblich ist, der Massendefekt gemäß Gl. (16) in MeV angegeben ist. Der Kurvenzug verläuft nahezu geradlinig, so daß

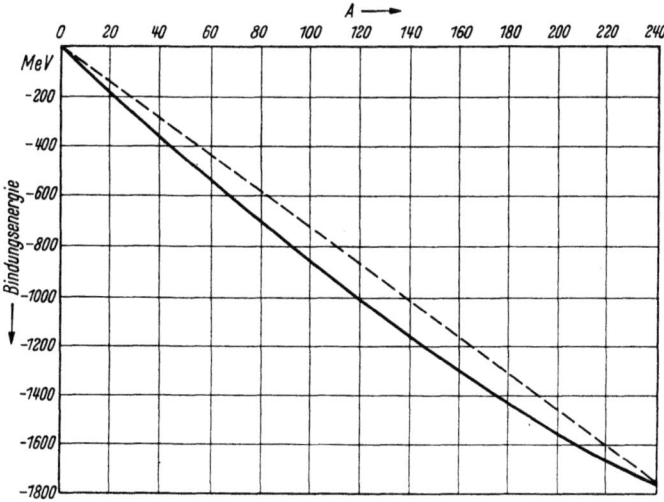

Abb. 21. Bindungsenergie der Kerne als Funktion der Massenzahl A

man daraus schließen kann, daß der Massendefekt mit steigender Massenzahl ständig zunimmt und daß die Bindungsenergie je Nukleon im Durchschnitt etwa gleich groß ist und etwa 8 MeV oder, in Masseneinheiten gerechnet, etwa 0,0086 ME beträgt. Da der mittlere Massenwert eines *freien Nukleons* $(M_p + M_n)/2 = (1{,}00759 + 1{,}00898)/2 = 1{,}00829$ beträgt, ist demnach der Massenwert des *gebundenen Nukleons* offenbar fast genau 1,000. Wenn man also die Massenwerte der Nukleonen im *gebundenen Zustand* addiert, ergeben sich ohne weiteres für alle Kerne ihre dicht bei ganzen Zahlen liegenden Massenwerte. Die Zunahme des Massendefektes mit der Massenzahl zeigt auch, daß ein „normaler" Kern keines seiner Teilchen verlieren kann. Würde nämlich ein Teilchen abgetrennt, würde damit der Massendefekt kleiner, und mithin würde ein Massenzuwachs eintreten. Massenzuwachs bedeutet aber Energiezufuhr, d. h. daß zur Abtrennung von einzelnen Teilchen Energie zugeführt werden muß, eine Abtrennung also nur mit „Gewaltanwendung" von außen möglich ist.

Es gibt aber auch Kerne, die sich gegenüber diesem „normalen Zustand" in einem energiereicheren Zustand befinden. Sie suchen den Zustand niedrigster Energie zu erreichen und spalten daher Teilchen ab. Auffällig ist dabei, wie wir bei der Besprechung der Radioaktivität noch sehen werden, daß sehr gern $^{4}_{2}$He-Kerne, sog. α-Teilchen (das ist der alte, historisch bedingte Name für $^{4}_{2}$He-Kerne) abgegeben werden. Das legt den Schluß nahe, daß diese Nukleonen-Konfiguration $2p + 2n$ bereits im Kern vorgebildet sein mag. Dafür spricht auch die, verglichen mit seinen Nachbarn, hohe Bindungsenergie von 7 MeV je Teilchen des He-Kernes, denn diejenige des $^{2}_{1}$H-Kernes, des Deuterons, beträgt nur etwa 10% davon und die des Lithiums nicht viel mehr als die Hälfte. Der Wert liegt nahe an dem Durchschnittswert für Kerne höherer Massenzahl von etwa 8 MeV. Wenn man die Werte der Bindungsenergie je Nukleon über der Massenzahl aufträgt, erhält man im Bereich kleiner Kerne sehr starke Schwankungen, während die Kurve sich mit zunehmenden Massenzahlen immer mehr glättet, wie es in Abb. 22 dargestellt ist. Das hängt zweifellos nicht zuletzt damit zusammen, daß unser Tröpfchenmodell für kleine Kerne nicht mehr anwendbar ist, weil, wie schon gesagt, die Zahl der Nukleonen zu klein ist, um noch die Vorstellung eines Tropfens aufrechterhalten zu können[1]. Aus der Überlegung, daß die Bindungsenergie der Nukleonen sich aus verschiedenen positiven und negativen Beträgen zusammensetzt, nämlich aus den Kernkräften zwischen den Protonen-Neutronenpaaren E_0, aus der verminderten Bindung der Überschußneutronen, aus dem Einfluß der Oberflächenspannung und aus der elektrostatischen Abstoßung der Protonen, läßt sich

---

[1] Das Tröpfchenmodell versagt auch insofern, als nach der ihm zugrunde liegenden Vorstellung eine *konstante* Bindungsenergie je Nukleon zu erwarten wäre.

eine Beziehung ableiten, die es erlaubt, den Verlauf der Kurve in Abb. 22 unter Verwendung einiger allerdings nicht berechenbarer, sondern nur empirisch aus den Massendefekten zu bestimmender Konstanten wiederzugeben. Sie wird in der Literatur in verschiedener Weise angegeben, z.B. in einer noch verhältnismäßig einfachen Form von SCHWENKHAGEN [*41*] in der Schreibweise

$$\frac{\Delta M}{A} = E_0 - a\left(\frac{N-Z}{N+Z}\right)^2 - b\,\frac{1}{A^{1/3}} - c\,\frac{Z^2}{A^{4/3}}. \qquad (17)$$

Die ersten beiden Ausdrücke stellen die Bindungsenergie dar, die in Anlehnung an die Vorstellung bei gewissen Atomhüllenreaktionen auch Austauschenergie genannt wird. Man kann sich vorstellen, daß die Paar-

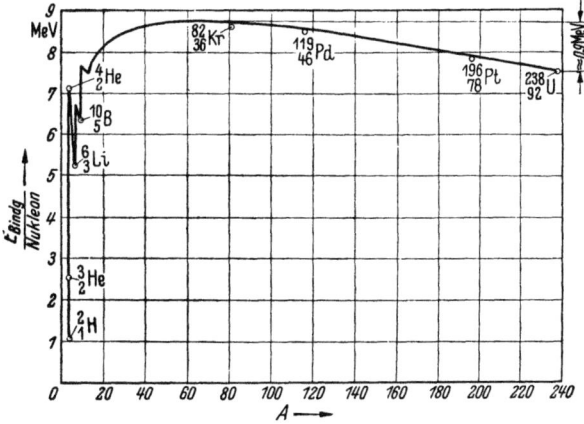

Abb. 22. Bindungsenergie je Nukleon in Abhängigkeit von der Massenzahl der Kerne. Die Differenz zwischen der Bindungsenergie im Urankern und derjenigen der mittelschweren Kerne ergibt die bei der Spaltung frei werdende Energie von etwa 0,9 MeV je Nukleon

bildungen dadurch eintreten, daß die Teilchen sich eng berühren und Energie austauschen, ähnlich wie zwei Atome, die zu einem Molekül zusammentreten, einen Austausch ihrer elektrischen Hüllenladungen vollziehen. Das wird für die n-p-Bindung verständlich, wenn man sich daran erinnert, daß anzunehmen ist, daß Proton und Neutron nur zwei Erscheinungsformen ein und desselben Teilchens sind[1]. Das dritte Glied stellt die Oberflächenenergie dar und das vierte Glied die elektrische Energie, d.h. also die Abstoßungsenergie. Diese Gleichung führt zu einer guten Deckung mit der Kurve in Abb. 22, wenn man für die Konstanten folgende Werte einsetzt:
$E_0 = 15{,}74\ TME;\ a = 22{,}0\ TME;\ b = 0{,}646\ TME;\ c = 16{,}5\ TME.$
Von den leichten zu den mittelschweren Kernen nimmt, wie Abb. 22

---
[1] Solche Paarbindungen bestehen auch zwischen Protonen und Neutronen, also p-p und n-n. Sie sind aber weniger fest und finden ihren Ausdruck im 2. Glied von Gl. (17).

zeigt, die Bindungsenergie schnell zu. Sie erreicht zwischen $A = 50\ldots75$ ein flaches Maximum von etwa 8,5 MeV und nimmt mit wachsendem A bis zu den schwersten Kernen langsam wieder ab. Die Kerne werden also mit wachsendem Atomgewicht zunächst stabiler, um dann wieder unstabiler zu werden.

Die Unzulänglichkeit des Tropfenmodells sucht das „Schalenmodell" zu vermeiden, welches sich an die Vorstellung vom Aufbau der Elektronenhülle des Atoms anlehnt. Es vermag manche Frage zu klären, die das Tröpfchenmodell offen läßt, z. B. die experimentelle Beobachtung, daß manche Nukleonenkonfigurationen eine besonders hohe Stabilität zeigen (und daher wohl auch besonders häufig in der Natur vorkommen). Bei ihnen treten Nukleonenzahlen auf, die man anfänglich überhaupt nicht erklären konnte und daher magic numbers, also „magische Zahlen"[1] nannte: 2 — 8 — 14 — 20 — 28 — 50 — 82 — 126.

Die Elemente $^{4}_{2}$He, $^{16}_{8}$O, $^{28}_{14}$Si und $^{40}_{20}$Ca haben gleiche Protonen- und Neutronenzahlen, also $N = Z$, wie man mittels Gl. (12) leicht ausrechnen kann, und diese Werte sind gleich den vier ersten magischen Zahlen. Diese Elemente kommen im Kosmos viel häufiger vor als diejenigen, bei denen die Nukleonenzahlen von den magischen Zahlen abweichen. Aber auch Elemente, bei denen entweder nur die Protonen- oder nur die Neutronenzahl mit einer der magischen Zahlen übereinstimmt, sind irgendwie bevorzugt, z. B. hat Sn-50 die meisten stabilen Isotope von allen Elementen. Ohne auf Einzelheiten einzugehen, sei nur erwähnt, daß es möglich geworden ist, auf diesem Wege ein Schalenmodell zu entwickeln, das sehr viele Tatsachen zu erklären vermag, für die das Tröpfchenmodell die Antwort schuldig bleibt.

Es gibt eine Reihe von Möglichkeiten, die Atomkerne in eine Systematik einzuordnen. Eine dieser Möglichkeiten ist die Ordnung nach Isotopen, also nach Atomsorten, die mit ihrer Kernladungszahl Z übereinstimmen, aber in ihrer Massenzahl A voneinander abweichen. Die Isotope stehen im periodischen System üblicher Form am gleichen Platz, wobei als chemisches Atomgewicht das Durchschnittsgewicht der Isotopenmischung angegeben wird (ἴσος τόπος: Gleicher Platz, d. h. gleicher Platz im periodischen System). Diese Isotope sind dadurch gekennzeichnet, daß sie sich chemisch alle gleich verhalten, weil sie im Aufbau der Atomhülle übereinstimmen. Sie unterscheiden sich also offenbar durch die Zahl ihrer Neutronen $N = A - Z$. Kalzium z. B. mit der Kernladungszahl $Z = 20$ hat die Isotope mit $A = 40, 42, 43, 44, 46$ und 48. Demnach haben die Isotope die Neutronenzahlen $N = 20, 22, 23, 24, 26, 28$, und der Neutronenüberschuß über die Protonenzahl beträgt dann $N - Z = 0, 2, 3, 4, 6$ und 8.

---
[1] Die Wahl dieses Ausdruckes mag dem Ingenieur ein Hinweis darauf sein, wie sehr sich die Theorie der Kernkräfte noch in einem tastenden Zustand befindet.

Man kann die Kerne aber auch anstatt nach der Zahl Z ihrer Protonen nach der Gesamtzahl A ihrer Nukleonen sortieren. Dann würde man immer jeweils diejenigen Kerne zusammenzufassen haben, die den gleichen Wert von A haben, sich jedoch in ihrer Protonenzahl Z unterscheiden. Solche Kerne, die in A übereinstimmen, nennt man *Isobare*. Zum Beispiel sind isobare Kerne mit $A = 40$ die Isotope $^{40}_{19}$K des Kaliums und $^{40}_{20}$Ca des Kalziums. Diese Systematik hat viele Vorzüge, weil sie insbesondere erlaubt, Aussagen über die Stabilität von Atomkernen zu gewinnen. Es ist nun ohne weiteres einzusehen, daß sowohl gerade wie ungerade Protonen- und Neutronenzahlen auftreten können. Das hat mit Rücksicht auf die vorhin besprochenen magischen Zahlen und auf die Festigkeit der Bindung, die ja bei Auftreten von Neutronen-Protonenpaaren besonders groß ist, wie das Beispiel des Heliums zeigte, besondere Bedeutung. Es ist üblich geworden, in der Kernphysik die Kerne in folgende Gruppen einzuteilen:

I. Gerade Kerne (Massenzahl A ist eine gerade Zahl)
a) Doppeltgerade Kerne (Z und N sind gerade Zahlen); Symbol: gg
b) Doppelt ungerade Kerne (Z und N sind ungerade Zahlen); Symbol: uu

II. Ungerade Kerne (Massenzahl A ist eine ungerade Zahl)
a) (Z ungerade und N gerade); Symbol: ug
b) (Z gerade und N ungerade); Symbol: gu

Diese Einteilung wird uns bei der Besprechung der Radioaktivität nützlich sein.

8. Radioaktivität

Bekanntlich stellte BECQUEREL bereits 1896 fest, daß die Uranpechblende in der Lage ist, eine verpackte photographische Platte zu schwärzen. Da RÖNTGEN die nach ihm benannten Strahlen kurz vorher entdeckt hatte, lag es nahe, an eine durchdringende Strahlung zu denken, zumal zu der Zeit, angeregt durch RÖNTGENs Entdeckung, in vielen physikalischen Laboratorien emsig nach Strahlen und Strahlungsquellen gesucht wurde. Die Entdeckungen und Beobachtungen, entstanden aus den Arbeiten vieler Forscher, reihten sich aneinander und ergaben bald schon ein geschlossenes Bild der Vorgänge. Wir begnügen uns wiederum damit, lediglich einen für unser Vorhaben notwendigen Überblick über dieses riesige Gebiet zu geben, dessen einigermaßen ausführliche Behandlung allein schon einen dicken Band füllen würde. Ohne auf die historische Entwicklung einzugehen, fassen wir kurz zusammen:

Die Stabilität von Atomkernen ist durch ihren Massendefekt gegeben, der u. a. von dem Verhältnis der sie aufbauenden Protonen und Neutronen abhängt. Es gibt eine Reihe von Kernen, die instabil sind und durch Abstoßung von geeigneten Energiebeträgen, z. B. durch Ausstoß von Korpuskeln, die Stufe des niedrigsten Energieniveaus zu erreichen suchen. Dabei kann es sich sowohl um natürlich vorkommende wie künstlich hergestellte Kerne bzw. Atome handeln. In der Natur kommen etwa 40 solcher Atomkernsorten oder Nuklide (vgl. S. 47) vor, die sog. ,,natürlichen radioaktiven" Elemente. Sie liegen durchweg im Bereich hoher Massenzahlen. Außerdem können aus nahezu allen bekannten Elementen auf künstlichem Wege radioaktive Stoffe (auch radioaktive Elemente, radioaktive Isotope, Radioisotope genannt) hergestellt werden.

Ein radioaktiver Stoff besteht also aus Atomen, deren Kerne instabil sind und die nach statistischen Gesetzen ,,zerfallen". Dieser Zerfall besteht darin, daß Teilchen mit einer bestimmten Geschwindigkeit ausgestoßen werden, wodurch die Kernladungszahl oder die Massen- und die Kernladungszahl zusammen verändert werden, so daß das zerfallende Element in ein anderes übergeht. Es sind im wesentlichen vier Arten von Strahlen, die bei radioaktivem Zerfall, also beim Übergang eines instabilen Kernes in den nächst erreichbaren stabilen Zustand auftreten:

1. α-Strahlen. Sie bestehen aus doppelt ionisierten, positiv geladenen Heliumatomen (He^{++} ist die übliche chemische Bezeichnung), also Atomen des ^4_2He, denen beide Elektronen fehlen, die infolgedessen als ,,nackte" Heliumkerne auftreten. Ihre Masse beträgt $6{,}643 \cdot 10^{-24}$ g entsprechend $4{,}00276\ ME$, und ihre Geschwindigkeit liegt im allgemeinen bei natürlichen radioaktiven Elementen zwischen $0{,}15$ und $0{,}25 \cdot 10^{10}$ cm/sek, also etwa bei 1/20 der Lichtgeschwindigkeit. Aus Masse und Geschwindigkeit ergibt sich ihre Energie zu 4,6 bis 10,4 MeV.

2. β-Strahlen. Sie bestehen aus Elektronen, also aus Teilchen, die nach unserer Symbolik mit $^{\ \ 0}_{-1}e$ bezeichnet werden. Ihre Masse beträgt $0{,}9107 \cdot 10^{-27}$ g entsprechend $0{,}5487\ TME$, und ihre Geschwindigkeit erreicht bei Zerfallsprozessen nahezu die Lichtgeschwindigkeit. Ihre kinetische Energie kann bis zu 12 MeV betragen. Hierbei muß auf eine Schwierigkeit in der gewohnten Anschauung hingewiesen werden. Während nämlich in der alltäglichen Umwelt die Masse eines Körpers unabhängig von der Geschwindigkeit ist, trifft das bei sehr hohen Geschwindigkeiten nicht mehr zu: *Die Masse wächst mit zunehmender Geschwindigkeit.* Allerdings macht sich das erst bemerkbar, wenn die Geschwindigkeit in die Größenordnung derjenigen des Lichtes kommt. Irdische Geschwindigkeiten von 1 km/sek und selbst kosmische Geschwindigkeiten von 100 km/sek verändern die Masse noch nicht merklich. Da die Elektronen in den β-Strahlen aber sehr hohe Geschwindigkeiten haben, muß man den Massenzuwachs berücksichtigen. Infolgedessen muß angegeben werden, bei welcher Geschwindigkeit die Masse des Elektrons bestimmt ist. Der vorher angegebene Wert ist, um genau zu sein, die Ruhmasse m_0. Die Masse bei der Geschwindigkeit v beträgt dann

$$m = \frac{m_0}{\sqrt{1-(v/c)^2}}\ . \qquad (18)$$

Tabelle 7. *Abhängigkeit der Elektronenmasse von ihrer Geschwindigkeit (relativ zum Beobachter), bezogen auf die Lichtgeschwindigkeit $c = 300\,000$ km/sek*
(nach R. W. POHL [42], Bd. II, S. 234)

Geschwindigkeit [km/sek]	Bruchteil von c %	Masse des Elektrons 10^{-27} g	Vielfaches der Ruhmasse m_u
0	0	0,91	1
30 000	0,1	0,9109	1,001
60 000	0,2	0,928	1,02
90 000	0,3	0,956	1,05
120 000	0,4	0,992	1,09
150 000	0,5	1,06	1,16
180 000	0,6	1,14	1,25
210 000	0,7	1,27	1,40
240 000	0,8	1,53	1,67
270 000	0,9	2,72	2,99
285 000	0,95	2,92	3,20
297 000	0,990	6,45	7,09
299 400	0,998	14,4	15,82

Tab. 7 gibt die Masse des Elektrons in Vielfachen seiner Ruhmasse in Abhängigkeit von der Geschwindigkeit an. Man sieht, daß bei 99% der Lichtgeschwindigkeit die Masse bereits auf den 7fachen Wert der Ruhmasse angewachsen ist. Die Massenänderung gilt natürlich auch für andere Teilchen, wenn ihre Geschwindigkeit hoch ist. Es sei am Rande bemerkt, daß Gl. (18) in die Äquivalenzgl. (14) übergeführt werden kann [42]. Wenn man nämlich Gl. (18) in eine Reihe entwickelt, erhält man $m = m_0 \left(1 + \frac{1}{2} \cdot \frac{v^2}{c^2} + \ldots \right)$. Durch Multiplizieren mit c^2 kann man diese Gleichung schreiben:

$$mc^2 = m_0 c^2 + \tfrac{1}{2} m_0 v^2 + \ldots$$

$m_0 v^2/2$ ist die kinetische Energie. Da man nur gleichartige Größen addieren kann, müssen auch die Größen mc^2 und $m_0 c^2$ Energien darstellen. Daraus ergibt sich für den Grenzfall $v = 0$:

$$E = m_0 c^2. \qquad (14)$$

Diese Gleichung ist also identisch mit Gl. (14) und zeigt, daß auch im Ruhezustand das Elektron dank seiner Masse einen sehr hohen Energiebetrag enthält.

3. β^+-Strahlen. Sie treten als Kernstrahlung nur bei künstlichen radioaktiven Atomen auf. Es handelt sich dabei um Teilchen, die die gleiche Masse wie die Elektronen, jedoch eine positive Ladung haben. Das Symbol ist $_{+1}^{0}\text{e}$. Diese Teilchen sind verhältnismäßig spät bei den Untersuchungen der kosmischen oder sog. Höhenstrahlung entdeckt worden und werden *Positronen* genannt. Es läge nun nahe, diese Positronen für die Träger der „positiven Elektrizität" bei Leitungsvorgängen zu halten. Indessen trifft das nicht zu, und zwar aus folgenden Gründen:

Erstens hat sich aus Messungen ergeben, daß zur Erzeugung von Positronen die sehr hohe Energie von mindestens 1 MeV erforderlich ist. Zweitens ist die Lebensdauer der Positronen außerordentlich kurz, etwa in der Größenordnung von 10^{-7} sek. Das läßt sich für den Nichtphysiker am verständlichsten in der von WESTPHAL [39] angegebenen Weise erklären, der wir hier folgen: Nach einer Theorie von DIRAC gibt es auch den Begriff der *negativen* kinetischen Energie[1]. Da nun, wie wir bei der Besprechung der Atomhülle gesehen haben, die Elektronen stets danach streben, den Zustand kleinster Energie anzunehmen, sind diese Quantenzustände negativer Energie sozusagen ständig von Elektronen besetzt. Sie sind aber auf diesem Energieniveau der Wahrnehmung entzogen! Der Höchstwert dieser „negativen Niveaus" beträgt $-mc^2$. Das kleinstmögliche positive Niveau ist die der Ruhmasse des Elektrons entsprechende Energie $mc^2 = 0{,}815 \cdot 10^{-6}$ erg $\hat{=}$ 0,511 MeV. Um nun das Elektron vom Niveau mit der negativen Energie auf das nächsthöhere Niveau zu heben, es also aus dem nicht beobachtbaren in den beobachtbaren Zustand zu bringen, ist die Arbeit $2\,mc^2 = 2 \cdot 0{,}511$ MeV $= 1{,}022$ MeV aufzuwenden. Dabei entsteht aber nun ein unbesetzter Quantenzustand negativer kinetischer Energie, ein „Loch". Diese Lochstelle muß sich aber so verhalten, als ob sie ein Teilchen mit der Masse des Elektrons, aber mit entgegengesetzter, also positiver Ladung sei[2]. Da das freigewordene „Loch" umgehend wieder von einem Elektron besetzt wird, kann also dieses Positron nur sehr kurze Zeit existieren, wie die experimentelle Erfahrung bestätigt. Daraus geht auch hervor, daß Elektron und Positron nur paarweise entstehen (Paar- oder Zwillingsbildung) und auch nur paarweise verschwinden (Zerstrahlung) können. Es hat sich gezeigt, daß die oben berechnete Energie von mindestens 1 MeV erforderlich ist, um ein Paar zu erzeugen und daß bei der Zerstrahlung, also beim Verschwinden der Materie eines Elektron-Positron-Paares zwei γ-Quanten (auf die wir sogleich zu sprechen kommen) entstehen, deren jedes eine Energie von etwa 0,5 MeV hat und die sich nach entgegengesetzten Richtungen bewegen, weil die Impulssumme Null sein muß, da ja die verschwindenden Teilchen keinen merklichen Impuls liefern. Die Paarbildung und die Zerstrahlung sind besonders gute Beispiele für den Übergang von Materie in Energie und umgekehrt.

4. γ-Strahlen. Sie sind entsprechend dem vorher erwähnten Dualismus sowohl als eine sehr kurzwellige elektromagnetische Wellenstrahlung wie auch als energiereiche „Lichtquanten" (γ-Quanten, Photonen) aufzufassen. Die kleinste Wellenlänge, die beim Zerfall natürlicher radioaktiver Sub-

---

[1] Es handelt sich dabei um einen völlig unanschaulichen Formalismus, denn eine negative kinetische Energie ist nicht vorstellbar.

[2] Auch das ist völlig unanschaulich, denn ein vom Kern abgelöstes, durch den Raum fliegendes „Loch" ist unvorstellbar.

stanzen auftritt, beträgt $\lambda = 4,66 \cdot 10^{-11}$ cm, entsprechend einer Frequenz von $\nu = 0,643 \cdot 10^{21}$ Hz. Wir sind nun schon in Gl. (1) der Beziehung $E = h \cdot \nu$ zwischen der Energie und der Frequenz einer Schwingung begegnet, bei der als Proportionalitätsfaktor das PLANCKsche Wirkungsquantum h auftritt. Sie erlaubt uns, ohne weiteres die Energie der Quanten dieser Strahlung zu bestimmen, und wir finden für diese Frequenz die Energie $E = 4,26 \cdot 10^{-6}$ erg $\hat{=}$ 2,66 MeV. Wir haben schon früher davon gesprochen, daß die quantenhaften Erscheinungen um so mehr in den Vordergrund treten, je weiter wir uns den atomaren Abmessungen nähern[1]. Infolgedessen gilt auch bei der γ-Strahlung, daß wir wegen ihrer sehr kleinen Wellenlänge den Vorgängen am besten gerecht werden, wenn wir von *Korpuskeln*, also Licht- oder γ-Quanten oder Photonen, was alles dasselbe meint, sprechen.

Es ist zweckmäßig, sich ein Bild über die Größenordnungen zu machen, in denen wir uns bewegen. Abb. 23 stellt das Spektrum der

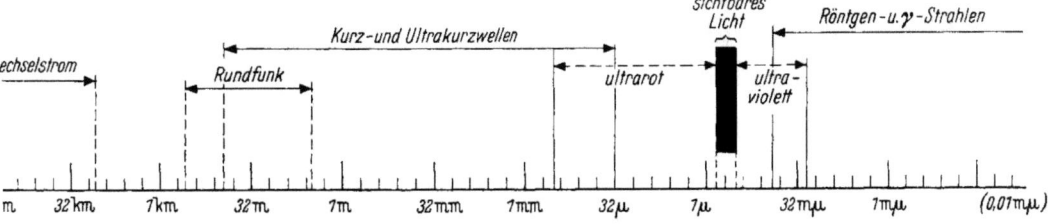

Abb. 23. Spektrum elektromagnetischer Wellen

elektromagnetischen Wellen von der Frequenz der Drehstromgeneratoren der Kraftwerke über die Rundfunkwellen, die Wärmestrahlung, das sichtbare und das ultraviolette Licht, über die Röntgenstrahlen bis zu den γ-Quanten des radioaktiven Zerfalles dar. Es ist gut, sich daran zu erinnern, daß das sichtbare Licht nur einen winzigen Teil in diesem gewaltigen Strahlenspektrum überstreicht und daß die größten Bereiche der Strahlung unserer direkten Sinneswahrnehmung nicht zugänglich sind. Im sichtbaren Gebiet liegt die Energie der Quanten bereits wesentlich niedriger, nämlich bei etwa $3 \cdot 10^{-12}$ erg $\hat{=}$ 2 eV, also etwa um den Faktor 10^6 niedriger als bei den vorher erwähnten γ-Quanten des radioaktiven Zerfalls.

Eine der bekanntesten Anwendungen der Quantentheorie in unserer Technik ist der sog. lichtelektrische Effekt: Er besteht darin, daß durch Lichtquanten Elektronen aus einer Oberfläche herausgelöst werden. Zu

---

[1] Vor allem deswegen, weil die Ausbreitungserscheinungen (Beugung, Interferenz) bei kleinen Wellenlängen von untergeordneter Bedeutung, d.h. schlecht beobachtbar werden, das Wellenbild der Strahlung demnach zurücktritt und infolgedessen das Korpuskelmodell allein genügt.

dieser Herauslösung ist ein gewisser Energiebetrag notwendig, die sog. Austrittsarbeit der Elektronen, die, wie das Experiment lehrt, jedes einzelne Photon aufzubringen hat; denn die Energie der Photoelektronen ist nicht von der Lichtmenge, sondern von der Wellenlänge, also von der Farbe des Lichtes abhängig. Jedes Quant muß also eine Energie $h \cdot \nu \geqq E_{\text{Austr}}$ haben.

Der Zerfall einer radioaktiven Substanz ist völlig unabhängig von der Temperatur, dem Druck oder von der etwaigen chemischen Bindungsform. Sie läßt sich durch keines der uns zur Verfügung stehenden Mittel beeinflussen. Sie hängt lediglich von dem energetischen Zustand des Kernes ab, ohne daß daraus aber eine Aussage über den Zeitpunkt des

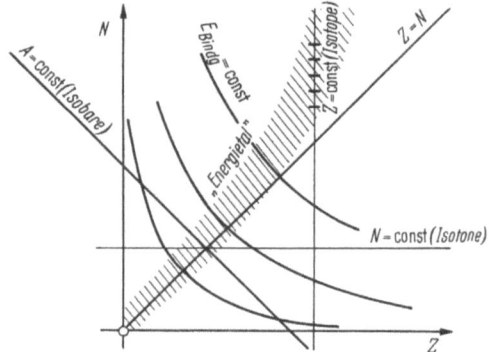

Abb. 24. Schema des N-Z-Diagramms mit dem „Energietal" und Linien konstanter Bindungsenergie

eintretenden Zerfalles möglich wäre. Jeder instabile Kern zerfällt einmal, geht also direkt oder über Zwischenstufen zum erstrebten energieärmsten Zustand über. *Wann* er das aber tut, kann nicht vorausgesagt werden. Im allgemeinen ist es so, daß eine bestimmte radioaktive Substanz entweder nur α-Strahlen, also He-Kerne oder nur β-Strahlen, also Elektronen aussendet. Nur in einigen Ausnahmefällen besteht für das gleiche Atom die Möglichkeit, auf zwei oder drei verschiedene Weisen zu zerfallen. Die γ-Strahlung tritt oft, aber nicht immer, neben der α- oder β-Strahlung auf.

Um die Stabilität von Kernen, für die ja das Verhältnis der Protonen zu den Neutronen wichtig ist, beurteilen zu können, trägt man sie zweckmäßig in einem N-Z-Diagramm auf, wie es in Abb. 24 zunächst einmal schematisch gezeichnet ist. Auf der Abszisse ist die Kernladungszahl Z, auf der Ordinate die Neutronenzahl N aufgetragen (man kann natürlich auch andere Darstellungsweisen, z.B. A über Z usw. wählen). Demnach liegen auf senkrechten Linien Atome mit gleicher Kernladungszahl Z, also Isotope, und auf horizontalen Linien Atome mit gleicher Neutronenzahl N (vielfach „*Isotone*" genannt). Auf den Linien, die unter 45° Neigung von links nach rechts laufen, müssen offenbar die Isobare liegen, weil auf ihnen $Z + N =$ const $= A$ ist. Schließlich kann man noch durch den Nullpunkt des Achsenkreuzes eine unter 45° nach rechts oben gerichtete Gerade ziehen, für die ersichtlich $Z = N$ gilt, auf der also

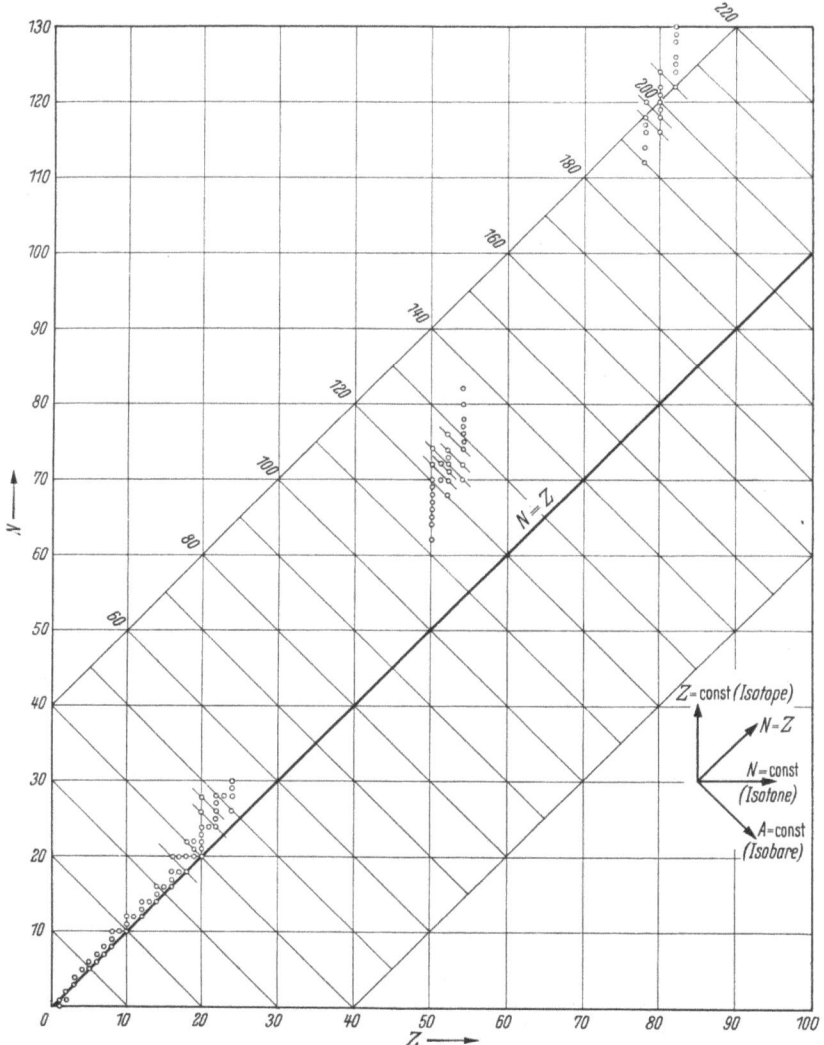

Abb. 25. Schema eines N-Z-Diagramms mit eingetragenen Kernen

diejenigen Kerne liegen müssen, die die gleiche Anzahl von Neutronen und Protonen haben. Abb. 25 enthält dieses N-Z-Diagramm mit eingezeichneten Atomen.

Der nächste Schritt wäre die Eintragung von Kurven gleicher Bindungsenergie E = const. Indessen wird die Darstellung noch fruchtbarer, wenn man anstatt dessen ein dreidimensionales Achsenkreuz wählt wie in Abb. 26.

Es entsteht so ein sog. ,,Stabilitäts"- oder ,,Energie"tal, eine Fläche, auf der alle Kerne liegen. Die ,,Talsohle" wird durch die stabilen Kerne bestimmt, die alle auf ihr liegen. Um nun die Stabilität der Kerne kennenzulernen, legen wir durch das Achsensystem eine zur Energieachse parallele

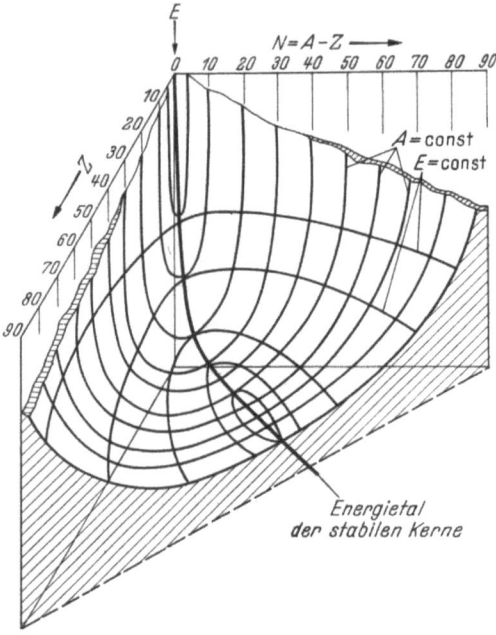

Abb. 26. N-Z-E-Diagramm in räumlicher Darstellung mit ,,Energietal" (nach GOMBERG)

Fläche, die die N, E- und die Z, E-Ebene unter 45° schneidet. Nach Abb. 24 müssen auf dieser Ebene offenbar alle isobaren Kerne liegen. Wir können diese Fläche A = const also als Isobarenfläche oder als Isobarenschnitt bezeichnen. Sie schneidet die Stabilitätsfläche, die das Energietal bildet. Wir erhalten somit je nach dem gewählten Wert von A Schnitte durch das Tal, die etwa parabelförmig aussehen. Abb. 27 zeigt eine solche Schnittkurve für $A = N + Z = 91$. Auf der Ordinate ist die Energie E aufgetragen. Da die stabilen Elemente in der Talsohle sitzen, nimmt die Bindungsenergie nach oben ab. Auf der Abszisse sind die Werte von N, Z und N-Z aufgetragen. Nach diesem Diagramm darf nur der am tiefsten sitzende Kern, in diesem Falle das Zirkon $^{91}_{40}$Zr stabil sein. Die links liegenden Kerne wandeln sich unter Positronemission, die rechts liegenden unter Elektronemission um.

Es gibt nun eine Reihe von Regeln über die Stabilität von Kernen, die man aus solchen Diagrammen ablesen kann und die wir noch kurz erwähnen wollen. Z. B. sind Kerne mit gerader Neutronen- und Protonenzahl, also gg-Kerne, besonders stabil. Über die Hälfte aller bekannten stabilen Isotope, von denen es etwa 300 gibt, sind solche gg-Kerne. Die ug- oder gu-Kerne sind bereits weniger stabil als gg-Kerne, und von den uu-Kernen gibt es überhaupt nur ganz wenige stabile Isotope. Wir wollen hier nicht näher darauf eingehen, da das Grundsätzliche für unsere Zwecke mit dem bisher Gesagten hinreichend beschrieben ist.

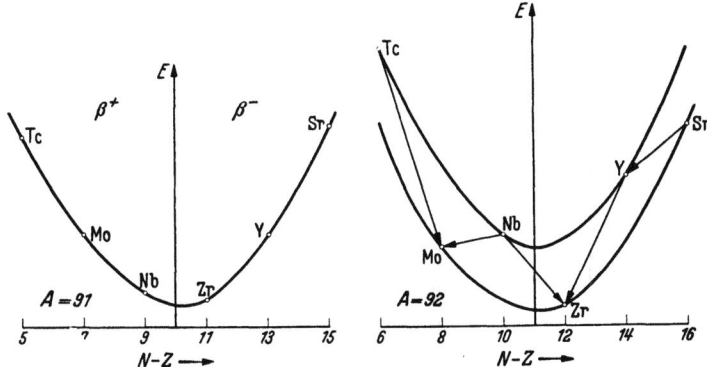

Abb. 27. Stabilitätskurven (Isobarenschnitte) für ungerade (links) und gerade (rechts) Massenzahlen A (nach FINKELNBURG)

Wenn wir uns nun dem oberen, oder richtiger dem hinteren Ende des Stabilitätstales nähern, kommen wir in den Bereich der natürlich radioaktiven Elemente, sobald wir den Wert $Z = 81$ überschreiten[1]. Die schweren Kerne sind so weit in allen nur möglichen Quantenzuständen aufgefüllt, daß sie instabil werden. Wir greifen zur Veranschaulichung wieder auf Abb. 19, den GAMOWschen Potentialtopf, zurück. In grober Näherung können wir sagen, daß, wenn der Topf mit Nukleonen bis an den Rand gefüllt ist, die Möglichkeit besteht, daß hin und wieder ein α-Teilchen[2] die Potentialschwelle überschreiten und aus dem Kernbereich austreten kann, und zwar vermögen die Teilchen hin und wieder den Potentialwall zu durchdringen, ohne daß ihre Energie für die Überschreitung der Schwelle ausreichen würde. Es ist gerade so, als ob sie hier und da eine Öffnung im Wall fänden, um hindurchzuschlüpfen. Man nennt diesen Vorgang den „Tunneleffekt". Er ist grundsätzlich bei allen Kernen, also auch solchen

---

[1] Eine Ausnahme ist das Kaliumisotop $^{40}_{19}K$, welches im natürlichen Kalium zu etwa 0,01% enthalten ist. Es ist ein β-Strahler.

[2] Dieses Bild gilt nur für α-Strahler, denn nur in Form von α-Strahlen werden Nukleonen aus dem Kern emittiert. Da aber die Zerfallsreihen der natürlich radioaktiven Stoffe stets mit α-Strahlung beginnen, ist dieses Modell vertretbar.

mit einer Kernladungszahl $Z < 81$, möglich. Er tritt jedoch nur bei den natürlich radioaktiven Stoffen in *beobachtbarer Häufigkeit* auf, denn nur bei diesen Kernen ist die „Topffüllung" so hoch, daß die „oben liegenden" Nukleonen nur noch durch den oben relativ „dünnen" Wall am Austritt gehindert werden, die „Durchschlupfwahrscheinlichkeit" also größer ist, als wenn sie nur „den Boden des Topfes bedecken". Auf Einzelheiten können wir hier nicht näher eingehen, brauchen es auch nicht zu tun, weil die Kenntnis dieser Dinge uns für die Reaktortechnik nichts nützt.

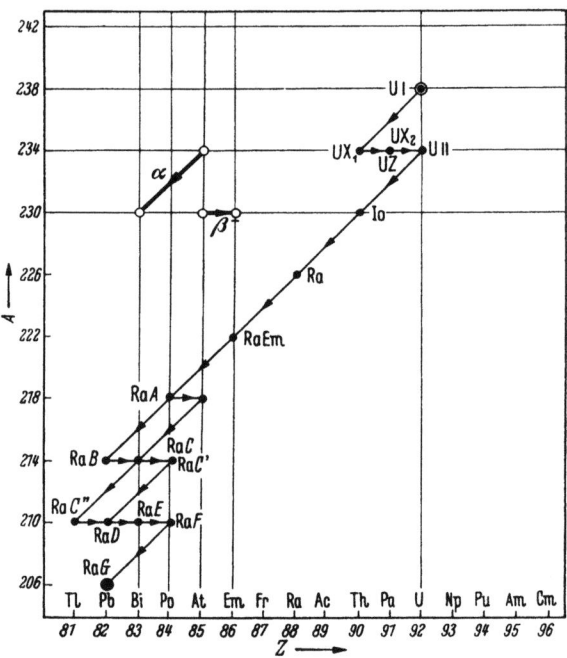

Abb. 28. „Natürliche" radioaktive Zerfallsreihe des Urans

Der Zerfall verläuft nun in drei sog. Zerfallsreihen, wie sie in Abb. 28 für Uran dargestellt ist. Sie beginnen bei den radioaktiven Stoffen $^{238}_{92}$U, $^{235}_{92}$U (das sog. Actinium-Uran, eine alte historische Bezeichnung) und dem Thorium $^{232}_{90}$Th. Sie führen über zahlreiche Zwischenstufen, denen man früher mehr oder weniger komplizierte Namen gegeben hat, alle samt und sonders bis zum Blei, welches als inaktiver Stoff schließlich stabil ist. Es sind jedoch verschiedene Bleiisotope, die übrigbleiben: $^{206}_{82}$Pb bei der Uranreihe, $^{208}_{82}$Pb bei der Thoriumreihe und $^{207}_{82}$Pb bei der Actiniumreihe.

Da, wie wir bereits gesehen haben, entweder α- oder β-Teilchen — von der γ-Strahlung wollen wir hier absehen — ausgesendet werden, also $^4_2$He-Kerne mit $A = 4$ und $Z = 2$ oder Elektronen $^{0}_{-1}$e mit $A = 0$ und $Z = -1$, muß bei einer α-Emission die Massenzahl A um 4 Einheiten, die

Ordnungszahl Z um 2 Einheiten sinken. Bei einer β-Emission bleibt hingegen A unverändert, dagegen nimmt Z um eine Einheit zu. Im Diagramm der Abb. 28 muß also beim α-Zerfall die Zerfallskurve um 4 Einheiten nach unten und gleichzeitig um 2 Einheiten nach links gehen. Beim β-Zerfall hingegen verläuft der Schritt horizontal nach rechts, weil A sich nicht ändert, dagegen Z um eine Einheit zunehmen muß. Der Zerfall des Radiums z.B. verläuft daher nach

$$^{226}_{88}\text{Ra} - ^{2}_{4}\text{He} = ^{222}_{86}\text{Rn}.$$

Das Radium zerfällt also unter Ausstoßung eines α-Teilchens zu Radon (früher Radiumemanation genannt). Radium B (das radioaktive Isotop $^{214}_{82}\text{Pb}$ des Bleis) verändert sich unter zweimaliger Elektronenemission in das Radium C' (das radioaktive Isotop $^{214}_{84}\text{Po}$ des Poloniums, welches also nach den früher gegebenen Definitionen ein Isobar zum Radium B ist). Dieses geht nach einem α-Zerfall über das Radium D (das radioaktive Blei-Isotop $^{210}_{82}\text{Pb}$) und nach weiterem zweimaligem β-Zerfall zum Radium F (das Polonium-Isotop $^{210}_{84}\text{Po}$) über. Schließlich entsteht nach einer weiteren α-Emission das *stabile*, also nicht mehr radioaktive Radium G, nach unserer heutigen Nomenklatur also das Blei-Isotop $^{206}_{82}\text{Pb}$.

Bisher haben wir noch keine Aussage darüber erhalten, in welcher Zeit dieser Zerfall vor sich geht. Diese Zeit läßt sich nicht vorausberechnen, aber sie ist durch Messungen über Jahrzehnte für alle radioaktiven Stoffe bekannt. Wie bereits erwähnt, ist es unmöglich, eine Angabe darüber zu machen, wann ein bestimmter Atomkern zerfallen wird. Wir wissen nur, daß er auf jeden Fall und unter allen Umständen irgendwann einmal zerfallen wird. Die Wahrscheinlichkeit hierfür wird auch nicht durch das zunehmende Alter des Kerns größer. Es läßt sich nur eine statistische Aussage über eine große Zahl von Kernen machen, die dahin geht, daß in einer bestimmten Zeit ein bestimmter Anteil der zum Beginn dieses Zeitabschnittes vorhanden gewesenen Kerne zerfallen sein wird. Oder anders ausgedrückt: In gleichen Zeiten zerfällt der gleiche Bruchteil der jeweils noch vorhandenen Kerne in das Folgeprodukt. Dieser Anteil ist nun bei den verschiedenen Atomsorten außerordentlich verschieden. Wenn wir mit λ die den Stoff charakterisierende „Zerfallskonstante" bezeichnen, können wir schreiben:

$$dN = -N\lambda\,dt, \tag{19}$$

wobei dN der in der Zeitspanne dt zerfallende Anteil der zur Zeit t vorhanden gewesenen Kerne N ist. Daraus ergibt sich, wenn N_0 die Zahl der zur Zeit $t = 0$ vorhandenen Ausgangskerne ist,

$$N = N_0 e^{-\lambda t}. \tag{20a}$$

Man kann nun auch anstatt der Zerfallskonstanten λ die mittlere Lebensdauer der Kerne verwenden, die gleich dem Reziprokwert der Zerfallskonstante, also $\tau = 1/\lambda$ ist[1], und damit schreiben:

$$N = N_0 \, e^{-t/\tau}. \tag{20b}$$

In der Zeit $t = \tau$ ist also die Anzahl der Ausgangskerne auf den e-ten Teil des Anfangswertes gesunken. Im allgemeinen wird aber weder die Zerfallskonstante noch die mittlere Lebensdauer angegeben, sondern die sog. Halbwertszeit T. Es ist diejenige Zeit, in der die Hälfte aller Ausgangskerne zerfallen ist; das bedeutet also, daß $T = \tau \ln 2$ ist oder, was dasselbe ist, $T = \dfrac{\ln 2}{\lambda} \approx \dfrac{0{,}7}{\lambda}$ [2]. Die Halbwertszeiten schwanken bei den natürlichen radioaktiven Stoffen zwischen 10^{12} Jahren und 10^{-9} sek.

Schon bald nach der Entdeckung der natürlichen Radioaktivität setzten Versuche ein, solche Kernumwandlungen künstlich herbeizuführen. Zum ersten Male gelang es RUTHERFORD im Jahre 1919. Er beschoß Stickstoffatome mit einer geeigneten Apparatur mit α-Teilchen, also mit Heliumkernen, und erhielt Sauerstoff. (Allerdings handelte es sich dabei um Mengen, die weit unter der chemischen Nachweisgrenze lagen!) Wir können nun eine solche „Kernreaktion" unter Verwendung der bereits eingeführten Symbole genauso schreiben wie eine chemische Reaktion, nämlich:

$$^{14}_{7}\mathrm{N} + {}^{4}_{2}\mathrm{He} \rightarrow {}^{17}_{8}\mathrm{O} + {}^{1}_{1}\mathrm{H}. \tag{21}$$

Es entstand also bei dieser „Kern"- oder „Atomzertrümmerung" das Sauerstoffisotop $^{17}_{8}\mathrm{O}$ und ein Proton $^{1}_{1}\mathrm{H}$. Diese Reaktionsgleichung enthält nun zwei algebraische Gleichungen, die uns erlauben, mittels der Beziehung der Gl. (12) solche Kernreaktionen vorauszuberechnen, weil die Summe der Massenzahlen A und der Kernladungszahlen Z auf beiden Seiten der Reaktionsgleichung gleichbleiben muß. Angenommen, bei dem grundlegenden Experiment von RUTHERFORD wäre nur festgestellt wor-

---

[1] Sie ergibt sich durch folgende Überlegung: τ läßt sich bestimmen als die Summe der Zerfallszeiten aller Atome, dividiert durch die Zahl N_0, die anfänglich vorhanden waren, also:

$$\tau = \frac{-\int\limits_0^\infty N \, dt}{N_0} = \frac{\lambda N_0 \int\limits_0^\infty t e^{-\lambda t} \, dt}{N_0}$$

Integration ergibt

$$\tau = \left(-t e^{-\lambda t} - \frac{e^{-\lambda t}}{\lambda}\right)\Big|_0^\infty = \frac{1}{\lambda}$$

[2] Für das praktische Rechnen ist es zweckmäßig, sich zu merken, daß nach 10 Halbwertszeiten noch $\left(\dfrac{1}{2}\right)^{10} \approx 1/1000$ der Ausgangssubstanz vorhanden ist. Das ist nützlich für das Abschätzen der Benutzungsdauer von technischen Radioisotopen.

den, daß bei der Reaktion zwischen dem Stickstoffkern und dem α-Teilchen ein Atom unbekannter Art und ein Proton entstanden ist, könnte man so ermitteln, welche Atomart neu erzeugt worden ist, indem man die genannte Regel

$$A_1 + A_2 = A_x + A_3$$
$$Z_1 + Z_2 = Z_x + Z_3$$
(21 a)

anwendet. Man erhält dann:

$$^{14}_{7}\text{N} + ^{4}_{2}\text{He} = ^{A_x}_{Z_x}\text{X} + ^{1}_{1}\text{H},$$

woraus sich ergibt:

$$A_x = 14 + 4 - 1 = 17$$
$$Z_x = 7 + 2 - 1 = 8.$$

Mithin findet man, daß wir es mit einem Element X zu tun haben, dessen Ordnungszahl $Z_x = 8$ und dessen Massenzahl $A_x = 17$ beträgt. Aus der Isotoptabelle (oder aus dem periodischen System) kann man nun entnehmen, daß es sich bei dem unbekannten Element X um Sauerstoff handeln muß, weil diesem Element die Kernladungszahl $Z = 8$ *eindeutig* zugeordnet ist. Die Massenzahl $A = 17$ ergibt, daß es sich um ein Sauerstoffisotop mit der Massenzahl 17 handelt. Mithin haben wir also ein neues Element, nämlich das seltene $^{17}_{8}\text{O}$ erhalten[1].

Außer der Schreibweise von Kernreaktionsgleichungen in der Form der Gl. (21) ist auch eine vereinfachte Schreibweise im Gebrauch:

$$^{14}_{7}\text{N} \, (\alpha, \, p) \, ^{17}_{8}\text{O} \,. \tag{22}$$

Die Symbole in der Klammer sagen aus, daß das mit dem ersten Symbol bezeichnete Teilchen aufgenommen oder zugeführt, das zweite, vom ersten durch ein Komma getrennt, bei der Reaktion abgegeben wird. Wie bereits erwähnt, bezeichnen α oder $^{4}_{2}\text{He}$ einen Heliumkern, p ein Proton, also einen Wasserstoffkern $^{1}_{1}\text{H}$. Bei Zerfallsreaktionen pflegt man auch folgende Schreibweise anzuwenden, z. B.:

$$^{226}_{88}\text{Ra} \xrightarrow{\alpha} ^{222}_{86}\text{Rn},$$

die aussagt, daß bei dem Zerfall von Radium zu Radiumemanation, die jetzt meist mit Radon bezeichnet zu werden pflegt, ein α-Teilchen ausgestrahlt wird. Algebraisch stimmt auch diese Reaktionsgleichung, wie man ohne weiteres sieht, wenn man für α das Symbol $^{4}_{2}\text{He}$ einsetzt und

---

[1] Wenn wir diese Reaktion übrigens auch bezüglich ihrer Energietönung durchrechnen, indem wir die Massenwerte und den Massendefekt ermitteln, finden wir vor der Reaktion $M = 18,0103$, nach der Reaktion $M = 18,0121$ und damit eine Massen*zunahme* von $\Delta M = 0,0017 \; ME = 1,7 \; TME \cong 2,8 \cdot 10^{-27}$ g. Daraus errechnet sich nach Gl. (14) der Energie*verbrauch* zu $E = 1,7$ MeV. RUTHERFORD hatte also als nüchterner Wissenschaftler auf Grund dieses Ergebnisses recht, wenn er den Satz, den wir auf S. 2 zitiert haben, damals aussprach.

die A- und Z-Werte von denjenigen des Ra abzieht (vgl. hierzu auch das Zerfallsschema Abb. 28).

Inzwischen ist die Zahl der erprobten künstlichen Kernumwandlungen außerordentlich groß geworden. Es gibt praktisch kein Element mehr, bei dem nicht Kernumwandlungen möglich wären oder ausgeführt worden sind, wobei zur Durchführung Protonen ($^1_1$H oder p), Deuteronen ($^2_1$H oder d), γ-Quanten (γ), Heliumkerne ($^4_2$He oder α) und Neutronen ($^1_0$n oder in vereinfachter Schreibweise: n) verwendet werden. Aber auch mit — allerdings nur sehr energiereichen — Elektronen ($^{\ \ 0}_{-1}$e oder e$^-$ oder β oder β^- geschrieben) sind Kernreaktionen möglich, z.B. die Reaktion $^9_4$Be (e$^-$, e$^-$ + n) $^8_4$Be, bei der wir $A = 9 - 1 = 8$ und $Z = 4 + 1 - 1 = 4$ finden.

Bei diesen Untersuchungen über Kernreaktionen wurde — 15 Jahre nach RUTHERFORDS erster Kernumwandlung durch JOLIOT und CURIE — gefunden, daß dabei auch Kerne entstehen können, die instabil sind und infolgedessen eine deutliche Radioaktivität zeigen. Die künstlichen radioaktiven Atome verwandeln sich jedoch stets in isobare Kerne, wie sie in Abb. 27 dargestellt sind. Sie verändern also nicht ihre Massenzahl A, sondern nur ihre Kernladungszahl Z, indem sie entweder Elektronen oder Positronen aussenden. Dabei taucht sofort die Frage auf, woher diese Elektronen oder Positronen kommen, da sie ja ursprünglich im Kern nach dem heute gültigen Bilde des Kernaufbaues nicht vorhanden sind. Die naheliegende Vermutung, daß diese Strahlung der künstlich radioaktiven Kerne ein Beweis für das primäre Vorhandensein von Elektronen im Kern sei, ist irrig. Es sprechen gewichtige Gründe gegen die Anwesenheit von Elektronen im Kern, auf die wir hier allerdings nicht eingehen können[1]. Die Erscheinung ist aber wieder ein eindrucksvolles Beispiel für die Wandlungsfähigkeit der Elementarteilchen, für die Tatsache also, daß sie bestimmte Energiezustände darstellen, deren Ausdrucksform veränderlich ist. Ein anschauliches Modell hierfür möge nach R. W. POHL [42], Band III, S. 309, zitiert werden:

„Gegeben eine verkorkte Flasche, gefüllt mit Seifenlösung und Druckluft. Die Flasche werde schräg gehalten, der Kork bleibe dauernd benetzt. Aus einer Undichtigkeit quellen Seifenblasen hervor und fallen zu Boden. — Niemand wird behaupten, daß diese gasgefüllten Seifenblasen bereits im Inneren der Flasche vorhanden sind. Sie entstehen erst, wenn etwas vom Inhalt der Flasche entweicht."

Eine weitere Schwierigkeit besteht bei der Erklärung der Elektronenausstrahlung (ganz allgemein) auch noch darin, daß die Elektronen eine kontinuierliche Geschwindigkeitsverteilung zeigen im Gegensatz z.B. zur Aussendung von α-Teilchen, die diskrete Energiewerte zeigen. Wenn man nicht mit dem Energiesatz in Konflikt kommen will, muß man annehmen,

---

[1] Einer der wesentlichen Gründe ist die Tatsache, daß das magnetische Moment etwa 2000mal so groß ist wie dasjenige eines Kerns.

daß außer dem Elektron noch ein Teilchen ausgesendet wird, das weder Ladung noch Masse (Ruhmasse) hat. Nur durch diese Annahme kann z.Z. der fehlende Energiebetrag bei der Kernumwandlung gedeckt werden. Man nennt dieses Teilchen „Neutrino", ein Name, den ihm FERMI, zunächst wohl nur scherzhaft gemeint (die italienische Verkleinerungsendung ...ino, wie z.B. in Bambino), gegeben hat[1]. Diejenigen Kerne nun, welche Positronen beim Zerfall ausstrahlen, senden stets auch eine γ-Strahlung aus. Sie ist das Energieäquivalent der Positronenmasse, die infolge der unvermeidlichen Zerstrahlung des Positrons mit einem Elektron verschwindet. Daher beträgt die Energie dieser γ-Quanten stets 0,511 MeV (s. S. 62). Schließlich muß man noch der Vollständigkeit wegen die Möglichkeit erwägen, daß ein solcher instabiler Kern sich auch dadurch in einen isobaren stabileren Kern verwandeln kann, daß er, anstatt ein Positron auszusenden, sich aus seiner eigenen Elektronenhülle, und zwar aus der ihm am nächsten liegenden K-Schale (s. S. 39) ein Elektron einfängt und auf diese Weise ein Proton in ein Neutron verwandelt. Offensichtlich läuft das auf dieselbe Umwandlungsrichtung hinaus wie die Aussendung eines Positrons. Da der Kern jetzt ein Proton weniger hat, ist seine Kernladungszahl um eine Einheit gesunken und gleichzeitig auch sinngemäß ein Hüllenelektron verschwunden. Die Ordnung der Atomhülle ist aber nun gestört: Die K-Schale hat ein Elektron zuwenig und infolgedessen eine der äußeren Schalen ein Elektron zuviel. Die Ordnung wird dadurch wieder hergestellt, daß ein Elektron aus einer äußeren Schale in die K-Schale übergeht, also einen energieärmeren Zustand aufsucht. Die Folge davon ist die Aussendung eines diesem Energiesprung gemäß Gl. (11a) entsprechenden Lichtquantes (Röntgenlicht). Man nennt dieses künstlich radioaktive Isotop einen K-*Strahler* und den Prozeß einen K-*Einfang* oder einen *Einfangprozeß*.

Die Herstellung künstlich radioaktiver Isotope wird heute in industriellem Maßstab betrieben, weil diese Stoffe sich mit in gewissen Grenzen beliebigen, d.h. den Anwendungszwecken angepaßten Eigenschaften bezüglich Strahlungsart, Energie, Halbwertzeit usw. herstellen lassen. Darauf kommen wir in dem VIII. Kapitel ausführlich zurück, wo die Isotopenherstellung im Kernreaktor, also mittels Neutronenstrahlung (z.B. durch n, γ-Prozesse) behandelt werden wird. Aber auch die Erzeugung von radioaktiven Stoffen durch Beschuß mit anderen Elementarteilchen spielt, wenn auch z.Z. vor allem nur in der Forschung, eine bedeutende Rolle. Die Erzeugung solcher Teilchen mit hinreichender Energie — einer Energie also, die es den geladenen Teilchen (positiven Ionen), z.B. α-Strahlen, ermöglicht, den Potentialwall des Kernes, Abb. 19,

---

[1] Es muß dem Ingenieur unklar bleiben, wie die Physiker ein Teilchen nachweisen wollen, das weder Masse noch Ladung hat. Sie behandeln dieses Teilchen aber mit großem Ernst (KAY).

zu durchdringen — geschieht heute in Beschleunigungsmaschinen, von z.T. achtunggebietenden Ausmaßen. Ein typischer Vertreter einer solchen Anlage ist das Zyklotron, Abb. 29 und 30, mit seinen verschiedenen Varianten (deren Bezeichnungen z.T. nicht durch das technische Verfahren, sondern durch nationale Empfindungen bestimmt werden). Es soll in seinem Prinzip zum Abschluß dieses Abschnittes kurz besprochen werden. Der Grund dafür, daß man solche Maschinen baut, liegt darin, daß die aus radioaktiven Stoffen gewinnbaren geladenen Teilchen nur eine begrenzte kinetische Energie haben oder die erzielbaren Ausbeuten zu gering sind.

Die für den Außenstehenden verwirrende Vielfalt von solchen Teilchenbeschleunigern läßt sich auf folgende Weise sichten:

Das Prinzip der Herstellung energiereicher geladener (nur solche lassen sich in elektrischen Feldern beschleunigen! [vgl. Definition der Energieeinheit eV]) Teilchen besteht darin, daß man sie —z.B. He-Ionen $_2^4 He^{++}$— zunächst einmal ionisiert. Das kann durch Elektronenbombardement (im Vakuum!) des nichtionisierten Gases in sog. ,,Kanalstrahlröhren" (vgl. Abschn. 6, S. 37) geschehen: Genügend energiereiche Elektronen vermögen die Hüllenelektronen aus der Elektronenhülle des normalen Atoms herauszuschlagen, d.h. auf die Quantenbahn $n = \infty$ zu heben. Die so entstehenden Ionen werden durch eine an geeignet ausgebildete Elektroden angelegte elektrische Spannung gemäß $m v^2/2 = e \cdot U$ beschleunigt. (Wenn man diese Größengleichung nicht ausrechnet und die Spannung U in Volt mißt, hat man das bereits bekannte Energiemaß eV: Elektronenvolt.) Die nächstliegende Methode ist die Anwendung eines weiteren Hochspannungsfeldes ähnlich demjenigen in der Kanalstrahlröhre, wo die entstehenden Ionen ihre erste Beschleunigung bis zum Austritt erhalten haben. Je höher ihre Energie sein soll, desto höher muß die verwendete Spannung sein. Um sie zu erzeugen, werden Hochspannungsgeneratoren besonderer Art verwendet, die unter dem Namen ,,Bandgenerator" oder ,,VAN-DE-GRAAFF-Generator" (eine Art verbesserter Elektrisiermaschine) bekanntgeworden sind. Sie erzeugen eine Gleichspannung bis zur Größenordnung von 10^6 V. Durch Einbau in Drucktanks (Verminderung der Funkenüberschlagsweite) lassen sich noch höhere Spannungen erzielen. Eine andere Bauart solcher Gleichstromhochspannungsquellen ist der ,,Kaskaden-Vervielfacher" (GREINACHER-Schaltung), bei dem mit Wechselstromtransformatoren und Gleichrichtern gearbeitet wird.

Der Anwendung dieser hohen Spannungen wird aber durch technische Schwierigkeiten (Isolation!) bald eine Grenze gesetzt. Deswegen hat man sich nach anderen Möglichkeiten umgesehen und gefunden, daß man, anstatt die Teilchen *ein einziges Feld sehr hoher Spannung* durchlaufen zu lassen, sie auch *mehrmals hintereinander ein Feld mit niedriger Spannung*

Abb. 29. 60-Zoll-Zyklotron mit 20 MeV-Deuteronenstrahl von etwa 2 m Länge in Luft
(nach HANLE [*34*])

Abb. 30. Großes Synchrozyklotron von Berkeley (148 Zoll) für 350 MeV-Protonen,
200 MeV-Deuteronen und 380 MeV-α-Teilchen. (nach HANLE [*34*])

durchlaufen lassen kann, denn für die Beschleunigung durch ein elektrisches Feld spielt es keine Rolle, mit welcher Anfangsenergie (oder Anfangsgeschwindigkeit) die Teilchen in das Feld eintreten. Mag ihre Eintrittsgeschwindigkeit noch so hoch sein, so werden sie doch durch eine noch so kleine Spannung weiter beschleunigt[1]. Daraus hat sich die zweite Grundtype solcher Teilchenbeschleuniger entwickelt, der sog. Vielfachbeschleuniger: Die Teilchen durchlaufen nacheinander mehrere rohrförmige oder ringförmige Elektroden, die im „Linearbeschleuniger" in axialer Richtung hintereinander angeordnet sind. Durch eine geeignete Schaltung läuft über diese Elektroden ein Wechselspannungsfeld (Wanderwelle), so daß die Teilchen jeweils beim Verlassen der einen Elektrode im Zwischenraum bis zur nächsten Elektrode im richtigen Sinn weiterbeschleunigt werden.

Diese Anordnung hat den Nachteil, daß sie sehr geräumig wird, wenn man hohe Energien erzielen will, weil die Laufstrecken der Teilchen bei hohen Geschwindigkeiten schon sehr lang werden. Man hat daher überlegt, daß man Platz sparen kann, wenn es gelingt, die *lineare* Bahn irgendwie „aufzuwickeln". Das ist durch ein magnetisches Feld, welches die Bahn elektrisch geladener Teilchen zu krümmen vermag, möglich. Der Vorteil wird — wie meistens in der Technik — mit einem Nachteil bezahlt, nämlich dadurch, daß man Magnete von riesigen Ausmaßen braucht. (Neuerdings bis zu 10000 Tonnen und mehr Eisengewicht!) Einen solchen Beschleuniger mit magnetisch „aufgewickelter" Laufbahn der Teilchen nennt man nun „Zyklotron". — Neuerdings beginnt aber der lineare Beschleuniger wieder an Boden zu gewinnen, weil er gegenüber dem Zyklotron außer dem Wegfall des Magneten noch einige weitere Vorzüge besitzt. Abb. 31 zeigt das Innere eines solchen Linearbeschleunigers, der selbstverständlich auch im *Vakuum* arbeitet. — Der Witz beim Zyklotron besteht nun darin, daß die Spannung genau in dem Augenblick ihr Vorzeichen wechselt, wenn die Teilchen einen Halbkreis durchlaufen haben. Abb. 32 zeigt schematisch die Anordnung eines Zyklotrons: Zwischen den Polen eines Magneten sind konzentrisch die beiden halbkreisförmigen Elektroden angeordnet, meist wegen ihrer Form „*Dee's*" genannt. Sie stellen eine flache zylindrische Dose dar, die längs einem Durchmesser durchgeschnitten ist. Abb. 33 zeigt die technische Ausführung solcher „*D's*".

Bei Gleichgewicht zwischen den elektrodynamischen Kräften im Magnetfeld der Flußdichte $\mathfrak{B}$ und der Zentrifugalkraft ergibt sich für ein Teilchen mit der Masse m und der Ladung q, welches mit der Geschwindigkeit v fliegt:

$$\frac{m \cdot v^2}{r} = \mathfrak{B} \cdot q \cdot v. \tag{23a}$$

---

[1] Allerdings begrenzt durch die relativistische Massenzunahme in der Nähe der Lichtgeschwindigkeit.

Abb. 31. Innenansicht der 13 m langen Beschleunigungskammer des Linearbeschleunigers in Berkeley.
Im Bild links befinden sich die rohrförmigen Elektroden. Die Teilchen (Protonen) erfahren ihre Beschleunigung in den Zwischenräumen der aufeinanderfolgenden Elektroden
(nach FINKELNBURG [33])

Abb. 32. Schema des Zyklotrons. N, S Magnetpole; D_1, D_2 Dee-Elektroden; I Ionenquelle; HF Kurzw.-Sender; A Ablenkplatte; F Austrittsfenster; St Teilchenstrahl; BS Beschleunigungsspalt
(nach SCHWENKHAGEN [41])

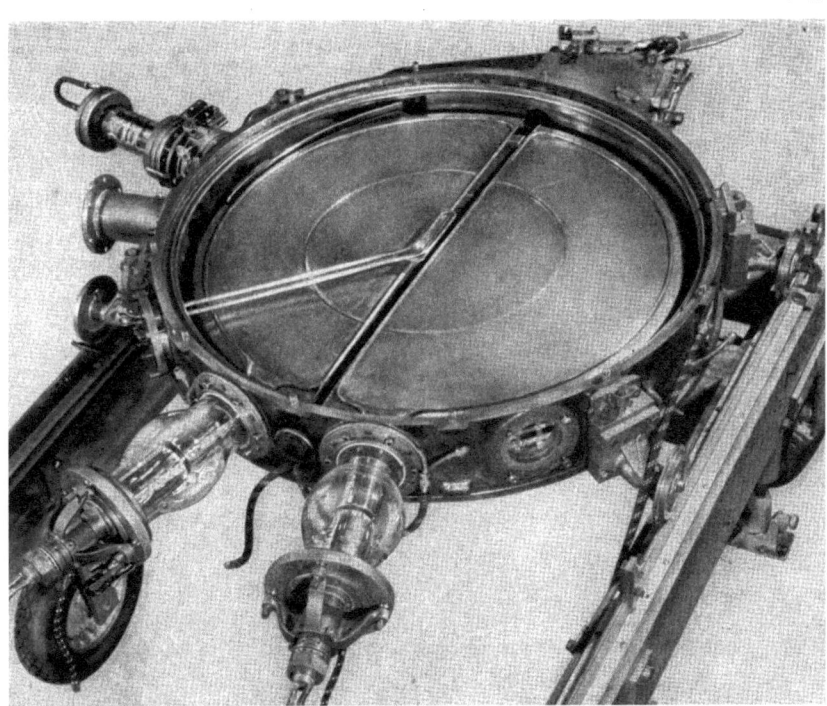

Abb. 33. Die D's des Harvard-Zyklotrons, Baujahr 1939 (nach FINKELNBURG [33])

Damit folgt für die kinetische Energie des Teilchens

$$\frac{m\,v^2}{2} = \frac{\mathfrak{B}^2 \cdot q^2 \cdot r^2}{2\,m}\,. \tag{23b}$$

Man sieht, daß, wie vorhin bereits gesagt, die Energie von der beschleunigenden Spannung unabhängig ist. Die Umlaufzeit ergibt sich daraus zu

$$\tau = \frac{2\,\pi\,r}{v} = \frac{2\,\pi\,m}{\mathfrak{B}\cdot q} = \text{const} \tag{23c}$$

und die notwendige elektrische Frequenz zu

$$\nu = \frac{\mathfrak{B}}{2\,\pi} \cdot \frac{q}{m}\,. \tag{23d}$$

Man sieht hieraus, daß die Umlaufzeit nur so lange unabhängig von der Geschwindigkeit ist, als eine relativistische Massenzunahme der Teilchen außer Betracht bleiben kann. Infolgedessen kann unter dieser Voraussetzung die Frequenz der beschleunigenden Wechselspannung an den D's ebenfalls konstant bleiben. Steigt die Masse jedoch merklich an, würde die Umlaufzeit nach Gl. (23c) größer werden, und damit würden die Teilchen in ihrer Kreisfrequenz hinter der Frequenz der beschleunigenden Spannung zurückbleiben. Man hat Vorsorge getroffen, trotzdem zu dem gewünschten Ergebnis zu kommen, indem man die Frequenz ebenfalls verzögert und der Umlaufzeit anpaßt (das bedeutet natürlich, daß die Teilchen nur „schubweise" beschleunigt werden können!). Eine solche Anordnung nennt man — weil Kreisfrequenz der Teilchen und Beschleunigungsfrequenz der Spannung synchronisiert werden — ein *Synchrozyklotron*. Die technische Ausführung stellt zahlreiche, z. T. recht komplizierte konstruktive Probleme, z. B. die Einrichtungen zum Einschleusen und Ausschleusen der Teilchen u.v.a.m. Im Laufe der Jahre sind Beschleuniger gebaut worden, deren Energiebedarf demjenigen einer mittleren Stadt entspricht.

Das Zyklotron in Berkeley, welches in den Abb. 29 und 30 dargestellt ist, vermag α-Strahlen mit einer Energie von 400 MeV zu erzeugen, also 100mal energiereicher als diejenigen aus radioaktiven Präparaten! Zur Zeit sind Anlagen im Bau, die noch wesentlich höhere Beschleunigungen ermöglichen sollen.

Zum Beschleunigen von Elektronen benutzt man eine besondere Einrichtung, weil wegen ihrer merklichen relativistischen Massenzunahme es unmöglich wäre, sie im Takt zu halten. An Stelle des Synchrozyklotrons verwendet man das sog. *Betatron* oder die „Elektronenschleuder", mitunter auch Elektronenturbine genannt. Abb. 34 zeigt ein kleineres Gerät dieser Art für eine Elektronenenergie bis 35 MeV. In die ringrohrförmige, evakuierte Beschleunigungskammer wird ein Elektronenstrahl (z. B. von einer Glühkathode) eingeführt. Dieses Ringrohr stellt nun gewissermaßen die Sekundärwicklung eines Transformators dar, in der die Elektronen durch ein kreisförmiges elektrisches Feld unter bestimmten Bedingungen beschleunigt werden. Das größte Gerät dieser Art steht ebenfalls in Berkeley und liefert Elektronen mit $E = 300$ MeV. Dabei treten bereits eine Reihe bemerkenswerter Schwierigkeiten auf. Zunächst einmal muß die Massenzunahme berücksichtigt werden, denn Elektronen dieser Geschwindigkeit haben bereits eine Masse, die einige hundertmal größer ist als ihre Ruhmasse m_0! Eine weitere Schwierigkeit entsteht dadurch, daß die Elek-

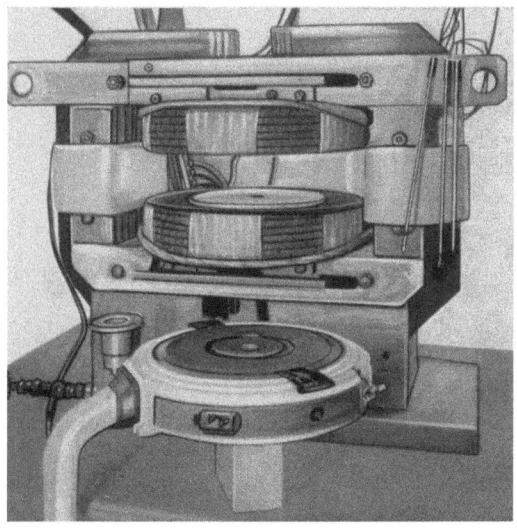

Abb. 34. Betatron nach GUND für 6 MeV-Elektronen (Siemens-Reiniger-Werke, Erlangen) (nach HANLE)

tronen mit zunehmender Geschwindigkeit zunehmend Energie abstrahlen, da sie ja wie ein Dipol wirken (vgl. den Einwand gegen das RUTHERFORDsche Atommodell, S. 31). Das bedeutet, daß die Beschleunigungsleistung von der Abstrahlleistung verzehrt und eine weitere Steigerung der Teilchenenergie unmöglich wird. Durch geschickte Kombination der Grundgedanken des Zyklotrons und Betatrons vermag man aber diese Schwierigkeiten zu beheben und gelangt damit zum *Elektronensynchrotron*, welches die Erzeugung von Elektronen mit 500 MeV Energie gestattet.

Der letzte Schritt in dieser Entwicklung ist schließlich das *Protonen-Synchrotron*, eine Kombination von Elektronensynchrotron und Synchro-Zyklotron. Seit 1952 existiert ein solches Riesengerät beim Brookhaven National Laboratory in den USA. Es liefert alle 5 Sekunden einen Stoß von $4 \cdot 10^9$ Protonen mit 2300 MeV (!). Die Teilchenrennbahn hat einen Durchmesser von 20 Metern, die sie in 5 Sekunden dreimillionenmal umkreisen müssen. Der Anschlußwert der Anlage beträgt 40000 kW! Der

Magnet wiegt allerdings „nur" — d.h. verglichen mit Zyklotronen — etwa 2200 Tonnen.

Damit ist die Entwicklung aber keineswegs am Ende. Es befinden sich solche Beschleuniger im Bau, die die Teilchenenergie um eine weitere Zehnerpotenz erhöhen sollen, also bis etwa 25000 oder 30000 MeV (oft auch mit 25 bzw. 30 GeV, entsprechend 1 GeV = 10^3 MeV bezeichnet)[1].

9. Kernspaltung

Das vom technischen Standpunkt aus wichtigste Hilfsmittel der Kernumwandlung sind die Neutronen, weil sie mangels einer elektrischen Ladung mühelos das Abstoßungsfeld eines Kernes zu durchdringen vermögen und dabei noch mit einer relativ großen Masse ausgestattet sind. Es gibt eine Reihe von Methoden, um Neutronen zu erzeugen. Eines der „klassischen" Mittel dazu ist die Reaktion

$$^{9}_{4}Be + ^{4}_{2}He \to ^{12}_{6}C + n + \gamma \qquad (24)$$

oder in anderer Schreibweise

$$^{9}_{4}Be\,(\alpha, n\gamma)\,^{12}_{6}C.$$

Sie wird ausgeführt, indem man einige Milligramm Radiumbromid in einigen Gramm Berylliumpulver einbettet. Die aus dem Radium entweichenden α-Teilchen veranlassen die Reaktion. Die Ausbeute ist außerordentlich gering. Der erzielbare Neutronenfluß beträgt höchstens $\Phi = 10^3$ bis 10^5 Neutronen/cm²sek [43][2]. Sie genügt nur für kleinere Laboratoriumsuntersuchungen oder als Neutronenquelle zum Anfahren von Reaktoren.

Nun gibt es unter den zahlreichen möglichen Kernprozessen einen Reaktionstypus, die *Kernspaltung*, der z.B. nach folgender Gleichung ablaufen kann:

$$^{235}_{92}U + ^{1}_{0}n \to ^{236}_{92}U \to ^{94}_{38}Sr + ^{140}_{54}X + 2\,^{1}_{0}n. \qquad (25)$$

Durch Neutronen wird danach der U-235-Kern über einen „*Zwischenkern*" (wie bei jeder Kernreaktion) in zwei mittelschwere Kerne *gespalten*, wobei 2 bis 3 weitere Neutronen frei werden, die ihrerseits wiederum U-235-Kerne spalten. Außerdem wird dabei ein *erheblicher Energiebetrag frei*. Es ist ohne weiteres zu erkennen, daß diese Reaktion nicht nur sich selbst zu unterhalten vermag, sondern lawinenartig anschwellen kann. Es ist das das Grundprinzip der Atombombe. Wenn es nun gelingt, von einer bestimmten Menge der pro Zeiteinheit erzeugten Neutronen an ein weiteres Anschwellen der Lawine zu unterbinden, so daß die Reaktion mit *konstan-*

---

[1] Man beachte, daß in der angelsächsischen Literatur oft 1 GeV = 1 BeV gesetzt wird, weil in der englischen Sprache eine Milliarde (10^9-) mit *einer Billion* (bei uns ist eine Billion = 10^{12}) bezeichnet wird.

[2] Der Begriff „Neutronenfluß" wird später, S. 114, erläutert.

ter *Neutronenzahl* weiterläuft, hat man die *Kettenreaktion des Kernreaktors* vor sich. Die technisch beherrschte Durchführung dieser Reaktion ist die Voraussetzung der Energiegewinnung aus Kernspaltprozessen. *Die Schaffung der technischen Mittel dafür ist aber die Aufgabe der Ingenieure.* Die Neutronenerzeugung, die bei Reaktoren bis zu $\Phi = 10^{14}$ Neutronen/cm² sek und mehr geht, ist ein Nebenergebnis, wenn man so will. Sie interessiert uns — abgesehen von der kernphysikalischen Forschung, die uns hier nur hinsichtlich ihrer technisch anwendbaren und bei der Konstruktion zu beachtenden Ergebnisse angeht — bezüglich ihrer Ausnutzbarkeit zur Herstellung radioaktiver Stoffe in technischem Maßstab.

Während also bei den bisher bekannten Kernreaktionen nur relativ kleine Teile (α- und β-Teilchen) emittiert werden, ist die *Kernspaltungsreaktion* dadurch gekennzeichnet, daß der Kern in zwei — mitunter auch in drei — große Teile aufgespalten wird.

Für technische Zwecke interessiert z. Z. nur ein ganz bestimmter Typ von Kernspaltprozessen, nämlich von der Art, wie sie durch Gl. (25) charakterisiert sind. Es muß aber darauf hingewiesen werden, daß dieser Typ durchaus nicht etwa der einzig mögliche ist! Ganz allgemein kann man heute sagen, daß nahezu jeder Kern einer Spaltung, d.h. also einer Aufteilung in zwei oder drei nahezu gleich große Bruchstücke unterworfen werden kann. Der Erfolg eines solchen Unternehmens hängt lediglich von den gewählten Mitteln ab. Man kann zur Spaltung von Kernen α-Teilchen, Neutronen, Deuteronen und sogar — allerdings äußerst energiereiche — γ-Strahlen verwenden. Es kommt lediglich darauf an, je nach der Stabilität des zu spaltenden Kernes eine entsprechende Energie durch die Energie des zur Spaltung zu verwendenden Teilchens bzw. Quants zuzuführen. Diese Energiebeträge sind nun außerordentlich verschieden. Während z.B. die Kerne des $^{235}_{92}U$ so labil sind, daß hin und wieder einige von ihnen sogar *ohne jede äußere Energiezufuhr* — also ohne die Wirkung der überall vorhandenen, frei herumvagabundierenden Neutronen! — zerplatzen (was nichts mit dem radioaktiven Zerfall des Urans zu tun hat), so brauchen andere Kerne, z.B. schon das unmittelbar benachbarte $^{238}_{92}U$ bereits erheblich größere Energiebeträge, die bei den leichteren Elementen bis zu mehreren hundert MeV ansteigen. Unter diesen vielen möglichen Reaktionen gibt es eine Reihe von solchen, die unter *Energieabgabe* verlaufen, z.B. das Zerplatzen des Lithiumkernes (ähnlich wie in Gl. (25) über einen sog. „Zwischenkern", das $^{8}_{4}Be$) in zwei Spaltprodukte, nämlich zwei Heliumkerne (obwohl es „nur" α-Teilchen sind, handelt es sich trotzdem um eine „echte" Spaltung, weil der Ausgangskern ja schon sehr klein ist!), wobei gemäß der entstehenden Massen*abnahme* von 0,0187 *ME* etwa 17 MeV frei werden müssen. Trotzdem ist sie *technisch nutzlos*, wie die meisten Kernspaltprozesse, *weil sie nicht von allein weiterläuft!*

6 Mialki, Kernverfahrenstechnik

82 Physikalische Grundzüge

Die hervorragende technische Bedeutung der Spaltung des $^{235}_{92}$U (und einiger anderer Kerne) beruht also nicht darauf, daß sie Energie liefert — das tun andere Kernspaltprozesse ja auch —, sondern darauf, daß sie eine *Kettenreaktion* auszulösen vermag, also von selbst unter geeigneten Bedingungen weiterlaufen kann, und zwar deswegen, weil sie diejenigen Teilchen, die zur Spaltung weiterer Kerne erforderlich sind, selbst erzeugt, nämlich die Neutronen, und weil sie eine genügend hohe Spaltungsausbeute ergibt. Infolgedessen haben wir uns im folgenden nur mit der Uranspaltung und der Spaltung derjenigen Kerne zu befassen, die sich ähnlich wie $^{235}_{92}$U verhalten. Das sind die Kerne des $^{233}_{92}$U und des $^{239}_{94}$Pu.

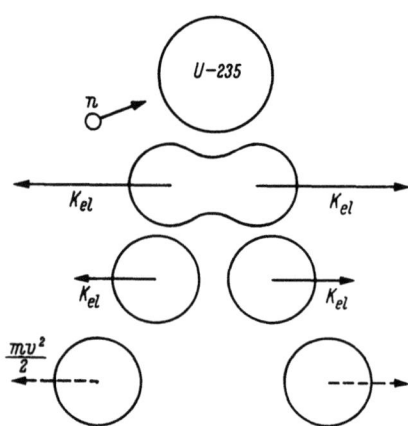

Abb. 35. Schema der Kernspaltung nach dem Tropfenmodell. Die elektrostatischen Abstoßungskräfte K_{el} treiben die Bruchstücke auseinander: Die elektrostatische Energie verwandelt sich in kinetische Energie $mv^2/2$ der Bruchstücke

Diese drei Kernsorten — und nur diese — sind durch langsame (sog. thermische) Neutronen spaltbar. In der Verwendbarkeit der thermischen Neutronen aber liegt einstweilen noch allein die technische Ausführbarkeit[1] von *Industriereaktoren* begründet.

Um den Spaltvorgang zu erörtern und wenigstens qualitativ zu überblicken, greifen wir wieder auf das Tröpfchenmodell des Kerns zurück (S. 49). Die Analogie zum Wassertropfen fordert zunächst eine Kugelgestalt des „Kerntropfens". Man darf aber aus verschiedenen Gründen annehmen, daß die schwersten Kerne von der Kugelgestalt abweichen, also etwa einen elliptischen Querschnitt haben. Dadurch wird einer Aufspaltung in zwei Bruchstücke ohne Zweifel Vorschub geleistet, sobald ein Energiebetrag der erforderlichen Größe zugeführt wird, so daß der Kern in Schwingungen gerät, sich hantelförmig auseinanderzieht und schließlich auseinanderreißt, wie es in Abb. 35 dargestellt ist. Sobald der Kerntropfen aber einmal stark „eingeschnürt" ist, wird er durch die bei dieser Verformung immer mehr zur Wirkung kommenden elektrostatischen Abstoßungskräfte auseinandergerissen, und die beiden Bruchstücke werden mit wachsender Geschwindigkeit auseinandergetrieben. Es fragt sich nur, ob die durch ein Neutron zugeführte Energie — insbesondere also eines langsamen Neutrons, welches uns technisch ja besonders inter-

---

[1] Mit vertretbaren und vernünftigen Mitteln! Das muß für Ingenieure der allerwichtigste Gesichtspunkt bleiben, wenngleich auch die Phantasie mancher deutscher Physiker schon in Fernen schweift, die selbst den erfahrenen Engländern erst in 20 Jahren erreichbar zu sein scheinen!

essiert — ausreicht, um den zu spaltenden Kern zu solchen Schwingungen anzuregen, daß er wirklich auseinanderplatzt. Wir hatten früher (S. 57) uns einen Überblick über die im Kern wirksamen Kräfte verschafft. Zwei dieser Energiebeträge sind es nun, die beim von der Kugelgestalt abweichenden Tropfen zur Wirkung kommen, nämlich die Oberflächeneffekte und die COULOMBschen Kräfte. Ihre Summe kann wie folgt angeschrieben werden:

$$E = E_{\text{Coul.}} + E_{\text{Oberfl.}}, \tag{26}$$

wobei E_{Coul} proportional $\dfrac{Z^2 e^2}{r}$ und $E_{\text{Oberfl.}}$ proportional r^2 ist. Man erkennt daraus, daß mit zunehmender Verformung des ursprünglich kugelförmigen Tropfens die elektrostatische Energie ab- und die Oberflächenenergie zunimmt. Das ist zu erwarten, weil die Ladungen sich weiter voneinander entfernen und weil die Kugel die kleinstmögliche Oberfläche bei gegebenem Volumen hat. (Wir unterstellen dabei, wie bereits früher [S. 47] ausgeführt, daß die Kerndichte unveränderlich ist.) Da nun die Bindungsenergie ein Maß für die Kräfte ist, die den Kern zusammenhalten, muß darin offenbar ein Betrag enthalten sein, der die Verformung wieder rückgängig zu machen und die Kugelgestalt wiederherzustellen sucht. Im Endeffekt ergibt sich für die Spaltung eine Energiezunahme, die im allgemeinen durch Zufuhr von außen gedeckt werden muß, abgesehen von der spontanen Spaltung.

BOHR und WHEELER [2] haben nun gezeigt, daß zwei Bedingungen für die Spaltung des Kernes angegeben werden können:

1. Wenn $Z^2/A > 45$ ist, kann der Kern sich *spontan* spalten, also ohne Energiezufuhr. Wenn man den Wert für U-235 nachrechnet, findet man, daß $Z^2/A = 8464/235 = 36$ ist. Demnach ist eine spontane Spaltung noch nicht möglich (auch hier gelten natürlich statistische Gesetzmäßigkeiten: Vereinzelte spontane Spaltungen treten auch beim Uran auf, wie wir bereits erwähnt haben), sondern es muß, da $Z^2/A < 45$ ist, Energie zugeführt werden. Den Differenzbetrag kann unter Umständen ein Neutron aufbringen.

2. Diese Energie, die zugeführt wird, muß der benötigten *Aktivierungsenergie* E_a entsprechen, d.h. also demjenigen Energiebetrag, der dem Kern zugeführt werden muß, um die Spaltung einzuleiten. E_a ergibt sich aus der Betrachtung am Tropfenmodell über die elektrostatische und Oberflächenenergie. E_a ist nämlich der vorher erwähnte Energiezuwachs. Die von BOHR und WHEELER angestellte Berechnung ergibt nun folgende Werte[1]:

---

[1] Es müssen natürlich die Kerne mit den um die Massenzahl 1 des zugeführten Spaltneutrons vergrößerten Massenzahlen, also U-235 + 1 bzw. U-238 + 1 bzw. Pu-239 + 1, eingesetzt werden, weil dieser aktivierte (oder angeregte) Zwischenkern es ja eigentlich ist, der sich spaltet, vgl. Gl. (25).

Isotope	U-236	U-239	Pu-240
Aktivierungsenergie E_a [MeV]:	6,8	7,1	5,1

Das sind also die Aktivierungsenergien, die zugeführt werden müssen, um die Spaltung herbeizuführen, d.h. also, daß das spaltende Neutron mindestens diesen Energiebetrag aufbringen muß. Die *kinetische* Energie eines thermischen, also langsamen Neutrons ist nun aber nur, worauf wir später noch zurückzukommen haben, $E \approx 0,025$ eV, ist also völlig unzureichend. Wir müssen aber daran denken, daß die Masse des Neutrons ja selbst einen Energiebetrag gemäß $E = m \cdot c^2$ darstellt. Die Frage läuft also darauf hinaus, ob der Massenzuwachs des Zwischenkerns U-236 gegenüber U-235, also der Massendefekt beim Aufbau des Zwischenkernes das benötigte Energieäquivalent darbietet. Wir müssen, um diesen Betrag E_e abzuschätzen, also die Masse des U-236 von derjenigen des U-235 + n abziehen:

$$E_e = (M_{235} + M_n - M_{236}) \cdot 931 \text{ [MeV]}. \tag{27}$$

Man findet für den Massendefekt $M_{235} + M_n - M_{236} = 1,00168 \, ME$. Dieser Wert von der Neutronenmasse abgezogen ergibt $1,00898 - 1,00168 = 0,00730 \, ME$ und mit 931 [MeV/ME] multipliziert, ergibt sich 6,8 MeV. Der Vergleich mit den vorher angegebenen Werten zeigt, daß die zugeführte Energie ziemlich genau der erforderlichen Anregungsenergie entspricht und damit also „bewiesen" ist, daß das Isotop U-235 tatsächlich durch langsame Neutronen gespalten werden kann.

Wenn man dieselbe Rechnung für das Isotop $^{238}_{92}$U anstellt, ergibt sich für E_e nur 5,3 MeV, also ein kleinerer Wert als die benötigte Aktivierungsenergie von 7,1 MeV. Daraus geht hervor, daß die Spaltung von U-238 mit thermischen Neutronen nicht möglich ist. Das Spaltungsneutron muß die Differenz von $7,1 - 5,3 = 1,8$ MeV als kinetische Energie mitbringen, mit anderen Worten: U-238 kann nur durch *schnelle* Neutronen gespalten werden.

Das Tröpfchenmodell läßt nun erwarten, daß die Spaltung der Kerne in zwei *gleiche* Teile erfolgt. Das ist indessen nicht der Fall. Das hängt wahrscheinlich mit den durch die magischen Zahlen gegebenen Gruppierungen der „Kernschalen" zusammen: Man kann annehmen, daß beim Einsetzen der inneren Schwingungen des Kernes, die der Spaltung vorausgehen, sich bereits bestimmte Nukleonen-Konfigurationen zu bilden beginnen, in denen die späteren Bruchstücke bereits gewissermaßen vorgeformt sind. Deswegen scheinen Gruppen mit 50 und 82 Neutronen und damit auch im Verhältnis 2 : 3 eine entsprechende Gruppierung der insgesamt vorhandenen 92 Protonen zu bilden, so daß sich daraus ein Verhältnis der Massenzahlen von 91 : 142 Nukleonen ergäbe. Diese Überlegung führt tatsächlich zu der experimentell ermittelten Verteilung der Massenzahlen auf die bei der Spaltung entstehenden mittelschweren

Bruchstücke. Abb. 36 zeigt die prozentuale Verteilung der Spaltprodukte auf die Massenzahlen. Man sieht, daß die Maxima in der Gegend von $A = 90$ und $A = 140$ liegen. Eine ähnliche Verteilung ergibt sich für Pu-239. Aus sinngemäßen Überlegungen heraus ergibt sich für die Spaltung mit energiereichen Teilchen, die „schnelle" Spaltung, eine Annähe-

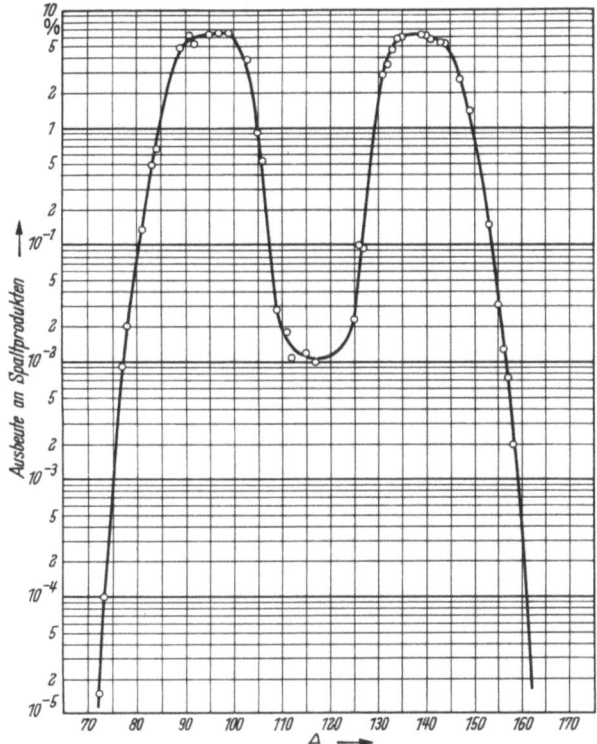

Abb. 36. Verteilung der Spaltprodukte des U-235 (nach MURRAY)

rung an eine symmetrische Aufspaltung, also in etwa gleich große Bruchstücke: Die beiden Maxima der Kurve in Abb. 36 verschwinden, und es ist nur noch ein Maximum in der Gegend von $A = 120$ vorhanden.

Die Untersuchung für Pu-239 ergibt schließlich ebenso wie diejenige für U-233, daß die Spaltung mit thermischen, also langsamen Neutronen möglich ist. Auch aus anderen Gründen ist die Spaltung der schweren Kerne eigentlich nicht allzu verwunderlich[1]. Wir haben ja

---

[1] Eine solche Auffassung drückt durchaus keine Wertminderung der genialen Entdeckung von HAHN und STRASSMANN aus. Wir haben es heute mit der Fülle des inzwischen angesammelten Erfahrungsmaterials leichter als vor 18 Jahren die Entdecker der Kernspaltung.

bereits davon gesprochen (S. 58), daß die Kerne am schweren Ende des periodischen Systems instabil sind. Für noch schwerere Kerne wird die erforderliche Aktivierungsenergie noch kleiner, und aus der Beziehung $Z^2/A > 45$ ergibt sich, daß Kerne mit der Kernladungszahl $Z > 100$ nicht mehr existieren können, weil sie durch spontane Spaltung zerfallen würden bzw. wirklich zerfallen. Diese Elemente müssen also mit Rücksicht auf das Alter der Erde, wenn sie je existiert haben, längst zerfallen sein. Daraus ergibt sich zwanglos eine Begründung für den Abbruch des periodischen Systems bei dem schwersten Element Uran.

Ein weiteres Kriterium für die Stabilität finden wir in der Neutron-Proton-Kombination. Die dort gemachten Angaben treffen nun auf die spaltbaren Elemente ebenfalls zu: Alle durch langsame Neutronen, also mit der dem Neutroneneinbau entsprechenden Aktivierungsenergie von 6,8 MeV spaltbaren Kerne haben eine gerade Protonenzahl (92, 94) und eine ungerade Neutronenzahl (233, 235, 239). Es sind also nach der Systematik von S. 59 *ug*-Kerne, die relativ unstabil sind.

Die nächstliegende Frage ist nun die nach der zu erwartenden *Energieabgabe*, also der *Massenabnahme* solcher spaltenden Kerne. Wir finden sie angenähert auf folgende Weise, wenn wir uns der auf S. 54 erörterten Beziehung zwischen Massendefekt und Energieabgabe erinnern:

Der Massenwert des Zwischenkernes $^{236}_{92}U$ beträgt 236,127 ME. Aus der Spaltung entstehen gemäß Gl. (25) die Kerne $^{94}_{38}Sr$ und $^{140}_{54}X$. Sie gehen nach β-Emission, worauf wir gleich noch zurückkommen, in die stabilen Kerne $^{94}_{40}Zr$ und $^{140}_{58}Ce$ über[1]. Die Massenwerte betragen 93,938 bzw. 139,955 ME. Die Addition dieser beiden Werte zuzüglich zweier Neutronen, die zur Auffüllung der Massenzahl 236 des Uran-Zwischenkernes noch fehlen, ergibt $93,938 + 139,955 + 2 \cdot 1,00898 = 235,911$ ME. Dieser Wert vom Massenwert des U-236 abgezogen, ergibt 0,216 ME $\triangleq$ 202 MeV je Spaltung. Wir können diesen Wert aber auch auf anderen Wegen ermitteln:

Aus Abb. 22 kann man ablesen, daß die Bindungsenergie der Spaltprodukte, also der mittelschweren Kerne, sich von derjenigen des Urans um etwa $8,4 - 7,5 = 0,9$ MeV je Nukleon unterscheidet. Dieser Wert mit der Nukleonenzahl des Urans multipliziert, also mit der Massenzahl A, ergibt ebenfalls etwas über 200 MeV. Diese Berechnung ist ungenauer, weil die Bindungsenergien nur roh abgeschätzt sind[2].

---

[1] Die Summe der Ordnungszahlen Z beträgt natürlich bei den *stabilen Endprodukten*, also nach der Umwandlung der *primären Spaltprodukte*, nicht mehr 92!

[2] Schließlich wäre noch zu prüfen, inwieweit die Auffassung, daß die frei werdende Bindungsenergie aus der kinetischen Energie der wegfliegenden Spaltprodukte stammt, energetisch zutrifft, d.h. also, ob die elektrostatische Abstoßungsenergie

Diese Energieausbeute ist an sich, bezogen auf diejenige Energiemenge, die nach der Äquivalenzbeziehung der Masse entspricht, noch nicht sehr befriedigend. Wir verwandeln tatsächlich ja nur von den dem Prozeß je Kern zugeführten Masse von etwa 235 ME nur 0,216 ME, das sind also etwa 0,1%. Indessen müssen wir uns damit begnügen, weil für die technische Verwertung eben vorläufig keine günstigeren Prozesse zur Verfügung stehen. Auf makroskopische Mengen bezogen ist es immerhin nicht wenig, wie folgende Überschlagsrechnung zeigt: In der Masse von 1 g U-235 sind offenbar $N_L/A = 6{,}023 \cdot 10^{23}/235$ Kerne vorhanden, von denen jeder bei der Spaltung etwa 200 MeV liefert oder, was dasselbe ist, etwa $320 \cdot 10^{-13}$ Joule oder Watt · sek. Demnach liefert 1 g U-235 die Energie von $E = 6{,}023 \cdot 10^{23} \cdot 320 \cdot 10^{-13}/235 \cdot 3{,}6 \cdot 10^6 \approx 2{,}3 \cdot 10^4$ kWh (thermisch), während man bei völliger „Zerstrahlung" der Materie etwa den 10^3fachen Energiebetrag erhalten würde[1]!

Wir müssen nun noch einmal auf die bereits mehrfach erwähnten Spaltprodukte selbst zurückkommen. Wir hatten bereits davon gesprochen, daß sie nach ihrer primären Entstehung sich weiter umwandeln. Das ist nicht verwunderlich, wenn man bedenkt, daß das Uran einen beträchtlichen Neutronenüberschuß hat: Wäre $N = Z$, so würde sich für U-236, den Zwischenkern, eine Massenzahl von $A = N + Z = 2Z = 2 \cdot 92 = 184$ ergeben. Tatsächlich beträgt A aber 236, und mithin enthält der Kern $236 - 184 = 52$ überschüssige Neutronen. Die bei der Spaltung entstehenden Kerne mittleren Atomgewichtes haben jedoch im stabilen Zustand einen viel kleineren Neutronenüberschuß. Zum Beispiel ergibt sich bei den stabilen Endstoffen, die wir vorhin der Energieberechnung zugrunde gelegt haben, also für $^{94}_{40}$Zr und $^{140}_{58}$Ce, ein Neutronenüberschuß von $94 - 2 \cdot 40 = 14$ bzw. $140 - 2 \cdot 58 = 24$ Neutronen. Das sind zusammen 38 Neutronen, mithin müssen die Spalttrümmer, wenn

---

etwa ebenfalls die Größenordnung von 200 MeV ergibt. Die Beziehung $E_{\text{Cou}} = Z_1 \cdot Z_2 \cdot e^2/(r_1 + r_2)$ ergibt mit $Z_1 = 38$ und $Z_2 = 54$ gemäß Gl. (25) (in diesem Fall muß natürlich $Z_1 + Z_2 = 92$ sein, weil wir mit der Energie der *primär* entstehenden mittelschweren Kerne zu rechnen haben) und mit $r_{1,2} = r_0 \sqrt[3]{A}$ (vgl. Fußn. 1, S. 47) dieselbe Größenordnung.

[1] Es hat sich in der Literatur schon weitgehend eingebürgert, die *Wärme*leistung von Reaktoren in kW bzw. die abgegebene Wärmemenge in kWh anzugeben. Die *elektrische* Leistung bzw. Arbeit des angeschlossenen Prozesses, also der Umwandlung von Wärme in elektrische Energie, ist natürlich entsprechend dem Wirkungsgrad der Anlage kleiner. Man kann i. allg., wie auch sonst bei Wärmekraftmaschinen üblich, mit einem Wirkungsgrad von etwa 0,2 bis 0,25 rechnen. Darauf muß man immer achten, um unangenehme Irrtümer zu vermeiden. 1 g Uran-235 würde also (im günstigsten Falle) eine *Wärmemenge* von $2{,}3 \cdot 10^4$ kWh · 860 kcal/kWh $= 19{,}8 \cdot 10^6$ kcal erzeugen. Die zu erwartende *elektrische* Energiemenge aus einem Reaktor mit angeschlossenem Turbogenerator würde nur etwa $5 \cdot 10^3$ kWh je 1 g Uran-235 betragen. Schließlich wäre zu diesen Umrechnungen zu erwähnen, daß zur Erzeugung von 1 kWh (therm.) etwa $1{,}11 \cdot 10^{17}$ Spaltungen notwendig sind.

wir von den spaltenden Neutronen selbst absehen, mindestens 52 — 38 = 14 Neutronen irgendwie loswerden. Das kann entweder dadurch geschehen, daß Neutronen emittiert werden oder daß Neutronen in Protonen durch die entsprechende β^--Emission umgewandelt werden. Die Uranspaltung ist dadurch gekennzeichnet, daß beides geschieht: Es werden sowohl β-Strahlen wie Neutronen emittiert. Ein Teil der Neutronen wird sofort bei der Spaltung abgestoßen („*prompte Neutronen*"), ein weiterer Teil während des Abbaues der Spaltprodukte zu stabilen Endstufen („*verzögerte Neutronen*")[1]. Außerdem geben sowohl einige der bei der Spaltung entstehenden Bruchstücke, die z. T. hoch angeregt sind, einen Teil ihrer Energie als „verzögerte" γ-Strahlung ab, während ein weiterer Anteil von γ-Strahlung durch (n, γ)-Prozesse „prompt" entsteht. Einige Beispiele für solche „radioaktive Ketten" (die nichts mit der sog. Kettenreaktion selbst zu tun haben!) sind etwa folgende, bei denen, wie vielfach üblich, unterhalb der Pfeile die Halbwertzeiten, oberhalb die emittierten Teilchen angeschrieben sind. Das letztere wäre an sich nicht erforderlich, weil man aus dem Ansteigen der Kernladungszahlen um je eine Einheit ohne weiteres ablesen kann, daß β^--Teilchen emittiert worden sein müssen:

$$^{94}_{38}\text{Sr} \xrightarrow{\beta^-} {}^{94}_{39}\text{Y} \xrightarrow{\beta^-} {}^{94}_{40}\text{Zr} \text{ (stabil)}$$

$$^{140}_{54}\text{X} \xrightarrow{\beta^-} {}^{140}_{55}\text{Cs} \xrightarrow{\beta^-} {}^{140}_{56}\text{Ba} \xrightarrow{\beta^-} {}^{140}_{57}\text{La} \xrightarrow{\beta^-} {}^{140}_{58}\text{Ce} \text{ (stabil)}$$

$$^{133}_{51}\text{Sb} \xrightarrow[10\text{ min}]{\beta^-} {}^{133}_{52}\text{Te} \xrightarrow[60\text{ min}]{\beta^-} {}^{133}_{53}\text{I} \xrightarrow[22\text{ h}]{\beta^-} {}^{133}_{54}\text{X} \xrightarrow[5,3\text{ d}]{\beta^-} {}^{133}_{55}\text{Cs} \text{ (stabil)}$$

$$^{90}_{36}\text{Kr} \xrightarrow[33\text{ sek}]{\beta^-} {}^{90}_{37}\text{Rb} \xrightarrow[\text{kurz}]{\beta^-} {}^{90}_{38}\text{Sr} \xrightarrow[25\text{ a}]{\beta^-} {}^{90}_{39}\text{Y} \xrightarrow[65\text{ h}]{\beta^-} {}^{90}_{40}\text{Zr} \text{ (stabil)}[2]$$

Man sieht, daß verschiedene stabile und instabile Isotope ein und desselben Elementes in verschiedenen dieser radioaktiven Zerfallsketten der Spaltprodukte vorkommen, z.B. die beiden stabilen Isotope Zr-90 und Zr-94 oder die instabilen Isotope Y-94 und Y-90. Wir haben also mehrere

Tabelle 8. *Energieverteilung bei einer Spaltung* (nach KAY)

Kinetische Energie der Spaltprodukte	163 MeV
β-Strahlung	5 MeV
Spaltneutronen mit durchschnittlich 2 MeV bei durchschnittlich 2,5 n	5 MeV
Neutrinos	11 MeV
Prompte γ-Strahlung	6 MeV
Verzögerte γ-Strahlung in der radioaktiven Kette	5 MeV
Gesamte Energieausbeute je Spaltung	195 MeV

---

[1] Diese verzögerten Neutronen sind von entscheidender Bedeutung für die Regelbarkeit von Reaktoren! Die prompten Neutronen sind dagegen für die Fortsetzung des Prozesses, also für den Ablauf der Kettenreaktion, erforderlich. Auf diese beiden Gruppen werden wir im nächsten Kapitel noch ausführlich zurückzukommen haben.

[2] Es bedeuten: a = Jahr; d = Tag; h = Stunde usw.

Energieanteile, aus denen sich die frei werdende Gesamtenergie zusammensetzt, denn natürlich geben auch die β-, γ- und n-Prozesse Energie ab. Im allgemeinen rechnet man mit etwa vorstehender Verteilung.

Die Strahlung ist, vor allem die γ- und die Neutronenstrahlung, dasjenige, was den Reaktorbetrieb gefährlich macht. Sie abzuschirmen, ist eine der wichtigsten und zugleich auch schwierigsten Aufgaben des Konstrukteurs!

IV. Reaktortechnik

Die Grundaufgabe bei der Konstruktion von Industriereaktoren besteht darin, die Spaltungsreaktion so zu steuern, daß eine in gewissen Grenzen regelbare Wärmeleistung mit optimalem Aufwand dem Reaktor entnommen werden kann. Die Spaltungsreaktion steuern heißt aber, die Erzeugung und die Verteilung der Neutronen in geeigneter Weise zu beeinflussen. Die Voraussetzung hierfür ist die Ermittlung der kernphysikalischen Daten des gewählten Reaktorsystems. Es gibt nun einige hundert Möglichkeiten für solche Systeme. Für die *technische* Ausführung kommen jedoch nur einige wenige in Frage. An erster Stelle steht dabei nach dem heutigen Stand der Technik und Wissenschaft — trotz aller optimistischen Prognosen und Vorschläge über raffiniert ausgeklügelte Reaktorsysteme — vorläufig der sog. *„heterogene, thermische Reaktor mit natürlichem Uran"*. Er ist zwar plump und hat eine geringe spezifische Energieabgabe, bezogen auf seine Volumen- oder Gewichtseinheit. Er hat aber den unbestreitbaren und entscheidenden Vorzug, daß er relativ einfach im Aufbau, in der Regelung und in der Wärmeabfuhr und daß er betriebssicher ist, nicht zuletzt deswegen, weil über seinen Betrieb die meisten Erfahrungen vorliegen. Er ist diejenige Bauart, die als erste im Jahre 1942 entstanden ist (vgl. S. 14). Die vielgerühmten Vorzüge der homogenen Reaktoren mit flüssiger Spaltstofflösung im kontinuierlichen Kreislauf sind unbestreitbar vorhanden [44]. Vorsichtige Ingenieure müssen es aber unter den heutigen Bedingungen ablehnen, die Verwirklichung solcher Projekte jetzt schon ernsthaft in Betracht zu ziehen, denn sie werden eines Tages die Verantwortung für den praktischen Betrieb zu tragen haben, wie es überall in der Industrie und Wirtschaft ist! Zwar wird einstweilen, wie bereits früher (S. 1) gesagt, die Berechnung von „Reaktorgittern" (oder Reaktorsystemen ganz allgemein) hinsichtlich der kernphysikalischen Voraussetzungen Sache der Physik bleiben, bis es auch hierfür vereinfachte Berechnungsschemata geben wird und die Ingenieure in diese physikalischen Grundprobleme hineingewachsen sein werden. *Konstruktion, Bau und Betrieb jedoch sind und bleiben Sache der Ingenieure.* Wir dürfen nicht vergessen, daß der Kernreaktor zwar der entscheidende Mittelpunkt aller Anlagen zur Energiegewinnung aus Kernspaltreaktionen ist. Er ist und bleibt aber stets nur *ein Teil* der Gesamtanlage, die zu wirtschaftlicher Energiegewinnung aus Kernspaltungen erforderlich ist. Darüber darf — und das sei immer wieder betont — der Umstand nicht hinwegtäuschen, daß das Interesse der Öffentlichkeit sich fasziniert auf diesen Reaktor richtet, weil er das Neue und Überraschende ist. Ingenieurarbeit aber ist Kleinarbeit. Der wirkliche Konstrukteur ist durch die Liebe zum Detail gekennzeichnet, durch die Bereitschaft, die hundert und aber hundert Einzelteile einer komplizierten Gesamtanlage mit peinlicher Sorgfalt zu durchdenken und durchzukonstruieren. Er weiß, daß jede Nachlässigkeit auf ihn zurückfällt und erbarmungslos durch technische Versager quittiert wird. Sind die Folgen sonst schon unangenehm genug, bei kerntechnischen Anlagen können sie verheerend sein, wie wir noch im Laufe unserer Betrachtung erkennen werden.

Der Grundtyp des heterogenen, thermischen Reaktors ist derjenige, der *natürliches* Uran, welches das spaltbare Isotop U-235 nur zu etwa 0,7%

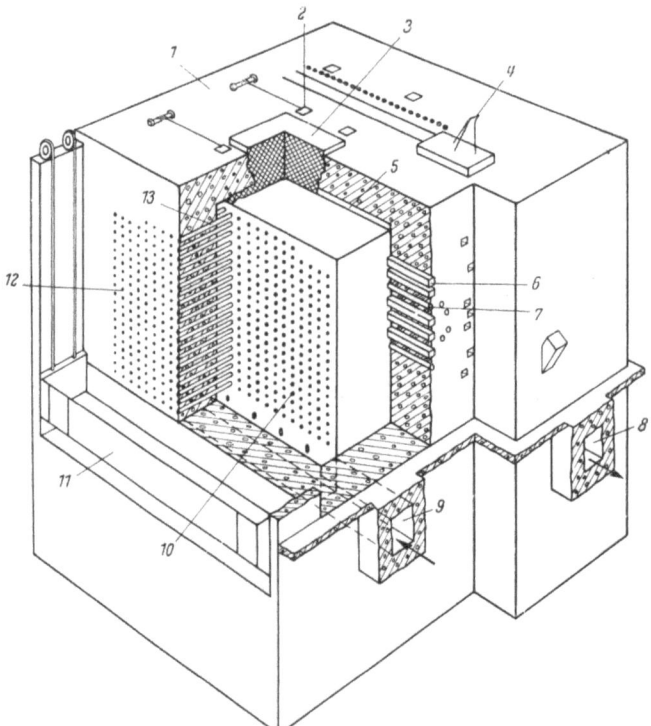

Abb. 37. Schema des Aufbaues des heterogenen, thermischen Reaktors mit natürlichem Uran und Graphitmoderator Typ X-10 in Oak Ridge
1 Betonmantel; *2* Sicherheitsstab; *3* thermische Kolonne aus Graphit; *4* Kontrolle der Spaltstoffkanäle; *5* Kühlluftabdichtung; *6* Experimentierkanal; *7* Regelstab; *8* Kühlluftaustritt; *9* Kühllufteintritt; *10* Reaktorgitter aus Graphit und Uran; *11* Bedienungsbühne zur Auswechselung der Spaltstoffelemente; *12* Öffnungen im Betonschirm zum Entnehmen und Einführen der Elemente; *13* Verbindungsrohre (nach GLASSTONE [3])

enthält, oder *leicht angereichertes* Uran, welches etwa bis 1,4% U-235 enthält, als Spaltstoff in metallischen, meist zylindrischen Elementen mit geeigneter Metallummantelung benutzt. Die Spaltstoffelemente sind in einem Graphitblock, dem Moderator, angeordnet, welcher zur Abbremsung der bei der Spaltung entstehenden Neutronen auf thermische Geschwindigkeit[1] dient. Das Wärmeübertragungsmittel durchströmt die Kanäle des Moderators, in denen die Elemente untergebracht sind, und führt die erzeugte Wärme in geeigneter Weise ab. Zum Schutz gegen die gefährliche Strahlung, das ist vor allem die γ- und die Neutronenstrahlung (die β-Strahlung spielt eine untergeordnete Rolle), ist der Reaktorkern mit einem passend aufgebauten Schutzmantel umgeben, der im wesentlichen aus Stahl und Beton besteht. Der grundsätzliche Aufbau eines solchen Reaktors ist in Abb. 37 gezeigt. Abb. 38 zeigt das Prinzip

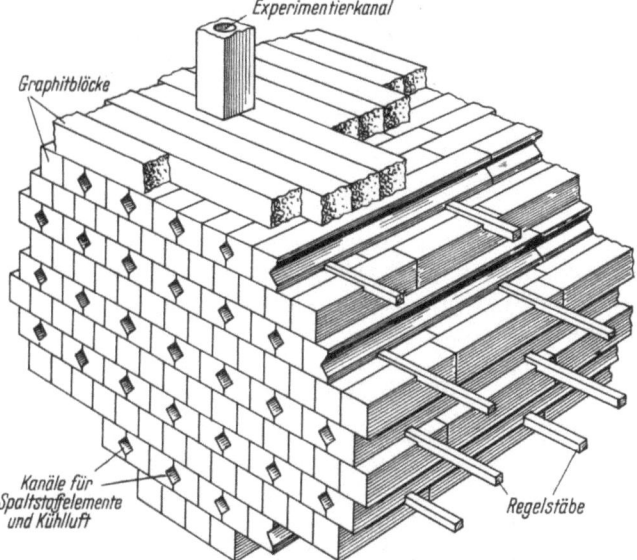

Abb. 38. Ausschnitt aus dem Kern eines heterogenen, thermischen Reaktors mit Graphitmoderator und natürlichem Uran. Das Bild zeigt den Schichtaufbau aus geeignet profilierten Graphitblöcken, die beim Zusammenbau die quadratischen Kanäle für die Spaltstoffelemente bilden. Senkrecht dazu sind die Trimm-, Regel- und Sicherheitsstäbe angeordnet. Man erkennt, daß der Aufbau eine ungewöhnlich hohe Anforderung an die Genauigkeit der Bearbeitung der Graphitblöcke stellt (nach STEPHENSON [1])

---

[1] Der Reaktor heißt also nicht etwa deswegen „thermisch", weil er Wärme abgibt — das tun alle Reaktoren! —, sondern deswegen, weil die Neutronen eine geringe, der thermischen Molekularbewegung in Gasen vergleichbare Geschwindigkeit haben! Es sei hier gleich auch noch auf einen öfter zu beobachtenden Irrtum hingewiesen: Die bei der Spaltung entstehenden Neutronen sind schnell. Sie werden auf thermische Geschwindigkeit abgebremst. Diese so gebremsten Neutronen haben nichts mit den sog. *verzögerten* Neutronen (vgl. S. 201) zu tun. Auch verzögerte Neutronen können schnell sein, und sie können gebremst werden! Darauf wird noch ausführlich zurückzukommen sein.

Abb. 39. Kernreaktor BEPO in Harwell (England) (nach HANLE)

des Aufbaues eines Reaktorgitters des thermischen heterogenen Graphit-Uran-Typs. Abb. 39 zeigt schließlich eine Ansicht der Experimentierseite des BEPO-Reaktors in Harwell, der nach dem gleichen Prinzip arbeitet[2].

10. Die Kettenreaktion

Das selbsttätige Weiterlaufen der Kernspaltung beruht darauf, daß bei der Spaltung je Kern mindestens ein spaltfähiges Neutron entsteht, das wiederum einen Kern spalten kann. Tatsächlich entstehen im Durch-

---

[2] Wie übrigens auch die Windscale-Reaktoren der Plutoniumfabrikation und schließlich die Kraftwerksreaktoren in Calder Hall, die z. Z., wo diese Zeilen niedergeschrieben werden, in Betrieb genommen worden sind (17. Oktober 1956; ein denkwürdiges Ereignis in der Geschichte der Menschheit). Wir sind in Deutschland von einer solchen Möglichkeit noch viele Jahre entfernt. Im Gegensatz zur vielfach — vorläufig! — in der Öffentlichkeit geäußerten Meinung können wir nicht den Sprung zu sog. Hochleistungsreaktoren machen, sondern werden ebenfalls Schritt für Schritt vorwärtszugehen haben, wobei uns das Vorgehen der Engländer in erster Linie hinsichtlich ihrer außerordentlichen Vorsicht ein Vorbild sein sollte. Jeder Ingenieur weiß, daß nur eigene Erfahrungen zu betriebssicheren technischen Lösungen führen können und daß das Überspringen technischer Entwicklungsstufen schon mehr als einmal in der Technik sich bitter gerächt hat. Wir dürfen nicht hoffen, einfach nachahmen zu können, sondern wir müssen unser Lehrgeld selbst zahlen, wie die anderen es vor uns schon haben tun müssen und weiter tun werden!

schnitt bei der Spaltung von U-235[1] 2,5 Neutronen je Spaltung. Wenn diese Neutronen auf ihrem Lebensweg keinen Ereignissen ausgesetzt wären, denen sie zum Opfer fallen können, bevor sie die Möglichkeit hatten, eine Spaltung herbeizuführen, dann würde die Reaktion nach dem Schema in Abb. 40 in geometrischer Progression *lawinenartig anwachsen*. Die Voraussetzungen hierfür sind in der Atombombe, die in ihren ersten Ausführungen aus *reinem* U-235 bzw. Pu-239 bestand, mit großer Sorgfalt geschaffen worden. Im Reaktor mit natürlichem Uran, also dem Isotopengemisch U-238 + U-235, ist es jedoch anders: Die bei der ersten Spaltung — mit der ja jeder Reaktor bei der ersten In-

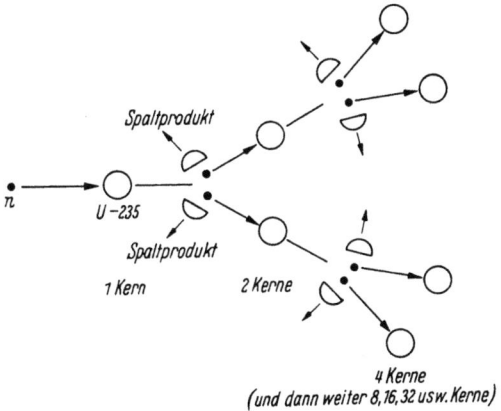

Abb. 40. Schema der lawinenartig anwachsenden Kettenreaktion, wenn je Spaltung 2 spaltfähige Neutronen entstehen und auch zur Ausführung einer Spaltung gelangen

betriebsetzung erst einmal anfangen muß — entstehenden 2 bis 3 Neutronen werden auf verschiedene Weise weggefangen und kommen ohne weiteres gar nicht zur Ausführung weiterer Spaltungen. Es bedarf besonderer technischer Maßnahmen, wenigstens ein einziges Neutron von den durchschnittlich 2,5 entstehenden durch alle Fährnisse bis zu einer Spaltreaktion mit einem U-235-Kern zu bringen. Darüber hinaus muß aber für den Start des Reaktors offensichtlich noch dafür gesorgt werden, daß beim Anfahren bis zu der der gewünschten Leistung entsprechenden Neutronenmenge im Durchschnitt sogar mehr als 1 Neutron zur Spaltung übrigbleibt. Schematisch läßt sich das darstellen, wie in Abb. 41 gezeigt: Wir sehen darauf ohne weiteres schon, daß der sog. *„Vermehrungs- oder Multiplikationsfaktor"* k, der offenbar das Verhältnis der Neutronenzahl einer beliebigen „Neutronengeneration" zur vorhergehenden darstellt,

---

[1] Von der wir bis auf weiteres allein sprechen; Pu-239 verhält sich jedoch weitgehend ähnlich, so daß die Ergebnisse bei U-235 sich im Prinzip darauf übertragen lassen, abgesehen von einigen Abweichungen, z.B. hinsichtlich der verzögerten Neutronen usw.

während des Anfahrens $k > 1$, während des Beharrungszustandes bei konstanter Leistung $k = 1$ und beim Abschalten des Reaktors $k < 1$ sein muß. Im Schema des Bildes sind diese Abschnitte mit den entsprechenden Neutronenzahlen (natürlich nur als Beispiel) und den k-Werten bezeichnet. Von dem Wert von k hängt also offenbar der Ablauf der Kettenreaktion ab. Es bedarf im Gegensatz zur Atombombe besonderer Maßnahmen, um überhaupt den Wert von $k = 1$ zu erreichen bzw. um denjenigen Betrag zu überschreiten, der notwendig ist, den Reaktor auf Leistung hochzufahren. Mit den Bedingungen hierfür werden wir uns im

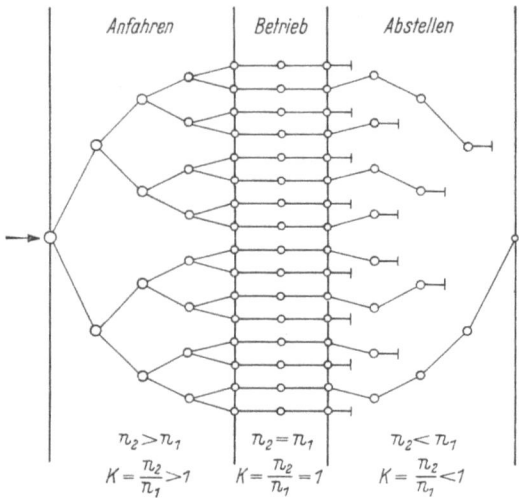

Abb. 41. Schema der Neutronenvermehrung und -verminderung beim Anfahren und Abstellen eines Reaktors

folgenden befassen, soweit sie für das Verständnis der Vorgänge selbst und der Voraussetzungen für die technische Realisierbarkeit eines Reaktors erforderlich sind. Die detaillierte Berechnung überlassen wir einstweilen, wie bereits erwähnt, der Physik, so wie der Feuerungsingenieur die Reaktionskinetik komplizierter Kohlenwasserstoffe im einzelnen dem Chemiker überläßt. Wir hegen dabei die Hoffnung, daß uns eines Tages die Physik in der gleichen Weise schematisierte Berechnungsunterlagen für technische Rechnungen liefern wird, wie wir sie heute bereits in manchen anderen Gebieten von der Physik und der Chemie zur Verfügung gestellt erhalten haben.

a) Neutronenreaktionen

Wie bereits gesagt, hängt k davon ab, wieviel von den durchschnittlich je Spaltung entstehenden Neutronen wieder zu einer Spaltung gelangen. Der durchschnittliche Lebensweg eines Neutrons wird durch diejenigen Ereignisse bestimmt, denen es ausgesetzt ist, oder mit anderen

Worten: Wie groß ist die Wahrscheinlichkeit, daß ein Neutron den Gefahren entgeht, welche dazu führen können, daß es nicht zur Einleitung einer Spaltung gelangt, also entweder auf seinem Lebensweg gar nicht einen spaltfähigen Kern von U-235 erreicht oder von einem solchen fruchtlos, d. h., ohne eine Spaltung zu bewirken, eingefangen wird; denn nicht alle Neutronen, die schließlich einen spaltfähigen Kern erreichen, verursachen auch tatsächlich eine Spaltung.

Wir müssen also feststellen, welcher Art die Gefahren sind, oder wieder mit anderen Worten: Welche Reaktionsmöglichkeiten bestehen für ein Neutron schlechthin, wenn es nach seiner Freisetzung aus einer Spaltung durch die umgebende Materie fliegt? Wir wissen bereits, daß die Materie, also die Atome, um den soeben gespaltenen Kern herum im wesentlichen leerer Raum sind, denn Atomdurchmesser und Kerndurchmesser verhalten sich zueinander etwa wie 10^{-8} zu 10^{-12}. Da ferner das Neutron keine elektrische Ladung trägt, wird es von den Atomhüllen und dem COULOMBschen Feld des Kernes nicht beeinflußt werden. Trotzdem besteht natürlich eine gewisse Wahrscheinlichkeit dafür, daß das eine oder andere Neutron hin und wieder auf einen Kern der umgebenden Materie stoßen wird. Die Wahrscheinlichkeit hierfür wird wesentlich durch die Fläche bestimmt werden, die dem Neutron auf seiner Flugbahn von solchen Kernen geboten wird. Sie hat auf den ersten Blick zunächst einmal die Größenordnung des Quadrats des Kernradius, also demnach etwa 10^{-24} cm². Nun lehrt die experimentelle Erfahrung aber, und die Quantenmechanik bestätigt und begründet das, daß unter bestimmten Umständen die Wirkung des in der Flugbahn des Neutrons liegenden Kernes auf das Neutron so ist, als ob seine Fläche ein Vielfaches seiner „geometrischen" Fläche sei. Man nennt diese tatsächlich auf das Neutron wirkende Fläche den „*Wirkungsquerschnitt*" σ des Kerns[1]. Seine Einheit ist 1 barn = 10^{-24} cm²[2]. Wir verzichten auf einen Versuch der Deutung

---

[1] Das läuft letzten Endes auf die Angabe des „Wirkungsgrades" der betreffenden Reaktion hinaus, also darauf, wieviel von einer bestimmten Anzahl von Neutronen tatsächlich dazu gelangen, die beabsichtigte Reaktion auszuführen. Es handelt sich also um die Ausbeute. Diese Ausbeute könnte etwa so angegeben werden, daß man sagt, daß eine bestimmte Anzahl von Neutronen von gegebener Geschwindigkeit (oder Energie) in eine — genügend dicke — Substanzmenge diffundieren müssen, um eine Reaktion der gewünschten Art zu erzielen. Diese „Ausbeute"- oder „Anregungs"-Funktion entspricht dem analogen Begriff der Atomphysik, wo z. B. die Ionisationsausbeute durch Elektronen in dieser Weise angegeben wird.

[2] Der Ausdruck „barn", auf deutsch Scheune oder Tenne, war ursprünglich während des Krieges ein Deckname. Aus Geheimhaltungsgründen war er gewählt worden. Er wurde dann beibehalten, weil er sich in der Literatur durch die später aus der Geheimhaltung entlassenen Arbeiten, die sog. „declassified" papers, schnell einbürgerte. Für ein Neutron übrigens ist die Fläche 10^{-24} cm² „so groß wie ein Scheunentor für einen Menschen" (STEPHENSON [1]).

des Wirkungsquerschnittes gegenüber dem geometrischen Querschnitt des Atomkernes (der ja auch nur ein Abbild der Wirklichkeit ist, wie wir uns erinnern!), weil die im vorigen Kapitel behandelten physikalischen Grundzüge zu einer strengen Behandlung nicht entfernt ausreichen. (Für unsere Zwecke ist es auch gleichgültig, warum das so ist; vielmehr ist es für uns wichtig, daß wir mit Wirkungsquerschnitten rechnen können, „als ob" sie wirkliche Querschnitte, wie etwa von Billardkugeln, wären.) Das Erstaunliche, aber von uns einfach Hinzunehmende ist, daß dieser Wirkungsquerschnitt nicht etwa konstant ist, sondern in seiner Größe stark von allen möglichen Umständen abhängt, nämlich vor allem von der Atomsorte des Kerns, von der Energie des Neutrons und von der Art der Reaktion zwischen Neutron und Kern. Ein und derselbe Kern hat also für ein und dasselbe Neutron mit ein und derselben Geschwindigkeit verschiedene Werte von σ, je nachdem, ob es sich um eine Spaltung, um einen Einfang oder um einen elastischen oder unelastischen Stoß handelt. Die Ermittlung dieser Werte von σ ist noch in vollem Gange. Hunderte von Arbeiten darüber sind durchgeführt und z. T. veröffentlicht. Viele Ergebnisse werden offenbar noch geheimgehalten. Mit diesen σ-Werten steht und fällt aber die Berechnung von Reaktoren, denn von ihnen hängt ja die Wahrscheinlichkeit ab, wieviel Neutronen durchschnittlich zur Spaltungsreaktion gelangen.

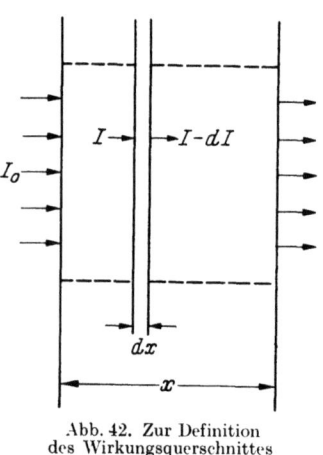

Abb. 42. Zur Definition des Wirkungsquerschnittes

Zur Definition des Wirkungsquerschnittes σ betrachten wir Abb. 42: Von links möge ein einheitlicher Strahl von I Neutronen je cm² senkrecht in einer bestimmten Zeit auf die Oberfläche stoßen. In dieser Oberfläche, die wir als eine einzige Schicht von der Dicke eines Atoms auffassen wollen, sind dann N_a Atome je cm² enthalten. Nun möge eine Anzahl der auftretenden Neutronen eine Reaktion bestimmter Art, z. B. eine Kernspaltung, verursachen. Dann wird die Zahl C, d. h. der Treffer je cm², offenbar abhängen von dem Querschnitt σ [cm²], den das einzelne Atom in der Schicht den Neutronen in ihrer Strahlrichtung bietet, ferner von der Anzahl N_a [cm^{-2}] der in der Flächeneinheit vorhandenen Atome der Schicht und von der Dichte I [cm^{-2}] des Neutronenstrahles:

$$C = \sigma \cdot N_a \cdot I . \qquad (28\,\text{a})$$

Und damit der *mikroskopische*, d. h. auf einen Atomkern bezogene *Wirkungsquerschnitt*

$$\sigma = \frac{C}{N_a \cdot I} \, [cm^2] . \qquad (28\,\text{b})$$

Um ihn zu messen, nimmt man Durchstrahlungsversuche vor und mißt die Intensität eines Neutronenstrahles vor und nach dem Durchtreten durch eine Materieschicht, wie in Abb. 42 angedeutet. Es ist dabei vorausgesetzt, daß die Materie aus gleichen Atomkernen mit der konstanten Dichte von N Atomkernen je cm^3 besteht und daß jedes auf einen Kern treffende Neutron tatsächlich auch zu der gewünschten Reaktion führt. In der Schicht dx befinden sich dann $N\,dx$ Kerne. Die gemessene Abnahme der Intensität ist dann offenbar

$$-dI = \sigma I N dx, \qquad (29)$$

wo σ zunächst nichts weiter als ein Proportionalitätsfaktor ist. Daraus ergibt sich

$$-\frac{dI}{I} = \sigma N dx$$

und nach Integration zwischen 0 und x

$$\ln\frac{I_0}{I} = \sigma N x$$

und schließlich

$$I = I_0 \cdot e^{-\sigma N x}. \qquad (30)$$

Die Intensität des Neutronenstromes I [cm^{-2} · sek^{-1}] nimmt also mit der Tiefe der Schicht nach einer e-Funktion ab, deren Verlauf durch den mikroskopischen Wirkungsquerschnitt σ [cm^2] bestimmt wird. Er ist, wie bereits erwähnt, sehr stark von der Energie E der Neutronen abhängig, *er kann also nur in Verbindung mit einer Angabe über die bei der Messung angewendete Neutronenenergie benutzt werden!* Außer dem *mikroskopischen* Wirkungsquerschnitt σ wird auch viel der „*makroskopische*" *Wirkungsquerschnitt*

$$\Sigma = \sigma \cdot N \text{ [cm}^2/\text{cm}^3 = \text{cm}^{-1}\text{]} \qquad (31)$$

benutzt. Er berücksichtigt offenbar im Gegensatz zum mikroskopischen Wirkungsquerschnitt noch die makroskopischen Zustände, also z.B. Druck und Temperatur, von denen ja z.B. bei Gasen die Zahl der Atomkerne N je cm^3 sehr stark abhängt[1].

Es wurde bereits darauf hingewiesen, daß die Wirkungsquerschnitte ein und derselben Kernsorte außer von der Energie der Neutronen auch von der Art der eintretenden Reaktion bestimmt werden. Im wesentlichen kommen für die Behandlung von Kernspaltreaktionen und für

---

[1] Die Verwendung des großen griechischen Σ ist an sich nicht sehr glücklich, weil dasselbe Zeichen, bei uns stärker als in den angelsächsischen Ländern, als Summenzeichen weit verbreitet ist. Indessen scheint es wohl zweckmäßig zu sein, soweit wie irgend möglich die in den Ursprungsländern der Kerntechnik bereits seit Jahren eingebürgerten Zeichen und Symbole zu übernehmen, um die Verwirrung nicht noch größer zu machen, als sie ohnehin schon ist.

das Verhalten von Reaktoren drei Arten der Reaktion von Neutronen in Betracht:

Die Absorption mit dem Wirkungsquerschnitt σ_a (im englischen Sprachgebrauch ebenfalls Index a von „absorption").

Die Streuung mit dem Wirkungsquerschnitt σ_s (im englischen Sprachgebrauch ebenfalls Index s von „scattering").

Die Spaltung mit dem Wirkungsquerschnitt σ_f (im englischen Sprachgebrauch ist der Index f von „fission" abgeleitet und hier zweckmäßig zu übernehmen).

Schließlich kann in manchen Fällen noch die Summe mehrerer Wirkungsquerschnitte, z.B. $\sigma_a + \sigma_f = \sigma_t$, abgeleitet werden, wobei der Index t vom Wort „total" abgeleitet ist[1].

Wir können uns damit begnügen, mit den Kernen und den Neutronen, zwischen denen die Reaktionen ablaufen, so zu rechnen, als ob wir makroskopische Körper vor uns hätten. Dann könnten wir die Absorption als vollkommen unelastischen Stoß auffassen: Geschoß und Zielkörper bleiben nach dem Zusammentreffen zusammen, und die kinetische Energie des Geschosses wird vollständig in andere Energie verwandelt. (Zum Beispiel in Wärme, wenn man eine Pistolenkugel in einen Bleiklotz hineinschießt.) Die Streuung hingegen können wir als vollkommen elastischen Stoß auffassen, wie es der Fall ist, wenn z.B. zwei Billardkugeln zusammenstoßen: Es findet keine Umwandlung von kinetischer Energie in andere Energieformen statt (wenn man beim Stoß der Billardkugeln z.B. von der Schallenergie absieht). Nach den Gesetzen der Mechanik müssen die Summen des Impulses und der Energie vor und nach dem Stoße in dem System unverändert bleiben. Im Falle des unelastischen Stoßes ist die kinetische Energie des stoßenden Körpers vor dem Stoß zu einem mehr oder weniger großen Betrag in andere, z.B. Wärmeenergie nach dem Stoß, umgewandelt worden. Beim elastischen Stoß ist die kinetische Energie, die im stoßenden Körper vor dem Stoß vorhanden war, im wesentlichen erhalten geblieben und lediglich auf beide Körper verteilt worden. Damit kann man nun ohne weiteres rechnen, wie die Erfahrung lehrt. Trotzdem ist es aber gut, sich vor Augen zu halten, daß im nuklearen Bereich die Dinge doch etwas anders liegen. *Nach der Theorie des Zwischenkernes von* BOHR erfolgt eine Kernreaktion in zwei Schritten: Zunächst vereinigt sich das stoßende Teilchen mit dem gestoßenen Kern

---

[1] Es mag hier gleich erwähnt werden, daß wir das Verhalten der Elektronen in ihren Schalen beim Eintreten einer Kernreaktion vernachlässigen. Es mag sein, daß bei einer Kernreaktion einige oder alle Hüllenelektronen verlorengehen. Dabei würde ein einfach oder mehrfach geladenes positives Ion entstehen. Das braucht uns hier nicht zu interessieren, zumal meist die Ionisationsenergie, also eine Ladungsänderung in der Elektronenhülle, klein ist gegenüber den Reaktionsenergien der Kerne.

zu einem Zwischenkern, der nun sowohl die kinetische Energie als auch die Bindungsenergie des eingeschossenen Nukleons übernimmt. Seine Lebensdauer ist im allgemeinen außerordentlich kurz, etwa in der Größenordnung von 10^{-14} sek[1]. Darauf stößt der Zwischenkern je nach Art der eintretenden Reaktion ein Teilchen oder auch nur einen Energiebetrag aus, z.B. bei der Reaktion $^{10}_{5}B + ^{1}_{0}n \to ^{11}_{5}B \to ^{7}_{3}Li + \alpha$. Dabei ist der entstehende Zwischenkern, also $^{11}_{5}B$, das Borisotop mit der Massenzahl $A = 11$. Bei der Beschießung von $^{64}_{30}Zn$ mit Neutronen entsteht der Zwischenkern $^{65}_{30}Zn$. Die Reaktion kann u.a. entweder in der Form $^{64}_{30}Zn + ^{1}_{0}n \to ^{65}_{30}Zn \to ^{65}_{30}Zn + \gamma$ verlaufen, also unter Ausstoß von Energie, oder in der Form $^{64}_{30}Zn + ^{1}_{0}n \to ^{65}_{30}Zn \to ^{64}_{30}Zn + ^{1}_{0}n$. Während im ersten Falle das Neutron absorbiert wird, wird im anderen Falle wieder ein Neutron ausgestoßen. Das kommt im wesentlichen auf dasselbe hinaus, wie wenn das ursprüngliche Neutron wieder ausgestoßen werden

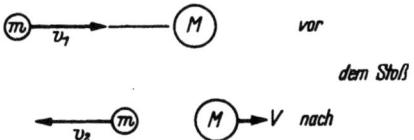

Abb. 43. Zentraler elastischer Stoß eines Neutrons m gegen einen Kern M (nach MURRAY)

würde. Da nun die Bindungsenergie des Neutrons sowohl für die Bildung wie auch für den darauf folgenden Zerfall des Zwischenkernes die gleiche ist, können wir ohne weiteres sagen, daß die Sätze von der Erhaltung des Impulses und der Energie gültig sind. Daher können wir, wenn die Summe der *kinetischen* Energie beider Neutronen konstant geblieben ist, also nichts von der ursprünglichen kinetischen Energie des stoßenden Teilchens in andere Energie umgewandelt worden ist, wie bei der letzten Reaktion, von einem elastischen Stoß sprechen. Damit ergibt sich, daß wir in diesem Falle wie mit makroskopischen Körpern rechnen können, eben weil die Energie der Bindung und Trennung des stoßenden Neutrons im bzw. vom Zwischenkern sich einfach heraushebt. Demnach gilt für den zentralen Stoß, wenn die Masse des Neutrons m und diejenige des gestoßenen Kernes M ist, ferner die Geschwindigkeiten des Neutrons vor dem Stoß v_1 und nach dem Stoß v_2 und die Geschwindigkeit des gestoßenen Kernes vor dem Stoß Null und nach dem Stoß V sind, nach dem Impulssatz, da der Impuls des gestoßenen Körpers vor dem Stoß wegen $V = 0$ ebenfalls Null ist, gemäß Abb. 43:

$$m \cdot v_1 = m \cdot v_2 + M \cdot V. \tag{32}$$

---

[1] In den Fällen, wo eine meßbare Lebensdauer des Zwischenkernes auftritt, hat man es einfach mit einem künstlich hergestellten radioaktiven Isotop zu tun.

Da beim elastischen Stoß auch das Energieprinzip gültig bleibt, muß ferner sein:

$$\frac{m\,v_1{}^2}{2} = \frac{m \cdot v_2{}^2}{2} + \frac{M V^2}{2} \qquad (33)$$

und daraus mit $(v_1{}^2 - v_2{}^2) = (v_1 + v_2)(v_1 - v_2)$

$$m\,(v_1 + v_2)(v_1 - v_2) = M\,V^2 \qquad (34)$$

und schließlich aus Gln. (32) und (34)

$$v_1 + v_2 = V. \qquad (35)$$

Mittels Gl. (35) kann man aus Gl. (32), wenn man sie in der Form $m\,(v_1 - v_2) = MV$ schreibt, die Geschwindigkeit des stoßenden Teilchens nach dem Stoß ermitteln:

$$v_2 = v_1\,\frac{m-M}{m+M} = -\,v_1\,\frac{M-m}{M+m}. \qquad (36)$$

Nun ist es von Interesse, den Energieverlust kennenzulernen, den das stoßende Teilchen erleidet, denn diese Art von Neutronenreaktion, nämlich der elastische Stoß, ist, wie wir später noch sehen werden, von Bedeutung für die Abbremsung der bei der Spaltung entstehenden schnellen Neutronen auf „thermische" Geschwindigkeit. Aus Gl. (33) sehen wir, daß bei unveränderlichem m bzw. M die Energien dem Quadrat der Geschwindigkeit vor und nach dem Stoß proportional sind. Wir können nun aus Gl. (36) das Verhältnis bilden

$$\frac{v_2}{v_1} = -\,\frac{M-m}{M+m}, \qquad (37)$$

und damit können wir schreiben, wenn wir mit E_1 die Energie des stoßenden Teilchens vor dem Stoß, mit E_2 nach dem Stoß bezeichnen:

$$\frac{E_2}{E_1} = \left(\frac{v_2}{v_1}\right)^2 = \left(\frac{M-m}{M+m}\right)^2. \qquad (38)$$

Wenn wir diese Beziehung speziell auf Neutronenreaktionen mit irgendwelchen Kernen der Massenzahl A anwenden, können wir $m = 1$ setzen, weil ja die Massenzahl des Neutrons, abgerundet vom Massenwert 1,00898 (vgl. S. 44), den Wert Eins hat. Wir erhalten dann

$$\alpha = \frac{E_2}{E_1} = \left(\frac{A-1}{A+1}\right)^2. \qquad (38a)$$

Dieser Wert gibt uns den Energieverlust, den ein Neutron bei einem *zentralen* Stoß erleiden kann, an. Wir wollen damit zwei Stoffe, die als Moderator in Betracht kommen, vergleichen, nämlich Graphit, also Kohlenstoff mit $A = 12$, und Deuterium, also schweren Wasserstoff, mit $A = 2$. Eingesetzt, erhalten wir $\alpha_C = [(12-1)/(12+1)]^2 = (11/13)^2 = 0{,}72$ und $\alpha_D = (1/3)^2 = 0{,}11$. Die Energie E_2 des Neutrons nach dem Stoß beträgt also, wenn wir $E_1 = 100\%$ setzen, bei Graphit noch

$E_2 = \alpha_C \cdot E_1 = 72\%$, bei Deuterium $E_2 = \alpha_D \cdot E_1 = 11\%$. Man sieht daraus, daß schwerer Wasserstoff als Moderator wirksamer ist als Graphit.

Diese Betrachtung, die uns zu dem Energieverlust $\alpha = E_2/E_1$ eines stoßenden Neutrons führte, gilt nur für den *zentralen* Stoß, wie wir schon betont haben. Nun kann der Stoß aber praktisch unter jedem beliebigen Auftreffwinkel vom zentralen Stoß bis zum Streifen des Neutrons erfolgen, wie Abb. 44 schematisch andeutet, so daß das Neutron nicht auf seiner Bahn zurückgeworfen, sondern im Winkel φ reflektiert wird. Während beim zentralen Stoß der Reflexionswinkel $\varphi = 180°$ beträgt, kann er beim Streifen des Kernes $\varphi = 0°$ betragen. Man sieht ohne weiteres, daß in diesem Fall überhaupt keine kinetische Energie ausgetauscht wird, also $\alpha = 1$ und damit $E_1 = E_2$ ist. Für die praktische Berechnung eines

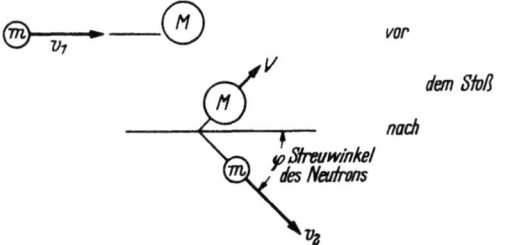

Abb. 44. Schräger elastischer Stoß eines Neutrons m gegen einen Kern M (nach MURRAY)

Reaktors interessiert nun der durchschnittliche Energieverlust eines Neutrons, wenn eine größere Zahl von Neutronen ohne Bevorzugung einer Richtung φ Stöße erleiden. Es erweist sich als zweckmäßig, dazu den *logarithmischen Energieverlust* für einen Stoß als

$$\xi = \ln E_1 - \ln E_2 = -\ln \frac{E_2}{E_1} = \ln \frac{E_1}{E_2} \tag{39}$$

zu definieren. Es läßt sich zeigen [*1*], daß ξ mit α durch die Beziehung

$$\xi = 1 + \frac{\alpha}{1-\alpha} \ln \alpha \tag{40}$$

verknüpft ist. Für Werte von $A > 10$ läßt sich näherungsweise

$$\xi \approx \frac{2}{A + 0{,}7} \tag{40a}$$

verwenden. Für Graphit ergäbe sich somit $\xi = 2/12{,}7 = 0{,}158$.

Wir haben bisher gesehen, daß die Streuung von Neutronen durch elastischen Stoß unter Übertragung von kinetischer Energie auf den gestoßenen Kern sich nach den Gesetzen der klassischen Mechanik behandeln läßt. Die Absorption hingegen kann man, wie wir bereits bemerkt hatten, als unelastischen Stoß auffassen, wobei eine Umwandlung der kinetischen Energie des stoßenden Neutrons in andere Energieformen erfolgt und das Neutron im getroffenen Kern „stecken"bleibt. Zwar hatten wir bei der Besprechung der BOHRschen Zwischenkerntheorie gesehen, daß man auch die elastische Reflexion als eine Absorption auffassen kann, die dadurch gekennzeichnet ist, daß das absorbierte Neutron eine (n,n)-Reaktion verursacht. Es erweist sich aber als sinnvoll, diesen Fall als Reflexion gesondert von der „eigentlichen Absorption" zu behandeln, weil hier der getroffene Kern ein gleichartiges Teilchen emittiert, also wegen deren Nichtunterscheidbarkeit das Neutron nur „momentan" absorbiert wird und infolgedessen also *keine* Kernumwandlung erfolgt. Die Wahrscheinlichkeit, daß eine „eigentliche" Absorption stattfindet, wird durch den Absorptionswirkungsquerschnitt σ_a gekennzeichnet. Die Größe von σ_a ist nun in hohem Maße eine Funktion der Energie des Neutrons. Infolgedessen pflegt man grundsätzlich zwischen den Reaktionen langsamer und schneller Neutronen zu unterscheiden. Aber auch diese „eigentliche" Absorptionsreaktion kann man so auffassen, daß im ersten Akt ein Zwischenkern gebildet wird. Im Gegensatz zur elastischen Streuung aber, bei welcher, wie wir vorausgesetzt hatten, der Grundzustand des getroffenen Kernes unverändert bleibt, ändert sich jetzt der Grundzustand des Kernes: Er nimmt ein anderes Energieniveau an: Er wird zu einem „angeregten" Kern. Das bedeutet, daß sein Energieniveau über demjenigen seines normalen Zustandes liegt und er diesen angeregten Zustand unter Energieabgabe zu verlassen sucht. Solche „angeregten Kerne" werden wir in Zukunft durch einen * bezeichnen.

Solche Absorptionsreaktionen können bei langsamen Neutronen in erster Linie sein:

1. (n, γ)-Reaktionen. Das Neutron wird im Kern unter Bildung eines angeregten Kernes eingefangen, der anschließend auf das ihm entsprechende Energieniveau durch γ-Strahlung übergeht, also eine (n, γ)-Reaktion, auch „Strahlungseinfang" genannt, ausführt. Der Kern gibt also seine Überschußenergie durch Photonenemission ab. Demnach ist der entstandene Kern ein Isotop des Ausgangskernes, dessen Massenzahl um Eins höher liegt[1]. Ein Beispiel solcher Prozesse ist die Reaktion

$$^1_1H + ^1_0n \rightarrow ^2_1H^* \rightarrow ^2_1H + \gamma \, .$$

Sie ist wichtig für die Wirkung einer Neutronenstrahlung auf menschliches Gewebe, weil die so im Körper durch die Neutronenstrahlung entstehende γ-Strahlung auf dem Weg über die Erzeugung, z. B. von Photoelektronen, ionisierend und damit gesundheitsschädlich wirkt. Ferner ist sie wichtig für das Verhalten von Schutzschirmen an Reaktoren.

---

[1] Falls dieses aus dem angeregten Zustand des neuen Kerns entstehende Produkt radioaktiv sein sollte, kann es weiter, z. B. unter gleichzeitiger β^-- und γ-Strahlung sich umwandeln: Es ist also ein künstliches „*Radioisotop*" entstanden.

Die Reaktion
$$^{113}_{48}\text{Cd} + ^1_0\text{n} \to {}^{114}_{48}\text{Cd}^* \to {}^{114}_{48}\text{Cd} + \gamma$$
ist von Bedeutung für das Verhalten der später zu besprechenden Trimmstäbe im Reaktor. Das Isotop des Cadmiums $^{113}_{48}\text{Cd}$ hat nämlich einen hohen Absorptionswirkungsquerschnitt σ_a für langsame Neutronen. Das dabei entstehende stabile Isotop Cd-114 ist *nicht radioaktiv*. Das ist günstig, weil auf diese Weise aus dem Reaktorkern herausgezogene Trimmstäbe nicht schädlich auf die Umgebung wirken können, d. h. also, daß man darauf verzichten kann, sie im herausgezogenen Zustande besonders abzuschirmen.

Ein Beispiel für die Entstehung eines radioaktiven Stoffes ist die Reaktion
$$^{115}_{49}\text{In} + ^1_0\text{n} \to {}^{116}_{49}\text{In}^* \to {}^{116}_{49}\text{In} + \gamma \xrightarrow[13 \text{ sek}]{\beta^-} {}^{116}_{50}\text{Sn} \text{ (stabil)}.$$

Sie wird gern für die Messung des Neutronenflusses im Reaktor verwendet. Die Halbwertzeit $T = 13$ sek bietet den Vorteil, die Indiumfolien nach kurzer Zeit wieder meßbereit zu haben, denn die β^--Strahlung ist ein unmittelbares Maß für die von der Folie aufgenommene n-Strahlung, wie die obige Reaktionsgleichung zeigt. Weiterhin ist diese Reaktion ein Beispiel für die Möglichkeit, radioaktive Stoffe künstlich im Reaktor durch Neutronenbestrahlung herzustellen.

Ganz allgemein kann eine solche Reaktion
$$^A_Z\text{X} + ^1_0\text{n} \to {}^{A+1}_Z\text{Y}^* \to {}^{A+1}_Z\text{Y} + E_\gamma$$
geschrieben werden, wobei die Energie E_γ als ein oder mehrere γ-Photonen erscheinen kann, wenn der neuentstandene angeregte Kern Y* in seinen Grundzustand Y übergeht. Wenn man nun versuchen wollte, den Grundzustand von Y wieder in denjenigen von X zu überführen, müßte man ein Neutron entfernen, ohne daß dasselbe kinetische Energie mitnimmt, also $^{A+1}_Z\text{Y} \to {}^A_Z\text{X} + ^1_0\text{n} - E_{\text{Bindg}}$. Dabei berücksichtigt $-E_{\text{Bindg}}$ denjenigen Energiebetrag, den man hinzufügen müßte, um die Bindungsenergie des Neutrons im Zwischenkern aufzuheben. Daraus ergibt sich, daß $E_\gamma = E_{\text{Bindg}}$ sein muß, wobei E_γ von einem oder von mehreren Photonen abtransportiert werden kann. Je nachdem wird der Kern aus dem angeregten in den Grundzustand in einem oder mehreren Schritten übergehen. Tatsächlich führt aber das Neutron kinetische Energie mit sich, so daß $E_\gamma = E_{\text{Bindg}} + E_{\text{Kin}}$ sein muß. Für langsame Neutronen ist E_{Kin} indessen vernachlässigbar, weil die kinetische Energie in der Größenordnung von 1 eV, die Bindungsenergie hingegen in der Größenordnung von 6 bis 8 MeV (vgl. S. 56) liegt.

2. (n, α)- und (n, p)-Reaktionen. Diese Reaktionen treten bei langsamen Neutronen kaum auf, weil die Energie meist nicht ausreicht, um die α- oder p-Teilchen, die ja im Gegensatz zum Neutron geladen sind, durch den COULOMBschen Potentialwall des Kernes (vgl. S. 67) zu bringen.

Da das Kernpotential um so kleiner sein muß, je weniger Protonen im Kern vorhanden sind, je kleiner also seine Kernladungszahl ist, ist ohne weiteres einzusehen, daß solche Reaktionen mit langsamen Neutronen, wenn überhaupt, nur bei leichten Kernen möglich sind. Die für die Reaktortechnik wichtigste Reaktion dieser Art ist

$$^{10}_{5}B + ^{1}_{0}n \rightarrow ^{11}_{5}B^* \rightarrow ^{7}_{3}Li + \alpha,$$

weil von ihr zur Neutronenzählung im sog. BF_3-Zähler für Neutronen, auf den später zurückzukommen sein wird, Gebrauch gemacht wird.

3. Spaltung. Die dritte und für uns wichtigste Gruppe von Reaktionen langsamer Neutronen — auf das Verhalten schneller Neutronen werden wir später noch nach Bedarf zurückkommen — mit Kernen ist die *Spaltungsreaktion*. Wir hatten bereits gesehen, daß für eine Spaltung durch Neutronen nur einige wenige Kernsorten oder Nuklide, in erster Linie U-235, von dem wir hauptsächlich sprechen werden, in Betracht kommen, und das Beispiel einer Spaltungsreaktion bereits in Gl. (25) angeschrieben. Wir hatten ferner bereits das Tröpfchenmodell, Abb. 35, zur „Erklärung" der Spaltreaktionen herangezogen, die zur Spaltung erforderliche Energie diskutiert (vgl. S. 84) und gesehen, daß sie von langsamen Neutronen als hinreichende Bindungsenergie, die die kritische Anregungsenergie dieser Kerne überwiegt, nur gegenüber U-235, Pu-239 und U-233 aufgebracht werden kann.

Nun liegt die Frage nahe, warum eigentlich für die meisten Reaktoren thermische, also langsame Neutronen verwendet werden, die erst mühsam hergestellt werden müssen, anstatt die bei der Spaltung entstehenden schnellen Neutronen unmittelbar zu verwenden. Das hängt eng mit dem energieabhängigen Spaltungswirkungsquerschnitt σ_f zusammen:

Der Wirkungsquerschnitt für die Spaltung[1] *von U-235 nimmt mit abnehmender Energie des spaltenden Neutrons zu*, und zwar recht erheblich. Mit steigender Neutronenenergie wird σ_f dagegen immer kleiner und nähert sich immer mehr dem geometrischen Kernquerschnitt, der durch die Beziehung $r_A = r_0 \cdot \sqrt[3]{A}$, (vgl. S. 47, Fußn. 1)[2], gegeben ist: Die Wahrscheinlichkeit eines Treffers wird mit steigender Neutronengeschwindigkeit also kleiner oder richtiger gesagt: Die Wahrscheinlichkeit, daß eine Spaltungsreaktion eintritt, wird mit steigender Geschwindigkeit des Neutrons immer kleiner. Man kann sich das so vorstellen, daß bei sehr hohen Geschwindigkeiten die Neutronen einfach durch den Kern — sie sind ja elektrisch neutral — hindurchfliegen und *keine Zeit finden*, mit

---

[1] Das gilt ganz allgemein für Absorptionsreaktionen, also für σ_a langsamer Neutronen genügend außerhalb des Resonanzgebietes, vgl. S. 111.

[2] Genaugenommen, ist zu schreiben:

$$\pi r_A^2 \cdot \xi = \pi (r_0 \cdot \sqrt[3]{A})^2,$$

wobei $\xi \leq 1$ der „Undurchlässigkeitsfaktor" ist [*61*].

Die Kettenreaktion: a) Neutronenreaktionen

den Nukleonen des Kernes zu reagieren. Bei kleiner Geschwindigkeit hingegen ist ihre „Verweilzeit" (ein dem Verfahrensingenieur ja sehr geläufiger Begriff) hinreichend groß, so daß eine Reaktion möglich wird. Tab. 9 gibt einen ersten Überblick über die Größenordnung der Werte von σ_f, mit denen wir praktisch zu rechnen haben. Man sieht, daß beim U-235 der Spaltungsquerschnitt σ_f für thermische Neutronen erheblich größer ist als der Absorptionswirkungsquerschnitt σ_a, der nicht zur Spaltung, sondern zu einer (n,γ)-Reaktion, also zu einem sog. „fruchtlosen Einfang" führt. Immerhin kann man aus der Beziehung $\sigma_t = \sigma_a + \sigma_f$ mittels $\frac{\sigma_a}{\sigma_t} \cdot 100$ entnehmen, daß sich der fruchtlose Einfang zu etwa 15% der mit thermischer Energie mit U-235-Kernen zur Reaktion kommenden Neutronen ergibt, dieser Anteil also der Spaltung verlorengeht.

Tabelle 9. *Wirkungsquerschnitte spaltbarer Kerne für thermische Neutronen (v = 2200 m/sek) [3]*

Kern	Wirkungsquerschnitt für		
	Spaltung σ_f [b][1]	Strahlungs-Absorption σ_a [b]	Gesamt $\sigma_t = \sigma_f + \sigma_a$ [b]
$^{235}_{92}$U	549	101	650
$^{239}_{94}$Pu	664	361	1 025
$^{238}_{92}$U	0	2,8	2,8
Natürl. Uran [0,7% $^{235}_{92}$U]	3,92	3,5	7,42

[1] Ein Barn ist 10^{-24} cm^2.

Abb. 45 zeigt die Abhängigkeit des Spaltungsquerschnittes σ_f für U-235 von der Energie der Neutronen in logarithmischer Darstellung. Man sieht, daß er mit abnehmender Energie stark ansteigt und im Bereich von etwa 0,2 bis 0,005 eV fast geradlinig zunimmt. Man findet nun, daß bei Neutronenenergien unter 0,2 eV praktisch für alle Nuklide (= Atomsorten) die Gesetzmäßigkeit gilt, daß der Absorptionsquerschnitt (und für durch langsame Neutronen spaltbare Kerne damit auch der Spaltungsquerschnitt) umgekehrt proportional der Wurzel aus der kinetischen Energie, mithin also umgekehrt proportional der Neutronengeschwindigkeit zunimmt, also $\sigma_{a,f}$ prop. $1/v$.

Die Betrachtung der Kurve legt nun den Wunsch nahe, die Geschwindigkeit der Neutronen soweit wie möglich zu senken. Damit erhebt sich die Frage, warum man sich in der Reaktorpraxis mit einer Energie von etwa 0,03 eV begnügt und nicht noch weiter heruntergeht. Diesem Wunsche ist eine physikalische Grenze gezogen, wie leicht einzusehen ist: Wir hatten vorher (S. 101) gesehen, daß die Abbremsung der Neutronen durch elastische Zusammenstöße und damit durch den Austausch kinetischer Energie mit dem gestoßenen Kern möglich ist. Nun führen diese Kerne aber ebenfalls eine Bewegung aus, die durch die Temperatur des Körpers, dessen Bestandteile sie sind, bestimmt wird. In einem Gas z. B. gilt für die *wahrscheinlichste* thermische Translationsgeschwindigkeit[1] (also nicht als Schwingung oder Rotation um eine Ruhelage)

$$v_0 = \sqrt{\frac{2\,kT}{m}}\;[\text{erg}], \qquad (41)$$

wobei k die BOLTZMANNsche Konstante, T die absolute Temperatur und m die Masse eines Moleküls sind. Es ist nun ohne weiteres einzusehen, daß kein Energieaustausch durch elastische Stöße mehr möglich ist, wenn im Durchschnitt über eine große Zahl von Teilchen

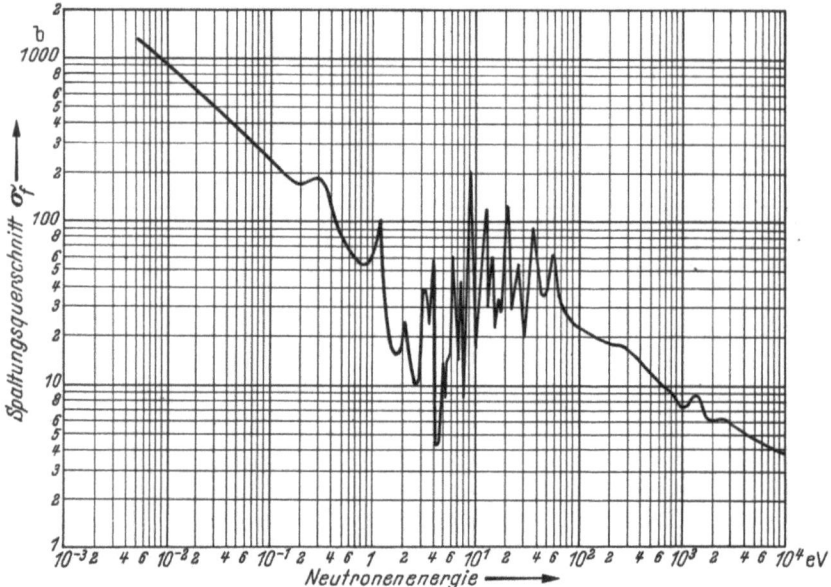

Abb. 45. Abhängigkeit des Spaltungsquerschnittes σ_f von der Neutronenenergie für U-235 in barn (1b = 10^{-24} cm²) (nach ARDENNE [43])

---

[1] Die thermische Energie eines Gases besteht aus der kinetischen Energie $E_{\text{kin.}}$ der geradlinigen Bewegung (Translation) der Moleküle. Bei einatomigen Molekülen — Neutronen entsprechen mechanisch einatomigen Wasserstoffmolekülen — stehen der Translation 3 Freiheitsgrade zur Verfügung, nämlich die 3 Geschwindigkeitskomponenten, auf deren jede der gleiche Anteil der thermischen Energie entfällt, nämlich $E_{\text{therm.}} = \dfrac{1}{2} k \cdot T = E_{\text{kin.}}$ und damit beträgt die Gesamtenergie eines einatomigen Moleküls

$$E_{\text{kin.}} = \frac{3}{2} k \cdot T.$$

Unter Einführung des mittleren Geschwindigkeitsquadrates $\overline{v^2}$, nämlich des arithmetischen Mittels der Geschwindigkeitsquadrate der einzelnen Molekülsorten

Die Kettenreaktion: a) Neutronenreaktionen

die Energien der stoßenden und gestoßenen Teilchen gleich sind. Mithin also werden Neutronen an die Kerne ihrer Umgebung dann keine Energie mehr durch elastischen Stoß abgeben, also nicht mehr weiter abgebremst werden können, wenn ihre kinetische Energie gleich derjenigen ihrer Umgebung ist. Da die Masse der Neutronen ziemlich genau gleich derjenigen des Wasserstoffatoms ist, ergibt sich für sie die gleiche Geschwindigkeit wie diejenige der Wasserstoffatome bei Umgebungstemperatur, nämlich mit Gl. (41) und den Werten von $m = 1{,}675 \cdot 10^{-24}$ g, $k = 1{,}38 \cdot 10^{-16}$ und $T = 298°$ abs (entsprechend $t = 25 \,°C$)

$$v_0 \approx \sqrt{\frac{2 \cdot 1{,}38 \cdot 10^{-16} \cdot 298}{1{,}675 \cdot 10^{-24}}} \approx 22 \cdot 10^4 \,[\text{cm sek}^{-1}] = 2200 \,\text{m/sek}.$$

Die zugehörige Energie ergibt sich mit $mv^2/2 \approx 400 \cdot 10^{-16}$ erg. Da 1 eV $= 1{,}602 \cdot 10^{-12}$ erg ist, findet man die der Geschwindigkeit von etwa 2200 m/sek entsprechende Energie des Neutrons zu 0,025 eV. Dieser Energiebetrag läßt sich also bei Umgebungstemperatur nicht unterschreiten, und damit ist der Abbremsung der Neutronen zugunsten eines noch höheren Wirkungsquerschnittes als $\sigma_f \approx 549$ b eine Grenze gesetzt. Praktisch wird nicht einmal dieser Wert erreicht, weil nicht alle Neutronen diese Geschwindigkeit haben[1] und weil es vor allem bei Ener-

---

$n_1, n_2, n_3 \ldots$ mit ihren Geschwindigkeiten $v_1, v_2, v_3 \ldots$, können wir die kinetische Energie durch

$$E_{\text{kin.}} = \frac{3}{2} k \cdot T = \frac{m\,\overline{v^2}}{2}$$

ausdrücken und damit

$$\sqrt{\overline{v^2}} = \sqrt{\frac{3 k \cdot T}{m}}$$

schreiben. Diese „mittlere" Geschwindigkeit, also die Wurzel aus dem mittleren Geschwindigkeitsquadrat, weicht von der in Gl. (41) verwendeten „wahrscheinlichsten" Geschwindigkeit v_0 ab, wie man sieht, und zwar ist sie um den Faktor $\sqrt{\frac{3}{2}}$ größer. Außer diesen beiden Geschwindigkeitsdefinitionen verwendet man in der kinetischen Gastheorie noch eine „durchschnittliche" Geschwindigkeit $v_d = \frac{2}{\sqrt{\pi}} \cdot v_0 = 1{,}13 \, v_0$. Die Abweichungen der verschiedenen Geschwindigkeiten voneinander sind praktisch belanglos, so daß es meist gleichgültig ist, welche von ihnen gerade benutzt wird.

[1] Neutronen von nur einem diskreten Energie- bzw. Geschwindigkeitswert gibt es praktisch nicht. Ein „monoenergetischer" Neutronenstrahl kann nur durch experimentelle Kunstgriffe hergestellt werden. Die im Reaktor auftretenden Neutronen haben eine Energieverteilung, die von mehreren MeV bis zu Bruchteilen eines eV herabreicht. Auf thermische Geschwindigkeit abgebremste Neutronen folgen etwa einer MAXWELL-BOLTZMANN-Verteilung, so daß der tatsächliche Wirkungsquerschnitt kleiner als derjenige für $E = 0{,}025$ eV ist, weil infolge dieser Verteilung die durchschnittliche Energie der Neutronen höher ist als diejenige für die Energie $E = 0{,}025 \,eV$.

giereaktoren, in gewissem Maße auch schon bei Forschungsreaktoren (obwohl man sich bei den letzteren bereits von vornherein um eine möglichst gute Kühlung bemüht), unvermeidlich ist, die Temperatur wesentlich über die Raumtemperatur zu steigern, weil der anschließende Kreisprozeß zur Energieausnutzung ja eine möglichst hohe Temperatur zur Erreichung eines möglichst hohen Temperaturgefälles verlangt. Wir stoßen hier zum ersten Male mit großer Deutlichkeit auf das Problem, daß technische und kernphysikalische Forderungen oft in einem großen Gegensatz zueinander stehen! Wir werden dieser, vielleicht größten Schwierigkeit in der Reaktortechnik noch öfter und unliebsamer begegnen.

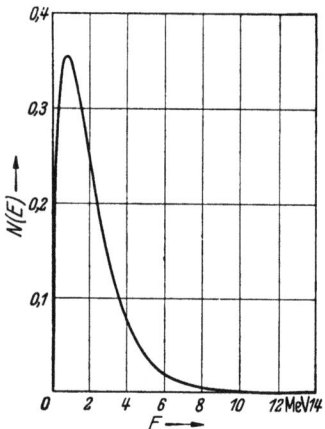

Abb. 46. Relativer Anteil der Spaltneutronen $N(E)$ als Funktion der Neutronenenergie E bei der Spaltung (nach STEPHENSON)

Wenn es sich um die Verwendung von *natürlichem Uran* handelt, in dem das durch thermische Neutronen spaltbare Isotop U-235 nur zu etwa 0,7% vorhanden ist, taucht eine weitere Schwierigkeit auf:

Schnelle Neutronen, etwa so wie sie bei der Spaltung primär entstehen, können auf gar keinen Fall verwendet werden, weil der Spaltungsquerschnitt des U-235 bei hohen Neutronenenergien so klein ist, daß bei dem geringen Anteil an spaltbarem Material im natürlichen Uran es unmöglich wäre, eine Kettenreaktion aufrechtzuerhalten. Eine Kettenreaktion von U-235 mit schnellen Neutronen ist infolgedessen nur bei dem reinen Isotop oder mindestens bei sehr hoher Anreicherung möglich. Deswegen müssen bei natürlichem Uran die Neutronen auf thermische Energie abgebremst werden, um dadurch den hohen Spaltungsquerschnitt zum Ausgleich der geringen Konzentration des U-235 nutzbar machen zu können. Daraus ergibt sich nun, da U-238 durch thermische Neutronen überhaupt nicht spaltbar, für thermische Neutronen also $\sigma_{f\,U\text{-}238} = 0$ ist, daß der für eine Kettenreaktion in natürlichem Uran zur Verfügung stehende Spaltungsquerschnitt sich aus dem Verhältnis der Anteile des spaltbaren Isotops U-235 und des nicht durch langsame Neutronen spaltbaren U-238 im natürlichen Uran ergibt. Da dieses Verhältnis ungefähr 1/140 beträgt, ergibt sich für σ_f des *natürlichen* Urans für *thermische* Neutronen $\sigma_{f\,\text{nat}} = 549/140 = 3{,}9$ b.

Nun muß aber weiter berücksichtigt werden, daß auch das U-238 mit Neutronen reagiert, wobei der Wirkungsquerschnitt für Spaltung und Absorption ebenfalls energieabhängig ist. Bei der Spaltung des U-235 entstehen die primären Spaltungsneutronen hauptsächlich mit einer

Energie von etwa 1 MeV. Abb. 46 zeigt die Verteilung der Neutronen über den in Betracht kommenden Energiebereich. Daß Neutronen verschiedener Energie entstehen müssen, leuchtet ohne weiteres ein, wenn man sich daran erinnert, daß die Spaltung auf sehr verschiedene Weise erfolgen kann, wofür wir in Gl. (25) ein Beispiel gegeben haben. Die hierüber angestellten Untersuchungen ergeben nach STEPHENSON [1] für die thermische Spaltung von U-235 und Pu-239 die Beziehung

$$N(E)\,dE = \sqrt{\frac{2}{\pi \cdot e}}\,\mathfrak{Sin}\sqrt{2E}\,e^{-E} \cdot dE \qquad (42a)$$

wobei $N(E)dE$ die Zahl der Neutronen im Bereich der Energie von E bis $E + dE$ darstellt. Bezogen auf ein bei der Spaltung frei werdendes Neutron, läßt sich mit $\sqrt{\dfrac{2}{\pi e}} = 0{,}484$ die Gleichung der Spektralkurve in Abb. 46 in der Form

$$N(E) = 0{,}484\,\mathfrak{Sin}\sqrt{2E} \cdot e^{-E} \qquad (42b)$$

schreiben. Bei der Abbremsung auf thermische Energie müssen die schnellen Neutronen alle Energiewerte zwischen etwa 2 MeV und 0,025 eV durchlaufen, wobei sie in natürlichem Uran unvermeidlich auch hier und da mit Kernen des Isotops U-238 in Berührung und damit zur Reaktion kommen. Man bemüht sich durch eine zweckmäßige Anordnung und Bemessung der Spaltstoffelemente und des Moderators im Reaktor darum, diese Reaktionsmöglichkeit soweit wie möglich einzuschränken, z.B. dadurch, daß man die Spaltstoffelemente genügend dünn macht, so daß die Neutronen nur einen möglichst kurzen Weg im Uran zurückzulegen haben, um in den bremsenden Moderator zu gelangen, auf diese Weise also einer Absorption im U-238 möglichst zu entgehen. Darauf wird später noch zurückzukommen sein. Trotz aller noch so geschickten Maßnahmen ist es jedoch nicht zu vermeiden, daß einige Neutronen zur Reaktion mit U-238 gelangen. Die Art der Reaktion ist im wesentlichen eine Absorption, z.B. ein (n, γ)-Prozeß. Die Aussichten für eine Spaltung des U-238 sind sehr gering. Wir hatten im Abschn. 9, S. 84, gesehen, daß die Bindungsenergie des Neutrons allein mit etwa 5,3 MeV nicht ausreicht, um die Spaltung von U-238 herbeizuführen, weil die benötigte Anregungsenergie 7,1 MeV beträgt. Infolgedessen muß der fehlende Betrag von $7{,}1 - 5{,}3 = 1{,}8$ MeV durch die kinetische Energie des Neutrons aufgebracht werden; das bedeutet also, daß U-238 nur durch schnelle Neutronen mit einer kinetischen Energie gespalten werden kann, die noch erheblich über derjenigen liegt, die die primär bei der Spaltung des U-235 entstehenden Neutronen mit etwa 1 MeV gemäß Abb. 46 besitzen. Nur der geringe Bruchteil, der rechts vom Scheitelpunkt der Kurve, und zwar noch über einem Wert von $E = 1{,}8$ MeV liegt, wird U-238 spalten können. Das tritt auch tatsächlich ein, wenngleich die experimentell bestimmte Energie bei einem geringeren Wert liegt, nämlich bei etwa 1,2 MeV. Dieses wird in der später zu besprechenden sog. Vierfaktorenformel (S. 142) berücksichtigt werden. Ein nennenswerter Beitrag zur Energiegewinnung aus der Kettenreaktion wird damit *nicht* geleistet.

Leider ist im Gegensatz dazu die fruchtlose Neutronenabsorption — fruchtlos vom Standpunkt der energieliefernden Kettenreaktion —

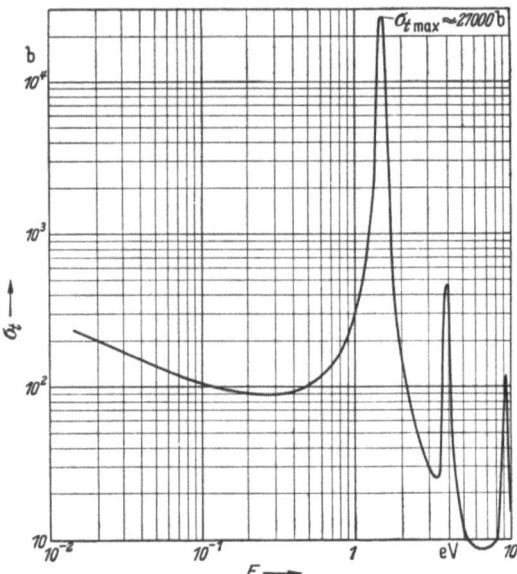

Abb. 47. Gesamtwirkungsquerschnitt σ_t von Indium als Funktion der Neutronenenergie E
(nach STEPHENSON)

im U-238 deutlicher spürbar. In bestimmten Energiebereichen steigt die Absorption der Neutronen im U-238 erheblich an. Wir hatten bereits darauf hingewiesen, daß praktisch alle Nuklide, demnach auch das U-238, im Bereich thermischer Neutronen, die $1/v$-Proportionalität zeigen, σ_a also proportional zu $1/v$, dem Kehrwert der Neutronen*geschwindigkeit*, ansteigt. Im Gebiet höherer Neutronenenergie zeigen vor allem die Kerne mit hoher Massenzahl A die Neigung, in bestimmten eng begrenzten Bereichen der Neutronenenergie Neutronen besonders stark zu absorbieren, m. a. W.: Die σ, E-Kurve hat bei bestimmten Energiewerten starke Spitzen, in denen der Wirkungsquerschnitt steil ansteigt. Abb. 47 zeigt eine solche Kurve für Indium im Bereich der Neutronenenergie von 0,01 bis 10 eV. Man sieht, während der $1/v$-Bereich sich von etwa 0,2 eV abwärts, also in Richtung abnehmender Energie erstreckt, hat der Gesamtwirkungsquerschnitt eine Spitze bei etwa 1,5 eV, wo er auf 27 000 b ansteigt gegenüber 200 b — also auf mehr als das Hundertfache bei 0,025 eV. Man nennt das eine „*Resonanz*" und den Neutroneneinfang an solchen Stellen „*Resonanzeinfang*" oder „*Resonanzabsorption*". Es gibt Kerne, die nur eine einzige solche Resonanzstelle haben und solche, die deren mehrere aufweisen. Auf die physikalische Deutung des Resonanzeinfanges brauchen wir hier nicht einzugehen. Wichtig für uns ist der Umstand, daß das U-238 mehrere Resonanzstellen hat, die im Energiegebiet

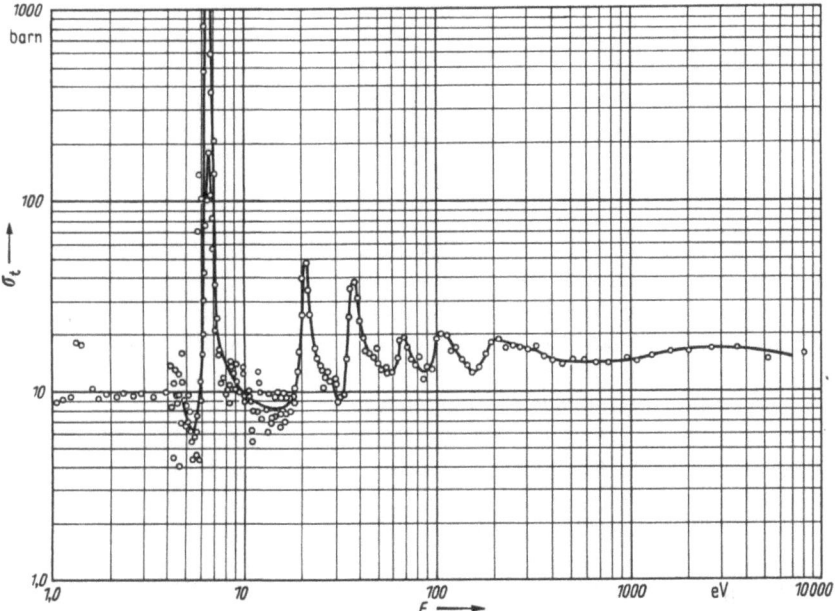

Abb. 48. Gesamt-Absorptionswirkungsquerschnitt σ_t von natürlichem Uran mit dem Hauptresonanzeinfangsgebiet des U-238 im Bereich der Neutronenenergie von rund 6 eV. Man beachte, daß der Bereich des Spaltungseinfanges des U-235 für thermische Neutronen hier nicht dargestellt ist, weil die *thermische Energie der Neutronen unterhalb von 1* eV liegt! (nach STEPHENSON)

von 1 bis 1000 eV liegen. Abb. 48 zeigt den Verlauf des Gesamtquerschnittes von natürlichem Uran in diesem Gebiet. Bei etwa 6,5 eV liegt eine solche Resonanzstelle mit einem Wirkungsquerschnitt von mehreren tausend barn. Diesen Energiewert müssen aber die Neutronen unter allen Umständen bei der Abbremsung von 2 MeV, wo das natürliche Uran einen Spaltungsquerschnitt von nur 0,015 b und einen Streuquerschnitt von etwa 4 b hat, auf 0,025 eV durchlaufen. Kommen sie bei einer Energie von 6,5 eV mit U-238-Kernen zusammen, werden sie unweigerlich in einer (n, γ)-Reaktion absorbiert und gehen der Kettenreaktion verloren. Darauf kommen wir bei der Besprechung des „*Resonanzfluchtfaktors*" p in der Vierfaktorenformel noch zurück. Würde man versuchen, eine Kettenreaktion in natürlichem Uran ohne das Hilfsmittel des Moderators durchzuführen, so könnte man den Reaktorkern noch so groß machen: Die Kettenreaktion würde nicht ablaufen, weil die aus der Spaltung stammenden Neutronen im Uran durch Stöße gebremst und bei Erreichung des Energiewertes von 6,5 eV absorbiert werden, so daß nur ein winziger Bruchteil zu einer Spaltung eines U-235-Kernes käme, der bei weitem nicht ausreicht, um die Kettenreaktion zu unterhalten.

Diese Reaktion ist jedoch in einer anderen Hinsicht von Interesse, nämlich hinsichtlich der Erzeugung von ebenfalls durch langsame Neutronen spaltbarem Pu-239 nach der Reaktion:

$$^{238}_{92}U + ^{1}_{0}n \rightarrow ^{239}_{92}U^* + \gamma \rightarrow ^{239}_{93}Np + ^{0}_{-1}e \rightarrow ^{239}_{94}Pu + ^{0}_{-1}e \, . \quad (43)$$

Darauf werden wir später noch zurückkommen.

b) Neutronendiffusion

Wir haben bereits gesehen, daß die Aufrechterhaltung der Kettenreaktion entscheidend davon abhängt, welches Schicksal den Neutronen widerfährt, die bei der Spaltung eines Kernes frei werden; daß es also darauf ankommt, daß von den ν Neutronen, die bei der Spaltung entstehen ($\nu = 2,5$ für U-235; vgl. S. 93), wenigstens ein Neutron zur Ausführung einer weiteren Spaltung gelangt.

Nachdem wir nun die wichtigsten Reaktionen zwischen Neutronen und Kernen besprochen haben, ist es noch nötig, den *Weg der Neutronen* von ihrem Entstehungsort bis zum Eintreten irgendeiner Reaktion zu verfolgen, denn da die aus einem Spaltprozeß hervorgehenden Neutronen kinetische Energie mit sich führen, haben sie gemäß $E = mv^2/2$ auch eine bestimmte Geschwindigkeit, wie wir schon gesehen haben. Sie werden sich also im allgemeinen von dem Ort ihres Entstehens entfernen und an einer anderen Stelle des Raumes, in dem sie sich bewegen, zu irgendeiner Reaktion gelangen oder gar den betrachteten Raum, in unserem Falle den durch den „*Reaktorkern*" definierten Raum verlassen und damit für den uns interessierenden Vorgang im Reaktor, möge ihre Reaktion erwünscht oder unerwünscht sein, verlorengehen. Wir müssen uns also vorstellen, daß der durch die Geometrie des Reaktors bestimmte Raum kreuz und quer von Neutronen aller möglichen Geschwindigkeiten durchströmt wird und daß ein Teil dieser Neutronen den Reaktorkörper auch verläßt.

Für den Entwurf eines Reaktors kommt es nun entscheidend darauf an, zu wissen, ob irgendeine Anordnung überhaupt möglich ist, d.h. bei unendlicher Größe einen Wert von $k_\infty = 1$ erreichen läßt, und ob bei endlicher Größe ebenfalls noch ein Wert von $k_{\text{eff}} = 1$, also unter Berücksichtigung der aus den Begrenzungsflächen des Reaktors ausströmenden

Neutronen, erzielt werden kann. Infolgedessen ist es notwendig, die Bewegung der Neutronen im Reaktor zu untersuchen. Da, wie bereits gesagt, die Neutronen sich im Reaktor mit verschiedenen Geschwindigkeiten und in verschiedenen Richtungen bewegen und da sie ferner von verschiedenen Entstehungsorten herkommen und an verschiedenen Stellen durch Absorptionsreaktionen und durch Ausfluß durch die Begrenzungswände verschwinden, ist die Bewegung außerordentlich unübersichtlich. Es müssen daher eine Reihe von Vereinfachungen getroffen werden, um überhaupt ein Bild über ihr Verhalten gewinnen zu können.

Ganz allgemein kann man sagen, daß die Bedingung für den stationären Betrieb eines endlichen, also technisch ausführbaren Reaktors $k_{eff} = 1$ — wobei also genausoviel Neutronen erzeugt wie verbraucht werden oder, mit anderen Worten, wobei von den bei jeder Spaltung entstehenden ν Neutronen genau ein Neutron eine weitere Spaltung hervorruft — verlangt, daß sich folgende Neutronenbilanz ergibt:

Erzeugung von Neutronen = Verbrauch durch Absorption + Verlust durch
Ausfluß aus dem Reaktor. (44)

Demnach unterscheidet sich der Vermehrungsfaktor k_∞ von dem „*kritischen Faktor*" k_{eff} durch den *Ausflußverlust*, weil im unendlich großen Reaktor ja keine Neutronen durch Ausfluß verlorengehen können. Mithin muß also stets $k_{eff} < k_\infty$ sein.

Die Bewegung der Neutronen in einem Reaktor kann man nun als eine *Diffusion* auffassen, denn es ist ohne weiteres einzusehen, daß die Neutronen, da sie ja in Bewegung sind, sich von Stellen hoher Konzentration oder Dichte zu Gebieten niedrigerer Konzentration bewegen, also einem *Gefälle* folgen werden, wobei sie natürlich auf ihrem Wege Zusammenstöße mit Kernen der Materie erfahren werden, die den Raum erfüllt, in welchem sie sich bewegen. Bei diesen Zusammenstößen werden sie auf vielfältige Weise reagieren. Schnelle Neutronen werden durch elastische Zusammenstöße kinetische Energie verlieren und langsamer werden. Nicht alle aber werden auf thermische Energie herabkommen, weil einige schon während dieser durch elastische Stöße ausgeführten Abbremsung entweder absorbiert werden oder eine Spaltung hervorrufen oder aber auch entweichen. Von denen, welche thermische Energie erreicht haben, werden wiederum einige zur Spaltung eines Kernes gelangen, andere aber „fruchtlos" absorbiert werden oder entweichen. Eine Änderung der kinetischen Energie tritt hierbei aus den früher erörterten Gründen nicht mehr ein, nämlich weil die thermisch gewordenen Neutronen im thermischen Gleichgewicht mit der Materie stehen, in der sie sich bewegen. Diese thermischen Neutronen nun können auf ihr Verhalten hin mit denselben Methoden untersucht werden, die seit langem für das Studium der Vorgänge in Gasen angewendet werden. Allerdings muß man sich vor Augen halten, daß die mechanische Ähnlichkeit mit einem Gas begrenzt ist, weil *Zusammenstöße von Neutronen untereinander nur selten erfolgen*. Das leuchtet schon deswegen ein, weil es sich bei der Erfüllung des Reaktors mit „Neutronengas" um ein extrem hohes „Vakuum" handelt:

Wir müssen dazu zunächst den allgemeinen als ein Kennzeichen für einen Reaktor verwendeten Begriff des „*Neutronenflusses*" betrachten. Er wird definiert als Produkt aus der mittleren Neutronengeschwindigkeit v und der Neutronendichte je Kubikzentimeter n als

$$\Phi = n \cdot v \left[\frac{1}{\text{cm}^3} \cdot \frac{\text{cm}}{\text{sek}} = \text{cm}^{-2} \cdot \text{sek}^{-1} \right]. \tag{45}$$

Dimensionsmäßig stellt er sich als ein Mengenstrom, nämlich Neutronen je Flächen- und Zeiteinheit dar. Man darf ihn aber nicht ohne weiteres mit einer Strömung z. B. durch ein Rohr vergleichen, weil die Neutronen im Reaktor regellos nach allen Richtungen sich bewegen. Man kann eher von dem Neutronenfluß an einer bestimmten Stelle im Reaktor sprechen, wenn man sich diese Stelle von einer Kugelfläche von 1 cm² umgeben denkt und die Neutronen zählt, die in der Zeiteinheit durch diese Fläche hindurchströmen.

Kehren wir nun zur Betrachtung des Reaktors als einen von einem „Neutronengas" erfüllten Raum zurück und überlegen, wie stark die Konzentration der Neutronen im Reaktor ist. Einem üblichen Neutronenfluß von $\Phi = 10^{12}$ cm^{-2} · sek^{-1} in einem technischen Reaktor durchschnittlicher Bauart entspricht gemäß $n = \Phi/v$ (cm^{-3}) bei einer mittleren thermischen Geschwindigkeit der Neutronen von $v = 22 \cdot 10^4$ cm/sek eine Dichte von $5 \cdot 10^6$ Neutronen je Kubikzentimeter. Nach bekannten Gesetzmäßigkeiten haben alle idealen Gase das gleiche Molvolumen, welches unter *Normalbedingungen* 22400 cm³/mol beträgt. Daraus ergibt sich mit der LOSCHMIDTschen Zahl[1] $N_L = 6{,}023 \cdot 10^{23}$ mol^{-1} für die Zahl der Gasatome oder -moleküle in einem Kubikzentimeter etwa $2{,}7 \cdot 10^{19}$, also zu dem Wert der sog. AVOGADROschen Konstanten. Daraus ergibt sich weiter, daß bei unserem technisch besten Vakuum von 10^{-7} Torr immer noch etwa $5 \cdot 10^9$ Gasmoleküle im Kubikzentimeter, also etwa 1000mal soviel Teilchen vorhanden sind als Neutronen bei einem Fluß von 10^{12}cm^{-2}·sek^{-1}! Die „Verdünnung" der Neutronen im Reaktor ist also auch bei hohen Flüssen immer noch viel stärker als beim besten technischen Vakuum. Wenn man nun noch ein Kubikzentimeter des Moderators, z.B. aus Graphit, betrachtet, findet man, da ein mol eines Stoffes stets die gleiche Anzahl von Molekülen besitzt, daß er etwa

---

[1] In der angelsächsischen Literatur stets als AVOGADROsche Zahl, „AVOGADRO'S number", bezeichnet, nicht zu verwechseln mit der AVOGADROschen Konstanten bei uns!

10^{23} Kohlenstoffatome enthält[1], daß also auf ein Neutron etwa $2 \cdot 10^{16}$ Kohlenstoffatome kommen! Also auch bei einem so hohen Neutronenfluß, wie er heute in den leistungsfähigsten Reaktoren mit $\Phi = 10^{15}$ bis 10^{16} im günstigsten Falle erreicht werden kann, ergibt es sich aus dieser Betrachtung, daß nur ganz vereinzelte Neutronen im „Gestrüpp" der Atome herumirren, die Wahrscheinlichkeit also, daß sich zwei Neutronen „begegnen", denkbar gering ist! Das muß man sich vor Augen halten, wenn man den Versuch unternimmt, sich die Vorgänge im Reaktor vorzustellen und sie zu berechnen.

Nach dieser Abschweifung kehren wir nun zur Betrachtung der Diffusion der *thermisch gewordenen Neutronen* im Reaktor zurück. Nach dem I. FICKschen Gesetz, dem Grundgesetz der Gasdiffusion, ist der Ausdruck für die räumliche Verteilung in einer Richtung, also das Gefälle der Teilchendichte, also der Diffusionsstrom oder die „*Transportdichte*" der Neutronen

$$I = -D_0 \frac{\partial n}{\partial x}. \qquad (46)$$

oder in vektorieller Schreibweise

$$\mathfrak{J} = -D_0 \operatorname{grad} n, \qquad (46a)$$

wobei D_0 [cm²/sek] der Diffusionskoeffizient ist[2]. In Gl. (46a) ist die Voraussetzung enthalten, daß die Geschwindigkeit der Neutronen $v = $ const und unabhängig von der Richtung ist. Mit Gl. (45) können wir nun, wenn wir für den Fluß den Diffusionskoeffizienten $D = D_0/v$ einführen,

$$\mathfrak{J} = -D \operatorname{grad} \Phi \qquad (46b)$$

schreiben, weil für Neutronen ein und derselben Geschwindigkeit Gl. (45) gültig ist. Da I und Φ die gleiche Dimension [cm^{-2}·sek^{-1}] haben, hat offenbar D die Dimension einer Länge, weil grad Φ ja die Flußänderung bezogen auf die Längeneinheit darstellt[3]. Es lohnt sich daher, den Versuch zu

---

[1] Die Zahl n der Atome im Kubikzentimeter ergibt sich aus der Beziehung $n = \gamma \cdot \dfrac{N_L}{M}$, worin $\gamma = 1{,}67$ das spezifische Gewicht des Reaktorgraphits und $M = 12$ das Atomgewicht des Graphits ist.

[2] Alle Transportvorgänge ähneln einander. Daher wird z. B. auch der „Transport" von Wärme durch eine ähnliche Beziehung, nämlich $Q = -\lambda \operatorname{grad} t$ [kcal/h·m²] mit der Wärmeleitzahl λ [kcal/m·h·grd] und dem Temperaturgradienten [grd/m] dargestellt, wobei das negative Vorzeichen ausdrückt, daß die Wärme in Richtung des Temperaturgefälles, also von der hohen zur niederen Temperatur strömt.

[3] Es sei noch einmal besonders darauf hingewiesen, daß der Neutronenstrom I und der Neutronenfluß Φ sich nur physikalisch, jedoch nicht dimensionsmäßig dadurch unterscheiden, daß I tatsächlich einen *Vektor* darstellt, also nur die Neutronen berücksichtigt, die in der Richtung x nach Gl. (46) strömen, während Φ ohne Unterscheidung einer Richtung *alle* Neutronen erfaßt. Manche deutschen Autoren nennen Φ auch die Neutronen*dichte*. Das scheint unzweckmäßig zu sein, weil man unter Dichte üblicherweise nur die Anzahl von Teilchen in der Volumeneinheit zu verstehen pflegt.

machen, diesem Diffusionskoeffizienten D [cm] einen physikalischen Begriffsinhalt zu geben. Wir greifen dazu auf Abb. 42 und Gl. (30) zurück, mit der wir die Intensität eines Neutronenstromes beschrieben haben:

$$I = I_0 \cdot e^{-\sigma N x}. \tag{30}$$

Sie gibt uns die Intensitätsabnahme eines Neutronenstromes als Funktion des Wirkungsquerschnittes σ für die jeweils untersuchte Reaktion, der Dichte des durchstrahlten Stoffes mittels der Anzahl N der Kerne je Volumeneinheit und der *Weglänge* x des Strahles an, wobei wir unterstellen, daß nach unendlich langem Wege die Intensität auf Null gesunken ist, also für $x = \infty$ sich $I = 0$ ergibt.

Nun kann man anderseits von einer *Weglänge* — ähnlich derjenigen der kinetischen Gastheorie — sprechen, die ein Neutron im Durchschnitt zurücklegen muß, bevor die gewünschte Reaktion, z.B. also eine Absorption oder eine Streuung, eintritt. Man kann also von einer *mittleren freien Weglänge* λ [cm] sprechen. Die Anzahl der Ereignisse pro Zeiteinheit auf dem Weg des Neutrons, also z.B. der Zusammenstöße mit Kernen der durchströmten Materie, wird dann durch v/λ [sek^{-1}] gegeben. Für einen Neutronenstrahl mit n Neutronen je cm³, also mit dem Fluß $\Phi = n \cdot v$ ergibt sich damit die Anzahl der Ereignisse zu $n \cdot v/\lambda$ [cm^{-3} · sek^{-1}]. Nun ist die Anzahl der Ereignisse in der Zeiteinheit andererseits gegeben durch die Anzahl der Kerne in der Volumeneinheit und ihren Wirkungsquerschnitt, also nach Gl. (31) durch den makroskopischen Wirkungsquerschnitt $\Sigma = \sigma \cdot N$ und durch die Anzahl der Neutronen je Volumeneinheit und ihre Geschwindigkeit, also den Fluß $\Phi = n \cdot v$, daher durch

$$\sigma \cdot N \cdot n \cdot v = \Sigma \cdot \Phi. \tag{47a}$$

Damit können wir also

$$\Sigma \cdot \Phi = \frac{n \cdot v}{\lambda} = \frac{\Phi}{\lambda} \tag{47b}$$

und damit

$$\lambda = \frac{1}{\Sigma} \tag{48}$$

schreiben. Die mittlere freie Weglänge λ [cm] für eine bestimmte Art von Ereignissen, also eine bestimmte Reaktionsart, ist umgekehrt proportional dem makroskopischen Wirkungsquerschnitt Σ [cm^{-1}] für die betreffende Reaktionsart.

Es ist zweckmäßig, sich an einem Beispiel eine Vorstellung der Größenordnung der mittleren freien Weglänge für die Absorption zu machen. Dazu betrachten wir den großen Forschungsreaktor in Oak Ridge, der folgende Daten hat, vgl. Abb. 49:

Durchmesser der Spaltstoffstäbe $d = $ 2,8 cm
Spezifisches Gewicht des natürlichen Urans $\gamma_U = $ 19,0 g/cm³
Gitterteilung $p = $ 20,0 cm

Spezifisches Gewicht des Moderatorgraphits $\gamma_C = $ 1,62 g/cm³
Absorptionswirkungsquerschnitt des Uran $\sigma_{aU} = $ 7,42 b = 7,42 · 10⁻²⁴ cm²
Absorptionswirkungsquerschnitt des Graphits $\sigma_{aC} = $ 0,0045 b = 0,0045 · 10⁻²⁴ cm²
Atomgewicht ≈ Massenzahl des Uran $A_U = $ 238
Atomgewicht ≈ Massenzahl des Graphits $A_C = $ 12

Dann ergibt sich für das Volumverhältnis des Uranmetalles zum Graphit

$$m = \frac{\pi}{4} \frac{d^2}{p^2} = 0{,}0154,$$

d.h., daß ein Kubikzentimeter Reaktorkern, als homogene Mischung betrachtet

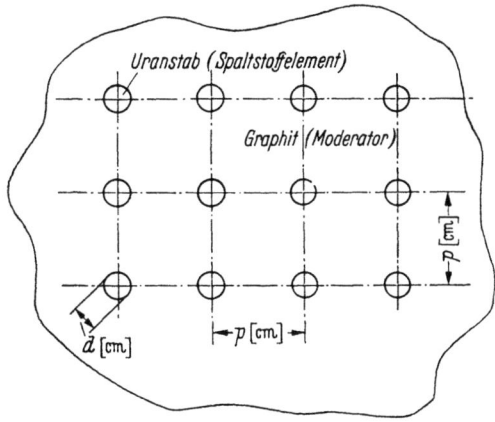

Abb. 49. Schematischer Ausschnitt aus einem Reaktorgitter mit zylindrischen Spaltstoffelementen in einem Graphitblock.
p Gitterteilung; d Durchmesser der Spaltstoffelemente.

(was tatsächlich technisch nicht möglich wäre), 98,46% Graphit und 1,54% Uran enthält. Daraus läßt sich die Zahl N der Kerne je Kubikzentimeter berechnen:

$$N_U = \frac{m \cdot \gamma_U \cdot N_L}{A_U} = \frac{0{,}0154 \cdot 19 \cdot 6{,}02 \cdot 10^{23}}{238} = 7{,}4 \cdot 10^{20} \,[\text{cm}^{-3}]$$

$$N_C = \frac{(1-m) \cdot \gamma_C \cdot N_L}{A_C} = \frac{0{,}9846 \cdot 1{,}62 \cdot 6{,}02 \cdot 10^{23}}{12} = 8{,}0 \cdot 10^{22} \,[\text{cm}^{-3}]$$

Damit ergibt sich, da der Gesamtwirkungsquerschnitt nach Gl. (31) $\Sigma_a = N_U \cdot \sigma_{aU} + N_C \cdot \sigma_{aC}$ ist, für den makroskopischen Absorptionswirkungsquerschnitt des Reaktors
$\Sigma_a = 7{,}4 \cdot 10^{20} \cdot 7{,}42 \cdot 10^{-24} + 8{,}0 \cdot 10^{22} \cdot 0{,}0045 \cdot 10^{-24} = 5{,}85 \cdot 10^{-3}$ [cm⁻¹].

Daraus ergibt sich dann die mittlere freie Weglänge für die Absorption, d.h. also der Weg, den ein Neutron im Durchschnitt zurücklegen muß, bis es im Kohlenstoff des Moderatorgraphits oder im Uran absorbiert wird, zu

$$\lambda_a = \frac{1}{\Sigma_a} = \frac{1}{5{,}85 \cdot 10^{-3}} = 171 \,[\text{cm}].$$

Wir kehren nun zur Gl. (30) zurück und ersetzen im Exponenten $\sigma \cdot N$ gemäß Gl. (31) durch Σ bzw. nach Gl. (48) durch $1/\lambda$ und können damit schreiben:

$$I = I_0 \cdot e^{-\Sigma x} \qquad (49a)$$

bzw.

$$I = I_0 \cdot e^{-x/\lambda}. \qquad (49b)$$

Das bedeutet, daß die Schichtdicke des durchstrahlten Materials $x = \lambda$, also gleich der mittleren freien Weglänge, den Strahl auf den e-ten Teil schwächt, also $I = I_0/e$ wird.

Damit haben wir aber unser Ziel, nämlich eine physikalische Deutung des Fluß-Diffusionskoeffizienten $D = D_0/v$ zu geben, immer noch nicht

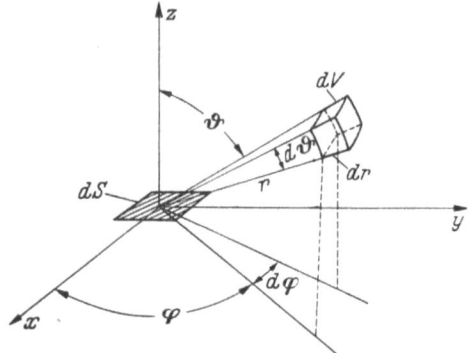

Abb. 50. Zur Berechnung der Neutronenstromdichte (nach GLASSTONE-EDLUND [4])

erreicht. Um weiterzukommen, betrachten wir nun in Anlehnung an die Darstellung von GLASSTONE-EDLUND [4] den Neutronenstrom in einem Medium, in welchem die Neutronen gestreut werden. In Abb. 50 werden in dem Volumenelement $dV = r^2 \cdot \sin \vartheta \, d\vartheta \, d\varphi \, dr$ pro Sekunde $\Sigma_s \Phi dV$ Zusammenstöße stattfinden, wobei die gestreuten Neutronen in jede beliebige Richtung, jedoch stets mit der gleichen Energie, also ohne Bremsung, fliegen mögen. Infolgedessen wird durch das Flächenelement dS ein Anteil von $\cos \vartheta \, dS/4 \pi r^2$ Neutronen durchtreten. Nach Gl. (49a) können wir sagen, daß der Anteil derjenigen Neutronen, die ohne weiteren Zusammenstoß dS erreichen, $e^{-\Sigma \cdot r}$ betragen wird. Indem wir unterstellen, daß der Vorgang der Streuung in einem schwach absorbierenden Medium, also z.B. in einem guten Moderator mit vernachlässigbar kleinem Absorptionswirkungsquerschnitt, wie z.B. Kohlenstoff, stattfindet, können wir anstatt des Gesamtwirkungsquerschnittes $\Sigma = \Sigma_a + \Sigma_s$ einfach $\Sigma = \Sigma_s$, und an Stelle von $e^{-\Sigma \cdot r}$ den Ausdruck $e^{-\Sigma_s \cdot r}$ setzen, um im weiteren Verlauf der Rechnung Komplikationen durch die Verwendung zweier verschiedener Wirkungsquerschnitte zu vermeiden. Wir dürfen das

Die Kettenreaktion: b) Neutronendiffusion

tun, weil z.B. beim Graphit $\frac{\sigma_s}{\sigma_a} = \frac{4{,}8}{0{,}0045} \approx 1000$ ist, der Absorptionswirkungsquerschnitt also nur etwa 0,1% vom Streuquerschnitt ausmacht.

Damit ergibt sich nun die Zahl der Neutronen, die gestreut aus dem Volumelement dV die Fläche dS erreichen, zu

$$\Sigma_s \Phi \, dV \cdot \cos \vartheta \frac{dS}{4\pi r^2} \cdot e^{-\Sigma_s \cdot r} = \frac{dS}{4\pi} \Sigma_s \Phi \cdot e^{-\Sigma_s \cdot r} \cos \vartheta \sin \vartheta \, d\vartheta \, d\varphi \, dr.$$

Die Gesamtzahl der Neutronen, die nun in die Fläche dS von *oben*, also in negativer z-Richtung, eintreten, ergibt sich dann, wie aus der Figur in Abb. 50 abzulesen ist, durch Integration über den Raum oberhalb der x,y-Ebene zwischen den Grenzen $\vartheta = 0$ und $\vartheta = \pi/2$, $\varphi = 0$ und $\varphi = 2\pi$ und schließlich zwischen $r = 0$ und $r = \infty$. Wenn wir für den Neutronenstrom definitionsgemäß (vgl. Fußn., S. 115) I [cm$^{-2} \cdot$ sek^{-1}] setzen, ergibt sich der Gesamtstrom durch die Fläche dS zu $I^- \cdot dS$, wobei das negative hochgestellte Vorzeichen kennzeichnen soll, daß wir die negative z-Richtung, also von oben nach unten, meinen. Wir finden dann schließlich

$$I^- \cdot dS = \frac{dS}{4\pi} \Sigma_s \int_0^\infty \int_0^{2\pi} \int_0^{\pi/2} \Phi e^{-\Sigma_s \cdot r} \cos \vartheta \sin \vartheta \, d\vartheta \, d\varphi \, dr. \tag{50a}$$

Um das Integral auszurechnen, entwickelt man Φ als Funktion der drei Richtungen x, y und z nach dem TAYLORschen Satz (oder, was dasselbe bedeutet, nach der MACLAURINschen Reihe) und bricht nach dem zweiten Glied ab:

$$\Phi(x, y, z) = \Phi_0 + x\left(\frac{\partial \Phi}{\partial x}\right)_0 + y\left(\frac{\partial \Phi}{\partial y}\right)_0 + z\left(\frac{\partial \Phi}{\partial z}\right)_0 + \cdots, \tag{51a}$$

wobei der Index „0" die Entwicklung um den in dS liegenden Nullpunkt des Koordinatensystems kennzeichnet. Bei der Integration fallen die Anteile von x und y, beide ebenso wie z in Kugelkoordinaten ausgedrückt, heraus, denn dS liegt in der x,y-Ebene und folglich ist für $z = 0$ auch $dS \cos \vartheta = 0$. Mit $z = r \cdot \cos \vartheta$ können wir Gl. (51a) schließlich

$$\Phi \approx \Phi_0 + r \cos \vartheta \left(\frac{\partial \Phi}{\partial z}\right)_0 \tag{51b}$$

schreiben und diesen Ausdruck in Gl. (50a) einsetzen. Nach Kürzung von dS auf beiden Seiten erhalten wir

$$I^- = \frac{\Sigma_s \Phi_0}{4\pi} \int_0^\infty \int_0^{2\pi} \int_0^{\pi/2} e^{-\Sigma_s \cdot r} \cos \vartheta \sin \vartheta \, d\vartheta \, d\varphi \, dr +$$

$$+ \frac{\Sigma_s}{4\pi} \left(\frac{\partial \Phi}{\partial z}\right)_0 \int_0^\infty \int_0^{2\pi} \int_0^{2/\pi} r e^{-\Sigma_s \cdot r} \cos^2 \vartheta \sin \vartheta \, d\vartheta \, d\varphi \, dr \tag{50b}$$

$$I^- = \frac{\Phi_0}{4} + \frac{1}{6\Sigma_s} \left(\frac{\partial \Phi}{\partial z}\right)_0. \tag{52a}$$

Sinngemäß ergibt sich für den Strom *von unten nach oben* mit der Integration zwischen $\vartheta = \pi$ bis $\vartheta = \pi/2$ für den Raum *unterhalb* der x,y-Ebene, gekennzeichnet durch ein hochgesetztes Pluszeichen,

$$I^+ = \frac{\Phi_0}{4} - \frac{1}{6\Sigma_s}\left(\frac{\partial \Phi}{\partial z}\right)_0. \tag{52b}$$

Dann hat der tatsächlich in *positiver z*-Richtung strömende Neutronenstrahl die Intensität

$$I = I^+ - I^- = -\frac{1}{3\Sigma_s}\left(\frac{\partial \Phi}{\partial z}\right)_0.\,^1 \tag{53}$$

Da nun aber nach Gl. (48) $1/\Sigma_s = \lambda_s$ ist, können wir schreiben:

$$I_z = -\frac{\lambda_s}{3}\left(\frac{\partial \Phi}{\partial z}\right)_0$$

und bei allgemeiner Orientierung von dS zusätzlich

$$I_x = -\frac{\lambda_s}{3}\left(\frac{\partial \Phi}{\partial x}\right)_0$$

$$I_y = -\frac{\lambda_s}{3}\left(\frac{\partial \Phi}{\partial y}\right)_0 \tag{54}$$

oder in vektorieller Schreibweise

$$\mathfrak{I} = -\frac{\lambda_s}{3}\,\mathrm{grad}\,\Phi. \tag{55}$$

Diese Gleichung ist aber identisch mit Gl. (46b), wenn wir

$$D = \frac{\lambda_s}{3} = \frac{1}{3\Sigma_s} \tag{56}$$

setzen. Damit stellt sich der Diffusionskoeffizient D als der dritte Teil der mittleren freien Weglänge für die Streuung der Neutronen dar. Das entspricht dem Transport einer Menge G irgendeiner physikalischen Größe (Impuls, Energie, Ladung usw.) in der BOLTZMANNschen Darstellung [45] durch einen Strom von Molekülen:

$$\frac{G}{\nu} = \frac{\overline{c \cdot \lambda}}{3}\,\mathrm{grad}\,G, \tag{57}$$

wo ν die Zahl der Moleküle in Kubikzentimeter und $\dfrac{\overline{c \cdot \lambda}}{3}$ den Mittelwert der Geschwindigkeit und der freien Weglänge bedeuten, mithin also den Diffusionskoeffizienten $D_0 = D \cdot v$ nach Gl. (46a, b).

Bisher haben wir stillschweigend vorausgesetzt, daß die Streuung

---

[1] Voraussetzung für die Gültigkeit dieser Gleichung ist, daß die Änderung des Flußgefälles $\dfrac{\partial \Phi}{\partial z}$ klein ist. Aber selbst wenn man noch das Glied mit der zweiten Ableitung in der TAYLORschen Reihe berücksichtigt, findet man, daß es in den Ausdrücken für I^- und I^+ gleich ist, so daß es sich heraushebt.

unabhängig von der Richtung ist. Das gilt strenggenommen jedoch nur dann, wenn der *gemeinsame* Schwerpunkt von stoßendem und gestoßenem Körper in Ruhe bleibt (sog. Schwerpunktkoordinatensystem). Für den außenstehenden Beobachter befindet sich aber der gestoßene Körper (Atomkern) vor dem Stoß in Ruhe, während das stoßende Teilchen (Neutron) sich auf ihn zu bewegt, d.h. also, daß der Schwerpunkt seine Lage verändert („Beobachtersystem"). Dieser gedachte Beobachter wird nun finden, daß die Streuung nicht mehr gleichmäßig über alle Richtungen verteilt ist wie im Schwerpunktsystem, sondern daß *kleine Streuwinkel um die ursprüngliche Stoßrichtung herum bevorzugt werden*: Durch diese sog. „*Vorwärtsstreuung*" wird also die *beobachtete* Streuung *richtungsabhängig* (anisotrop). Der Mittelwert der Streuwinkel ψ ist nicht mehr Null, also $\overline{\cos \psi} \neq 0$. Es gilt

$$\bar{\mu}_0 = \overline{\cos \psi} = \frac{2}{3A}. \tag{58}$$

Durch die Vorwärtsstreuung wird ersichtlich die mittlere freie Weglänge λ_s größer. Diese vergrößerte Weglänge wird „*mittlere Transportweglänge*" genannt und beträgt

$$\lambda_t = \frac{\lambda_s}{1-\overline{\cos \psi}} = \frac{\lambda_s}{1-\bar{\mu}_0} = \frac{1}{\Sigma_s(1-\bar{\mu}_0)}. \tag{59}$$

Dementsprechend gilt für den Diffusionskoeffizienten an Stelle von Gl. (56)

$$D = \frac{\lambda_s}{3(1-\bar{\mu}_0)} = \frac{1}{3\Sigma_s(1-\bar{\mu}_0)} \tag{60}$$

und damit

$$D = \frac{\lambda_t}{3} \tag{61}$$

und schließlich für den Neutronenstrom nach Gl. (55)

$$\Im = -\frac{\lambda_t}{3} \operatorname{grad} \Phi. \tag{62}$$

Der numerische Unterschied zwischen λ_s und λ_t hängt wesentlich von dem Stoff ab, in dem die Diffusion der Neutronen vor sich geht. Er wird mit zunehmender Massenzahl immer kleiner. Wenn man jedoch die üblichen Moderatorstoffe Wasser, schweres Wasser und Graphit miteinander vergleicht, sieht man sofort, daß der Unterschied erheblich sein kann. Wenn man in Gl. (58) die Massenzahl der drei Stoffe $A = 1$, $A = 2$ und $A = 12$ einsetzt, erhält man der Reihe nach für $\bar{\mu}_0 = 2/3$, $\bar{\mu}_0 = 2/6$ und $\bar{\mu}_0 = 2/36$. Daraus ergibt sich nach Gl. (59) $\lambda_t = \frac{\lambda_s}{0{,}33}$, $\lambda_t = \frac{\lambda_s}{0{,}67}$ und $\lambda_t = \frac{\lambda_s}{0{,}945}$. Demnach beträgt für Wasser als Moderator λ_s nur ein Drittel von λ_t, für Graphit hingegen macht der Unterschied nur 5% aus, ist also in diesem Falle für technische Zwecke vernachlässigbar klein. *Das ist wiederum ein Beispiel dafür, daß man sich über kernphysikalische Forderungen sorgfältig Rechenschaft geben muß, wenn man Reaktoren entwerfen will!*

c) Diffusionsgleichung

Wir hatten in Gl. (44) in Worten eine Neutronenbilanz für den stationären Zustand aufgestellt, welche in geänderter Reihenfolge lautet:

Neutronenausfluß aus dem Reaktor = Erzeugung von Neutronen — Verbrauch durch Absorption. (44)

Wir wollen jetzt darangehen, die drei Bilanzposten mathematisch auszudrücken.

Die Beziehung für die Neutronendiffusion nach Gl. (46b) erlaubt es uns, den Ausfluß von Neutronen aus einem begrenzten Volumen anzugeben. Wir betrachten einen durch eine Fläche F umrandeten Raum V, wie in Abb. 51 dargestellt. In diesem Raum sollen Neutronen mit konstanter Dichte, d.h. in gleichem Zeitraum gleiche Mengen je Volumeneinheit, erzeugt werden und abfließen. Durch die Oberfläche F des Volums treten dann offenbar $\int_F \mathfrak{J}\, dF$ Neutronen senkrecht zum Flächenelement dF aus, wobei wir voraussetzen, daß die Funktion die üblichen Stetigkeitsbedingungen erfüllt, was hier zutrifft. Dann können wir den GAUSSschen Integralsatz anwenden, welcher besagt, daß das über ein räumliches Gebiet V erstreckte Volumintegral der Divergenz eines Vektors gleich dem Oberflächenintegral der nach außen gerichteten Normalkomponente des Vektors ist, erstreckt über die das Volum begrenzende Fläche F. Damit erhalten wir (da die Normale nach außen gerichtet ist, werden die linke und die rechte Seite positiv gerechnet):

$$\int_F \overline{\mathfrak{J}}\, dF = \int_V \operatorname{div} \mathfrak{J}\, dV. \tag{63}$$

Damit ist der Ausfluß der Neutronen aus dem Raum V durch die Divergenz der Intensität des Neutronenstromes ausgedrückt. Betrachten wir nun einen sehr kleinen Bereich, so erhalten wir mittels Gl. (46b) für den Strom der austretenden Neutronen, indem wir $\mathfrak{J} = - D \operatorname{grad} \Phi$ rechts in Gl. (63) einsetzen,

$$\operatorname{div} \mathfrak{J} = - D \operatorname{divgrad} \Phi \tag{64a}$$

schreiben.

Nun ist es üblich, divgrad nach den Regeln der Vektoranalysis durch den LAPLACEschen Operator $\nabla^2 = \nabla \cdot \nabla$, in anderer Schreibweise auch Δ geschrieben, auszudrücken. Damit ergibt sich dann für den ersten Bilanzposten in Gl. (44), nämlich den Neutronenausflußverlust, den wir mit $\mathfrak{L}$ bezeichnen wollen, der Wert

$$\mathfrak{L} = - D \nabla^2 \Phi. \tag{64b}$$

Die Kettenreaktion: c) Diffusionsgleichung

Damit haben wir den Ausfluß der Neutronen analytisch ausgedrückt. Für den Operator ∇^2 ist nun je nach der Geometrie des untersuchten Reaktors die entsprechende explizite Schreibweise in den gewählten Koordinaten anzuwenden, nämlich:
für rechtwinklige Koordinaten:

$$\nabla^2 \equiv \frac{\partial^2}{\partial x^2} + \frac{\partial^2}{\partial y^2} + \frac{\partial^2}{\partial z^2} ; \tag{65}$$

für Zylinderkoordinaten:

$$\nabla^2 \equiv \frac{\partial^2}{\partial r^2} + \frac{1}{r}\frac{\partial}{\partial r} + \frac{1}{r^2}\frac{\partial^2}{\partial \varphi^2} + \frac{\partial^2}{\partial z^2} . \tag{66a}$$

Für zylindrische Symmetrie fällt die Abhängigkeit vom Winkel φ weg und damit auch das Glied $\dfrac{1}{r^2}\dfrac{\partial^2}{\partial \varphi^2}$, und wir können vereinfacht schreiben:

$$\nabla^2 \equiv \frac{\partial^2}{\partial r^2} + \frac{1}{r}\frac{\partial}{\partial r} + \frac{\partial^2}{\partial z^2} . \tag{66b}$$

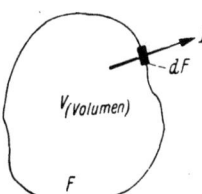

Abb. 51. Zur Bestimmung des Neutronenausflusses aus einem durch die Oberfläche F begrenzten Volumen V

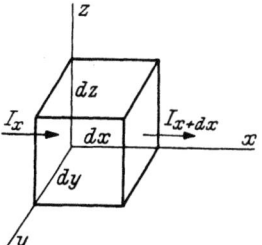

Abb. 52. Zum Neutronenausfluß aus einem Volumelement (nach STEPHENSON)

Schließlich sei noch für Kugelkoordinaten der Vollständigkeit halber, obwohl wir davon keinen Gebrauch machen werden, angeschrieben:

$$\nabla^2 \equiv \frac{\partial^2}{\partial r^2} + \frac{2}{r}\frac{\partial}{\partial r} + \frac{1}{r^2}\frac{\partial^2}{\partial \psi^2} + \frac{\cos\psi}{r^2 \sin\psi}\frac{\partial}{\partial \psi} + \frac{1}{r^2 \sin^2\varphi} \cdot \frac{\partial^2}{\partial \psi^2} . \tag{67}$$

Der Wert für den Neutronenausfluß läßt sich auch auf andere Weise ableiten. Dazu betrachten wir ein rechtwinkliges Volumenelement dV, wie es in Abb. 52 dargestellt ist. Wir erinnern uns wieder an die Gleichung für den Wärmestrom, die wir mit q [kcal/m²h], dem Temperaturgefälle $\dfrac{\partial T}{\partial x}$ und der Wärmeleitfähigkeit λ in der Form

$$q = -\lambda \frac{\partial T}{\partial x} \tag{68}$$

und sinngemäß für die anderen Richtungen y, z schreiben können. Wenn wir die Wärmeleitzahl λ durch den Fluß-Diffusionskoeffizienten D und die Temperatur T durch den *skalaren* Neutronenfluß Φ (es sei erneut daran erinnert, daß Φ und $\mathfrak{I}$ sich dimensionsmäßig gleichen und nur dadurch unterscheiden, daß Φ eine skalare Größe, $\mathfrak{J}$ dagegen ein Vektor ist) ersetzen, können wir für die Intensität I_x in der x-Richtung schreiben, wenn wir berücksichtigen, daß nach den Gl. (54) und Gl. (62) $I_x = -\dfrac{\lambda_t}{3}\left(\dfrac{\partial \Phi}{\partial x}\right)_0$ ist:

$$dI_x = \left(\dfrac{\partial \mathfrak{J}}{\partial x}\right) dx = -\dfrac{\lambda_t}{3}\left(\dfrac{\partial^2 \Phi}{\partial x^2}\right)_0 dx. \tag{69}$$

Darin bedeutet dI_x die Zunahme des Neutronenstromes in der x-Richtung beim Durchgang durch das Volumenelement. Wir bezeichnen nun den Verlust in der x-Richtung mit L_x. Er wird dargestellt durch den Unterschied zwischen dem eintretenden Strom I_x und dem austretenden Strom $I_x + dx$, der aus der Neutronenproduktion im betrachteten Volumenelement $dV = dx \cdot dy \cdot dz$ stammt. Mit anderen Worten: Wir sprechen von *thermischen* Neutronen. Das bedeutet, daß uns diejenigen Neutronen interessieren, die auf thermische Geschwindigkeit abgebremst sind oder werden. Ein Volumenelement im Moderator des Reaktors *erzeugt* daher Neutronen, nämlich *thermische* Neutronen, indem sie von ihrer hohen Entstehungsgeschwindigkeit auf thermische Geschwindigkeit abgebremst werden. Anderseits treten infolge des regellosen Flusses der Neutronen im Reaktor in dieses selbe Volumenelement auch Neutronen ein, die schon in benachbarten Moderatorgebieten abgebremst worden sind. Diese letzteren werden in unserer Betrachtung durch den Wert I_x dargestellt, die ersteren durch dI_x. Während wir bei der ersten Betrachtungsweise *nur* die im (*dort endlichen!*) Raum entstehenden thermischen Neutronen betrachtet haben, nehmen wir hier an, daß auch bereits Neutronen eintreten. Man sieht ohne weiteres, daß das im Endeffekt nichts ausmacht, weil nur die *Erzeugung* im betrachteten Raum oder Raumelement interessiert. Der Verlust an Neutronen durch Ausfluß ist also der Überschuß an Neutronen, die über die eintretenden hinaus herauskommen, also mit Gl. (69) und aus Abb. 52

$$L_x = (I_{x+dx} - I_x)\,dy \cdot dz = dI_x\,dy\,dz = -\dfrac{\lambda_t}{3}\left(\dfrac{\partial^2 \Phi}{\partial x^2}\right)_0 dx \cdot dy \cdot dz, \tag{70a}$$

und mit $dV = dx \cdot dy \cdot dz$ und $D = \dfrac{\lambda_t}{3}$ gemäß Gl. (61) können wir schreiben:

$$L_x = -D\left(\dfrac{\partial^2 \Phi}{\partial x^2}\right)_0 dV. \tag{70b}$$

Das gleiche gilt für die y- und z-Richtung, nämlich

$$\left. \begin{aligned} L_y &= -D\left(\dfrac{\partial^2 \Phi}{\partial y^2}\right)_0 dV \\ L_z &= -D\left(\dfrac{\partial^2 \Phi}{\partial z^2}\right)_0 dV \end{aligned} \right\} \tag{70c}$$

Um den Gesamtverlust je Volumeinheit und Sekunde $\mathfrak{L}$ [cm$^{-3}\cdot$sek^{-1}] zu finden, müssen wir die Summe der drei Verluste durch dV dividieren und erhalten damit

$$\mathfrak{L} = -D\left(\frac{\partial^2 \Phi}{\partial x^2} + \frac{\partial^2 \Phi}{\partial y^2} + \frac{\partial^2 \Phi}{\partial z^2}\right). \tag{71a}$$

Da die Klammer aber nach Gl. (65) den Differentialoperator für rechtwinklige Koordinaten darstellt, können wir anstatt dessen

$$\mathfrak{L} = -D\,\nabla^2 \Phi \tag{71b}$$

schreiben, was aber identisch ist mit Gl. (64b).

Nachdem wir den ersten Bilanzposten ermittelt haben, müssen wir die beiden anderen noch anschreiben. In unserer Wortgl. (44) stehen jetzt noch rechts die Erzeugung an Neutronen und die Absorption. Die Erzeugung bezeichnen wir einstweilen mit q, ohne den Betrag zu ermitteln. Die Absorption können wir mit Gl. (44a) ohne weiteres hinschreiben; und damit ergibt sich nunmehr für die Bilanz nach Gl. (44):

$$-D\,\nabla^2 \Phi = q - \Phi \cdot \Sigma_a.$$

Indem wir etwas ordnen, können wir schreiben:

$$\nabla^2 \Phi - \frac{\Sigma_a}{D}\Phi + \frac{q}{D} = 0. \tag{72}$$

Das aber stellt die gesuchte *allgemeine Neutronendiffusionsgleichung*, auch *Reaktorgleichung* genannt, dar. Sie gilt in dieser Form für den stationären Zustand. Beim Anfahren und Abstellen von Reaktoren gilt sie nicht, weil die Neutronendichte sich als Funktion der Zeit ändert. Sie lautet dann sinngemäß:

$$\frac{\partial n}{\partial t} = D\,\nabla^2 \Phi - \Sigma_a \Phi + q. \tag{73}$$

Diese Gleichung regelt das *Zeitverhalten* eines Reaktors. Wir werden von der Gl. (73) Gebrauch machen, wenn wir die Regelvorgänge an Reaktoren zu besprechen haben werden.

Die Gln. (72) und (73) sind die Grundlage der Konstruktion von Reaktoren. Um mit ihnen rechnen zu können, muß nun in jedem Falle der Wert für $\frac{\Sigma_a}{D}$ ermittelt werden. Um das zu tun, schreiben wir Gl. (72) ohne das Glied $\frac{q}{D}$, lassen also zunächst die Erzeugung von Neutronen außer Betracht und erhalten

$$\nabla^2 \Phi - \frac{\Sigma_a}{D}\Phi = 0 \tag{74a}$$

oder mit $K^2 = \frac{\Sigma_a}{D} = \frac{3\Sigma_a}{\lambda_t}$

$$\nabla^2 \Phi - K^2 \Phi = 0. \tag{74b}$$

Da wir nach Gl. (61) $D = \dfrac{\lambda_t}{3}$ und nach Gl. (48) $\Sigma_a = \dfrac{1}{\lambda_a}$ setzen können, dürfen wir Gl. (72) auch in der Form

$$\nabla^2 \Phi - \frac{3}{\lambda_t \cdot \lambda_a} \Phi = 0 \tag{75a}$$

schreiben. Es werde

$$\frac{1}{K^2} = L^2 = \frac{1}{3} \lambda_t \cdot \lambda_a \tag{75b}$$

gesetzt[1]. Bei einem eindimensionalen Problem, also der Diffusion in x-Richtung von einer ebenen Neutronenquelle in ein homogenes, unendlich ausgedehntes Medium, vereinfacht sich Gl. (75a) zu

$$\frac{d^2 \Phi}{d x^2} - \frac{\Phi}{L^2} = 0. \tag{76}$$

Die Lösung lautet dann

$$\Phi = C_1 e^{-x/L} + C_2 e^{x/L}, \tag{77}$$

worin C_1 und C_2 Integrationskonstanten sind. Mit den Bedingungen, daß für $x = 0$ der Fluß $\Phi = \Phi_0$ und für $x = \infty$ $\Phi = 0$ ist, erhält man

$$\Phi = \Phi_0 \cdot e^{-x/L}, \tag{78}$$

also ähnlich wie Gl. (49b). L bestimmt demnach hier das Abklingen des Flusses in einem Körper ohne Quellen, wie λ die Abnahme der Intensität I_x eines Neutronenstromes beim Durchstrahlen von Materie bestimmt. Aus diesem Grunde nennt man L die „*Diffusionslänge*". Sie kann aus Gln. (61) und (72) bestimmt werden, wenn man, was dasselbe bedeutet, $D/\Sigma_a = L^2$ setzt.

Für Graphit ergibt sich z.B.:
Spezifisches Gewicht $\gamma = 1{,}67$ g/cm³
Streuquerschnitt $\sigma_s = 4{,}8$ b $= 4{,}8 \cdot 10^{-24}$ cm²
Absorptionsquerschnitt $\sigma_a = 0{,}0045$ b $= 0{,}0045 \cdot 10^{-24}$ cm²
Daraus ergibt sich

$$\Sigma_s = \sigma_s \cdot N = \sigma_s \frac{N_L \cdot \gamma}{A} = 4{,}8 \cdot 10^{-24} \cdot \frac{6{,}023 \cdot 10^{23} \cdot 1{,}67}{12} = 0{,}402 \, \text{cm}^{-1}.$$

Damit findet man für $\lambda_s = \dfrac{1}{0{,}402} = 2{,}48$ cm.

Mit $\bar{\mu}_0 = 0{,}055$ für Graphit ergibt sich $D = \dfrac{\lambda_s}{3(1 - \bar{\mu}_0)}$ und damit $\dfrac{\Sigma_a}{D}$ in Gl. (72). Mit dem Reziprokwert $\dfrac{D}{\Sigma_a} = L^2$ ergibt sich $L^2 = 2290$ cm² und damit die *Diffusionslänge* $L = 47{,}8$ cm für Graphit. Auf die gleiche Weise kann man die Diffusionslänge für Uran ermitteln und erhält $L = 1{,}5$ cm.

Die Diffusionslänge ist also die Strecke, die die thermischen Neutronen als „Luftlinie" von ihrem Entstehungsort bis zur Absorption

---

[1] Die Größe L hat hier eine andere Bedeutung, bezeichnet also *nicht* den Ausfluß wie z.B. in Gl. (70a)!

zurückzulegen vermögen[1]. Zur Verbesserung der Neutronenbilanz im Reaktor pflegt man den Kern des Reaktors meist mit einem „*Reflektor*" zu umgeben[2]. Aus der oben angestellten Rechnung geht demnach hervor, daß ein Graphitreflektor für Neutronen mindestens eine Stärke von $L \approx 50$ cm haben muß, wenn er wirklich nützen soll.

Es ist zweckmäßig, noch nach den Randbedingungen zu fragen, denn wir haben es bei der Diffusionsgleichung mit einer Differentialgleichung zweiter Ordnung zu tun, die eine eindeutige und damit technisch brauchbare Lösung erst dadurch erhält, daß mit den Randbedingungen die beiden willkürlichen Integrationskonstanten bestimmbar sind. Wir haben das im Falle der Gln. (77) und (78) bereits berücksichtigt. Diese Bedingungen lassen sich wie folgt angeben [*4*]:

1. Der Neutronenfluß muß endlich und positiv sein. Das ist selbstverständlich, weil ein negativer oder unendlicher Neutronenfluß physikalisch sinnlos ist.

2. In einer Ebene, die die gemeinsame Grenzfläche zweier Medien mit verschiedenen Diffusionskoeffizienten ist, müssen die Stromdichten senkrecht zu dieser Fläche und damit die Flüsse gleich sein.

Speziell an der Grenzfläche zwischen einem mit diffundierenden Neutronen erfüllten Medium und einem absoluten Vakuum soll sich der Fluß so ändern, daß er bei *linearer* Extrapolation in *endlicher* Entfernung von der Grenzfläche Null wird.

Während die erste und die zweite Bedingung ohne weiteres zu verstehen sind, bedarf die lineare Extrapolation einer näheren Erläuterung, zumal sie für die Berechnung der Flußverteilung im Reaktor von Bedeutung ist, wie wir noch sehen werden. Zunächst einmal sei daran erinnert, daß wir stets mit einem Neutronenverlust aus einem begrenzten Körper zu rechnen haben, weil mehr oder weniger große Mengen der Neutronen durch die Begrenzungswand ausfließen. Das heißt, daß der Neutronenfluß an der Begrenzungswand des *endlichen* Reaktors nicht Null ist, sondern noch einen positiven, von Null verschiedenen Wert hat. Wir erinnern uns daran, daß das *eben der Betrag* ist, um den sich der Vermehrungsfaktor k_∞ für den unendlich großen Reaktor von k_{eff}, dem Vermehrungs-

---

[1] Der tatsächlich zurückgelegte Weg ist viel länger, nämlich $\lambda_a = \dfrac{1}{\Sigma_a} = \dfrac{1}{\sigma_a \cdot N}$.

Das ergibt mit den Daten des obigen Beispiels $\Sigma_a = 0{,}0045 \cdot 10^{-24} \dfrac{6{,}023 \cdot 10^{23} \cdot 1{,}67}{12}$
$= 3{,}78 \cdot 10^{-4}$ cm^{-1}. Daraus errechnet sich $\lambda_a = \dfrac{1}{3{,}78 \cdot 10^{-4}} = 2640$ cm. Der Unterschied liegt darin begründet, daß L die überwundene effektive Entfernung angibt, λ_a dagegen den im Zickzack zurückgelegten Weg.

[2] Die Bezeichnung ist insofern nicht sehr glücklich, als es sich ersichtlich *nicht* im optischen Sinne um ein Zurückwerfen von der Oberfläche handelt: Nur ein Teil der Neutronen gelangt wieder in das Reaktorinnere.

faktor (besser ist es, beim *endlichen* Reaktor diese Größe nicht mehr Vermehrungsfaktor, sondern *kritischen Faktor* zu nennen; physikalisch bedeuten beide Ausdrücke natürlich dasselbe!) des *endlichen* Reaktors cet. par. unterscheidet. Abb. 53 zeigt schematisch den Verlauf des Neutronenflusses Φ in einem endlichen Reaktorkern: Im Körper selbst verläuft die Flußverteilung nach einer Kurve, deren Form durch die Lösung der Reaktorgleichung (72) für die betreffende Geometrie bestimmt wird. Wir können hier vorwegnehmen, daß die Kurven für den prismatischen und zylindrischen Kern des Reaktors sich nur unwesentlich voneinander unterscheiden, worauf noch zurückzukommen sein wird. Deswegen können wir einen etwa sinusförmigen Verlauf unterstellen, wie ihn die ausgezogene Kurve in Abb. 53 wiedergibt. Nun kann im Vakuum keine Reflexion von Neutronen erfolgen, weil keine Atomkerne vorhanden sind, an denen sie reflektiert werden könnten. Infolgedessen ist der Neutronenstrom von rechts nach links, also in der negativen x-Richtung, Null. In Gl. (52a) drückt sich das so aus, daß $I^- = 0$ ist und damit, wenn wir den Fluß in der Grenzfläche mit $\Phi = \Phi_0$

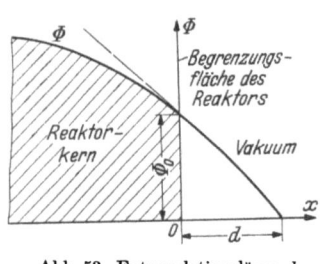

Abb. 53. Extrapolationslänge d (nach STEPHENSON)

bezeichnen (der *Fluß* ist natürlich *nicht Null*!), können wir nach Gln. (52a) und (56) sowie unter Berücksichtigung von Gl. (60)

$$\frac{\Phi_0}{4} + \frac{\lambda_t}{6} \frac{\partial \Phi_0}{\partial x} = 0 \tag{79}$$

schreiben, wobei Φ_0 den Wert des Flusses an der Stelle $x = 0$, also an der Grenzfläche, die wir uns durch den Nullpunkt des Koordinatensystems gelegt denken, darstellt. Die Neigung der Φ-Kurve ist an der Grenzfläche offenbar negativ. Wenn wir die Kurve von der Φ-Achse aus nach rechts, also ins Vakuum durch Anlegen einer Tangente im Schnittpunkt *linear* verlängern, wird sie die x-Achse im Punkt $\Phi = 0$ schneiden. Damit ergibt sich der Schnittpunkt $x = d$ aus Gl. (79):

$$\frac{\partial \Phi_0}{\partial x} = -\frac{6 \Phi_0}{4 \lambda_t}$$

$$-\frac{\Phi_0}{d} = -\frac{6 \Phi_0}{4 \lambda_t}$$

$$d = \frac{2}{3} \lambda_t. \tag{80}$$

Im Abstand $d = \dfrac{2}{3} \lambda_t$ von der Grenzfläche des Reaktors gegenüber dem nicht streuenden Vakuum wird also der Fluß $\Phi = 0$. Indessen muß man daran denken, daß dieser Wert mehr ein mathematisches Hilfsmittel zur

Behandlung der Reaktorgleichung als eine physikalische Aussage ist. Zunächst einmal stimmt der Wert nicht genau. Er beträgt nach genaueren Untersuchungen $d = 0{,}71\,\lambda_t$, ist also etwas größer[1]. Außerdem bedeutet das nicht, daß in diesem Abstand tatsächlich keine Neutronen mehr anzutreffen wären, denn wir haben hier wiederum einen statistischen Mittelwert, der keineswegs ausschließt, daß einige Neutronen auch noch erheblich weiter fliegen. Man darf also daraus nicht etwa schließen, daß damit die äußeren Abmessungen eines technischen Reaktors gegeben sein können!

d) Neutronenbremsung

Wir hatten bereits in Abschn. b) die elastische Streuung von Neutronen erörtert und erwähnt, daß auf diesem Wege die für die Spaltung des U-235 im natürlichen Uran unbedingt erforderlichen Neutronen thermischer Energie mit $E \approx 0{,}025$ eV, entsprechend einer Neutronengeschwindigkeit von $v = 2200$ m/sek aus den ursprünglich bei der Spaltung entstehenden schnellen Neutronen mit durchschnittlich $E = 2$ MeV gewonnen werden können. Da nun die überwiegende Mehrzahl aller bisher gebauten Reaktoren thermische (auch solche mit angereichertem U-235) Reaktoren sind und wohl nach dem heutigen Stande der Technik bis auf weiteres auch bleiben werden, spielt die Neutronenbremsung in der Reaktortechnik eine wesentliche Rolle, denn es besteht damit die Aufgabe, in möglichst wirtschaftlicher Weise die zur Aufrechterhaltung der Kettenreaktion erforderlichen thermischen Neutronen zu erzeugen. Wir hatten bereits gesehen, daß es aus mechanischen Gründen günstig ist, als Brems- oder Moderatormaterial Stoffe mit kleinen Werten von A zu wählen, die einen möglichst großen Streuwirkungsquerschnitt σ_s und einen möglichst kleinen Absorptionswirkungsquerschnitt σ_a haben sollen. Es kommen hierfür in erster Linie Wasser, schweres Wasser, Beryllium und Kohlenstoff (als Graphit) in Betracht. Um sich über die Güte eines Moderators ein Bild machen zu können, ist es wünschenswert, irgendwie eine Güteziffer festzulegen. Damit werden wir uns in diesem Abschnitt beschäftigen.

Wir hatten bereits davon gesprochen, daß die Neutronen im möglichst vollkommen elastischen Stoß kinetische Energie verlieren und an den gestoßenen Kern abgeben sollen und daß die Zahl der erforderlichen Stöße möglichst klein sein muß, um die Gefahr der Resonanzabsorption im U-238 im Bereich mittlerer Neutronenenergie in der Größenordnung einiger eV möglichst hintanzuhalten, um also Neutronenverluste einzuschränken, da wir bei Reaktoren mit natürlichem Uran ohnehin schon

---

[1] Diese Extrapolationslänge d hängt von der geometrischen Form der Körperoberfläche ab. Der hier angegebene Wert gilt nur für ebene Grenzflächen. Vgl. hierzu [6], S. 90.

knapp daran sind. Dabei waren wir von der Zwischenkerntheorie von BOHR ausgegangen. Wir haben zunächst außer Betracht gelassen, daß man den Vorgang eines elastischen Stoßes zwischen zwei Körpern unter zwei verschiedenen Gesichtspunkten betrachten kann:

1. Der gestoßene Kern ruht relativ zum Beobachter, und der stoßende Kern fliegt auf ihn mit einer Geschwindigkeit v zu.

2. Der *gemeinsame* Schwerpunkt beider Körper befindet sich relativ zum Beobachter in Ruhe. Daher fliegen die beiden Teilchen aufeinander zu[1].

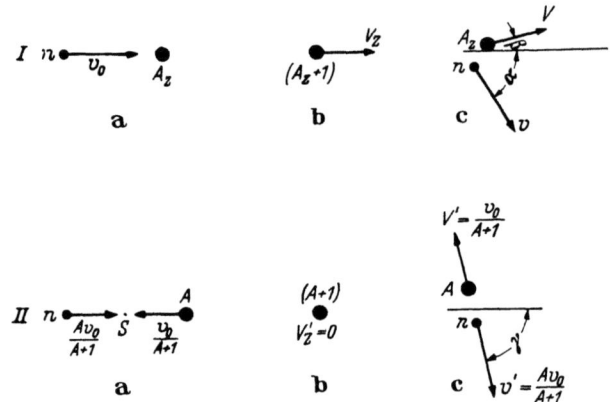

Abb. 54. Elastische Neutronenstreuung:
I bei ruhendem Rückstoßkern A_z; — II bei ruhendem gemeinsamen Schwerpunkt S
(nach STEPHENSON)

Abb. 54 stellt diesen Vorgang schematisch in den beiden Bezugssystemen in mehreren Schritten dar, und zwar schon spezialisiert auf unser Ziel, indem wir dem Neutron die Massenzahl $A = 1$ und dem gestoßenen Kern die Massenzahl A zugeordnet haben. In der oberen Bildhälfte sind die beiden Teilchen, nämlich Neutron und Kern, in drei verschiedenen Zuständen a, b, c gekennzeichnet:

a) Der Kern A_z ruht und das Neutron n fliegt mit der Geschwindigkeit v_0 auf ihn zu.

b) Der Zwischenkern $A_z + 1$ hat sich gebildet und fliegt mit einer Geschwindigkeit V_z, die sich aus dem Impulssatz mit $1 \cdot v_0 = (A + 1) V_z$ zu

$$V_z = \frac{v_0}{A + 1} \tag{81}$$

ergibt, nach rechts, also in der ursprünglichen Flugrichtung des Neutrons weg.

---

[1] In solchen „Schwerpunktsystemen" (engl.: center-of-mass (C) system) lassen sich die Stoßberechnungen im allgemeinen einfacher und übersichtlicher als im „Beobachtersystem" (engl.: laboratory (L) system) durchführen.

c) Da wir unterstellt haben, daß der Zwischenkern sich wieder in seine Bestandteile auflöst, das Neutron also ohne Änderung seines, des Kernes Energieniveau wieder entläßt, können wir annehmen, daß im nächsten Akt beide ursprünglichen Teile, nämlich das Neutron und der gestoßene Kern, auseinanderfliegen, wobei ihre Bahnen Winkel α und β mit der ursprünglichen Flugrichtung des Neutrons bilden und Neutron und Ursprungsteilchen die Geschwindigkeiten v bzw. V haben werden.

Etwas anders liegen die Dinge, wenn der gemeinsame Schwerpunkt in Ruhe bleibt, wie die untere Bildhälfte ebenfalls in drei Etappen darstellt:

a) Der gemeinsame Schwerpunkt S befindet sich in Ruhe, und die beiden Teilchen, das Neutron n und der Kern A_z, fliegen aufeinander zu. Es muß dann nach dem Impulssatz die Anlaufgeschwindigkeit des Neutrons $A \cdot v_0/(A + 1)$ und die Geschwindigkeit des Kernes $1 \cdot v_0/(A + 1)$ sein.

b) Nach dem Zusammenstoß müssen sich beide Teilchen in Ruhe befinden, da ja ihr gemeinsamer Schwerpunkt in Ruhe war, es muß also $V'_z = 0$ sein.

c) Der dritte Schritt zeigt, daß die Teilchen auf einander parallelen Bahnen (wobei wir in unserem speziellen Fall der Einfachheit halber die Bahnen zusammenfallen lassen) auseinanderfliegen, wobei sie wiederum einen Winkel γ mit der ursprünglichen Flugrichtung des Neutrons bilden. Neutron und Kern haben dann die Geschwindigkeiten $v' = Av_0/(A + 1)$ bzw. $V' = v_0/(A + 1)$, wie sich ohne weiteres aus der Anwendung des Impuls- und des Energiesatzes ergibt, denn es müssen sich die Geschwindigkeiten umgekehrt wie die Massen verhalten, und die kinetische Energie muß erhalten bleiben. Im Falle des ruhenden Kernes ist die Geschwindigkeit des gestreuten Neutrons die vektorielle Summe der Geschwindigkeiten v' und V_z im zweiten Falle[1]. Mithin ergibt sich mit dem Streuwinkel γ, da der Geschwindigkeitsvektor von V_z die gleiche Richtung hat wie der von v_0, der Winkel also Null und damit der Kosinus Eins ist,

$$v^2 = (v' \cos \gamma + V_z)^2 + (v' \sin \gamma)^2$$

$$v^2 = \left(\frac{A v_0}{A + 1} \cos \gamma + V_z\right)^2 + \left(\frac{A v_0}{A + 1} \sin \gamma\right)^2 \tag{82a}$$

$$v^2 = \frac{v_0^2}{(A + 1)^2} (A^2 + 2A \cos \gamma + 1) . \tag{82b}$$

Da die kinetischen Energien des Neutrons E_0 vor und E nach dem Stoß

---

[1] Der Übergang vom Schwerpunkt- zu einem beliebigen System erfolgt stets durch vektorielle Addition der Schwerpunktgeschwindigkeit in dem betrachteten System zur gesuchten Geschwindigkeit im Schwerpunktsystem.

sich wegen $E = m v^2/2$ mit $m = 1$ wie die Quadrate der Geschwindigkeiten verhalten, ist

$$\frac{E}{E_0} = \frac{v^2}{v_0^2} = \frac{A^2 + 2 A \cos \gamma + 1}{(A + 1)^2} \tag{83a}$$

Wir setzen nun $\alpha = \left(\dfrac{A-1}{A+1}\right)^2$ und können damit Gl. (83a) in der Form

$$\frac{E}{E_0} = \frac{(1 + \alpha) + (1 - \alpha) \cos \gamma}{2} \tag{83b}$$

schreiben[1]. Damit sieht man, daß, wenn $E = E_0$ ist, das Neutron also überhaupt keine Energie verloren hat, $E/E_0 = 1$ ist. Dieser Fall tritt ein, wenn der Winkel $\gamma = 0$, also $\cos \gamma = 1$ ist, d.h. dann, wenn das Neutron den Kern nur streift. Für einen zentralen

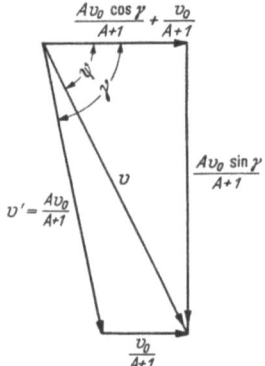

Abb. 55. Zur Neutronenstreuung
(nach STEPHENSON)

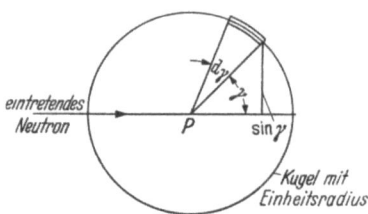

Abb. 56. Zur Neutronenstreuung
(nach STEPHENSON)

Stoß ergibt sich mit $\gamma = 180°$ und damit $\cos \gamma = -1$, also

$$\frac{E}{E_0} = \alpha = \left(\frac{A-1}{A+1}\right)^2. \tag{84}$$

Diese Beziehung ist identisch mit Gl. (38a), die wir für den zentralen Stoß bereits im Abschn. b) abgeleitet hatten und die sich hier bei dieser Betrachtung als Spezialfall der allgemeinen Gl. (83a) bzw. (83b) erweist. Im zentralen Stoß kann also der höchste Energieverlust, d. h. die stärkste Abbremsung des Neutrons erzielt werden. Es gilt $E = \alpha \cdot E_0$. Je kleiner α ist, desto stärker ist die Bremsung. α wird aber um so kleiner, je kleiner A ist. Für den kleinstmöglichen Wert von $A = 1$, nämlich für Wasserstoff, ergibt sich $\alpha = 0$ und damit $E = 0$. Im zentralen Stoß mit einem Wasserstoffkern würde also ein Neutron in *einem einzigen* Stoßvorgang vollständig abgebremst werden können. Demnach wäre Wasserstoff der ideale Moderator. In Wirklichkeit ist er es nicht, weil noch andere Gründe die Brauchbarkeit eines Stoffes als Moderator bestimmen.

Wir betrachten noch einmal Abb. 54. Wir sehen, daß bei ruhendem Kern durch die Geschwindigkeitskomponente, die der Zwischenkern er-

---

[1] Die hier eingeführte Größe α hat nichts mit dem *Winkel* α in Abb. 54, Ic, zu tun!

hält, im Gegensatz zum System mit ruhendem gemeinsamem Schwerpunkt, in dem die Streurichtungen isotrop verteilt sind, die Neutronen bevorzugt in ihre Anlaufrichtung, also *anisotrop* gestreut werden. Wir wollen diese Anisotropie bestimmen. Dazu seien in Abb. 55 die Geschwindigkeitsvektoren eingezeichnet, wie wir sie in Abb. 54 und in Gl. (82a) verwendet haben. Dann ergibt sich unmittelbar aus der Betrachtung der Zeichnung und aus Gl. (82a):

$$\operatorname{tg}\psi = \frac{\sin\gamma}{\cos\gamma + 1/A}$$

$$\cos\psi = \frac{A\cdot\cos\gamma + 1}{\sqrt{A^2 + 2A\cos\gamma + 1}}.\qquad(85)$$

Der Mittelwert von $\cos\psi$ ist ein Maß für die Abweichung der Streuwinkelverteilung von der Isotropie. Wenn wir nun eine Kugel um einen Punkt P legen, in welchem die eintretenden Neutronen irgendwie elastisch gestreut werden, ergibt sich, wie Abb. 56 zeigt, für die Anzahl der im Bereich zwischen γ und $\gamma + d\gamma$ gestreuten Neutronen nach den Methoden der kinetischen Gastheorie

$$dn_{(\gamma + d\gamma)} = \frac{2\pi\cdot n\cdot\sin\gamma\,d\gamma}{4\pi} = \frac{n}{2}\sin\gamma\,d\gamma.\qquad(86)$$

Damit finden wir für den durchschnittlichen Streuwinkel

$$\overline{\cos\psi} = \frac{1}{n}\int_0^\pi \cos\psi\,\frac{n}{2}\sin\gamma\,d\gamma\qquad(87)$$

und mittels Einsetzen von Gl. (85)

$$\overline{\cos\psi} = \frac{1}{2}\int_0^\pi \frac{A\cdot\cos\gamma + 1}{\sqrt{A^2 + 2A\cos\gamma + 1}}\sin\gamma\,d\gamma = \frac{2}{3A},\qquad(88)$$

nämlich den Wert, den wir bereits in Gl. (58) ohne Herleitung angeschrieben hatten. Man sieht daraus, worauf wir bereits hingewiesen hatten, daß die Symmetrie der Streuung um so größer wird, je schwerer die Kerne werden und damit der Unterschied zwischen λ_s und λ_t immer kleiner wird. Auch hierauf ist also bei der Auswahl von Moderatoren Rücksicht zu nehmen.

Es ist nun erstrebenswert, die Güte eines Moderatorstoffes noch besser und klarer zu kennzeichnen. Wir hatten bereits in Gln. (39), (40) und (40a) als ein Maß der Moderierfähigkeit den mittleren logarithmischen Energieverlust ξ definiert. Er hängt nur von der Massenzahl des streuenden Kernes, nicht aber von der Anfangsenergie des Neutrons ab und zeigt, daß ein stoßendes Neutron immer den gleichen Bruchteil seiner Energie vor dem Stoß verliert, bis es die gleiche thermische Energie wie der Moderatorstoff selbst hat und dann solange ohne Änderung seiner kinetischen Energie herumfliegt, bis es irgendwann einmal absorbiert wird oder austritt[1].

Damit läßt sich nun auch die Zahl der Stöße angeben, die ein Neutron erleiden muß, bis es auf thermische Energie abgebremst ist. Wir hatten auf S. 101 ausgerechnet, daß für Graphit $\xi = 0{,}158$ ist. Nun ist der gesamte Energiebereich, eine Anfangsenergie von 2 MeV angenommen, $2 \cdot 10^6/0{,}03 = 6 \cdot 10^7$, wenn die thermische Energie 0,03 eV beträgt. Die gesamte Energieabnahme beträgt somit $\ln (6 \cdot 10^7) = 18$ und damit ergibt sich die Zahl der Stöße zu $18/0{,}158 = 114$, ganz allgemein:

$$S = \frac{\ln \dfrac{E_0}{E}}{\xi} . \qquad (89)$$

Der besondere Wert von ξ liegt aber nun in der Möglichkeit, damit eine Güteziffer für einen Moderator zu definieren. Wir hatten bereits gesehen, daß ein Moderator um so besser ist, je größer das Verhältnis σ_s/σ_a und je größer ξ ist. Es liegt daher nahe, damit oder besser noch mit dem makroskopischen Wirkungsquerschnitt Σ_s/Σ_a und ξ eine solche Güteziffer zu bilden. Wir definieren sie als

$$V_M = \xi \cdot \frac{\Sigma_s}{\Sigma_a} \qquad (90)$$

und nennen sie *„Bremsverhältnis"*. Es wird auch noch ein Wert verwendet, der als *„Bremskraftzahl"* $\xi \cdot \Sigma_s$ bezeichnet wird. Er ist aber bei weitem nicht so kennzeichnend, weil er den schädlichen Einfluß der Absorption des Materials nicht berücksichtigt. In der Tab. 10 sind die Werte von ξ, die Stoßzahl S für Abbremsung auf thermische Energie, das Bremsverhältnis V_M und die Werte von α gemäß Gl. (84) eingetragen. Man sieht, daß Kohlenstoff wesentlich besser als Wasser geeignet ist, obwohl wir vorhin feststellten, daß der Wasserstoff wegen $A = 1$ schon in einem einzigen Stoß Neutronen auf thermische Energie abbremsen kann. Hier macht sich der ungünstige Einfluß des Absorptionsquerschnittes stark bemerkbar. Ferner sieht man, daß der schwere Wasserstoff als Moderator allen anderen Stoffen weit überlegen ist. Es sei abschließend noch bemerkt, daß der logarithmische Energieverlust ξ von Gemischen oder Verbindungen in üblicher Weise berechnet werden kann:

$$\xi = \frac{\xi_1 \Sigma_1 + \xi_2 \Sigma_2 + \cdots + \xi_n \Sigma_n}{\Sigma_1 + \Sigma_2 + \cdots + \Sigma_n} . \qquad (91)$$

Ein weiterer Begriff der Reaktortheorie bei der Behandlung der

---

[1] Schließlich kann ein freies Neutron „zerfallen":

$$_0^1 n \rightarrow {_1^1 p} + {_{-1}^0 e} ,$$

also in ein Proton und ein Elektron (vgl. hierzu S. 44). Seine mittlere Lebensdauer beträgt etwa 20 Minuten.

Tabelle 10[1]. *Kennzeichnende Daten von Moderatorstoffen [1, 3] zur Abbremsung der Spaltneutronen von 2 MeV auf 0,025 eV, entsprechend 2200 m/sek*

Stoff	Log. Energie-verlust ξ	Stoßzahl S	Brems-verhältnis v_M	α
Wasserstoff	1,000	18	66	0
Deuterium	0,725	25	> 5 820	0,111
Wasser	0,927	19	70	
Schweres Wasser	0,510	35	5 820*	
Helium	0,425	43	83	0,225
Beryllium	0,209	86	150	0,640
Graphit	0,158	114	170	0,716

* GLASSTONE [3] gibt hierfür 21 000 an.

Neutronenbremsung ist die „*Bremsdichte*" (slowing-down density) q [cm^{-3} sek^{-1}]. Sie gibt die Zahl der Neutronen je Kubikzentimeter und Sekunde an, die auf eine unter einer gegebenen Energie E liegenden Energiestufe abgebremst worden sind. Die Theorie dieses Vorganges ist kompliziert, und ihre Ableitung würde den Raum unseres Vorhabens überschreiten. Wir begnügen uns damit, die Grundgedanken in großen Zügen wiederzugeben, wobei wir im wesentlichen den Darstellungen von GLASSTONE, EDLUND und STEPHENSON [3, 4, 1] folgen. Wir nehmen dazu an, daß in einem Moderator homogen verteilt die schnellen Neutronen durch Spaltung entstehen und durch elastische Stöße mit den Atomkernen des Moderatorstoffes abgebremst werden. Infolgedessen werden, sobald dieser Vorgang beim Betrieb eines Reaktors stationär geworden ist, Neutronen aller möglichen Energien von dem Wert, den sie bei der Spaltung erhalten, herab bis zu thermischer Energie jederzeit und an jeder Stelle vorhanden sein. Dieses Energiespektrum der Neutronen wird nun beeinflußt durch die Absorption von Neutronen während der Bremsung, durch Ausfluß aus dem Reaktor und schließlich durch die Eigenschaften des Moderators. Zur Vereinfachung möge wiederum ein unendlich großer Reaktor angenommen werden, so daß kein Verlust durch Ausfluß erfolgt, und es sei weiter die Annahme gemacht, daß keine Absorption von Neutronen erfolgt (was ja ohnehin auch in der Praxis für einen guten Moderator angestrebt wird). Damit wird also diese Verteilung der Energiestufen auf die Neutronen nur noch von den charakteristischen Eigenschaften des Moderators abhängen. Diese Forderung drücken wir dadurch aus, daß wir sagen, daß die Anzahl q der Neu-

---

[1] Die Bremskraftzahl $\xi \cdot \Sigma_s = \xi/\lambda_s$ wegen $\lambda = 1/\Sigma$ nach Gl. (48) läßt sich als durchschnittlicher Energieverlust je cm Weglänge deuten, also in der Dimension cm^{-1} angeben. Die Werte betragen [3]:

Wasser 1,53 cm^{-1}
Schweres Wasser 0,177 cm^{-1}
Helium 1,6 · 10^{-5} cm^{-1} (bei Normalbedingungen)
Beryllium 0,16 cm^{-1}
Graphit 0,063 cm^{-1}.

tronen je Kubikzentimeter und Sekunde nach der Abbremsung auf einen Energiewert E gleich der Anzahl q_0 vor der Abbremsung mit der Energie E_0 sein soll und daß $q = q_0 =$ const sein wird. Das setzt voraus, daß weder eine Absorption noch ein Diffusionsverlust eintritt. Diese — zur Vereinfachung der Rechnung getroffenen — Annahmen sind nur bei Wasserstoff angenähert erfüllt (obwohl auch dieser Neutronen absorbiert).

Im allgemeinen Fall der Moderatorstoffe mit $A > 1$ ist es nicht mehr möglich, die Bremsdichte über den ganzen Energiebereich geschlossen darzustellen. Es muß hier die Bestimmung der Bremsdichte q in zwei Stufen erfolgen, nämlich im Energiebereich von E_0 bis $\alpha \cdot E_0$ und von αE_0 bis E_{therm}. Im Bereich von E_0 bis $\alpha \cdot E_0$ kann man wie beim Wasserstoff vorgehen und findet analoge Ergebnisse. Im *zweiten* Bereich, also von $\alpha \cdot E_0$ bis E_{therm} begnügt man sich mit einer sogenannten „asymptotischen Annäherung". Sie setzt voraus, daß alle Neutronen mindestens drei Stöße[6] erlitten haben. Damit erhält man für q einen — bis auf einen Zahlenfaktor — gleichen Ausdruck wie beim Wasserstoff, für den die nachfolgende Ableitung streng gültig ist. Nach Voraussetzung ist die Zahl der Neutronen, die durch elastischen Stoß einen Energiebereich ΔE_1 erreichen, gleich der Zahl, die diesen Energiebereich wieder verläßt, also die Zahl der Reaktionen nach Gl. (47a):

$$\Phi_1 \Sigma_s \Delta E_1 = \int_{E_1}^{E_1/\alpha} \frac{\Delta E_1}{E(1-\alpha)} \Phi \Sigma_s dE,$$

was sich schreiben läßt:

$$\Phi_1 \Sigma_s = \frac{1}{1-\alpha} \int_{E_1}^{E_1/\alpha} \Phi \Sigma_s \frac{dE}{E}. \qquad (92)$$

Gl. (92) stellt eine Integralgleichung für $\Phi \Sigma_s$ dar. Ihre Lösung ist $\Phi \Sigma_s = \dfrac{c}{E}$ mit der Konstanten c, wie ein Einsetzen zeigt:

$$\frac{c}{E_1} = \frac{c}{1-\alpha} \int_{E_1}^{E_1/\alpha} \frac{dE}{E} = \frac{c}{1-\alpha}\left(-\frac{\alpha}{E_1} + \frac{1}{E_1}\right) = \frac{c(1-\alpha)}{E_1(1-\alpha)} = \frac{c}{E_1}. \qquad (93)$$

Damit können wir q bestimmen. Die Wahrscheinlichkeit, daß ein einziger Stoß die Energie des Neutrons auf einen Wert unterhalb von E_1 herabsetzen wird, ist das Verhältnis $(E_1 - \alpha E)/(E - \alpha E)$. Damit ergibt sich

$$q_1 = \int_{E_1}^{E_1/\alpha} \Phi \Sigma_s \frac{E_1 - \alpha E}{E - \alpha E} dE = \int_{E_1}^{E_1/\alpha} \Phi \Sigma_s \frac{E_1 - \alpha E}{E(1-\alpha)} dE$$

und mit $\Phi \Sigma_s = \dfrac{c}{E}$

$$q_1 = c\left(1 + \frac{\alpha \ln \alpha}{1-\alpha}\right), \qquad (94)$$

Die Kettenreaktion: d) Neutronenbremsung

was mittels Gl. (40)

$$q_1 = c \cdot \xi \tag{95}$$

ergibt. Der Energiebetrag von E_1 ist willkürlich gewählt worden. Infolgedessen können wir $q_1 = q = q_0$ setzen. Da $q_1 = \text{const}$, gilt für den Neutronenfluß bei einer Energie E

$$\Phi = \frac{c}{\xi E \cdot \Sigma_s} = \frac{q}{\xi \Sigma_s \cdot E} . \tag{96a}$$

Wenn nun Absorption hinzutritt, z.B. die unbequeme Resonanzabsorption im U-238 bei $E = 6{,}5$ eV, wird in dem betreffenden Resonanzenergieintervall dE eine bestimmte Anzahl von Neutronen verlorengehen, so daß die Bremsdichte q abnimmt, und zwar um den Betrag

$$dq = \Phi \Sigma_a dE . \tag{96b}$$

In diesem Resonanzgebiet wird nun sowohl Streuung wie Absorption stattfinden. Mittels des Kunstgriffes, daß wir Gl. (96a) mit dE erweitern und Σ_s auf die linke Seite bringen, können wir

$$\Phi \Sigma_s dE = \frac{q}{\xi E} dE \tag{96c}$$

schreiben und nun den Resonanzeinfangquerschnitt Σ_a für den Energiebereich dE hinzufügen. Damit erhalten wir

$$\Phi (\Sigma_s + \Sigma_a) dE = \frac{q}{\xi E} dE . \tag{97a}$$

Durch Einführung von $\Phi dE = \dfrac{dq}{\Sigma_a}$ aus Gl. (96b) können wir Gl. (97a) in der Form

$$\int_q^{q_0} \frac{dq}{q} = \int_E^{E_0} \frac{\Sigma_a}{\xi (\Sigma_s + \Sigma_a)} \frac{dE}{E} \tag{97b}$$

schreiben und erhalten damit

$$q = q_0 \exp\left(- \int_E^{E_0} \frac{\Sigma_a}{\xi (\Sigma_s + \Sigma_a)} \frac{dE}{E} \right). \tag{98}$$

Das Problem der gleichzeitigen Bremsung und Absorption ist exakt nur für spezielle, vereinfachte Systeme lösbar, weil q *nicht* konstant ist. Die voranstehenden Ergebnisse können mit strenger Gültigkeit nur für homogene Mischungen von Wasserstoff als Moderator und nicht bremsendem Absorber (also großer Massenzahl A, z.B. U-238) mit schmalen und weit auseinanderliegenden Resonanzstellen übernommen werden, mit technisch hinreichender Annäherung auch noch für die üblichen technischen Reaktorformen, insbesondere den Homogenreaktor in wäseriger Lösung und den thermischen Uran-Graphit-Reaktor.

Schließlich muß zum Schluß dieses Abschnittes noch kurz der in der angelsächsischen Literatur verbreitete Begriff des „FERMI-*Alters*" (FERMI Age) gestreift werden[1]. So wie es nämlich zweckmäßig ist, eine Diffusionslänge L bei der Neutronendiffusion zu definieren [vgl. Gl. (75b)], hat es sich als bequem erwiesen, in Analogie dazu eine entsprechende Größe für die Neutronenbremsung zu definieren, das sog. FERMI-*Alter* [cm²]. Während die Diffusionslänge L sich nach Gl. (75b) mit dem Faktor $\frac{1}{\sqrt{3}}$ als geometrischer Mittelwert der mittleren freien Absorptionsweglänge λ_a und der mittleren Transportweglänge λ_t ergibt, woraus sich der mittlere Weg r berechnet, den ein Neutron zurücklegt, bevor es eingefangen wird, nämlich zu

$$\bar{r}^2 = 6 L^2, \qquad (99)$$

so stellt τ das Produkt aus dem Abbremsweg² und dem durchschnittlichen Diffusionskoeffizienten über dieses Zeitintervall dar:

$$\tau = \int_{E_{\text{therm}}}^{E_{\text{Spaltg}}} \frac{D}{\xi \Sigma_s} \frac{dE}{E} \qquad (100)$$

oder anders geschrieben, wobei wir berücksichtigen, daß $D = \lambda_t/3$ nach Gl. (61) und $\Sigma_s = 1/\lambda_s$ nach Gl. (48) ist, ferner mit den bereits vorher

---

[1] Wir haben bisher Diffusion und Bremsung getrennt behandelt. In Wirklichkeit laufen sie aber räumlich und zeitlich nebeneinander her. Daher müßten die Diffusions- bzw. die Bilanzgleichung für *jede* Energie gelöst werden. Das ergäbe aber ein System von unendlich vielen Differentialgleichungen (Koppelung über die Produktionsgröße Q, in die die Bremsdichte q eingeht), welches nicht lösbar ist. Aus diesem Dilemma bieten sich zwei Auswege: Die „Mehrgruppentheorie" (die mit mehreren Energiestufen der Neutronen arbeitet) oder die „Fermi-Age-Theorie". Sie sucht die Schwierigkeit dadurch zu umgehen, daß sie eine *kontinuierliche* Abbremsung voraussetzt. Das ist *angenähert* nur gültig bei *großen Massenzahlen* A, nicht bei Wasserstoff. Der sich aus der Fermitheorie ergebende Begriff des Fermi-Alters τ [cm²] ist daher bei der Moderierung mit Wasser mit Vorsicht anzuwenden. Auch in der Fermitheorie wird vorausgesetzt, daß *erst* die stetige Abbremsung erfolgt und *dann* der Diffusionsvorgang einsetzt. Tatsächlich gehen ja aber auch schon *schnelle* Neutronen, also während der Abbremsung verloren.

[2] Man kann den Ausdruck unter dem Integral in Gl. (101) in der Form

$$\frac{\lambda_t \cdot \lambda_s}{3 \xi} \cdot \frac{dE}{E} = \frac{\lambda_t}{3} \cdot \lambda_s \cdot \frac{d \ln E}{\xi}$$

schreiben. Darin ist $\frac{d \ln E}{\xi}$ die Stoßzahl, die zur Abbremsung um den Energiebetrag dE erforderlich ist. Damit ergibt sich der Gesamt*bremsweg* zu $\lambda_s \frac{d \ln E}{\xi}$.
Die *Abbremszeit* findet man aus

$$-\frac{d \ln E}{\xi} = \frac{v \, dt}{\lambda_s},$$

Die Kettenreaktion: d) Neutronenbremsung

verwendeten Indices für die Neutronenenergie nach der Spaltung mit E_0 und nach der Abbremsung auf thermische Energie mit E:

$$\tau = \int_E^{E_0} \frac{\lambda_t \lambda_s}{3\xi} \cdot \frac{dE}{E} . \qquad (101)$$

Nach STEPHENSON [1] läßt sich diese Gleichung durch folgende Überlegung gewinnen:
Bisher haben wir die Abbremsung in einem unendlichen Reaktor ohne die räumliche Verteilung der Neutronen verschiedener Energie betrachtet, und wir haben unsere Überlegung über die Diffusion auf *thermische Neutronen* beschränkt.

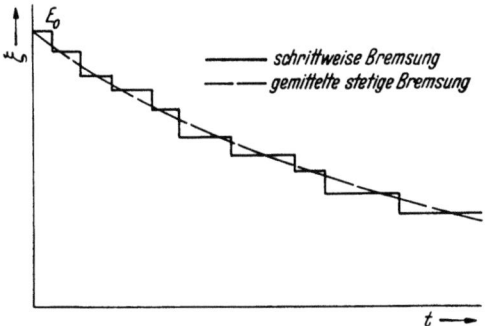

Abb. 57. Zur kontinuierlichen Neutronenbremsung nach der Fermi-Alter-Theorie: Energieverlust ξ als Funktion der Zeit t (nach STEPHENSON)

Wie bereits mehrfach gesagt, sind aber die bei der Spaltung entstehenden Neutronen schnell und *diffundieren während der Abbremsung* von ihrem Entstehungsort weg. Infolgedessen entstehen in einem endlichen Reaktor Ausflußverluste, die die Neutronenbilanz merklich beeinflussen.

Für Reaktoren mit Moderatoren von $A > 2$ muß der Ausflußverlust schneller Neutronen berücksichtigt werden. Wie Abb. 57 zeigt, erfolgt die Abbremsung stufenförmig. Durch den Treppenzug kann man eine stetige Kurve legen. Die senkrechten Stücke der Treppe sind durch

worin $v\,dt/\lambda_s$ die Stoßzahl in der Zeit dt ist. Mit $v = \sqrt{\dfrac{2}{m} E}$ ergibt sich dann für die Zeit

$$t = \sqrt{\frac{m}{2}} \, \frac{\lambda_s}{\xi} \left(\frac{1}{E^{1/2}} - \frac{1}{E_0^{1/2}} \right).$$

Dann ist das Fermi-Alter

$$d\tau = D \cdot \frac{\lambda_s}{\xi} \, d(\ln E) = D \, \frac{\lambda_s}{\xi} \cdot \frac{\xi}{\lambda_s} \, v \, dt = D \, v \, dt$$

und

$$\tau = \int D\,v\,dt .$$

Da die Diffusionskonstante D die Dimension einer Länge hat (vgl. S. 126), ergibt sich für das Fermi-Alter dimensionsrichtig cm².

den mittleren logarithmischen Energieverlust ξ bestimmt, die waagerechten Stücke dagegen stellen die Zeit dar, die zwischen zwei Zusammenstößen verfließt. Da nun mit abnehmender Energie natürlich auch die Geschwindigkeit der Neutronen abnimmt, müssen die Zeitintervalle zwischen je zwei Zusammenstößen allmählich immer größer werden.

Wir betrachten nun ein Neutron, welches die Energie E und die zugehörige Geschwindigkeit v habe, nachdem es seit seiner Entstehung mit der Energie E_0 schon die Zeitspanne t „unterwegs" ist. Im Zeitelement dt legt es dann die Strecke vdt zurück. Wenn wir nun eine *stetige* Energieabnahme unterstellen, wozu uns die gestrichelte Kurve durch den Treppenzug wegen der geringen Stufenhöhe ermutigt, wird es dann bei einer mittleren freien Streuweglänge λ_s eine bestimmte Anzahl, nämlich vdt/λ_s Stöße erleiden. Streng genommen gibt es allerdings natürlich bei *kontinuierlicher* Bremsung kein $\lambda_s > 0$ mehr! Da wir hier ja aber nur eine Näherung anstreben, können wir uns darüber hinwegsetzen. Der logarithmische Energieverlust pro Stoß ist ξ. Die gesamte Energieabnahme im Zeitraum dt ist gleich dem Wert von ξ, multipliziert mit der Zahl der Stöße, also:

$$-d\ln E = \frac{\xi \cdot v}{\lambda_s} dt. \qquad (102)$$

Die Neutronenenergie ist $E = mv^2/2$ und damit $v = \sqrt{\dfrac{2}{m}} \cdot E^{1/2}$. Indem wir das in Gl. (102) einsetzen und ordnen, erhalten wir

$$\int\limits_{E_0}^{E} -\frac{dE}{E^{3/2}} = \frac{\xi}{\lambda_s} \sqrt{\frac{2}{m}} \int\limits_{0}^{t} dt$$

und daraus

$$\frac{1}{E^{1/2}} - \frac{1}{E_0^{1/2}} = \frac{\xi}{\lambda_s} \sqrt{\frac{2}{m}} \cdot t. \qquad (103)$$

In einem Kubikzentimeter des Moderators, in welchem weder Neutronenerzeugung noch Neutronenabsorption stattfindet, gilt Gl. (73) in der Form

$$D \nabla^2 \Phi = \frac{\partial n}{\partial t},$$

wenn wir also unterstellen, daß kein Beharrungszustand vorliegt, sondern sich die Zahl n der Neutronen je Kubikzentimeter mit der Zeit ändert. Weiter können wir die Gl. (96a) heranziehen und sie in der Form

$$q = \xi \Sigma_s \Phi E$$

schreiben und beide Seiten mit dem Differentialoperator ∇^2 multiplizieren, da es zulässig ist, ∇ wie einen Vektor zu benutzen:

$$\nabla^2 q = \xi \Sigma_s E \nabla^2 \Phi. \qquad (104)$$

Die Kettenreaktion: d) Neutronenbremsung 141

Da nun aber nach Gl. (45) $\Phi = n \cdot v$ ist, können wir mit Φ aus Gl. (104) schreiben:

$$\frac{\partial n}{\partial t} = \frac{1}{v} \frac{\partial \Phi}{\partial t} = \frac{1}{v \xi \Sigma_s E} \nabla^2 q. \tag{105}$$

Die Differentiation von Gl. (103) ergibt nun

$$\frac{\partial t}{\partial E} = -\frac{\lambda_s}{\xi E^{3/2}} \sqrt{\frac{m}{2}}. \tag{106}$$

Durch Einsetzen von Gl. (105) in Gl. (106) folgt

$$\frac{\partial q}{\partial E} = -\frac{\lambda_s \lambda_t}{3 \xi E} \nabla^2 q. \tag{107}$$

Es wird nun eine neue Veränderliche τ so eingeführt, daß

$$d\tau = -\frac{\lambda_s \lambda_t}{3 \xi} \frac{dE}{E} \tag{108}$$

ist. Damit wird Gl. (107)

$$\frac{\partial q}{\partial \tau} = \nabla^2 q. \tag{109}$$

Dies ist die FERMI-Gleichung mit dem „Neutronenalter" τ. Der Vergleich dieser Gleichung mit der allgemeinen FOURIERschen Differentialgleichung der Wärmeleitung ohne Wärmequellen: $\frac{\partial \vartheta}{\partial t} = a \nabla^2 \vartheta$ [46] zeigt, daß τ wie die Zeit t in der FOURIER-Gleichung erscheint, also eine „symbolische Zeit" darstellt. Man muß nur darauf achten, daß τ eine andere Dimension, nämlich [cm²] hat! Im übrigen ist τ aber ein Maß für das „Alter" der Neutronen. Wenn man sinngemäß für die Entstehung eines Neutrons bei der Spaltung $\tau = 0$ setzt und λ_s (was ohnehin praktisch weitgehend zutrifft) und λ_t als konstant annimmt, ist die Lösung von Gl. (108)

$$\tau = \frac{\lambda_t \cdot \lambda_s}{3 \xi} \ln \frac{E_0}{E}. \tag{110}$$

Sinngemäß ergibt sich für die „*Bremslänge*" eine ähnliche Form wie Gl. (99), nämlich

$$\bar{r}^2 = 6 \tau. \tag{111}$$

Die Lösung der FERMIschen Differentialgleichung gibt die Beziehung zwischen der Bremsdichte q und der Entfernung zwischen Neutronenursprung und dem Ort erfolgter Abbremsung unter ein bestimmtes Energieniveau. Z.B. erhält man für eine punktförmige Neutronenquelle mit einem Ausfluß von n [sek^{-1}] Neutronen in einem unendlich großen homogenen Diffusionsmedium

$$q = \frac{n}{(4 \pi \tau)^{3/2}} \cdot e^{-\frac{r^2}{4 \tau}}. \tag{112}$$

11. Bedingungen für den Ablauf einer Kettenreaktion im stationären Zustand

a) Vierfaktorenformel

Um in einem Kernreaktor eine Kettenreaktion im stationären Zustand zu unterhalten, muß von den bei jeder Spaltung entstehenden Neutronen genau eines eine weitere Spaltung hervorrufen, wie wir bereits gesehen haben. Als Kriterium dafür hatten wir im unendlich großen Reaktor den Vermehrungsfaktor k_∞ eingeführt (vgl. S. 112), der das Verhältnis der Neutronenzahlen in zwei aufeinanderfolgenden „Neutronengenerationen" darstellt. Wenn $k_\infty = 1$ ist, läuft die Kettenreaktion mit konstanter Leistung weiter. Ist $k_\infty < 1$, kommt die Reaktion zum Erliegen, weil die Neutronenzahlen von Generation zu Generation abnehmen. Ist jedoch $k_\infty > 1$, schwillt die Neutronenzahl an, und damit steigt die Leistung des Reaktors.

Wir hatten bereits davon gesprochen, daß die bei der Spaltung entstehenden Neutronen verschiedene Schicksale erfahren. Der Wert von k hängt demnach davon ab, wie viele von den entstehenden Neutronen durch andere als Spaltungsreaktionen verbraucht werden.

Wir betrachten dazu das Schicksal der Neutronen in einem thermischen Reaktor mit natürlichem Uran und einem Graphitmoderator. Wir erwähnten bereits, daß im natürlichen Uran mit etwa 0,7% U-235 ohne Kunstgriffe eine Kettenreaktion unmöglich ist, weil die bei der Spaltung entstehenden schnellen Neutronen nur gelegentlich zu einer Spaltung kommen, die Forderung also, daß je Spaltung mindestens eines der entstehenden Neutronen wieder eine Spaltung verursacht, bei weitem nicht erfüllt ist. Der Kunstgriff besteht eben darin, das natürliche Uran so im Moderator zu verteilen, daß genügend thermische Neutronen entstehen, um den relativ kleinen Anteil an U-235 in fortlaufender Kettenreaktion zu spalten, ohne daß allzu viele Neutronen vorher durch Absorption im U-238 und an anderen Stellen verlorengehen. Im ganzen gesehen, können im unendlich großen thermischen Reaktor folgende neutronenverzehrende Prozesse eintreten:

1. Spaltung eines Kernes mit Neutronenerzeugung (U-235 durch schnelle und langsame Neutronen, U-238 nur durch schnelle Neutronen mit einer Energie von mehr als 1,1 MeV).

2. Absorption von schnellen und thermisch gewordenen Neutronen in den beiden Uranisotopen U-238 und U-235 ohne Spaltung.

3. *Parasitärer* Einfang in Reaktorbaustoffen und in den entstehenden Spaltprodukten.

4. Streuung von Neutronen durch elastischen Stoß.

Wir betrachten nun das Schicksal von n schnellen Neutronen, die durch Spaltung von U-235 durch *thermische* Neutronen entstanden sind.

Einige von ihnen gelangen noch, solange ihre Energie über etwa 1,1 MeV liegt, zur Spaltung von U-238-Kernen. Ferner werden einige von ihnen — da der Anteil von U-235 ja sehr klein ist, können es nur sehr wenige sein — auch noch hier und da einen U-235-Kern spalten, solange sie genügende Energie haben, obwohl ja auch der Spaltungsquerschnitt σ_f von U-235 für hohe Neutronenenergie sehr klein ist. Die dadurch gegenüber der thermischen Spaltung hervorgerufene Neutronenvermehrung wird durch den „*schnellen Spaltfaktor*" ε ausgedrückt. Er ist demnach das Verhältnis der Gesamtzahl aller durch Spaltprozesse entstehenden schnellen Neutronen zu der Zahl derjenigen Neutronen, die aus Spaltungsprozessen durch thermische Neutronen an U-235-Kernen entstehen. Für thermische Reaktoren mit natürlichem Uran und Graphit oder schwerem Wasser als Moderator ergibt sich etwa $\varepsilon = 1,03$[1], d. h., daß etwa 3% aller entstehenden Neutronen aus Spaltungsprozessen durch schnelle Neutronen sowohl im U-238 wie im U-235 stammen. Aus den ursprünglichen n Neutronen sind also nunmehr $n \cdot \varepsilon$ Neutronen geworden. Sie werden nun durch den Moderator mittels elastischer Stöße auf thermische Energie abgebremst. Wie wir bereits früher erwähnt haben, kommen sie hierbei in den Resonanzbereich des U-238 bei etwa 6,5 eV. Trotz aller Vorsichtsmaßnahmen (geeignete Bemessung der Spaltstoffstäbe) werden einige Neutronen gerade im kritischen Energiebereich in die Nähe von U-238-Kernen kommen und absorbiert werden. Die Wahrscheinlichkeit, mit der sie dem Resonanzeinfang entgehen, wird „*Resonanzfluchtfaktor*" genannt und mit p bezeichnet. Wir werden auf ihn noch näher eingehen. Einstweilen begnügen wir uns mit der Definition, daß er im wesentlichen das Verhältnis der Neutronenzahl nach Überwindung des Resonanzbereiches zu der Zahl bei Beginn des Bremsvorganges ist. Im Falle des hier betrachteten Reaktortyps ist $p = 0,85$ bis 0,95. Es ist ohne weiteres klar, daß bei reinem U-235 $p = 1,0$ ist, weil kein U-238 vorhanden ist. Die Zahl der Neutronen hat also inzwischen den Wert $n \cdot \varepsilon \cdot p$ angenommen, d.h., das ist die jetzt zur Verfügung stehende Zahl *thermischer* Neutronen. Von diesen $n \cdot \varepsilon \cdot p$ *thermischen* Neutronen werden aber wiederum einige verzehrt, weil sie im Moderator oder sonst irgendwo im Reaktor absorbiert werden. Dieser Verlust wird durch den „*thermischen Ausnutzungsfaktor*" f berücksichtigt, der also im wesentlichen das Verhältnis der im Uran eingefangenen *thermischen* Neutronen zu der Zahl der insgesamt eingefangenen *thermischen* Neutronen darstellt. Er kann unter gewissen Voraussetzungen durch das Verhältnis der makroskopischen Absorptionswirkungsquer-

---

[1] Die Forschungsreaktoren des Argonne National Laboratory CP-2 und CP-3 — ersterer mit 100 kW und Graphitmoderator, letzterer mit 300 kW und schwerem Wasser als Moderator — haben schnelle Spaltfaktoren $\varepsilon = 1,029$ bzw. $\varepsilon = 1,031$. Der Reaktor BEPO in Harwell hat einen Wert von $\varepsilon = 1,025$.

schnitte des Urans und des Moderators $f = \Sigma_{aU}/(\Sigma_{aU} + \Sigma_{aM})$ (in dieser einfachen Form allerdings nur für homogene Reaktoren; auch darauf kommen wir noch ausführlicher zurück) ausgedrückt werden. Seine praktischen Werte liegen bei $f = 0{,}8\ldots 0{,}9$. Demnach steht jetzt noch eine Zahl von $n \cdot \varepsilon \cdot p \cdot f$ thermische Neutronen zur Verfügung, um Spaltungen im U-235 auszuführen. Jedes dieser Neutronen wird vom U-235 absorbiert, aber nicht jedes ruft, wie wir schon gesehen haben, eine Spaltung hervor. Einige Prozente werden „*fruchtlos*" eingefangen. Da bei jeder Spaltung ν Neutronen entstehen — wir hatten für U-235 bereits $\nu = 2{,}5$ im Mittel angegeben —, aber nicht alle $n\,\varepsilon\,p\,f$ Neutronen eine Spaltung hervorrufen, sondern nur ein Bruchteil, vermindert sich die Zahl der neu erzeugten Neutronen von $n \cdot \varepsilon \cdot p \cdot f \cdot \nu$ auf $n \cdot \varepsilon \cdot p \cdot f \cdot \eta$. Der Wert von η, die „*thermische Spaltungsausbeute*", auch effektive Zahl der Spaltneutronen genannt, ist offenbar durch das Verhältnis von Spaltungsquerschnitt σ_f zu Gesamtquerschnitt $\sigma_t = \sigma_f + \sigma_a$ des U-235 gegenüber thermischen Neutronen bestimmt, nämlich $\eta = \nu\,\dfrac{\sigma_f}{\sigma_t}$ [1]. Da wir die Werte von σ_f und σ_t für thermische Neutronen Tabellen entnehmen können und $\sigma_f = 549\,b$ und $\sigma_t = 650\,b$ finden (vgl. Tab. 9, S. 105), erhalten wir mit $\nu = 2{,}5$ für $\eta = 2{,}5 \cdot \dfrac{549}{650} \approx 2{,}1$. Demnach haben wir nach vollzogener Spaltung $n \cdot \varepsilon \cdot p \cdot f \cdot \eta$ Neutronen in der nächsten Generation zur Verfügung. Nun hatten wir den Vermehrungsfaktor k_∞ als das Verhältnis zweier aufeinanderfolgender Neutronengenerationen definiert, nämlich $k_\infty = \dfrac{n_2}{n_1}$. In unserem Falle ist offensichtlich $n_2 = n_1 \cdot \varepsilon \cdot p \cdot f \cdot \eta$ und damit erhalten wir

$$k_\infty = \frac{n_1 \cdot \varepsilon \cdot p \cdot f \cdot \eta}{n_1} = \varepsilon \cdot p \cdot f \cdot \eta\,. \qquad (113)$$

Diese Gleichung ist die sog. „*Vierfaktorenformel*".

Wir hatten nun bereits darauf hingewiesen, daß der Vermehrungsfaktor $k_\infty > k_{\text{eff}}$, also größer als der Vermehrungsfaktor, oder wie wir ihn bereits genannt haben, der „*kritische Faktor*" k_{eff} (oder einfach k) des endlichen Reaktors ist. Der Unterschied liegt in dem Ausflußverlust an Neutronen. Hier und da wird der Ausflußverlust durch den Faktor P oder durch $\mathfrak{L}$ ausgedrückt, so daß man schreiben könnte:

$$k_{\text{eff}} = k = k_\infty \cdot P = \varepsilon \cdot p \cdot f \cdot \eta \cdot P\,.$$

---

[1] In der Literatur wird mitunter auch $\alpha = \dfrac{\sigma_a}{\sigma_f}$ als „relativer" Neutronenverlust angegeben und damit $\eta = \dfrac{\nu}{1+\alpha}$ bzw. $\eta = \nu\,\dfrac{\sigma_f}{\sigma_f + \sigma_a}$ geschrieben. Wenn man $\dfrac{1}{1+\alpha}$ mit σ_f erweitert, sieht man sofort, daß diese Schreibweise auf dasselbe Ergebnis führt. Der Wert von α erlaubt lediglich, den Wert eines Spaltstoffes auf einen Blick zu erkennen.

Kettenreaktion im stationären Zustand: a) Vierfaktorenformel

Indessen wird von dieser Form wenig Gebrauch gemacht zugunsten anderer zweckmäßigerer Schreibweisen für den kritischen Faktor. Wenn $k = 1$ ist, spricht man davon, daß der Reaktor „*kritisch*" ist oder wird.

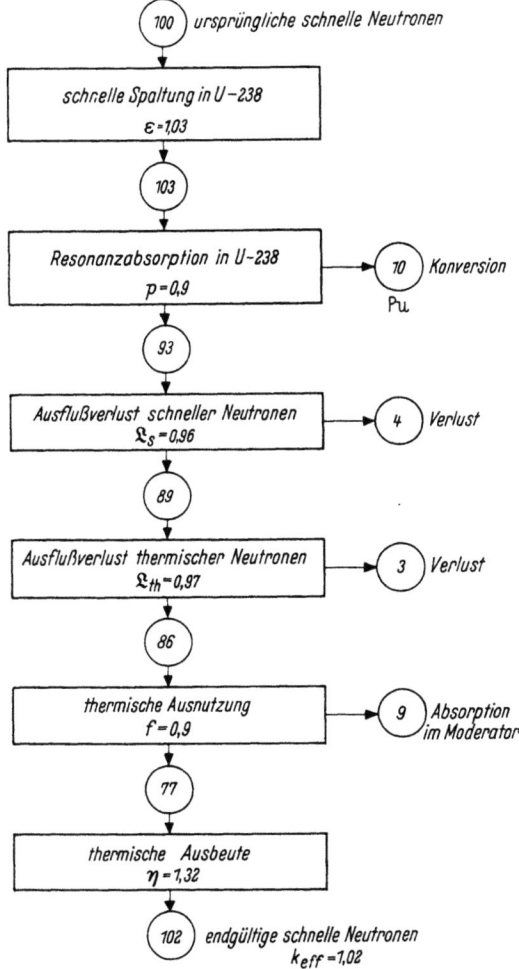

Abb. 58. Neutronenbilanz zur Vierfaktorenformel (nach MÜNZINGER)

Das soll ausdrücken, daß die Kettenreaktion allein, d.h. ohne eine zusätzliche künstliche Neutronenquelle weiterlaufen kann. Ist $k < 1$, spricht man von einer „*unterkritischen*" Anordnung. Sie braucht zu ihrem Betrieb eine fremde Neutronenquelle. Sie hat große Bedeutung für die Reaktorentwicklung, weil mit ihrer Hilfe optimale Reaktorkonstruktionen experimentell bestimmt werden können, denn die Rechnung ist trotz aller Mühen zu ungenau, um die kritische Form und Größe eines

Reaktors genau vorausbestimmen zu können. Da ein Reaktor aber sehr teuer ist, kann man es sich nicht erlauben, seinen Bau auf eine bloße Berechnung zu stützen, weil er entweder dann nicht gehen oder unnötig groß und teuer sein würde. Auf diese Dinge werden wir noch zurückzukommen haben. Abb. 58 zeigt noch einmal schematisch das Lebensschicksal einer Neutronengeneration unter Berücksichtigung des Ausflußverlustes[1] an schnellen und langsamen Neutronen $\mathfrak{L}_f$ und $\mathfrak{L}_{th}$. Mit den angenommenen Werten erhält man $k_{\text{eff}} = k = 1{,}02$. Das heißt also, daß dieser bestimmte Reaktor, für den die Werte errechnet oder sonstwie ermittelt worden sind, kritisch werden kann, also eine selbsttätige Kettenreaktion aufrechtzuerhalten vermag. Allerdings sind noch weitere Schwierigkeiten zu berücksichtigen, auf die wir in diesem Abschnitt noch eingehen werden. Wir wollen nur noch zum Abschluß dieser allgemeinen Besprechung der Vierfaktorenformel darauf hinweisen, daß von den vier Größen offenbar nur p und f durch die Konstruktion sich beeinflussen lassen, während ε und η Stoffwerte sind.

b) Schneller Spaltfaktor ε beim heterogenen Reaktor mit natürlichem Uran

Wie bereits mehrfach erwähnt worden ist, können Neutronen mit einer Energie von $E > 1{,}1$ MeV auch die Kerne des U-238 spalten[2].

Infolgedessen wird also, da die bei der durch thermische Neutronen hervorgerufenen Spaltung entstehenden Neutronen primär z. T. höhere Energie als 1 MeV haben, eine gewisse Zahl von Spaltungen an U-238-Kernen durch schnelle Neutronen erfolgen, sofern wir es mit natürlichem oder an U-235 angereichertem Uran zu tun haben. Sobald die Neutronen die obengenannte kritische Energieschwelle durch Abbremsung unterschritten haben, können sie keine solche Spaltung mehr hervorrufen. Der schnelle Spaltfaktor ε kann infolgedessen auch definiert werden als die Zahl von Neutronen je primäres Spaltneutron, d.h. je Neutron, welches *durch eine Spaltung mittels thermischer Neutronen* entstanden ist, die auf eine Energie unterhalb der kritischen Spaltenergie des U-238 abgebremst sind.

---

[1] Die Bezeichnung ist eigentlich nicht korrekt, denn die Faktoren $\mathfrak{L}_f$ und $\mathfrak{L}_{th}$ haben in der Vierfaktorenformel wie alle anderen Faktoren den Charakter eines „Wirkungsgrades": Je größer ihr Zahlenwert, desto „besser" der Reaktor, also desto kleiner der Verlust. In Analogie zum Resonanzfluchtfaktor p heißt der Ausflußverlust im Englischen „non-leakage-probability", also etwa: Nichtausflußwahrscheinlichkeit. Im Wörterbuch der Kernenergie [75] wird „Verbleibwahrscheinlichkeit" vorgeschlagen.

[2] Selbstverständlich auch U-235-Kerne! Dieser Anteil ist aber wiederum im natürlichen Uran zu vernachlässigen, weil die Konzentration des U-235 mit 0,7% im natürlichen Uran diesen Effekt praktisch unmerklich werden läßt.

Die Abbremsung der Neutronen erfolgt entweder durch Zusammenstöße mit U-Kernen im Spaltstoff oder dadurch, daß die Neutronen aus dem Spaltstoffkörper in den benachbarten Moderator übertreten oder durch beides zusammen. Nun sind aber Energieverluste der Neutronen durch elastische Zusammenstöße mit U-Kernen vernachlässigbar klein wegen des extrem großen Massenunterschiedes. Wir haben daher mit unelastischen, oder genauer gesagt, mit Stößen zu rechnen, die weder vollkommen elastisch noch vollkommen unelastisch sind, bei denen also ein Teil der vom Neutron mitgeführten kinetischen Energie in andere Energieformen übergeführt wird, wie früher bereits erörtert worden ist (vgl. S. 102). Den vollkommen elastischen Stoß können wir jedenfalls ausschließen, also sagen, daß durch elastische Stöße innerhalb des Spaltstoffkörpers keine *kinetische* Energie von den Neutronen abgegeben wird, ihre kinetische Energie bei *elastischen* Zusammenstößen also *unverändert* bleibt. *Unelastische* Stöße können nur dann stattfinden, wenn die vom stoßenden Teilchen (Neutron) abgegebene Energie größer ist als die Differenz zwischen zwei Kernenergietermen. Da diese Differenz zwischen zwei Energieniveaus bei schweren Kernen um 0,1 MeV, bei leichten Kernen aber erheblich höher liegen, finden unelastische Stöße in Moderatoren praktisch nicht statt.

Wir betrachten nun das Verhalten eines primär bei einer thermischen Spaltung entstandenen Neutrons, wobei wir gemäß dem Vorhergesagten die verschiedenen Wirkungsquerschnitte

σ_f für die Spaltung,
σ_e für die *elastische* Streuung,
σ_i für die *unelastische* Streuung,
σ_a für den Einfang schneller Neutronen durch den Spaltstoff und
σ_t als Gesamtwirkungsquerschnitt gemäß

$$\sigma_t = \sigma_f + \sigma_e + \sigma_i + \sigma_a \tag{114}$$

anwenden. Dann können wir die Zusammenstöße des Neutrons in mehreren Schritten verfolgen, wobei die Wahrscheinlichkeit, daß ein solches primäres Neutron innerhalb des Spaltstoffes einen Zusammenstoß erleidet, w sei. Die Zahl der schnellen Neutronen im Spaltstoff nach dem ersten Zusammenstoß des primären Neutrons ist gegeben durch die Zahl der bei der Spaltung erzeugten Neutronen $\nu \cdot w \dfrac{\sigma_f}{\sigma_t}$ und die Zahl der *elastisch* (also ohne Energieverlust) gestreuten $w \dfrac{\sigma_e}{\sigma_t}$, also

$$w\left(\nu \frac{\sigma_f}{\sigma_t} + \frac{\sigma_e}{\sigma_t}\right) = w \frac{\nu \cdot \sigma_f + \sigma_e}{\sigma_t}.$$

Indem wir den Bruch $(\nu \cdot \sigma_f + \sigma_e)/\sigma_t = Z$ setzen, können wir die Zahl dieser Neutronen mit $w \cdot Z$ angeben. Nun werden aber einige Neutronen entweichen, und zwar die Menge $(1 - w)$. Ferner werden Neutronen durch unelastische Zusammenstöße unter die kritische Energieschwelle gebremst werden, nämlich $w \dfrac{\sigma_i}{\sigma_t}$. Es ergibt sich nun aus der Überlegung, daß die Verteilung der primären Neutronen der thermischen Flußverteilung im Reaktor entspricht, worauf wir später noch zurückkommen werden,

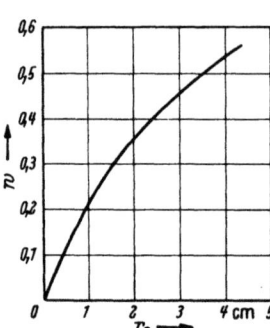

Abb. 59. Wahrscheinlichkeit w des Zusammenstoßes schneller Neutronen in natürlichem Uran als Funktion des Elementdurchmessers r_0 (nach MURRAY)

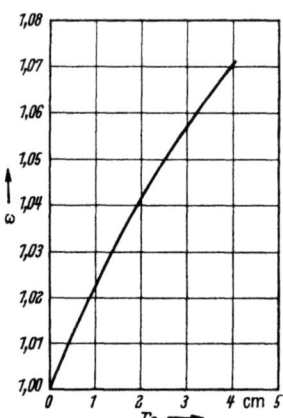

Abb. 60. Schneller Spaltfaktor ε in natürlichem Uran als Funktion des Elementdurchmessers r_0 (nach MURRAY)

für den zweiten und die folgenden Zusammenstöße eine andere Wahrscheinlichkeit w' als für den ersten. Es wird dann sein:

Zusammenstöße im Spaltstoffkörper für ein primäres
    Spaltneutron: $w' \cdot w \cdot Z$
Erzeugte Spaltneutronen pro Neutron: $w' \cdot w \cdot Z \cdot \nu\, \sigma_f/\sigma_t$
Elastische Zusammenstöße im Spaltstoffkörper: $w' \cdot w \cdot Z \cdot \sigma_e/\sigma_t$
Entweichende Neutronen: $(1 - w') w \cdot Z$
Durch elastischen Stoß abgebremste Neutronen: $w' \cdot w \cdot Z \cdot \sigma_i/\sigma_t$ usw.

Die Gesamtzahl ε der unter die kritische Schwelle abgebremsten Neutronen je primäres, also durch eine thermische Spaltung erzeugtes Neutron ist dann durch die Summierung der obigen Ausdrücke für unelastische Streuung und Entweichen bei allen aufeinanderfolgenden Neutronengenerationen zu finden:

$$\varepsilon = 1 - w + w\,\dfrac{\sigma_i}{\sigma_t} + w\left(1 - w' + w'\,\dfrac{\sigma_i}{\sigma_t}\right) Z + w \cdot w'\left(1 - w' + w'\,\dfrac{\sigma_i}{\sigma_t}\right) Z^2 + \cdots$$

$$\varepsilon = 1 + w\left(\dfrac{\sigma_i}{\sigma_t} - 1\right) + \dfrac{w}{w'}\left[1 + w'\left(\dfrac{\sigma_i}{\sigma_t} - 1\right)\right] \sum_{n=1}^{n=\infty} (w' Z)^n$$

$$\varepsilon = 1 + w\left(\dfrac{\sigma_i}{\sigma_t} - 1\right) + \left[\dfrac{w}{w'} + w\left(\dfrac{\sigma_i}{\sigma_t} - 1\right)\right]\left[\dfrac{1}{1 - w' Z} - 1\right]. \qquad (115)$$

Aus Gl. (114) ergibt sich, daß $\sigma_i - \sigma_t = -(\sigma_f + \sigma_e + \sigma_a)$ ist. Damit gewinnt man aus Gl. (115) endgültig die Form

$$\varepsilon = 1 + \frac{\left[(\nu-1) - \dfrac{\sigma_a}{\sigma_t}\right] \dfrac{\sigma_f}{\sigma_t} w}{1 - w'\left(\dfrac{\nu\sigma_f + \sigma_e}{\sigma_t}\right)}. \tag{116}$$

Zur Durchführung der vollständigen Berechnung benötigen wir noch den Wert von w. Auf diese Ermittlung können wir indessen hier nicht eingehen. Die Bestimmung des jeweiligen numerischen Wertes von ε ist zu kompliziert, als daß wir sie hier behandeln könnten. Der maximale Wert für Uranmetall ist experimentell mit $\varepsilon = 1{,}2$ ermittelt worden. Einige bekanntgegebene Werte von w sind in Abb. 59 dargestellt. Bei homogenen Reaktoren liegt der Wert von ε dicht bei Eins. Abb. 60 stellt den Verlauf von ε als Funktion des Durchmessers der Spaltstoffelemente aus natürlichem, metallischem Uran dar.

c) Resonanzfluchtfaktor p

Wie bereits erwähnt, ist für reines U-235 $p = 1$, weil kein Resonanzeinfang eintreten kann, wenn kein U-238 vorhanden ist. Für die Bestimmung von p gehen wir von Gl. (98) aus, die wir hier noch einmal hinschreiben:

$$q = q_0 \exp\left(-\int_{E}^{E_0} \frac{\Sigma_a}{\xi(\Sigma_s + \Sigma_a)} \frac{dE}{E}\right). \tag{98}$$

Wenn der Stoff, in dem sich die Neutronen bewegen, nicht absorbiert, ist $\Sigma_a = 0$ und damit der Exponent Null, also $q = q_0$. Treten nun aber Absorptionsprozesse, insbesondere Resonanzabsorption in dem Energieintervall dE auf, so ist die Wahrscheinlichkeit für ein Neutron, bei *einem* Zusammenstoß absorbiert zu werden,

$$w_r = \frac{\Sigma_a}{\Sigma_a + \Sigma_s}. \tag{117}$$

Bei mehreren Stößen ist w_r mit der Zahl der Zusammenstöße S nach Gl. (89) zu multiplizieren, und damit erhält man für die Wahrscheinlichkeit des Einfanges, wenn p nach Definition die Aussicht für ein Neutron kennzeichnet, dem Einfang zu entgehen, demnach also die Wahrscheinlichkeit für den Einfang $1 - p$ ist:

$$1 - p = S \cdot w_r = \frac{\ln \dfrac{E}{E_0}}{\xi} \cdot \frac{\Sigma_a}{\Sigma_a + \Sigma_s}.$$

Für ein sehr kleines Intervall dE an Stelle von $E - E_0$ kann man an Stelle von Gl. (89) $S' = \dfrac{1}{\xi} \cdot \dfrac{dE}{E}$ schreiben und erhält damit

$$1 - p = S' \cdot w_r = \frac{\Sigma_a}{\xi(\Sigma_a + \Sigma_s)} \cdot \frac{dE}{E} \qquad (118)$$

und schließlich

$$p = 1 - \frac{\Sigma_a}{\xi(\Sigma_a + \Sigma_s)} \frac{dE}{E} \qquad (119)$$

und daraus

$$p = e^{-\frac{\Sigma_a}{\xi(\Sigma_a + \Sigma_s)} \frac{dE}{E}}. \qquad (120)$$

Für ein endliches, größeres Energieintervall ergibt sich daraus

$$p = \exp\left(-\int_{E}^{E_0} \frac{\Sigma_a}{\xi(\Sigma_a + \Sigma_s)} \frac{dE}{E}\right). \qquad (121)$$

Das ist aber nichts anderes als der Faktor von q_0 in Gl. (98). Diese Gl. (121) gilt jedoch *nur für homogene Reaktoren*, Reaktoren also, bei denen Moderator und Spaltstoff miteinander molekulardispers gemischt sind. Wenn man die Untersuchung nun speziell auf den Resonanzeinfang im U-238 beschränkt, wobei im Reaktor N_U-Kerne je Kubikzentimeter vorhanden sein mögen, deren Wirkungsquerschnitt σ_r für die Resonanzenergiebereiche sein mag, dann ist offenbar $\Sigma_a = N_U \cdot \sigma_r$. Damit kann man schreiben:

$$\frac{\Sigma_a}{\Sigma_a + \Sigma_s} = \frac{\Sigma_a}{\Sigma_s} \cdot \frac{\Sigma_s}{\Sigma_a + \Sigma_s} = \frac{N_U \cdot \sigma_r}{\Sigma_s} \cdot \frac{\Sigma_s}{\Sigma_a + \Sigma_s}.$$

Nun ist nach Gl. (40a) für einen gegebenen Moderator $\xi =$ const. Ferner hatten wir früher schon (vgl. S. 141) erwähnt, daß der Streuquerschnitt Σ_s im Resonanzbereich ebenfalls unveränderlich ist. Damit können wir nun das Integral in Gl. (121) umschreiben, indem wir die Konstanten vor das Integral stellen, nämlich

$$p = \exp\left(-\frac{N_U}{\xi \cdot \Sigma_s} \int_{E}^{E_0} \sigma_r \cdot \frac{\Sigma_s}{\Sigma_a + \Sigma_s} \cdot \frac{dE}{E}\right). \qquad (122)$$

Das *Integral* in diesem Ausdruck nennt man das „*effektive Resonanzintegral*". Mit dem „*effektiven Absorptionswirkungsquerschnitt*"

$$\sigma_{r,\text{eff}} = \sigma_r \cdot \frac{\Sigma_s}{\Sigma_a + \Sigma_s} \qquad (123)$$

läßt es sich vereinfacht

$$p = e^{-\frac{N_U}{\xi \cdot \Sigma_s} \int_{E}^{E_0} \sigma_{r,\text{eff}} \frac{dE}{E}} \qquad (124)$$

schreiben. Mit der oben getroffenen Festsetzung, daß $\Sigma_a = N_U \cdot \sigma_r$ ist,

Kettenreaktion im stationären Zustand: c) Resonanzfluchtfaktor p 151

können wir das Resonanzintegral in Gl. (122) noch umformen und schreiben:

$$\int_E^{E_0} \sigma_r \frac{\Sigma_s}{\Sigma_a + \Sigma_s} \cdot \frac{dE}{E} = \int_E^{E_0} \frac{\sigma_r}{1 + \sigma_r \left(\frac{N_U}{\Sigma_s}\right)} \cdot \frac{dE}{E}. \quad (125)$$

Damit erscheint *der Wert des Resonanzintegrals als Funktion des Streuquerschnittes je Resonanzabsorber-Kern*, denn der Quotient Σ_s/N_U,

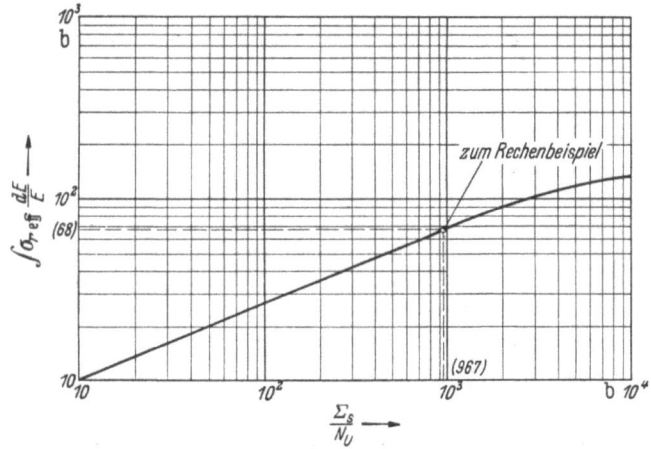

Abb. 61. Diagramm zur Ermittlung des effektiven Resonanzintegrals als Funktion des Streuquerschnittes je U-238-Kern nach Gl. (125) für homogene Systeme (nach STEPHENSON)

dessen Reziprokwert im Nenner steht, stellt ja nichts anderes dar. Abb. 61 gibt die Beziehung zwischen dem effektiven Resonanzintegral $\int \sigma_{r,\text{eff}} \frac{dE}{E}$ und dem relativen Streuquerschnitt Σ_s/N_U für ein homogenes System wieder.

Im Falle des *heterogenen* Reaktors ist für den Resonanzfluchtfaktor der Integrand etwas verwickelter. Er wurde daher für die meisten Systeme mit experimentellen Methoden bestimmt. Einige dieser Ergebnisse sind bisher veröffentlicht worden. Für den Reaktor mit natürlichem Uran ist eine empirische Näherungsformel [1] folgender Form für das effektive Resonanzintegral angegeben worden:

$$\int_{E_\text{therm}}^{E_\text{spalt}} \sigma_{\text{reff}} \frac{dE}{E} = 9{,}25 \left(1 + 2{,}67 \frac{S}{M}\right) [\text{barn}]. \quad (126)$$

Darin bedeutet S die Oberfläche des einzelnen Uranstabes in cm² und M die Masse des Stabes in Gramm. Sie gilt genau nur für Wasserstoff als Moderator, jedoch hinreichend auch für Graphit und Beryllium. Außerdem ist das Resonanzintegral temperaturabhängig. Auf den DOPPLER-Effekt als physikalischen Grund hierfür können wir nicht eingehen. Als *Faustregel* kann gelten, daß der Wert des Resonanzintegrals (in barn) um etwa 0,01% je Grad Celsius zunimmt. Darin liegt eine Möglichkeit zur Selbstregelung eines Reaktors: Wenn die Leistung steigt, steigt die Temperatur und damit der Resonanzeinfang. Steigender Resonanzeinfang bedeutet aber abnehmenden Resonanzfluchtfaktor und damit sinkenden Vermehrungsfaktor k.

d) Thermische Ausnutzung f und Störfaktor F

Wir hatten bereits gesagt, daß die thermische Ausnutzung oder der thermische Ausnutzungsfaktor f definiert ist als das Verhältnis der im Uran eingefangenen *thermischen* Neutronen zu den insgesamt eingefangenen *thermischen* Neutronen. Für den *homogenen* Reaktor hatten wir bereits die einfache Formel

$$f = \frac{\Sigma_{aU}}{\Sigma_{aU} + \Sigma_{aM}} \qquad (127a)$$

wiedergegeben, worin die makroskopischen Wirkungsquerschnitte die *Gesamt*absorptionsquerschnitte darstellen, also ohne Rücksicht darauf, ob die Absorption im Uran mit oder ohne Spaltung erfolgt.

Für einen *heterogenen* Reaktor ist f stets kleiner als bei einem homogenen Reaktor. Das ist einer der wichtigsten Mängel des heterogenen Systems gegenüber dem homogenen Gemisch von Spaltstoffen und Moderator. Der Grund hierfür ist folgender:

Die Zahl z der Absorptionsprozesse ist nach Gl. (47b) das Produkt aus der Zahl n der Neutronen im Kubikzentimeter und der Zahl der Stöße v/λ_a, wobei λ_a in diesem Falle die mittlere freie Weglänge für Absorptionsreaktionen ist, also

$$z = \frac{n \cdot v}{\lambda_a} = \Sigma_a \cdot \Phi . \qquad (47b)$$

Wenn man nun annimmt, daß der Fluß über das ganze System gleichmäßig verteilt ist, was für einen homogenen Reaktor zutrifft, dann gilt Gl. (127a) ohne weiteres, weil die Werte von Φ sich im Nenner und Zähler einfach herausheben. Ist die Flußverteilung aber nicht mehr gleichmäßig, sondern unterscheidet sie sich im Moderator und im Spaltstoffelement, dann müssen wir in Gl.(127a) zwei verschiedene Flußwerte Φ_U und Φ_M, die selbst wieder Mittelwerte darstellen, verwenden und anstatt von Gl. (127a) unter sinngemäßer Berücksichtigung der Volumina von Moderator V_M und Spaltstoff V_U schreiben:

$$f = \frac{\Phi_U \cdot \Sigma_{aU} \cdot V_U}{\Phi_U \cdot \Sigma_{aU} \cdot V_U + \Phi_M \cdot \Sigma_{aM} \cdot V_M} . \qquad (127b)$$

Kettenreaktion, stationär: d) Thermische Ausnutzung f, Störfaktor F

Hier heben sich die Flüsse nicht mehr im Zähler und Nenner heraus. Wenn man nun in Gl. (127b) Zähler und Nenner durch $\Phi_U \cdot V_U$ dividiert, erhält man

$$f = \frac{\Sigma_{aU}}{\Sigma_{aU} + \dfrac{\Phi_M}{\Phi_U} \cdot \Sigma_{aM} \cdot \dfrac{V_M}{V_U}}, \qquad (128)$$

worin Φ_M/Φ_U offenbar das Verhältnis der Flüsse im Moderator und im Uran darstellt. Wir setzen

$$\frac{V_M}{V_U} \cdot \frac{\Phi_M}{\Phi_U} = F \qquad (129)$$

und schreiben damit Gl. (127a):

$$f = \frac{\Sigma_{aU}}{\Sigma_{aU} + F \cdot \Sigma_{aM}} = \frac{1}{1 + F \cdot \dfrac{\Sigma_{aM}}{\Sigma_{aU}}} \qquad (130)$$

für *heterogene Reaktoren*.

Es ist nun leicht einzusehen, daß in einem heterogenen Reaktor der Fluß im Urankörper niedriger sein muß als im umgebenden Moderator, wie es in Abb. 62 angedeutet ist. Das liegt daran, daß im Uran, welches ja stark thermische Neutronen in Spalt- und Absorptionsreaktionen absorbiert, viel mehr Neutronen verschwinden als im umgebenden Moderator, der ja gerade dadurch gekennzeichnet ist, daß er möglichst wenig absorbieren soll. Zwar entstehen im Uran dafür wieder Neutronen, aber nur schnelle. Diese können an dem „Pegel" der thermischen Neutronen, die wir mit dem Fluß Φ bei unserer Betrachtung ja nur erfassen,

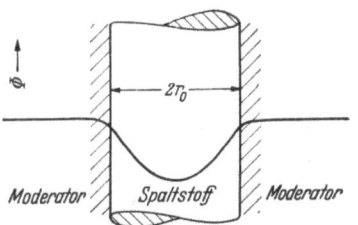

Abb. 62. Verlauf des thermischen Neutronenflusses Φ im Spaltstoff und Moderator eines heterogenen Reaktors (nach STEPHENSON)

nichts ändern. Der Urankörper im heterogenen Reaktor ist also eine *Neutronensenke*[1]. Wenn wir nun einen Durchschnittswert aus dem Fluß im Moderator um den Uranstab herum und einen ebensolchen aus dem Fluß im Uranstab selbst bilden, erhalten wir die Werte von Φ_M und Φ_U in Gl. (129). Daraus sieht man, da nach dem Vorhergesagten Φ_M im heterogenen Reaktor stets größer ist als Φ_U, daß der Wert von F größer sein muß als Eins. Infolgedessen wird der Wert von f kleiner sein als in dem Falle gleichmäßiger Flußverteilung im Uran und Moderator, also im Falle des homogenen Reaktors. Der Wert von F gibt mithin die

---

[1] Aus diesem Grunde entsteht also ein *einseitig* gerichteter Diffusionsstrom thermischer Neutronen *vom* Moderator *zum* Spaltstoff. Er ist die Ursache einer Störung der Flußverteilung im Moderator.

„Störung" des Flusses durch die heterogene Anordnung an. Die Störung wird offenbar um so größer sein, je gröber das „Gitter" des Reaktors ist, weil sich mit zunehmender Vergröberung die Werte von Φ_M und Φ_U immer weiter voneinander entfernen[1]. Je feiner die Unterteilung wird, desto kleiner wird der Unterschied zwischen Φ_M und Φ_U, und im Grenzfall der „homogenen" Verteilung wird schließlich $\Phi_M = \Phi_U$ und damit $F = 1$. Mithin gibt also der Wert von F die Abweichung oder Störung vom homogenen Idealfall an. Daher nennen wir ihn „Störfaktor" oder „*thermischen Störfaktor*", weil wir nur von Reaktoranordnungen mit thermischen Neutronen, also von *thermischen Reaktoren*, sprechen[2]. Da er offensichtlich ein Maß für den „Nachteil" der heterogenen gegenüber der homogenen Anordnung ist, nennt man ihn in der angelsächsischen Literatur „disadvantage factor". Die genaue Berechnung von f für heterogene Reaktoren hängt noch von weiteren Einflüssen ab und ist im einzelnen ebenfalls schwierig. Wir kommen später noch einmal darauf zurück.

e) Thermische Spaltungsausbeute η

Im Abschn. a) hatten wir $\eta = \nu \cdot \sigma_f/\sigma_t$ für U-235 zu $\eta = 2{,}1$ errechnet. Im Reaktor mit natürlichem Uran oder allgemein in einer Mischung aus U-238 und U-235 hingegen ist der Wert kleiner, denn wir müssen hierbei auch die Absorption im U-238 berücksichtigen, also die *Gesamtabsorption* ins Verhältnis setzen zu der für die Spaltung durch thermische Neutronen allein interessanten, tatsächlich zur Spaltung führenden Absorption im U-235, die durch den Spaltungsquerschnitt σ_f im U-235 bestimmt ist. Gleichzeitig müssen wir die Mengenverhältnisse in die Rechnung einführen. Das tun wir nach Gl. (31), indem wir die Zahl der Kerne beider Isotope einsetzen:

$$\Sigma_{aU} = N_{235} \cdot \sigma_{t,235} + N_{238} \cdot \sigma_{a,238}.$$

Wir erhalten damit

$$\eta = \nu \frac{N_{235} \cdot \sigma_f}{N_{235} \cdot \sigma_{t,235} + N_{238} \cdot \sigma_{a,238}}. \quad (131)$$

Da sich die beiden Isotope im natürlichen Uran wie $1:140$ verhalten, können wir $N_{238} = 140$ und $N_{235} = 1$ setzen, und damit erhalten wir mit den bekannten Wirkungsquerschnitten $\sigma_f = 549$, $\sigma_{t,235} = \sigma_{a,235} + \sigma_{f,235} = 650$ und $\sigma_{a,238} = 2{,}8$ für thermische Neutronen:

$$\eta_{\text{nat } U} = 2{,}5 \cdot \frac{549}{650 + 140 \cdot 2{,}8} \approx 1{,}32.$$

---

[1] Je gröber das Gitter, desto kleiner f, aber desto größer p nach Gl. (126). Das zwingt ersichtlich bei der Berechnung eines Reaktors dazu, das *Optimum* zu ermitteln (vgl. hierzu Abb. 78).

[2] Nach [*75*] aus dem englischen „disadvantage factor" mit „*Absenkungsfaktor*" übersetzt.

Für natürliches Uran liegt also η wesentlich niedriger als für das reine Isotop U-235. In Abb. 63 ist die Abhängigkeit von η über der Konzentration des U-235 im U-238 aufgetragen. Man sieht, daß schon bei relativ kleinen Anreicherungen η merklich steigt und dann dem Wert $\eta = 2{,}1$ für reines U-235 zustrebt. Da nun eine Kettenreaktion auf keinen Fall mehr möglich ist, wenn $\eta < 1$ ist, weil in der Vierfaktorenformel Gl. (113) stets $f < 1$ und höchstens $p = 1$ ist und ε praktisch nicht zu Buche schlägt, sieht man, daß bei einer Verarmung des U-235 auf 0,4% praktisch eine Kettenreaktion nicht mehr möglich ist. Das ist ein wichtiger

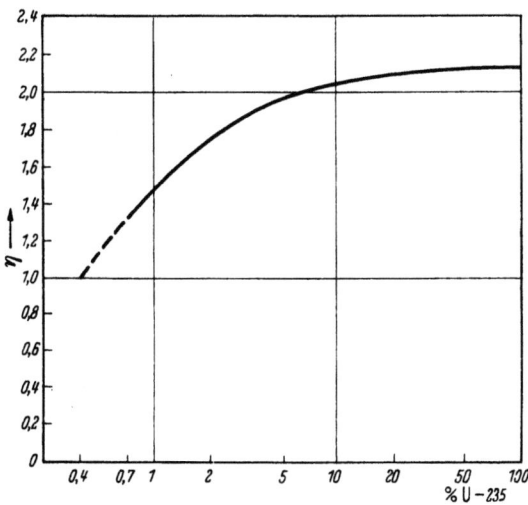

Abb. 63. Thermische Spaltungsausbeute η als Funktion der Konzentration des U-235 im Spaltstoff

Hinweis darauf, daß in einem thermischen Reaktor der „Abbrand" des spaltfähigen Isotops nicht auf Null getrieben werden kann. In Wirklichkeit kann man nicht einmal so weit heruntergehen, d. h. also, daß man bei weitem nicht einmal die Hälfte des vorhandenen spaltfähigen Isotops U-235 ausbrennen kann, sondern die Spaltstoffelemente schon lange vorher austauschen muß. Auf die anderen Gründe hierfür kommen wir später zu sprechen.

12. Der thermische Reaktor

Wir haben gesehen, daß die Kernspaltung in den für eine Kettenreaktion brauchbaren Isotopen U-233, U-235 und Pu-239, von denen uns nach wie vor in erster Linie einstweilen nur U-235 interessiert, sowohl durch schnelle als auch durch langsame Neutronen hervorgerufen werden kann[1]. Da der Spaltungswirkungsquerschnitt mit steigender Neutronen-

---

[1] Es mag hier noch einmal daran erinnert werden, daß die Spaltung des U-238 dadurch sehr erschwert wird, daß der Wirkungsquerschnitt σ_f für die Spaltung sehr klein und die erforderliche Spaltungsenergie sehr groß ist.

energie, mithin also mit zunehmender Neutronengeschwindigkeit abnimmt, ergibt sich aus der Vierfaktorenformel Gl. (113), daß eine *Kettenreaktion mit schnellen Neutronen* nur möglich ist, wenn der Spaltstoff rein, also frei von U-238 ist. Andernfalls sinkt k unter den Wert von Eins. Eine gewisse Menge, die sog. „*kritische Menge*", deren untere Grenze im wesentlichen durch den Ausflußverlust an Neutronen durch die Oberfläche bestimmt ist, kann also von sich aus eine Kettenreaktion aufrechterhalten. Eine Neutronenbremsung ist unnötig, und demnach ist auch die Anwendung eines Moderators zur Neutronenbremsung überflüssig. Der Grenzfall einer solchen Anordnung ist die Atombombe, genauer gesagt: die Kernspaltungsbombe. Wenn es gelingt, diese Reaktion zu zügeln und zu regeln, kann man sie zur gesteuerten Energiegewinnung heranziehen. Einen solchen Reaktor, der mit schnellen Neutronen ohne Anwendung eines Moderators und demnach mit den isotopenreinen Elementen U-233, U-235 oder Pu-239 arbeitet, nennt man einen „*schnellen Reaktor*". Zweifellos hat er große Zukunftsaussichten, weil er eine Reihe von Vorteilen gegenüber den „thermischen", also mit langsamen Neutronen arbeitenden Reaktoren hat: Er hat eine hohe spezifische Leistung, also eine hohe Leistung bezogen auf seine Volumeinheit, und er ist weniger anspruchsvoll bezüglich der Baustoffe, weil die meisten Stoffe einen kleinen Absorptionswirkungsquerschnitt gegenüber schnellen Neutronen haben. Seine Handhabung bietet aber noch, z.T. eben gerade wegen der hohen spezifischen Leistung (u.a. ein Problem des Wärmeaustausches: Flächenbelastung!) und wegen seines meist *positiven* Temperaturkoeffizienten (vgl. S. 291) so erhebliche Schwierigkeiten, abgesehen von den hohen Kosten der reinen Isotope, daß die ganz überwiegende Mehrzahl aller Reaktoren für Forschung und Energieerzeugung bis heute als thermische Reaktoren ausgeführt sind und daß wohl auch noch geraume Zeit sich daran nichts ändern wird. Bis heute liegen nur sehr wenige Erfahrungen mit schnellen Reaktoren vor, die überdies zum größten Teil geheimgehalten werden. Infolgedessen behandeln wir in diesem Buche den schnellen Reaktor nur andeutungsweise. Wir kommen auf ihn noch im Abschnitt über die Brutverfahren zurück.

Es sei noch erwähnt, daß es Reaktoren gibt, bei denen die Energie der Neutronen zwischen dem thermischen und dem schnellen Bereich liegt[1]. Man nennt sie „*epithermische*" Reaktoren. Genaugenommen wird auch im schnellen Reaktor ein Teil der Neutronen bis zu einem gewissen Grade durch elastische und unelastische Streuung gebremst. Im Vordergrund unseres Interesses steht jedoch der „*thermische Reaktor*", bei dem die Spaltung durch Neutronen thermischer Energie vollzogen wird. Sie haben den unbestreitbaren Vorzug, daß sie mit natürlichem, also billigem

---

[1] Den Bereich der *schnellen* Neutronen pflegt man nach unten bei etwa 0,1 MeV $= 10^5$ eV zu begrenzen.

Uran arbeiten können, weil, wie wir gesehen haben, der Spaltungswirkungsquerschnitt des U-235 mit abnehmender Neutronenenergie sehr stark ansteigt. Die Voraussetzung für eine Kettenreaktion mit thermischen Neutronen ist die Abbremsung auf thermische Energie in der Größenordnung von $E_{therm} \approx 0,03$ eV. *Mithin ist also der Moderator, in dem sich die Bremsung abspielt, ein entscheidender Bestandteil des thermischen Reaktors.* Je nach Art der gegenseitigen Anordnung von Spaltstoff und Moderator spricht man von homogenen und heterogenen Reaktoren: Sind Spaltstoff und Moderator fein verteilt miteinander gemischt, wobei diese Mischung praktisch auf die Lösung von Spaltstoffverbindungen, z. B. schwefelsauren oder salpetersauren Salzen in moderierenden Flüssigkeiten, in erster Linie Wasser oder schwerem Wasser hinausläuft, spricht man von einem „*homogenen Reaktor*". Sind Spaltstoff und Moderator dagegen in grober, „makroskopischer" Aufteilung zueinander angeordnet, spricht man von einem „*heterogenen Reaktor*". Die Aufteilung des Spaltstoffes im Moderator nennt man das „*Gitter*" des Reaktors. Die Geometrie dieses Gitters spielt eine wichtige Rolle bei der Berechnung von heterogenen Reaktoren. Auch in dieser Anordnung braucht das Uran prinzipiell nicht in metallischer Form vorzuliegen, denn wir müssen uns daran erinnern, daß für Kernreaktionen der chemische Zustand gänzlich gleichgültig ist. U-235-Kerne spalten also unabhängig davon, ob sie in metallischer Form oder als Oxyd oder sonst irgendwie vorliegen, wenn nur die physikalischen Bedingungen für den Ablauf der Kettenreaktion erfüllt sind. Die Spaltstoffkonzentration ist für den thermischen Reaktor grundsätzlich gleichgültig, was die Kettenreaktion selbst anbetrifft, sofern die untere Grenze, vgl. Abb. 63, überschritten ist. Mit steigender Anreicherung sinkt die erforderliche Spaltstoffmenge, d. h., der Reaktor wird bei gleicher Leistung kleiner, der Spaltstoff allerdings erheblich teurer.

a) Typen thermischer Reaktoren

Es ist vielfach üblich, die Reaktoren mit Rücksicht auf ihre Arbeitsweise und Bauart, also auch ohne Unterscheidung zwischen thermischen und schnellen Reaktoren, nach ihren Verwendungszwecken einzuteilen:

1. Forschungsreaktoren als
   a) Neutronen- und Strahlungsquelle,
   b) Mittel zur Reaktorentwicklung,
   c) Werkstoffprüfung;
2. Energiereaktoren als
   a) Versuchsobjekte,
   b) Wärmequelle für Kraftwerke;
   c) Antriebe für Fahrzeuge;
3. Brutreaktoren als
   a) Mittel zur Herstellung von Pu-239,
   b) zur gleichzeitigen Herstellung von Spaltstoff und zur Energiegewinnung (Zukunftsideal).

Diese Einteilung ist willkürlich, mitunter aber zweckmäßig. Wir werden sie nur gelegentlich benutzen, weil sie sich eingebürgert hat. In bezug auf ihre Betriebsweise besteht grundsätzlich natürlich kein Unterschied z. B. zwischen Forschungs- und Energiereaktoren. Wenn auch beim Energiereaktor die freiwerdende Wärmemenge das gewünschte Produkt ist, während sie beim Forschungsreaktor störender Abfall ist, bleibt doch bei beiden Verwendungsarten die gleiche Aufgabe bestehen: *Der Reaktor muß gekühlt werden*, denn die Kettenreaktion erzeugt nun einmal Wärme. Während also für den Forscher die Strahlung des Reaktors das Erwünschte und die Wärme das Überflüssige und Störende ist, ist es für den Kraftwerksingenieur gerade umgekehrt: Er will die Wärme haben, und ihn stören die Strahlungen. Infolgedessen ist das Bauprinzip eines

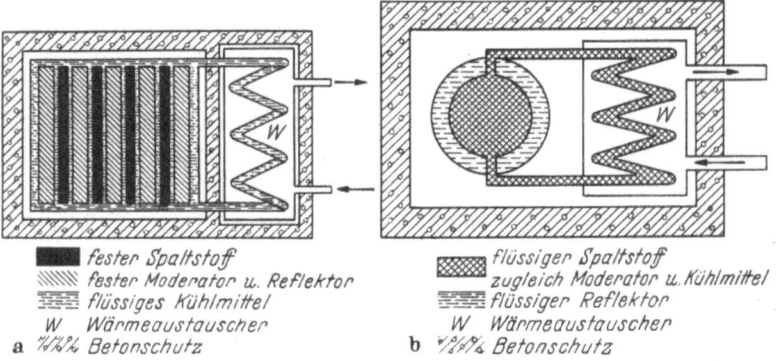

a
■ fester Spaltstoff
▨ fester Moderator u. Reflektor
▦ flüssiges Kühlmittel
W Wärmeaustauscher
▨ Betonschutz

b
▨ flüssiger Spaltstoff zugleich Moderator u. Kühlmittel
▦ flüssiger Reflektor
W Wärmeaustauscher
▨ Betonschutz

Abb. 64. Schematischer Aufbau eines heterogenen (a) und eines homogenen (b) thermischen Reaktors

thermischen Reaktors stets das gleiche, wofür er auch benutzt werden möge. Lediglich die technische Ausführung und die konstruktiven Einzelheiten werden je nach dem Verwendungszweck voneinander abweichen. Jeder thermische Reaktor hat daher folgende Bauelemente:

1. Spaltstoff; — 2. Moderator; — 3. Kühlmittel; — 4. Regeleinrichtungen; — 5. Strahlungsschutz; — 6. Bau- und Konstruktionsteile.

Abb. 64 zeigt ganz schematisch nebeneinander einen homogenen und einen heterogenen Reaktor. Beim homogenen Typ ist angenommen, daß das als Moderator dienende Wasser gleichzeitig als Kühlmittel dient, indem man die Spaltstofflösung durch einen Wärmetauscher zirkulieren läßt.

Die oben aufgezählten 6 Grundelemente lassen nun ungeheuer viele Varianten zu, indem man sie in der verschiedensten Weise im einzelnen ausführt und miteinander kombiniert: Je nach Art des Spaltstoffes und seiner Anordnung, des Moderators, des Kühlmittels usw. kann man die verschiedensten Konstruktionsformen wählen. Eine Auswahl aus diesen Möglichkeiten gibt Tab. 11. Ausführlichere Angaben enthält Anhang 3, ferner [*47, 48, 49*]. Man sieht daraus, daß der Spaltstoff sowohl als

Metall wie als wässerige Lösung verwendet werden kann. Als Moderator können Graphit, Wasser oder schweres Wasser dienen, ferner Beryllium und organische Stoffe wie Therphenyl, und zur Kühlung kann man Gase, Flüssigkeiten und flüssige Metalle verwenden. Über die verschiedenen Typen gibt es eine ungeheuer umfangreiche angelsächsische Literatur [47], aber auch die deutsche Literatur hierüber beginnt bereits anzuschwellen [48, 49]. Wegen technischer Einzelheiten der verschiedenen Ausführungen sei daher hier lediglich auf diese Literatur verwiesen.

Die für das Verständnis des thermischen Reaktors wichtigsten Grundtypen sind:

1. Der „klassische" heterogene Reaktor mit natürlichem Uran und Graphit mit Gaskühlung. Abb. 65 zeigt ihn in moderner Form[1]. Er besteht aus einer gitterartigen Anordnung von Stäben aus Uranoxyd, die gasdicht in Hülsen eingeschlossen sind, um das Entweichen von Spaltprodukten und damit eine radioaktive Verseuchung der Umwelt auf dem Wege über das Kühlmittel zu verhüten. Die Stäbe ruhen vertikal oder horizontal in Kanälen, die im Graphitkörper des Moderators ausgespart sind. Durch diese Kanäle strömt das Kühlmittel, im Falle dieses Reaktors Stickstoff, der durch Gebläse hindurchgefördert wird. Die Regelung des Neutronenflusses und damit der Wärme-

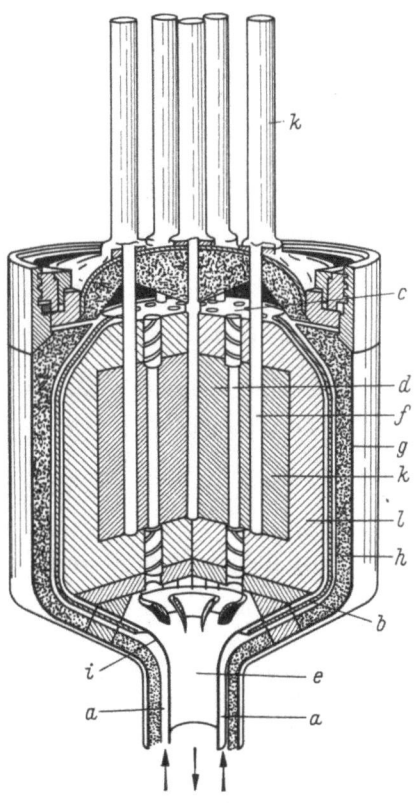

Abb. 65. Entwurf eines gasgekühlten, graphitmoderierten Reaktors der Ford Instrument Co. für Gasturbinenbetrieb
a Gaseintritt (Stickstoff von 40 bis 60 at) *b* thermischer Schutzmantel, *c* Gaskammer, *d* Spaltstoffelemente, *e* Gasaustritt, *f* Trimmstäbe, *g* Reaktormantel, *h* Wärmeisolierung, *i* Mantel des Reaktorkernes, *k* Graphitmoderator, *l* Graphitreflektor (nach MÜNZINGER)

leistung erfolgt durch Stäbe aus Bor oder Kadmium, welche infolge des hohen Absorptionsquerschnitts dieser Elemente für thermische Neutronen es erlauben, den Fluß im Reaktor so weit zu senken, daß $k < 1$ wird und damit die Kettenreaktion abreißt. Darauf kommen wir noch ausführlich zurück. Die Strahlung des Reaktorkernes wird schließlich durch einen

---

[1] Vgl. hierzu auch Abb. 37, 38, 39.

160 Reaktortechnik

Tabelle 11. *Auswahl typischer*

Reaktor	Standort	In Betrieb seit	Neutronen-Energie	Spaltstoff-verteilung	Moderator	Kühlmittel	Spaltstoff
CP 1	Chicago	1942	thermisch	heterogen	Graphit	—	nat. Uran + U_3O_8
CP 2	Chicago	1943	thermisch	heterogen	Graphit	—	nat. Uran
X 10	Oak Ridge	1943	thermisch	heterogen	Graphit	Luft	nat. Uran
Hanford	Hanford	1944	thermisch	heterogen	Graphit	H_2O	nat. Uran
BEPO	Harwell	1948	thermisch	heterogen	Graphit	Luft	nat. Uran
BNL	Brookhaven	1950	thermisch	heterogen	Graphit	Luft	nat. Uran
APS 1	Obrinskoje	1954	thermisch	heterogen	Graphit	H_2O	5% anger. U-235
Calder Hall	Calder Hall	1956	thermisch	heterogen	Graphit	CO_2	nat. Uran
SRE	Santa Susana	1956	thermisch	heterogen	Graphit	Na	2,8% anger. U-235
CP 3	Chicago	1944	thermisch	heterogen	D_2O	D_2O	nat. Uran
CP 3'	Chicago	1950	thermisch	heterogen	D_2O	D_2O	90% anger. U-235
CP 5	Chicago	1953	thermisch	heterogen	D_2O	H_2O	90% anger. U-235
BSR	Oak Ridge	1950	thermisch	heterogen	H_2O	H_2O	über 90% anger. U-235
Battelle Mem. In.	Columbus	1956	thermisch	heterogen	H_2O	H_2O	90% anger. U-235
EBWR	Lemont/Ill.	1956	thermisch	heterogen	H_2O	H_2O	nat. U oder hochanger. U
MTR	Arco/Idaho	1952	thermisch	heterogen	H_2O	H_2O	90% anger. U-235
PWR	Shippingport	1957	thermisch	heterogen	H_2O	H_2O	nat. U + 52 kg hochanger. U
ETR	Arco/Idaho	1957	thermisch	heterogen	H_2O	H_2O	hochanger. U-235
Clementine	Los Alamos	1946	schnell	heterogen	—	Hg	Plutonium
Zephyr	Harwell	1954	schnell	heterogen	—	Na+K	Plutonium
EBR 2	Arco/Idaho	—	schnell	heterogen	—	Na	U-238 + Pu (legiert)
LOPO	Los Alamos	1944	thermisch	homogen	H_2O	H_2O	14% anger. U-235 in UO_2SO_4
SUPO	Los Alamos	1951	thermisch	homogen	H_2O	H_2O	89% anger. U-235 in UO_2NO_3
HRT 1	Oak Ridge	1956	thermisch	homogen	D_2O	D_2O	90% anger. U-235 in UO_2SO_4

Der thermische Reaktor: a) Typen thermischer Reaktoren

Reaktorbauarten [1, 49]

Therm. Neutronenfluß [cm^{-2} · sek]	Kühlmittelaustritt [°C]	Kühlmitteldruck [ata]	Wärmefluß [kcal/m² · h]	Wärmeleistung [kW]	Gesamtkosten [10⁶ DM]	Verwendungszweck
$4 \cdot 10^6$	—	—	—	$0,5 \cdot 10^{-3}$	11,3	1. Reaktor der Welt; abmontiert
$1 \cdot 10^8$	—	—	—	100	8,4	Forschung
$1,2 \cdot 10^{12}$	90	1	9 000	4 000	21,8	Forschung, Isotopenerzeugung
				1 000 ?		Plutoniumerzeugung (8 Reaktoren)
$1 \cdot 10^{12}$				4 000		Forschung, Isotopenerzeugung
$4 \cdot 10^{12}$	129	1		30 000	84	Forschung, Isotopenerzeugung
	260	103		30 000		Stromerzeugung ($\sim$ 5000 kW)
	380	7		50 000	176	Strom- u. Pu-Erzeugung (2 Reaktoren)
	515	~ 1		20 000	42	Leistungsreaktor(Versuch)
$3 \cdot 10^{12}$				300	8,4	Forschung (inzw. umgebaut)
$2 \cdot 10^{12}$	38	1	15 200	300	8,4	Forschung (umgebaut von CP 3)
$3 \cdot 10^{13}$	51	1	92 000	1 000	9,45	Forschung
$2 \cdot 10^{12}$			4 350	100	1,05	Forschung ⎫ „swimming
				1 000	2,94	Forschung ⎭ pool"
		42		20 000	71,3	Leistungsreaktor (Versuchsanl.) (Boiling Experimental Reactor)
$2 \cdot 10^{14}$	46	2,3	796 000	40 000	75,6	Materialprüfung (Druckwasserreaktor)
	283	140	1 035 000	357 000	189	Stromerzeugung (Druckwasserreaktor)
$4 \cdot 10^{14}$	136	14		125 000	$\sim$60	Materialprüfung
$1 \cdot 10^{13}$ schnell!	100	4,4	56 300	25		Forschung (schneller Reaktor; abgebaut)
	427			62 500		⎱ schnelle Brutreaktoren ⎰ (Leistungsreaktoren als ⎱ Versuchstypen)
	39			$0,5 \cdot 10^{-3}$		Forschung ⎫
$1,7 \cdot 10^{12}$	54	~ 1		45	2,1	Forschung ⎬ homogene Reaktoren
	300	140		10 000	12,6	Stromerzeugung (Versuch) ⎭

162 Reaktortechnik

Betonmantel geeigneter Zusammensetzung abgeschirmt. Der erste Reaktor der Welt, der am 2. Dezember 1942 in Chicago kritisch wurde, war nach diesem Grundprinzip gebaut.

2. Der heterogene Wasserbadreaktor mit angereichertem Uran, Abb. 66, (,,Swimmingpool-Reactor"). Er besteht aus einem Gestell, in welchem senkrecht die Spaltstoffelemente angeordnet sind. Die Elemente ent-

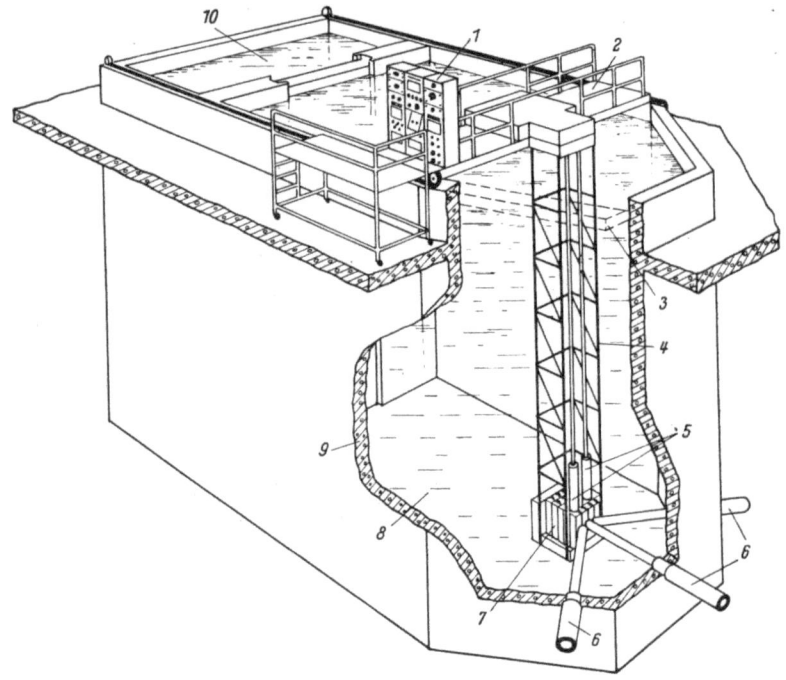

Abb. 66. Schema eines Wasserbad- (Swimming-pool-) Reaktors
1 Schaltwarte, 2 fahrbare Brücke mit Reaktoraufhängung, 3 Wasserstand, 4 Traggestell für den Reaktorkern, 5 Trimm- und Sicherheitsstäbe, 6 Experimentierkanäle, 7 Reaktorkern, 8 Wasserfüllung, 9 Betontank, 10 Vorratsbehälter (nach GLASSTONE)

halten metallisches Uran, meist mit anderen Metallen, z.B. Aluminium, legiert. Das Isotop U-235 ist in diesen Elementen oft bis zu 90% angereichert[1]. Das Gestell taucht in einen schwimmbadartigen Behälter aus Beton ein. Das Wasser dient als Moderator, z.T. als Strahlungsschutz und als Kühlmittel. Er ist außerordentlich einfach im Aufbau und bietet reiche Experimentiermöglichkeiten.

3. Der heterogene Schwerwasserreaktor, Abb. 67. Die Spaltstoffelemente, die meist ähnlicher Konstruktion wie diejenigen im Wasserbadreaktor sind, befinden sich in einem Aluminiumtank, der mit schwerem

---
[1] Eine Kettenreaktion in natürlichem Uran ist mit leichtem Wasser als Moderator nicht möglich.

Wasser gefüllt ist. Das schwere Wasser, welches als Moderator und als Kühlmittel dient, wird meist über einen Wärmetauscher umgepumpt, um die entstehende Reaktionswärme abzuführen.

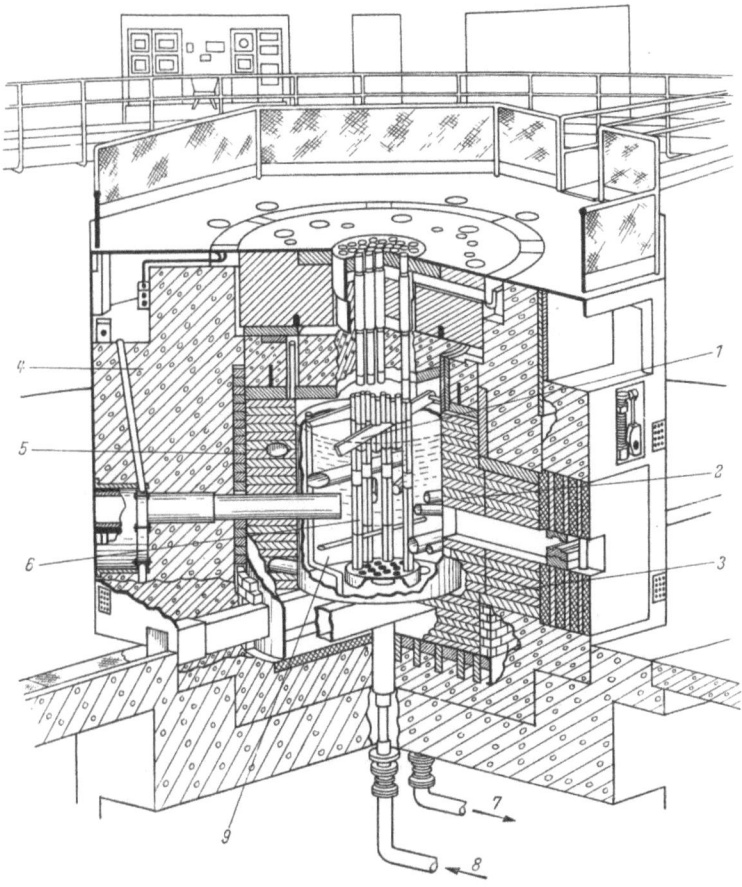

Abb. 67. Heterogener Schwerwasserreaktor CP-5 des Argonne National Laboratory
1 Trimm- und Regelstab nach dem Prinzip von Eisenbahnsignalarmen bewegt, *2* Graphitreflektor, *3* thermische Kolonne für Neutronenexperimente, *4* biologischer Betonschirm, *5* thermischer Schirm, *6* Reaktorkern mit senkrecht angeordneten Spaltstoffelementen, *7* Austritt des schweren Wassers zum Kühler (Wärmeaustauscher mit auf 5 Grad Celsius gekühltem Leichtwasser), *8* Eintritt des gekühlten Schwerwassers, *9* Schwerwasserfüllung des Reaktorkernes, die gleichzeitig als Moderator und Spaltstoffkühlung dient (nach GLASSTONE)

4. Der Homogenreaktor mit angereichertem Uran, Abb. 68. In der hier als Beispiel gezeigten Form ist das angereicherte Uran[1] in der Form von Uranylnitrat in Wasser, welches als Moderator dient, gelöst. Diese Lösung befindet sich in einem kugelförmigen Behälter, welcher entweder

---

[1] Angereichertes Uran ist nur erforderlich, wenn als Lösungsmittel für das Uransalz *leichtes* Wasser verwendet werden soll, was allerdings wohl stets der Fall ist.

von einer Kühlschlange durchsetzt ist, um die Reaktionswärme nach außen abzuführen, oder aber die Spaltstofflösung selbst durch einen Wärmeaustauscher zirkulieren läßt. Er hat eine hohe spezifische Leistung und bietet als Forschungsinstrument mancherlei Vorteile, wenngleich

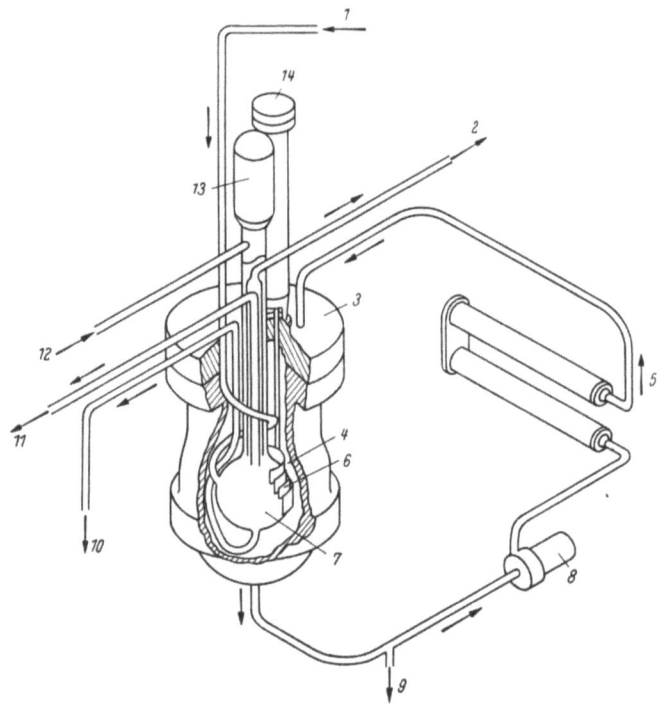

Abb. 68. Schema eines Homogenreaktors (HRE in Oak Ridge)
1 Eintritt der Spaltstofflösung vom Wärmeaustauscher kommend, *2* Austritt der Spaltstofflösung zum Wärmeaustauscher, *3* Druckgefäß des Reaktors, *4* D_2O-Reflektor, *5* D_2O-Kühler, *6* Regelplatten, *7* Reaktorkern mit Spaltstofflösung, *8* Umwälzpumpe für das schwere Wasser im Reflektor, *9* zum D_2O-Vorratsbehälter, *10* zum Vorratsbehälter für die Spaltstofflösung, *11* Ableitung der Spaltgase, von Wasserdampf und der dissoziierten Gase Wasserstoff und Sauerstoff zum Wiederverreiniger, *12* Spaltstoffeinspeisung, *13* Druckgefäß (Windkessel), *14* Antriebsvorrichtung für die Regelplatten (nach GLASSTONE)

er wegen seines kleinen Volumens und der dadurch begrenzten Zahl und Größe der Versuchskanäle vorzugsweise nur für eng begrenzte Forschungsvorhaben verwendbar ist, im Gegensatz zum Wasserbad- und zum „klassischen" Reaktor.

Mit dieser Übersicht begnügen wir uns zunächst.

b) Kritische Größe des homogenen Reaktors

Wir hatten unsere Betrachtungen bisher hauptsächlich auf den unendlich großen Reaktor gerichtet und gesagt, daß stets $k_\infty > k_{eff}$ ist, wobei der Unterschied durch den Neutronenverlust aus dem endlichen

Reaktor gemäß $k_\text{eff} = \varepsilon \cdot p \cdot f \cdot \eta \cdot \mathfrak{L}$, also durch die Neutronenverbleibwahrscheinlichkeit $\mathfrak{L}$ im Reaktorkern bestimmt wird. Es ist ohne weiteres einzusehen, daß der prozentuale Anteil des Ausflußverlustes um so größer wird, je kleiner der Reaktorkern wird, weil die Oberfläche, bezogen auf die Volumeinheit mit abnehmender Größe des Reaktors ansteigt. Daher ist mit Sicherheit vorauszusagen, daß von einer bestimmten Mindestgröße ab eine weitere Verkleinerung nicht mehr möglich sein wird, weil dann der Anteil des Neutronenverlustes durch die Oberfläche so groß wird, daß $k < 1$ wird, die Kettenreaktion also zum Erliegen kommt bzw. von vornherein gar nicht in Gang gesetzt werden kann. Für die Konstruktion eines Reaktors muß man also nach dieser Mindestgröße, der sog. „*kritischen Größe*" fragen. Wir gehen dazu vom stationären Zustand der Kettenreaktion aus, also davon, daß der Fluß Φ zeitlich konstant ist. Zur Vereinfachung des Problems setzen wir voraus, daß wir es *nur mit thermischen Neutronen* und auch hier wieder nur mit Neutronen *einer Geschwindigkeit* zu tun haben. Unter dieser Voraussetzung haben wir die Lösung der partiellen Differentialgleichung (72) aufzusuchen, welche die Randbedingung befriedigt, daß an der Oberfläche des Reaktors $\Phi = 0$ ist. Wir schreiben sie noch einmal hin:

$$\nabla^2 \Phi - \frac{\Sigma_a}{D} \Phi + \frac{q}{D} = 0. \qquad (72)$$

Mit Gl. (61) formen wir um und erhalten

$$\frac{\lambda_t}{3} \nabla^2 \Phi - \Sigma_a \Phi + q = 0. \qquad (132)$$

Wie früher erörtert, stellt das Glied $\Sigma_a \cdot \Phi$ den Neutronenverlust durch Absorption und das Glied q die Neutronenerzeugung dar. Das letztere hatten wir bei der Ableitung von Gl. (72) nur hingeschrieben, ohne eine Aussage über seinen Wert zu machen. Um die Gleichung lösen zu können, müssen wir jetzt für q einen passenden Ausdruck in Gl. (132) bzw. Gl. (72) einsetzen. Mit der oben getroffenen Voraussetzung, daß wir es nur mit Neutronen ein und derselben Geschwindigkeit zu tun haben, also nur mit einer einzigen „*Gruppe*" von Neutronen, die durch ihre — nämlich thermische — Energie charakterisiert sind, können wir davon ausgehen, daß jeder Neutroneneinfang zur Erzeugung von k Neutronen durch Spaltung gemäß Gl. (113) führt. Demnach entstehen offenbar $q = k_\infty \cdot \Sigma_a \cdot \Phi$ Neutronen. Dieses Σ_a bezieht sich hier also auf *alle* Absorptionsvorgänge, da Gl. (113) ja eindeutig bestimmt, wieviel Neutronen tatsächlich bei Berücksichtigung *aller* Neutronenreaktionen endgültig entstehen. Damit können wir Gl. (132) nach Einsetzen des Ausdruckes für q in der Form

$$\frac{\lambda_t}{3} \nabla^2 \Phi - \Sigma_a \Phi + k_\infty \Sigma_a \Phi = 0 \qquad (133)$$

schreiben[1]. Durch Umformung erhalten wir

$$\nabla^2 \Phi + \frac{3\,(k_\infty - 1)}{\lambda_t}\,\Sigma_a \Phi = 0. \tag{134}$$

Wir setzen nun

$$\frac{3\,(k_\infty - 1)}{\lambda_t}\,\Sigma_a = B^2\,[\mathrm{cm}^{-2}] \tag{135}$$

und können damit Gl. (134) vereinfacht

$$\nabla^2 \Phi + B^2 \Phi = 0 \tag{136}$$

schreiben. Die Größe B^2 [cm^{-2}] wird „*Flußwölbung*" genannt. Wir kommen darauf noch zurück. Diese Flußwölbung können wir auch anstatt in der Form von Gl. (135) mit Hilfe von Gl. (48) und (75b), wonach sich die Diffusionslänge $L^2 = 1/3\,\lambda_t \cdot \lambda_a = \lambda_t/3\,\Sigma_a$ ergibt, auch in der Form

$$B^2 = \frac{k_\infty - 1}{L^2} \tag{137}$$

schreiben. Dieser Ausdruck stellt die Bedingung für das „*Kritischwerden*", also die „*kritische Gleichung*" für einen Reaktor dar. Sie ist in dieser Form jedoch noch ungeeignet, weil sie keine Rücksicht auf die Ortsveränderung der schnellen Neutronen im Reaktor während der Bremsung auf thermische Energie nimmt. Um sie zu verbessern, muß an Stelle des Ausdrucks für die Neutronenquelle $q = k_\infty \cdot \Sigma_a \Phi$ in Gl. (133) ein anderer, diesen Sachverhalt berücksichtigender Ausdruck eingeführt werden.

Diese Berücksichtigung kann aber durch den Wert der *Bremsdichte* q erfolgen. D.h., daß die Bremsdichte, also nach unserer früher gegebenen Definition die Neutronenzahl je Sekunde und Kubikzentimeter nach Durchschreitung eines bestimmten gegebenen Energiepegels, direkt der gesuchte Ausdruck für die Neutronenquelle, nämlich nach Gl. (109) ist. Wenn *keine Absorption* während der Abbremsung erfolgt – und das können wir unterstellen, weil ja Moderatorstoffe so ausgewählt werden, daß sie ein möglichst kleines σ_a haben –, so ergibt die Lösung der Gl. (109) die Bremsdichte q als Funktion des „*Alters*" τ nach Gl. (101) bzw. Gl. (110) den Wert für q_τ. Dabei muß nun noch in einem Reaktor mit natürlichem Uran der Resonanzeinfang im U-238 berücksichtigt werden. Das kann einfach dadurch geschehen, daß wir den Wert von q_τ für Neutronen desselben Alters τ mit dem Resonanzfluchtfaktor p multiplizieren. Damit können wir Gl. (133) in der Form

$$\frac{\lambda_t}{3}\,\nabla^2 \Phi - \Sigma_a \Phi + p \cdot q_\tau = 0 \tag{138}$$

---

[1] Es sei darauf hingewiesen, daß hier k_∞ und nicht etwa k_{eff} vorkommen muß, da die Gleichungen für *jedes* Volumelement im Reaktorinneren gelten sollen. Erst durch die Randbedingungen wird k_{eff} bestimmt!

Der thermische Reaktor: b) Kritische Größe des homogenen Reaktors 167

schreiben, wo Φ den thermischen Neutronenfluß und Σ_a den makroskopischen Absorptionsquerschnitt an einem Punkt des Reaktors darstellen, der durch die Koordinate $\mathfrak{r}$ bestimmt sein möge. Dann können wir die Bremsdichte durch Lösung der Gl. (109) in der Form

$$\nabla^2 q_{(\tau,\mathfrak{r})} = \frac{\partial\, q_{(\tau,\mathfrak{r})}}{\partial\, \tau}. \tag{139}$$

erhalten.

Nun wissen wir, daß in einem unendlichen Reaktor für jedes absorbierte Neutron in der nächsten Generation wieder nach Gl. (113) k_∞ thermische Neutronen vorhanden sind. Demnach muß — ebenfalls nach Gl. (113) — die Zahl der Spaltungsneutronen, die je absorbiertes thermisches Neutron entstehen, $k_\infty/p = \varepsilon \cdot f \cdot \eta$ betragen. Die Gesamtzahl der je Kubikzentimeter und Sekunde absorbierten Neutronen ist aber nach Gl. (72) $\Sigma_a \cdot \Phi$. Damit ergibt sich die Gesamtzahl der je Sekunde und Kubikzentimeter erzeugten Spaltungsneutronen zu $\dfrac{k_\infty}{p} \cdot \Sigma_a\, \Phi$. Dieser Wert stellt nun die Bremsdichte, bezogen auf die Spaltungsneutronen dar, die andererseits durch die Bremsdichte $q(o, \mathfrak{r})$, des Alters $\tau = 0$ gegeben sind, denn alle bei der Spaltung entstehenden, also die der Quelle entströmenden Neutronen haben ja das „Alter" Null[1]. Man kann also

$$q_{(0,\mathfrak{r})} = \frac{k_\infty}{p} \cdot \Sigma_a\, \Phi \tag{140}$$

schreiben. Da nun $q_{(\tau,\mathfrak{r})}$ eine Funktion des Ortes $\mathfrak{r}$ und des Alters τ ist, können wir Gl. (139), da wir es mit zwei unabhängigen Variablen zu tun haben, lösen, indem wir den üblichen Produktansatz (Rückführung auf gewöhnliche Differentialgleichungen) machen:

$$q = R(\mathfrak{r}) \cdot T(\tau). \tag{141}$$

Durch partielle Differentiation finden wir dann

$$\frac{\partial\, q}{\partial\, \tau} = R \cdot \frac{\partial\, T}{\partial\, \tau}$$

und

$$\nabla^2 q = T\, \nabla^2 R,$$

und daraus durch Einsetzen in Gl. (139)

$$T\, \nabla^2 R = R\, \frac{\partial\, T}{\partial\, \tau}$$

$$\frac{\nabla^2 R}{R} = \frac{1}{T}\, \frac{\partial\, T}{\partial\, \tau}. \tag{142}$$

---

[1] Es sei noch einmal daran erinnert, daß das FERMI-„Alter" τ die Dimension cm² hat, weil diese Größe sich als Produkt des Bremsweges von der Ausgangsenergie bis auf die gewünschte Energie mit einer mittleren Diffusionskonstanten ergibt.

In Gl. (142) ist jede Seite die Funktion nur einer Veränderlichen, nämlich die linke Seite eine Funktion des Ortes r und die rechte Seite eine Funktion der Energie, die durch τ nach Gl. (101) bestimmt ist, so daß sie gleich einer Konstanten gesetzt werden können oder mit anderen Worten: Die Gleichung ist nur erfüllt, wenn jede Seite einer Konstanten gleich ist. Wir setzen als Konstante zunächst willkürlich $-B^2$ und schreiben damit:

$$\frac{\nabla^2 R}{R} = -B^2 \qquad (143a)$$

$$\frac{1}{T}\frac{\partial T}{\partial \tau} = -B^2. \qquad (143b)$$

Die Lösung von Gl. (143b) ergibt

$$T(\tau) = A\, e^{-B^2\tau}. \qquad (144)$$

Eingesetzt in Gl. (141) erhält man[1]

$$q_{(\tau,\mathfrak{r})} = R \cdot A \cdot e^{-B^2 \cdot \tau}. \qquad (145)$$

Wenn $\tau = 0$ ist, wird Gl. (145)

$$q_{(0,\mathfrak{r})} = A \cdot R. \qquad (146)$$

Durch Vergleich mit Gl. (140) erhalten wir

$$A \cdot R = \frac{k_\infty}{p}\, \Sigma_a\, \Phi \qquad (147)$$

und

$$A\, \nabla^2 R = \frac{k_\infty}{p}\, \Sigma_a\, \nabla^2 \Phi. \qquad (148)$$

Durch Einsetzen von R und $\nabla^2 R$ aus Gl. (147) und (148) in Gl. (143a) folgt

$$\nabla^2 \Phi + B^2 \Phi = 0, \qquad (149)$$

worin B^2 wieder die Flußwölbung wie in Gl. (136) ist, jedoch mit einem anderen Wert. Er ergibt sich auf folgende Weise:
Indem wir die rechte Seite von Gl. (147) in Gl. (145) einsetzen, erhalten wir

$$q_{(\tau,\mathfrak{r})} = \frac{k_\infty}{p}\, \Sigma_a\, \Phi \cdot e^{-B^2 \cdot \tau}. \qquad (150)$$

Damit können wir nun, wenn wir als gewünschte Energiestufe der abgebremsten Neutronen die *thermische Energie* wählen, sie durch das entsprechende FERMI-Alter τ_{th} kennzeichnen und in Gl. (150) p auf die linke Seite schaffen, die Gl. (138) mit dem neugewonnenen Ausdruck für die Neutronenerzeugung $p \cdot q_{(\tau,\mathfrak{r})}$ in der Form

$$\frac{\lambda_t}{3}\, \nabla^2 \Phi - \Sigma_a\, \Phi + k_\infty \cdot \Sigma_a\, \Phi \cdot e^{-B^2 \tau_{th}} = 0 \qquad (151)$$

---

[1] Da mit steigendem FERMI-Alter τ die Bremsdichte q ja nicht zunehmen kann, muß B^2 eine reelle positive Zahl sein.

schreiben. Aus Gl. (149) ergibt sich aber, daß $\nabla^2 \Phi = - B^2 \Phi$ ist, und damit erhalten wir aus Gl. (151)

$$-\frac{\lambda_t}{3\Sigma_a} B^2 - 1 + k_\infty \cdot e^{-B^2 \cdot \tau_{th}} = 0,$$

und mit $L^2 = \dfrac{\lambda_t}{3\Sigma_a}$ aus Gl. (48) und (75b), was wir bereits in Gl. (137) verwendet hatten, ergibt sich schließlich

$$\frac{k_\infty \cdot e^{-B^2 \tau_{th}}}{1 + L^2 \cdot B^2} = 1, \qquad (152a)$$

welches die „eigentliche" Gleichung für das „Kritischwerden" oder die „kritische Gleichung" für einen homogenen Reaktor ohne Reflektor darstellt. Die Bedingung für den kritischen Zustand eines Reaktors ist erfüllt, wenn der Wert von B^2 die Gl. (152a) befriedigt.

Wenn k wenig über Eins liegt — das hat zur Voraussetzung, daß ein realer Reaktor sehr groß sein muß —, werden $B^2 \cdot \tau_{th}$ und $B^2 L^2$ klein gegen Eins. Dann kann man Gl. (152a) auch

$$\frac{k_\infty}{1 + B^2 (\tau + L^2)} = 1 \qquad (152b)$$

schreiben, da $e^{B^2 \tau} \approx 1 + B^2 \tau$ ist. Mit $\tau \ll L^2$ geht Gl. (152b) in Gl. (137) über. Für diesen Fall genügt also die vorher ohne Anwendung der FERMIschen Gleichung, also ohne Berücksichtigung der Bremsdichte, erhaltene kritische Gleichung[1].

Gl. (152a) gibt nun die Möglichkeit, B^2 zu bestimmen, wenn man die Diffusionslänge L und das FERMI-Alter τ kennt[2].

Durch Einsetzen in Gl. (149) ergibt sich damit die „kritische Abmessung" des Reaktors, sobald man diese Gleichung für die jeweils gegebene Geometrie des Reaktors gelöst hat. Sinngemäß wird damit auch die „kritische Masse" des Reaktors bestimmt, d.h. die Menge an Spaltmaterial, mit der er kritisch werden, also eine Kettenreaktion selbsttätig unterhalten kann.

Wie wir später noch sehen werden, muß ein ausgeführter Reaktor stets etwas mehr Spaltstoff erhalten, als dieser errechneten kritischen

---

[1] Da die Erzeugung thermischer Neutronen *nur* durch Abbremsung erfolgt, ist die Produktionsgröße q eigentlich selbst schon eine Bremsdichte, nur ist sie wegen Nichtberücksichtigung der Diffusion während der Bremsung *gleichmäßig* im Moderator verteilt. Deshalb ist es doch richtiger, hier davon zu sprechen, daß die durch gekoppelte Bremsung *und* Diffusion bedingte Raumverteilung der Bremsdichte *unberücksichtigt* bleibt.

[2] τ wird auch als das Quadrat der „*Bremslänge*" bezeichnet. Wir hatten bereits darauf hingewiesen, daß die Größe τ eine Analogie zur Diffusionslänge L ist. Wie Gl. (111) zeigt, ist sie gleich einem Sechstel des mittleren Quadrats des Abstandes von einer punktförmigen Quelle schneller Neutronen, nach dessen Durchlaufen sie thermische Energie erreicht haben.

Masse entspricht, um Neutronenverluste decken zu können, und zwar muß der wirkliche Reaktor einen kleineren Wert von B^2 haben, als der kritischen Gl. (152a) entspricht. Diesen Wert von B^2 nennt man die „*geometrische Flußwölbung*" B^2_g. Dagegen hängt der mit Gl. (152a) bestimmte Wert von B^2 von τ, k_∞ und L, mithin also im wesentlichen von den Materialeigenschaften des Reaktors ab. Er wird daher sinngemäß mit B^2_m bezeichnet. Wenn der Reaktor gerade kritisch ist, muß $B_m = B_g$ sein, wie es den vorher gemachten Voraussetzungen entspricht. Ist $B_g > B_m$, ist der Reaktor unterkritisch, dagegen mit $B_g < B_m$ überkritisch.

Man nennt nun die linke Seite von Gl. (152a) den „*effektiven Vermehrungsfaktor*" oder den „*kritischen Faktor*" und schreibt damit

$$k_{\text{eff}} = \frac{k_\infty \cdot e^{-B^2 \tau}}{1 + L^2 B_g^2} \qquad (153)$$

als die kritische Gleichung für einen homogenen Reaktor ohne Reflektor. Die Differenz

$$k_{\text{eff}} - 1 = \delta k \qquad (154)$$

nennt man die „*Reaktivität*" des Reaktors.

Die Gl. (152a) vermittelt noch weitere Aufschlüsse über das Verhalten eines Reaktors. Wir hatten bereits früher (S. 113) darauf hingewiesen, daß der Unterschied zwischen einem endlichen und einem unendlichen Reaktor durch den Neutronenausfluß durch die Oberfläche des wirklichen, also des endlichen Reaktors bestimmt wird. Wir hatten auch gesagt, daß Gl. (152a) in Gl. (137) übergeht, wenn $\tau = 0$ wird. Das bedeutet aber, daß $e^{-B^2 \cdot \tau} = 1$ wird, d. h., daß kein Neutronenverlust während der Abbremsung eintritt. Damit stellt der Ausdruck offenbar die Wahrscheinlichkeit dafür dar, daß ein schnelles Neutron thermische Energie erreicht, ohne durch Ausfluß verlorenzugehen. Wenn $L = 0$ wird, heißt das, daß keine thermischen Neutronen verlorengehen können, denn $L = 0$ bedeutet, daß das Neutron unmittelbar nach seiner Bildung absorbiert wird. Demnach gibt der Nenner von Gl. (152a) $\frac{1}{1 + L^2 B^2}$ die Wahrscheinlichkeit dafür an, daß keine thermischen Neutronen verlorengehen. Damit können wir also den Verbleibfaktor für schnelle Neutronen $\mathfrak{L}_s = e^{-B^2 \tau}$ und den Verbleibfaktor für thermische Neutronen $\mathfrak{L}_{th} = \frac{1}{1 + L^2 B^2}$ definieren. Aus Gl. (153) ergibt sich damit $k_{\text{eff}} = k_\infty \cdot \mathfrak{L}_s \cdot \mathfrak{L}_{th}$, die Bestätigung für die bereits auf S. 144 aufgestellte Behauptung, daß die Vermehrungsfaktoren des unendlichen und des realen Reaktors sich durch den Ausflußverlust unterscheiden. Abb. 69 gibt eine schematische Darstellung der Neutronenbilanz im Reaktor unter Berücksichtigung der verschiedenen Einflüsse wieder.

Der thermische Reaktor: b) Kritische Größe des homogenen Reaktors 171

Die Berechnung der kritischen Größe bzw. des kritischen Volumens erfolgt nun mit Hilfe von Gl. (149), wie wir bereits gesehen hatten, indem die entsprechende Geometrie eingeführt wird. Die Lösung dieser homogenen linearen Differentialgleichung stellt ein Eigenwertproblem mit

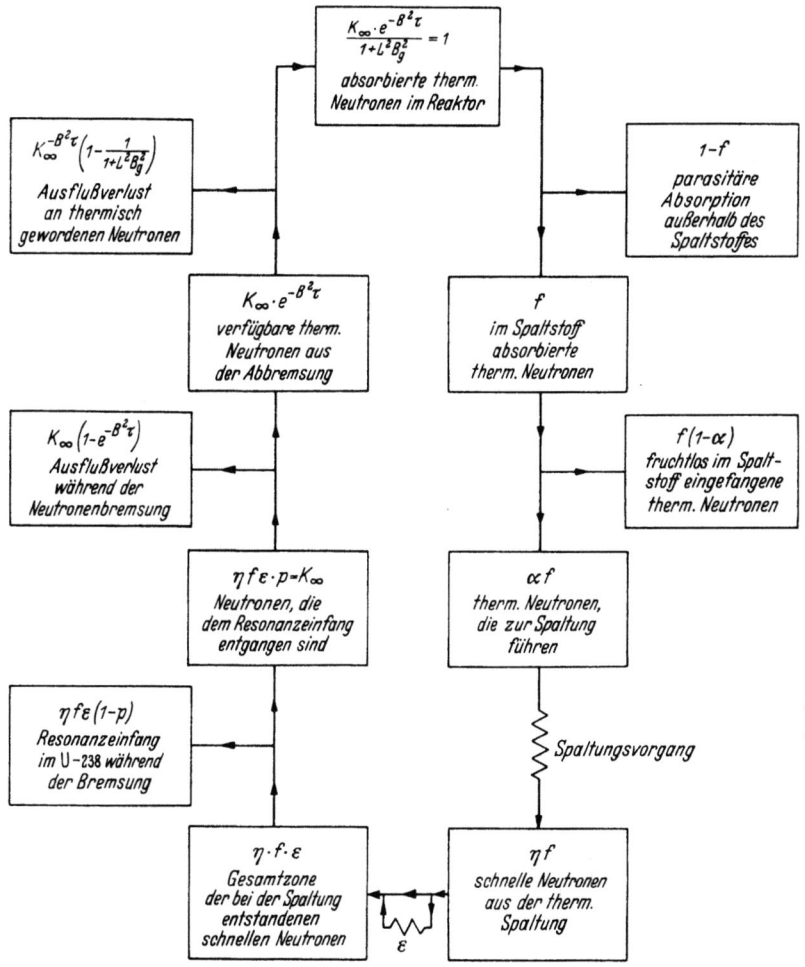

Abb. 69. Neutronenbilanz im Reaktor (nach STEPHENSON)

den Eigenwerten B^2 dar. Die Eigenwerte, für die das Problem nichttriviale Lösungen hat, sind zu bestimmen. Aus Gl. (149) ergibt sich für die einfachste Geometrie einer unendlichen ebenen Platte, Abb. 70, die Differentialgleichung

$$\frac{d^2 \Phi}{d x^2} + B^2 \Phi = 0 \qquad (155)$$

mit der Lösung
$$\Phi(x) = C_1 \cos Bx + C_2 \sin Bx, \qquad (156)$$

wo nun die Integrationskonstanten C_1 und C_2 den Randbedingungen anzupassen sind. Die Randbedingungen lauten, wie aus dem Bild zu entnehmen ist:

$$\Phi(0) = \Phi_{max} \quad \text{und mithin} \quad \frac{d\Phi(0)}{dx} = 0, \\ \Phi(a+d) = 0 \qquad (157)$$

wobei $a + d = \pm x_0/2$ die halbe Plattenstärke zuzüglich der Extrapolationslänge $d = 2/3\,\lambda_t$ nach Gl. (80) bzw. der berichtigte Wert $d = 0{,}71\,\lambda_t$ ist. Die Differentiation von Gl. (156) nach x ergibt

$$\frac{d\Phi}{dx} = -C_1 B \sin Bx + C_2 B \cos Bx$$

und für Φ_{max} gemäß Gl. (157) folgt

$$0 + C_2 B = 0.$$

Da nicht $B = 0$ sein kann, muß

$$C_2 = 0$$

sein. Damit ergibt sich aus Gl. (156)

$$\Phi(x) = C_1 \cos Bx. \qquad (158)$$

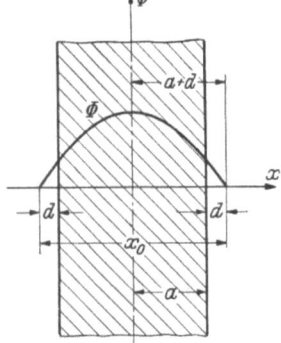

Abb. 70. Neutronenflußverteilung in der unendlich großen Platte mit Neutronenvermehrung mit der Extrapolationslänge $d = \frac{2}{3}\lambda_t$ (nach STEPHENSON)

Mit der anderen Randbedingung nach Gl. (157), wonach für $x = x_0/2 = a + d$ der Fluß $\Phi = 0$ sein soll, findet man durch Einsetzen in Gl. (158):

$$C_1 \cos B \cdot (a+d) = C_1 \cos B \frac{x_0}{2} = 0. \qquad (159)$$

Entweder ist nun $C_1 = 0$; das würde auf die nicht interessierende triviale Lösung herauslaufen, daß $\Phi = 0$ ist; oder es ist $\cos B \frac{x_0}{2} = 0$. Dies ist eine transzendente Gleichung für den Parameter B^2, eine Frequenzgleichung mit den sofort angebbaren Lösungen

$$B \frac{x_0}{2} = n \cdot \frac{\pi}{2} \qquad (n = 1, 3, 5\ldots) \qquad (160)$$

oder

$$B_n = \frac{n\pi}{x_0}, \qquad (n = 1, 3, 5\ldots) \qquad (161)$$

womit also die Eigenwerte B gefunden sind, welche den Randbedingungen Gl. (157) genügen. Damit können wir Gl. (158) in der Form

$$\Phi = C_1 \cos \frac{\pi x}{x_0} + C_1' \cos \frac{3\pi x}{x_0} + C_1'' \cos \frac{5\pi x}{x_0} + \ldots \qquad (162)$$

Der thermische Reaktor: b) Kritische Größe des homogenen Reaktors 173

schreiben. Für den kritischen Reaktor existiert[1] nur die „Grundschwingung" mit $B = \dfrac{\pi}{x_0}$, und wir erhalten damit durch Einsetzen in Gl. (158)

$$\Phi(x) = C_1 \cos \frac{\pi}{x_0} \cdot x. \qquad (163)$$

Damit haben wir die Flußverteilung $\Phi(x)$ gefunden, wenn wir den Wert der Konstanten C_1 kennen.

Die Bestimmung der kritischen Größe erfolgt, indem wir x_0 für ein gegebenes B bestimmen. Da nach der gemachten Voraussetzung die Platte unendlich ausgedehnt sein sollte (lineares Problem) und infolgedessen das kritische Volumen eines solchen Reaktors ebenfalls unendlich groß sein würde, ist dieser — für die Ableitung der Gl. (163) zwar bequeme — Fall ohne praktische Bedeutung. Wir wollen daher anstatt dessen als Beispiel einer endlich begrenzten Reaktorform die Rechnung für eine Kugel nach dem Beispiel von STEPHENSON [1] durchführen:

Es sei die Aufgabe gestellt, die kritische Größe einer Kugel mit dem Radius R von reinem U-235 zu bestimmen. In Kugelkoordinaten ist Gl. (149) in der Form

$$\frac{d^2\Phi}{dr^2} + \frac{2}{r}\frac{d\Phi}{dr} + B^2\Phi = 0$$

zu schreiben. Die Lösung lautet

$$\Phi = C_1 \frac{\sin Br}{r} + C_2 \frac{\cos Br}{r}.$$

Die Randbedingungen lauten:
Im Mittelpunkt der Kugel, also für $r = 0$ muß der Fluß endlich sein, demnach also $C_2 = 0$. Für die Außenfläche $r = R$ (wobei in R die Extrapolationslänge d eingeschlossen sein soll) soll $\Phi = 0$ sein. Damit ergibt sich

$$\frac{C_1}{R} \sin BR = 0,$$

$$B \cdot R = n \cdot \pi. \qquad (n = 1, 2, 3 \ldots)$$

Mit der Grundschwingung — die Kugel soll ja kritisch werden! — ergibt sich

$$\Phi = \frac{C_1}{r} \sin \frac{\pi r}{R},$$

worin $R = \pi/B$ ist. Den Wert von B nehmen wir in diesem Falle, da bei reinem U-235 eine Abbremsung der Neutronen nicht in Betracht kommt, aus Gl. (135) zu

$$B^2 = \frac{3(k_\infty - 1)}{\lambda_t} \Sigma_a.$$

In reinem U-235 ergibt sich $k_\infty = \eta = \nu \dfrac{\sigma_f}{\sigma_t} = 2{,}1$ (vgl. S. 155). Mit den Werten

---

[1] Für den kritischen Reaktor kann nämlich nach Gl. (152) nur *ein* Wert für B gelten, und zwar *muß* es der *kleinste* sein!

für U-235 von $A = 235$, $\gamma = 18,9$ g/cm³, $\sigma_s = 4\text{b} = 4 \cdot 1^{-24}$ cm² und $\Sigma_f = 0,1$ erhalten wir[1]

$$N = \gamma \frac{N_L}{A} = 18,9 \frac{6,03 \cdot 10^{23}}{235} = 4,85 \cdot 10^{22} \, [\text{cm}^{-3}]$$

$$\Sigma_s = N \cdot \sigma_s = 4,85 \cdot 10^{22} \cdot 4 \cdot 10^{-24} = 0,194 \, [\text{cm}^{-1}]$$

$$\lambda_t = \frac{1}{\Sigma_s} = \frac{1}{0,194} = 5,15 \, [\text{cm}]$$

$$B^2 = \frac{3\,(2,1-1) \cdot 0,1}{5,15} = 6,47 \cdot 10^{-2} \, [\text{cm}^{-2}]$$

$$B = 0,25 \, [\text{cm}^{-1}]$$

$$R = \frac{\pi}{0,25} = 12,4 \, [\text{cm}]$$

Die Extrapolationslänge ist $d = 0,71\, \lambda_t = 3,7$ cm. Damit wird der tatsächliche Durchmesser $R_{\text{eff}} = R - d = 8,7$ cm. Das Gewicht dieses kritischen Volumens beträgt dann $G = \dfrac{4\,\pi \cdot R^3 \cdot \gamma}{3} = \dfrac{4\,\pi \cdot 8,7^3 \cdot 18,9}{3} \approx 52000$ g ≈ 50 kg. Die Berechnung ist ungenau, weil exakte Werte der Wirkungsquerschnitte nicht bekannt sind. Sie werden natürlich geheimgehalten, weil diese Berechnung auf die Bestimmung der Abmessungen der Atombombe hinausläuft. Sie liegt aber innerhalb der im sog. ,,SMYTH-Report" angegebenen Grenzen von 1...100 kg. HEISENBERG [50] hat eine Abschätzung ausgeführt und kommt auf $R = 8,4$ cm (vgl. hierzu auch FINKELNBURG [33]).

Dieses Beispiel mag genügen, um das Prinzip des Rechnungsganges zu zeigen. Für andere Geometrien sind in der Tab. 12 die wichtigsten Größen zusammengestellt, nämlich für den prismatischen Reaktorkern, für die Zylinderform und für die Kugel. Die Flußverteilung verläuft entweder nach einer Sinus- bzw. Cosinusfunktion oder — beim Zylinder — nach einer Besselfunktion. Die Abweichungen der Flußverteilung in den verschiedenen Formen des Reaktorkerns sind jedoch recht geringfügig, so daß man für praktische Zwecke meist mit einer Cosinusverteilung auskommt. Abb. 71 macht das deutlich, ohne daß es einer besonderen Erläuterung bedarf.

Zum Abschluß dieses Abschnittes müssen wir der Vollständigkeit halber noch einen Begriff behandeln, der ebenfalls in der Reaktortechnik eine Rolle spielt. Es handelt sich um die sog. ,,*Wanderungslänge*" M bzw. die ,,*Wanderungsfläche*" M^2. Um zu erläutern, was darunter zu verstehen ist, greifen wir auf das FERMI-Alter τ zurück, welches wir auch als das mittlere Quadrat der Entfernung deuten können, welche die Neutronen während der Abbremsung zurücklegen. Demnach ist also $\sqrt{\tau_{th}}$ die effektive *Entfernung*, die die Neutronen überwunden haben, bis sie thermisch

---

[1] Der Wert gilt für *schnelle* Neutronen! Wir haben es ja mit reinem U-235 *ohne* Moderator zu tun. Infolgedessen erfolgt die Spaltung *nur* durch schnelle Neutronen, für die, wie früher bereits besprochen, der Absorptionsquerschnitt klein ist.

Tabelle 12. *Kritische Größe von Reaktorkernen verschiedener Geometrie* [1, 3]

Geometrie des Kerns	Koordinaten	Gleichung	Flußverteilung	Flußwölbung (geometrisch)	Kritisches Volumen	Randbedingungen
Kugel		$\dfrac{d^2\Phi}{dr^2} + \dfrac{2}{r} \cdot \dfrac{d\Phi}{dr} + B^2\Phi = 0$	$\Phi = A \cdot \sin\dfrac{\pi r}{R}$	$B_g^2 = \left(\dfrac{\pi}{R}\right)^2$	$\dfrac{130}{B_g^3}$	$\Phi = 0$ für $r = R$; Φ ist endlich für $r = 0$
Rechteckiges Prisma		$\dfrac{\partial^2\Phi}{\partial x^2} + \dfrac{\partial^2\Phi}{\partial y^2} + \dfrac{\partial^2\Phi}{\partial z^2} + B^2\Phi = 0$	$\Phi = A\cos\dfrac{\pi x}{a}\cos\dfrac{\pi y}{b}\cos\dfrac{\pi z}{c}$ bezw. mit: $a = x_0;\ b = y_0;\ c = z_0$: $\Phi = A\cos\dfrac{\pi x}{x_0}\cos\dfrac{\pi y}{y_0}\cos\dfrac{\pi z}{z_0}$	$B_g^2 = \left(\dfrac{\pi}{a}\right)^2 + \left(\dfrac{\pi}{b}\right)^2 + \left(\dfrac{\pi}{c}\right)^2$ $B_g^2 = \left(\dfrac{\pi}{x_0}\right)^2 + \left(\dfrac{\pi}{y_0}\right)^2 + \left(\dfrac{\pi}{z_0}\right)^2$	$\dfrac{161}{B^3}$ mit $a = b = c$ bezw.: $x_0 = y_0 = z_0$	$\Phi_x = \Phi_{-x}$ $\Phi = \Phi_{\max}$ für $x = 0$ $\Phi = 0$ für $x = \dfrac{x_0}{2}$ bezw. $x = \dfrac{a}{2}$
Zylinder (endlich)		$\dfrac{\partial^2\Phi}{\partial r^2} + \dfrac{1}{r}\dfrac{\partial\Phi}{\partial r} + \dfrac{\partial^2\Phi}{\partial z^2} + B^2\Phi = 0$	$\Phi = A \cdot \cos\dfrac{\pi z}{l} \cdot J_0 \dfrac{2{,}405\, r}{R}$	$B_g^2 = \left(\dfrac{\pi}{l}\right)^2 + \left(\dfrac{2{,}405}{R}\right)^2$	$\dfrac{148}{B^3}$ mit $l = 1{,}847\,R$	$\Phi_{\max}$ für $r = 0$; $z = 0$ $\Phi = 0$ für $r = R$ und $z = l/2$

geworden sind, nicht zu verwechseln mit dem zurückgelegten *Weg* (im Zickzack,,flug"). Von dem Augenblick an nun, wo ein Neutron thermisch geworden ist, ist für seine weitere Bewegung bis zum Einfang in irgendeinem Absorptionsprozeß die Diffusionslänge L maßgebend. Infolgedessen könnte man die Summe beider Entfernungen als den ,,Lebensweg" des Neutrons von seinem Entstehen als schnelles Spaltungsneutron bis zu seinem Verschwinden durch einen Einfangprozeß auffassen. Aus

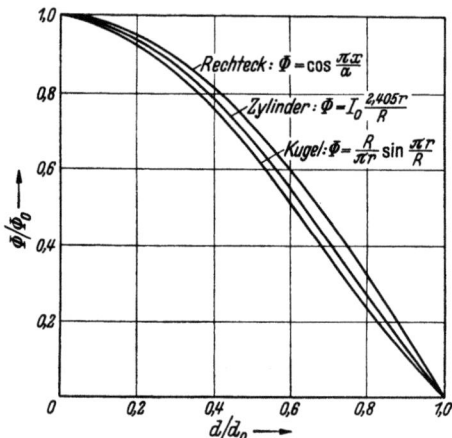

Abb. 71. Relative Flußverteilung Φ/Φ_0 in verschiedenen Reaktorgeometrien als Funktion des relativen Mittenabstandes d/d_0 (nach STEPHENSON)

verschiedenen Gründen, die wir hier nicht erörtern können, ist es aber richtiger, es anders zu machen: Man addiert die Quadrate der ,,Entfernung" L und $\sqrt{\tau}$ und zieht daraus die Wurzel, schreibt also

$$M = \sqrt{L^2 + \tau} \qquad (164)$$

und nennt die so definierte Entfernung M von der Entstehung bis zum Verschwinden des Neutrons die ,,*Wanderungslänge*". In Tab. 13 sind für einige typische Moderatoren die Werte von L, $\sqrt{\tau}$ und M, ferner die Brems- und Diffusionszeiten zusammengestellt. Wenn wir nun in Gl. (164) beide Seiten quadrieren, erhalten wir für M^2 den Ausdruck, dem wir

Tabelle 13. *Neutronenbremsung und -diffusion in verschiedenen Moderatoren* [3]

Moderator	Diffusionslänge L [cm]	Bremslänge $\sqrt{\tau}$ [cm]	Wanderungslänge M [cm]	Makroskop. Streuquerschnitt Σ_s [cm^{-1}]	Bremszeit [sek]	Diffusionszeit [sek]
Wasser	2,88	5,74	6,43	0,9	$1 \cdot 10^{-5}$	$2,1 \cdot 10^{-4}$
Schweres Wasser	100	10,9	101	0,43	$2,9 \cdot 10^{-5}$	0,15
Beryllium	23,6	9,9	25,8	0,55	$7,8 \cdot 10^{-5}$	$4,3 \cdot 10^{-3}$
Graphit	50,2	18,7	53,6	0,30	$1,9 \cdot 10^{-4}$	$1,2 \cdot 10^{-2}$

bereits in Gl. (152b) begegnet sind. Infolgedessen können wir Gl. (152b) auch in der Form (für einen großen Reaktor!)

$$\frac{k_\infty}{1 + M^2 B^2} = 1 \qquad (165)$$

schreiben. Hier pflegt man M^2 die „*Wanderungsfläche*" der thermischen Neutronen im Reaktor zu nennen. Nach dem früher Gesagten stellt also M^2 die Wahrscheinlichkeit für den Neutronenverlust durch Ausfluß in einem Reaktor dar: Je größer M^2 wird, desto größer ist der Neutronenverlust durch Ausfluß bei einem gegebenen Reaktor. Das ist leicht einzusehen, weil M ja nach Gl. (164) den *Gesamtweg* der Neutronen darstellt. Je größer dieser Weg wird, desto wahrscheinlicher ist es, daß die Neutronen die Außenfläche des Reaktorkernes erreichen und damit austreten werden. Es sei noch darauf hingewiesen, daß sich aus Gl. (165) $k_\infty - 1 = M^2 B^2$, mithin also die „Reaktivität" des unendlich großen Reaktors ähnlich wie in Gl. (154) ergibt.

c) Thermischer Reaktor mit Reflektor

Es ist bisher immer wieder davon gesprochen worden, daß der Neutronenausfluß aus der Oberfläche des Reaktors einen Verlust darstellt, der letzten Endes, wie wir gesehen haben, dazu zwingt, den Reaktorkern, also seine Abmessungen, größer zu machen, als theoretisch notwendig wäre, wenn kein Verlust aufträte. Es ist ohne weiteres klar, daß dadurch die Kosten des Reaktors höher werden, weil mehr Spaltstoff und mehr Moderatormaterial aufgewendet werden müssen. Infolgedessen ist es naheliegend, nach einer Möglichkeit zu suchen, diesen Verlust herabzusetzen, indem man z.B. die austretenden Neutronen irgendwie dazu zwingt, wieder in den Reaktorkern zurückzukehren, sie also gewissermaßen *reflektiert*. Das kann man auf eine ziemlich einfache Weise dadurch ausführen, daß man den eigentlichen Reaktor mit einer passend bemessenen Schicht von Moderatorstoff umgibt oder mit anderen Worten: daß man den Moderator um einen gewissen Betrag größer macht, als es der kritischen Größe für die Mischung aus Spaltstoff und Moderator entspricht. Daß eine solche Maßnahme wirksam sein muß, leuchtet ohne weiteres ein, wenn man daran denkt, daß die Wirkung des Moderators ja eben darauf beruht, daß die Neutronen an den Kernen der Moderatorsubstanz elastische Stöße erfahren und beim zentralen Stoß ihre Richtung um 180° ändern. Wenn man den „*Reflektor*" aus Moderatorstoff genügend dick macht, wird offenbar die Wahrscheinlichkeit sehr groß, daß alle aus der Oberfläche des Reaktorkernes austretenden Neutronen irgendwann einmal durch einen zentralen Stoß zurückgeworfen werden und wieder in den Reaktorkern zurückkehren, sofern sie nicht vorher einem Einfangprozeß zum Opfer fallen.

Ein solcher Reflektor hat noch eine andere vorteilhafte Eigenschaft: Der Reaktor ohne Reflektor, der also von einem Vakuum umgeben gedacht ist, in welchem keine Neutronenreaktionen möglich sind, zeigt eine Flußverteilung, wie wir sie bereits in Abb. 53 gelegentlich der Ermittlung der Extrapolationslänge d kennengelernt haben. Der Fluß fällt zur Begrenzungsfläche stark ab. Da nun die Zahl der Spaltprozesse in der Zeiteinheit von dem Fluß Φ abhängig ist, bedeutet das, daß der Spaltstoff in den Randzonen des Reaktorkernes nur wenig zu der Leistung des Reaktors beiträgt, also schlecht ausgenutzt wird. Mit einem Reflektor hingegen wird der Fluß in der Randzone angehoben und damit die Ausnutzung des Spaltstoffes besser. Schließlich spricht noch ein Gesichtspunkt zugunsten der Anwendung eines Reflektors: Der Leistungsberechnung eines Reaktors muß der Mittelwert von Φ zugrunde gelegt werden. Je höher diese Nennleistung sein soll, desto höher muß der Scheitelwert des Flusses im Inneren des Reaktors sein. Die Differenz zwischen Scheitelwert und Mittelwert wird aber um so kleiner, je näher die Grenzwerte, also Scheitelwert und Wert an der Außenfläche des Reaktorkernes aneinanderrücken. Es ist ohne weiteres einzusehen, daß das ebenfalls durch den Reflektor unterstützt wird, weil der Fluß an der Grenzfläche durch die Reflektorwirkung ansteigt.

Die mathematische Behandlung des Reflektors ist nun ziemlich kompliziert. Man muß nämlich im Reflektor nicht nur die thermischen Neutronen berücksichtigen, sondern auch die schnellen Neutronen, weil sie ja ebenfalls aus dem Kern des Reaktors herausfliegen und in den Reflektor gelangen. Während *thermische* Neutronen aber im Reflektor lediglich diffundieren (weil sie im thermischen Gleichgewicht mit dem Reflektorstoff stehen), werden *schnelle* Neutronen im Reflektor *moderiert*, weil er ja eben praktisch ein Moderator ist, der lediglich keinen Spaltstoff enthält. Damit kann sogar ein *Anstieg des Flusses* im Reflektor eintreten, wie Abb. 72 zeigt[1].

Es ist nun unzweckmäßig, den gleichen Weg bei der Berechnung zu gehen, wie wir es vorher gemacht haben, nämlich die auf der *stetigen* Bremsung basierende Fermi-Methode anzuwenden. Die Bremsdichte q im Gesamtsystem Reaktor + Reflektor hängt nämlich nicht mehr in so einfacher Weise wie nach Gl. (140) vom Fluß ab. Deshalb muß man — je nach der geforderten Genauigkeit — mit mehreren Geschwindigkeitsgruppen rechnen. Dabei muß man die Annahme machen, daß jeweils die Geschwindigkeit der Neutronen der einen Gruppe sprunghaft in die Geschwindigkeit der Neutronen der nächstfolgenden Gruppe übergeht.

---

[1] Bei gleichem Flußwert Φ [cm^{-2} · sek^{-1}] für thermische und schnelle Neutronen ist die *Dichte* n_s [cm^{-3}] der schnellen Neutronen kleiner als diejenige der thermischen n_{th}. Das ergibt sich aus Gl. (45): Da $n = \Phi/v$ ist, sinkt bei festgehaltenem Φ der Wert von n mit steigender Geschwindigkeit v!

Der thermische Reaktor: c) Thermischer Reaktor mit Reflektor

Die Rechnung mit der „*Eingruppentheorie*", also unter Ansatz nur thermischer Neutronen, ergibt nur eine *Annäherung*. Immerhin ist sie für den praktischen Gebrauch ausreichend. Man kann als Faustregel sagen, daß das Ergebnis der Eingruppentheorie um etwa 20% vom exakten Wert abweicht. Das bedeutet, daß man den Effekt des Reflektors, den „*Reflexionsgewinn*" δ mit der Eingruppentheorie *zu niedrig* ermittelt, mithin also für die kritische Größe des Reaktors mit Reflektor einen *zu hohen Wert* errechnet. Das wirkt einmal unnötig verteuernd, zum anderen kann

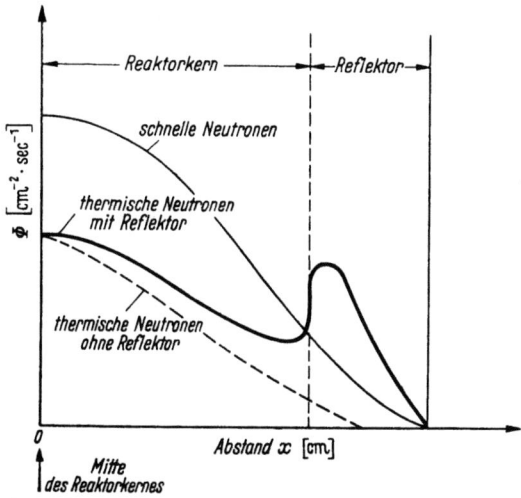

Abb. 72. Flußverteilung schneller und thermischer Neutronen mit und ohne Reflektor als Funktion des Abstandes vom Reaktormittelpunkt

die Gefahr bestehen, daß die Reaktivität unerwartet hoch und damit ein Durchgehen des Reaktors begünstigt wird.

Zu einer Darstellung des Gedankenganges begnügen wir uns daher mit der Eingruppentheorie. Wir unterstellen also, daß alle Reaktionen, also Erzeugung, Diffusion und Absorption der Neutronen *nur bei thermischer Geschwindigkeit* derselben vor sich gehen. Um den Reflektor berechnen zu können, gehen wir wieder von der Reaktorgleichung für den stationären Zustand in der Form von Gl. (133) aus, wobei wir die Werte, die sich auf den Reaktorkern beziehen, mit dem Index k und diejenigen, die sich auf den Reflektor beziehen, mit dem Index R kennzeichnen. Wir schreiben also Gl. (133), indem wir noch Gl. (56) berücksichtigen, in der Form

$$D_k \nabla^2 \Phi_k - \Sigma_{a,k} \Phi_k + k_\infty \Sigma_{a,k} \Phi_k = 0 \qquad (166)$$

oder in Anlehnung an die Schreibweise von Gl. (75a) mit Berücksichtigung von Gl. (56)

$$\nabla^2 \Phi_k + \frac{k_\infty - 1}{L_k^2} \Phi_k = 0 \; . \qquad (167)$$

Für den Reflektor gilt dasselbe mit dem Unterschied, daß der Ausdruck für die Quelle in Gl. (166) wegfällt. Damit erhalten wir

$$\nabla^2 \Phi_R - \frac{1}{L^2_R} \cdot \Phi_R = 0 . \quad (168)$$

Nun gibt es noch eine Möglichkeit, die Behandlung des Problems nach der Eingruppentheorie etwas genauer zu gestalten, indem wir daran denken, daß L^2 *nur* die Diffusionslänge der thermischen Neutronen berücksichtigt, daß hingegen mit $M^2 = L^2 + \tau$ nach Gl. (164) der *gesamte Lebensweg* eines Neutrons berücksichtigt wird, also der Umstand, daß die Neutronen ja nicht *primär als thermische Neutronen* bei der Spaltung entstehen. Mit anderen Worten: Wir ersetzen in Gl. (167) L^2 durch M^2 und schreiben sie in verbesserter Form:

$$\nabla^2 \Phi_k + \frac{k_\infty - 1}{M^2_k} \Phi_k = 0 . \quad (169)$$

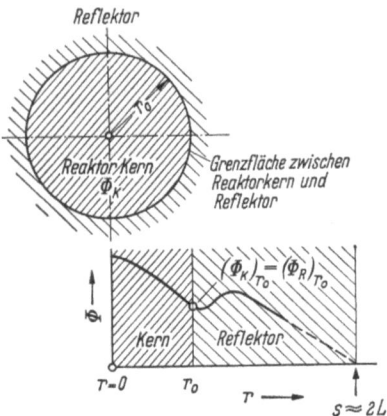

Abb. 73. Zur Bestimmung des Radius r_0 eines kugelförmigen Reaktors mit unendlich dickem Reflektor

Um nun die kritische Größe eines Reaktors gegebener Geometrie *mit Reflektor* zu bestimmen, müssen die Gln. (168) und (169) gelöst werden. Als Beispiel sei ein kugelförmiger Reaktor mit dem Radius r_0 und unendlich dickem Reflektor, Abb. 73, behandelt. Gl. (167) lautet dann:

$$\frac{d^2 \Phi_k}{dr^2} + \frac{2}{r} \cdot \frac{d\Phi_k}{dr} + \frac{k_\infty - 1}{M^2_k} \Phi_k = 0 . \quad (170)$$

Nachfolgend schließen wir uns im wesentlichen der Darstellung von STEPHENSON [1] an. Die Lösung lautet, wenn wir zur Vereinfachung der Schreibweise $\frac{\sqrt{k_\infty - 1}}{M_k} = \Theta$ setzen,

$$\Phi_k = \frac{C_1}{r} \sin \Theta r + \frac{C_2}{r} \cos \Theta \cdot r . \quad (171)$$

Da auch hier wieder gilt, daß der Fluß im Mittelpunkt, also für $r = 0$, einen *endlichen* Wert haben muß, ergibt sich $C_2 = 0$ und damit

$$\Phi_k = \frac{C_1}{r} \sin \Theta \cdot r . \quad (172)$$

Für den Fluß im Reflektor erhalten wir aus Gl. (168):

$$\frac{d^2 \Phi_R}{dr^2} + \frac{2}{r} \cdot \frac{d\Phi_R}{dr} - \frac{1}{L^2_R} \cdot \Phi_R = 0 . \quad (173)$$

Die Lösung lautet

$$\Phi_R = \frac{C_1'}{r} \cdot e^{\frac{r}{L_R}} + \frac{C_2'}{r} e^{-\frac{r}{L_R}}. \quad (174)$$

Da der Fluß wiederum auch für große Werte von r endlich bleiben muß, d.h. erst im Unendlichen Null werden darf, ergibt sich $C_1' = 0$ und damit

$$\Phi_R = \frac{C_2'}{r} e^{-\frac{r}{L_R}}. \quad (175)$$

Wir müssen nun die Konstanten C_1 und C_2' eliminieren und verwenden dazu die Randbedingung gemäß Abb. 73, daß der Fluß und der Neutronenstrom I nach Gl. (54) unter Berücksichtigung von Gl. (56) an der Trennfläche $r = r_0$ beider Medien auf beiden Seiten gleich sein müssen, also $(\Phi_k)_{r_0} = (\Phi_R)_{r_0}$ und $(I_k)_{r_0} = (I_R)_{r_0}$ und damit

$$\frac{C_1}{r_0} \sin \Theta r_0 = \frac{C_2'}{r_0} e^{-\frac{r_0}{L_R}} \quad (176\text{a})$$

und

$$- D_K \left(\frac{d\Phi_k}{dr} \right)_{r_0} = - D_R \left(\frac{d\Phi_R}{dr} \right)_{r_0} \quad (176\text{b})$$

sein muß. Differentiieren der Ausdrücke für Φ_k und Φ_R in Gln. (172) und (175) und Einsetzen in Gl. (176b) ergibt

$$\left. \begin{array}{l} - D_K \left(-\dfrac{C_1}{r_0^2} \sin \Theta r_0 + \dfrac{C_1}{r_0} \Theta \cos \Theta r_0 \right) \\[2mm] = - D_R \left(-\dfrac{C_2'}{r_0^2} e^{-\frac{r_0}{L_R}} - \dfrac{C_2'}{r_0 L_R} \cdot e^{-\frac{r_0}{L_R}} \right). \end{array} \right\} \quad (177)$$

Wir dividieren nun Gl. (177) durch Gl. (176a) und erhalten nach einiger Umformung die *kritische Gleichung* für den kugelförmigen Reaktor mit unendlich dickem Reflektor[1]:

$$\operatorname{ctg} \Theta r_0 = \frac{1}{\Theta r_0} \left(1 - \frac{D_R}{D_K} \right) - \frac{D_R}{D_K \Theta L_R}$$

und nach Einsetzen von $\Theta = \dfrac{\sqrt{k_\infty - 1}}{M_k}$

$$\operatorname{ctg} \frac{r_0 \sqrt{k_\infty - 1}}{M_k} = \frac{M_k}{r_0 \sqrt{k_\infty - 1}} \left(1 - \frac{D_R}{D_K} \right) - \frac{D_R M_k}{D_K L_R \sqrt{k_\infty - 1}}. \quad (178)$$

---

[1] Da hier eine symmetrische Anordnung vorliegt, ist die eine Randbedingung eine innere, nämlich die physikalische Forderung, daß für $r = 0$ der Fluß Φ einen endlichen Wert haben soll. Die zweite ist ins Unendliche verschoben, nämlich $\Phi \to 0$ für $r \to \infty$. Zu diesen zwei Randbedingungen, die für die Lösung einer Differentialgleichung 2. Ordnung notwendig sind, kommen die zwei Übergangsbedingungen $\Phi_k = \Phi_R$ und $I_k = I_R$, die ja ihrerseits jeweils wieder eine Randbedingung für Reaktorkern und Reflektor enthalten.

In Wirklichkeit ist es nicht notwendig, daß der Reflektor unendlich dick ist. Es genügt, wenn seine Wandstärke s *doppelt so groß ist* wie die Diffusionslänge L für thermische Neutronen. Sie beträgt z. B. für Graphit etwa 50 cm (vgl. Berechnung auf S. 126), und damit genügt eine Reflektorstärke von etwa $s = 1$ m, welche praktisch dieselbe Wirkung hervorbringt wie ein unendlich dicker Reflektor.

Bei der Berechnung der kritischen Größe von Reaktoren mit Reflektor wird häufig noch von dem ,,*Rückstrahlungsvermögen*" ϱ — vielfach in Anlehnung an die Reflexion von Sonnenlicht in der angelsächsischen Literatur auch ,,Albedo" genannt — und von dem ,,Reflexionsgewinn" δ [cm] (englisch: ,,reflector savings", also genaugenommen Einsparung durch den Reflektor) Gebrauch gemacht. Das Rückstrahlungsvermögen (man könnte auch Reflexionskoeffizient sagen) ist das Verhältnis der Intensitäten der Neutronenströme I^+ und I^- von beiden Seiten senkrecht zur Trennfläche zwischen Reaktorkern und Reflektor, also nach Gl. (52a) und (52b) das Verhältnis $\varrho = I^-/I^+$, eine dimensionslose Zahl. Durch Einsetzen der Ausdrücke aus Gln. (52a) und (52b) erhält man schließlich z. B. für die Geometrie der unendlich großen Platte in der üblichen, schon mehrfach erörterten Weise mittels Gl. (72) und unter Anwendung der in Gl. (75b) gegebenen Beziehung

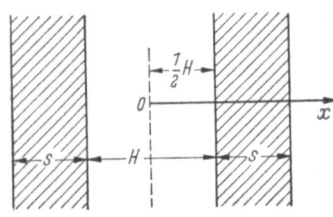

Abb. 74. Zur Bestimmung von δ: Unendlich große Platte der Dicke H mit Reflektorschicht s

$$\varrho = \frac{3 - 2 K \lambda_t}{3 + 2 K \lambda_t} . \quad (179)$$

Man sieht daraus, daß die Reflexion sich um so mehr dem Werte $\varrho = 1$ nähert, je kleiner λ_t ist. Im übrigen hängt sie von Größe und Gestalt des Reflektors sowie von der Geometrie des Reaktors ab.

Die andere Größe, der Reflexionsgewinn δ gibt an, um wieviel Zentimeter die Abmessungen des Kernes infolge der Wirkung des Reflektors verkleinert werden können. Im Falle der unendlich großen Platte, Abb. 74, läßt sich angeben, daß $\delta = H_0/2 - H/2$ ist, wenn H_0 die Dicke des (plattenförmigen) Reaktorkernes ohne Reflektor und H die Dicke des Kernes mit Reflektor der Dicke s ist. Für den ,,nackten" Reaktor, also denjenigen ohne Reflektor im Vakuum, ist nach Gl. (160) mit $H_0 = x_0 - d \approx x_0$

$$\delta \approx \frac{\pi}{2 B} - \frac{H}{2}$$

oder

$$\frac{H}{2} \approx \frac{\pi}{2 B} - \delta . \quad (180)$$

Die kritische Gleichung für die *unendlich große Platte mit Reflektor* ergibt sich aus Gl. (158) mit $K^2_R = 1/L^2_R = \Sigma_{a,R} \cdot D_R$ mit den Gln. (74b) und (75b) nach einigen Rechenoperationen, die wir hier überspringen, in der Form

$$D_K \cdot B \operatorname{tg} \frac{B H}{2} = D_R K_R \operatorname{\mathfrak{C}tg} K_R \cdot s , \quad (181)$$

wobei die Indices dieselbe Bedeutung haben wie in Gl. (178), die wir für die *Kugel mit Reflektor* abgeleitet hatten[1]. Wenn wir nun den Wert von $H/2$ aus Gl. (180) in Gl. (181) einsetzen, erhalten wir schließlich

$$D_K \, B \, \text{tg}\left(\frac{\pi}{2} - B \, \delta\right) = D_R \, K_R \, \mathfrak{Ctg} \, K_R \cdot s$$

bzw.

$$D_K \, B \, \text{ctg} \, B \, \delta = D_R \, K_R \, \mathfrak{Ctg} \, K_R \cdot s \, .$$

Daraus ergibt sich durch Umformung

$$\text{tg} \, B \, \delta = \frac{D_K}{D_R} \cdot \frac{B}{K_R} \, \mathfrak{Tg} \, K_R \cdot s$$

und schließlich mit $K_R = \dfrac{1}{L_R}$

$$\delta = \frac{1}{B} \cdot \text{arc tg} \, \frac{D_K}{D_R} \, B L_R \, \mathfrak{Tg} \, \frac{s}{L_R} \, . \tag{182}$$

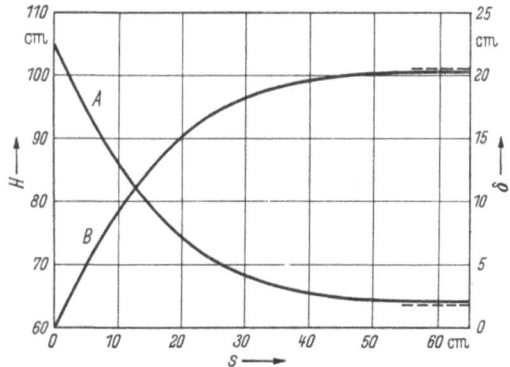

Abb. 75. Reflexionsgewinn δ (Kurve B) und Dicke des Reaktorkerns H (Kurve A) als Funktion der Reflektordicke s (nach GLASSTONE)

Für einen *großen* Reaktor, ist, wie wir bereits früher auf Seite 169 gesagt hatten, B klein, so daß an Stelle von $\text{tg} \, B \, \delta$ einfach $B \, \delta$ gesetzt werden kann. Damit vereinfacht sich der Ausdruck, und wir erhalten

$$\delta = \frac{D_K}{D_R} \, L_R \, \mathfrak{Tg} \, \frac{s}{L_R} \, .$$

Wenn nun noch ein dicker Reflektor angewendet wird, so daß der Bruch s/L_R groß wird, nähert sich $\mathfrak{Tg} \, s/L_R$ dem Wert Eins, und wir können einfach

$$\delta = \frac{D_K}{D_R} \cdot L_R \, [\,\text{cm}\,] \tag{183}$$

---

[1] Die kritische Gl. (181) für den unendlich großen, plattenförmigen Reaktor mit Reflektor wird analog wie Gl. (178) gefunden, nämlich durch Lösung von Gl. (155) und der zugehörigen Reflektorgleichung $\dfrac{d^2 \Phi_0}{d x^2} - K^2{}_R \, \Phi_R = 0$ mit den entsprechenden Randbedingungen: $\Phi_K (0)$ muß endlich sein, $\Phi_R (H/2 + \delta) = 0$, $\Phi_K = \Phi_R$, $I_K = I_R$. Man sieht aus Gl. (181), daß der Zusammenhang zwischen der Flußwölbung und den Reaktorabmessungen durch die Hinzunahme des Reflektors verändert wird.

schreiben. Das genügt für praktische Fälle vollständig und kann ohne weiteres auch auf andere Geometrien als die unendlich große Platte angewendet werden. Abb. 75 zeigt den Verlauf von δ und H in Abhängigkeit von der Dicke s des Reflektors für die unendlich große Platte.

d) Massenverhältnis von Spaltstoff und Moderator im thermischen Reaktor

Die Größe eines Reaktors hängt offenbar davon ab, wie wir bereits gesehen haben, in welcher Konzentration der Spaltstoff vorliegt. Demnach kann man umgekehrt fragen, welche Konzentration notwendig ist, um einen Reaktor gegebener Größe kritisch machen zu können. Das kritische Mindestvolumen können wir Tab. 12 entnehmen.

Der erste Schritt ist dann die Bestimmung der Flußwölbung B, wobei man nach GLASSTONE [3] etwa in folgender Weise vorgehen kann: In einem homogenen Reaktor mit *hoch angereichertem Spaltstoff* können wir $k_\infty = \eta \cdot f$ setzen, weil in diesem Falle wegen des fehlenden oder nur in relativ kleinem Anteil vorhandenen U-238 der Wert von p ebenso wie der von ε etwa Eins ist. Das Massenverhältnis von Moderator zu Spaltstoff läßt sich durch den makroskopischen Wirkungsquerschnitt $\Sigma = N \cdot \sigma$ erfassen, weil darin ja die Anzahl der vorhandenen Kerne N [cm^{-3}] beider Substanzen auftritt. Demnach können wir das Verhältnis der makroskopischen Absorptionswirkungsquerschnitte, die uns hier ja für die Neutronenbilanz allein interessieren, mit

$$z = \frac{\Sigma_{aU}}{\Sigma_{aM}} = \frac{N_U \cdot \sigma_{aU}}{N_M \cdot \sigma_{aM}} \qquad (184)$$

angeben, wo die Indices U und M sinngemäß den Spaltstoff und den Moderator kennzeichnen sollen. Damit ergibt sich mit Gl. (127a)

$$f = \frac{z}{z+1} \qquad (185)$$

und damit

$$k_\infty = \eta \cdot \frac{z}{z+1}. \qquad (186)$$

Ein solcher hoch angereicherter Reaktor kann schon mit sehr kleinen Mengen Spaltstoff kritisch werden. Wir hatten bereits früher (vgl. S. 155 und Abb. 63) ausgerechnet, daß in diesem Falle $\eta = 2{,}1$ erreichen kann. D.h. also, daß immer noch $k_\infty > 1$ bleibt, auch wenn wir den Wert von f stark herabsetzen. Wenn wir z.B. in Gl. (127a) $f = 0{,}5$ einsetzen, ergibt sich $\Sigma_{aU} = \Sigma_{aM}$ und damit $N_U \cdot \sigma_{aU} = N_M \cdot \sigma_{aM}$. Da σ_{aU} in diesem Falle mit $\sigma_{tU} = 650$ b, also die addierten Werte von Absorptions- und Spaltungsquerschnitt zu setzen ist, und da σ_{aM} bei Graphit etwa 0,0045 b beträgt, ergibt sich $N_M/N_U \approx 1{,}4 \cdot 10^5$, d.h., daß ein homogener Reaktor noch möglich ist, bei dem auf ein Atom von U-235 etwa 140 000 Atome

Der thermische Reaktor: d) Massenverhältnis von Spaltstoff und Moderator   185

von Kohlenstoff im Graphit kommen. Aus Gl. (185) erhalten wir mit $z = 1$ (wegen $\Sigma_{aU} = \Sigma_{aM}$) und mit $\eta = 2{,}1$ einen Wert für den Vermehrungsfaktor von $k_\infty = 1{,}05$. Wegen der starken Verdünnung des Spaltstoffes im Moderator können wir so rechnen, als ob der Spaltstoff bezüglich der Diffusionsbedingungen im Moderator gar nicht vorhanden wäre. Infolgedessen können wir

$$L^2 = \frac{D_M}{\Sigma_{aU} + \Sigma_{aM}}$$

setzen und mit Gl. (127a)

$$L^2 = \frac{D_M}{\Sigma_{aM}}(1-f) = L^2_M (1-f) \qquad (187)$$

schreiben. Daraus ergibt sich mit Rücksicht auf Gl. (185)

$$L^2 = \frac{L^2_M}{z+1}. \qquad (188)$$

Die so gewonnenen Ausdrücke führen wir nun in die kritische Gl. (152a) ein und können sie damit

$$\frac{\eta \cdot z \cdot e^{-B^2 \tau_{th}}}{z + 1 + L^2_M \cdot B^2} = 1 \qquad (189)$$

schreiben. Wenn nun für die gegebene Mischung von Spaltstoff und Moderator die Werte von η, z, L^2_M und τ_{th} bekannt sind, kann B aus Gl. (189) bestimmt werden. Um sie zu lösen, schreibt man sie in der Form

$$e^{-B^2 \tau_{th}} = \frac{1}{\eta \cdot z}(z + 1 + L^2_M B^2) \qquad (190)$$

und setzt $A = \dfrac{z+1}{\eta \cdot z}$, $C = \dfrac{L^2_M}{\eta \cdot z \tau_{th}}$ und $x = B^2 \tau_{th}$. Dann läßt sich Gl. (190) in der einfachen Form

$$e^{-x} = A + Cx \qquad (191)$$

schreiben. Wenn nun x klein ist, kann an Stelle von e^{-x} der Ausdruck $1-x$ mit genügend genauer Annäherung gesetzt werden, so daß Gl. (191) in der Form

$$x = \frac{1-A}{C+1} \qquad (192)$$

verwendet werden kann. Damit wäre nun der Wert von x aufzusuchen, der Gl. (192) befriedigt und daraus schließlich B und das kritische Volumen V nach Tab. 12 zu bestimmen.

Eine andere Aufgabe besteht darin, das Mischungsverhältnis zu bestimmen, mit dem ein Reaktor gegebener *Größe und Form* kritisch wird. Unter Verwendung von z aus Gl. (184) läßt sich Gl. (189)

$$\frac{N_M}{N_U} = \frac{\eta \cdot e^{-B^2 \tau_{th}} - 1}{1 + L^2_M B^2} \cdot \frac{\sigma_{aU}}{\sigma_{aM}} \qquad (193)$$

schreiben. Das Ergebnis ist für verschiedene Moderatorstoffe in Abb. 76 dargestellt.

Schließlich kann man nun noch die kritische Mindestmasse als Funk-

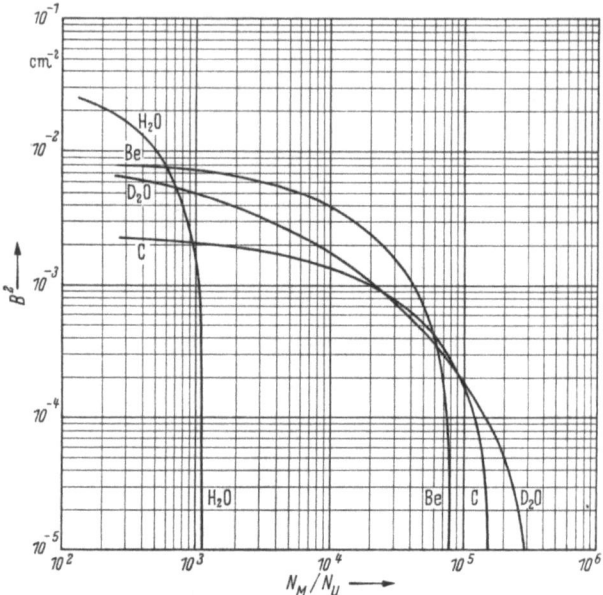

Abb. 76. Flußwölbung B als Funktion verschiedener Mischungsverhältnisse N_M/N_U von Moderatorstoffen und reinem U-235 nach Gl. (193) (nach GLASSTONE)

tion des Mischungsverhältnisses bestimmen. Wenn man in Gl. (186) $k_{\text{eff}} = 1$ setzt, ergibt sich

$$\frac{\eta \cdot z}{z+1} = 1$$

und

$$z = \frac{1}{\eta - 1}.$$

Mit Gl. (184) erhält man

$$\frac{N_M}{N_U} = \frac{\sigma_{aU}(\eta - 1)}{\sigma_{aM}}. \tag{194}$$

In diesem Falle wird offenbar der Reaktor unendlich groß. Aber auch wenn $N_M/N_U = 0$ wird, wird der Reaktor unendlich groß. Er wird nämlich als *thermischer* Reaktor sinnlos, weil dann $N_M = 0$ sein muß, also kein Moderator mehr vorhanden ist. Eine *Kettenreaktion durch thermische Neutronen* ist also dann nicht mehr möglich. Zwischen diesen beiden Grenzen, nämlich einem großen und einem kleinen Wert von N_M/N_U

wird ein Minimum der kritischen Masse des Reaktors liegen. Abb. 77 zeigt den Verlauf der kritischen Masse von U-235 als Funktion des Mischungsverhältnisses N_M/N_U für verschiedene Moderatorstoffe. Die Kurven gelten *nur* für einen kugelförmigen Reaktor mit reinem U-235 ohne Reflektor.

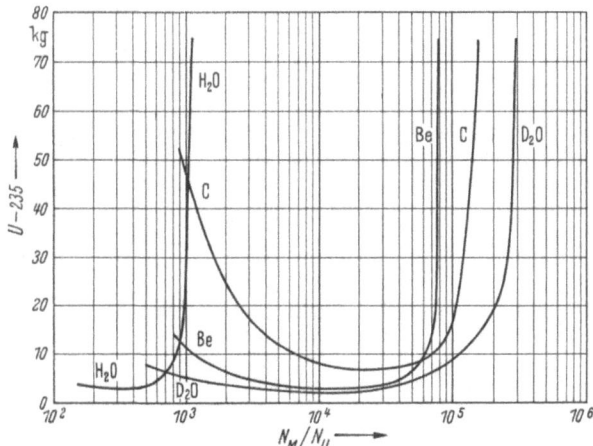

Abb. 77. Kritische Masse als Funktion des Mischungsverhältnisses verschiedener Moderatorstoffe mit *reinem* U-235 als Spaltstoff (nach GLASSTONE)

e) Heterogener Reaktor

Der Prototyp des heterogenen, thermischen Reaktors ist der Reaktor mit Graphitmoderator und natürlichem Uran in Form von meist zylindrischen Stäben als Spaltstoff. Für seine Betriebsfähigkeit sind seine geometrischen Abmessungen und die geometrische Gestaltung des „Gitters", also der Verteilung der Urankörper — *Spaltstoffelemente* genannt — im Graphit maßgebend.

Wir fragen zunächst danach, ob denn nicht auch eine *homogene Verteilung*, z.B. also die Mischung von pulverisiertem Kohlenstoff (Graphit) und pulverisiertem Spaltstoff möglich ist, d.h. eine selbständige Kettenreaktion in einer solchen Mischung aufrechterhalten werden kann. Mithin läuft die Frage darauf hinaus, ob irgendein Verhältnis in der Mischung von Graphit und natürlichem Uran existiert, bei dem $k_\infty \geq 1$ ist. Die Berechnung ist am einfachsten so durchzuführen, daß man für verschiedene Mischungsverhältnisse, zweckmäßig ausgedrückt in Mol Graphit je Mol natürliches Uran, den Vermehrungsfaktor k_∞ nach der Vierfaktorenformel, Gl. (113), ausrechnet. Wir haben bereits früher mit Gl. (131) ermittelt, daß für natürliches Uran $\eta = 1{,}32$ ist. Den Einfluß der Spaltung durch schnelle Neutronen können wir vernachlässigen und $\varepsilon = 1$ setzen. Damit erhalten wir $k = 1{,}32 \cdot p \cdot f$. Es sind also noch für verschiedene Mol-Verhältnisse der Resonanzfluchtfaktor p und die thermische Ausnutzung f zu berechnen [1]. Nehmen wir zunächst ein Mol-Verhältnis $m = m_C/m_U =$ Molzahl Graphit/Molzahl natürliches Uran $= 200$ an. Die benötigten Stoffwerte sind die folgenden:

Spezifisches Gewicht des Urans $\quad \gamma_U = 18{,}9 \text{ g/cm}^3$
Spezifisches Gewicht des Graphits $\quad \gamma_C = 1{,}6 \text{ g/cm}^3$
Streuquerschnitt von Graphit $\quad \sigma_{s,C} = 4{,}8\,b = 4{,}8 \cdot 10^{-24} \text{ cm}^2$
Absorptionsquerschnitt von Graphit $\quad \sigma_{a,C} = 0{,}0045\,b = 4{,}5 \cdot 10^{-27} \text{ cm}^2$
Logarithmischer Energieverlust $\quad \xi = 0{,}158$ [Gl. (40a)]
Absorptionsquerschnitt von natürl. Uran $\quad \sigma_{aU} = 7{,}42\,b = 7{,}42 \cdot 10^{-24} \text{ cm}^2$ (Tab. 9)

a) Um p zu bestimmen, müssen wir Gl. (124) anwenden:

$$p = \exp\left(-\frac{N_U}{\xi \Sigma_s} \int_E^{E_0} \sigma_{r,\text{eff}} \frac{dE}{E}\right). \tag{124}$$

Hier bedeutet, da ja für den Resonanzeinfang *allein das U-238* verantwortlich ist, N_U die Zahl der U-238-Kerne je Kubikzentimeter. Um den Wert zu ermitteln, bestimmen wir zunächst die anteiligen Volumina für U-238 und Graphit:

$$V_{mU} = m_U \cdot \frac{A}{\gamma_U} = 1 \cdot \frac{238}{18{,}9} = 12{,}6 \text{ cm}^3,$$

$$V_{mC} = m_C \cdot \frac{A}{\gamma_C} = 200 \cdot \frac{12}{1{,}6} = 1500 \text{ cm}^3,$$

$$V_m = V_{mU} + V_{mC} = 1512{,}6 \text{ cm}^3.$$

Mittels der LOSCHMIDTschen Zahl $N_L = 6{,}023 \cdot 10^{23}$ [mol^{-1}] ergibt sich daraus die Atomzahl des U-238 je Kubikzentimeter. Dabei muß noch berücksichtigt werden, daß nur das U-238 für den Resonanzeinfang verantwortlich ist, wie bereits gesagt. Infolgedessen müssen die 0,7% U-235 abgezogen werden, was dadurch geschehen kann, daß man das Verhältnis noch mit 0,993 multipliziert, also:

$$N_U = 0{,}993 \cdot m_U \frac{N_L}{V_m} = 0{,}993 \cdot 1 \cdot \frac{6{,}023 \cdot 10^{23}}{1512{,}6} = 3{,}95 \cdot 10^{20} \text{ [cm}^{-3}\text{]}.$$

Der nächste zu bestimmende Wert für die Ausrechnung von Gl. (124) ist der makroskopische Streuquerschnitt $\Sigma_s = N \cdot \sigma_s$:

$$N_C = m_C \cdot \frac{N_L}{V_m} = 200 \cdot \frac{6{,}023 \cdot 10^{23}}{1512{,}6} = 7{,}97 \cdot 10^{22} \text{ [cm}^{-3}\text{]}.$$

Der Vergleich von N_U und N_C zeigt, daß die Zahl der Urankerne im Gemisch bezüglich der Streuwirkung vernachlässigt werden kann. Damit wird

$$\Sigma_s = N_C \cdot \sigma_{s,C} = 7{,}97 \cdot 10^{22} \cdot 4{,}8 \cdot 10^{-24} = 0{,}382 \text{ [cm}^{-1}\text{]}.$$

Schließlich brauchen wir noch den Wert des Resonanzintegrals, den wir aus Abb. 61 für den Wert von $\dfrac{\Sigma_s}{N_U} = \dfrac{0{,}382}{3{,}95 \cdot 10^{20}} = 9{,}67 \cdot 10^{-22}$ [cm^2] = 967 b abgreifen können:

$$\int \sigma_{r,\text{eff}} \frac{dE}{E} \approx 68\,b = 68 \cdot 10^{-24} \text{ cm}^2.$$

Damit haben wir alle Werte, die für die Ausrechnung von Gl. (124) benötigt werden und erhalten durch Einsetzen:

$$p = \exp\left(-\frac{3{,}95 \cdot 10^{20}}{0{,}185 \cdot 0{,}382} \cdot 68 \cdot 10^{-24}\right) = e^{-0{,}445} = 0{,}641.$$

b) Nun wäre noch zur Ermittlung von k_∞ für die gegebene Mischung $m = m_C/m_U = 200$ die thermische Ausnutzung nach Gl. (127a) $f = \dfrac{\Sigma_{aU}}{\Sigma_{aU} + \Sigma_{aM}}$ zu berechnen. Wir finden für das natürliche Uran — denn jetzt müssen wir auch das U-235 berücksichtigen! —

$$\Sigma_{aU} = \frac{N_L}{V_m} \cdot \sigma_{aU} = \frac{6{,}023 \cdot 10^{23}}{1512{,}6} \cdot 7{,}42 \cdot 10^{-24} = 2{,}95 \cdot 10^{-3} \, [\text{cm}^{-1}]$$

und für den Moderatorgraphit

$$\Sigma_{aM} = N_C \cdot \sigma_{aC} = 7{,}97 \cdot 10^{22} \cdot 4{,}5 \cdot 10^{-27} = 3{,}58 \cdot 10^{-4} \, [\text{cm}^{-1}].$$

Daraus ergibt sich

$$f = \frac{2{,}95 \cdot 10^{-3}}{2{,}95 \cdot 10^{-3} + 3{,}58 \cdot 10^{-4}} = 0{,}894.$$

Damit erhalten wir $k_\infty = 1{,}32 \cdot p \cdot f = 1{,}32 \cdot 0{,}641 \cdot 0{,}894 = 0{,}756$. Daraus geht also hervor, daß mit dem gewählten Molverhältnis $m = 200$ der Betrieb eines

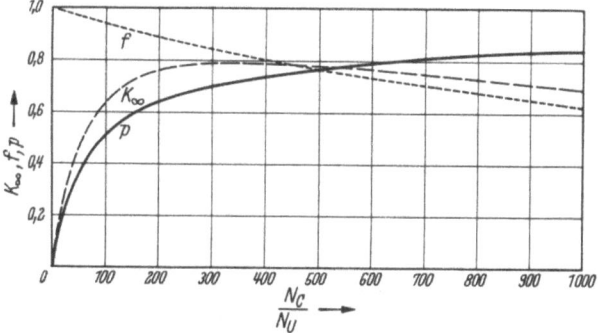

Abb. 78. Abhängigkeit der Werte von k_∞, f und p vom Verhältnis einer *homogenen* Mischung aus Graphit und natürlichem Uran (nach MURRAY)

homogenen Reaktors aus Graphit und natürlichem Uran *unmöglich* ist. Wenn wir diese Probiermethode auf andere Verhältnisse anwenden und die Ergebnisse graphisch auftragen, erhalten wir die Kurven in Abb. 78 für p, f und k_∞. Wir sehen, daß wir für k_∞ zwar ein Maximum etwa in der Gegend von $m = 400$ erhalten, das aber *stets* $k_\infty < 1$ ist. Erst wenn man an Stelle von Graphit für den Moderator *schweres Wasser* im Molverhältnis $m = 1000$ anwendet, steigt der Resonanzfluchtfaktor auf $p = 0{,}974$ an, weil N_U kleiner und ξ größer wird, während f nur geringfügig auf $f = 0{,}842$ sinkt. Man erhält damit $k_\infty = 1{,}32 \cdot 0{,}974 \cdot 0{,}842 = 1{,}08$. Wir erhalten also $k_\infty < 1$, und damit ist also eine Kettenreaktion in einer *homogenen Mischung aus schwerem Wasser und natürlichem Uran* möglich.

Wir fragen nun nach dem Grunde, warum in einer *heterogenen Anordnung* von Graphit als Moderator und natürlichem Uran als Spaltstoff, wie die Erfahrung zeigt, eine Kettenreaktion möglich, also ein Wert von $k_\infty > 1$ erreichbar ist. Die Steigerung des in der homogenen Mischung nach Abb. 78 erhaltenen Maximalwertes von $k_\infty = 0{,}8$ kann nur von einer Erhöhung der Werte von p und f kommen, denn selbst wenn man noch $\varepsilon = 1{,}03$ in die Vierfaktorenformel einführt, also $k_\infty = 0{,}8$ mit

1,03 multipliziert, ist die Verbesserung unwesentlich. Wir erhalten $k_\infty = 0{,}83$, also einen immer noch völlig unzureichenden Wert.

Wie wirkt sich nun die Aufteilung von Graphitmoderator und Spaltstoff in Form einer gitterartigen Anordnung, wie sie schematisch in Abb. 79 angedeutet ist, auf p und f aus? Der entscheidende Vorteil des heterogenen Gitters liegt darin, daß ein mehr oder minder großer Teil der Neutronen, die als schnelle Spaltungsneutronen entstehen, aus dem Uranstab aus- und in den Moderator übertreten wird. Hier werden die Neutronen auf thermische Energie oder mindestens auf eine unterhalb des Resonanzbereiches des U-238 liegenden Energie abgebremst, bevor sie wieder in einen Uranstab eintreten. Die Wahrscheinlichkeit also, daß sie im Resonanzbereich mit Kernen von U-238 in Berührung kommen, ist daher bei heterogener Anordnung merklich kleiner und damit p größer als in der vorhin betrachteten homogenen Mischung, wo die

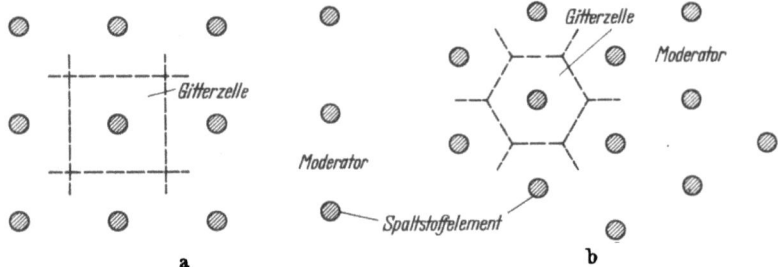

Abb. 79. Schematische Darstellung der Aufteilung von Spaltstoffelementen im Moderator bei einem heterogenen Reaktor: a) quadratische Teilung — b) hexagonale Teilung (nach MURRAY)

U-238-Kerne regelmäßig auf den ganzen Moderator verteilt sind. Es wird also offensichtlich wesentlich darauf ankommen, wie groß der Durchmesser der z.B. aus natürlichem Uranmetall bestehenden Spaltstoffelemente ist und wie groß die Entfernungen der Stäbe im Moderator voneinander sind. Von diesen Bedingungen wird also der Wert des Resonanzfluchtfaktors beeinflußt werden. Wir hatten bereits darauf hingewiesen, daß das Resonanzintegral für heterogene Systeme nicht mehr wie für homogene Systeme in Gl. (125) angegeben werden kann, sondern daß man sich mit einem empirischen Wert nach Gl. (126) begnügen muß. Da in dieser Gleichung das Verhältnis der Oberfläche eines Stabes zu seiner Masse S/M auftritt, wird das effektive Resonanzintegral zunehmen, wenn S/M zunimmt. Ein wesentlicher Beitrag zum Anstieg von p bei einer heterogenen Anordnung wird von einem anderen Vorgang geleistet: Die im umgebenden Moderator gerade auf die Resonanzenergie abgebremsten Neutronen werden, wenn sie wieder in den Stab zurückkehren, vor allem in der *äußeren Schicht des Stabes* im U-238 absorbiert werden. Infolgedessen wird der Fluß der Neutronen mit Resonanzenergie im Inneren des Stabes stark abnehmen und damit die Resonanzabsorption im Inneren des Stabes zugunsten der Absorption thermischer Neutronen zurückgehen. Das kommt in der für das effektive heterogene Resonanzintegral angegebenen Gl. (126) in dem Verhältnis S/M zum Ausdruck: Je größer die Resonanzabsorption (die im wesentlichen der Staboberfläche S proportional ist) im Verhältnis zur Zahl der erzeugten Spaltneutronen (die der Stabmasse M proportional ist) wird, desto kleiner wird p.

Bei der Berechnung muß, wie es schon in Gl. (126) angedeutet ist, im Gegensatz zu Gl. (124) ein zweites Glied im Exponenten auftreten, welches die Oberflächenresonanzabsorption enthält. Außerdem spielen jetzt natürlich die Verhältnisse der Volumina von Moderator V_M und Spaltstoff V_U je Gitterzelle sowie der Neutronenflüsse bzw. ihrer örtlichen Mittelwerte $\bar{\Phi}_M$ und $\bar{\Phi}_U$ eine Rolle. Man erhält so — auf eine Ableitung muß verzichtet werden —

$$p(E) = \exp\left\{-\frac{N_U}{\xi \Sigma_{sM}} \cdot \frac{V_U}{V_M} \cdot \frac{\bar{\Phi}_U}{\bar{\Phi}_M}\left[\int_E^{E_0} \sigma_{r,eff} \frac{dE}{E} + \mu \frac{S}{M}\right]\right\}. \quad (195a)$$

Darin ist μ ein Oberflächenkoeffizient, zu dessen Berechnung auf [6] verwiesen sei. Rein formal kann man dann wieder schreiben:

$$p(E) \approx \exp\left(-\frac{N_U}{\xi \Sigma_{sM}} \cdot \frac{V_U}{V_M} \cdot \frac{\bar{\Phi}_U}{\bar{\Phi}_M} \int \sigma_{r,eff} \frac{dE}{E}\right) \quad (195b)$$

Für ein vorgegebenes Mischungsverhältnis V_U/V_M wird $p(E)$, wie wir bereits gesehen haben, mit steigendem Stabdurchmesser zunehmen. Diese Zunahme wird in Gl. (195) durch den Quotienten $\bar{\Phi}_M/\bar{\Phi}_U$ gekennzeichnet, der uns schon einmal als Störfaktor F in Gl. (129) bzw. Gl. (130) begegnet ist und den wir hier als „Resonanzstörfaktor" bezeichnen wollen, weil wir hier nicht von thermischen Neutronen, sondern solchen der Energie im Resonanzgebiet sprechen. Anderseits wird, wenn die Spaltstoffstabgröße und damit F vorbestimmt und das Mischungsverhältnis veränderlich ist, die Wahrscheinlichkeit für das Entkommen aus dem Resonanzeinfang größer werden, wenn V_M/V_U zunimmt, mit anderen Worten: Mit steigenden Werten von V_M/V_U steigt p. Wenn die Elementgröße festgelegt ist, so ist $V_U = $ const und daher der Wert von V_U/V_M nur durch Variation von V_M veränderlich, also durch die Größe der *Gitterzelle*, vgl. hierzu Abb. 80.

In Analogie zu Gl. (130) kann man (zur bequemeren Bestimmung von p) nun noch einen „*Resonanzausnutzungsfaktor*" $1/f_R$ definieren, indem f_R das Verhältnis der im Resonanzbereich absorbierten Neutronen zur Gesamtzahl der erzeugten Resonanzneutronen ist. Damit schreibt man die formale Gl. (195a):

$$p(E) \approx \exp\left(-\frac{N_U}{\xi \Sigma_{sM}} \cdot \frac{\Sigma_{aM}}{\Sigma_{aU}} \cdot \frac{f_R}{1-f_R} \int \sigma_{rU,eff} \frac{dE}{E}\right) = \exp\left(-\frac{f_R}{1-f_R}\right). \quad (196)$$

Die Auswertung ergibt p als Funktion des Stabdurchmessers r_0. In Abb. 80 ist diese Abhängigkeit graphisch dargestellt. Als Parameter sind die „*Zellradien*" r_1 angegeben. Sie bestimmen das Verhältnis

$$\frac{V_M}{V_U} = \frac{r_1^2 - r_0^2}{r_0^2}, \tag{197}$$

wobei Zellen mit quadratischem Querschnitt ersetzt gedacht sind durch zylindrische Zellen mit gleichem Volumen, also auch mit gleichem Querschnitt.

Die Bestimmung des thermischen Ausnutzungsfaktors f erfordert

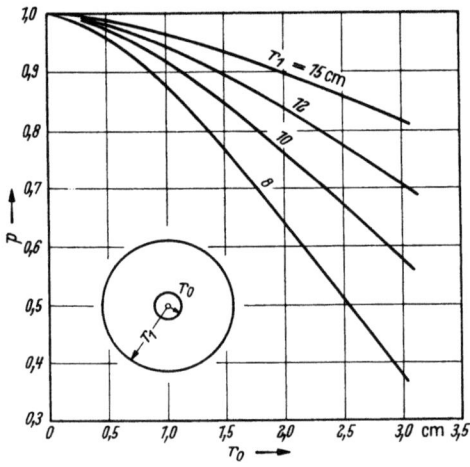

Abb. 80. Abhängigkeit des Resonanzfluchtfaktors p von Elementdurchmesser r_0 und Gitterzellendurchmesser r_1 für natürliches Uran in Graphitmoderator (nach MURRAY)

ebenfalls eine Berücksichtigung des Volumverhältnisses V_M/V_U. Infolgedessen müssen wir Gl. (127b) jetzt[1]

$$f = \frac{\Sigma_{aU} \cdot V_U \cdot \Phi_U}{\Sigma_{aU} \cdot V_U \cdot \Phi_U + \Sigma_{aM} \cdot V_M \cdot \Phi_M} \tag{198}$$

schreiben, wobei jetzt wieder wie in Gl. (129) $\Phi_M/\Phi_U = F$ den Störfaktor für *thermische Neutronen* bedeutet. Durch Umformen gewinnen wir eine Gleichung ähnlich der Gl. (130), die wir auch in der Form

$$f = \frac{1}{1 + F \cdot \dfrac{V_M}{V_U} \cdot \dfrac{\Sigma_{aM}}{\Sigma_{aU}}} \tag{199}$$

---

[1] Definitionsgemäß ist

$$f = \frac{\int_U \Sigma_{aU} \Phi_{th}(\mathfrak{r}) \, dr}{\int_U \Sigma_{aU} \Phi_{th}(\mathfrak{r}) \, dr + \int_M \Sigma_{aM} \Phi_{th}(\mathfrak{r}) \, dr}.$$

Mit $\overline{\Phi_{thU}} = \dfrac{1}{V_U} \int \Phi_{thU} \, dr$ folgt Gl. (198).

schreiben können. Für ein gegebenes Volumverhältnis V_M/V_U wird die thermische Ausnutzung abnehmen, wenn der Störfaktor F zunimmt. Während also p bei festgehaltenem Stabdurchmesser mit zunehmendem V_M/V_U zunimmt[1], wie aus Abb. 80 zu erkennen ist, nimmt die thermische Ausnutzung bei festgehaltenem Stabdurchmesser und zunehmendem Volumverhältnis ab, wie Abb. 81 zeigt. Bei festgehaltenem Mischungsverhältnis gilt mit zunehmendem Stabdurchmesser dasselbe: p nimmt zu, dagegen f ab.

Auf den schnellen Spaltfaktor ε wollen wir hier nicht näher eingehen, weil er ohnehin nur einen geringen Einfluß auf k_∞ hat, da er dicht bei Eins liegt. Abb. 82 zeigt die Zunahme von ε mit steigendem Stabdurchmesser für

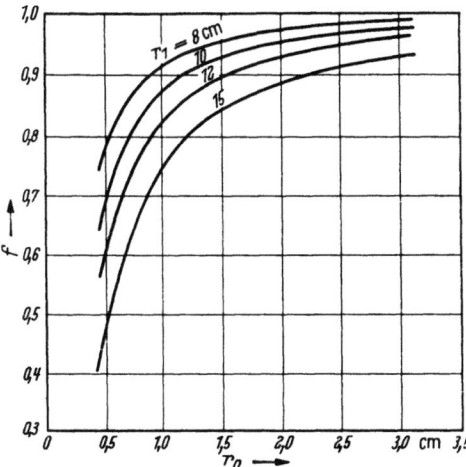
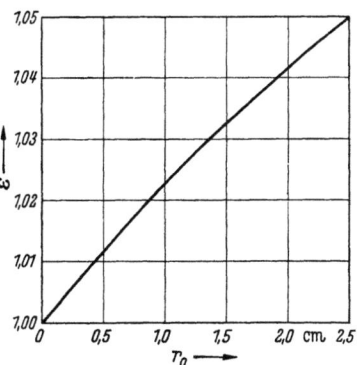

Abb. 81. Abhängigkeit der thermischen Ausnutzung f von Elementdurchmesser r_0 und Gitterzellendurchmesser r_1 für natürliches Uran im Graphitmoderator (nach Murray)

Abb. 82. Schneller Spaltfaktor ε in zylindrischen Spaltstoffelementen aus natürlichem Uran in Abhängigkeit vom Elementdurchmesser r_0 (nach Glasstone)

zylindrische Stäbe im heterogenen Reaktor mit Graphit und natürlichem Uran.

Schließlich wäre der Vollständigkeit halber noch η zu erwähnen: Sieht man von der geringen Energieabhängigkeit der Wirkungsquerschnitte Σ_a und Σ_f ab, so hat *η beim heterogenen Reaktor den gleichen Wert wie beim homogenen Reaktor.*

Wenn man alle so gewonnenen Werte zusammenfaßt, läßt sich nun auch der Wert von k_∞ für einen heterogenen Reaktor mit Graphit als Moderator und zylindrischen Spaltstoffelementen aus natürlichem Uran als Funktion des Stabradius r_0 und des Zellradius r_1 darstellen. Das ist in Abb. 83 ausgeführt worden, und es zeigt sich nun als wesentlicher Punkt, daß für bestimmte Abmessungen k_∞ ein *ausgeprägtes Maximum* aufweist,

---

[1] Man beachte, daß jetzt der Reziprokwert V_M/V_U verwendet wird!

und zwar ein Maximum, in dem jetzt *im Gegensatz zum homogenen Reaktor* $k_\infty > 1$ ist! Man kann auch das Molverhältnis $m = m_C/m_U$ als Abszisse auftragen und erhält dann mit dem Stabradius als Parameter

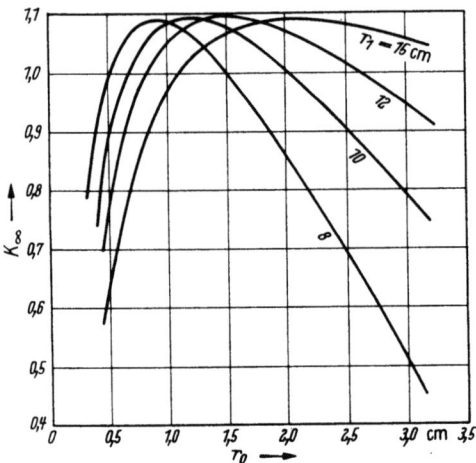

Abb. 83. Abhängigkeit von k vom Elementdurchmesser r_0 und Gitterzellendurchmesser r_1 für natürliches Uran im Graphitmoderator (nach MURRAY)

den Verlauf von k_∞ in Abb. 84. Auch hier ergibt sich ein deutliches Maximum für $k_\infty > 1$ bei einem bestimmten Mischungsverhältnis $100 < m < 200$.

Aus der Tatsache, daß p und f sich gerade entgegengesetzt verhalten, entspringt nun die Aufgabe, bei der Konstruktion eines heterogenen Re-

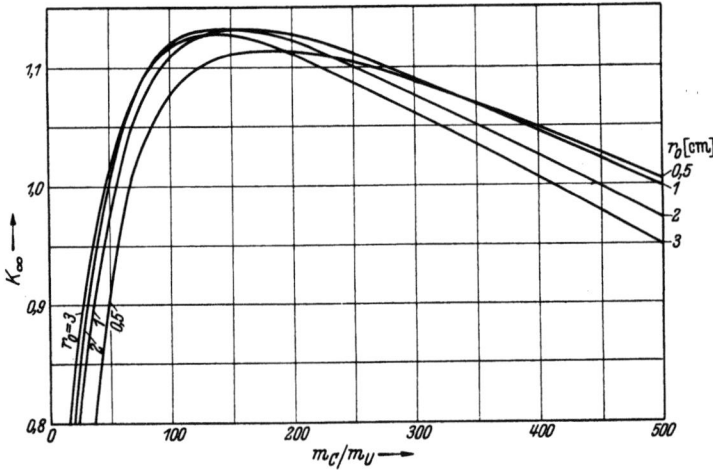

Abb. 84. Vermehrungsfaktor k_∞ als Funktion des Molverhältnisses mC/mU im Reaktor mit natürlichem Uran und Graphit mit dem Elementradius r_0 als Parameter (nach STEPHENSON)

Der thermische Reaktor: e) Heterogener Reaktor

aktors die Geometrie der Zelle so zu bestimmen, daß k_∞ ein Maximum wird. Da praktisch durch die Konstruktion nur p und f zu beeinflussen sind, läuft es also darauf hinaus, die Abmessungen so zu ermitteln, daß das Produkt $p \cdot f$ ein Maximum wird. Auf die analytische Behandlung dieses Problems können wir hier nicht eingehen [51]. Wir begnügen uns mit einem Beispiel nach STEPHENSON [1], um die Größenordnungen anschaulich zu machen:

Eine weitverbreitete Reaktortype ist die Bauart „X-PILE" in Oak-Ridge, Abb. 85. In ähnlicher Weise sind auch der Reaktor BEPO in Harwell und der große Forschungsreaktor in Brookhaven konstruiert, um nur einige der wichtigsten Ausführungsbeispiele zu erwähnen. Die Stäbe aus natürlichem Uran haben einen Radius $r_0 = 1{,}4$ cm und einen Gitterabstand von $a = 20$ cm, wie in Abb. 86 schematisch dargestellt ist. Ohne die technischen Einzelheiten, wie den Einfluß der Aluminiumhülle der Spaltstoffelemente oder der Kühlluft zu berücksichtigen, rechnen wir dafür k_∞ aus. Wir verwenden wieder die Werte wie im Beispiel für den homogenen Reaktor, S. 187, und erhalten für *eine Gitterzelle*, wenn wir ihre Länge mit 100 mm, der Länge einer einzelnen Spaltstoffpatrone, von denen natürlich viele hintereinandergeschaltet sind, ansetzen und 5% für den Kühlluftkanal um den Spaltstoffstab herum abziehen:

$V_M = 4000$ cm³

$V_{\text{Zelle}} = 4200$ cm³ $(V_M + 5\%)$

$V_U = 62$ cm³

$S = 89{,}2$ cm² (unter Vernachlässigung der Stirnflächen der Spaltstoffpatronen)

$M = 1170$ g

$N_U = \dfrac{M \cdot N_L}{A \cdot V_{\text{Zelle}}} = \dfrac{1170 \cdot 6{,}03 \cdot 10^{23}}{283 \cdot 4200} = 7{,}06 \cdot 10^{20}$ [cm^{-3}], (auf die ganze Gitterzelle bezogen!)

$N_C = \dfrac{V_M \cdot \gamma_C \cdot N_L}{A \cdot V_{\text{Zelle}}} = \dfrac{4000 \cdot 1{,}6 \cdot 6{,}03 \cdot 10^{23}}{12 \cdot 4200} = 7{,}65 \cdot 10^{22}$ [cm^{-3}], (vgl. hierzu das Beispiel Seite 117)

$\Sigma_s = N_C \cdot \sigma_s = 7{,}65 \cdot 10^{22} \cdot 4{,}8 \cdot 10^{-24} = 0{,}367$ [cm^{-1}].

Damit finden wir mittels Gl. (126) das Resonanzintegral:

$$\int \sigma_{r,\text{eff}} \frac{dE}{E} = 9{,}25\left(1 + 2{,}67 \frac{S}{M}\right) = 9{,}25\left(1 + 2{,}67 \frac{89{,}2}{1170}\right) = 11{,}1 \, b.$$

Mit Hilfe dieses Wertes gewinnen wir aus Gl. (124) $p = e^{-\frac{N_U}{\xi \cdot \Sigma_s} \cdot 11{,}1} = 0{,}874$.

Den thermischen Ausnutzungsfaktor f können wir mittels Gl. (198) ausrechnen. Wir erhalten für $V_M/V_U \approx 65$ und für $\dfrac{\Sigma_{aM}}{\Sigma_{aU}} = 1{,}02 \cdot 10^{-3}$. Der Störfaktor kann im praktischen Bereich mit $F = 1{,}5$ angenommen werden [1]. Damit ergibt sich

$$f = \frac{1}{1 + 1{,}02 \cdot 10^{-3} \cdot 65 \cdot 1{,}5} = \frac{1}{1{,}102} = 0{,}904.$$

Den schnellen Spaltfaktor können wir aus Abb. 82 für $r_0 = 1{,}4$ cm abgreifen und erhalten damit

$$k_\infty = \eta \cdot \varepsilon \cdot p \cdot f = 1{,}32 \cdot 1{,}03 \cdot 0{,}874 \cdot 0{,}904 = 1{,}07.$$

Damit ist bestätigt, daß die Gitteraufteilung einen brauchbaren Wert für k_∞ ergibt. Es kommt jetzt nur noch darauf an, die *kritische Größe* dieses Reaktors zu

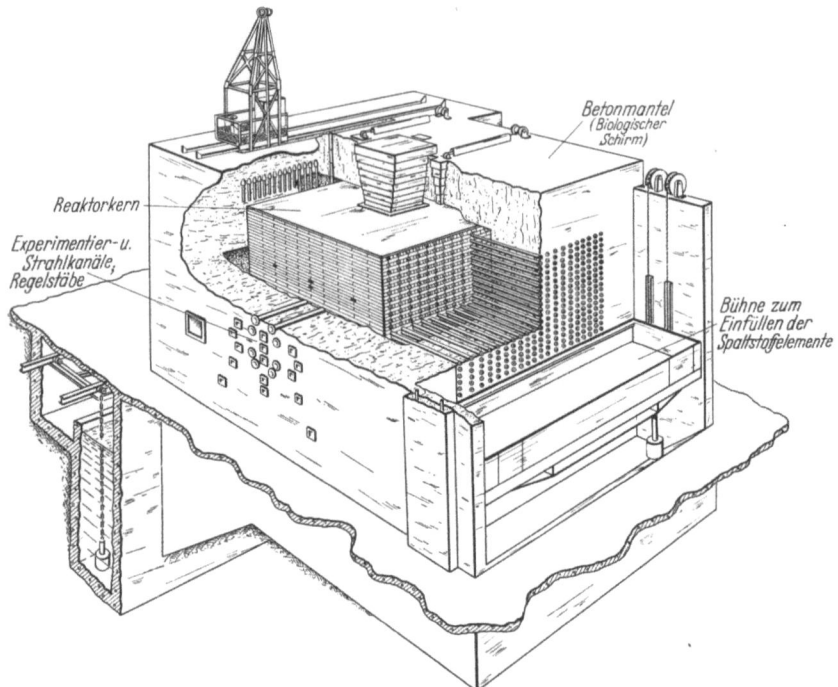

Abb. 85. Schematisches Schnittbild des großen heterogenen, thermischen Reaktors mit Graphitmoderator, natürlichem Uran und Luftkühlung in Oak Ridge (nach STEPHENSON)

berechnen. Dazu brauchen wir die Flußwölbung B, um für einen z. B. würfelförmigen Reaktorkern nach Tab. 12 die Kantenlänge a bestimmen zu können. Für einen *großen* Reaktor — und Reaktoren dieser Type, also heterogene Reaktoren mit Graphit als Moderator und natürlichem Uran, sind immer sehr groß — gilt Gl. (165):

$$\frac{k_\infty}{1 + M^2 B^2} = 1 \tag{165}$$

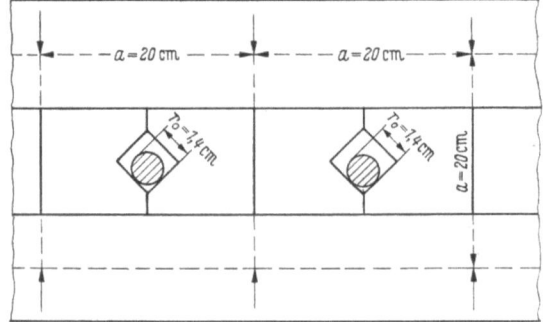

Abb. 86. Schema einer Gitterzelle für einen thermischen, heterogenen Reaktor mit Graphitmoderator und natürlichem Uran (vgl. hierzu auch Abb. 38)

oder umgeformt:
$$B^2 = \frac{k_\infty - 1}{M^2}$$

Die Wanderungsfläche können wir nach $M^2 = L^2 + \tau = 280 + 400$ [cm²] aus Tab. 13 bestimmen und erhalten:

$$B^2 = \frac{1{,}07 - 1}{680} = 10{,}3 \cdot 10^{-5} \text{ [cm}^{-2}\text{]}$$

Nach Tab. 12 gilt für einen kubischen Reaktor $B^2 = 3(\pi/a)^2$ und damit $a^2 = 3(\pi/B)^2 = 3 \cdot \frac{3{,}14^2}{10{,}3 \cdot 10^{-5}} = 28{,}8 \cdot 10^4$ [cm²]. Die Kantenlänge des Würfels beträgt demnach $a = 5{,}4 \cdot 10^2 = 540$ cm, also etwa 5 m. Die Extrapolationslänge $d = 0{,}71\,\lambda_t$ ergibt nur wenige Zentimeter und kann daher vernachlässigt werden. Dagegen muß noch der Einfluß eines Reflektors untersucht werden. Dazu benutzen wir Gl. (183). Da wir einen Graphitreflektor anwenden würden, was praktisch darauf hinausläuft, die äußere Zone des Reaktorkernes ohne Spaltstoff zu lassen, wird $D_K = D_R$ sein und damit $D_K/D_R = 1$. Infolgedessen können wir die Dickenabnahme des Kernes δ, also den Reflexionsgewinn, etwa gleich der Diffusionslänge im Graphit setzen. Sie ergibt sich zu etwa $L_R = 50$ cm. Damit kann also die Kantenlänge des Kernes um 100 cm kleiner gemacht werden. Da ein endlicher Reflektor bereits dann wie ein unendlicher Reflektor wirkt, wenn seine Dicke $s = 2\,L_R$ ist, genügt hier also eine Stärke der Reflektorschicht von etwa 1 m. Dadurch geht der Bedarf an Spaltstoff von etwa 50 auf etwa 25 t herunter!

13. Grundzüge der Reaktorregelung

Wir haben bisher das Verhalten des Reaktors im stationären Zustand betrachtet. Er ist dadurch gekennzeichnet, daß der kritische Faktor $k_{\text{eff}} = 1$ bzw. die Reaktivität nach Gl. (154) $\delta k = k_{\text{eff}} - 1 = 0$ ist. Die Zahl der Neutronen in zwei aufeinanderfolgenden Generationen ist demnach wegen der Definition von k gleich: Sie vermehren sich weder, noch vermindern sie sich im Laufe der Zeit, was durch $\partial n/\partial t = 0$ auszudrücken ist. Nun haben wir bereits erwähnt (S. 94 und Abb. 40 u. 41), daß es notwendig ist, den Wert von k_{eff} entweder größer, gleich oder kleiner als Eins zu machen, je nachdem, ob man den Reaktor auf die gewünschte Leistung hochfahren, ihn mit konstanter Leistung betreiben oder ihn abstellen will. Beim Anfahren und Abstellen muß also der Differentialquotient $\partial n/\partial t$ einen von Null verschiedenen Wert haben, weil sich ja die Neutronenzahl bzw. die Neutronendichte — da wir n auf die Volumeinheit von 1 cm³ zu beziehen pflegen — als Funktion der Zeit ändern muß. Mit Gl. (45), nach der $\Phi = n \cdot v$ ist, können wir auch für $v = $ const an Stelle von $\partial n/\partial t$ den Ausdruck $\frac{1}{v} \cdot \frac{\partial \Phi}{\partial t}$ schreiben[1]. Damit sehen wir, daß die Änderung der Neutronendichte auf eine Änderung des Neutronenflusses hinausläuft. Anderseits ist die — vom Ingenieurstandpunkt allein inter-

---

[1] Außer beim Anfahren und Abschalten des Reaktors wird natürlich auch bei Änderung der Betriebsbedingungen (Laständerung, „Vergiftung" durch Spaltprodukte mit hohem Absorptionsquerschnitt, Spaltstofferschöpfung) $\partial n/\partial t \neq 0$ sein.

essierende — Wärmeleistung des Reaktors dem Fluß unmittelbar proportional. Die Leistung hängt ja doch von der Zahl der Spaltreaktionen je Sekunde ab. Jeder Spaltung entspricht nach Tab. 8 eine Wärmeerzeugung von etwa 195 MeV = $312 \cdot 10^{-6}$ erg = $868 \cdot 10^{-20}$ Wh. Daraus ergibt sich, daß zur Erzeugung einer Wärmeleistung von 1 W (vgl. S. 87) etwa $3 \cdot 10^{10}$ Spaltungen je Sekunde nötig sind. Da die Zahl der Spaltungsreaktionen nach Gl. (47a) aber direkt proportional dem Neutronenfluß ist, muß offenbar der Fluß verändert werden, wenn die Leistung verändert werden soll. Der Fluß hängt u.a. von den Absorptions- oder den Ausflußbedingungen ab, die die Neutronen im Reaktor antref-

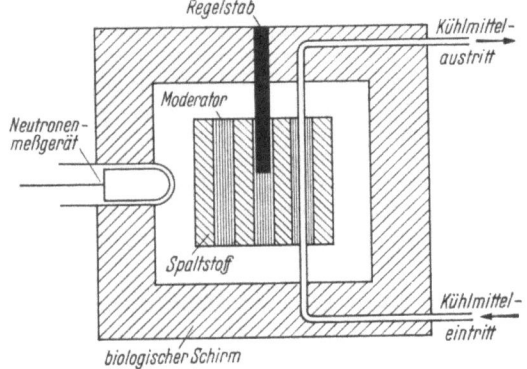

Abb. 87.] Schema der Regelung eines heterogenen, thermischen Reaktors mittels Absorptionskörpers, dem sogenannten Regel- oder Trimmstab (nach SCHULTZ [52])

fen: Ändert man die Absorption oder den Neutronenausfluß aus dem Reaktor, ändert sich auch der Fluß $\varPhi$ bei sonst gleichen Bedingungen. Um die Leistung eines Reaktors zu verändern, kann man also so vorgehen, daß man den spaltungslosen Einfang oder den Ausflußverlust ändert. Bei thermischen Reaktoren hat es sich ganz allgemein eingebürgert, die Absorption zur Regelung des Reaktors zu verändern. Das geschieht in denkbar einfacher Weise dadurch, daß man im Reaktor, Abb. 87, Körper in Form von Stäben oder Platten anordnet, die einen hohen Absorptionswirkungsquerschnitt σ_a für thermische Neutronen haben und die in geeigneter Weise mehr oder weniger tief in den Reaktorkern eingeführt oder aus ihm herausgezogen werden können: Je tiefer man sie eintaucht, desto mehr Neutronen werden durch Absorption weggefangen, so daß sie der Kettenreaktion entzogen werden. Damit hat man es völlig in der Hand, den Fluß zu steigern, ihn konstant zu halten oder zu senken, d.h., man kann je nach Wunsch den Vermehrungsfaktor größer, gleich oder kleiner als Eins einstellen, d.h. man kann δk positiv, negativ oder gleich Null machen. Das ist das Prinzip der normalen und am weitesten verbreiteten Methode der Leistungsregelung von thermischen Kernreaktoren. Grundsätzlich kann man natürlich auch ohne weiteres den Ausflußverlust mit dem gleichen Ziel und Ergebnis verändern, wie aus Gl. (73) hervorgeht, indem man z. B. Teile des Reflektors entfernt oder wieder einführt. Schließlich besteht noch die vorzugsweise für schnelle Reaktoren in Betracht kommende Möglichkeit, Teile des Spaltstoffes zu entfernen oder wieder einzuführen, d. h. also die wirksame Masse des Reaktors unter, auf oder über die kritische Masse zu bringen. Weitere Einflüsse auf den Vermehrungsfaktor bzw. die Reaktivität werden wir später besprechen.

Wir beschränken unsere Betrachtung auf die üblichste Methode, also auf die Verwendung von Neutronenabsorbern, die in den Reaktorkern eingeführt oder aus ihm herausgezogen werden. Es leuchtet ohne weiteres ein, daß man das sowohl von Hand wie auch automatisch machen kann, wenn man für die letztere Aufgabe über eine geeignete Meßeinrichtung für den Neutronenfluß verfügt. Um einen Überblick über den Vorgang der Regelung zu gewinnen, gehen wir von folgender Überlegung aus:

Der Reaktor möge mit einer vorgegebenen Nennleistung im stationären Zustand betrieben sein, es ist also $k_{eff} = 1$ und $\delta k = 0$. Jetzt möge ein „Regelstab", also ein Neutronenabsorber (geeignete Stoffe hierfür sind vor allem Bor und Kadmium, vgl. Kap. V) um einen bestimmten Betrag herausgezogen werden, so daß die Neutronenabsorption im Reaktor sich ändert und damit der stationäre Zustand gestört wird. Gl. (72) geht damit in Gl. (73) über:

$$\frac{\partial n}{\partial t} = \nabla^2 \Phi - \frac{\Sigma_a}{D} \Phi + \frac{q}{D} = \frac{1}{v} \cdot \frac{\partial \Phi}{\partial t}. \tag{73}$$

Sie stellt das *Zeitverhalten eines Reaktors* dar.

Wenn nun zum Beginn des Herausziehens eines Regelstabes, den wir uns in unendlich kurzer Zeit in seine neue Stellung gebracht denken, also zur Zeit $t = 0$ die Neutronendichte n [cm^{-3}] betragen hat, so sind es am Ende der unmittelbar folgenden Generation nach der Definition von k bereits $k_{eff} \cdot n$ Neutronen geworden. Der *Zuwachs pro Generation* beträgt demnach $k_{eff} \cdot n - n = n(k_{eff} - 1)$ Neutronen.

Um den *Zuwachs in einer Sekunde* zu erfahren, müßten wir wissen, wie lange eine „*Generationsdauer*", ausgedrückt in Sekunden, ist, also die Zeit, die von dem Austritt eines Spaltneutrons aus dem gespaltenen Kern bis zum Beginn der nächsten Spaltung vergeht. Diese Zeit läßt sich aber ungefähr abschätzen: Wenn wir die „Entstehungszeit", nämlich die Zeit, die vom Eintritt des spaltenden Neutrons in den Kern bis zum Austritt der Spaltungsneutronen vernachlässigen — und das können wir tun, wie wir gleich sehen werden, weil sie etwa nur 10^{-14} sek beträgt — und wenn wir ferner die Bremszeit vernachlässigen, nämlich die Zeit, die vergeht, bis das Neutron von seiner Entstehungsgeschwindigkeit auf thermische Geschwindigkeit abgebremst ist — auch das ist für diese Überschlagsrechnung zulässig —, so muß die Generationsdauer offenbar etwa gleich der Diffusionszeit des thermischen Neutrons sein, also der Zeit, die vom Erreichen thermischer Geschwindigkeit bis zur Absorption vergeht. Diese Zeit ist aber bestimmt durch die mittlere Absorptionsweglänge des Neutrons λ_a [cm] und seine mittlere thermische Geschwindigkeit v [cm · sek^{-1}]. Sie ergibt sich demnach zu $l = \lambda_a/v$[sek][1]. Da nach Gl. (48) $\lambda_a = 1/\Sigma_a$ ist, können wir den mittleren Wert für einen normalen thermischen Reaktor bestimmen, wenn wir Σ_a für alle Absorptionen, also die im natürlichen Uran und im Graphit des Moderators einsetzen. Mit $\Sigma_a = N_U \cdot \sigma_{aU} + N_C \cdot \sigma_{aC}$ erhalten wir, wenn wir aus früheren Rechnungen (S. 195) die Werte von $N_U = 7{,}06 \cdot 10^{20}$, $\sigma_{aU} = 7{,}42$ b, $N_C = 7{,}65 \cdot 10^{22}$ und $\sigma_{aC} = 0{,}0045$ b entnehmen und einsetzen, für $\Sigma_a = 0{,}00557$ und damit ergibt sich mit der mittleren thermischen Geschwindigkeit der Neutronen $v = 2200$ m/sek

$$l = \frac{1}{\Sigma_a \cdot v} = \frac{1}{0{,}00557 \cdot 2{,}2 \cdot 10^5} \approx 0{,}8 \cdot 10^{-3} \text{ [sek]}.$$

Die mittlere Generationsdauer oder, was dasselbe ist, die mittlere Lebensdauer thermischer Neutronen beträgt also etwa 10^{-3} sek.

Damit können wir weiterrechnen und erhalten für den Zuwachs in einer Sekunde $n\,(k_\text{eff} - 1)/l$ und für den Zuwachs in der Zeit dt

$$dn = \frac{n\,(k_\text{eff} - 1)}{l}\,dt,\qquad(200)$$

also mit Gl. (154)

$$\frac{dn}{dt} = \frac{n\,(k_\text{eff} - 1)}{l} = n \cdot \frac{\delta k}{l},\qquad(201)$$

wo δk wieder die bereits bekannte Reaktivität ist. Die Lösung dieser Differentialgleichung lautet

$$n = n_0 \cdot e^{\frac{\delta k}{l} \cdot t}\qquad(202\text{a})$$

mit n_0 Neutronen zur Zeit $t = 0$ und n Neutronen zur Zeit $t = t$. Anstatt dessen können wir auch für den thermischen Neutronenfluß

$$\Phi = \Phi_0\, e^{\frac{\delta k}{l} t}\qquad(202\text{b})$$

schreiben[2]. Der Fluß steigt, wie man aus Gl. (202b) sieht, außerordentlich

---
[1] Für ein unendlich ausgedehntes Medium.
[2] Die Gln. (202a) und (202b) sind unexakt, weil mit k_eff gerechnet wird. Der effektive Vermehrungsfaktor gilt aber für den *endlich* begrenzten Reaktor, während $l = \lambda_a/v$ nur für *unendliches* Medium richtig ist (vgl. Fußnote S. 166). Gln. (202a) und (202b) gelten präzise nur für $\delta k_\infty = k_\infty - 1$. Hier müßte man

$$l' = \frac{\lambda_a}{v} \cdot \frac{1}{1 + L^2 B^2}$$

an Stelle von l verwenden. Darauf kommen wir auf S. 206 noch einmal zurück. Einstweilen genügt die hier gewählte Darstellung zur Erläuterung.

rasch an, wenn die Reaktivität auch nur wenig den Wert von Null überschreitet. Es sei angenommen, daß $k_{\text{eff}} = 1{,}01$, also sehr nahe an Eins und damit $\delta k = 0{,}01$ sei. Dann beträgt mit dem vorher abgeschätzten Wert[1] von $l = 10^{-3}$ sek der Exponent $(0{,}01/0{,}001) \cdot t$, also $10\,t$. Das bedeutet, daß bereits nach 0,1 sek der Fluß vom Wert Φ_0 auf den Wert $\Phi = \Phi_0 \cdot e = 2{,}7 \Phi_0$, also nahezu auf das *Dreifache* angewachsen ist, in einer Sekunde dagegen bereits auf $\Phi_0 \cdot e^{10} \approx 20000 \Phi_0$! Das kommt praktisch einer blitzschnellen Zerstörung des Reaktors gleich. Wir sehen also, daß der Neutronenfluß und damit die Wärmeleistung ungeheuer schnell ansteigen, wenn der Vermehrungsfaktor auch nur ganz wenig den Wert von Eins überschreitet!

Wenn das in Wirklichkeit so wäre, würde es ausgeschlossen sein, einen Reaktor zu betreiben, denn in so kurzen Zeiten kann weder eine handbetätigte noch eine automatische Regelung reagieren und folgen. Wir haben es einer recht merkwürdigen Naturerscheinung zu verdanken, daß wir Reaktoren tatsächlich regeln und damit betreiben und nutzbar machen können: Es sind die bereits früher erwähnten sog. *„verzögerten"* Neutronen[2]. Von den bei der Spaltung des U-235 freiwerdenden Neutronen werden nämlich nicht alle sofort — ,,*prompt*" (10^{-14} sek!) — ausgesandt, d.h. bei der Spaltung, sondern einige wenige, etwa 0,75% aller bei der Spaltung entstehenden Neutronen, verdanken ihre Entstehung dem radioaktiven Zerfall einiger Spaltprodukte, die bei ihrer weiteren Umwandlung zu stabilen Endprodukten auch Neutronen aussenden. *Am seidenen Faden dieser wenigen verzögerten Neutronen ist die ganze Reaktorregelung aufgehängt!* Um das zu übersehen, erinnern wir uns daran, daß bei der Spaltung des U-235 etwa 30 Sorten von Spaltprodukten entstehen, deren prozentuale Verteilung Abb. 36 zeigt. Selbstverständlich erzeugt jede einzelne Kernspaltung nur ein einziges Paar von Spaltprodukten, aber die Urankerne zerfallen eben nicht alle in der gleichen Weise, so daß im Mittel über eine große Zahl von Spaltreaktionen diese Verteilung herauskommt. Alle primär entstehenden Spaltprodukte, also die mittelschweren Kerne, sind unmittelbar nach ihrem Entstehen radioaktiv. Sie sind hoch angeregt und haben meist viel zuviel Neutronen (vgl. S. 88). Sie streben dem stabilen Endzustand zu und erreichen ihn im allgemeinen in mehreren Schritten, die meist unter β^--Strahlung ablaufen. Hin und wieder erfolgt der Zerfall jedoch auch unter Emission von Neutronen, und diese Zerfallsschritte sind die Quelle

---

[1] Da $l' < l$ ist, kann man die Überschlagsrechnung ohne Bedenken mit l durchführen.

[2] Es sei erneut davor gewarnt, diese *verzögerten* Neutronen mit den *gebremsten*, insbesondere auf thermische Energie abgebremsten Neutronen zu verwechseln, wie es leider auch heute noch hier und da im deutschen Schrifttum vorkommt! Es ist daher zu empfehlen, die nachfolgenden Ausführungen recht sorgfältig zu lesen.

der verzögerten Neutronen. Die Halbwertzeiten jener radioaktiven Spaltprodukte, welche beim weiteren Zerfall Neutronen emittieren, sind sehr verschieden. Ein Beispiel für einen solchen Zerfall unter Emission eines Neutrons zeigt Abb. 88: Ein Spaltprodukt ist das Brom-Isotop $^{87}_{35}$Br. Es zerfällt mit einer Halbwertzeit[1] $T = 55{,}6$ sek zum Krypton-Isotop $^{87}_{36}$Kr. Ein Teil dieses so entstehenden Kryptons verdankt sein Zustandekommen der Emission von einem Elektron mit sehr niedriger Energie, so daß diese Kryptonkerne $^{87}_{36}$Kr* sich in so hoch angeregtem Zustande befinden, daß sie genügend Energie haben, um ein Neutron zu emittieren und damit in das stabile Kryptonisotop $^{86}_{36}$Kr übergehen. Da die Aussendung des Neutrons aus dem $^{87}_{36}$Kr* praktisch unmittelbar nach der Entstehung des

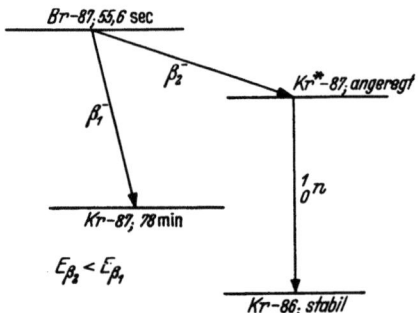

Abb. 88. Beispiel eines Zerfallsschemas für die Entstehung eines verzögerten Neutrons mit einer Halbwertzeit von 55,6 sek (nach STEPHENSON)

angeregten Kernes erfolgt, kann man für seine „*Verzögerungszeit*" gegenüber den „*prompten*" Neutronen, die gemäß einer Reaktionsgleichung nach dem Beispiel von Gl. (25) unmittelbar aus der Spaltung innerhalb von 10^{-14} sek frei werden, praktisch die Halbwertzeit T des „Vorläufer"-Kernes Br-87 einsetzen. Die mittlere Verzögerungszeit eines aus dieser Reaktion stammenden Neutrons beträgt damit $T = 55{,}6$ sek, die mittlere Lebensdauer also $\tau = \dfrac{T}{\ln 2} \approx \dfrac{55{,}6}{0{,}7} = 80$ sek und die Zerfallskonstante $\lambda = \dfrac{1}{\tau} = 0{,}0125 \text{ sek}^{-1}$. Durch sorgfältige und mühevolle Untersuchungen im Laufe von Jahren ist es gelungen, die wichtigsten Vorläufer der verzögerten Neutronen und damit ihre Halbwertzeiten zu ermitteln. Tab. 14 gibt die Daten der wichtigsten Gruppen verzögerter Neutronen, die bei der Spaltung von U-235 auftreten, an. Daraus ergibt sich eine mittlere

---

[1] Vgl. hierzu Gl. (20b), wonach die Halbwertzeit $T = \tau \cdot \ln 2 = \dfrac{\ln 2}{\lambda}$ ist, wobei τ die mittlere Lebensdauer und λ die Zerfallskonstante radioaktiver Nuklide bedeuten. Auch muß man sich vor einer Verwechslung von T mit der Reaktorperiode T, vgl. S. 204, von τ mit dem FERMI-Alter und von λ mit der freien Weglänge hüten. Die Alphabete haben leider zu wenig Buchstaben!

Tabelle 14. *Verzögerte Neutronen bei der Spaltung von U-235* [55]

Sorte i	Halbwertzeit T_i [sek]	Mittl. Lebensdauer τ_i [sek]	Zerfallskonstante λ_i [sek^{-1}]	Anteil β_i	Neutronenenergie [MeV]
1	0,43	0,62	1,16	0,00084	0,42
2	1,52	2,19	0,456	0,0024	0,62
3	4,51	6,50	0,151	0,0021	0,43
4	22,0	31,7	0,0315	0,0017	0,56
5	55,6	80,2	0,0125	0,00026	0,25

Verzögerung für die *gesamten* Neutronen, also *einschließlich* der prompten Neutronen von $\frac{9,2}{100} \approx 0,1$ sek und damit eine mittlere Generationszeit $l' = \frac{9,2}{100} + \frac{\lambda a}{v} = 0,092 + 0,001 \approx 0,1$ sek. Ihre Auswirkung auf die Regelbarkeit des Reaktors ist die folgende:

Stellt man den Reaktor auf genau $k_\text{eff} = 1$ ein, dann reichen die prompten Neutronen nicht aus, die Kettenreaktion aufrechtzuerhalten, weil von 100 Spaltungen nur 99,25 prompte Neutronen geliefert werden, die Zahl der Neutronen nach einer Generation also von 100 auf 99,25 abnimmt. Erst die 0,75 verzögerten Neutronen füllen die Zahl der prompten Neutronen wieder auf 100 auf. Erhöht man nun k_eff, so wird die Zahl der prompten Neutronen erst dann ausreichend, um die Kettenreaktion allein, also ohne Mitwirkung der verzögerten Neutronen aufrechtzuerhalten, wenn der Wert $k_\text{eff} = 1,0075$ erreicht ist, denn dann erst kommen aus 100 Spaltungen auch wieder 100 prompte Neutronen. Daraus ergibt sich ohne weiteres, daß der Reaktor so lange nur mit Hilfe der verzögerten Neutronen eine Kettenreaktion ausführen kann, als $1,0000 < k_\text{eff} < 1,0075$ ist. In diesem Bereich entscheiden also die verzögerten Neutronen, denn sie bestimmen die „Generationsdauer": Erst nach ihrem verzögerten Erscheinen mit einer durchschnittlichen Verzögerung von 10 Sekunden ist die Generation aufgefüllt, und das äußert sich so, als ob die Generationsdauer insgesamt, also mit den prompten Neutronen zusammen, 0,1 sek gedauert hätte! Wenn wir nun also in Gl. (202b) anstatt der Lebensdauer, also der Generationsdauer der nur prompten Neutronen $l = 10^{-3}$ sek der prompten Neutronen die durchschnittliche Generationsdauer aller Neutronen — nämlich die Zeit, um die die verzögerten Neutronen den Abschluß der vollen Auffüllung der Generation aufhalten, denn erst nach ihrem Ablauf ist ja die Generation vollzählig! — l' einsetzen, erhalten wir mit $\delta k = 0,0075$ und $l' = 0,1$ sek $\Phi = \Phi_0 e^{\frac{0,0095}{0,1} \cdot t} = \Phi_0 \cdot e^{0,075 t}$. Nach einer Zeit von $t = 10$ sek seit dem Herausziehen des Regelstabes aus dem Reaktor um einen Betrag, der eine Reaktivitätserhöhung von $\delta k = 0$ auf $\delta k = 0,0075$ herbeiführt, beträgt die Zunahme des Flusses erst $\Phi = \Phi_0 e^{0,75} \approx 2,1 \Phi_0$, also etwa das Doppelte. Steigert man nun aber den Vermehrungsfaktor k_eff auf mehr als 1,0075 bzw. die Reaktivität auf mehr als 0,0075, reichen die prompt entstehenden Neutronen *allein* aus, $k_{eff} > 1$ zu machen, also die Kettenreaktion aufrechtzuerhalten. Damit sinkt die Generationsdauer wieder auf $l = 10^{-3}$ sek, und der Reaktor entzieht sich damit der Regelbarkeit: Er ist „*prompt kritisch*" geworden und neigt zum Durchgehen.

Im praktischen Betrieb wird zur Beurteilung der Stabilität eines Reaktors die „*Reaktorperiode*" verwendet. Sie ist als der Kehrwert von $\delta k/l'$ definiert:

$$T = \frac{l'}{\delta k} \text{ [sek]}. \qquad (203)$$

Damit nimmt Gl. (202b) die Form

$$\Phi = \Phi_o \, e^{\frac{t}{T}} \qquad (204)$$

an. Die Reaktorperiode T[1] ist definitionsgemäß die Zeit, in der der Fluß um den Faktor $e = 2{,}718$ steigt, denn in einer Zeit $t = T$ ergibt Gl. (204) den Wert $\Phi = \Phi_0 \cdot e$. Für einen zeitlich unveränderlichen Fluß, also für den stationären Zustand mit $\Phi = \Phi_0$ ergibt sich $e^{t/T} = 1$ und damit $T = \infty$. Eine unendliche Reaktorperiode kennzeichnet also, daß der Reaktor mit konstanter Leistung arbeitet. Wenn wir $\delta k = 0{,}01$ und die Generationsdauer $l = 10^{-3}$ sek einsetzen, erhalten wir für den prompt kritischen Reaktor eine Periode von $T = 0{,}1$ sek. Es ist ohne weiteres zu erkennen, daß ein Reaktor mit einer solchen Periode nicht regelbar ist. Bleiben wir jedoch im Bereich der verzögerten Neutronen, so beträgt die Reaktorperiode für $\delta k = 0{,}005$ und der mittleren Verzögerungszeit $l' = 0{,}1$ sek bereits $T = \dfrac{0{,}1}{0{,}005} = 20$ sek! Das ist eine Zeit, in der ein technischer Regler zu reagieren und einzugreifen vermag.

Wir wollen jetzt den Einfluß der verzögerten Neutronen etwas genauer betrachten[2]:

Nach Tab. 14 haben wir es mit $i = 5$ Gruppen von Spaltprodukten zu tun, welche verzögerte Neutronen mit dem Anteil β_i an der Gesamtneutronenzahl und den Zerfallskonstanten λ_i [sek^{-1}] aussenden. Die Konzentration der die verzögerten Neutronen aussendenden Zwischenkerne sei dann $C_i = C_i(\Phi)$ [cm^{-3}].

---

[1] Sie wird mitunter auch „*Relaxationszeit*" genannt.

[2] Es ist notwendig, hier den Begriff der *Reaktivität* noch etwas zu präzisieren. Wir haben bisher die Reaktivität mit $\delta k = k_{eff} - 1$ bezeichnet. Das ist nicht ganz richtig, denn der Wert $k_{eff} - 1$ wird im allgemeinen als „*Überschußfaktor*" k_{ex} (engl.: excess = Überschuß) bezeichnet, während die Reaktivität eines endlichen, speziellen Reaktors als $\varrho = \delta k = \dfrac{k_{eff}-1}{k_{eff}} = \dfrac{k_{ex}}{k_{eff}}$ definiert ist [52]. Da indessen der Wert von k_{eff} immer sehr dicht bei Eins liegt, ist die Abweichung meist zu vernachlässigen, man kann also sagen, daß $\delta k = \dfrac{k_{eff}-1}{k_{eff}} \approx k_{eff} - 1$ ist.

Um zu einer quantitativen Darstellung zu gelangen, soll zunächst die Gl. (202b) streng abgeleitet werden, also noch *ohne* den Einfluß der verzögerten Neutronen. Wir betrachten dazu einen Reaktor, der sich im stationären Zustand befindet, und nehmen an, daß plötzlich ein Regelstab herausgezogen wird. Wir schreiben dazu nochmals die Gl. (73), die Neutronenbilanz für die thermischen Neutronen an:

$$\frac{1}{v} \cdot \frac{\partial \Phi}{\partial t} = \frac{\partial n}{\partial t} = \nabla^2 \Phi - \frac{\Sigma_a}{D} \Phi + \frac{q}{D}. \tag{73}$$

Es sei nun vom Ausfluß *schneller* Neutronen (also während ihrer Abbremsung), d.h. vom FERMI-Alter, abgesehen. Dann gilt $q = k_\infty \cdot \Sigma_a \cdot \Phi$. Damit können wir Gl. (73) in der Form

$$\frac{1}{v} \cdot \frac{\partial \Phi}{\partial t} = \frac{\partial n}{\partial t} = D \nabla^2 \Phi - \Sigma_a \Phi + k_\infty \Sigma_a \Phi \tag{205}$$

schreiben. Nach Gl. (135) gilt für die Flußwölbung

$$B^2 = \frac{\Sigma_a (k_\infty - 1)}{D}.$$

Wir trennen nun die räumliche und zeitliche Änderung, indem wir einen Produktansatz machen: $\Phi = \Phi_0(\mathfrak{r}) \Psi(t)$.

Dann gilt für die zeitliche Änderung (entsprechend dem stationären Fall mit $\nabla^2 \Phi + B^2 \Phi = 0$):

$$\frac{1}{v} \cdot \frac{d\Psi}{dt} \Phi_0 = D \Psi \nabla^2 \Phi_0 - \Sigma_a \Phi_0 \Psi + k_\infty \Sigma_a \Phi_0 \Psi \tag{205a}$$

und

$$\frac{1}{v} \cdot \frac{1}{\Psi} \frac{d\Psi}{dt} = -DB^2 + (k_\infty - 1) \Sigma_a,$$

da sich rechts Φ_0 im Zähler und Nenner beider Glieder heraushebt. Damit ergibt sich

$$\frac{d\Psi}{dt} = [(k_\infty - 1) \Sigma_a - DB^2] v \Psi \tag{205b}$$

und mit $D/\Sigma_a = L^2$

$$\frac{d\Psi}{dt} = \left[\frac{k_\infty - 1}{L^2} - B^2\right] v D \Psi$$

bzw.

$$\frac{d\Psi}{dt} - \left[\frac{k_\infty - 1}{L^2} - B^2\right] v D \Psi = 0. \tag{205c}$$

Nun ist, wenn nach Voraussetzung vom Ausfluß schneller Neutronen abgesehen wird,

$$k_{\text{eff}} = k_\infty \cdot L_{th} = k_\infty \cdot \frac{1}{1 + L^2 B^2} \quad \text{bzw.} \quad k_\infty = k_{\text{eff}} (1 + L^2 B^2),$$

und damit ergibt sich $\left(\text{mit } \lambda_a = 1/\Sigma_a \text{ und } D/\Sigma_a = L^2 \text{ ist } D = \frac{L^2}{\lambda_a}\right)$

$$\left[\frac{k_\infty - 1}{L^2} - B^2\right] v D = \frac{k_{\text{eff}} (1 + L^2 B^2) - (1 + L^2 B^2)}{L^2} \cdot v \frac{L^2}{\lambda_a}.$$

Mit $l' = \dfrac{\lambda_a}{v} \cdot \dfrac{1}{1+L^2 B^2}$ (vgl. S. 200) erhalten wir daraus $\dfrac{k_{\text{eff}}-1}{l'}$. Diesen Ausdruck in Gl. (205c) eingesetzt, ergibt

$$\frac{d\Psi}{dt} \cdot \frac{k_{\text{eff}}-1}{l'} \Psi = 0. \tag{206}$$

Die Lösung lautet:

$$\Psi = C \cdot e^{\frac{k_{\text{eff}}-1}{l'} \cdot t} \tag{207}$$

oder

$$\Psi = C \cdot e^{\frac{\delta k}{l'} \cdot t},$$

also

$$\Phi = \Phi_0 \cdot e^{\frac{\delta k}{l'} t}, \tag{208}$$

wenn man C in Φ_0 mit hineinnimmt. Das ist aber die exakte Form der Gl. (202b) mit l' anstatt l.

Wir haben nunmehr die verzögerten Neutronen mittels der oben festgesetzten Bezeichnungen β_i, λ_i und C_i in den Ausdruck für die Neutronenerzeugung q nach Gl. (133) unter Beachtung von Gl. (132) bzw. (133) einzuführen. Die prompten Neutronen ergeben dann $q_{pr} = k_\infty \Sigma_a \cdot \Phi (1-\beta)$. Die Entstehung der verzögerten Neutronen hängt nun von der Konzentration C_i der Zwischenkerne und deren Zerfallskonstanten λ_i für die einzelnen Gruppen der verzögerten Neutronen ab, so daß die Erzeugung der verzögerten Neutronen $\displaystyle\mathop{S}_{i=1}^{i=5} \lambda_i C_i$ beträgt[1]. Damit wird die Neutronenerzeugung (man kann sie auch „*Quelldichte*" nennen)

$$q = \mathop{S}_i \lambda_i C_i + (1-\beta) k_\infty \Sigma_a \Phi. \tag{209}$$

Diesen Ausdruck haben wir nun in Gl. (205) einzusetzen und erhalten, wenn wir berücksichtigen, daß beim unendlichen Reaktor nach Gl. (71b) der Ausfluß $L = -D \nabla^2 \Phi = 0$ ist[2],

$$\frac{1}{v} \cdot \frac{d\Phi}{dt} = -\Sigma_a \Phi + \mathop{S}_i \lambda_i C_i + (1-\beta) k_\infty \Sigma_a \Phi. \tag{210}$$

Mit $l = \lambda_a/v$ und $\lambda_a = 1/\Sigma_a$ erhalten wir $\dfrac{1}{v} = \Sigma_a \cdot l$ und damit, wenn wir Σ_a auf die rechte Seite schaffen,

$$l \frac{d\Phi}{dt} = -\Phi + \frac{1}{\Sigma_a} \mathop{S}_i \lambda_i C_i + (1-\beta) k_\infty \Phi. \tag{211}$$

---

[1] Um die Verwechslung des makroskopischen Wirkungsquerschnittes Σ mit dem üblichen Summenzeichen Σ zu vermeiden, verwenden wir hier für das letztere das Symbol S.

[2] Der Ausfluß L darf hier nicht mit der Diffusionslänge L verwechselt werden!

Um die Gleichung zu lösen, ist die Kenntnis des Wertes der Anzahl der Zwischenkerne nötig. Nun ist $\lambda_i C_i$ die Zahl der verzögerten Neutronen je Sekunde und Kubikzentimeter, die aus dem Zerfall der verschiedenen Zwischenkerne entstehen. Die Konzentration C_i der einzelnen Sorten von Zwischenkernen hängt von der Vorgeschichte des Reaktors ab. Sie nimmt zu mit der Erzeugung der Sorte i der verzögerten Neutronen, und zwar nach dem üblichen Ausdruck für die Erzeugung, also mit $k_\infty \Sigma_a \Phi \beta_i$; sie nimmt aber ab mit der Zahl der bereits zerfallenen Zwischenkerne $\lambda_i C_i$ der betreffenden Sorte i. Die zeitliche Änderung der Konzentration beträgt dann

$$\frac{dC_i}{dt} = k_\infty \Sigma_a \Phi \beta_i - \lambda_i C_i. \tag{212}$$

Eine weitere Vereinfachung ergibt sich dadurch, daß man auf die Unterscheidung der i Sorten verzögerter Neutronen verzichtet und sie zu einer einzigen zusammenfaßt. Dann ergibt sich aus den Gln. (211) und (212) die Differentialgleichung des mit verzögerten Neutronen arbeitenden Reaktors:

$$\ddot{\Phi} + \frac{\beta - (k_\infty - 1)}{l} \cdot \dot{\Phi} - (k_\infty - 1) \cdot \frac{\lambda}{l} \Phi = 0. \tag{213}$$

Nach SCHULTZ [52] läßt sich die Lösung dieser Gleichung übersichtlicher darstellen, wenn man an Stelle von Gl. (210) von Gl. (201) ausgeht und die Glieder für die verzögerten Neutronen sinngemäß einsetzt, wobei $l' = l/k_\infty$ (vgl. S. 200) verwendet wird:

$$\frac{dn}{dt} = \frac{\delta k}{l'} \cdot n - \frac{\beta}{l'} \cdot n + \sum_{i=1}^{i=5} \lambda_i C_i. \tag{214}$$

Ebenso kann man an Stelle von Gl. (212)

$$\frac{dC_i}{dt} = \frac{\beta_i}{l'} \cdot n - \lambda_i C_i \tag{215}$$

setzen, wobei β_i wieder der Anteil an verzögerten Neutronen der Gruppe i ist. Um ein Gefühl für den Einfluß der verzögerten Neutronen zu gewinnen, genügt eine angenäherte Lösung mit der weiteren Vereinfachung, daß *alle* verzögerten Neutronen in eine Gruppe zusammengefaßt werden, wir also an Stelle von C_i, λ_i und β_i einfach C, λ und β als Durchschnittswerte setzen. Dann können die Gln. (214) und (215) in der Form

$$\frac{dn}{dt} = \frac{\delta k - \beta}{l'} \cdot n + \lambda C \tag{214a}$$

und

$$\frac{dC}{dt} = \frac{\beta}{l'} \cdot n - \lambda C \tag{215a}$$

geschrieben werden. Die Lösung dieses Gleichungssystems ist die Summe zweier Exponentialausdrücke für die Neutronendichte n zur Zeit t, wenn n_0 die Dichte zur Zeit $t = 0$ ist:

$$n = n_o \left(\frac{b-c}{b-a} e^{at} + \frac{c-a}{b-a} e^{bt} \right). \tag{216}$$

Darin bedeuten:

$$a = \frac{\delta k \cdot \lambda}{\lambda \cdot l' + \beta - \lambda k}, \quad b = \frac{\delta k - \beta}{l'}, \quad c = \frac{\delta k}{l'}.$$

Wenn man nun noch mit Rücksicht darauf, daß λ für die wichtigsten verzögerten Neutronengruppen von der Größenordnung von 0,01 sek⁻¹,

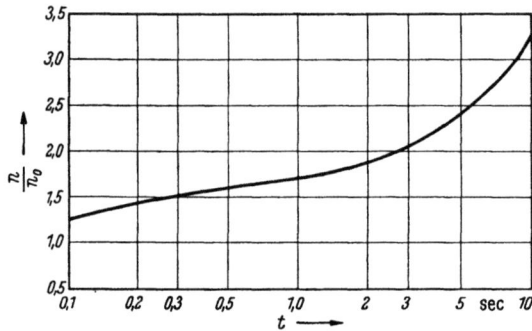

Abb. 89. Relativer Anstieg der Neutronendichte n/n_0 als Funktion der Zeit t bei einer plötzlichen Reaktivitätsänderung von $\delta k = 0{,}003$ (nach SCHULTZ)

also sehr klein ist, den Ausdruck für a vernachlässigt, so erhält man schließlich

$$n = n_o \left(\frac{\beta}{\beta - \delta k} e^{\frac{\lambda \delta k}{\beta - \delta k} t} - \frac{\delta k}{\beta - \delta k} \cdot e^{-\frac{\beta - \delta k}{l'} \cdot t} \right). \tag{217}$$

Eine plötzliche Änderung der Reaktivität um $\delta k = 0{,}003$ innerhalb des kritischen Bereiches von $1{,}000 < k_{\text{eff}} < 1{,}0075$ ergibt mit einer Generationsdauer von $l' = 10^{-3}$ sek:

$$n = n_0 \, (1{,}67 \cdot e^{0{,}067 t} - 0{,}67 \cdot e^{-4{,}5 t}). \tag{218}$$

In Abb. 89 ist dieses Ergebnis aufgetragen. Während unter diesen Bedingungen durch die Wirkung der verzögerten Neutronen nach einer Zeit von 3 Sekunden, wie die Abbildung zeigt, der Fluß erst um den Faktor von etwa 2,1 angestiegen ist, hätten wir bei der gleichen Reaktivitätsänderung, aber bei nur prompten Neutronen in einer Sekunde einen Anstieg auf den etwa 8000fachen Wert gehabt.

In Abb. 90 sind des Vergleiches wegen die Anstiege der Neutronendichte oder — was bei gegebener mittlerer Neutronengeschwindigkeit v wegen Gl. (45) auf dasselbe herauskommt — der Neutronenflüsse bei einer plötzlichen Reaktivitätsänderung mit und ohne Wirkung der verzögerten Neutronen schematisch aufgezeichnet.

Wir werfen nun noch einen Blick auf Gl. (218) und Abb. 90. Man sieht, daß das erste Glied in der Klammer überwiegt, während das zweite schon nach kurzer Zeit t vernachlässigbar klein wird: Nach einer Sekunde beträgt das erste Glied etwa 1,8, das zweite dagegen nur noch 0,007. Nach 0,01 sek dagegen ist das erste Glied praktisch 1,67 und das zweite 0,64, also nicht vernachlässigbar gegenüber dem ersten. Daraus ergibt sich, daß der Einfluß des zweiten Gliedes auf das Anwachsen des Neutronenflusses schon nach ganz kurzer Zeit verschwindet. Man nennt daher den Kehrwert des Exponenten im zweiten Glied von Gl. (217) gemäß der Definition in Gln. (203) und (204) die „vorübergehende" (engl.: „transient") Periode und den Kehrwert des Exponenten des

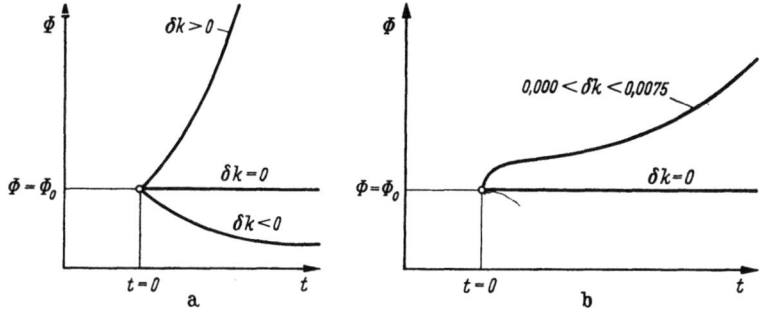

Abb. 90. Zeitliche Änderung des Neutronenflusses
a ohne Einfluß der verzögerten Neutronen — b mit Einfluß der verzögerten Neutronen [76]

ersten Gliedes, da dieses schließlich allein bestimmend für den Anstieg des Flusses wird, die „*stabile*" Reaktorperiode

$$T = \frac{\beta - \delta k}{\lambda \delta k}. \tag{219}$$

In unserem Beispiel nach Gl. (218) ergibt sie sich zu $T = \dfrac{1}{0,067} = 15$ sek, dagegen würde sie bei *nur prompten Neutronen* bei der gleichen Reaktivitätsänderung von $\delta k = 0,003$ nach Gl. (203) nur $T = 0,3$ sek betragen!

In Abb. 90b ist angedeutet, daß bei einer plötzlichen Änderung der Reaktivität der Fluß sofort und steil ansteigt. Das liegt daran, daß zur Zeit Null alle Neutronen so wirken, als ob sie prompt wären, denn die zur Aufrechterhaltung der Kettenreaktion erforderlichen Neutronen sind ja in diesem Augenblick vollzählig vorhanden, weil der Reaktor *vor der Änderung* im stationären Zustand arbeitete. Bei weiterem Anstieg jedoch macht sich der Einfluß der verzögerten Neutronen immer mehr bemerkbar, bis schließlich Gleichgewicht zwischen Erzeugung und Zerfall der Zwischenkerne eingetreten ist und nun der weitere Anstieg gemäß dem Wert der stabilen Reaktorperiode vor sich geht.

Schließlich gewinnen wir daraus noch eine wichtige Einsicht:

Wenn eine Reaktivitätsänderung durch Herausziehen der Absorptionsstäbe, also der sog. Regelstäbe, vorgenommen wird, *steigt der Fluß unentwegt an.* Wenn er einen bestimmten vorgegebenen Wert nicht überschreiten soll, ist es also notwendig, die Reaktivität wieder wegzunehmen, indem man die Stäbe wieder in den Reaktor einführt! Die Regelung eines Reaktors verläuft also ganz anders als diejenige z.B. einer Ölfeuerung, bei welcher die Stellung des Brennstoffventils die Leistung bestimmt. Beim Reaktor hingegen bestimmt die Stellung der Regelstäbe die *Änderung der Leistung!* Abb. 91 zeigt den Zusammenhang

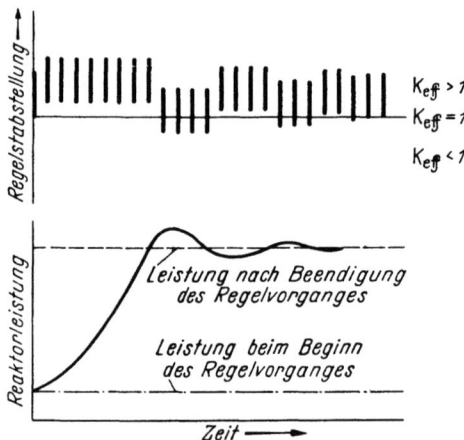

Abb. 91. Schematische Darstellung der Leistungsänderung eines Reaktors mittels Neutronenabsorbers als Regelstäben (nach SCHULTZ)

zwischen Regelstabstellung und Fluß bzw. Leistung bzw. Fluß- oder Leistungsänderung des Reaktors.

Tatsächlich wirken noch eine Reihe anderer Umstände auf die Reaktivität ein, durch die sie im Laufe der Zeit und in Abhängigkeit von den Betriebsbedingungen verändert wird. Das sind vor allem die Temperatur und die Ansammlung von Spaltprodukten mit hohem Absorptionsquerschnitt für thermische Neutronen. Darauf kommen wir im Kapitel VII zurück.

Zum Abschluß dieses Abschnittes sollen noch einige amerikanische Einheiten für die Reaktivität kurz erläutert werden. Wir hatten bereits den „Überschußfaktor" $k_{ex} = k_{eff} - 1$ und die Reaktivität $\varrho = \delta k = \dfrac{k_{eff}-1}{k_{eff}} = \dfrac{k_{ex}}{k_{eff}} \approx k_{ex}$ benutzt. Im allgemeinen ist, wie wir bereits gesagt hatten (vgl. Fußn. S. 204), k_{eff} so wenig von Eins verschieden, daß der Unterschied zwischen k_{ex} und δk vernachlässigbar wird.

Eine in der angelsächsischen Literatur verwendete Einheit ist „dollar". Sie kennzeichnet denjenigen Wert, bei dem ein Reaktor prompt

kritisch wird, also ein dollar $= \frac{k_{ex}}{\beta}$, wobei ein dollar = 100 cent ist.
Für einen thermischen Reaktor mit U-235, also $\beta = 0,0075$, z.B. würde eine Reaktivität von $ 1.50 einen Überschußfaktor von $k_{ex} = 1,5 \cdot 0,0075 = 0,0113$ bedeuten, und damit ergibt sich wegen $k_{ex} = k_{eff} - 1$ der Vermehrungsfaktor zu 1,00113 [3].

Eine andere Einheit ist die „inverse Stunde" Ih (engl.: „inverse hour" = „inhour"). Sie ist diejenige Reaktivität, die die stabile Reaktorperiode gleich einer Stunde macht: $1\,Ih = 2,54 \cdot 10^{-5}$. Sie ist also eine sehr kleine Einheit der Reaktivität. Ihre genaue Definition lautet [3]:

$$Ih = \frac{\dfrac{l}{T \cdot k_{eff}} + \sum_i \dfrac{\beta_i}{1 + \lambda_i T}}{\dfrac{l}{3600\,k_{eff}} + \sum_i \dfrac{\beta_i}{1 + 3600\,\lambda_i}} \qquad (220)$$

Aus dieser komplizierten Formel sieht man, daß keine einfache Beziehung zwischen Ih als Einheit der Reaktivität und der gemessenen Reaktorperiode besteht, obwohl allerdings für kleine Werte der Reaktivität die Werte in Ih gemessen etwa der Reaktivität proportional sind [1].

14. Grundzüge des Brutverfahrens

Wir haben bisher nur von dem Uranisotop $^{235}_{92}U$ als Spaltstoff gesprochen, welches zu nur 0,7% im natürlichen Uran enthalten ist und nur gelegentlich das ebenfalls spaltbare Plutoniumisotop $^{239}_{94}Pu$, ein sog. „Transuran", ein Element also, welches jenseits der höchsten Ordnungszahl $Z = 92$ der natürlichen Elemente liegt, erwähnt. Es ist also kein in der Natur vorkommendes, sondern ein künstlich hergestelltes Element. Ein weiterer spaltbarer Stoff ist das — ebenfalls nur künstlich herstellbare — Uranisotop $^{233}_{92}U$. Mithin existieren nach dem heutigen Stande der Technik drei spaltbare Substanzen, nämlich die drei erwähnten Nuklide, von denen zwei Uranisotope sind und eines ein Plutoniumisotop ist, von denen aber nur eines, eben das U-235, natürlich vorkommt.

Die Herstellung spaltbarer Stoffe ist nun technisch und vor allem energiewirtschaftlich außerordentlich interessant und wichtig, ja für unsere zukünftige Energiewirtschaft sogar entscheidend, wenn wir für die nächsten Jahrzehnte und vielleicht sogar Jahrhunderte auf die Energiegewinnung aus Kernspaltprozessen angewiesen bleiben sollten. Das ist aber nach dem heutigen Stande der Technik sehr wahrscheinlich, denn an die *technische Ausnutzung* der Kernverschmelzung — sog. thermonuklearer Reaktionen, von denen die Sonne ihre Energie bezieht und die wir auf der Erde bisher nur in Form der Wasserstoffbombenexplosionen verwirklicht haben — ist vorläufig wohl nicht zu denken. Wenn wir aber auf das U-235 angewiesen bleiben würden, dann hätte die Energiegewinnung aus Kernspaltprozessen auf die Dauer nur geringe Bedeutung, weil nämlich die bisher als abbauwürdig bekannten Uranerzvorkommen zu der Annahme führen, daß die Weltvorräte an U-235 unzulänglich sind, um einen nennenswerten Beitrag zur Deckung des Energiebedarfes auf lange Sicht erwarten zu lassen.

Infolgedessen ist es äußerst wichtig, sich nach Möglichkeiten umzusehen, spaltbare Produkte *herzustellen*. Diese Herstellung ist möglich und heute bereits Gegenstand umfangreicher und kostspieliger Untersuchungen, nachdem während des Krieges bereits Plutonium in technischem Maßstab als Betriebsstoff für Atombomben gewonnen worden ist. Das Verfahren beruht darauf, geeignete Stoffe (engl.: ,,fertile materials" = ,,fruchtbare Stoffe") einfach einer Neutronenbestrahlung auszusetzen: Es treten Kernreaktionen auf, die zur Elementumwandlung führen. Bisher sind als fruchtbare Stoffe das U-238 und das Thoriumisotop $^{232}_{90}$Th bekannt. Sie führen zur Gewinnung der Spaltstoffe Pu-239 und U-233 durch folgende Reaktionen:

$$\left. \begin{array}{l} ^{238}_{92}\text{U} + ^{1}_{0}\text{n} \longrightarrow {}^{239}_{92}\text{U}^{*} \xrightarrow{\gamma} {}^{239}_{92}\text{U} \xrightarrow[25,5\,\text{min}]{\beta^{-}} {}^{239}_{93}\text{Np} \xrightarrow[2,3\,\text{d}]{\beta^{-}} {}^{239}_{94}\text{Pu} \\ ^{232}_{90}\text{Th} + ^{1}_{0}\text{n} \longrightarrow {}^{233}_{90}\text{Th}^{*} \xrightarrow{\gamma} {}^{233}_{90}\text{Th} \xrightarrow[25,5\,\text{min}]{\beta^{-}} {}^{233}_{91}\text{Pa} \xrightarrow[27,4\,\text{d}]{\beta^{-}} {}^{233}_{92}\text{U}\,. \end{array} \right\} \quad (221)$$

Beide Isotope sind radioaktiv, haben aber eine sehr lange Halbwertzeit, die z.B. beim Pu-239, welches eine α-Strahlung emittiert, etwa 24000 Jahre beträgt.

Gerade die Reaktion, die uns bei der Spaltung des U-235 im natürlichen Uran besonders stört, nämlich der Einfang von Neutronen im U-238, führt zur Erzeugung von Plutonium. Es wäre nun ein Erfolg von weittragender Bedeutung, wenn es gelänge, aus jeder Einfangreaktion, die zum Verlust eines Neutrons für die Kettenreaktion führt, einen neuen spaltbaren Pu-Kern zu gewinnen, so daß für jeden gespaltenen, also endgültig verbrauchten U-235-Kern ein neuer spaltbarer Pu-239-Kern entstünde.

Noch besser aber wäre es, wenn es möglich wäre, *mehr spaltbare Substanz zu erzeugen, als verbraucht worden ist*! Denn man muß daran denken, daß zur Erzeugung eines neuen Kernes auf jeden Fall ein Kern des natürlich vorkommenden, also *allein* als spaltbare Substanz vorhandenen U-235 gespalten, also unwiederbringlich verbraucht werden muß. Wenn es also lediglich gelingt, je gespaltenem U-235-Kern *nur einen* neuen spaltbaren Kern zu produzieren, ist uns damit noch nicht viel gedient, denn wir hätten nur erreicht, daß die auf der Erde vorhandene spaltbare Substanz gerade erhalten bleibt. Um die Energieversorgung der Zukunft zu sichern, genügt das nicht. Es muß also unser Streben sein, für jeden *unwiderruflich verbrauchten U-235-Kern mehr als einen neuen spaltbaren Kern zu erzeugen!*

Dieses Verfahren der Herstellung spaltbarer Substanz nennt man ,,*Brüten*''[1] und die Einrichtungen dazu ,,Brutreaktoren'' (leider in häßlicher Übersetzung des Wortes breeder auch schon ,,Brüter''!).

Es geht also darum, Reaktoren zu bauen, welche Energie abgeben und *gleichzeitig* mehr neuen Spaltstoff erzeugen als sie für die Entwicklung der Wärmeleistung, für welche sie ausgelegt worden sind, verbrauchen. Da nun auf jeden Fall *ein* Neutron für die Aufrechterhaltung der Kettenreaktion gebraucht wird, muß, um wenigstens ebensoviel Spaltstoff zu erzeugen, wie verbraucht wird, noch *ein weiteres* Neutron für den Brutvorgang zur Verfügung stehen. Von den entstehenden η Neutronen je Spaltreaktion bleiben zur Deckung von Verlusten demnach höchstens nur noch $\eta - 2$ Neutronen übrig. Das bedeutet aber, daß $\eta > 2$ sein muß, um ein Erzeugungs- oder Brutverhältnis von Eins zu erzielen.

Es ist nun von Interesse, die Menge des sich bildenden neuen Spaltstoffes zu berechnen. Wir beschränken uns dabei auf die Gewinnung von Plutonium, weil die Umwandlung von Thorium in das Uranisotop U-233 noch gänzlich in den Anfängen steckt und ferner zunächst auf den thermischen Reaktor mit natürlichem Uran.

Die Brutreaktion $^{238}_{92}\text{U} \rightarrow \, ^{239}_{94}\text{Pu}$ nach Gl. (221) wird durch den spaltungslosen Einfang von Neutronen aus der Kettenreaktion im U-238 hervorgerufen. Wie aus Gl. (221) abzulesen ist, wandelt sich der Zwischenkern $^{239}_{92}\text{U}$ durch zweimalige Emission eines Elektrons über das Neptunium in das Plutonium um. Der Neutronenüberschuß des U-239 wird also durch Umwandlung von Kernneutronen in Protonen nach Gl. (12) abgebaut. Dabei beträgt die Halbwertzeit des Zwischenkernes U-239, wie in Gl. (221) unter dem Pfeil angegeben, 25,5 Minuten, diejenige des Np-239 etwa $2^1/_2$ Tage. Diese Reaktion geht unvermeidlich in jedem Reaktor mit natürlichem Uran vor sich. Das entstehende Plutonium beteiligt sich seinerseits an der Kettenreaktion, so daß die Lebensdauer eines Spaltstoffelementes etwas verlängert wird, indem ein Teil des verbrauchten U-235 durch Pu-239 ersetzt wird. Es besteht aber keine Aussicht, etwa zu erreichen, daß genausoviel Pu entsteht, wie U verbraucht wird. Die verfügbare Spaltstoffmenge nimmt also im gewöhnlichen Reaktor unaufhaltsam ab, bis die Konzentration unter den Mindestwert gesunken ist, wie Abb. 63 zeigt, so daß die Kettenreaktion

---

[1] ,,Brüten'' ist eine falsche Übersetzung des englischen Wortes ,,to breed'', was eigentlich nämlich soviel wie ,,züchten'' heißt. Brüten heißt auf englisch ,,to hatch''. Wahrscheinlich handelt es sich um eine Verwechslung mit dem englischen ,,to brood'', was ,,brüten über einer (z.B. Rechen-) Aufgabe'' bedeutet. Da sich die Bezeichnungen ,,brüten'' und ,,Brutreaktor'' im deutschen Schrifttum aber schon eingeführt haben, ist es das beste, es bei diesem Wort zu lassen, wenn man das im deutschen Sprachgebrauch der Technik näherliegende Fremdwort ,,Generator'' (z.B. Gasgenerator = Gaserzeuger) vermeiden will.

infolge $k_\infty < 1$ erlischt. Deshalb enthält ein Spaltstoffelement, das zu Beginn der Neutronenbestrahlung im Reaktor nur U-238 und U-235 im natürlichen Mischungsverhältnis von etwa 140 : 1 enthält, nach dem „*Ausbrand*" U-238, U-235, Pu-239 und feste Spaltprodukte. Wir hatten bereits in Abb. 7 die Zusammensetzung eines Spaltstoffelementes vor und nach der Bestrahlung gezeigt. Es ist nun die Aufgabe der sich anschließenden Prozesse, die wir später zu besprechen haben werden, das Plutonium zu gewinnen, um es einer Ausnutzung zuzuführen. Es sei hier daran erinnert, daß Stoffe, die sich durch ihre Ordnungs- oder Kernladungszahl Z unterscheiden, *chemisch* verschieden, also verschiedene Elemente sind und sich daher mit *chemischen* Methoden trennen lassen. Infolgedessen kann das Plutonium aus den ausgebrauchten Spaltstoffelementen auf chemischem Wege gewonnen werden. Die Abtrennung des U-235 vom U-238 hingegen ist auf chemischem Wege nicht möglich, weil beide Nuklide Isotope ein und desselben Elementes mit der gleichen Ordnungszahl Z sind: Sie reagieren chemisch ganz gleichartig. Zu ihrer Trennung bedarf es anderer Methoden, z. B. der später zu besprechenden Diffusionsmethode. Trotz der chemischen Trennbarkeit ist die Verarbeitung von Plutonium schwierig, weil es ein äußerst starkes Gift ist.

Die Ausbeute an erbrütetem Spaltstoff hängt von der Neutronenbilanz ab. Es ist ohne weiteres einzusehen, daß pro Spaltung je ein Neutron für die Fortsetzung der Kettenreaktion und zur Erzeugung eines neuen Kernes spaltbarer Substanzen erforderlich ist. Der Wert der thermischen Spaltungsausbeute muß also mindestens $\eta = 2$ sein. Da nun Neutronen noch durch andere Effekte verlorengehen, verlangt ein Brutprozeß mit einer Ausbeute von nur einem spaltbaren Kern Pu-239 je gespaltenem Kern U-235 bereits einen Wert von $\eta > 2$. Wir haben aber gesehen, daß bei einem thermischen Reaktor mit natürlichem Uran nur ein Wert von $\eta = 1,3$ erzielt wird. Infolgedessen kann man von vornherein sagen, daß der thermische Reaktor mit natürlichem Uran als Brutreaktor wenig Erfolgsaussichten hat. Wie wir später noch kurz sehen werden, bestehen aber doch gewisse Hoffnungen. Man muß sich also nach Prozessen umsehen, die höhere η-Werte liefern. In Tab. 15 sind einige Werte der Spaltungsausbeute η für thermische Neutronen und η' für schnelle Neutronen angegeben, wie sie mittels der Wirkungsquerschnitte nach Gl. (131) er-

Tabelle 15. *Thermische Spaltungsausbeute η für thermische und η' für schnelle Neutronen* [60]

Spaltstoff	Thermische Spaltungsausbeute für	
	thermische η	schnelle η'
U–233	2,31	—
U–235	2,08	2,23
Pu–239	2,03	2,70

rechenbar sind. Sie gelten für die *isotopenreinen* Spaltstoffe, also mit $N_{238} = 0$ in Gl. (131). Man sieht, daß nur mit hoch angereichertem Spaltstoff überhaupt Werte von $\eta > 2$ erreichbar sind, wie auch aus Abb. 63 für U-235 zu entnehmen war und daß $\eta' > \eta$, es also zweckmäßig ist, schnelle anstatt thermischer Neutronen zu verwenden. Plutonium mit $\eta' = 2{,}7$ erweist sich hierbei als am aussichtsreichsten und läßt auf einen Umwandlungsfaktor von mehr als Eins hoffen, d.h. also, daß es damit möglich sein müßte, mehr neue Spaltstoffkerne herzustellen, als durch die Kettenreaktion selbst verbraucht werden. Aus dieser Einsicht heraus zielen daher die Entwicklungsarbeiten darauf ab, mittels schneller Reak-

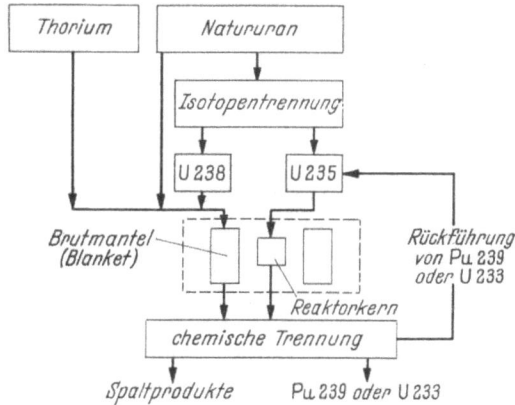

Abb. 92. Schema eines Brutreaktors

toren zum Ziel zu kommen. Das Prinzip eines Brutreaktors ist in Abb. 92 dargestellt. Ein Reaktorkern *ohne Moderator* (weil ja schnelle Neutronen verwendet werden) aus hochkonzentriertem Spaltstoff ist von einem Mantel aus Brutstoff, also entweder U-238 oder Th-232 umgeben. Die Reaktion wird so gesteuert, daß je Spaltungsreaktion im Reaktorkern möglichst mehr als ein Neutron zu einer Umwandlungsreaktion nach Gl. (221) im Brutmantel gelangt. Nach den Untersuchungen von ZINN [53] kann die Erwartung gehegt werden, daß es möglich ist, neuen Spaltstoff bis zum 1,7fachen Betrage des verbrauchten Spaltstoffes zu erzeugen. Die Technik dieser Methode ist schwierig, allein schon deswegen, weil ein schneller Reaktor praktisch eine, wenn auch „gezähmte" Atombombe und daher schwer zu regeln ist. Deswegen wird es wichtig sein zu versuchen, ob nicht auch im *thermischen Reaktor* irgendwie ein Prozeß verwirklicht werden kann, der es ermöglicht, wenigstens ebensoviel Spaltstoff zu erzeugen, wie verbraucht wird. Wir wollen zunächst den Umwandlungsvorgang im gewöhnlichen thermischen Reaktor weiter verfolgen.

Wir führen dazu den „*Konversionsfaktor*" oder das „*Brutverhältnis*"[1] C_f ein und verstehen darunter das Verhältnis der Zahl der erzeugten Kerne (und damit Atome) eines spaltbaren Stoffes, also U-233 oder Pu-239, zu der Zahl der verbrauchten Kerne des primären Spaltstoffes. $C_f = 1$ bedeutet also, daß genausoviel Spaltstoff erzeugt wie verbraucht wird, $C_f > 1$ bedeutet, daß mehr und $C_f < 1$, daß weniger erzeugt als verbraucht wird. Es entsteht nun die Aufgabe, eine Beziehung zwischen C_f und den Neutronenreaktionen zu finden, die es erlaubt, den Konversionsfaktor zu berechnen.

Wir greifen dazu auf Gl. (113) zurück und ermitteln nun die Anteile der Neutronen, die zur Gewinnung spaltbarer Substanzen führen, und setzen sie ins Verhältnis zu der Zahl derjenigen Neutronen, die zur Spaltung in der primären Substanz führen. In unserem Falle des thermischen Reaktors mit natürlichem Uran suchen wir die Anzahl der Neutronen, die durch Einfang im U-238 zur Bildung von Pu-239 führen, im Verhältnis zu den Neutronen, die zur Spaltung von U-235 verbraucht werden.

Je absorbiertes thermisches Neutron erhält man nach Gl. (113) $\eta \cdot \varepsilon$ schnelle Neutronen. Da p die Anzahl der Neutronen kennzeichnet, die dem Resonanzeinfang im U-238 entkommen, werden offenbar $(1 - p)$ Neutronen im U-238 eingefangen und bilden gemäß Gl. (221) Plutonium. Wir erhalten also $\eta \cdot \varepsilon \cdot (1 - p)$ Plutoniumatome. Da aber Neutronen aus dem endlichen Reaktor auch entweichen, wird die Zahl kleiner sein. Wir finden sie, indem wir den Betrag der entweichenden Neutronen berücksichtigen. Die Wahrscheinlichkeit, daß schnelle Neutronen *nicht* aus dem Reaktorkern entweichen, war in Gl. (144) mittels der Flußwölbung B und des FERMI-Alters τ zu $e^{-B^2 \tau}$ angegeben worden. Wir erhalten damit die durch Resonanzeinfang entstehenden Plutoniumatome zu

$$z_1 = \eta \cdot \varepsilon (1-p) \cdot e^{-B^2 \tau}. \tag{222a}$$

Der Anteil der inzwischen thermisch gewordenen Neutronen, die durch Einfang im U-238 zur Plutoniumbildung führen, ergibt sich mittels der entsprechenden Wirkungsquerschnitte in Anlehnung an Gl. (127a)

$$z_2 = \frac{\Sigma_{238}}{\Sigma_{238} + \Sigma_{235}} \tag{222b}$$

---

[1] Der Gebrauch der beiden Bezeichnungen ist unklar und schwankend. Während früher die Verwendung des Wortes „Konversion" ausdrücken sollte, daß $C_f < 1$ ist, während „Brüten" bedeuten sollte, daß $C_f > 1$ ist, versteht man neuerdings vielfach unter Konversion einen Prozeß, bei dem ein anderer als der primär eingesetzte Spaltstoff entsteht, während beim Brüten derselbe Stoff entsteht. Wenn also in einem Reaktor, der eine Kettenreaktion mit U-235 durchführt, Pu-239 erzeugt wird, spricht man von Konversion. Entsteht hingegen mittels Thorium als Brutmantel das Isotop U-235, so nennt man das Brüten.

und derjenigen der im U-235 absorbierten zu

$$z_3 = \frac{\Sigma_{235}}{\Sigma_{238} + \Sigma_{235}}.$$ (222c)

Damit können wir für den Konversionsfaktor im Sinne der oben angestellten Überlegung

$$C_f = \frac{z_1 + z_2}{z_3}$$ (223)

schreiben. Für einen heterogenen thermischen Reaktor mit Graphitmoderator und natürlichem Uran erhält man für $z_1 = 0{,}13$, $z_2 = 0{,}37$ und $z_3 = 0{,}63$ und damit

$$C_f = \frac{0{,}13 + 0{,}37}{0{,}63} \approx 0{,}8\,.$$

Daraus sieht man, daß in einem solchen Reaktor der Gewinn an spaltbarer Substanz kleiner ist als der Verbrauch, mithin also der verfügbare Spaltstoff insgesamt abnimmt. Der Versuch, den primären Spaltstoff anzureichern, führt nicht zum Ziel. Zwar ändert sich das Verhältnis z_1/z_3 nur unwesentlich; dafür wird z_2/z_3 aber merklich kleiner, so daß schon bei einer Anreicherung auf 5% U-235 $C_f = 0{,}32$ wird.

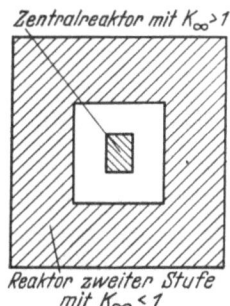

Abb. 93.
Zweistufiger thermischer Brutreaktor für natürliches Uran (nach BAGGE [54])

Es gibt aber grundsätzlich doch eine Möglichkeit, auch bei einem thermischen Reaktor mit natürlichem Uran $C_f > 1$ zu machen. Die Möglichkeit dazu bietet sich in einem *zweistufigen Reaktor*, wie ihn BAGGE [54] vorgeschlagen hat. Danach wird eine Anordnung verwendet, die aus einem zentralen Reaktor mit $k_\infty > 1$ und einem „Reaktor zweiter Stufe" mit $k_\infty < 1$ besteht. Gewissermaßen ist also bei dieser Anordnung der Brutmantel nicht passiv wie beim „eigentlichen" Brutreaktor, sondern beteiligt sich aktiv an der Neutronenvermehrung, Abb. 93. Es zeigt sich dabei, daß für Werte von $k_\infty < 1$ solche für $C_f > 1$ möglich sind.

Die Verwendung eines Brutmantels um den Reaktorkern herum hingegen, der selbst *nicht* neutronenvermehrend wirkt, dessen $k_\infty = 0$ ist, setzt voraus, daß genügend Neutronen aus dem Reaktor austreten, um mit den Atomkernen des Brutmantels zu reagieren. Von den je Generation pro „altem" Neutron erzeugten k_∞ Neutronen werden nun, wenn die Wahrscheinlichkeit des Austritts W_1 und diejenige der Rückkehr aus einem gedachten Reflektor W_2 ist, $W_1 \cdot k_\infty$ Neutronen aus dem Reaktorkern austreten und $k_\infty \cdot W_1 \cdot W_2$ wieder aus dem Reflektor in den Reaktorkern zurückkehren. Infolgedessen gilt im stationären Betrieb

$$k_\infty - W_1 k_\infty + W_1 W_2 k_\infty = 1\,.$$ (224)

Die Wahrscheinlichkeit für die Neutronen, aus dem Reaktorkern endgültig zu entweichen, beträgt dann

$$W = W_1 - W_1 \cdot W_2 = W_1 (1 - W_2) \,. \tag{225}$$

Aus Gl. (224) ergibt sich durch Umformung

$$k_\infty - 1 = W_1 k_\infty (1 - W_2)$$

und daraus die „Entweich"wahrscheinlichkeit durch Vergleich mit Gl. (225)

$$\frac{k_\infty - 1}{k_\infty} = W_1 (1 - W_2) = W \,. \tag{226}$$

Der Wert von W gibt nun an, wieviel von den aus dem Reaktorkern austretenden Neutronen nicht zurückkehren, sondern im Mantel, in unserem Falle also im Brutmantel, bleiben[1]. $W = 1$ würde bedeuten, daß alle Neutronen den Kern verlassen und im Mantel bleiben. Dazu müßte $k_\infty = \infty$ sein. $W = 0{,}5$ besagt, daß die Hälfte aller Neutronen im Mantel bleiben und damit also neuen Spaltstoff erzeugen. Damit kommen wir auf

$$\frac{k_\infty - 1}{k_\infty} > 0{,}5$$

und

$$k_\infty > 2 \text{ oder } k_\infty - 2 > 0 \tag{227}$$

als Bedingung dafür, daß in einem Reaktor mit Brutmantel mehr neuer Spaltstoff erzeugt werden kann als verbraucht wurde. Damit kann man die sog. „*Verdoppelungszeit*" t_D, also die Zeit, in der der Gesamtbetrag des Spaltstoffes sich verdoppelt hat, angeben. Wenn ursprünglich N Kerne spaltbarer Substanz vorhanden waren, dann ergibt sich der Gewinn N' an neuer spaltbarer Substanz in der Zeit t mit dem — konstant gedachten — Fluß Φ zu

$$N' = N \cdot \sigma_a \Phi \cdot t (k_\infty - 2) \,[\text{cm}^{-3}] \,. \tag{228}$$

Sobald der Spaltstoffgewinn N' gleich dem ursprünglich vorhandenen N geworden ist, hat sich die Menge offenbar verdoppelt. Die Verdoppelungszeit t_D ergibt sich damit für $N' = N$ aus Gl. (228) zu

$$t_D = \frac{1}{\sigma_a \cdot \Phi (k_\infty - 2)} \,. \tag{229}$$

Diese Überlegungen sind, worauf auch hier wieder hingewiesen werden muß, alle sehr vereinfacht und können nicht mehr leisten, als einen ersten Überblick über die Verhältnisse zu gewinnen. Die tatsächliche Berechnung und Konstruktion eines Brutreaktors erfordert einen weit über das hier Gesagte hinausgehenden Aufwand, dessen Umfang wir in dem uns gesteckten Rahmen auch nicht annähernd darstellen können.

---

[1] Dabei werden diejenigen Neutronen vernachlässigt, die aus dem Brutmantel in den Außenraum treten, also weder im Mantel bleiben noch in den Reaktorkern zurückkehren. Die Ergebnisse gelten also nur für einen Reaktor ohne Ausflußverlust.

V. Werkstofftechnik

Wir hatten früher, S. 158, bereits die wichtigsten Bestandteile eines thermischen Reaktors aufgezählt:

1. Spaltstoff; 2. Moderator; 3. Kühlmittel; 4. Regeleinrichtungen; 5. Strahlungsschutz; 6. Bau- und Konstruktionswerkstoffe.

Die Anforderungen, die an sie gestellt werden, sind nicht einfach zu übersehen, und infolgedessen ist es nicht leicht, die zweckmäßigsten Materialien auszuwählen. Wie oft in der Technik, so widersprechen sich auch im Reaktorbau häufig die an die Werkstoffe zu stellenden Anforderungen. Neu für den Ingenieur sind die *Forderungen in kernphysikalischer Hinsicht*, die sich vorzugsweise in den Wirkungsquerschnitten der Stoffe und in ihrer Beeinflussung durch Strahlung ausdrücken. Weiter hat sich in den vergangenen Jahren gezeigt, daß eine Reihe von Werkstoffen, die dem Ingenieur bisher im wesentlichen fremd geblieben sind, sich besonders gut für den Reaktorbetrieb eignen. Meist sind sie jedoch heute noch schwer herzustellen — zumal in der Reaktortechnik im allgemeinen ganz ungewöhnlich hohe Forderungen an die Reinheit gestellt werden — und daher sehr teuer, oder sie haben andere unbequeme Eigenschaften, die sich in schwieriger Handhabung wegen ihrer Korrosionsempfindlichkeit, ihrer Giftigkeit oder ihrer Verarbeitbarkeit äußern, kurz: Der Ingenieur steht vor schwierig zu lösenden Aufgaben, wenn er die am besten geeigneten Werkstoffe sowohl vom physikalischen, vom technischen als schließlich auch vor allem vom wirtschaftlichen Standpunkt aus zu wählen hat. Fast stets werden Kompromißlösungen notwendig sein, um ein Optimum zu erreichen, wobei etwa die nachstehenden Gesichtspunkte der Auswahl zugrunde zu legen sind [55]:

1. Kosten; 2. Möglichkeit der Beschaffung; 3. Wirkungsquerschnitte für Neutronenabsorption und -streuung; 4. Korrosionsbeständigkeit; 5. Thermische Eigenschaften (Wärmeleitfähigkeit); 6. Beständigkeit gegen radioaktive Strahlung, insbesondere hinsichtlich Form- und Festigkeitsänderungen; 7. Beeinflussung und zeitliche Veränderung der Reaktivität des Reaktors; 8. Giftigkeit; 9. Mechanische Stoffeigenschaften, wie Festigkeit, Elastizität, Temperaturwechsel-Beständigkeit, Zähigkeit usw.; 10. Verarbeitbarkeit (Schweißbarkeit!); 11. Pyrophore Eigenschaften (Feuerfestigkeit, Brennbarkeit); 12. Chemische Eigenschaften.

Es ist nun ohne weiteres klar, daß sich hier ein weites Arbeitsfeld für Neu- und Weiterentwicklungen den Ingenieuren, Physikern und Chemikern öffnet und daß es Jahre und Jahrzehnte dauern wird, bis für alle Aufgaben wirklich befriedigende Lösungen gefunden sein werden. Die folgenden Abschnitte sollen daher lediglich einen Gesamtüberblick geben und dem Ingenieur die Einarbeitung in den damit zusammenhängenden Aufgabenkomplex erleichtern.

In der folgenden Tab. 16 sind zunächst einmal die wichtigsten Stoffe zusammengestellt, die für den Bau von Reaktoren in Frage kommen:

Tabelle 16

Baugruppe	Verwendung als	Werkstoff	Verwendungsform	Beansprucht durch
Spaltstoff-aggregat	Spaltstoff	natürliches Uran angereichertes U-235 Pu-239 U-233	metallisch, rein oder legiert oxydisch; keram. Bindung salzförmig; wässerige oder Schmelzlösung	Strahlung Wärme Spaltprodukte mechanisch (Druck)
	Spaltstoffträger	Wasser schweres Wasser Blei, Wismut	Lösungsmittel für Spaltstoff im homog. Reaktor	Strahlung (Wasserzersetzung!) Wärme
	Hülsen für Spaltstoffelemente Tankgehäuse innere Kühlschlangen Strahlkanäle	Aluminium Magnesium Cr-Ni-Stahl	Bleche, Rohre (geschweißt) u. a.	Strahlung Wärme Druck Korrosion
Moderator	Neutronenbremse Reflektor u.U. zugleich Lösungsmittel für Spaltstoff u. Kühlmittel	Graphit Beryllium Terphenyl Wasser schweres Wasser	Blöcke, Ziegel (isotopenrein) Oxyd flüssig	Strahlung, Wärmespannungen; Korrosion durch Kühlmittel Bei Wasser: Zersetzung *Knallgas*bildung
Kühlung	Wärmeübertragungsmittel auch gleichzeitig als Moderator u. Lösungsmittel für Spaltstoffe	Gase: Luft Kohlendioxyd Helium Flüssigkeiten: Wasser schweres Wasser Flüssige Metalle: Natrium Kalium Wismut organische Flüssigkeit: Terphenyl	Naturumlauf Zwangsumlauf Verdampfung	Strahlung Wärme Zersetzung Korrosion
Regelung	Neutronenabsorber	Bor Kadmium Hafnium	metallisch, oxydisch (Rohre, Stangen, Platten, Füllungen)	Strahlung (Kernumwandlung) Wärme

Tabelle 16 (*Fortsetzung*)

Baugruppe	Verwendung als	Werkstoff		Verwendungsform	Beansprucht durch
Abschirmung	Strahlungsschutz	Beton Eisen Blei			Strahlung Wärme (Wärmespannungen!)
Hilfskonstruktion	Tanks, Rohrleitungen, Ummantelungen, Gerüste, Meßanlagen, Antriebe, Führungen, Schaltorgane usw.	Cu Al Mg Fe Ti	Zr T Wo Ni		Strahlung Wärme mechan. Beanspruchung Korrosion

Die Tabelle zeigt im ersten rohen Überblick bereits, daß die Zahl der in Betracht kommenden Werkstoffe groß ist. Die Art der Beanspruchung ist im wesentlichen immer die gleiche. Nur wird sich ein und dieselbe Beanspruchungsart bei den verschiedenen Werkstoffen sehr verschieden auswirken. Darüber werden die nachfolgenden Abschnitte dieses Kapitels berichten.

15. Kernphysikalische Anforderungen an die Bau- und Betriebsstoffe für Reaktoren

Im Vordergrund steht das Verhalten aller im Reaktor zu verwendenden Stoffe gegenüber Neutronen, und zwar in mehrfacher Hinsicht:

Einmal sind die Reaktorbaustoffe an der für die Kettenreaktion wichtigen Neutronenbilanz insofern beteiligt, als sie Neutronen einfangen oder streuen. Weiterhin erleiden die Stoffe selbst Veränderungen durch die Neutronenbestrahlung, die sich in einer Änderung ihrer Eigenschaften auswirkt, z.B. hinsichtlich ihrer Festigkeit, ihrer Wärmeleitfähigkeit oder — was z.B. bei Meßgeräten von schwerwiegender Bedeutung werden kann! — ihrer *elektrischen Leitfähigkeit*. Schließlich kann die durch Neutroneneinfang bewirkte Radioaktivität dieser Stoffe von Bedeutung werden. Das spielt z.B. eine wichtige Rolle bei der Abschirmung von Reaktoren: Im Strahlungsschutzschirm selbst kann durch eintretende Neutronen eine intensive Gammastrahlung angeregt werden. Ganz grundsätzlich steht dabei der thermische Reaktor im Vordergrund, weil die Neutronenwirkungsquerschnitte, also die Reaktionswahrscheinlichkeiten praktisch aller Stoffe für thermische Neutronen wesentlich größer sind als diejenigen für schnelle Neutronen. Das ist ein wichtiger Grund, wie wir bereits erwähnten, für das Streben nach der Verwirklichung des schnellen Reaktors als technisch brauchbare Energiequelle, eine Aufgabe allerdings, von deren Verwirklichung wir wahrscheinlich heute noch weit entfernt sind.

Der Absorptionswirkungsquerschnitt σ_a der im Reaktor verwendeten Stoffe beeinflußt die Neutronenbilanz. Wir haben bisher bei der Neutronenbilanz nur den Spaltstoff selbst, den Moderator und den Neutronenausfluß berücksichtigt. Auf dieser Grundlage haben wir mit Gl. (113) den Vermehrungsfaktor k_∞ bzw. mit Gl. (153) den effektiven Vermehrungsfaktor des endlichen Reaktors k_eff ermittelt. Die so erhaltenen Werte werden nun natürlich noch weiter beeinflußt durch die anderen Stoffe im Reaktor, soweit sie Neutronen einfangen. In einem heterogenen Reaktor müssen die Neutronen auf ihrem Wege vom Entstehungsort im Spaltstoff die Hülse des Spaltstoffelementes und die Schicht des Kühlmittels zwischen Spaltstoffelement und Moderator durchdringen, bis sie in den Moderator und von dort nach Erreichung thermischer Energie wieder zurück in den Spaltstoff gelangen. Infolgedessen werden, insbesondere für die thermisch gewordenen Neutronen, die Absorptionswirkungsquerschnitte von Elementhülse und Kühlmittel bestimmend für die endgültige Neutronenbilanz sein. Daraus ergibt sich sofort die zwangsläufige Forderung, daß nur solche Stoffe hierfür verwendet werden dürfen, die einen möglichst geringen Wert von σ_a für thermische Neutronen aufweisen.

Die hermetische Umhüllung der Spaltstoffelemente bei heterogenen Reaktoren ist leider nicht zu umgehen, weil die bei der Spaltung entstehenden gasförmigen und festen Spaltprodukte sonst in den Kühlmittelkreislauf eindringen und ihn stark radioaktiv verseuchen würden. Darauf werden wir später noch zurückkommen. Bisher haben sich als geeignete Baustoffe hierfür nur Aluminium und Magnesium bzw. einige ihrer Legierungen bewährt, weil sie einen hinreichend kleinen Absorptionswirkungsquerschnitt für thermische Neutronen haben. Tab. 17 gibt eine Übersicht über eine Reihe von Stoffen hinsichtlich ihrer Absorptionswirkungsquerschnitte. Dabei ist besonders zu beachten, daß in der Tab. nicht die Isotope, sondern die natürlichen Isotopengemische aufgeführt sind. Die einzelnen Isotope der Elemente können ganz erheblich abweichende Werte von σ_a bzw. Σ_a zeigen! Auf weitere Einzelheiten wird noch in den folgenden Abschnitten zurückzukommen sein.

Ein weiteres Problem ist die Veränderung der Werkstoffe durch die Bestrahlung im Reaktor, die sich aus Neutronenstrahlung in einem weiten Energiebereich, aus Gamma- und Beta-Strahlung zusammensetzt. Die Forschung auf diesem Gebiete ist in vollem Gange. Die Lösung der ungeheuren Zahl von hier auftauchenden Einzelaufgaben wird eine entscheidende Voraussetzung für die Entwicklung und den Bau wirtschaftlicher und betriebssicherer Reaktoren in der Zukunft sein. Deswegen sind

Tabelle 17. *Absorptionswirkungsquerschnitte σ_a und Σ_a für thermische Neutronen* [56]
(1 b = 10^{-24} cm²)
(Die Werte sind Durchschnittswerte des jeweiligen natürl. Isotopengemisches)

Symbol	Z	Dichte ϱ [g/cm³]	Atomgew. (Chem. Sk.)	Mikrosk. Wirkungsquerschnitt σ_a [b]	Makrosk. Wirkungsquerschnitt Σ_a [cm⁻¹]
Be	4	1,8	9,02	0,0085	0,0011
B	5	2,3	10,82	700	97,0
Mg	12	1,74	24,32	0,059	0,0026
Al	13	2,7	26,97	0,22	0,013
Si	14	2,4	28,06	0,13	0,007
Ti	22	4,5	47,90	5,6	0,31
V	23	5,7	50,95	4,7	0,33
Cr	24	7,1	52,01	2,9	0,24
Mn	25	7,2	54,93	12,6	1,00
Fe	26	7,9	55,85	2,4	0,21
Co	27	8,9	58,94	35,0	3,2
Ni	28	8,9	58,69	4,5	0,41
Cu	29	8,9	63,57	3,6	0,30
Zn	30	7,1	65,38	1,06	0,07
Zr	40	6,4	91,22	0,40	0,018
Mo	42	10,2	95,95	2,4	0,16
Cd	48	8,6	112,41	3 500	180
Sn	50	5,8	118,70	0,65	0,019
Hf	72	11,4	178,6	120	4,6
Ta	73	16,6	180,88	21,0	1,15
W	74	19,3	183,92	19,0	1,26
Pb	82	11,3	207,21	0,17	0,006
Bi	83	9,8	209,00	0,032	0,001
U	92	18,7	238,07	3,5	0,095

Stoffprüfreaktoren von großer Wichtigkeit für alle Industriestaaten. Sie müssen sehr leistungsfähig sein, d. h. vor allem einen hohen Neutronenfluß und ein genügendes Volumen der Experimentierkanäle haben, um die Untersuchungen in möglichst kurzer Zeit ausführen zu können. Für die Veränderung eines Stoffes durch Bestrahlung ist praktisch die Dosis ausschlaggebend, also die Energiemenge oder Strahlungsmenge, die der Stoff insgesamt je Volumeinheit erhalten hat. Die Strahlungsintensität, d. h. also die Strahlendosis je Zeiteinheit ist von untergeordneter Bedeutung. Infolgedessen wird man voraussagen können, daß ein Stoff, der unter einem Fluß von $\Phi = 10^{15}$ cm⁻² · sek⁻¹ nach einer Zeit t eine bestimmte, angebbare Veränderung erlitten hat, dieselbe Veränderung in einem Reaktor mit dem Fluß von $\Phi = 10^{12}$ cm⁻² · sek⁻¹ erst nach der Zeit $10^3 \cdot t$ erfahren wird. Der „*Höchstflußreaktor*" (in den USA z. B. der MTR — Material Testing Reactor — in Arco, Idaho) erlaubt also eine schnelle Prüfung, also die Voraussage, daß ein Stoff, der dort ein Jahr geprüft und als brauchbar befunden worden ist, in einem „Mittelflußreaktor", der der Energieerzeugung dient, je nach dem Verhältnis der Flüsse 10 oder 100 Jahre brauchbar sein wird.

Die Hauptursache von Eigenschaftsänderungen bei Metallen sind Gitteränderungen, die dadurch entstehen, daß durch Korpuskeln einzelne Atome aus ihren Plätzen im Kristallgitter herausgeworfen werden. In dieser Hinsicht nun wiederum sind die Metalle viel empfindlicher gegen *schnelle* als gegen *thermische* Neutronen: Die Energie thermischer Neutronen reicht im allgemeinen nicht aus, um solche Störungen hervorzurufen. Schnelle Neutronen hingegen von etwa 25 eV an vermögen bereits solche Gitterstörungen hervorzurufen. Wenn dabei ein Atom von seinem Platz entfernt und auf einen Platz gebracht wird, wo es nicht hingehört, spricht man von einem FRENKEL-Defekt. Neutronen mit einer Energie in der Größenordnung von MeV können durch elastische Stöße Atome mit einer Energie von $10^4 \ldots 10^5$ eV erzeugen, die meist *ionisiert* sind und dann in der Materie genauso wirken, wie wenn sie mit geladenen Teilchen bestrahlt wird. Im allgemeinen ist wohl mit einer allzu starken Veränderung metallischer Werkstoffe durch Bestrahlung, die sich im allgemeinen durch Versprödung bemerkbar macht, nicht zu rechnen. Diese Härtung wirkt sich besonders stark bei weichen, weniger stark bei harten Materialien aus. Auch die Zugfestigkeit und Streckgrenze steigen durch die Bestrahlung an. Wesentlich stärker macht sich die Bestrahlungswirkung in nichtmetallischen Werkstoffen, vor allem in Kunststoffen, bemerkbar. Hier wirken auch thermische Neutronen und Gamma-Strahlen stark ein. Die Folge ist vor allem eine Änderung des Polymerisationsgrades. Das kann u. U. erwünscht sein. Daher sind z. Z. sehr viele Untersuchungen im Gange, die eine Verbesserung der Eigenschaften von Kunststoffen durch Bestrahlung herbeizuführen suchen.

Flüssigkeiten und Gase können durch Strahlung sehr stark beeinflußt werden. Eine der auffälligsten Erscheinungen ist die Zerstörung chemischer Verbindungen, z. B. die Entstehung von freiem Chlor und Natrium aus bestrahltem Kochsalz oder die Aufspaltung des Wassers in Wasserstoff und Sauerstoff bzw. die daraus sich ableitende Entstehung von Wasserstoffperoxyd. Das Wesentliche dabei ist, daß diese Stoffe bzw. die aus ihnen entstehenden Produkte ionisiert und damit besonders reaktionsfreudig sind.

Schließlich bleibt als dritte Wirkung noch die Erzeugung von Radioaktivität zu erwähnen. Einige Isotope der üblichen Baustoffe, wie Kupfer, Eisen u. a., fangen Neutronen ein und wandeln sich zu instabilen, also strahlenden Isotopen um, deren Strahlungsenergie und Halbwertzeit außerordentlich verschieden sein kann. Eine viel größere Rolle als die Metalle selbst können dabei ihre *Verunreinigungen* spielen. Man muß sich darüber klar sein, um zu wissen, daß Bauteile eines Reaktors, die z. B. zu Reparaturzwecken herausgenommen werden müssen, gefährlich starke Strahler für lange Zeit sein können.

16. Spaltstoffe

Zur Zeit ist und bleibt noch der wichtigste Spaltstoff das Uran in natürlicher oder mit dem Isotop U-235 angereicherter Form. Deswegen beschränken wir uns hier im wesentlichen darauf. Auf die Gewinnung des Urans kommen wir im Kap. X zu sprechen. Wir geben zunächst eine Übersicht über seine wichtigsten Eigenschaften in der Tab. 18. Besonders auffällig sind die Umwandlungspunkte bei 660 und 770 °C und die starken Abweichungen der Ausdehnungskoeffizienten in den verschiedenen Achsenrichtungen, sowie die starke Änderung der Festigkeitseigenschaften mit der Temperatur. Der Anwendung metallischen Urans in einem Reaktor ist dadurch bei einer Temperatur von etwa 500 °C eine oberste Grenze gesetzt, woraus sich ergibt, daß die höchstzulässige Kühlmitteltemperatur noch niedriger liegen muß. Damit ist zunächst einmal dem Wirkungsgrad eines Kreisprozesses zur Energiegewinnung mittels heterogener Reaktoren mit metallischem Uran ebenfalls eine Grenze gezogen.

In reinem Zustand haben frische Oberflächen von Uranmetall zunächst

Tabelle 18. *Physikalische Eigenschaften des Urans* [56]

Eigenschaft		Größe	Dimension
Schmelzpunkt		1 133	°C
Umwandlung $\alpha \to \beta$		660	°C
Umwandlung $\beta \to \gamma$		770	°C
Gitterkonstanten: α (rhombisch)	a	2,8482	Å
	b	5,8565	Å
	c	4,9476	Å
β (tetragonal)	a	10,52	Å
	c	5,5700	Å
γ (k. r. z.)	a	3,43	Å
Dichte bei 20 °C:	α	19,1	g/cm^3
	γ	18,7	g/cm^3
Therm. Ausdehnungskoeffiz.	∥ [100]	$36,7 \cdot 10^{-6}$	1/°C
des α-Urans zwischen 25 u. 650 °C	∥ [010]	$-9,3 \cdot 10^{-6}$	1/°C
	∥ [001]	$34,2 \cdot 10^{-6}$	1/°C
Elastizitätsmodul:	α	21 000	kg/mm^2
Spez. Widerstand bei 20 °C		$30 \cdot 10^{-6}$	$\Omega \cdot$ cm
Spez. Wärme bei 20 °C		0,028	kcal/kg · grd
Wärmeleitfähigkeit bei 20 °C		21,6	kcal/m · h · grd
Streckgrenze bei:	20 °C	15,6	kg/mm^2
(0,2% bleibende Dehnung)	300 °C	12,7	kg/mm^2
	500 °C	4,2	kg/mm^2
Zugfestigkeit bei:	20 °C	63,3	kg/mm^2
	300 °C	22,5	kg/mm^2
	500 °C	7,0	kg/mm^2
Dehnung bei:	20 °C	13,5	%
	300 °C	43,0	%
	500 °C	57,0	%
Brinellhärte bei:	20 °C	260	—
	200 °C	252	—
	650 °C	13	—
β-Uran bei 680 °C		35	—

eine silberweiße Farbe. Bei gewöhnlicher Temperatur oxydieren sie jedoch bereits ziemlich schnell an der Luft und werden schwarz. Im Gegensatz zu den selbsttätig gebildeten Schutzschichten mancher Metalle, z. B. des Aluminiums, verhindert die Oxydschicht auf dem Uran nicht das Fortschreiten der Reaktion. Auch mit Wasser reagiert Uran stark. Mit steigender Temperatur nimmt die Reaktionsfähigkeit schnell zu. Infolgedessen müssen die Spaltstoffelemente auch aus diesem Grunde, also nicht nur wegen der im vorigen Abschnitt erwähnten Abdichtung gegen Spaltprodukte, mit *Schutzhülsen* versehen werden, um eine Reaktion zwischen dem Uranmetall und dem Kühlmittel zu verhindern.

Während Uran in der α- und γ-Phase gut verformbar ist, also gezogen, gewalzt und geschmiedet werden kann, sich außerdem auch gut durch spanabhebende Bearbeitung verformen läßt, macht es auch hierbei durch seine Reaktionsfreudigkeit Schwierigkeiten. Es wird im allgemeinen eine Schutzatmosphäre notwendig sein. Auf dieser leichten Oxydierbarkeit beruht auch die Schwierigkeit beim Löten und Schweißen des Urans.

Die Verwendung des Urans in Form von Verbindungen oder Legierungen bietet mancherlei Vorzüge. Ein Teil des Spaltstoffes des ersten Reaktors, den FERMI mit seinen Mitarbeitern in Chicago erbaute, bestand aus Uranoxyd UO_2. Da der Sauerstoff in dieser Uranverbindung nur einen kleinen Absorptionswirkungsquerschnitt hat, war die Kettenreaktion mit Uranoxyd durchführbar. Infolgedessen bemühen sich auch heute noch viele Forschungsarbeiten darum, geeignete Methoden zu finden, um das Uran in Verbindung mit anderen Stoffen zu verwenden, um auf diese Weise den Mängeln des reinen Metalls zu entgehen. Hier zeichnen sich in der Hauptsache zwei Entwicklungsrichtungen ab: Die Legierung mit Metallen, wie z. B. Wismut, die durch einen niedrigen Schmelzpunkt gekennzeichnet sind oder die Verwendung als Salz in wässeriger Lösung, wobei das Lösungsmittel gleichzeitig Moderator, u. U. sogar auch Kühlmittel ist. Als Salze werden meist *Uranylnitrat* $UO_2(NO_3)_2$ oder *Uranylsulfat* UO_2SO_4 verwendet, und zwar im allgemeinen in saurer Lösung. Metallische Lösungen mit Schmelztemperaturen zwischen 100 und 300 °C lassen sich mit Wismut, Blei und Zinn bzw. deren Legierungen herstellen.

17. Stoffe für Moderatoren, Reflektoren, Regel- und Sicherheitselemente

Im IV. Kapitel, Abschn. 13, wurde bereits gesagt, daß die Reaktorregelung entweder dadurch erfolgen kann, daß man den Neutronenausfluß aus dem (endlichen) Reaktor vergrößert (indem man z. B. ein Stück vom Reflektor herauszieht), oder indem man Neutronen aus dem Prozeß absorbiert, so daß $k_\infty < 1$ wird. Bei der überwiegenden Zahl aller Reaktoren, die bisher gebaut und geplant worden sind, wird der letztere Weg vorgezogen bzw. begangen. Die technische Ausführung wird dadurch verwirklicht, daß in den Reaktorkern Körper aus Stoffen mit möglichst hohem Absorptionswirkungsquerschnitt für thermische Neutronen eingeführt werden. Diese Körper haben die Form von Stäben, Platten oder Rohren. Als Absorber für Neutronen kommen in erster Linie die Elemente Bor (B), Kadmium (Cd) und Hafnium (Hf) in Betracht.

Für die *Neutronenabbremsung* hingegen sind nur solche Stoffe brauchbar, wie wir bereits gesehen haben, die einen möglichst niedrigen Absorptionswirkungsquerschnitt, dagegen einen hohen Streuquerschnitt haben. Hier stehen an erster Stelle schweres Wasser (D_2O), Graphit (C) und leichtes Wasser (H_2O). Auch Beryllium (Be) ist geeignet. Praktisch kommt es jedoch kaum in Frage, weil es sehr teuer und außerordentlich giftig ist. Als Kennzeichen für die Güte eines Moderators hatten wir bereits das *Bremsverhältnis* V_M als Produkt aus dem mittleren logarithmischen Energieverlust ξ und dem Quotienten aus dem makroskopischen Streu- und Absorptionsquerschnitt angegeben:

$$V_M = \xi \frac{\Sigma_s}{\Sigma_a}. \qquad (90)$$

Je größer V_M, desto besser ist der betreffende Stoff als Moderator geeignet. Tab. 19 gibt einen Überblick über einige Stoffe, die praktisch als Moderator in Betracht kommen. Auf den ersten Blick scheint Helium besonders reizvoll zu sein, weil es ein Bremsverhältnis $V_M = \infty$ hat.

Tabelle 19. *Eigenschaften von Moderatoren* [1]
(vgl. hierzu auch Tabelle 12)

Moderator: →		H_2O	D_2O	Be	C	BeO
Dichte	g/cm³	1,00	1,10	1,84	1,60	2,80
Molekulargewicht	—	18	20	9	12	25
Atomzahl	cm⁻³	$3{,}35 \cdot 10^{22}$	$3{,}32 \cdot 10^{22}$	$1{,}23 \cdot 10^{23}$	$8{,}05 \cdot 10^{22}$	$6{,}75 \cdot 10^{22}$
σ_a (therm.)	b	0,66	$0{,}92 \cdot 10^{-3}$	$9 \cdot 10^{-3}$	$4{,}5 \cdot 10^{-3}$	$9{,}2 \cdot 10^{-3}$
σ_s (therm.)	b	110	15	6,9	4,8	11,1
σ_s (epitherm.)	b	46	10,5	6	4,8	9,8
log. Energieverlust ξ	—	0,927	0,510	0,209	0,158	0,174
Bremsverhältnis V_M	—	70	5 820	150	170	180
Absorptionsweglänge λ_a	cm	45	$3{,}28 \cdot 10^4$	904	2 760	1 610
Transportweglänge λ_t	cm	0,426	2,4	2,1	2,71	1,65
Diffusionslänge L	cm	2,88	100	23,6	50	30
Fermi-Alter τ	cm²	33	120	98	350	143
Bremslänge $\sqrt{\tau}$	cm	5,74	10,9	9,9	18,7	12,0
Bremszeit	sek	$1 \cdot 10^{-5}$	$2{,}9 \cdot 10^{-5}$	$7{,}8 \cdot 10^{-5}$	$1{,}9 \cdot 10^{-4}$	$7{,}8 \cdot 10^{-5}$
Diffusionszeit	sek	$2{,}1 \cdot 10^{-4}$	0,15	$4{,}3 \cdot 10^{-3}$	$1{,}2 \cdot 10^{-2}$	$6{,}8 \cdot 10^{-3}$
Rückstrahlvermögen ϱ*		0,82	0,97	0,89	0,93	0,93

* Für den unendlich dicken Reflektor (vgl. S. 182; Gl. 179).

Dieser günstige Wert kommt dadurch zustande, daß Helium überhaupt keine Neutronen absorbiert. Indessen ist es technisch kaum von Bedeutung, weil es teuer und wegen seiner Flüchtigkeit schwer in technischen Anlagen zu beherrschen ist. Außerdem wird der Vorteil des hohen Bremsverhältnisses z.T. wieder dadurch aufgehoben, daß die Stoßzahl S zur Abbremsung auf thermische Energie verhältnismäßig groß ist.

Praktisch kommen als Moderatoren nur leichtes und schweres Wasser — das erstere wegen seines hohen Absorptionsquerschnittes nur bei angereichertem Spaltstoff — und Graphit in Betracht. Graphit hat den technischen Nachteil, daß er einen großen Aufwand erfordert, um ihn hinreichend frei von neutronenabsorbierenden Verunreinigungen (Bor) herzustellen, Wasser und schweres Wasser dagegen denjenigen der Zersetzung zu Wasserstoff und Sauerstoff im Reaktorbetrieb unter Einfluß der Strahlung. Besonders ausgeprägt wird dieser Effekt bei homogenen Reaktoren, weil die unmittelbar ins Wasser eintretenden Spaltprodukte den Zersetzungsprozeß wesentlich fördern. Die Entstehung von Wasserstoff und Sauerstoff ist, insbesondere in einem kleinen geschlossenen Hochleistungsreaktor — im Wasserbadreaktor (Swimming Pool) mit seinem sehr großen Volumen ist das nicht so schlimm — eine große Gefahr für die Betriebssicherheit, weil diese Gasmischung im stöchiometrischen Verhältnis hochexplosives *Knallgas* darstellt. Infolgedessen müssen *Homogenreaktoren* stets mit einer Einrichtung versehen werden, die die *laufende Wiedervereinigung* der beiden Gase sichert, ohne daß das gefährliche Knallgas sich in größeren Mengen ansammeln kann. Das Prinzip der Einrichtung besteht im allgemeinen darin, daß mittels eines inerten Spülgases — meist Helium — die entstehenden Zersetzungsgase aus dem Reaktortank entfernt und unter Kühlung einem Kontaktapparat zugeführt werden, wo sie bei relativ niedriger Temperatur sich wieder zu Wasser vereinigen. Dieses Wasser wird als Kondensat wieder dem Reaktortank zugeführt. Als Katalysator wird meist Platin verwendet. Es muß erwärmt werden, um es trocken zu halten. Das Wasser entsteht also unmittelbar im Kontaktapparat als Dampf und wird dann erst zu flüssigem Wasser kondensiert (vgl. hierzu Abb. 175).

Die Verwendung organischer Stoffe, d.h. gewisser Kohlenwasserstoffe als Moderator und Kühlmittel, z.B. Terphenyl, wird sicherlich in naher Zukunft ebenfalls eine Rolle spielen. Darauf einzugehen, würde hier zu weit führen. Nähere Angaben findet man bei (87, 88).

Die Neutronenreflektoren brauchen hier nicht besonders besprochen zu werden, weil, wie wir bereits gesehen haben, für sie im wesentlichen die gleichen Bedingungen hinsichtlich ihrer Eigenschaften gelten wie für die Moderatoren. Infolgedessen kommen praktisch die gleichen Stoffe für sie in Frage wie für die Moderatoren.

18. Stoffe für den Strahlenschutz

Eine gute Strahlenabschirmung für Reaktoren zu finden, die gleichzeitig nicht zu teuer und zu voluminös ist, macht deswegen besondere Schwierigkeiten, weil die gleichzeitige Abschirmung energiereicher Gamma-Strahlung und einer Strahlung aus Neutronen ganz entgegengesetzte Anforderungen an das Schirmmaterial stellt und weil die Strahlung eines Reaktorkerns mit hohem Neutronenfluß außerordentlich intensiv ist. Die auftretende Elektronenstrahlung (β-Strahlung) ist dagegen zu vernachlässigen, weil sie wenig durchdringend ist, wie wir später noch näher sehen werden.

Während die Schirmwirkung eines Stoffes gegen Gamma-Strahlung um so besser wird, je größer seine Massenzahl A ist, gilt für Neutronen gerade das Entgegengesetzte: Um Neutronen abschirmen zu können, sind leichte Elemente erforderlich. Wir hatten ja bereits früher gesehen, daß Neutronen sehr hoher Energie im allgemeinen nicht absorbiert werden, weil der Absorptionswirkungsquerschnitt für hohe Energien sehr klein ist, sondern nur durch elastische oder unelastische Zusammenstöße kinetische Energie verlieren. Erst wenn ihre Geschwindigkeit merklich gesunken ist, steigt die Wahrscheinlichkeit einer Absorption. Nun werden sie aber bei Zusammenstößen mit schweren Kernen, wie wir bereits besprochen hatten, keine nennenswerte Einbuße an kinetischer Energie erleiden, sondern nur bei Kollisionen mit leichten Atomkernen, denn nur dann ist der mittlere logarithmische Energieverlust nach Gln. (40) bzw. (40a) genügend groß, um sie schnell, d.h. bevor sie die Möglichkeit haben, den Schirm zu durchdringen, auf thermische Energie und damit in den Bereich hoher Absorptionsquerschnitte der umgebenden Materie zu bringen. Infolgedessen wird es also wünschenswert sein, daß das Schirmmaterial eine *gewisse Menge* von *Wasserstoff* enthält, wobei die Art der Bindung des Wasserstoffes zunächst gleichgültig ist. Es kommt also wesentlich darauf an, die aus dem Reaktorkern austretenden schnellen Neutronen im Schirm auf thermische Energie abzubremsen. Der Zusatz von Stoffen mit hohem Absorptionsquerschnitt ist infolgedessen ziemlich überflüssig. Viel wichtiger ist es, dafür zu sorgen, daß das Schirmmaterial — praktisch wird auf Grund der vorliegenden günstigen Erfahrungen der vergangenen Jahre hierfür in erster Linie *Beton* verwendet — möglichst viel Wasser binden kann. Indessen hat es auch keinen Zweck, den Wassergehalt zu übertreiben, weil dadurch die Kosten unverhältnismäßig stark gesteigert werden, ohne daß das Ergebnis in einem vernünftigen Verhältnis dazu stünde.

Da nun Beton vorzugsweise aus leichten Elementen besteht, wird seine Schirmwirkung gegen Gamma-Strahlung, zu deren Abschirmung ja gerade schwere Elemente erforderlich sind, nicht so günstig sein. Der übliche Ausweg besteht im allgemeinen darin, daß man dem Beton schwere Elemente, z. B. Eisenoxyd, Eisenerze oder Eisenschrott zusetzt. Indessen wird der Schirm dadurch erheblich verteuert, denn die erforderlichen Eisenmengen sind bei der Schirmdicke eines durchschnittlichen Reaktors von bis zu 3 m und mehr erheblich. Ein Ausweg bietet sich in der Anwendung von Schwerspat (Baryt = Bariumsulfat $BaSO_4$, spezifisches Gewicht etwa 4,5 g/cm³) in der Form von Roherz, welches als Zuschlagstoff dem Beton zugegeben wird. Es hat außerdem den Vorzug, daß es einen höheren Absorptionswirkungsquerschnitt gegenüber thermischen Neutronen hat als z. B. Eisen. Tab. 20 gibt eine Übersicht über die Dichte und die relativen Kosten von Rohstoffen für Betonabschirmungen und von deren Herstellkosten. Man sieht daraus, daß

Tabelle 20. *Übersicht über die gebräuchlichsten Schirmstoffe [1]*

Schirmstoff	Dichte [g/cm³]	Relative Kosten für (normaler Beton = 1)	
		Rohstoff	Herstellung
Normaler Beton	2,3	1,00	1,00
Eisenoxyd mit Portlandzement	3,0	1,26	1,99
Eisenschrott (fein) u. Portlandzement	4,7	1,47	2,44
Baryt und Zement	3,5	1,13	1,44
Feste Standard-Betonblöcke	2,3	0,34	0,31
Feste Baryt-Betonblöcke	3,5	0,43	0,70
Bleiziegel	11,2	5,9	14
Blei mit nichtrostendem Stahl	11,2	11—14	17—19
Bleiplatten ~ 5 cm stark	11,2	7,9	16
Graugußblöcke	7,85	5,0	11,6

Beton mit Schwerspat eine um 50% höhere Dichte als gewöhnlicher Beton hat, mithin also auch eine bessere Schirmwirkung gegen Gamma-Strahlung aufweist. Man darf aber dabei wieder nicht übersehen, daß mit steigender Dichte (was nichts mit der Porosität zu tun hat!) des Betons die Neutronenabschirmung immer schlechter wird, demnach also ein Kompromiß zwischen *Dichte des verwendeten Betons* und *Dicke der Schirmschicht* zu schließen sein wird.

Die meisten Reaktoren besitzen außer dem äußeren Betonschirm — auch biologischer Schirm genannt — noch eine weitere Abschirmung zwischen dem Reaktorkern selbst und der Betonummantelung. Er dient in erster Linie dazu, eine allzu starke Erwärmung des äußeren, biologischen Schirmes durch Bestrahlung zu verhüten, die zu Wärmespannungen und daraus sich ergebenden Störungen führen kann. Seine Wirkung beruht im wesentlichen darauf, daß er die Gamma-Strahlung und die noch aus dem Reaktor bzw. aus dem Reflektor austretenden thermischen Neutronen abhalten soll. Seine Wirkung und sein Wert sind z. Z. immer noch sehr umstritten. Hier und da wird auf die Verwendung eines solchen „*Wärmeschirmes*" überhaupt verzichtet. Ursprünglich mag wohl für die Anwendung des Wärmeschirmes die Befürchtung wesentlich gewesen sein, daß durch die starke Neutronenbestrahlung der Betonschirm, also der biologische Schirm, zerstört werden könnte. Nunmehr liegen aber bereits bei einigen Reaktoren, die ohne Wärmeschirm ausgeführt sind, Erfahrungen über Jahre vor, welche zeigen, daß an irgendeine merkliche Zerstörung des Betonschirmes nicht zu denken ist. Im allgemeinen pflegt man diesen Wärmeschirm aus Stahlblech herzustellen. Vielfach wird auch Blei verwendet, welches dann häufig mittels eingegossener Rohre nach Art des ,,FREDERKING''-Verfahrens mittels Wasser gekühlt wird. Vorläufig scheint es jedenfalls noch so zu sein, daß die Erfahrung die entscheidende Rolle bei der Bemessung der Abschirmung spielt. Auf einige Grundlagen der physikalischen Vorgänge und der Berechnung werden wir im nächsten Kapitel eingehen.

19. Kühlmittel

Da Reaktoren die erzeugte Energie in Form von fühlbarer Wärme abgeben, ist ihre Kühlung eine der wichtigsten technischen Aufgaben. Während bei Forschungsreaktoren die Wärme als lästiges Nebenprodukt anfällt, ist sie bei Energiereaktoren die Hauptsache. Infolgedessen muß den Einrichtungen und Mitteln zur Wärmeabfuhr und ihrer Übertragung auf den Verbraucher bei der ingenieurmäßigen Behandlung von Reaktoren das Hauptaugenmerk zugewendet werden. Deswegen ist den damit zusammenhängenden Fragen in diesem Buche ein besonderes Kapitel gewidmet. Hier beschränken wir uns lediglich auf eine Übersicht und die Kennzeichnung der wichtigsten Eigenschaften der Kühlmittel.

Grundsätzlich kann die Kühlung wie immer bei den technischen Aufgaben des Wärmeaustausches durch gasförmige und durch flüssige Stoffe erfolgen. Die Auswahl wird aber auch hier durch kernphysikalische Anforderungen beschränkt. Für thermische Reaktoren — von denen wir nach wie vor in der Hauptsache sprechen — spielen die Absorptionswirkungsquerschnitte σ_a der Kühlmittel mit Rücksicht auf die Neutronenbilanz im Reaktor eine ebenso wichtige Rolle wie die Beeinflussung der Kühlmittel durch die Reaktorstrahlung. Eine weitere Erschwerung kommt durch die Korrosionsprobleme hinzu, die bei der Reaktorkühlung ein besonderes Gewicht dadurch erhalten, daß die mit dem Kühlmittel in Berührung kommenden Baustoffe oft nicht nach ihrem günstigsten Korrosionsverhalten gegenüber dem Kühlmittel, sondern nach kernphysikalischen Gesichtspunkten ausgewählt werden müssen. Ein besonders kennzeichnendes Beispiel hierfür sind die Konsequenzen, die sich daraus ergeben, daß die Ummantelung der Spaltstoffelemente bei heterogenen Reaktoren wenn irgend möglich aus Aluminium oder Magnesium hergestellt werden sollen[1]. Da diese Umhüllungen unmittelbar mit dem

---

[1] Das ist unerläßlich, wenn als Spaltstoff *natürliches* Uran verwendet werden soll. Die Wahl von z.B. Stahl für die Hülsen zwingt zur Anreicherung des Isotops U-235, wie im russischen Kraftwerksreaktor APS-1.

Werkstofftechnik

Tabelle 21. *Übersicht über*

Kühlmittel	Abs.-Querschnitt f. therm. Neutr. σ_a [b]	Bremsverhältnis VM [—]	Schmelzpunkt t_s [°C]	Siedepunkt t_k [°C]	Dynamische Zähigkeit η [cP]	Spezifische Wärme Cp [kcal/kg·grd]	Wärmeleitfähigkeit λ [kcal/mhgrd]
Helium	~ 0	~ 90	Gas	Gas		1,24	0,14
Luft	1,5	0,82	Gas	Gas	0,0217	0,24 0,26	0,027 0,049
Kohlendioxyd	0,003		Gas	Gas		0,218 0,231	0,025 0,032
Wasser (H$_2$O)	0,62	67	0	100	0,28 0,09	1,01 1,58	0,586 0,422
Schw. Wasser (D$_2$O)	$0,92 \cdot 10^{-3}$	5 820	3,8	101,4		1,165	
Natrium	0,50	0,89	98	883	0,2–0,7[2]	0,331 0,306	74,3 61,5
NaK (44% K)	1,1	0,225	19	882	0,2–0,6[2]	0,25–0,27[2]	21,6–24,5[2]
Blei-Wismut (44,5% Bi, 55,5% Entektikum)	0,1	0,56	125	1 670	1,2–1,8[2]	0,035	12,6

[1] Für Rohr von 12,7 mm Innendurchmesser und eine Geschwindigkeit der Gase von 30 m/sek, der Flüssigkunde, h = Stunde, d = Tag; Energie in MeV und ausgesandte Strahlung des entstehenden Radionuklids
[2] Für H$_2$O, He und Luft bei 10 ata.

Kühlmittel in Berührung kommen müssen, weil ja die Spaltstoffelemente selbst die Wärmequellen sind, und da man eine möglichst hohe Temperatur anzuwenden bestrebt ist, um den Wirkungsgrad der Energiegewinnung so hoch wie möglich zu treiben, wird die Wasserkühlung in diesem Falle äußerst problematisch. Das ist einer der wichtigsten Gründe, die zu der Entscheidung geführt haben, bei den Reaktoren in *Calder Hall* Kohlendioxyd als Kühlmittel anzuwenden. Solche und andere Probleme verursachen große Schwierigkeiten beim Entwurf von Reaktoren für die Energiegewinnung, die bei Forschungsreaktoren nicht auftreten: Hier genügt es im allgemeinen, mit Luft oder Wasser bei niedrigen Temperaturen zu kühlen, zumal eine möglichst niedrige Temperatur für Forschungsreaktoren ohnehin aus anderen Gründen, wie wir sie früher besprochen haben, erwünscht ist; denn je niedriger die Temperatur des Moderators ist, desto niedriger ist die thermische Energie der Neutronen und damit desto größer der Spaltungsquerschnitt σ_f des Urans wegen seiner Proportionalität zu $1/v$ (vgl. S. 105).

Als Kühlmittel kommen die in Tab. 21 aufgeführten Stoffe in erster Linie in Frage. Für Energiereaktoren scheiden Helium und Luft praktisch aus. Das erstere ist trotz seiner verlockenden kernphysikali-

Kühlmittel

Reaktorkühlmittel [1, 56, 59]

Wärmedurch-gangszahl k [1] [kcal/m²hgrd]	Dichte ϱ [g/cm³]	Bei Temperatur und Druck von		Vergleichszahl für Pumpen-leistung, bez. auf gleiche Wärmeleistung: Wismut = 1 [4]	Bei n-Strahlung entstehende Radionuklide (Induzierte Aktivität) Halbwertzeit T; Energie E [3]
		t [°C]	p [ata]		
80	$1{,}4 \cdot 10^{-4}$	100	1	5 400	keine
388		500	7		
100	$9{,}5 \cdot 10^{-4}$	100	1	11 900	$^{16}_{7}$N; 7,3 sek; 6 MeV (γ)
465	$4{,}5 \cdot 10^{-4}$	500	7		$^{41}_{18}$Ar; 1,8 h; 1,4 MeV (γ)
	$1{,}5 \cdot 10^{-3}$	100	1		$^{16}_{7}$N; 7,3 sek; 6 MeV (γ)
	$9{,}5 \cdot 10^{-4}$	300	7		
19 300	0,958	100	1	3 800	$^{16}_{7}$N; wie bei CO_2
29 000	0,667	320	115		
	1,1	~100	1	3 800	$^{16}_{7}$N; wie bei Wasser
	0,928	100	1	0,2	$^{24}_{11}$Na; 15 h; 1,38 + 2,5 MeV (γ)
74 000	0,854	500	1		
37 100	~0,84	100–500	1	0,2	wie Na; außerdem $^{42}_{19}$K; 12,4 h; 1,5 MeV (γ)
37 000	9,91	600	1	1,3	$^{210}_{83}$Bi $\xrightarrow[5\,d]{\beta^-}$ $^{210}_{84}$Po (giftig!)

keiten 6 m/sek. ² Im Temperaturbereich des Reaktorbetriebes bis etwa 540 °C. ³ Halbwertzeit in sek = Se. in Klammern. Die bei der Entstehung des strahlenden Stoffes ausgesandte Strahlung ist *nicht* angegeben.

schen Eigenschaften zu teuer und in großen Mengen mit vernünftigem technischem Aufwand nicht zu handhaben (z. B. Leckverluste infolge seiner geringen Dichte). Die letztere hat als Kühlmittel für Energiereaktoren einen zu hohen Absorptionswirkungsquerschnitt für thermische Neutronen. Derjenige von Sauerstoff ist mit $\sigma_a = 0{,}2 \cdot 10^{-3}$ b $= 0{,}2$ mb zwar sehr niedrig, dafür derjenige des Stickstoffes mit $\sigma_a = 1{,}78$ b dafür um so höher, zumal die Luft zu etwa 79% aus Stickstoff besteht. Außerdem ist darauf hinzuweisen, daß die Luft durch die Umwandlung des in ihr enthaltenen Argons $^{40}_{18}$A in das Isotop $^{41}_{18}$A, welches mit $T = 1{,}8$ h eine Gamma-Strahlung von 1,3 MeV emittiert, radioaktiv wird. Das ist der Grund dafür, daß man luftgekühlte Forschungsreaktoren mit Schornsteinen ausrüstet, um eine Verdünnung des austretenden radioaktiven Argons in der umgebenden Luft zu erzielen.

Infolgedessen bleibt als gasförmiges Kühlmittel praktisch nur CO_2 übrig, wie es in *Calder Hall* mit Erfolg verwendet wird. Alle Gase haben jedoch den Nachteil, daß sie eine schlechte Wärmeübertragungszahl haben und daß große Volumina gefördert werden müssen, um nennenswerte Wärmemengen transportieren zu können. Dieser Mangel kann wenigstens zum Teil dadurch ausgeglichen werden, daß das Gas unter hohem Druck und bei hohen Strömungsgeschwindigkeiten verwendet wird. Dadurch steigen die Ansprüche an die Festigkeit der Apparate, wie des Reaktortanks, der Wärmeaustauscher, der Rohrleitungen usw., und außerdem wächst der eigene Energieverbrauch der Anlage für die erforderlichen Gebläse. Dafür sind die Korrosionsschwierigkeiten wiederum wesentlich geringer als bei Wasser, weil bei heterogenen Reaktoren mit nat. U die Spaltstoffelemente, wie bereits erwähnt, Hülsen aus Aluminium oder Magnesium haben müssen. Bereits diese oberflächliche Betrachtung lehrt, daß die technischen und konstruktiven Schwierigkeiten, die bei Energiereaktoren zu meistern sind, einen Umfang und ein Gewicht haben, die man gar nicht überschätzen kann. Die hier zu überwindenden Schwierigkeiten sind mindestens ebenso groß wie diejenigen beim Entwurf und Bau des Reaktors selbst, wenn die Anlage wirtschaftlich und betriebssicher Energie erzeugen soll. Und das ist ja schließlich ihr Endzweck!

Zu Wasser und schwerem Wasser als flüssigen Kühlmitteln tritt nun noch eine Kategorie von Stoffen, die dem Ingenieur zunächst in diesem Verwendungsbereich fremd sind, nämlich die *flüssigen Metalle*. So ungewöhnlich ihre Anwendung auf den ersten Blick scheinen mag, so gewichtig sind ihre Vorzüge als Wärmeübertragungsmittel, und es ist mit Sicherheit anzunehmen, daß sie dazu berufen sind, in der Wärmeübertragung bei Energiereaktoren in der Zukunft eine bedeutende Rolle zu spielen. In erster Linie kommen hierfür Natrium und Legierungen aus Natrium und Kalium in Betracht. Sie zeichnen sich durch extrem hohe Werte der Wärmeübergangszahl und der Wärmeleitung aus, sie haben ferner einen so niedrigen Dampfdruck, daß sie bis zu sehr hohen Temperaturen — im Gegensatz zu Wasser! — praktisch bei Atmosphärendruck verwendet werden können. Ihre Nachteile bestehen in gewissen Korrosionsproblemen, die im Prinzip auf der Legierungsbildung mit den Metallen, mit denen sie in Berührung kommen, bestehen, in ihrer Reaktionsfähigkeit mit Sauerstoff und Wasser und in dem Umstand, daß sie einen verhältnismäßig hohen Wert von σ_a haben. Außerdem bilden sie unter Neutronenbestrahlung radioaktive Isotope, die eine sehr sorgfältige Abschirmung des Kühlmittelkreislaufes erfordern. Auf Einzelheiten wird später zurückzukommen sein.

Gewöhnliches Wasser kann als Kühlmittel im Reaktor nur bei angereichertem Spaltstoff verwendet werden, weil es infolge seines hohen Absorptionswirkungsquerschnittes die Neutronenbilanz ungünstig beeinflußt. Schweres Wasser ist zwar in dieser Hinsicht sehr günstig, hat aber den Nachteil eines sehr hohen Preises. Zwei weitere Gesichtspunkte sind außer den Korrosionsproblemen bei der Anwendung von Wasser als Kühlmittel noch zu beachten: Seine chemische Zersetzung durch Bestrahlung, worauf wir bereits bei der Besprechung der Moderatorstoffe hingewiesen hatten, und die durch Bestrahlung entstehende Radioaktivität. Sie zwingt dazu, den Kühlwasserkreislauf ebenfalls abzuschirmen und zu verhüten, daß Wasser austritt und die Umgebung verseucht. Die Entstehung von Radioaktivität im Wasser beruht einmal auf der Erzeugung eines gammastrahlenden Isotops des Sauerstoffes und der Erzeugung eines Stickstoffisotops gemäß der Reaktion $^{16}_{8}O$ (n, p) $^{16}_{7}N$, welches mit einer Halbwertzeit von 7,5 sek eine Gamma-Strahlung von 6,2 MeV emittiert. Zum anderen spielen die *Verunreinigungen im Wasser* bei der Erzeugung von Radioaktivität eine Rolle, weil aus ihnen ebenfalls strahlende Stoffe, z. B. das Na-24 mit einer Halbwertzeit von 15 Stunden entstehen können. Infolgedessen ist die *Wasserreinigung außerordentlich wichtig*, zumal dann, wenn das Wasser im Kreislauf verwendet wird, weil dadurch allmählich eine Anreicherung an strahlenden Stoffen verursacht wird.

VI. Strahlenschutztechnik

Wir hatten bereits von vornherein darauf hingewiesen, daß die Sicherheit im Betrieb von Reaktoranlagen das oberste Gebot ist, dem sich jede Konstruktion unterzuordnen hat. Mit der zunehmenden Verwendung von immer stärkeren Strahlungsquellen in der Industrie, deren Herstellung durch die Reaktortechnik erst möglich geworden ist, für die verschiedensten Verwendungszwecke wird aber auch dort, wo keine Reaktoren stehen, das Problem des Strahlungsschutzes aktuell und damit sowohl steigende Vorsicht als auch immer weiter verbreitete Kenntnis der wichtigsten Grundlagen und Zusammenhänge in Ingenieurkreisen dringend notwendig.

Vom Menschen her gesehen ist die biologische Wirksamkeit der Strahlen von ausschlaggebender Wichtigkeit. Gerade in ihrer sicheren Beurteilung liegt aber die größte Schwierigkeit, weil nicht nur die sofort erkennbaren Schäden[1] eine Rolle spielen, sondern auch — oder vielleicht gerade besonders — die Erbschäden, die sich erst in der folgenden oder noch späteren Generation bemerkbar machen. Da die schleichenden Wirkungen der Strahlung sich erst nach langer Zeit feststellen lassen, fehlt uns einfach die Erfahrung, um sichere Aussagen darüber machen zu können. Zwar liegen Erfahrungen vor, nämlich aus der Röntgenmedizin. Aber sie sind unzulänglich, weil sie sich stets auf relativ geringe Dosen[2]

---

[1] Zu ihnen gehören noch die sog. Spätschäden, d. s. solche, die sich erst nach Jahren oder gar Jahrzehnten bei dem von der Strahlung betroffenen Individuum — im Gegensatz zu den Erbschäden — bemerkbar machen.

[2] Erläuterung der „Strahlendosis" folgt auf S. 237 ff.

stützen und auf einen verhältnismäßig engen Spektralbereich der Gamma-Strahlung beschränkt sind.[1]

Die medizinische Forschung in diesem Bereich ist in vollem Gange. Es besteht die Auffassung, daß eine *Dosisleistung von 0,3 r/Woche* von einem Menschen ohne akute Schädigung oder ohne Folgeschäden (Spätschäden) vertragen wird.[2] Wir können uns bei der Behandlung der Strahlenschutztechnik nun nicht auf biologische Experimente oder gar Spekulationen einlassen. Wir müssen daher die z.Z. als vertragbar angesehene Dosis zugrundelegen und uns im übrigen auf die physikalischen und technischen Probleme beschränken, aus deren Kenntnis die technischen Maßnahmen zur Abschirmung von höheren Strahlungsdosen abzuleiten sind.

20. Maßeinheiten für radioaktive Strahlung und deren biologische Wirkung

Bereits im Kap. III, Abschn. 7, hatten wir gesehen, daß radioaktive Strahlung wesentlich in drei Formen auftritt, nämlich als α-, β- und γ-Strahlung. Die erste ist eine Strahlung von $^4_2$He-Kernen, die zweite eine solche von Elektronen und die dritte eine kurzwellige elektromagnetische Strahlung, die sich bei Wechselwirkung mit Materie wie eine Korpuskularstrahlung, nämlich als Emission von *Photonen* oder *Gamma-Quanten* verhält. Für die Reaktortechnik kommt als vierte Strahlungsart die Neutronenstrahlung hinzu. Da die α- und β-Strahlen wenig durchdringungsfähig sind, können wir sie bei unserer Besprechung bis auf gelegentliche Erwähnungen auslassen. Sie werden praktisch nur dann akut, wenn α- oder β-Strahler unmittelbar auf die Haut gebracht oder in den Körper durch Einatmen oder durch Verunreinigung von Speisen usw. hineingebracht werden. Der Ausschluß dieser Gefahren gehört nicht in den Bereich der Strahlenschutztechnik, sondern in denjenigen der Hygiene und allenfalls der Lüftungs- und Filtertechnik. Zwar wird der Ingenieur sich bei der Planung von Anlagen auch damit zu beschärftigen haben, insbesondere dann, wenn er Vorkehrungen zu treffen hat, daß bei einer Reaktorzerstörung und der damit verbundenen Gefahr einer Zerstreuung strahlender Substanz nicht allzu große Mengen radioaktiver

---

[1] Außerdem sei darauf hingewiesen, daß die Röntgenmedizin nur Erfahrungen über die *von außen wirkende* γ-Strahlung vermitteln konnte. Die *Zerstreuung* radioaktiver Stoffe, die erst mit der Atombombe, den Kernreaktoren und der sich ausbreitenden Anwendung radioaktiver Präparate auftritt, ist eine neue Gefahrenquelle: Strahler können durch Einatmen und Berührung (z.B. von Speisen) „inkorporiert", d.h. in den Körper aufgenommen werden und dort wirken. Vgl. hierzu z.B. HANLE [34].

[2] Dieser Wert ist inzwischen schon wieder veraltet. Neuerdings ist die Toleranzdosis auf 5 r/Jahr, d.s. 0,08 r/Woche auf Empfehlung der ICRP (International Commission on Radiological Protection) herabgesetzt worden.

Stoffe die nähere Umgebung der Anlage gefährden. Trotzdem werden wir hier nicht näher darauf eingehen, weil diese Gefahren mit den grundsätzlichen Problemen der Strahlenschutztechnik nur indirekt zu tun haben. *Wir verstehen unter Strahlenschutz hier nur die Abschirmung von γ- und Neutronenstrahlung.*

Die erste Schwierigkeit bei der Behandlung dieser Aufgabe tritt ein, wenn man die recht unbefriedigenden Maßeinheiten für radioaktive Strahlung anwenden muß. Sie sind aus der historischen Entwicklung zu verstehen und haben sich leider, weil Medizin, Biologie und Physik seit Jahrzehnten mit ihnen arbeiten, so festgesetzt, daß sie nicht mehr ohne weiteres ausgemerzt werden können. Aus den Bemühungen, sie zu verbessern und handlicher zu machen, ist das Auftreten verschiedener Einheiten nebeneinander zu verstehen. Wir können nur die Hoffnung hegen, daß sie eines Tages genormt und für technische Zwecke brauchbar definiert werden.

Zunächst müssen wir uns klarmachen, daß die beiden Einheiten[1]: *Stärke* oder „*Aktivität*" einer Quelle, gemessen in „*Curie*" [c], und die *Strahlendosis* ohne weiteres nichts miteinander zu tun haben: Verschiedene Strahlungsquellen mit der *gleichen* Aktivität in c oder mc (1000 mc = 1 c) können unter sonst gleichen Umständen (also bei gleichem Abstand der Quelle oder bei gleicher Abschirmung und bei gleichem bestrahltem Objekt) ganz *verschiedene Dosen je Zeiteinheit* erzeugen.

Zum Beispiel ergibt 1 mc in 1 m Abstand:

Co-60: 0,0013 r/h = 1,3 mr/h
Ta-162: 0,0006 r/h = 0,6 mr/h
Ir-192: 0,00027 r/h = 0,27 mr/h

Ferner: Die *Dosis* gemessen z.B. in der Einheit „*röntgen*" [r] hat die Dimension einer Arbeit oder, was dasselbe ist, einer Energie, bezogen auf eine Volumen- oder Gewichtseinheit; die *Dosisleistung*, z.B. gemessen in röntgen je Stunde [r/h] hingegen die Dimension einer Leistung, ebenfalls auf eine Volumen- oder Gewichtseinheit bezogen. Dosis und Dosisleistung verhalten sich zueinander also wie z.B. kcal und kcal/h oder wie Kilowattstunde und Kilowatt. Die Dosis stellt also eine auf das bestrahlte Objekt übertragene Arbeit dar, die sich summiert und infolgedessen im Laufe der Bestrahlungszeit immer mehr Veränderungen verursacht, so wie eine Flamme eine Arbeit, gemessen in Kilokalorien je Volumeneinheit auf einen Körper überträgt und damit die Wirkung, d.h. das Ausmaß der Verbrennung in dem Körper im Laufe der Befeuerungszeit immer mehr vergrößert. Bei leichten Verbrennungen kennt man eine Selbstheilung des Organismus, indem die verbrannte Stelle immer wieder heilt und

---

[1] Wegen ihrer Definition vgl. S. 238, 240.

immer wieder aufs neue verbrannt werden kann. Dagegen gibt es bei radioaktiver Bestrahlung eine solche Selbstheilung kaum oder nur in sehr begrenztem Maße, so daß auch kleine Dosen, wenn sie immer wieder aufs neue verabfolgt werden, auf die Dauer eine zunehmende Schädigung herbeiführen. Die Unmöglichkeit der Selbstheilung des menschlichen Körpers wird immer ausgeprägter, je größer die Dosisleistung wird, weil die Wirkung der Strahlung sich bis in die Nachbarschaft der bestrahlten Körpergebiete erstreckt oder erstrecken kann. Außerdem muß man berücksichtigen, daß die Dosis, die das eine Individuum verträgt, bei einem anderen derselben Spezies bereits merkliche Schäden verursachen kann.

Die *Dosisleistung* hingegen gibt an, wieviel Energie in der Zeiteinheit einem bestimmten Volumen eines Körpers zugeführt worden ist. Bis zu einem gewissen Grade sind Zeit und Dosisleistung austauschbar. Wenn eine Dosis von 0,3 r in einer Woche, also eine Dosisleistung von 0,3 r/Woche vertragen wird, so kann die ganze Dosis von 0,3 r in einem Tage verabfolgt werden, wenn dann für den Rest der Woche eine weitere Bestrahlung unterbleibt[1]. Die Dosisleistung beträgt dann 0,3 r/Tag an *einem Tag der Woche*, während sie bei Verteilung auf die ganze Woche nur 0,05 r/Tag betragen darf. Das läßt sich aber nicht beliebig weit treiben[2].

Die Sache wird noch schwieriger dadurch, daß dieselbe Dosis verschiedene Wirkungen hat, je nachdem, ob es sich um α-, β- oder γ-Strahlung handelt. Schließlich hängt die Wirkung einer bestimmten Dosis auch davon ab, welcher *Körperteil* bestrahlt wird. Trotz vieler und ständiger Bemühungen ist es bis heute noch nicht möglich gewesen, technisch wirklich befriedigende und allgemeingültige Regeln aufzustellen. Das ist für den Ingenieur ein Grund mehr, äußerst vorsichtig zu sein. Das ist aber eine erschwerende Forderung, weil schließlich die Wirtschaftlichkeit technischer Anlagen und damit ihre Herstellungskosten nicht vollständig zugunsten eines etwa unnötigen Aufwandes für Schutzmaßnahmen vernachlässigt werden kann.

Wir kehren zur Einheit der Stärke oder Aktivität einer Strahlungsquelle 1 Curie zurück. Zunächst war diese Einheit definiert als diejenige *Menge* eines Zerfallproduktes des Radiums, die dieselbe Zahl von Zerfallsakten aufwies wie 1 g Radium. Das Curie war also ein *Maß für die Masse eines Stoffes*, ohne jedoch etwa eine Konstante zu sein: Je nach Art des Zerfallproduktes konnte 1 Curie mehr oder weniger als 1 g sein. Später wurde die Vorstellung der Masse oder des Gewichtes fallengelassen und durch den Begriff der Aktivität ersetzt: Eine *beliebige* radio-

---

[1] Bisher galt die Vorschrift, daß pro Tag nur 0,1 r verabfolgt werden durften. Neuerdings ist der Wert auf 0,02 r/Tag herabgesetzt worden.

[2] Wenn man mit einer Gammadosis von 0,3 r in der Woche rechnet, ergibt das in 40 Jahren etwa 600 r als Gesamt-Dosis. Würde man diese Dosis in wenigen Minuten verabfolgen, wäre tödlicher Ausgang so gut wie sicher.

aktive Substanzmenge hat *dann* eine Aktivität von 1 Curie, wenn sie ebenso viele Zerfallsakte in der Sekunde produziert wie 1 g Radium, nämlich $3{,}7 \cdot 10^{10}$ sek^{-1}. [1]

Dabei bleibt die *Frage völlig offen*, welcher *Art* die Strahlung ist und welche *Energie* diese Strahlung hat: 1 Curie ist immer 1 Curie, gleichgültig, ob α-, β- oder γ-Korpuskeln (im letzteren Falle also Photonen oder γ-Quanten) ausgesandt werden und gleichgültig, welche Energie, gemessen in erg oder eV, diese Teilchen haben. Es ist also etwa dasselbe, wie wenn man die Beschießung eines militärischen Zieles in Geschossen je Sekunde bewertet, ohne danach zu fragen, ob es sich um Gewehrkugeln oder schwere Granaten handelt. Die Kennzeichnung einer Strahlungsquelle gewinnt also erst dann einen Wert, wenn der Angabe ihrer Aktivität in Curie [c] eine Mitteilung über die Stoffmenge, die diese Aktivität ausstrahlt, und über die Art der emittierten Teilchen sowie über deren Energie hinzugefügt wird[2].

Es sind Versuche gemacht worden, noch andere Einheiten für die Aktivität zu definieren. Das „*rutherford*" [rd] z.B. ist aber auch nicht vorteilhafter. Es unterscheidet sich von der Einheit curie nur dadurch, daß anstatt der krummen Zahl von $3{,}7 \cdot 10^{10}$ Zerfällen je Sekunde genau 10^6 Zerfälle je Sekunde zugrunde gelegt werden. Besser wäre schon eine Einheit, die die Aktivität unmittelbar im Energiemaß mißt, also z.B. in MeV/sek oder in W/sek. Eine solche Einheit berücksichtigt wenigstens die Energie der Teilchen, vermag aber auch noch keine unmittelbare Aussage über die Wirkungen zu machen. Da das curie sich stark eingebürgert hat, bleibt einstweilen nichts anderes übrig, als es dabei zu belassen[3].

Diese Schwierigkeiten waren einer der Gründe dafür, daß man sich

---

[1] Durch diese Definition der Curie-Einheit müßte auf Grund neuester Messungen der Wert 1 Curie = $3{,}61 \cdot 10^{10}$ sek^{-1} festgesetzt werden. Da jedoch die oben definierte Curie-Einheit international anerkannt ist, wird diese internationale Festsetzung mit 1 c = $3{,}700 \cdot 10^{10}$ sek^{-1} beibehalten, d.h., daß die neue Definition ganz vom Radium getrennt ist.

[2] 1 Mc = 10^3 kc = 10^6 c; 1 c = 1000 mc = 10^6 μc; der Reihe nach zu lesen: Megacurie, Kilocurie, Curie, Millicurie, Mikrocurie. Unter der „*spezifischen Aktivität*" versteht man die Aktivität je Masseneinheit, also gemessen z.B. in Curie je Gramm [c/g]. Die spezifische Aktivität von Radium beträgt demnach etwa 1,00 c/g, während sie für Uran in der Größenordnung von 10^{-6} c/g = 1 μc/g liegt.

[3] Wesentlich günstiger wäre eine Einheit, die das *National Bureau of Standards* vorgeschlagen hat. Danach soll die Stärke oder Aktivität einer Strahlungsquelle durch ihre Dosisleistung auf eine bestimmte Entfernung gekennzeichnet werden (also ähnlich etwa wie früher die Hefnerkerze als Einheit einer Lichtstärke definiert war), nämlich durch die *Dosisleistung 1 r/h in 1 m Entfernung (rhm)*. Damit würden sich viele Berechnungen im Bereich der Strahlenschutztechnik vereinfachen lassen. Es sieht aber bisher trotz ihrer unbezweifelbaren Vorzüge nicht so aus, als ob diese Einheit sich durchsetzen würde.

nach einer Einheit umsah, die unmittelbar die *Wirkung* einer Strahlung zu kennzeichnen vermag. Da nun die biologische Wirkung der Strahlung wesentlich auf die durch sie hervorgerufene Ionisation zurückzuführen und diese biologische Wirkung in der Strahlenschutztechnik das allein wichtige ist, wurde die *Ionisierungsarbeit*[1] als Maß für die Wirkung, als einer „Energiedosis", herangezogen. Aus der in früheren Jahren allein hinsichtlich der Erzeugung nennenswerter Strahlungsenergie wichtigen Röntgenmedizin entwickelte sich die Maßeinheit „*1 röntgen*" [r]. Sie gilt zunächst nur für Röntgen-und Gamma-Strahlung[2], nicht aber für α-, β- oder n-Strahlung, weil, worauf wir schon hingewiesen haben, die biologische Wirkung ein und derselben Strahlungsdosis für die verschiedenen Strahlenarten verschieden ist. Die Einheit 1 r ist als diejenige *Energie einer Röntgenstrahlung* definiert, die dazu erforderlich ist, um (auf dem Umwege über die Erzeugung einer Korpuskularstrahlung; vgl. hierzu Abschn. 21) in einem Kubikzentimeter Luft von Normalbedingungen, also im trockenen Zustand bei 0 °C und 760 Torr, so viel Ionen zu erzeugen, daß diese zusammen eine Ladung von einer elektrostatischen Einheit repräsentieren. Die dazu erforderliche Ionenzahl beträgt etwa $2{,}1 \cdot 10^9$ Ionenpaare. Um diese Dosis anschaulich zu machen, sei erwähnt, daß eine Quelle von 1 mg Radium mit einer Aktivität von 1 mc im Abstand von 1 cm eine *Dosisleistung* von 8 r/h hat. Die zulässige Wochendosis von 0,3 r würde also bereits nach $\frac{60}{8} \cdot 0{,}3 = 2{,}25$ min verabfolgt worden sein, so daß die betroffene Person eine Woche lang keine Bestrahlung mehr erhalten dürfte.

In ein gewohntes Energiemaß umgerechnet, ergibt sich mit der Ionisierungsarbeit von etwa 32,5 eV je Ionenpaar eine Energie von etwa $6{,}8 \cdot 10^4$ MeV/cm³. Da 1 MeV $= 1{,}6 \cdot 10^{-6}$ erg ist, und da 1 Kubikzentimeter trockener Luft unter Normalbedingungen 0,00129 g wiegt, ergibt sich, daß 1 r gleichwertig ist mit etwa $\dfrac{6{,}8 \cdot 10^4 \cdot 1{,}6 \cdot 10^{-6}}{1{,}29 \cdot 10^{-3}} \approx 83$ erg/g Luft. Die gleiche Dosis hat nun aber eine andere Wirkung, wenn sie anstatt von einer γ-Strahlung von einer α- oder n-Strahlung eingebracht wird. Außerdem ist in tierischem Gewebe die Energieabsorption eine andere als in Luft und in Knochensubstanz wiederum eine andere als in Binde- oder Muskelgewebe. Man sieht, daß auch hier wieder bezüglich klarer Definition Schwierigkeiten über Schwierigkeiten auftauchen. Um

---

[1] Um physikalisch korrekt zu sein, müßte es eigentlich etwa heißen: Die Zahl der durch die Strahlung erzeugten Ionen, denn der Begriff „Ionisierungsarbeit" ist bereits als diejenige Energie festgelegt, die dazu erforderlich ist, um *ein* Leuchtelektron vom Grundzustand auf die Quantenbahn $n = \infty$ zu heben, vgl. S. 37.

[2] Die Unterscheidung zwischen Röntgen- und Gamma-Strahlung ist physikalisch ebenso belanglos wie etwa diejenige von sichtbarem und unsichtbarem Licht; vgl. hierzu S. 246.

ihrer einigermaßen Herr zu werden, sind weitere Einheiten für die Strahlungsdosis vorgeschlagen worden. Aus der englischen Literatur sind insbesondere folgende Einheiten zu uns gekommen:

1. Das rep (röntgen equivalent physical) ist diejenige Dosis irgendeiner *ionisierenden Strahlung*, also *ohne Beschränkung* auf γ-Strahlung, die bei ihrer vollständigen Absorption eine Energie von 83 erg/g *Gewebe* zuführt. Da die Absorption von Strahlung in tierischem Gewebe höher ist als in Luft, ergibt 1 r im Gewebe des tierischen Organismus eine Energieumsetzung von etwa 90 erg/g. Es ist daher eigentlich nicht möglich, 1 r = 1 rep zu setzen. Trotzdem wird es im allgemeinen getan.

2. Das rem (röntgen equivalent man): Es versucht die Schwierigkeit zu beheben, daß durch das rep zwar nun die Beschränkung auf Röntgen- bzw. Gamma-Strahlung beseitigt ist, daß aber mit seiner Anwendung immer noch keine Aussage über die tatsächliche biologische Wirkung gemacht ist, weil ja die biologische Wirkung wieder stark von der *Strahlenart* abhängt. Das rem drückt diejenige Strahlendosis beliebiger Art aus, die im *menschlichen Körpergewebe* dieselbe biologische Wirkung hervorruft wie eine Röntgenstrahlendosis von 1 r. Um eine Dosis von 1 rem zu applizieren, sind also ganz verschiedene Dosen, gemessen in rep, erforderlich, je nachdem es sich um eine biologisch stark oder schwach wirkende Strahlungsart handelt.

Der Faktor nun, um den sich, bezogen auf die gleiche biologische Wirksamkeit die Dosen, gemessen in rep, je nach der Strahlenart unterscheiden, ist die *Relative Biologische Wirksamkeit* [RBW]. Sie gibt also an, um wievielmal wirksamer eine bestimmte Strahlenart als die andere ist, wenn die Dosis, gemessen in rep, als Ionisierungsarbeit die gleiche ist. Während die Dosis in rep objektiv gemessen werden kann, ist diejenige in rem abhängig von dem Stand des biologischen Wissens. Infolgedessen sind die bekannten Werte spärlich, und außerdem schwanken sie. Tab. 22 gibt einige Werte für verschiedene Strahlungsarten für die Strahlendosis in rep an, wenn die Dosis in rem gleich eins gesetzt wird. Da das röntgen [r] sich nur auf Röntgen- und Gamma-Strahlung bezieht, ist es auch nur bei dieser Strahlenart als Einheit angegeben.

Zur Zeit wird eine *Gammadosis*, die sog. *„Toleranzdosis"*, von 0,3 r in einer Woche als zulässig angesehen, jedoch soll die Dosisleistung nicht

Tabelle 22. *Beziehung zwischen den Dosiseinheiten* [1]

Strahlenart	r	rem	RBW	rep
Röntgen- und Gammastrahlen	1	1	1	1
Betastrahlung	—	1	1	1
Schnelle Neutronen	—	1	10	0,1
Thermische Neutronen	—	1	5	0,2
Protonen	—	1	10	0,1
Alphastrahlung (im Körper!)	—	1	10—20	0,05—0,1

über 0,1 r/Tag steigen[1]. Kommen andere als γ-Strahlen in Betracht, so ist dieselbe Dosis in rem zugrunde zu legen. Es ist daher nur eine Wochendosis von 0,3 rem bzw. eine Tagesdosis von 0,1 rem, also anders geschrieben: 0,3 rem/Woche bzw. 0,1 rem/Tag zulässig. Handelt es sich z. B. um eine schnelle Neutronenstrahlung, so ist nach Tab. 22 mit einem Wert für schnelle Neutronen von RBW = 10 nur eine (prinzipiell mit Strahlungsgerät als Ionisierungsarbeit meßbare) Strahlendosis von 0,03 rep/Woche bzw. 0,01 rep/Tag zulässig. Mit 1 rem = 1000 mrem, bzw. 1 rep = 1000 mrep (sinngemäß natürlich auch 1 r = 1000 mr) kann man das also schreiben: Bei einer Strahlung von schnellen Neutronen beträgt die Toleranzdosis 30 mrep/Woche bzw. 10 mrep/Tag.

Wie bereits gesagt, lassen sich aber einfache Regeln nicht aufstellen. Es sei z. B. erwähnt, daß eine in kurzer Zeit verabfolgte Gamma-Strahlendosis auf den ganzen Körper von etwa 600 r bereits tödlich ist[2], da-

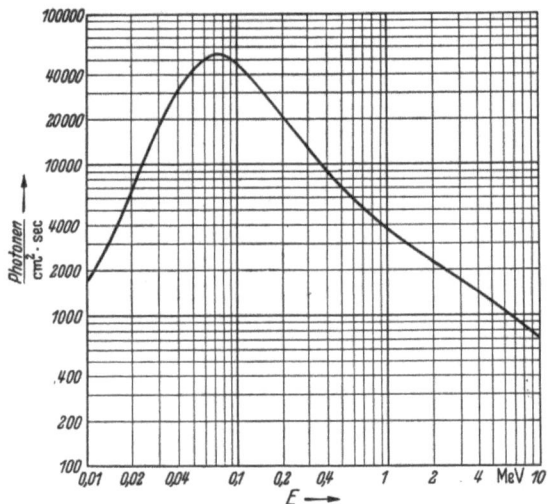

Abb. 94. Photonenstrom, welcher eine Dosis von 0,06 rem = 0,06 r in 8 Stunden abgibt, als Funktion der Photonenenergie E (nach STEPHENSON)

---

[1] Vgl. hierzu Fußnote S. 236.

[2] Es sei noch einmal ausdrücklich darauf hingewiesen, daß die Dosis von 1 r als Gamma-Dosis praktisch genügend genau gleich der Dosis von 1 rep ist, also eine zugeführte Energiemenge von etwa 83 erg/g bzw. 90 erg/g, *bezogen auf die Gewichtseinheit*, darstellt. Wenn ein menschlicher Körper eine Gamma-Strahlendosis von 400 r auf den ganzen Körper erhält, so bedeutet das, daß die Ionisierungsarbeit mit diesem Körpergewicht in g zu multiplizieren ist, um die *gesamte zugeführte* bzw. von der Strahlungsquelle aufzubringende Energie zu ermitteln. Während also eine Bestrahlung mit einer Gamma-Dosis von 400 r eines Fingergliedes von etwa 1 g Körpermasse etwa $90 \cdot 400 = 36000$ erg $= 3{,}6 \cdot 10^{-3}$ Wattsek erfordert, muß die Strahlung im Falle der *Gesamtbestrahlung des Körpers* mit ebenfalls 400 r bei einem Gewicht von z. B. 75 kg eine Gesamtenergie von etwa $90 \cdot 400 \cdot 75000 = 2{,}7 \cdot 10^9$ erg $\approx$ 300 Wattsek aufbringen!

Maßeinheiten für radioaktive Strahlung und deren biologische Wirkung 243

gegen bei der Bestrahlung von Tumoren Gamma-Dosen bis zu 5000 r und mehr, auf einen engen Körperbereich begrenzt, angewendet werden, so sieht man, daß exakte Aussagen äußerst schwierig sind.

Um eine bestimmte Dosis zu verabfolgen, muß die Strahlung bei ge-

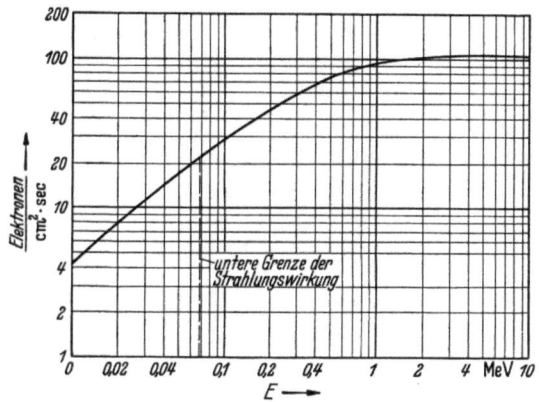

Abb. 95. Elektronenstrom, welcher eine Dosis von 0,06 rem in 8 Stunden abgibt, als Funktion der Elektronenenergie E (nach STEPHENSON)

gebenem Fluß φ [cm^{-2} · sek^{-1}] für Gamma-Photonen und Elektronen bzw. Φ [cm^{-2} · sek^{-1}] für Neutronen eine bestimmte Energie, gemessen in MeV, haben. Die Abb. 94, 95 u. 96 zeigen diese Beziehung für eine bei einer wöchentlichen Arbeitszeit von 5 Tagen zulässige Tagesdosis von

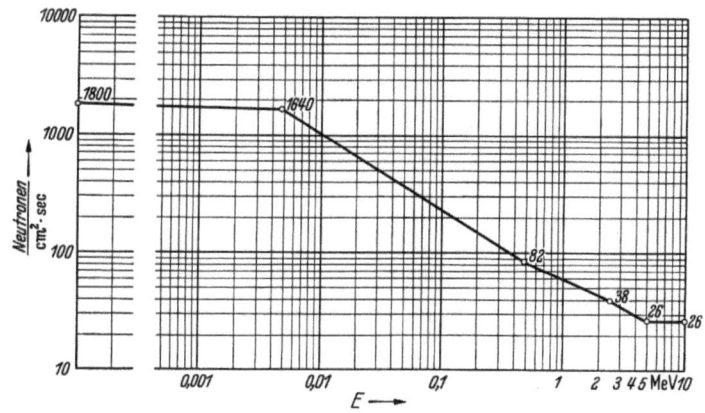

Abb. 96. Neutronenstrom, welcher eine Dosis von 0,06 rem in 8 Stunden abgibt, als Funktion der Neutronenenergie E (nach STEPHENSON)

0,06 rem, also eine Dosisleistung von 0,06 rem/Tag (entsprechend 7,5 mrem/h bei 8stündiger Arbeitszeit unter dauernder Bestrahlung) für γ-, β- und n-Strahlung. Bei thermischen Neutronen z. B. (vgl. Abb. 96) ist ein Fluß von $\Phi \approx 2000$ cm^{-2} · sek^{-1} noch dauernd zu vertragen, während er bei schnellen Neutronen im Energiebereich der Spaltneutronen nur noch $\Phi \approx 40 \text{ cm}^{-2} \cdot \text{sek}^{-1}$ betragen darf.

Es wäre jetzt noch danach zu fragen, in welcher Weise denn nun die Aktivität einer Strahlungsquelle, gemessen in curie, mit der Strahlenwirkung, ausgedrückt durch die Dosis oder Dosisleistung in röntgen oder rep, verknüpft ist. Um hierüber eine Vorstellung zu gewinnen, beschränken wir uns auf die Betrachtung einer Gamma-Strahlenquelle. Wir betrachten eine punktförmige Quelle mit der Aktivität C (c) und einer Energie E [MeV] der Photonen, wie sie in Abb. 97 schematisch dargestellt ist. Sie möge sich in Luft mit einem Absorptionskoeffizienten μ_E [cm^{-1}] (analog zum makroskopischen Wirkungsquerschnitt Σ), wobei der Index E

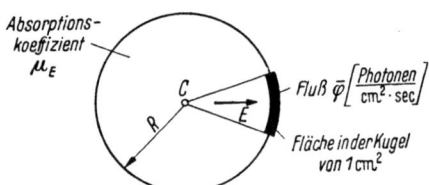

Abb. 97. Zur Beziehung zwischen der Aktivität C einer γ-Quelle und der Dosisleistung, gemessen in r/h

ausdrücken soll, daß die Absorption energieabhängig ist, befinden. Wir betrachten den Photonenfluß $\bar{\varphi}$ durch eine Fläche von 1 cm² der Oberfläche einer Kugel, die wir uns im Abstand R um die Quelle herumgelegt denken. Die Intensität des Gammastrahles beträgt dann normal zur durchstrahlten Fläche $\bar{J} = \bar{\varphi} \cdot E$ [MeV/cm² sek] und der absorbierte Anteil $\varphi \cdot E \cdot \mu_E$ [MeV/cm³ · sek]. Die absorbierte Strahlungsdosis von 1 r entspricht, wie wir früher schon ausgerechnet hatten, $6{,}8 \cdot 10^4$ MeV/cm³, und damit finden wir die in der Zeiteinheit absorbierte Energie, also die Dosisleistung A mit dem Umrechnungsfaktor $6{,}8 \cdot 10^4$ [MeV/r · cm³] zu

$$A = \frac{\bar{\varphi} E \cdot \mu_E}{6{,}8 \cdot 10^4} \text{ [r/sek]},$$

woraus sich ergibt:

$$1 \text{ [r/sek]} \triangleq \frac{6{,}8 \cdot 10^4}{E \cdot \mu_E} \left[\frac{\text{Photonen}}{\text{cm}^2 \cdot \text{sek}}\right]$$

oder

$$1 \text{ [m r/h]} \triangleq \frac{0{,}0188}{E \cdot \mu_E} \left[\frac{\text{Photonen}}{\text{cm}^2 \cdot \text{sek}}\right].$$

Nach der Definition der Einheit 1 c gibt die Quelle bei C curie $3{,}7 \cdot 10^{10} \cdot C$ Photonen je Sekunde ab. *Ohne* Absorption ist dann der Fluß durch die Kugeloberfläche $O = 4 \cdot \pi \cdot R^2$ bei der Quellstärke

$$S = 3{,}7 \cdot 10^{10} \cdot C \left[\frac{\text{Photonen}}{\text{sek}}\right]$$

$$\bar{\varphi} = \frac{3{,}7 \cdot 10^{10}}{4 \pi R^2} \cdot C \left[\frac{\text{Photonen}}{\text{cm}^2 \cdot \text{sek}}\right].$$

Wenn wir nun auf die Dosisleistung [mr/h] unter Einführung der Energie E der Photonen und der Absorption μ_E in Luft umrechnen, erhalten wir

$$A = \frac{3{,}7 \cdot 10^{10}}{4 \pi R^2} \cdot C \frac{E \cdot \mu_E}{0{,}0188} = 1{,}56 \cdot 10^{11} \frac{C \cdot E \cdot \mu_E}{R^2} \; [\text{mr/h}] \; .$$

Da μ_E in Luft innerhalb eines Energiebereiches der Photonen zwischen 0,1 und 2 MeV ziemlich konstant, nämlich $\mu_E \approx 3{,}55 \cdot 10^{-5}\,\text{cm}^{-1}$ ist, können wir schreiben:

$$A = 5{,}2 \cdot 10^6 \frac{C \cdot E}{R^2} \; [\text{mr/h}] \; . \tag{230}$$

Damit haben wir eine Beziehung zwischen der Aktivität C, gemessen in curie, und der Dosisleistung A, gemessen in r/h, gefunden.

Für Co-60 als γ-Quelle, die je Zerfallsakt Photonen mit $E = 2{,}5$ MeV emittiert, ergibt sich mit $R = 100$ cm bei einer Aktivität von $C = 1$ mc die Dosisleistung zu

$$A = 5{,}2 \cdot 10^6 \cdot \frac{10^{-3} \cdot 2{,}5}{100^2} = 5{,}2 \cdot 2{,}5 \cdot 10^{-1} \approx 1{,}3 \; \text{mr/h}$$

in Übereinstimmung mit dem Wert auf S. 237. In diesem einfachen Falle ist also eine Umrechnung möglich, sobald die Energie der Strahlung bekannt ist. Schwieriger wird die Berechnung, wenn eine Abschirmung zwischen Quelle und Strahlungsempfänger angeordnet ist. Darauf kommen wir im nächsten Abschnitt zu sprechen.

21. Wechselwirkung von Strahlung und Materie

Um das — ziemlich komplizierte — Verhalten einer Abschirmung übersehen zu können, ist es notwendig, etwas auf die Wechselwirkung zwischen Strahlung und Materie einzugehen.

Geladene Teilchen (α, β, p) treten mit den Hüllenelektronen und dem Atomkern infolge der zwischen ihnen herrschenden Coulombkraft in Wechselwirkung. Durch die dabei erfolgende Energieübertragung, die meist noch mit einer Richtungsänderung (Streuung) gekoppelt ist, können bei Reaktionen mit der Hülle Moleküle dissoziert, Atome angeregt und ionisiert werden. Daneben können γ-Quanten erzeugt werden, worauf noch zurückzukommen sein wird. Die Reaktionszahl, und damit die Energieabgabe, bezogen auf die Längeneinheit der Korpuskelbahn, wächst mit der Ladung und sinkt mit zunehmender Geschwindigkeit der Korpuskeln. Deshalb werden bei gleicher Energie α- und p-Strahlen erheblich stärker absorbiert als β-Strahlen.

Die durchweg positiv geladenen schwereren Teilchen reagieren mit dem *Kern* merklich nur bei sehr hoher kinetischer Energie (Abstoßung); Elektronen werden wegen des großen Masseunterschiedes (vgl. S. 46) praktisch ohne Energieübertragung gestreut.

Neutronen können lediglich mit den Kernen in Wechselwirkung treten (nur Kernkraft, keine Coulombkraft). Sie können elastische oder unelastische Stöße ausüben und eine Streuung erfahren, oder sie werden von den Kernen absorbiert und führen damit zu einer Kernumwandlung. Schnelle Neutronen reagieren vorzugsweise durch elastischen Stoß, langsame rufen meist Kernreaktionen hervor, als deren Folge γ-Quanten oder geladene Korpuskeln emittiert werden können. Beim Stoß übernimmt der getroffene Kern Bewegungsenergie („Rückstoßkern"). Er vermag dann seinerseits andere Atome durch Stoß anzuregen oder zu ionisieren bzw. wird er selbst ionisiert. Photonen oder Gamma-Quanten, also γ-Strahlung sehr kurzer Wellenlänge, also hoher Frequenz und damit hoher Energie gemäß Gl. (1) wirken auf die Materie hauptsächlich durch folgende Reaktionen:

1. Elektronenerzeugung durch Photoeffekt: $E_\gamma < 0{,}5$ MeV („weiche" Gamma-Strahlen)
2. Elektronenerzeugung durch COMPTON-Effekt: $0{,}5 < E_\gamma < 5$ MeV
3. Paarbildung: $E_\gamma > 5$ MeV („harte" Gamma-Strahlen)[1].

Abb. 98 zeigt eine schematische Übersicht über die Wirkung der verschiedenen Strahlungsarten auf die Materie.

In Abb. 98 werden weiche und harte Röntgenstrahlen und Gamma-Strahlen unterschieden. Das ist eine *unexakte* Bezeichnung für die Wellenlänge der Strahlung. Für Ingenieure dürfte vielleicht der Hinweis nützlich sein, daß sich hinter diesen willkürlichen Benennungen, die historisch zu verstehen sind und kennzeichnen sollen, daß eine Strahlung dieser Art mehr oder weniger durchdringungsfähig ist, die Tatsache verbirgt, daß die Wellenlängen der elektromagnetischen Strahlung von der Frequenz unserer Drehstromgeneratoren in den Kraftwerken über die Rundfunkwellen, das sichtbare Licht und die Röntgenstrahlung bis zur „härtesten", d. h. kurzwelligsten Gamma-Strahlung *kontinuierlich* übergehen[2]. Mit abnehmender Wellenlänge steigt die Frequenz gemäß $\nu = c/\lambda$ [sek^{-1}] mit der Lichtgeschwindigkeit $c = 3 \cdot 10^{10}$ cm/sek an. Mit der Frequenz ν wiederum ist die Energie E der einzelnen (Licht-) Quanten hingegen durch Gl. (1), also durch $E = h \cdot \nu$ verknüpft, wobei das Wirkungsquantum h in der Einheit erg · sek gemessen wird, so daß das Produkt $h \cdot \nu$ die Dimension einer Arbeit [erg] hat. Mit steigender Frequenz nimmt also die Energie der Quanten zu. Da 1 erg $= 0{,}624 \cdot 10^{12}$ eV bzw. 1 MeV $= 1{,}6 \cdot 10^{-6}$ erg ist, kann man einfach umrechnen. Für die Gamma-Strahlung des Th beim natürlichen radioaktiven Zerfall z. B., deren Frequenz $\nu = 0{,}643 \cdot 10^{21}$ Hz $= 0{,}643 \cdot 10^{21}$ sek^{-1} (entsprechend einer Wellenlänge von $\lambda = \dfrac{3 \cdot 10^{10}}{0{,}643 \cdot 10^{21}} = 4{,}66 \cdot 10^{-11}$ cm) beträgt, ergibt sich mit $h = 6{,}625 \cdot 10^{-27}$ erg · sek die Energie der Photonen (oder Gamma-Quanten) zu $E = 6{,}625 \cdot 10^{-27} \cdot 0{,}643 \cdot 10^{21} = 4{,}26 \cdot 10^{-6}$ erg $= 2{,}66$ MeV. Da nun die Wellenlänge der Röntgenstrahlung im Mittel in der Größenordnung der *Atom*abmessungen liegt, da Röntgenstrahlen ja an Atomen gebeugt werden (worauf die Kristallstrukturuntersuchungen mittels Röntgenstrahlen beruhen), können wir für Röntgenstrahlen durchschnittlich eine Wellenlänge von 10^{-8} cm einsetzen.

---
[1] Gamma-Strahlen hoher Energie vermögen auch unmittelbar Kernreaktionen auszuüben, z. B. die Emission von Neutronen, sog. (γ, n)-Prozesse, vgl. S. 258.
[2] Vgl. hierzu auch Abb. 23, S. 63.

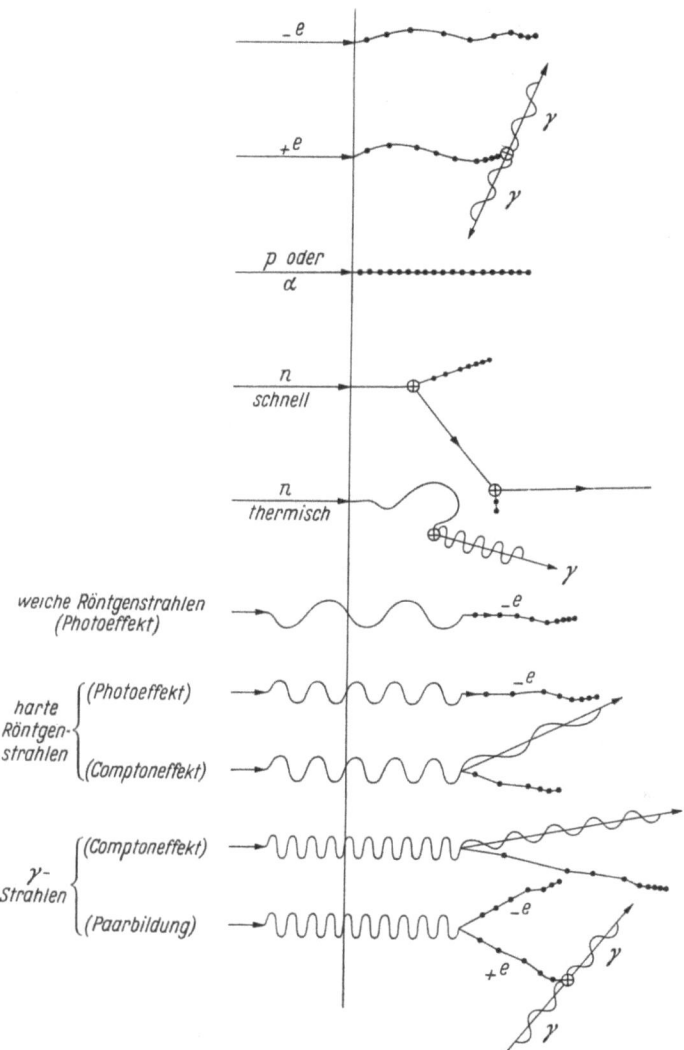

Abb. 98. Schema der Wechselwirkung zwischen Strahlung und Materie (nach HANLE)

Damit ergibt sich eine Frequenz von $\nu = \dfrac{3 \cdot 10^{10}}{10^{-8}} = 3 \cdot 10^{18}$ sek^{-1} und damit die Energie der Röntgen- (oder Licht- oder Gamma-) Quanten zu

$E = 6{,}625 \cdot 10^{-27} \cdot 3 \cdot 10^{18} = 20 \cdot 10^{-9}$ erg $= 12{,}5 \cdot 10^{-3}$ MeV $= 12\,500$ eV.

Wegen der linearen Beziehung in Gl. (1) läßt sich sofort sagen, daß die Energie um je eine Zehnerpotenz sinkt, wenn die Wellenlänge um eine Zehnerpotenz zunimmt bzw. die Frequenz um eine Zehnerpotenz abnimmt. Wenn die Wellenlänge des Röntgen-„Lichtes" also 10^3mal größer ist als diejenige einer kurzwelligen

Gamma-Strahlung, dann ist die Energie ihrer Quanten eben um den Faktor 10^3 kleiner. Die kürzeste Wellenlänge der Röntgenstrahlung hängt nun wieder von der Energie der Elektronen ab, die von der Kathode emittiert und durch eine angelegte Spannung auf die sog. Antikathode beschleunigt werden. Je höher die angelegte Röhrenspannung, desto größer die maximale Energie der ausgesandten Röntgenstrahlung, desto kurzwelliger also und desto „härter" ist sie. Es gilt einfach die Beziehung $h \cdot \nu = e \cdot U$, wobei e die Elementarladung des Elektrons und U die Röhrenspannung in Volt ist. Das Produkt $e \cdot U$ ist aber wiederum nichts anderes als die Energie, gemessen in eV, denn diese Einheit stellt ja, wie wir bereits gesehen haben, nichts anderes als das nicht ausgerechnete Produkt aus der Elementarladung und der Beschleunigungsspannung dar. Die erreichbare Frequenz der Röntgen- (Gamma-) Strahlung und damit ihre Energie hängt also *nur von der Röhrenspannung* ab. Könnte man eine Röntgenröhre mit $2,66 \cdot 10^6$ Volt betreiben, so könnte man damit auch in einer Röntgenröhre eine „harte" Gamma-Strahlung gleich derjenigen des Th erzeugen. Im allgemeinen pflegt man eine Röntgenspannung zwischen 0,1 und 0,05 MeV, entsprechend einer Röhrenspannung zwischen 100000 und 50000 Volt als „harte" Röntgenstrahlung, eine solche mit geringerer Energie der Quanten als 0,05 MeV, also mit Röhrenspannungen unter 50000 Volt erzeugte Strahlung, als „weiche" Röntgenstrahlung zu bezeichnen. In dem Bereich der harten Röntgenstrahlung tritt eine Überschneidung mit der traditionell als „weiche" Gamma-Strahlung bezeichneten Strahlung auf, die aus Kernreaktionen stammt. Die Unterscheidungen zwischen harter und weicher Röntgenstrahlung bzw. harter und weicher Gamma-Strahlung sind also historisch, wie so vieles in diesem neuen Bereich der Technik, zu verstehen. Physikalisch-technisch ist es für die Wirkung einer Strahlung — die uns hier ja *allein* interessiert — völlig belanglos, aus welcher Quelle sie stammt. Wir interessieren uns nur für ihre Energie als Maßstab für ihre Wirkung auf die Materie.

Die schwarzen Punkte in Abb. 98 sollen eine Ionisierung längs der Bahn des eingestrahlten Teilchens kennzeichnen, die kleinen Kreise mit einem Kreuz Atomkerne.

Ein schnelles Elektron wirkt also anregend und ionisierend, indem es mit der Atomhülle der getroffenen Atome oder Moleküle der durchstrahlten Materie in Wechselwirkung tritt, bis es schließlich mit abnehmender Energie irgendwo eingefangen wird. Positronen, also positive Elektronen $+^0_1 e = \beta^+$, sind äußerst kurzlebig. Sie vereinigen sich so schnell wie möglich mit einem Elektron und „verschwinden" mit diesem zusammen, wobei zwei Gamma-Quanten von etwa je 0,5 MeV in entgegengesetzter Richtung (weil die Impulssumme Null sein muß und die verschwindenden Teilchen keinen nennenswerten Impulsanteil liefern) ausgesandt werden, wie das zweite Schema der Abb. 98 zeigt: Die Ruhmasse des positiven und des negativen Elektrons ist vollständig in Energie umgewandelt (*„Zerstrahlung"* oder *„Vernichtungsstrahlung"*). Ein schnelles schweres Teilchen, also ein α-Teilchen oder ein Proton („nackter" Wasserstoffkern) wirken merklich intensiver, was durch die dichte Folge der schwarzen Punkte angedeutet wird. Außerdem werden sie wegen ihrer großen Masse nicht aus ihrer Bahn, im Gegensatz zum Elektron, abgelenkt.

Schnelle Neutronen, wie bereits gesagt, erteilen dem getroffenen Kern, dem sog. *Rückstoßkern*, Bewegungsenergie, so daß er seinerseits ionisierend wirken kann, während langsame Neutronen absorbiert werden. Der absorbierende Kern sendet ein γ-Quant passender Energie aus.

Weiche, also langwellige Röntgenstrahlen lösen durch den Photoeffekt aus der Materie Elektronen aus. Auf diesem Effekt beruht die Lichtmessung mittels photoelektrischer Zellen. Die gesamte Energie des eingestrahlten γ-Quants wird verbraucht, und zwar ein Teil zur Herauslösung des Elektrons aus der Hülle, die sog. Austrittsarbeit; der Rest wird dem Elektron als kinetische Energie mitgegeben. Die so entstandenen Elektronen können dann ihrerseits wieder ionisierend wirken. Der COMPTON-Effekt führt ebenfalls zum Ausstoß eines Elektrons. Der Unterschied zum Photoeffekt besteht darin, daß hierbei nicht die gesamte Energie des auftreffenden γ-Quants verbraucht wird, sondern nur ein Teil. Das γ-Quant behält also noch Energie. Da sein Energiebetrag jedoch vermindert ist, muß gemäß Gl. (1) die Frequenz kleiner und damit die Wellenlänge größer werden. Sehr energiereiche Gamma-Strahlung vermag den umgekehrten Effekt zur Zerstrahlung von Elektronen und Positronen herbeizuführen, wie das unterste Schema zeigt: Die Energie des γ-Quants verschwindet, und es *entsteht Materie*, nämlich je ein Positron und ein Elektron, also ein „Paar" von Teilchen[1]. Während das Elektron seine Energie durch Ionisierung längs seiner Bahn verbraucht, führt das Positron schließlich wieder zusammen mit einem Elektron zur Zerstrahlung[2].

Nach dieser allgemeinen Übersicht wenden wir uns nun zunächst der γ-Strahlung zu. Sie spielt heute in der Technik bereits eine große Rolle, und es ist zu erwarten, daß in den nächsten Jahren die installierten γ-Strahler in der Wissenschaft und in der Industrie bereits viele Megacurie betragen werden, da heute einzelne Quellen mit einer Aktivität von mehreren Kilocurie keine Seltenheit mehr sind, wobei es sich durchaus nicht immer um radioaktive Präparate handeln muß. Infolgedessen spielt die Abschirmung von γ-Strahlern, zu welchen auch VAN DE GRAAFF-Generatoren und andere Beschleuniger zu rechnen sind, wahrscheinlich bald schon eine viel ausgedehntere Rolle als diejenige der Abschirmung von Reaktoren. Es war schon bemerkt worden, daß die Strahlung geladener Teilchen abzuschirmen viel leichter ist als die der γ- und n-Strahlung, weil erstere infolge ihrer intensiven Wechselwirkung mit der Materie sich sehr viel schneller „totlaufen".

Wie bereits gesagt wurde, reagiert γ-Strahlung in drei verschiedenen Arten mit der Materie, nämlich durch den Photoeffekt, durch den COMPTON-Effekt und durch Paarbildung. Nur beim *Photoeffekt*, also bei

---

[1] Wegen des Impulssatzes muß stets noch ein dritter Partner beteiligt sein: ein Atomkern oder ein Elektron.

[2] Schließlich wäre noch der Kernphotoeffekt zu erwähnen, also z. B. die Freisetzung von Neutronen durch γ-Strahlung, sog. (n, γ)-Prozesse.

der Herauslösung eines Elektrons aus einer Atomhülle, wird die gesamte Energie des γ-Quants verzehrt, sofern es sich um γ-Quanten kleiner Energie handelt. Mit zunehmender Energie nimmt die Wahrscheinlichkeit des Photoeffektes, mit anderen Worten also der Wirkungsquerschnitt der Atome der Materie für den Photoeffekt, schnell ab. Weiter gilt, daß, je größer das Atomgewicht der bestrahlten Materie ist, desto größer auch der Wirkungsquerschnitt bei gleicher γ-Energie für den Photoeffekt ist: Für Blei liegt z. B. die obere Energiegrenze für das Auftreten des Photoeffekts bei etwa 1 MeV, für Aluminium bereits dagegen bei 0,1 MeV. In Wirklichkeit tritt bei dem Photoeffekt noch eine weiche Röntgenstrahlung auf, die wir aber hier vernachlässigen.

Im Bereich von 0,5 bis 5 MeV tritt überwiegend der COMPTON-*Effekt* auf, nach seinem Entdecker benannt. Bis zum Beginn der Anwendung intensiver γ-Strahlung in der Technik spielte er nur eine Rolle in der physikalischen Forschung. Wie wir schon angedeutet haben, erscheint er, wenn die Energie des γ-Quants größer ist als die Summe der Elektronenaustrittsarbeit und der kinetischen Energie beim Photoeffekt. Man kann einem γ-Quant dieser Energie von mehr als 1 MeV bereits korpuskulare Eigenschaften gemäß Gln. (14) und (1) zuschreiben. Die Masse des Photons beträgt demnach $m = h \cdot \nu/c^2$. Da das Energieäquivalent der Masse eines Elektrons 0,51 MeV beträgt[1], haben γ-Quanten mit größerer Energie offenbar eine Masse, die größer ist als diejenige des Elektrons. Im COMPTON-Prozeß benimmt sich das γ-Quant wie eine Korpuskel und kann daher mittels eines elastischen Stoßes gegen Elektronen reflektiert werden[2]. Da das γ-Quant dabei Energie verliert, wird es mit niedrigerer Energie „weiterfliegen": Das bedeutet aber, daß seine Wellenlänge größer geworden ist. Praktisch kommt das darauf hinaus, daß das γ-Quant bei Energien über etwa 1 MeV nicht verschwindet, sondern ein γ-Quant geringerer Energie emittiert wird, die Strahlung also nicht vollständig absorbiert wird. Wie bereits gesagt, tritt der COMPTON - Effekt im Bereich zwischen 0,5 und 5 MeV auf. Der Wirkungsquerschnitt σ nimmt mit steigender Energie ab.

Bei noch höherer Energie tritt die *Paarbildung* in den Vordergrund, eine Erscheinung, die wir vorher bereits kurz beschrieben haben. Da das

---

[1] $m_e = 0,91 \cdot 10^{-27}$ g; da 1 g das Massenäquivalent der Energie von $5,61 \cdot 10^{26}$ MeV ist, ergibt sich für das Elektron das Energieäquivalent von 0,51 MeV. Derselbe Wert ergibt sich natürlich mittels Gl. (14).

[2] Man kann diesen Vorgang in erster Näherung durchaus klassisch-mechanisch als Stoß zwischen zwei frei beweglichen Kugeln behandeln und den Zusammenhang zwischen Streuwinkel und Energie aus Energie- und Impulssatz erschließen. Bei genauerer Behandlung muß man die Bindung der Elektronen berücksichtigen. Der uns hier interessierende Wirkungsquerschnitt ist nur quantenmechanisch zu berechnen.

Energieäquivalent der Ruhmassen von Positron und Elektron zusammen 1,02 MeV beträgt, ist das die Mindestenergie[1], die ein γ-Quant haben muß, um eine Paarbildung hervorrufen zu können. Mit steigender Energie steigt der Wirkungsquerschnitt für die Paarbildung an. Da das so entstandene Positron schnell wieder durch Vereinigung mit einem Elektron verschwindet, wobei das Massenäquivalent an Energie in Form zweier γ-Quanten von je 0,51 MeV wieder erscheint, wird auch bei dieser Reaktion die γ-Strahlung nicht absorbiert, sondern erscheint, wenn auch

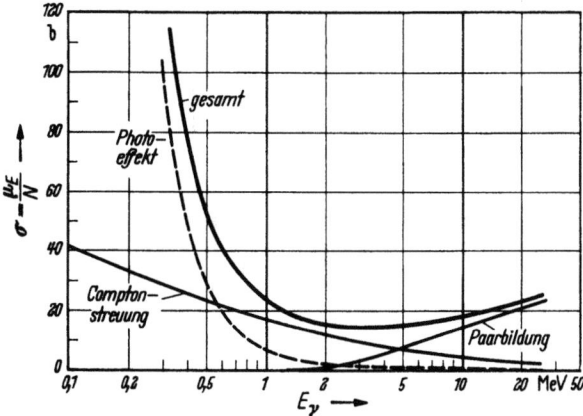

Abb. 99. Absorption von γ-Strahlen in *Blei* ($\mu_E = \sigma \cdot N$); Anteil der verschiedenen Effekte, abhängig von der Energie E der γ-Quanten (nach MURRAY)

mit geringerer Energie und im allgemeinen mit veränderter Richtung wieder.

Man sieht daraus, daß die Intensitätsminderung einer γ-Strahlung auf dem Wege durch die bestrahlte Materie von mehreren Prozessen abhängt und daß diese Prozesse eine ganz verschiedene Abhängigkeit des Wirkungsquerschnittes von der Energie der Strahlung haben. Da die Wirkungsquerschnitte für den Photo- und den COMPTON-Effekt mit steigender Energie abnehmen, derjenige für die Paarbildung aber zunimmt, ist zu erwarten, daß der Gesamtwirkungsquerschnitt für Reaktion von γ-Strahlen mit Materie ein Minimum haben wird, daß also in einem bestimmten Energiebereich die *Intensitätsminderung* der Strahlung *am kleinsten* sein wird. Dieser Bereich liegt z.B. für Blei etwa bei 3 MeV. Abb. 99 gibt den Verlauf, den wir eben beschrieben haben, für Blei wieder. Aus der Definition des Wirkungsquerschnittes ergibt sich, daß er ohne weiteres auch für die Berechnung der Reaktionen von γ-Quanten mit Materie anwendbar ist. Aus der Definition von σ folgt für

---

[1] Im Falle der Mitwirkung eines Atomkernes; im Falle der Elektronenmitwirkung ist der doppelte Energiebetrag erforderlich.

die Intensitätsänderung[1] $dI = -\Sigma I\,dx$, wobei x der in der Materie zurückgelegte Weg ist, und damit die bereits bekannte Gl. (30):

$$I = I_0 \cdot e^{-\sigma N x} \tag{30}$$

oder mit Hilfe von Gl. (31) in der Form

$$I = I_0 \cdot e^{-\Sigma x}. \tag{231}$$

Die mittlere freie Weglänge ergibt sich damit zu $\lambda = 1/\Sigma$. Weiter kann man damit schließlich diejenige Dicke eines Schirmes angeben, bei der die Strahlungsintensität auf die Hälfte, nämlich $x_2 = \dfrac{\ln 2}{\Sigma} = \dfrac{0{,}693}{\Sigma}$ und auf ein Zehntel, nämlich $x_{10} = \dfrac{2{,}303}{\Sigma}$ vermindert ist.

Man kann die Wirkung einer Abschirmung auch dadurch kennzeichnen, daß man den ,,*Massenabsorptionskoeffizienten*'' angibt, d. h. also, daß man den Wirkungsquerschnitt auf das Gewicht bezieht: $\mu/\varrho = \Sigma/\varrho$, wobei ϱ [g/cm³] die Dichte des Materials ist. Daraus ergibt sich eine für technische Zwecke bequeme Faustregel. Da im mittleren Energiebereich der γ-Strahlung von etwa 1 bis 5 MeV der COMPTON-Effekt überwiegt und da die Schwächung durch den COMPTON-Effekt von der Zahl der in der durchstrahlten Materie vorhandenen Elektronen je Volumeinheit abhängt, also von der Zahl N der Atome im Kubikzentimeter, multipliziert mit der Zahl Z der Elektronen je Atom, d. h. von $N \cdot Z$, und da weiterhin allgemein $Z/A \approx 0{,}5$ ist, ergibt sich, daß μ/ϱ nahezu konstant ist, weil ja der γ-Wirkungsquerschnitt von Z abhängt und nicht von A. Infolgedessen gilt in diesem Bereich die Regel, *daß verschiedene Stoffe dieselbe Schirmwirkung haben, wenn die angewendeten Gewichtsmengen gleich sind.*

Ganz allgemein ergibt sich, daß leichte Elemente infolge des schwachen Photoeffekts im technisch wichtigen Bereich zwischen 0,1 und 10 MeV schlechte Schirmstoffe gegen γ-Strahlung sind. Hierher gehören in erster Linie Wasserstoff (ein wichtiger Bestandteil im Schirmmaterial zur Neutronenabschirmung, wie wir schon gesehen hatten!), Kohlenstoff (Graphit!), Kieselsäure und Aluminium.

Bisher sind wir nur von der Vorstellung eines geschlossenen γ-Strahles ausgegangen und haben dabei die Streustrahlung, also die vornehmlich bei dem COMPTON-Effekt und der Paarbildung entstehenden, in anderer als der ursprünglichen Strahlungsrichtung verlaufenden γ-Emissionen vernachlässigt, d. h., wir haben so getan, als ob ein aus der Strahlrichtung herausgestreutes Quant auch wirklich verschwunden ist. Tatsächlich ist das ja aber nicht der Fall: Es ist nur aus dem betrachteten

---

[1] In diesem Ansatz steckt die Voraussetzung, daß bis zum Wechselwirkungsakt die Quanteneigenschaften (Energie, Impuls) unverändert bleiben und nachher (das setzten wir bei den Kernreaktionen, bei denen σ eingeführt wurde, voraus) die Quanten ausscheiden, also Streustrahlung nicht mitbeobachtet werden darf (,,ideale Geometrie'': schmales Strahlenbündel; kleiner Strahlungsempfänger).

Strahlbündel verschwunden, befindet sich aber noch als wirksames γ-Quant in der Umgebung, z. B. in dem dem Strahl benachbarten Gebiet, wo es nun für ein benachbart gedachtes Strahlbündel als *zusätzliche* Strahlungsenergie auftaucht. Die Berechnung dieser Vorgänge der Streuung stellt extrem große Ansprüche, so daß darauf einzugehen hier zu weit führen würde. Es ist gebräuchlich, die Streustrahlung vorwiegend aus dem COMPTON - Effekt durch einen Korrekturfaktor („build up") B zu berücksichtigen und das Exponentialgesetz aus Gl. (231) damit in der Form

$$I = B \cdot I_0 \cdot e^{-\Sigma x} = \Sigma \cdot x I_0 \cdot e^{-\Sigma x} \qquad (232)$$

zu schreiben, womit also $B = \Sigma \cdot x$ wäre[1]. In einer dicken Wasserabschirmung wie in Wasserbadreaktoren (Swimming Pool) wird im Bereich von 2 MeV $B \approx 3$ gesetzt. Das bedeutet also, daß in diesem Falle die Abschirmwirkung durch die Streustrahlung *wesentlich vermindert* wird. Für Bleiabschirmungen hingegen im Bereich von 1 MeV kann $B \approx 1$ eingesetzt werden.

Ein weiterer Faktor, der die Intensität einer Strahlung vermindert, ist das einfache, aus der Optik bekannte *Entfernungsgesetz*, wonach sich die durch die Flächeneinheit einer um eine punktförmige Strahlungsquelle gelegten Kugel mit dem Radius R strömende Energie mit dem Quadrat des Abstandes R vermindert, die Energiestromdichte J also umgekehrt proportional dem Quadrate des Radius ist:

$$J = \frac{S}{4\pi R^2}, \qquad (233)$$

worin $S = J \cdot 4\pi r^2$ (Photonen/sek) die Quellstärke der Strahlungsquelle darstellt. Gl. (233) lehrt sofort, daß überall da, wo genügend Platz vorhanden ist, *die Einhaltung eines möglichst großen Abstandes von einer Strahlungsquelle der sicherste und billigste Schutz ist.* Es liegt nun nahe, Gl. (233) mit Gl. (231) zu kombinieren, um so die Abnahme der Intensität durch die Wirkung der Absorption und durch das Entfernungsgesetz zu verbinden und so die Gesamtschwächung der Strahlung zu erhalten, wobei wir den Korrekturfaktor B in Gl. (232) der Einfachheit halber vernachlässigen. Damit ergibt sich

$$I = \frac{S}{4\pi R^2} \cdot e^{-\Sigma R}. \qquad (234)$$

Diese Gleichung ist die Grundlage der Berechnung von Abschirmungen, wobei bei endlichen Strahlungsquellen über die Ausdehnung der Quelle

---

[1] Nach STEPHENSON [1], S. 185 gilt Gl. (232) bzw. $B = \Sigma x$ nur unter einschränkenden Bedingungen (Energie von einigen MeV, großer Schwächung und starkem Photoeffekt). Offen bleibt, ob Gl. (232) nicht stets gelten kann, nur ist natürlich allgemein $B \neq \Sigma x$, denn B hängt (vgl. [1]) von E_γ, I, Σ, $d\Sigma/dE_\gamma$ und der Art des Nachweisgerätes ab.

zu integrieren ist. Für praktische Zwecke genügt jedoch diese Formel, wenn die Quelle selbst keine nennenswerten absorbierenden Bestandteile enthält und wenn der Abstand des Punktes, dessen Bestrahlung — also die Dosis, die er erhält — bestimmt werden soll, wenigstens doppelt so groß ist wie die Ausdehnung der Strahlenquelle selbst [1]. Für exakte Berechnungen müssen jedoch die Abmessungen der Quelle und ihrer Absorption unter Einbeziehung der Streuung berücksichtigt werden. Wir verzichten aber hier auf die Ableitung im einzelnen und weisen auf STEPHENSON [1] hin, wo man eine Zusammenstellung der wichtigsten Formeln für verschiedene Geometrien der Strahlungsquelle findet. Es soll hier nur noch auf eine u. U. wichtige Erscheinung bei der Berechnung von γ-Quellen hin-

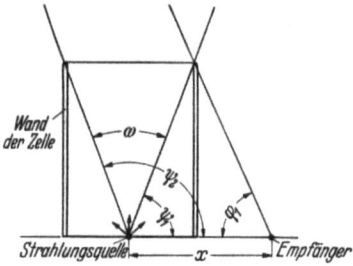

Abb. 100. Zur Streustrahlung einer Strahlungsquelle in einer Schutzzelle (nach STEPHENSON)

gewiesen werden. In vielen Fällen werden starke γ-Quellen hinter Schutzwänden benutzt, die den damit Arbeitenden vor *unmittelbarer* Bestrahlung schützen. Wenn eine solche Schutzwand nach oben geöffnet ist, so tritt aber die Strahlung dort ungehindert aus. Sie kann jetzt an der Luft oder an der Decke des Raumes gestreut werden, so daß *diese Streustrahlung außerhalb der Abschirmung wirksam wird.*

Wir verzichten auf die ausführliche Ableitung und begnügen uns damit, die Beziehung für die Streuung nach STEPHENSON [1] hinzuschreiben, wobei Abb. 100 die angewendeten Bezeichnungen erläutert:

$$\varphi = N \frac{S}{4\pi x} \cdot \omega \frac{d\sigma}{d\Omega} \cdot (\Psi_2 - \Psi_1)\left(\pi - \frac{\Psi_2}{2} - \frac{\Psi_1}{2} - \varphi_1\right). \qquad (235)$$

Mit der Zahl der Elektronen in Luft bei Normalumständen $N = 3{,}6 \cdot 10^{20}$ ergibt sich die Dosisleistung auf den die Apparatur bedienenden Menschen, wenn in einer Schutzzelle von 3 m Höhe und 1,2 m lichter Weite eine Co-60-Quelle von $C = 10$ c mit 2 γ-Quanten je Zerfallsakt untergebracht ist, eine Quellstärke von $S = 2 \cdot 10 \cdot 3{,}7 \cdot 10^{10} = 7{,}4 \cdot 10^{11}$ Photonen/sek und mit einer durchschnittlichen Energie der Quanten von 1,25 MeV eine Intensität in einem Abstand von $x = 1{,}5$ m mit $\omega = \pi$ die Intensität

$$\varphi = \frac{3{,}6 \cdot 10^{20} \cdot 7{,}4 \cdot 10^{11} \cdot \pi \cdot 0{,}72 \cdot 10^{-26} \cdot 0{,}396 \cdot 0{,}29}{4\pi \cdot 150} = 360 \left[\frac{\text{Photonen}}{\text{cm}^2 \cdot \text{sek}}\right].$$

Die Umrechnung ergibt mit einem Streuwinkel von $\Theta = \psi + \varphi = 135°$ für das Verhältnis der Energien des Photons vor und nach der COMPTON-Streuung $P = E/E_0$

nach Abb. 101 den Wert von $P = 0{,}18$. Damit erhält man mit dem Umrechnungsfaktor $1{,}86 \cdot 10^{-3} \cdot$ die Dosisleistung

$$A = 1{,}86 \cdot 10^{-3} \cdot 0{,}18 \cdot 1{,}25 \cdot 360 = 0{,}15 \text{ mr/h}.$$

Wenn die Apparatur hingegen in einem Raum aufgestellt wird, dessen Decke 1,5 m

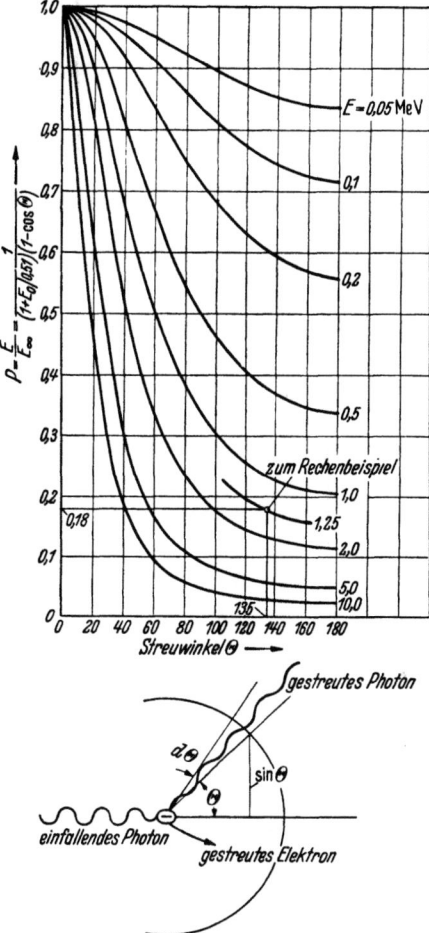

Abb. 101. Zur Entstehung von γ-Streustrahlung durch den COMPTON-Effekt bei Abschirmung einer γ-Quelle (nach STEPHENSON)

über der Oberkante der Zelle liegt, wird die Dosisleistung an dem gleichen Punkt durch COMPTON-Strahlung *wesentlich größer*. Wir verzichten hier auf die Wiedergabe der umständlichen Berechnung [1] und führen nur das Ergebnis $A = 0{,}7$ mr/h an. Da die tägliche Toleranzdosis 0,1 r beträgt[1], darf bei 8stündiger Arbeitszeit die Dosisleistung nur 0,75 mr/h betragen[2]. Dieser höchstzulässige Wert wird also bei

---

[1] Vgl. hierzu S. 242.
[2] Hierbei rechnet STEPHENSON [1] nach einer anderen Formel (Streuung an einer dicken Platte).

einer solchen Einrichtung bereits erreicht! *Man sieht, daß es notwendig ist, solche Einflüsse streng zu beachten!*

Wir wenden uns nunmehr der Abschirmung der Neutronenstrahlung zu. Ihre Berechnung ist noch komplizierter als diejenige der γ-Strahlung. Infolgedessen werden wir uns hier ebenfalls nur auf die wichtigsten kennzeichnenden Grundzüge beschränken.

Die Abschirmung von Neutronen kann sich nur auf die Möglichkeit stützen, Neutronen zu absorbieren. Damit ist das Grundprinzip einer Abschirmung gekennzeichnet. Nun wissen wir aber bereits, daß schnelle Neutronen kaum absorbiert werden, weil die Absorptionswirkungsquerschnitte praktisch aller Elemente für hohe Neutronenenergien außerordentlich klein sind und praktisch gegen Null streben. Infolgedessen läuft die Aufgabe, Neutronen abzuschirmen, auf die Aufgabe hinaus, die schnellen Neutronen zunächst so weit abzubremsen, daß ihre Energie in eine Größenordnung kommt, wo die Absorptionsquerschnitte der Abschirmstoffe hinreichend groß werden. Schnelle Neutronen als solche lassen sich praktisch also nicht abschirmen, was deswegen besonders beachtet werden muß, weil gerade schnelle Neutronen im menschlichen Körper, der infolge seines hohen Wassergehaltes stark moderierend wirkt, sehr stark wirken (RBW = 10!). Die Abbremsung kann nur durch elastische oder durch unelastische Stöße erfolgen. Während beim elastischen Stoß nur kinetische Energie mit dem gestoßenen, dem *„Rückstoßkern"* ausgetauscht wird, wird beim unelastischen Stoß ein Teil der Bewegungsenergie des Neutrons in Kernanregungsenergie und damit in *γ-Strahlung* umgewandelt. Infolgedessen ist der Energieverlust je Stoß groß, weil das Neutron nicht nur kinetische Energie an den Rückstoßkern abgibt, sondern auch noch das Energieäquivalent der aus dem Rückstoßkern emittierten γ-Energie verliert. Leider entstehen aber dadurch auf diese Weise γ-Strahlen im Schirm, und zwar solche von meist recht hoher Energie, die auch wieder abgeschirmt werden müssen.

Sobald die Neutronen durch elastische oder unelastische Stöße Energie verloren haben und in den Bereich großer Absorptionsquerschnitte gekommen sind, werden sie nahezu sofort absorbiert, d.h., sobald die Neutronen einmal thermisch geworden sind, können sie praktisch als bereits abgeschirmt angesehen werden. Damit wird verständlich, warum gerade leichte Stoffe und vor allem Wasserstoff so wichtig als Schirmmaterial sind: Sie bieten die Aussicht, die Abbremsung sehr schnell durchzuführen. Die anschließende Absorption ist von untergeordneter Bedeutung. Infolgedessen ist es nutzlos, noch etwa besondere Neutronenabsorber wie Bor oder Cadmium zu verwenden, denn auch diese Stoffe können erst auf thermisch gewordene Neutronen wirken.

Mit der Absorption nun sind zwar die Neutronen beseitigt. Leider aber ist damit noch nicht die Aufgabe gelöst: Ganz grundsätzlich nämlich kann man sagen, daß jede Neutronenabsorption von der Ausstrahlung von Energie in irgendeiner Form begleitet ist. Der ein Neutron absorbierende Kern wandelt sich natürlich um. Ist der neue Kern stabil, wird also das Neutron angelagert, so strahlt er die freiwerdende Bindungsenergie (im Mittel 8 MeV, vgl. S. 56) als γ-Quant aus. Andernfalls wandelt auch er sich unter Emission von Teilchen um, deren Energie von der Reaktionsart abhängt. Die so entstehende Strahlung muß also ebenfalls absorbiert werden, um sie abzuschirmen. Nach dem früher Gesagten gelingt das um so leichter, je stärker die Absorbierbarkeit der ausgesendeten Strahlung ist. Infolgedessen wird es nicht gleichgültig sein, ob bei dem Absorptionsakt ein γ-Quant mit der ganzen Energie von

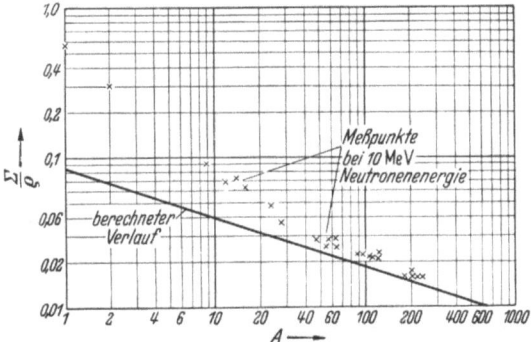

Abb. 102. Spezifische Schirmwirkung von Schirmstoffen, auf das Gewicht bezogen, als Funktion der Massenzahl A (nach STEPHENSON)

8 MeV oder mehrere mit mittlerer Energie, also „weiche" γ-Strahlen zusammen mit leicht absorbierbaren Korpuskeln wie α- oder β-Teilchen emittiert werden, welch letztere ja infolge ihrer starken Wechselwirkung besonders leicht unschädlich gemacht werden können. Wasserstoff nimmt auch in dieser Hinsicht eine verhältnismäßig günstige Stellung ein, weil er neben seinem Vorzug, Neutronen schnell zu bremsen, beim Absorptionsakt eine relativ weiche Strahlung mit etwa 2 MeV emittiert. Abb. 102 stellt die Schirmwirkung der Elemente in Abhängigkeit von der Massenzahl A für Neutronen dar. Auf einen anderen Effekt muß noch hingewiesen werden. Da es am leichtesten ist, Strahlung geringer Energie, also weiche Strahlung, abzuschirmen, ist ohne weiteres einzusehen, daß mit zunehmender Schirmdicke der Anteil der harten, also energiereichen Strahlung an der gesamten, den Schirm durchdringenden Strahlung immer mehr zunimmt. Man nennt diesen Effekt „*Strahlenhärtung*". Für die Bemessung einer wirksamen Abschirmung ist letzten Endes dieser Anteil, also die harte, durchdringungsfähige Strahlung entscheidend. Schließlich sei noch auf die Entstehung von schnellen Neutronen im Schild durch (γ-, n-) Reaktionen hingewiesen, mit denen ebenfalls gerechnet werden muß.

22. Reaktorabschirmung

Während die Abschirmung von γ-Strahlung jetzt schon einen weiten Raum in Technik und Wissenschaft einnimmt und in zunehmendem Maße einnehmen wird, ist die Abschirmung hoher Neutronenintensitäten einstweilen auf die Reaktortechnik beschränkt. Die Schwierigkeit hierbei ist nun besonders groß deswegen, weil, wie wir bereits gesehen hatten, γ- und n-Strahlung mit ihren z.T. sich völlig widersprechenden Anforderungen[1] an die Schirmeigenschaften abgeschirmt werden müssen. Im Reaktor werden im Ablauf der Spaltreaktion und ihrer Folgeerscheinungen sehr verschiedene Strahlungen frei (n, γ, α, β), die ihrerseits wieder durch Kernreaktionen, z. B. (n, γ), (n, p), oder sonstige Wechselwirkungen, z. B. γ-Strahlung durch Elektronenbremsung („Brems"-Strahlung), andere Strahlung hervorrufen können. Bezüglich der *Abschirmung* interessiert aber nur die durchdringende γ- und n-Strahlung. Das sind:

1. Prompte Neutronen, 2. Verzögerte Neutronen: schnelle Neutronen; 3. Photoneutronen, die im Schirmmaterial entstehen; 4. Prompte γ-Strahlung aus dem Spaltungsakt selbst; 5. γ-Strahlung der Spaltprodukte; 6. γ-Strahlung des Spaltstoffes; 7. γ-Strahlung von Absorptionsprozessen in umwandelbarem Material, wie z.B. U-238; 8. γ-Strahlung aus Neutronenabsorptionen im Moderator, im Kühlmittel usw.; 9. γ-Strahlung aus Vernichtungsstrahlung (Vereinigung von Positron und Elektron); 10. γ-Strahlung aus unelastischer Streuung von Neutronen; 11. γ-Strahlung aus Neutronenabsorptionen im Schirmmaterial; 12. γ-Strahlung aus Elektronenbremsung.

Von dieser Reihe ist praktisch nur der Bilanzposten 9. zu vernachlässigen, weil die Energie der bei der Zerstrahlung eines Positron-Elektron-Paares entstehenden γ-Quanten mit 0,51 MeV verhältnismäßig gering ist. Alle anderen müssen in einer exakten Berechnung berücksichtigt werden. Wenn man diese Reihe ansieht, bedarf es keiner besonderen Erläuterung, daß die effektive Durchrechnung einer Abschirmung sehr schwierig und mühsam ist.

Es wäre nun naheliegend, den Versuch zu machen, die Aufgabe dadurch zu lösen, daß man zwei Abschirmschichten hintereinander anbringt: Eine Schicht aus leichten Stoffen für die Neutronenabschirmung und eine andere aus schweren Elementen für die γ-Abschirmung. Indessen würde das nicht zum Ziel führen:

Denken wir uns zunächst den γ-Schirm innen und den Neutronenschirm außen. Dann würde zwar die aus dem Reaktor stammende γ-Strahlung abgeschirmt werden. Im Neutronenschirm würde ja aber

---

[1] Also *hohe* Kernladungszahl für γ-Absorption, *niedrige* dagegen für Neutronenabsorption.

aus den im vorigen Abschnitt erörterten Gründen wieder eine — z.T. sehr durchdringende, energiereiche — γ-Strahlung erzeugt werden, die nun frei und ungehindert austreten könnte, weil ja im außenliegenden Neutronenschirm, der aus leichten Elementen bestehen müßte, keine nennenswerte Schwächung der γ-Strahlung mehr eintreten würde[1]. Aber auch wenn man es umgekehrt macht, also den Neutronenschirm nach innen und den γ-Schirm nach außen legte, würde es nicht gehen. Durch (γ, n)-Reaktionen werden durch γ-Strahlen hoher Energie Neutronen (Photoneutronen) erzeugt, die nun leicht durch den zwar γ-Strahlen, aber nicht Neutronen absorbierenden äußeren Schirm aus schweren Elementen hindurchtreten könnten. Infolgedessen führt *nur eine geeignete Mischung* aus schweren und leichten Elementen zum Ziel: Für die Neutronenabsorption benötigt man *leichte* Elemente zur Bremsung, die zugleich — möglichst ohne Emission von *harten* γ-Strahlen — diese gebremsten Neutronen stark absorbieren. Günstig sind Lithium und Bor.

Für die γ-Absorption hingegen muß man *schwere* Elemente verwenden, die möglichst kleine Wirkungsquerschnitte für (γ, n)-Reaktionen haben, z. B. Barium. Für die praktische Ausführung sind drei Gesichtspunkte maßgebend:

1. Rohstoffpreis und die Kosten der Herstellung des Schirmes;
2. Raumbedarf der Abschirmung; 3. Gewicht der Abschirmung.

Für stationäre Reaktoren sind die beiden letzten Punkte von untergeordneter Bedeutung, weil der Raumbedarf stets befriedigt werden kann und das Gewicht keine Rolle spielt. Die Kosten hingegen sind dabei das ausschlaggebende. Infolgedessen wird die Betonabschirmung die günstigste sein, der man gegebenenfalls, wie bereits erwähnt, schwere Elemente in Form z. B. von Eisenerz oder Schwerspat zugeben kann.

Der Wassergehalt des Betons ist und bleibt ein sehr wichtiger Punkt bei der Herstellung eines Reaktorschirmes. Infolgedessen wird man versuchen, Stoffe hinzuzufügen, die die Wasserbindung verbessern. Das wird nicht immer einfach sein, weil dadurch u. U. die Bindefähigkeit des Zementes oder die Festigkeit des fertigen Betons beeinträchtigt werden könnte. Auch die Zuschlagstoffe haben u. U. einen Einfluß auf die Bindefähigkeit und Festigkeit, so daß sorgfältige Versuche notwendig sind, bevor man sich für eine bestimmte Mischung entschließt. Jedenfalls können kernphysikalische Erwägungen allein nicht ausreichen, um eine optimale Zusammensetzung des Schirmes festzusetzen.

---

[1] Zum Beispiel wäre der Versuch, Menschen durch eine Schutzkleidung aus stark neutronenabsorbierendem Material, z. B. aus einem Cadmiumüberzug auf dem Schutzanzug, gegen Neutronenstrahlung zu schützen, *lebensgefährlich:* Die dabei entstehende starke γ-Strahlung würde aus dem Schutzanzug unmittelbar ohne nennenswerte Schwächung in den menschlichen Körper eintreten!

Für ortsbewegliche Anlagen, also Antriebsaggregate von Schiffen oder Flugzeugen, spielen die beiden letzten Punkte die maßgebende Rolle.

Letzten Endes entscheidet bis heute noch nur das Experiment über die geeignete Form und Zusammensetzung von Reaktorabschirmungen, unterstützt durch die Erfahrung, soweit man von einer solchen heute schon sprechen kann. Zuverlässige Berechnungsgrundlagen für die Anwendung durch den Ingenieur existieren bis heute jedenfalls nicht.

VII. Meß- und Regelungstechnik

Die wichtigste Meßaufgabe im Reaktorbetrieb, die zugleich die Voraussetzung für die Regelung darstellt, ist die Bestimmung des für die Reaktorleistung maßgebenden Neutronenflusses Φ. Dazu ist es erforderlich, geeignete Zähleinrichtungen für Neutronen zu schaffen. Nun sind Zähleinrichtungen für *geladene* Teilchen seit langem bekannt. Der *Spitzenzähler* und das GEIGER-MÜLLER-*Zählrohr* sind ja in unseren Tagen so bekanntgeworden, daß jeder Laie bereits eine mehr oder weniger deutliche Vorstellung damit verbindet. Da, wie wir gesehen haben, Neutronen und Photonen *nur indirekt* wirken, müssen also Einrichtungen geschaffen werden, die auf geeigneten Umwegen über die Wirkung geladener Teilchen auf die Zahl der ungeladenen Teilchen schließen lassen, die mit anderen Worten also die Anwendung der Zähleinrichtungen für ungeladene Teilchen gestatten. Über die Reaktortechnik hinaus haben aber diese Zähleinrichtungen eine so weitreichende Bedeutung in der Technik durch die zunehmende Anwendung radioaktiver Stoffe gewonnen, daß sie auch aus diesem Grunde hier behandelt werden müssen.

23. Teilchenzählung

Wie schon einleitend gesagt, ist die Bestimmung des Neutronenflusses die wichtigste meßtechnische Aufgabe im Reaktorbetrieb. Die *Zählung*, d.h. der Nachweis der *einzelnen Teilchen* (beim Reaktor also der Neutronen) und ihre Summation, stellt die *höchstempfindliche* Flußmessung dar. Sie ist hier — im Gegensatz zu anderen Bereichen der Meßtechnik — wegen der hohen Energie der Kernstrahlen möglich[1]. Der Nachweis ist bei geladenen Teilchen ziemlich einfach, indem man ihre ionisierende Wirkung mißt: Ein geladenes Teilchen, also z.B. ein α-Teilchen oder ein Elektron, ruft beim Durchgang durch Materie eine

---

[1] Die *Zählung* ist bei den relativ hohen Neutronenflüssen und ihren relativ großen zeitlichen Änderungen im Reaktor zwar vorteilhaft, aber an sich nicht nötig. Sie wird aber *unumgänglich* bei vielen anderen Meßaufgaben.

Ionisation der Materieteilchen hervor, wie Abb. 98 schematisch zeigte. Die Aufgabe läuft also letzten Endes darauf hinaus, die *Dosisleistung* einer Strahlung zu messen. Die Ionisierungsarbeit in Luft für ein Ionenpaar — es muß immer ein Paar sein, weil man niemals eine Ladung *eines Vorzeichens allein* erzeugen, sondern stets nur gleich große Ladungen entgegengesetzten Vorzeichens voneinander trennen kann — beträgt etwa 30 eV. Ein Teilchen, welches eine Energie von mindestens 30 eV hat, wird also in der Lage sein, ein Ionenpaar zu erzeugen[1]. Liegt seine Energie höher, wird die Anzahl der Ionenpaare entsprechend größer sein. Da Ionen eine elektrische Ladung tragen, werden sie sich in einem elektrischen Felde bewegen, und zwar je nach ihrer Polarität zu der Elektrode mit dem entgegengesetzten Vorzeichen. Dabei werden sie ihre elektrische Ladung, wenn sie die Elektrode schließlich erreicht haben, an diese abgeben. Es wird also ein elektrischer Strom fließen[2]. Ein Ion kann nur ganze Vielfache der Elementarladung tragen, weil seine Ionisierung ja auf der Entfernung oder Hinzufügung eines Elektrons von oder zu der Atomhülle beruht. Meist werden nur einfach geladene Ionen auftreten, und zwar vorzugsweise positive Ionen, d.h. solche, deren Atomhülle ein Elektron entrissen worden ist. Da diese Elementarladung sehr klein ist, nämlich nur $e = 1{,}602 \cdot 10^{-19}$ Coulomb $= 1{,}602 \cdot 10^{-19}$ Amperesekunden, eine Stromstärke von nur $1\,\mu A = 10^{-6}$ A aber bereits einen Ladungstransport von $10^{-6}/(1{,}602 \cdot 10^{-19}) = 6 \cdot 10^{12}$ Ionen je Sekunde erfordert, ist es technisch nicht möglich, einzelne Ionen durch Strommessung festzustellen. Da mit einem sehr guten Spiegelgalvanometer noch Ströme von etwa $3 \cdot 10^{-12}$ A meßbar sind, könnte mit einem solchen noch der Ladungstransport von $2 \cdot 10^7$ Ionen je Sekunde nachgewiesen werden. Mit noch empfindlicheren Instrumenten kann man noch die Ladung messen, die etliche 10^4 Ionen transportieren. Das ist diejenige Menge, die etwa von einem Teilchen mit einer Energie von etwa 1 MeV Anfangsenergie erzeugt wird, wenn es seine gesamte kinetische Energie zur Erzeugung von Ionen aufbraucht. Es sind also tatsächlich geladene Kernteilchen mit nicht zu kleiner Energie gerade noch *einzeln* nachweisbar! Nun werden aber im allgemeinen die Korpuskeln einen Teil ihrer Energie in anderen Wechselwirkungsakten (Anregung u.a.) verlieren, bevor sie in das Nachweisgerät (Zählrohr) eintreten, oder sie werden oft auch gar nicht vollständig im Meßvolumen absorbiert werden. Deshalb ist nicht nur für energiearme Korpuskeln eine *Steigerung der Nachweisempfindlichkeit* notwendig. Dazu beschreitet man zwei Wege: Man sorgt entweder dafür, daß die Zahl der primär erzeugten Elektronen und Ionen sich selbst vermehrt, indem sie ihrerseits durch *Stoßionisation*

---
[1] Vgl. hierzu S. 240.
[2] Dabei ist allerdings vorausgesetzt, daß die Elektroden leitend — über einen Strommesser z. B. — miteinander verbunden sind.

weitere Ionen und Elektronen[1] erzeugen, so daß eine „Ionenlawine" entsteht: man nennt das „*Gasverstärkung*"; oder man wendet die Hilfsmittel der modernen Elektronik an, um die ursprünglich schwachen Ionisationsströme zu verstärken. Im allgemeinen verwendet man beide Methoden. Eine weitere bedeutsame Möglichkeit der Teilchenzählung, die in den letzten Jahren erst aus einem seit langem bekannten physikalischen „Effekt"[2] entwickelt worden ist, ist der „*Elektronenvervielfacher*" [genauer: Photo-Sekundär-Elektronen-Verstärker („photo-multiplier")], den wir hier ebenfalls zu besprechen haben werden. Wir müssen uns jedoch auf einen allgemeinen Überblick beschränken. Die Technik der Teilchenzählung und die zahlreichen bei ihr auftretenden Einzelprobleme würden den Rahmen dieses Buches erheblich überschreiten. Wer sich eingehender mit der Zähltechnik beschäftigen will, muß auf die Speziallitetratur [57] zurückgreifen.

a) Proportionalzähler

Unter einem *Proportionalzähler* versteht man ein Zählrohr, welches mit proportionaler Gasverstärkung arbeitet. Der erzeugte Ionisationsstrom und damit die gemessene Impulsgröße, also der Strom- und Spannungsstoß im Meßinstrument, sind daher proportional zur Energie des

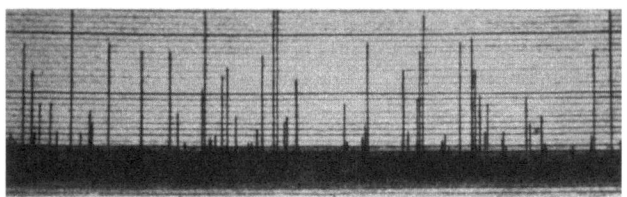

Abb. 103. Zähldiagramm eines ionisierenden Strahles (nach HANLE)

in das Zählrohr eintretenden Teilchens. Eine schriftliche Aufzeichnung der Messung eines Korpuskularstrahles würde also, wie Abb. 103 zeigt, im „*Proportionalbereich*" die Anzahl der Teilchen als *Anzahl der Ausschläge* des Meßinstrumentes während einer bestimmten, auf der Horizontalachse aufgetragenen Zeit angeben. Die Energie der Teilchen dagegen würde dann, wie die Abbildung zeigt, durch die *Höhe der Ausschläge* dargestellt werden. Mit anderen Worten: Von einem Proportionalzähler muß gefordert werden, daß der durch das eintretende Teilchen erzeugte

---

[1] Es handelt sich dabei stets um Ionisation in *Gasen*! In Festkörpern und Flüssigkeiten sind die Vorgänge verwickelter.

[2] Die Physiker pflegten früher alle überraschenden Naturerscheinungen, die sie bei ihren Experimenten mehr oder weniger zufällig entdeckten, ohne sie sofort exakt deuten zu können, „*Effekt*" zu nennen und sie oft nach ihrem Entdecker zu bezeichnen: „COMPTON-Effekt", „HALLWACHS-Effekt" usw.

Ionisationsstrom der Eintrittsenergie dieses Teilchens proportional sein muß.

Die Grundform eines Zählrohres ist die *Ionisationskammer*[1]. Sie verwirklicht die Lösung der gestellten Aufgabe in folgender Weise: Durch zwei Platten, wie Abb. 104 schematisch zeigt, wird mittels einer angelegten Gleichspannung ein elektrisches Feld erzeugt, in dem die obere Elektrode mit dem negativen Pol einer Gleichstromquelle verbunden, die andere, der sog. Kollektor, über einen Widerstand R geerdet wird. Wenn nun ein geladenes Teilchen durch dieses Feld hindurchfliegt, wird es auf die Atome des zwischen den Platten befindlichen Gases treffen und einige davon längs seiner Bahn ionisieren. Im allgemeinen wird das so vor sich gehen, daß vom getroffenen Atom einzelne Elektronen der äußeren Hülle abgesprengt werden, so daß positiv geladene Atome, also positive Ionen entstehen und die abgestreiften Elektronen als negative Ladungsträger wirken: Je ein positives Ion und ein negatives Elektron bilden also ein Ionenpaar. Die positiven Ionen und die Elektronen werden nun zu der Elektrode mit dem entgegengesetzten Vorzeichen wandern, die Ionen also zur negativen Elektrode und die Elektronen zur positiven (geerdeten) Elektrode. Es entsteht ein Spannungsimpuls, der sich über den Widerstand R ausgleicht.

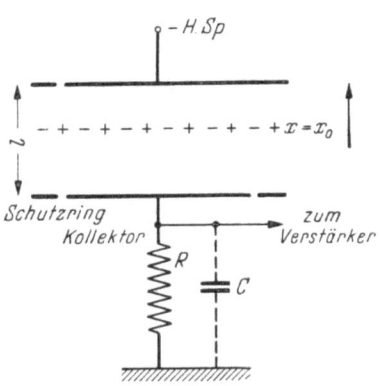

Abb. 104. Schema einer Ionisationskammer (nach FÜNFER, NEUERT [57])

Der Impuls wird um so stärker, der Ausschlag des Meßinstrumentes also um so größer sein, je mehr Ionen entstehen, d.h. also je größer die Anfangsenergie des Teilchens, das in die Kammer eingetreten ist, war. Wenn nämlich das Teilchen n Ionenpaare, also n positive und n negative Elektronen gebildet hat und diese die Elektroden erreicht haben, entsteht zwischen Kollektor und Erde ein Spannungsimpuls $U = n \cdot e/C$ [Volt], wenn e die Elementarladung und C die Kapazität des durch den Kollektor gegen Erde gebildeten Kondensators ist. Der ganze Vorgang spielt sich im Bruchteil einer Sekunde ab. Da die Elektronen sich wegen ihrer viel kleineren Masse erheblich schneller als die schweren ionisierten Atome bewegen, wird der Impuls zunächst sehr schnell, dann, mit Eintreffen der langsameren Ionen, allmählich langsamer

---

[1] Sie wird auch heute noch verwendet, weil sie gut für eine integrierende Energie- und Flußmessung und andere Meßaufgaben (Dosismessung, Nachweis schwerer Teilchen in Gegenwart von leichten) geeignet ist. Schließlich arbeitet jedes Zählrohr bei niedriger Spannung wie eine Ionisationskammer.

ansteigen. Bei Atmosphärendruck des Gases (meist Argon) in der Ionisationskammer und einer Kammertiefe von etwa 1 cm wird bei einer Spannung von etwa 1000 V an den Elektroden der erste Anstieg durch die Elektronen etwa 10^{-6} sek, dagegen der Anstieg bis zur endgültigen Höhe durch die Ionen, d.h. bis zu dem der Energie des eingeschossenen Teilchens und damit der Primärionisation entsprechenden Wert etwa $5 \cdot 10^{-4}$ sek dauern. Wie wir schon überschlagen hatten, ist die Anzahl der entstehenden Ionen relativ klein, wenn man den durch sie verursachten Ladungstransport mit der Empfindlichkeit unserer Meßinstrumente vergleicht. Das „Zählrohr" behebt diesen Mangel da-

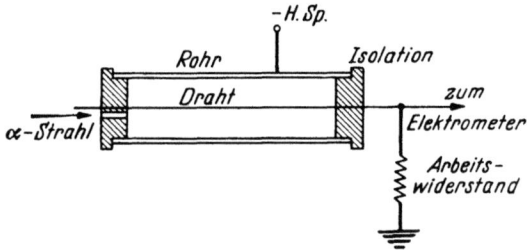

Abb. 105. Schema eines Zählrohres (nach FÜNFER/NEUERT)

durch, daß es eine „*Gasverstärkung*", wie wir sie schon erwähnt hatten, ermöglicht, und zwar *ohne* Steigerung der Spannung[1].

An Stelle der ebenen oder zylindrischen Sammelelektrode der Ionisationskammer wird ein *dünner Draht* verwendet, der koaxial von der anderen Elektrode umschlossen wird, wie es schematisch in Abb. 105 dargestellt ist. Im Prinzip ist alles unverändert gegenüber der Ionisationskammer. Aber die veränderte Ausführung der Elektroden hat eine besondere Wirkung: Die Feldstärke steigt beim Zählrohr gegen den Draht hin an, weil, wie die Abb. ohne weiteres erkennen läßt, die Potentiallinien zum Draht hin dichter werden[2]. Infolgedessen werden die durch ein eingestrahltes Teilchen entstehenden Elektronen — also die negativen Ladungsträger der entstehenden Ionenpaare — mit steigender Geschwindigkeit zum Draht wandern. Ihre Energie wird dadurch ansteigen[3], weil sie ja beschleunigt werden und schließlich so weit an-

---

[1] Grundsätzlich kann man durch Spannungserhöhung auch in der Ionisationskammer eine Gasverstärkung erzielen. Das führt aber alsbald auf Isolations- und Handhabungsschwierigkeiten. Beim Zählrohr erreicht man die zur Sekundärionisation erforderliche Feldstärke — und das ist das Wesentliche — durch andere Feldverteilung bei *gleicher* Anodenspannung.

[2] Die Feldstärke in der Nähe *gekrümmter* Elektroden ist um so größer, je *stärker* die Krümmung (also je *kleiner* der Krümmungsradius) ist: daher die Verwendung *dünner* Drähte.

[3] Die Energie wächst auch beim Durchlaufen des homogenen Feldes einer Ionisationskammer mit parallelen, ebenen Platten (ebenso wie bei einer zylindrischen Ionisationskammer), nur *nicht genügend schnell*!

wachsen, daß diese Elektronen ihrerseits *durch Stoß weitere Ionenpaare erzeugen können!* Für jedes *primär* entstandene Elektron wird also eine mehr oder minder große Anzahl weiterer Ionenpaare entstehen, und damit wird der Ionisationsstrom erheblich verstärkt. Diese Verstärkung kann bis zum Faktor 10^5 gehen, d. h., daß man mit einer solchen Anordnung bereits *ein einzelnes Elektron* nachweisen kann. Wesentlich dabei ist, daß die Gasverstärkung proportional zur Primärionisation durch das eintretende Teilchen bleibt. Das hängt u. a. auch von der Spannung ab, die an das Zählrohr gelegt wird. Sobald diese Spannung einen gewissen Wert übersteigt (der, nebenbei bemerkt, wesentlich von der Konstruktion des Zählrohres abhängt), tritt eine bedeutende Verstärkung der

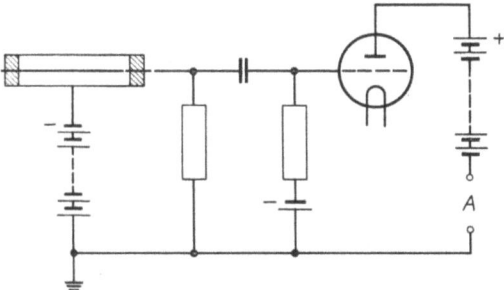

Abb. 106. Schema eines Proportionalzählers mit nachgeschaltetem elektronischem Verstärker (nach HANLE)

Gasentladung ein, die *nicht mehr proportional* zur Primärionisation ist: Das Zählrohr kommt in den „*Auslösebereich*", es wird zum „*Auslösezähler*", dem „eigentlichen" GEIGER-MÜLLER-*Zähler*. Darauf werden wir im nächsten Abschnitt eingehen. Die Gasverstärkung kann nicht mehr weitergetrieben werden, weil dann Dauerentladung einsetzt. Zur weiteren Empfindlichkeitssteigerung kann man nur noch eine *elektrische* Verstärkung anwenden, die in ihrer einfachsten Form in Abb. 106 dargestellt ist. Die technische Ausführung unterscheidet sich von diesem einfachen Schema vor allem dadurch, daß eine *mehrstufige Verstärkung* benutzt wird.

b) Auslösezähler

Wir sagten bereits, daß das Zählrohr zum Auslösezähler wird, sobald die Betriebsspannung einen gewissen Wert überschreitet. Die Konstruktion des Auslösezählers ist also im Prinzip die gleiche wie diejenige des Proportionalzählers. Sie unterscheiden sich eigentlich nur durch die gewählte Betriebsspannung. Im Proportionalbereich erstreckt sich die Entladung im wesentlichen immer nur in Richtung der Feldlinien, d. h. in der Umgebung der Bahn des Primärelektrons. Mit zunehmender Spannung jedoch verbreitet sich die Elektronenlawine, verursacht durch die

Bildung von zahlreichen Photonen, die ihrerseits wiederum die Bildung von Photoelektronen (z. B. durch Photoeffekt, vgl. S. 246) hervorrufen und damit die Entladung auch *längs der Zählrohrachse* über das ganze Zählrohr ausdehnen. Damit ändert sich die Arbeitsweise des Zählrohres vollständig: Die transportierte Ladungsmenge hängt nicht mehr von der Energie des „auslösenden" Teilchens und damit von der Primärionisation ab, sondern nur noch von der angelegten Spannung und den Abmessungen des Zählrohres. Jedes eintretende Teilchen vermag die Lawine auszulösen, ohne daß die gemessene Stromstärke noch irgendwie mit der Teilchenenergie zusammenhinge. Der Vorgang entspricht etwa der Auslösung einer gespannten Feder durch einen winzigen Anstoß[1]. Es ist ohne weiteres einzusehen, daß diese Erscheinung besondere Bedeutung für den Nachweis von *Teilchen sehr geringer Energie* oder geringer Absorptionsfähigkeit, z. B. Elektronen hat, weil die durch diese hervorgerufene Primärionisation natürlich viel kleiner ist als diejenige durch schwere geladene Teilchen, wie z. B. durch α-Strahlen gleicher Energie.

Wichtig für die Registrierung ist die *Dauer* der durch das Teilchen eingeleiteten Entladung, denn solange diese zwischen den beiden Elektroden nicht wieder abreißt, kann das Zählrohr nicht auf ein neues Teilchen ansprechen. Tatsächlich erlischt die Entladung nach der Ausbreitung auf das ganze Zählrohrvolumen zunächst, da die langsamer als die Elektronen abwandernden positiven Ionen die Feldstärke in der unmittelbaren Umgebung des Drahtes herabsetzen (sie wirken etwa so, wie wenn ein dickerer Draht eingesetzt worden wäre). Nach kurzer Zeit aber — spätestens, wenn die positiven Ionen die Kathode (also den Zählrohrmantel) erreicht haben — zündet die Entladung wieder von selbst. Es würde also eine Art von intermittierender Dauerentladung entstehen. Wenn das Rohr zählen, d. h. zählbare Impulse an das nachgeschaltete Zählwerk abgeben soll, muß diese Dauerentladung irgendwie verhindert werden: *Sie muß gelöscht werden!* Das läßt sich entweder durch äußere Schaltmittel oder durch gewisse Zusätze zur Gasfüllung des Rohres erreichen. Als einfachstes äußeres Löschmittel wird der Ableitwiderstand R (vgl. Abb. 104 u. 105) so groß gemacht, daß (wenigstens nahezu) die volle Ladung der erzeugten Elektronen länger auf dem Zähldraht bleiben muß, als die positiven Ionen zum Abwandern auf die Kathode benötigen. Damit ist erreicht, daß die wirksame Spannung lange genug *unter* der Zündspannung der Entladung bleibt. Durch Zusatz geeigneter *organischer Dämpfe* (oder Gase) zum Füllgas kann man die Entladung auch ohne äußere Schaltmittel zum Erlöschen bringen (sog. *selbstlöschende* Zählrohre). Einzelheiten hierüber sind z. B. bei FÜNFER und NEUERT [57] zu finden. Der noch „*aufzulösende*" zeitliche Abstand τ zweier aufein-

---

[1] Das Bild gilt, genaugenommen, nur für *nicht* selbst löschende Zählrohre (vgl. das später Gesagte).

anderfolgender Teilchen wird also davon abhängen, wie lange es dauert, bis die Entladung zusammenbricht und das Feld wiederaufgebaut ist. Das Auflösungsvermögen $1/\tau$ — also die Fähigkeit des Zählrohres, zwei aufeinanderfolgende Teilchen noch auseinanderzuhalten — wird bei nicht selbstlöschenden Zählrohren durch die Art der Löschschaltung gegeben. Bei der vorher erwähnten Ausführung nimmt es mit wachsendem R ab. Mit besonders ausgeklügelten Schaltungen erreicht man Werte von $\tau \approx 10^{-5}$ sek. Bei selbstlöschenden Zählrohren ist τ gleich der Zeit, die verstreicht, bis die Feldstärke in Drahtnähe durch Abwandern der posi-

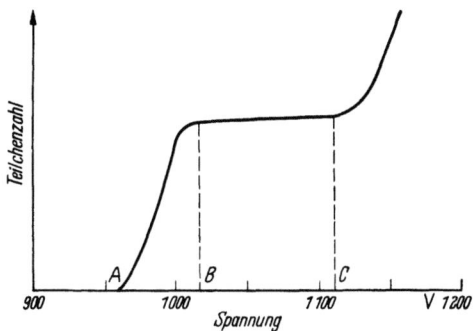

Abb. 107. Schematische Darstellung der Charakteristik eines Auslösezählrohres. Der Bereich zwischen B und C ist das Plateau (nach HANLE)

tiven Ionen wieder groß genug zur neuen Lawinenbildung (die sog. „Totzeit", etwa 10^{-4} sek), geworden ist.

Eine der am weitesten verbreiteten Ausführungsformen arbeitet mit einem Zusatz von Alkoholdampf zum Füllgas, für welches meist Argon verwendet wird, wobei die Füllung so bemessen wird, daß der Gesamtdruck im Rohr sich zu etwa 90 Torr aus Argon und 10 Torr aus Alkoholdampf zusammensetzt. Im übrigen ist die Zahl der verwendeten Mischungen heute bereits sehr groß und läßt sich allen Verwendungszwecken anpassen. Für die Wahl des Gasdruckes ist der Zusammenhang mit der Arbeitsspannung ausschlaggebend: Mit zunehmendem Gasdruck (also zunehmender Gasdichte) wird die mittlere freie Weglänge kleiner. Damit nun überhaupt eine Sekundärionisation und Anregung vonstatten gehen kann, muß die Feldstärke, also die Zählrohrspannung (Arbeitsspannung) größer werden. Die zum Löschen der Entladung verwendete Gasfüllung hat keine unbegrenzte Lebensdauer, weil die Moleküle des organischen Dampfes durch die Entladungen verbraucht werden. Das ist bei der Anwendung von Zählrohren wohl zu beachten. Die Lebensdauer der Zähler hängt übrigens nicht nur von der Gasfüllung, sondern auch von Veränderungen der Elektroden ab. Auf Einzelheiten können wir hier nicht eingehen, dazu muß wiederum auf die Spezialliteratur verwiesen werden.

Das Betriebsverhalten des Auslösezählrohres wird durch seine sog. *„Charakteristik"* beschrieben. Sie ist in Abb. 107 dargestellt. Über der Zählrohr- oder Arbeitsspannung ist die Impulszahl pro Zeiteinheit, also die Teilchenzahl, die im Zählvolumen des Rohres je Zeiteinheit ionisierend gewirkt hat und registriert wurde, aufgetragen. Dabei ist vorausgesetzt, daß auf das Rohr eine völlig konstante Teilchenstrahlung wirkt. Man sieht aus dem Kurvenverlauf, daß bis zu einer gewissen Spannung überhaupt keine Anzeige erfolgt. Mit weiter steigender Spannung nimmt die Zahl der *angezeigten* Teilchen sehr rasch zu, bis schließlich eine Spannung erreicht ist, von der ab die Anzahl der angezeigten Teilchen konstant ist. Diesen Bereich nennt man das *„Plateau"*[1]. Es ist also derjenige Spannungsbereich, in welchem die *Anzahl der angezeigten Impulse* bei *konstanter Einstrahlung* ins Zählrohr *unabhängig* von der Betriebsspannung des Rohres ist. Steigt die Spannung weiter, nimmt die Zahl der *angezeigten* Impulse wieder zu und entspricht nicht mehr der Zahl der wirklich eingestrahlten Teilchen. Jetzt beginnen Dauerentladungen einzusetzen. Das Zählrohr ist also nur zwischen den Spannungen V_B bis V_C brauchbar. Die Charakteristik zeigt stets eine mehr oder weniger deutliche Steigung in Abhängigkeit von der zunehmenden Spannung, den sog. *„Plateau-Anstieg"*. Er kann bei guten Zählrohren bis auf 0,02% herabgesetzt werden. Die Güte eines Zählrohes wird also wesentlich durch seine Ansprechempfindlichkeit und dadurch gekennzeichnet sein, daß das Plateau so lang wie möglich ist, also über einen möglichst großen Spannungsbereich geht, und daß die Plateausteigung so klein wie möglich ist. Die Plateaulänge wird dadurch noch als Gütekennzeichen besonders wichtig, daß erfahrungsgemäß die Einsatzspannung (Punkt A in Abb.107) mit zunehmender Gebrauchsdauer sich zu höheren Werten hin verschiebt.

Das genügt indessen noch nicht zur Kennzeichnung eines guten Zählrohres, denn wir verlangen von einem solchen, daß es auch ein gutes *„Auflösungsvermögen"* haben soll. Darunter verstehen wir, wie bereits gesagt, die Fähigkeit, noch Teilchen in der Anzeige zu trennen, die sehr dicht aufeinanderfolgen. Nun ist es klar, daß während des Andauerns der Entladung, die uns den meßbaren Impuls liefert, die Anzeige eines weiteren Teilchens nicht möglich ist (die „Feder" ist ja entspannt und muß zur Anzeige eines weiteren Stoßes erst wieder gespannt werden).

---

[1] Ein Plateau existiert auch bei Proportionalzählern — ist also an sich kein spezifisches Merkmal eines Auslösezählers —, nämlich dann, wenn jedes einfallende Teilchen hinreichend große (d. h. noch registrierbare) Impulse erzeugt, also seine Energie ausreichend und der im Zählvolumen zurückgelegte Weg lang genug sind. Der Auslösezähler nimmt in dieser Hinsicht nur insofern eine Sonderstellung ein, als das eindringende Teilchen eben nur ionisieren, aber sonst keine Zusatzbedingungen (wie die oben genannten) erfüllen muß. Also hat jeder Auslösezähler *stets* ein Plateau. Wohl aus diesem Grunde wird im allgemeinen vom Plateau nur im Zusammenhang mit Auslösezählrohren gesprochen.

Erst wenn das elektrische Feld wiederaufgebaut ist, vermag das Rohr ein neues ankommendes Teilchen anzuzeigen. Die „Totzeit" des Rohres ist die Zeit, in der die Feldstärke in Drahtnähe überhaupt noch keine Lawinenbildung erlaubt. Die „Erholungszeit" ist dann die Restzeit, die vergeht, bis *alle* Ionen die Kathode erreicht haben und damit die ursprünglichen Feldverhältnisse wieder hergestellt sind. Während der Totzeit ist also das Rohr vollkommen unempfindlich gegen eintretende Teilchen, während der Erholungszeit dagegen nimmt die Empfindlichkeit allmählich zu, so daß die während der Erholungszeit angezeigten

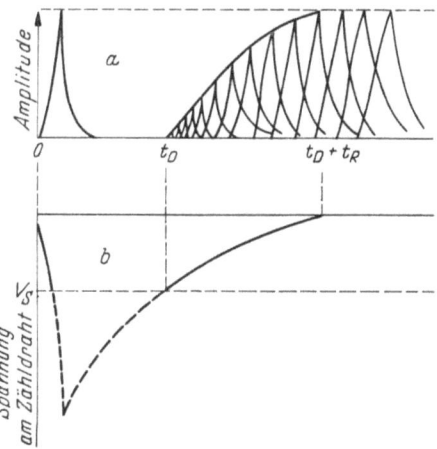

Abb. 108. Impulsamplitude (*a*) und Zähldrahtspannung (*b*) eines Auslösezählrohres während der Totzeit (Bereich 0 bis t_D) und der Erholungszeit (Bereich $t_D + t_R$) (nach FÜNFER, NEUERT)

Impulse kleiner sind als diejenigen während der Zeit der vollen Empfindlichkeit des Rohres. Abb. 108 zeigt den Verlauf der Spannung am Zähldraht und den Verlauf der Amplituden, also der angezeigten Impulsgrößen während dieser beiden Zeitabschnitte. Diese Zeiten liegen in der Größenordnung von 10^{-4} sek. Demnach kann man also mit solchen Rohren praktisch kaum mehr als 10000 Teilchen[1] je Sekunde nachweisen, während im Gegensatz dazu im Proportionalbereich die Auflösung wesentlich besser ist. Sie geht bis zu 10^{-7} sek. Dafür aber ist die Nachweisempfindlichkeit des Proportionalzählers gegen Teilchen niedriger Energie *wesentlich geringer* als diejenige des Auslösezählers.

Geht nun die Impulszahl, d. h. als die eingestrahlte Teilchenzahl je Sekunde wesentlich über das Auflösungsvermögen des Zählrohrs hinaus, kann man sich dadurch helfen, daß man nicht jedes Teilchen registriert, sondern z. B. nur jedes zweite oder jedes zehnte. Das läßt sich durch ge-

---

[1] Es gibt allerdings Möglichkeiten, die meßbare Stoßzahl noch weiter, bis auf etwa 10^5 je Sekunde zu erhöhen.

eignete Schaltungen erreichen. Dieselbe Aufgabe tritt auch auf, wenn man mechanische Zählwerke verwendet, die eine bestimmte Ansprechzeit benötigen, die also einer hohen Impulszahl in der Zeiteinheit, die aus dem Zählrohr kommt, nicht mehr zu folgen vermögen. Indessen ist dies letztere Problem von untergeordneter Bedeutung, weil heute praktisch nur noch elektronische Zählwerke verwendet werden. Das Prinzip einer Untersetzerschaltung zeigt Abb. 109. Durch Hintereinanderschaltung mehrerer solcher Stufen kann man erreichen, daß dem Zählwerk oder der Zählröhre (nicht zu verwechseln mit dem Zählrohr) nur jeder zweite, vierte, achte usw. Impuls zugeführt wird. Es gibt jedoch auch neuerdings be-

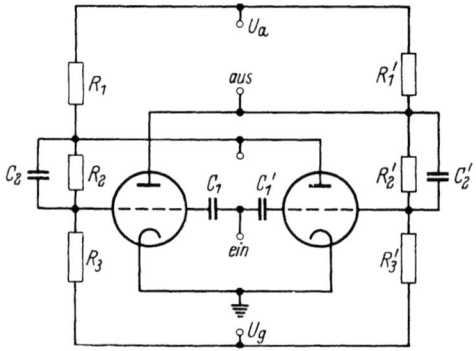

Abb. 109. Untersetzerstufe (nach Hanle)
Die Spannungen und Widerstände sind so gewählt, daß stets nur in einer Röhre Strom fließt. Sei dies etwa die linke Röhre, so entsteht über R_1' ein solcher Spannungsabfall, daß das Gitter der rechten Röhre sperrt. Kommt ein positiver Impuls am Eingang an, so zündet die rechte Röhre, wodurch gleichzeitig über C_2 ein negativer Impuls auf das Gitter der linken Röhre auftritt und diese dadurch gelöscht wird. Kommt umgekehrt ein negativer Stoß an, so wird die linke Röhre gelöscht, wodurch über den Kondensator C_2' ein positiver Impuls auf das Gitter der rechten Röhre kommt und diese zündet. Für jeden ankommenden Impuls entsteht also am Ausgang (Anode) einer der beiden Röhren abwechselnd ein positiver und ein negativer Impuls; der eine davon kann leicht unterdrückt werden und der andere auf die nächste Untersetzerstufe bzw. ein Zählwerk weitergegeben werden.

reits Untersetzer, die dekadisch arbeiten, was für die Auswertung in vielen Fällen wesentlich bequemer ist.

Statt des Einzelnachweises kann man auch eine Integration über die Zeit vornehmen, d. h. also, daß man an Stelle der Zählung der Teilchen eine Messung des mittleren Gleichstromes vornimmt. Ein geeignet geeichter Strommesser zeigt dann direkt die Teilchenzahl je Sekunde an, er mißt also *unmittelbar die Intensität der Strahlung*, auch „Zählrate" genannt[1]. Diese Meßmethode spielt in der Reaktortechnik eine besondere Rolle.

---

[1] Das Wort „Rate" ist gedankenlos aus dem Englischen übernommen worden. Im deutschen technischen Sprachgebrauch ist es ganz ungebräuchlich und auch völlig überflüssig. Man kann ohne weiteres anstatt dessen von einem *Teilchenstrom* [Teilchen/min] sprechen. Wir sprechen ja auch nicht von einer Wasserrate oder Wärmerate, sondern von einem Mengenstrom [kg/sek] oder Wärmestrom [kcal/h]. Auch die Messung eines elektrischen Stromes ist eine „Zählrate", nämlich Elek-

Ein weiterer wesentlicher Gesichtspunkt für die Auswahl von Zählrohren ist die Zählwahrscheinlichkeit. Wir sagten bereits, daß im Prinzip nur eine Strahlung, die aus geladenen Teilchen besteht, von einem Zählrohr nachgewiesen werden kann, in erster Linie also eine α- und β-Strahlung. Aber auch bei diesen Teilchen besteht durchaus noch keine Sicherheit, daß *alle eintretenden Teilchen* auch wirklich registriert werden[1]. Die Erzeugung von Ionenpaaren auf dem Wege des Teilchens durch das Zählrohr ist ja ein statistischer Vorgang wie alle bisher betrachteten Wechselwirkungen. Seine Wahrscheinlichkeit wird von der Anzahl der ionisierbaren Moleküle im Zählrohr, also vom Gasdruck, von ihrer Größe und von der Weglänge im Zählrohr, also auch von der geometrischen Größe des Zählrohres abhängen. Ein wesentlicher Punkt ist aber schließlich die Frage, ob die Teilchen überhaupt in das Zählrohr hineingelangen können! Dieses Problem ist es, das wesentlich zu der ungeheuer großen Zahl von verschiedenen Zählrohrtypen geführt hat, die sich heute auf dem Markt befinden. Da α- und β-Strahlen nur eine geringe Eindringtiefe haben, können sie nur dann überhaupt in das Zählrohr gelangen, wenn die Trennwand zwischen Gasfüllung des Zählrohres und Außenwelt so dünn wie möglich ist und möglichst wenige von den Teilchen absorbiert. Das bedeutet aber, daß das Zählrohr dünnwandig ausgeführt werden oder wenigstens ein entsprechend ausgebildetes „*Eintrittsfenster*" für die Strahlung haben muß. Das ist, wenn das Fenster eine große Fläche haben soll, technisch nicht immer ganz einfach, weil ja meist bei den Zählrohren zwischen Innen- und Außenraum ein erheblicher Druckunterschied besteht. Die gebräuchlichen Werkstoffe für die Fenster gehen von Nylon über Glimmer bis zu Aluminium und anderen Stoffen. Abb. 110a–e zeigt eine willkürliche Zusammenstellung einiger typischer Zählrohrbauarten.

Wie wir bereits erwähnt hatten, können Strahlungen, die aus nicht geladenen Teilchen bestehen, nur indirekt gemessen werden, indem man dafür sorgt, daß sie in geeigneter Weise geladene Teilchen erzeugen, auf die dann erst das Zählrohr ansprechen kann.

Der Nachweis von γ-Strahlung erfolgt ohne Schwierigkeiten dadurch, daß die Photonen, wie wir bereits erörtert hatten (vgl. S. 246), in der Materie, vorwiegend in der Zählrohrwand, durch Photo-, COMPTON- oder

---

tronen (oder elektrostatische Ladungseinheiten) je Zeiteinheit, und doch denkt niemand daran, dieses Wortungeheuer zu verwenden, sondern spricht schlicht und einfach von einem elektrischen Strom bzw. in der Elektronik von einem „Elektronenstrom"! Wir sollten die „Rate" daher ruhig den Abzahlungsgeschäften überlassen, denn unser technischer Wortschatz ist völlig ausreichend, um die Zählrate (und Zählratenmeter!) entbehren zu können.

[1] Die Zählwahrscheinlichkeit ist also: $\dfrac{\text{registrierte Teilchenzahl}}{\text{eintretende Teilchenzahl}}$.

272   Meß- und Regelungstechnik

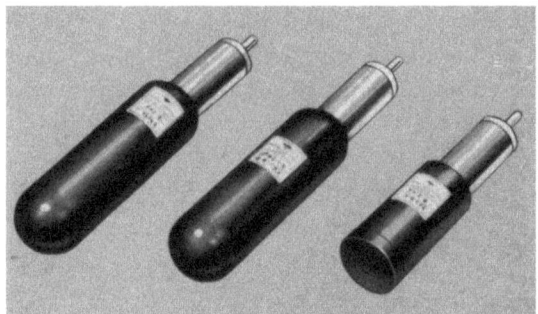

Abb. 110a. Gammazählrohre

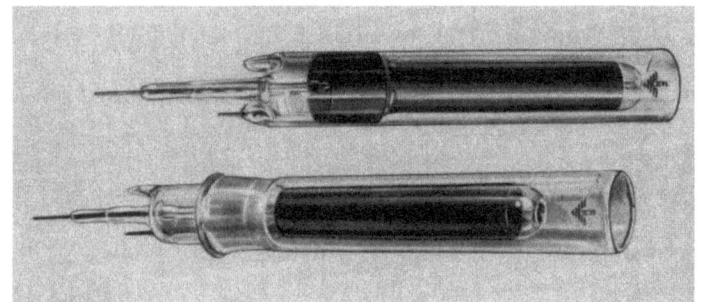

Abb. 110b. Beta-Gamma-Flüssigkeitszählrohre

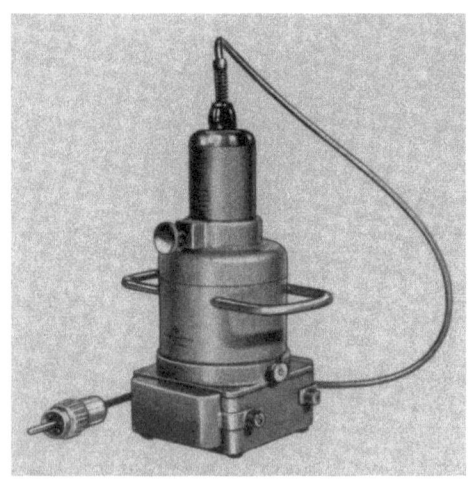

Abb. 110c. Universal-Bleikammer

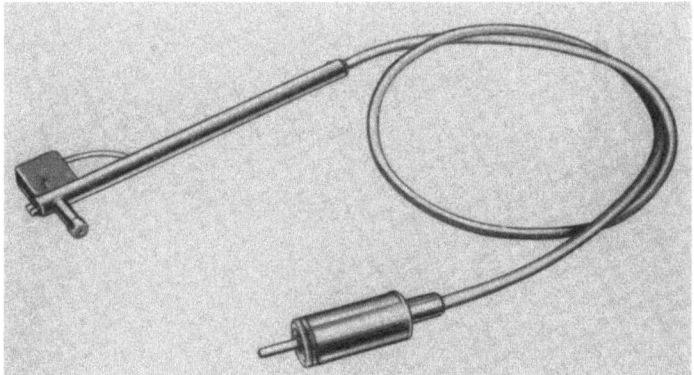

Abb. 110d. Alpha-Beta-Miniaturzählrohr

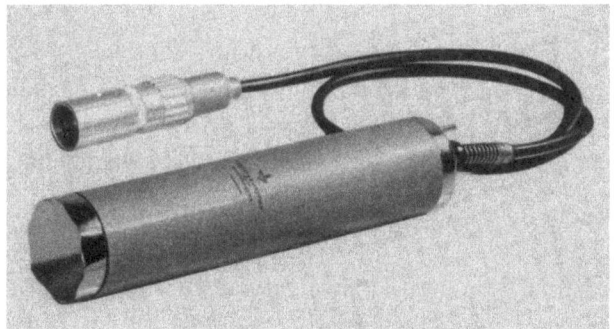

Abb. 110e. Fensterloser Durchflußzähler

Abb. 110a—e. Ausführungsformen technischer Zählrohre (Werkbild Friesecke u. Höpfner)

Paarbildungseffekte, je nach ihrer Energie, Elektronen frei machen, die dann ihrerseits die Ionisation im Zählrohr ausführen. Dabei taucht aber ein ähnliches Problem auf, wie wir es aus der Wechselwirkung von Neutronen mit der Materie kennengelernt haben, hier nur mit dem umgekehrten Vorzeichen: Während wir dort Wert darauf legen mußten, daß die durch die Neutronen im Schirm erzeugte γ-Strahlung nicht aus dem Schirm austrat, müssen wir hier danach streben, daß die in der Zählrohrwand erzeugten Photoelektronen nicht schon in der Wand absorbiert werden, sondern auch tatsächlich ins Zählrohr eintreten können! Infolgedessen muß also die Wand sehr dünn gemacht werden. Je dünner man aber die Wand macht, desto leichter wird die γ-Strahlung hindurchtreten und um so weniger Photoelektronen werden erzeugt. Die Ausbeute an Photoelektronen hängt auch wesentlich vom Material des Zählrohrmantels (also der *Kathode*) ab. Wie wir gesehen haben (vgl. S. 252), wird γ-Strahlung um so mehr absorbiert, je höher das Atomgewicht des absorbierenden Materials ist. Infolgedessen liegt es nahe, für γ-Zähler Bleimäntel für das Zählrohr zu verwenden. Im allgemeinen schwankt die Zählwahrscheinlichkeit, also der wirklich gezählte Anteil einer γ-Strahlung, zwischen 2 und 20%. Daraus geht hervor, daß γ-Zählrohre empirisch mit einer Standardstrahlung geeicht werden müssen.

Die Bauarten der Zählrohre sind ungeheuer vielfältig geworden, nachdem dieses Meßgerät von einem Instrument des physikalischen Labors zu einem Industriegerät geworden ist. Darüber unterrichtet heute bereits eine umfangreiche Spezialliteratur ebenso wie die zahlreichen Firmenprospekte, so daß wir hier auf Einzelheiten nicht einzugehen brauchen. Soweit sie für das Verständnis des Grundsätzlichen erforderlich sind, werden wir sie im nächsten Abschnitt besprechen.

Auf die Neutronenzählung gehen wir im 24. Abschnitt ein.

c) Szintillationszähler

In den letzten Jahren erst hat sich — in erster Linie durch amerikanische Forschungsarbeiten — aus dem seit Jahrzehnten bekannten *Szintilloskop* ein Nachweisgerät für Strahlungen entwickelt, das in vieler Hinsicht dem auf der Ionisation beruhenden Zählrohr überlegen ist, und zwar sowohl hinsichtlich der Zählwahrscheinlichkeit — für γ-Strahlen praktisch 100% — als auch des Auflösungsvermögens. Diese Zählerart beruht darauf, daß in bestimmten Substanzen Lichtblitze entstehen, wenn sie von einer Strahlung getroffen werden[1].

Diese Lichtblitze werden nun unter Ausnutzung eines weiteren physikalischen Effektes, der Sekundär-Elektronen-Emission verstärkt und registriert[2]. Sie beruht im Prinzip darauf, daß aus bestimmten Stoffen durch auftreffende Elektronen weitere Elektronen frei gemacht werden, die in einem elektrischen Felde, also durch Anlegung einer Beschleunigungsspannung auf die nächste Elektrode geschleudert werden, dort ihrerseits

---

[1] Im physikalischen Unterricht früherer Jahre wurde auf diese Weise die α-Strahlung eines Radiumpräparates gezeigt, die man im Dunkeln mit gut ausgeruhtem Auge mit Hilfe einer Lupe als kleine Lichtfünkchen auf dem Schirm — im wesentlichen Zinksulfid — beobachten konnte. Auch die Leuchtziffern besserer Uhren beruhen darauf, wie man mit einer stark vergrößernden Lupe im Dunkeln leicht erkennen kann.

[2] Prinzipiell bestehen zwei verschiedene Möglichkeiten der Teilchenzählung mittels des Elektronenvervielfachers: man kann entweder die zu registrierende Strahlung direkt auf die sog. Photokathode des Vervielfachers fallen lassen oder man kann zwischen Photokathode und Strahlung einen „*Leuchtschirm*" schalten, in welchem die auffallenden Teilchen Lichtblitze als Fluoreszenzlicht erzeugen, die dann ihrerseits als Lichtquanten auf die Photokathode fallen. Wir beschränken uns hier bei unserer Besprechung auf die zweite Methode *mit Leuchtschirm*.

wieder je auftreffendem Elektron mehrere Elektronen frei machen usw. Da die Sekundär-Elektronenemission etwa drei bis fünf Elektronen je auffallendes Elektron frei macht, kann man je nach der angewendeten Spannung von einigen hundert Volt je Stufe mit 10 Elektroden die Gesamtverstärkung bereits auf Werte von $10^5 \ldots 10^7$ treiben. Das Prinzip des Aufbaues eines solchen Sekundär-Elektronenvervielfachers zeigt Abb. 111. Die von der Strahlungsquelle auf den Leuchtstoff fallenden Teilchen erzeugen Lichtblitze, die von der ersten Elektrode des Vervielfachers, *der Photokathode* aufgenommen werden. Die dadurch ausgelösten Photoelektronen bewegen sich zur nächsten Elektrode und lösen dort Sekundärelektronen aus, die dann ihrerseits zur nächsten Elektrode beschleunigt werden und so fort. Die Elektroden sind so ausgebildet, daß

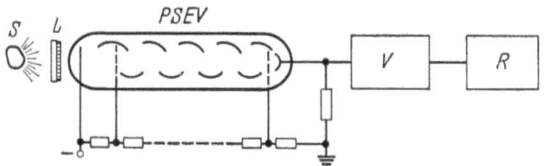

Abb. 111. Schema eines Szintillationszählers (nach HANLE)
S Strahlenquelle, L Leuchtstoff(kristall), PSEV Photosekundärelektronenvervielfacher
V Nachverstärker, R Registriergerät (Zählwerk, Schreib- oder Integriergerät)

sie eine fokussierende Wirkung haben. Die Beschleunigungsspannung je Stufe wird einer Spannungsteilerschaltung entnommen. Die am Ende ankommenden Impulse werden dann über einen Nachverstärker dem Registriergerät zugeführt.

Es gibt heute bereits eine große Vielfalt interessanter Konstruktionen, die den verschiedensten Verwendungszwecken angepaßt sind. Die Schicht der Photokathode ist meist die gleiche wie diejenige der Vervielfacher-Elektroden, um die Herstellung zu vereinfachen. Sie besteht häufig aus $Ag\text{-}CsO_2\text{-}Cs$ oder aus $Ag\text{-}Mg$-Legierungen, aber auch aus vielen anderen Stoffen. Die Auswahl wird wesentlich durch die gewünschte spektrale Empfindlichkeit bestimmt. Da diese Stoffe meist gegen Sauerstoff empfindlich sind, müssen sie *im Vakuum* angeordnet werden. Die Anwendung von Hochvakuum ist allerdings ohnehin für die Bündelung (Fokussierung) und Beschleunigung der Elektronen unerläßlich.

Besonders zu beachten ist bei der Anwendung solcher Photo-Vervielfacher der Umstand, daß auch *Wärme* bereits zur Emission von Elektronen führt. Auch in dieser Hinsicht unterscheiden sich die einzelnen Stoffe für Photokathoden. Die Stärke des sog. *thermischen Dunkelstromes*, also die ohne eine Lichtstrahlung in völliger Dunkelheit allein durch die Umgebungswärme ausgelöste Emission schwankt je nach Art der Schicht zwischen $10^{-11} \ldots 10^{-14}$ A/cm² bei 20 °C. Daraus ergibt sich eine untere Empfindlichkeitsgrenze, weil durch den Dunkelstrom die von eintreten-

Tabelle 23. *Eigenschaften von Leucht-*

Leucht-substanz	Emissions-spektrum Å	Absorptions-spektrum Å	Relative Lichtausbeute für β-Strahl. (unkorr.)[1]	Abkling-zeit (10^{-8} sek)	Zusammen- und Energie
					α-Strahlen
Anthrazen ...	4400 (60)[2]	Beginn bei ~4050	1,0	3,0 ± 0,5 (300° K) 1,2 ± 0,2 (77° K)	nicht linear
Stilben	4200 (schwach) (360) 4080 (stark) (100)	farblos	0,6	zwischen 0,6 u. 1,2	—
Phenanthren	4100 (100) 4300 (100)	farblos	0,3	0,8	—
Dibenzyl ...	3520, 3710 3950 (schwach)	farblos	0,6	~1,6	—
Terphenyl ..	3900, 4050 4300	farblos[3]	0,65	~1,2	—
Naphthalin .	3450 (250)	farblos	0,25	~6,0	—
NaJ(Tl).....	4100 (800)	farblos 2930, 2340	~2,0	25	annähernd linear
KJ(Tl)	4100 (900)	farblos 2870, 2360	~0,5	>100	annähernd linear
CsJ(Tl)	weiß	farblos	~1,5	>100	—
LiJ(Tl)	blau grün	farblos[3]	~1,0	>100	—
CdWO$_4$	5200 grün	gelb beginnt bei 4500	~2,0 ?	lang	—
CaWO$_4$	4300 blau	farblos beginnt bei 4000	~1,0	lang	—
ZnS(Ag)	blau		2,0	>1000 Zerfall nicht exponent.	annähernd linear

[1] Integrale Lichtausbeute auf Anthrazen = 1 bezogen / Werte nicht korrigiert, beziehen sich auf den Photovervielfacher 5819.

[2] Die Zahlen in Klammern geben die Halbwertsbreite des Bandes an.

kristallen für Szintillationszähler [57]

hang zwischen Impuls homogener Teilchen		Lichtausbeute je MeV für verschiedene Teilchen[4]	Dichte g/cm³	Schmelzpunkt (°C)	Verschiedenes
β-Strahlen	Protonen				
linear zwischen 125—1900 keV	nicht linear	$\beta/p \sim 2{,}0$ $\beta/a \sim 8{,}0$	1,25	217	gute Kristalle, schwer zu züchten
—	—	nicht konst.	1,16	124	gute Kristalle, leicht herzustellen
—	—	—	1,03	100	sehr schwierig zu züchten, klare Kristalle
—	—	—	1,00	52,5	gute Kristalle, leicht herzustellen
—	—	$\beta/a = 8{,}0$	1,23	213	gute Kristalle, leicht herzustellen
—	—	nicht konst.	1,15	80	gute Kristalle, leicht herzustellen, flüchtig
linear	linear	$\beta/p = 1{,}0$ $\beta/a = 1{,}0$	3,67	651	sehr gute Kristalle, leicht herzustellen, hygroskopisch
linear	linear	$\beta/p = 1{,}0$ $\beta/a = 1{,}0$	3,13	582	sehr gute Kristalle, leicht herzustellen
—	—	—	4,50	621	sehr gute Kristalle, leicht herzustellen sehr hygroskopisch
—	—	—	4,06	446	
—	—	—	7,90	1325	gute Kristalle, leicht herzustellen
—	—	—	6,06	1535	gute Kristalle, leicht herzustellen
—	—	$\beta/a = 1{,}0$	4,10	1850	nur in Pulverform bzw. kleinen Kristallen

[3] Die untersuchte Probe war leicht gelb gefärbt.
[4] Die Werte gelten für α- und β-Strahlen im Bereich von 5 MeV.

den Elektronen herrührenden Impulse mehr oder weniger überlagert werden. Für hohe Empfindlichkeiten bleibt daher nur der Weg, den Dunkelstrom, auch „*thermische Emission*" genannt, durch *intensive Kühlung* herabzusetzen. Es gibt Vervielfacher, die unmittelbar zur Kühlung durch flüssige Luft eingerichtet sind. Weiter muß dabei beachtet werden, daß die Vervielfacher-Elektroden ihrerseits natürlich ebenfalls lichtempfindlich sind. Infolgedessen muß Lichteinfall unter allen Umständen verhütet werden. Das bedeutet, daß die Sekundär-Elektronenvervielfacher lichtdicht umhüllt sein müssen.

Aber auch die Anwendung eines geeigneten Leuchtstoffes ist von Bedeutung. Auch hier ist die Auswahl heute bereits sehr groß. Ganz allgemein kann man sagen, daß für schwere Teilchen, also z. B. α-Strahlen, mit Silber aktiviertes Zinksulfid, für β-Strahlen organische Leuchtstoffe wie Anthrazen und für γ-Strahlen insbesondere Alkalihalogenide, z. B. Natriumjodid, angewendet werden. Man kann sie sowohl in Pulverform als auch flüssig oder in Form von Einkristallen verwenden, muß dabei aber jeweils ihre besonderen physikalischen Eigenschaften, z. B. mechanische oder Feuchtigkeitsempfindlichkeit u.a. berücksichtigen. Es gibt heute bereits Szintillationszähler mit Kristallen bis zu zehn und mehr Zentimeter Durchmesser. Tab. 23 gibt eine Übersicht über die wichtigsten Eigenschaften von Szintillationskristallen. Ihre zweckmäßige Auswahl wird u.a. auch dadurch bestimmt, daß das Spektrum ihres Fluoreszenzlichtes zu der spektralen Empfindlichkeit der Photokathode des Vervielfachers passen muß. Je weiter das Fluoreszenzspektrum des Kristalles ins langwellige (sichtbare) Gebiet fällt, desto empfindlicher ist die dazu passende Photokathode gegen Wärme, desto größer also der Dunkelstrom. In diesem Zusammenhang sei noch darauf hingewiesen, daß der Szintillationszähler die Möglichkeit bietet, ohne besondere Schwierigkeiten auch von Teilchen geringerer Energie neben der Ermittlung der Impulszahl auch die Teilchenenergie zu bestimmen, er kann also an Stelle eines Proportionalzählers verwendet werden. Für γ-Strahlen zwischen 0,05 und 6 MeV ist hierfür besonders gut ein mit Thallium aktivierter Kristall aus Natriumjodid [NaJ (Tl)] geeignet, weil in dem genannten Energiebereich Linearität zwischen der absorbierten Energie und der Zahl der Lichtquanten besteht. Infolgedessen kann man ziemlich einfach die Energieverteilung, also das Energiespektrum der zu untersuchenden Strahlung aufnehmen. Die vom Vervielfacher kommenden Impulse werden verstärkt und einem sog. „*Diskriminator*" zugeführt. Das ist eine Röhrenschaltung, die man auch als „*Amplitudenwähler*" zu bezeichnen pflegt. Durch eine regelbare Vorspannung gelangen nur Impulse mit einer bestimmten Amplitudengröße zum nachgeschalteten Registriergerät, so daß man also durch Veränderung der Vorspannung das Spektrum abtasten kann. Da gerade NaJ-Kristalle sehr groß hergestellt werden können, ist ihre Ausbeute praktisch 100%, weil die absorbierten Strahlen sich in ihnen völlig „totlaufen" können. Abb. 112a u. b zeigen einige Ausführungsbeispiele von Szintillationszählern.

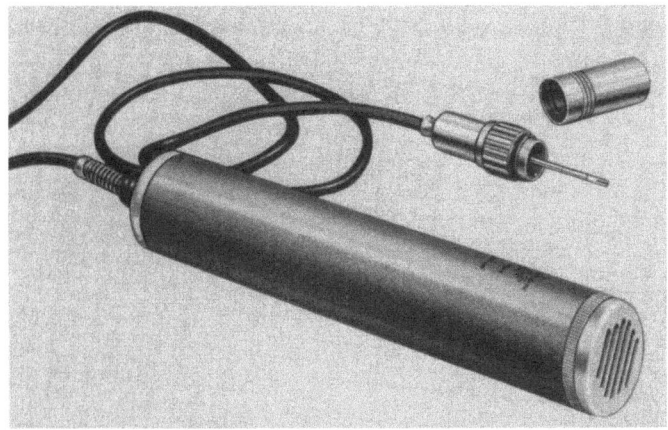

Abb. 112a. Szintillationszähler FH 451 (Werkbild Friesecke u. Höpfner)

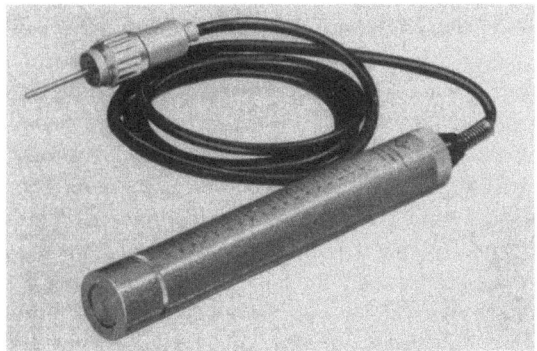

Abb. 112b. Szintillationszähler FH 439 (Werkbild Friesecke u. Höpfner)

24. Neutronenmessung

Wir hatten bereits mehrfach davon gesprochen, daß Neutronen als ungeladene Teilchen nicht unmittelbar nachgewiesen werden können, sondern nur auf dem Umweg über ihre Wechselwirkung mit Materie. Es kommt also darauf an, Wirkungen von Neutronen auf Materie zu finden, die einen Nachweis mit Zählrohren oder Szintillationszählern[1] ermög-

---

[1] Szintillationszähler werden auch Kristallzähler genannt, weil als Leuchtstoffe häufig Kristalle angewendet werden. Das ist jedoch *falsch*. Der Kristallzähler beruht auf einem ganz anderen Effekt, nämlich der Entstehung einer gewissen elektrischen

lichen. Wegen der Wichtigkeit der Neutronenmessung in der Reaktortechnik sind umfangreiche Arbeiten hierüber in den USA ausgeführt worden, so daß heute eine Reihe der verschiedensten Möglichkeiten zu Gebote steht, Neutronen zu registrieren.

Grundsätzlich müssen wir uns zunächst daran erinnern, daß Neutronen auf verschiedene Weise mit der Materie reagieren, nämlich je nach der Größe ihrer kinetischen Energie. Wir wissen, daß *thermische* Neutronen sich ganz anders verhalten als *schnelle* Neutronen. Während die ersteren im allgemeinen leicht absorbiert werden, weil die meisten Stoffe große Wirkungsquerschnitte gegenüber thermischen Neutronen haben, reagieren schnelle Neutronen mit den Atomkernen (mit der Atomhülle mangels einer Ladung natürlich überhaupt nicht) nur durch unelastische und elastische Stöße. Während man sich im ersten Falle also Absorptionsreaktionen zunutze machen kann, muß man im zweiten Falle entweder den Rückstoß ausnutzen, indem der Rückstoßkern, von dem wir bereits gesprochen haben, eine solche Energie erhält, daß er seinerseits ionisierend wirken kann. Er wird dann in einem Zähler nachweisbar; oder man kann auch die schnellen Neutronen zunächst durch geeignete Moderatorstoffe auf thermische Energie abbremsen und dann die Meßmethoden für thermische Neutronen anwenden.

Für den Nachweis *langsamer Neutronen* stehen eine Reihe von Kernumwandlungsreaktionen zur Verfügung. Die nächstliegende für denjenigen, der sich mit Kernspaltungsprozessen beschäftigt, ist die Spaltung von U-235. Diese wird auch tatsächlich angewendet, indem man einfach die Wand eines Zählrohres oder einer Ionisationskammer mit metallischem U-235 auskleidet. Die entstehenden Spaltprodukte wirken stark ionisierend und können schon im *Proportionalbereich* leicht als Impulse registriert werden. Solche „*Spaltungszähler*" spielen in der Reaktortechnik eine große Rolle, weil sie sehr bequem und betriebssicher sind. Eine gebräuchliche Ausführung eines solchen Instruments besteht aus einem Nickelrohr von etwa 20 mm Durchmesser und 100 mm Länge, welches auf der Innenseite mit einem galvanischen Niederschlag aus *reinem* U-235 überzogen ist. Die andere Elektrode besteht wie üblich aus einem axialen Draht von etwa 3 mm Durchmesser. Diese Zähler werden mit Argon gefüllt bzw. mit einem ständigen Argonstrom gespült, um Sauerstoff, welcher Elektronen besonders stark absorbiert, fernzuhalten.

Eine andere Möglichkeit ist die Anwendung von Kernreaktionen, bei denen α-Teilchen frei werden. Hierfür kommen in erster Linie die Reaktionen

---

Leitfähigkeit in Kristallen, wenn energiereiche Teilchen im Kristall absorbiert werden. Diese Geräte befinden sich noch in der Entwicklung. Daher verzichten wir hier auf ihre Besprechung. Es ist aber zu erwarten, daß sie dazu berufen sind, in der Meßtechnik ebenfalls eine wichtige Rolle zu spielen.

und
$$\begin{rcases} {}^{6}_{3}\text{Li} + {}^{1}_{0}\text{n} \to {}^{3}_{1}\text{H} + {}^{4}_{2}\text{He} \\ {}^{10}_{5}\text{B} + {}^{1}_{0}\text{n} \to {}^{7}_{3}\text{Li} + {}^{4}_{2}\text{He} \end{rcases} \quad (236)$$

in Betracht. Die frei werdenden ${}^{4}_{2}$He-Kerne, also α-Teilchen, werden dann für die Ionisation im Zählrohr benutzt. Damit wird auch die Frage beantwortet, wie aus der geringen Energie thermischer Neutronen, die ja nur, wie wir wissen, etwa 0,03 eV beträgt, die notwendigen Ionisierungsarbeit von z. B. 30 eV in Luft für ein Ionenpaar gewonnen werden kann. Das gelingt eben dadurch, daß die bei den Kernreaktionen nach Gl. (236) frei werdende Energie bei etwa 5 bzw. 3 MeV liegt, die entstehenden α-Teilchen also hinreichend Energie besitzen (die sie aus der frei werdenden Energie des Spaltungsvorganges beziehen), um einen kräftigen Ionisationsimpuls zu erzeugen. Um nun die durch die Neutronen erzeugten Impulse von den auf andere Weise, z. B. durch γ-Strahlung, ausgelösten unterscheiden zu können, verwendet man ein Zählrohr, welches mit Bor oder Lithium belegt ist, nicht im Auslöse-, sondern im Proportionalbereich, denn da die Zahl der von einem α-Teilchen aus der Bor-Reaktion erzeugten Ionenpaare etwa 50000 beträgt, kann sie schon ohne weiteres im Proportionalbereich (der ja eine geringere Empfindlichkeit hat als der Auslösebereich!) selbst bei geringer Gasverstärkung nachgewiesen werden.

An Stelle einer Belegung der Zählrohrwand mit Bor ist ein Zusatz von *Bortrifluorid* BF_3 zur Gasfüllung gebräuchlich, weil dadurch eine *gleichmäßige Verteilung* der Ionenerzeugung im Zählrohr erreicht wird, wenn die Abmessungen und der Gasdruck so gewählt werden, daß die Reichweite der Teilchen *vollständig im Gasraum* verläuft. Dies ist der bewährte „BF_3-Zähler". Bei der praktischen Ausführung wendet man oft Glasrohre von etwa 25 mm Durchmesser und 200 mm Länge an, die mit einer Mischung aus BF_3 und Argon bis zu Atmosphärendruck gefüllt sind.

Schnelle Neutronen können, wie wir bereits erwähnt hatten, nach den gleichen Methoden wie langsame gemessen werden, indem man sie eben vorher abbremst. Die Abbremsung kann man mit Paraffin vornehmen, indem man das Zählrohr mit einer Schicht von etwa 10 cm Dicke umgibt.

Die gebräuchlichste Methode ist jedoch die Anwendung sog. „*Rückstoßzähler*". Durch den elastischen Stoß der schnellen Neutronen mit den Protonen des wasserstoffhaltigen Füllgases (es wird oft auch Methan verwendet) erleiden diese einen Rückstoß und können nun ihrerseits ionisierend wirken. Auch bei dieser Anordnung ist die Messung im Proportionalbereich möglich.

Eine besondere Schwierigkeit bei den Neutronenmessungen im Reaktorbetrieb tritt nun dadurch auf, daß die Kernspaltprozesse im Reaktor stets von verschiedenen Stahlungen begleitet sind. Es wird daher Schwierigkeiten machen, die Neutronenstrahlung von der ja ebenfalls *sehr durchdringenden* γ-Strahlung zu trennen, da diese durch Erzeugung von Elektronen (Photoeffekt, COMPTON-Effekt, Paarbildung) ebenfalls eine starke Ionisation im Zählrohr hervorruft[1]. Grundsätzlich könnte man daran denken, die γ-Strahlung ohne weiteres zur Bestimmung des Belastungszustandes eines Reaktors zu benutzen. Indessen ist das nicht möglich, weil ein großer Teil dieser γ-Strahlung von Spaltprodukten herrührt, die sich im Laufe der Zeit bereits angesammelt haben. Infolgedessen könnte ein Belastungszustand vorgetäuscht werden, der in Wirk-

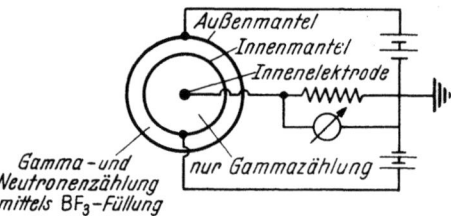

Abb. 113. Schema einer Kompensationskammer zur Messung von Neutronen unabhängig von γ-Strahlung

lichkeit nicht vorhanden ist. *Der Neutronenfluß ist und bleibt die zuverlässigste Quelle für die Bestimmung des Reaktorzustandes.* Es mag hier bereits erwähnt werden, daß es auch abzulehnen ist, für seine zuverlässige Beobachtung die thermische Belastung, d. h. Temperaturen und Kühlmitteldurchflußmengen, *allein* heranzuziehen.

Infolgedessen entsteht die Aufgabe, die Neutronendichte oder den Neutronenfluß *unabhängig* von der γ-Emission zu messen. Das geschieht meistens mit der sog. ,,*Kompensations- oder Differentialkammer*", wie sie Abb. 113 schematisch darstellt. Ihre Arbeitsweise beruht darauf, daß zwei Kammern oder Zählrohre zusammen benutzt werden. Die eine Kammer enthält Bor, die andere dagegen nicht. Dadurch tritt folgende Wirkung ein: In der mit Bor belegten Kammer werden Neutronen zusammen mit γ-Quanten gezählt, in der anderen nur γ-Quanten. Die Einrichtung wird nun in *reiner* γ-Strahlung so justiert (z. B. durch Verstellung der Volumina), daß beide Kammerteile den gleichen Teilchenstrom anzeigen, wobei die Schaltung so gewählt wird, daß sie sich gegenseitig aufheben[2]. In reiner γ-Strahlung wird die Anzeige des Gerätes

---

[1] Die anderen (z. B. α u. β) Strahlen gelangen schon bei geringer Wandstärke des Zählrohres bzw. der Ionisationskammer gar nicht mehr in das Innere (das sog. Meßvolumen).

[2] Diese Schaltung wird bei der Kompensationskammer angewendet. Bei der Differentialkammer wird mit Differenzmessung gearbeitet.

daher Null sein. Sobald nun Neutronenstrahlung hinzutritt, wird diese *allein* angezeigt, weil nur die eine Kammer eine zusätzliche Ionisation durch die Reaktion der Neutronen mit Bor erhält.

In grundsätzlich gleicher Weise wie beim Zählrohr und der Ionisationskammer kann man thermische und schnelle Neutronen auf dem Wege über Kernreaktionen bzw. Rückstoßprotonen auch mit dem Szintillationszähler nachweisen. Beispielsweise benutzt man für schnelle Neutronen organische Leuchtstoffe wie Anthrazen, für thermische LiJ (Tl) [$^{6}_{3}$Li (n, α) $^{3}_{1}$H].

Handelt es sich *nur* um Flußmessungen, ist der Einzelnachweis bzw. die Summation der Neutronen an sich nicht notwendig (vgl. S. 274). Dann genügen Ionisationskammern oder Proportionalzählrohre ohne besondere Impulsschaltung.

Ferner kann man für langsame Neutronen die *„Aktivierungsmethode"* anwenden: Die bei der Kernreaktion mit bestimmten Stoffen entstehenden Kerne sind instabil (künstlich radioaktive Kerne, vgl. S. 72), die entsprechend ihrer Halbwertzeit zerfallen. Ihre Aktivität — sie zeigen durchweg β-Emission — wird gemessen und ist *direkt ein Maß für den Neutronenfluß*. Ein Beispiel hierfür ist die Reaktion

$$^{103}_{45}\text{Rh (n, } \gamma) \, ^{104}_{45}\text{Rh} \xrightarrow{\beta^-} \, ^{104}_{46}\text{Pd}.$$

Ein großer Vorzug dieser Methode ist der, daß die Meßfolien *nur* auf Neutronen ansprechen und nur *eine* Strahlenart aussenden. Sie sind ferner platzsparend, und man braucht das Meßgerät selbst nicht der intensiven, zu messenden Strahlung auszusetzen. Nachteilig ist, daß man ihr Abklingen bis zur nächsten Verwendung abwarten muß (vgl. S. 103) und daß man sie im Reaktorbetrieb meist nur mittels umständlicher Fernbedienung benutzen kann.

25. Anfahren und Regeln von Reaktoren

Das Betriebsverhalten eines Reaktors wird, wie wir schon mehrfach betont haben, wesentlich durch den Neutronenfluß gekennzeichnet. Infolgedessen ist die Neutronenmessung die Grundlage jeder Reaktorregelung. Ein weiteres wichtiges Merkmal des Betriebszustandes ist die *Reaktorperiode*, die im stationären Zustand $T = \infty$ sein muß.

Die schwierigste und zugleich gefährlichste Prozedur bei einem Reaktor ist das *erste Anfahren* aus dem kalten Zustand. Das erneute Anfahren nach frischer Füllung mit Spaltstoffen kommt dem ersten Anfahren in bezug auf Schwierigkeit und Gefährlichkeit gleich. Dieses erste Anfahren ist im wesentlichen der einzige Zeitraum im Betrieb eines normalen Reaktors, da wirklich die ernste Gefahr des Durchgehens besteht[1]. Wir hatten bisher vorausgesetzt, daß der Reaktivitätsüberschuß nicht mehr als 0,7% betragen soll, um im Bereich der verzögerten Neutronen zu bleiben. In Wirklichkeit muß der Überschuß aber merklich größer bemessen werden, um den Einfluß verschiedener Neutronenverbraucher, die sich im Laufe des Betriebes bemerkbar machen, zu kompensieren, wenn der Reaktor eine erträgliche Zeit ununterbrochen, d. h. ohne Entfernung von Spaltprodukten und ohne ständige Neubeschickung mit frischen Spaltstoffen in Betrieb bleiben soll. Dieser Überschuß an Reaktivität[2] muß durch geeignete Neutronenabsorber kompensiert werden, mit deren Hilfe allmählich während des Betriebes „verbrauchte" Reaktivität nachgestellt werden kann. Wir wollen daher zunächst einmal diese Überschußreaktivität betrachten.

a) Reaktivitätsreserven

Die Bedingung für den stationären Betrieb eines endlichen Reaktors ist $k_{eff} = 1{,}000$. Sie sagt aus, um noch einmal daran zu erinnern, daß in jeder Neutronengeneration genausoviel Neutronen vorhanden sein sollen wie in der vorhergehenden. Dazu muß die kritische Masse, d. h. die kritischen Abmessungen und das notwendige Mischungsverhältnis von Moderator zu Spaltstoff bei einem thermischen Reaktor, gerade genau erreicht werden. Diese Bedingung ist aber genaugenommen nur im ersten Augenblick des Betriebes erfüllt, denn sobald der Reaktor arbeitet, d. h. die Kettenreaktion läuft, tritt folgendes ein:

1. Es wird sofort Spaltstoff verbraucht. Wenn der Reaktor nun gerade beim Anfahren die kritische Masse hätte, sinkt sie sofort unter den

---

[1] Zwei weitere Gefahren wären noch zu erwähnen:
Das Wiederanfahren kann dann gefährlich werden, wenn nach kurzem Stillsetzen der Reaktor gerade dann wieder in Betrieb genommen wird, wenn die Nachwirkung der Xenonvergiftung ihr Maximum überschritten hat und wieder abklingt, weil dadurch die Reaktivität zunimmt (vgl. S. 287 u. Abb. 115). Indessen ist das nur bei sehr hohen Neutronenflüssen von Bedeutung.
Wenn während des Betriebes *plötzlich* die Kühlmitteltemperatur gesenkt wird (sog. „Unterkühlung"), steigt die Reaktivität u. U. schneller, als die automatischen Regelstäbe (vgl. S. 296) auszugleichen vermögen, weil die meisten Reaktoren einen „negativen Temperaturkoeffizienten" (vgl. S. 291) haben. Eine wirklich ernste Gefahr kann aber dadurch kaum entstehen, weil die „Schnellabschaltung" (vgl. S. 296) wohl stets diesen Reaktivitätsanstieg zu kompensieren vermag. (Vgl. hierzu auch [7]).

[2] Der Begriff „*Überschußreaktivität*" wird in der Reaktortechnik in verschiedenem Sinne gebraucht. Vgl. hierzu [78], Stichwort: Überschußreaktivität. Einmal wird darunter die dem Anteil der verzögerten Neutronen entsprechende Reaktivität, also $\delta k = 1{,}0073 - 1{,}0000 = 0{,}0073$ verstanden. Dann wiederum wird der Überschuß an „eingebauter" Reaktivität, also der Betrag damit gemeint, der über den Wert von $\delta k = 0{,}0073$ hinausgeht, um den Reaktor betriebsfähig halten, also den Einfluß von Vergiftung usw. (vgl. hierzu S. 296) ausgleichen („ausregeln") zu können.

erforderlichen Mindestwert und damit wird $k_{eff} < 1$. Die Kettenreaktion muß also erlöschen. Man nennt das den „*Abbrand*".

2. Es entstehen sofort Spaltprodukte, die die Stoffzusammensetzung im Spaltstoff und damit im Reaktor verändern. Die Folge ist eine sofort einsetzende Änderung der Neutronenabsorption. Da viele Spaltprodukte sehr starke Neutronenabsorber sind, wird die Neutronenbilanz gestört, und auch aus diesem Grunde sinkt der Wert von k_{eff} unter Eins. Daher kommt auch aus diesem Grunde die Kettenreaktion zum Erlöschen. Man nennt das „*Vergiftung*".

3. Da die Spaltreaktion Wärme erzeugt, erwärmen sich Spaltstoff und Moderator. Beim technischen Reaktor, der zur Energieerzeugung dienen soll, ist eine möglichst hohe Temperatur überhaupt die Voraussetzung für seine Nutzung. Die Folge davon ist u. a., vgl. hierzu S. 291, eine Ausdehnung, also eine „Verdünnung" des Moderators, die ihrerseits eine Verschlechterung des Bremsverhältnisses zur Folge hat. Infolgedessen wird — wenigstens im allgemeinen; auch der umgekehrte Fall ist möglich — der Wert von k_{eff} auch als Folge der steigenden Temperatur sinken. Man nennt das einen „*negativen Temperaturkoeffizienten*".

4. Wenn der Reaktor für Forschungszwecke benutzt wird, werden vielfach neutronenabsorbierende Stoffe in die Experimentierkanäle des Reaktors eingeführt oder es werden für Neutronenuntersuchungen Neutronen aus dem Reaktor entnommen, indem man entsprechende Öffnungen im Reflektor freigibt. Auch die Herstellung von Radioisotopen verbraucht Neutronen, weil die Entstehung radioaktiver Isotope eben gerade auf der Neutronenabsorption durch die bestrahlten Stoffe beruht. Mithin gehen auch dadurch Neutronen verloren.

Diese vier Störungen der Neutronenbilanz zwingen dazu, dem Reaktor von vornherein eine „*Reserve*" an Reaktivität zu geben. Die Reaktivität von $k_{eff} - 1 = \delta k = 0{,}0073$, wie sie zunächst einmal ohne Rücksicht auf die Regelbarkeit des Reaktors mittels der verzögerten Neutronen zulässig wäre, ist daher nicht ausreichend, wenn man einen Reaktor genügend lange in Betrieb halten will, ohne ständig Spaltstoffelemente auswechseln zu müssen. Das bedeutet aber, das man erheblich über die Grenze $k_{eff} = 1{,}0073$, also $\delta k = 0{,}0073$, hinausgehen muß, an der der Reaktor prompt kritisch wird, d. h. also oberhalb deren er die Kettenreaktion auch ohne die Mitwirkung der verzögerten Neutronen unterhalten kann. Wir haben bereits gesehen, daß das gefährlich ist, weil er sich auf diese Weise der Regelbarkeit entziehen kann.

Es erweist sich als zweckmäßig, im allgemeinen etwa den zehnfachen Wert derjenigen Reaktivität von vornherein „einzubauen", der dem Anteil der verzögerten Neutronen entspricht, um die genannten vier wesentlichen, den k-Wert vermindernden Einflüsse in technisch befriedigender Form kompensieren zu können. Die Kompensation der

Überschußreaktivität[1] über die Grenze der verzögerten Neutronen geschieht im allgemeinen auf die Weise, daß man die neutronenabsorbierenden, als Regeleinrichtung dienenden Stäbe oder Platten so groß bemißt, daß sie die Überschußreaktivität verzehren. Mit abnehmender Überschußreaktivität muß man diese Stäbe allmählich herausziehen, den Reaktor also ständig neu auf die ordnungsmäßige Neutronenbilanz „trimmen"[2].

Wir wollen nun zunächst den Einfluß der vier Vorgänge näher betrachten. Dazu gehen wir vom Zustand des „kalten, reinen" Reaktors[3] aus, also von einem Zustand, in welchem noch kein Spaltstoff verbraucht, noch keine Spaltprodukte entstanden und keine Temperatursteigerungen eingetreten sind.

1. Spaltstoffabbrand. Der Abbrand an spaltbarem Material — wir betrachten auch hier wieder nur Reaktoren mit U-235 — ist eine Funktion der Belastung, d.h. also der Wärmeabgabe. Wir hatten bereits gesehen (vgl. S. 87), daß für eine Wärmeleistung von 1000 kW in 24 Stunden etwa 1 g U-235 verbraucht wird. Wir wissen aber auch, daß durch die Absorption von Neutronen im U-238 wieder spaltbares Pu-239 entsteht. Im günstigsten Falle könnte man annehmen, daß je gespaltenem U-235-Kern ein Pu-239-Kern entsteht. Das würde bedeuten, daß der verbrauchte Spaltstoff sich selbsttätig wieder ersetzt. In Wirklichkeit ist das nicht der Fall. Außerdem ist es aus anderen Gründen unmöglich, die Spaltstoffelemente bei heterogenen Reaktoren beliebig lange im Reaktor zu lassen. Reaktoren mit hoch angereichertem U-235 können kein Pu-239 bilden, weil ja der Ausgangsstoff, nämlich das U-238 nicht oder in nur ungenügendem Maße vorhanden ist. Infolgedessen wird bei hoch angereicherten Reaktoren die Überschußreaktivität, die zum Ausgleich des Abbrandes erforderlich ist, dem relativen Abbrand direkt proportional sein. Wenn man also z. B. bis zu einem Abbrand von 20% zu kommen wünscht, wird man dementsprechend 20% Überschußreaktivität, bezogen auf die insgesamt vorgesehene Überschußreaktivität, vorzusehen haben.

Anders ist es bei Reaktoren mit natürlichem Uran. Hier wird für jeden verbrauchten U-235-Kern nahezu ein Pu-239-Kern entstehen, der als Spaltstoff verwendet werden kann (vgl. hierzu Abb. 7 und S. 21). Dazu kommt noch der Umstand, daß der Spaltungswirkungsquerschnitt

---

[1] Vgl. auch dieses Stichwort im Reaktorlexikon [78].
[2] Wir werden diese Regelstäbe in Anlehnung an das englische Wort „shim-rods" hinfort „Trimmstäbe" nennen. Das schließt nicht aus, daß dieselben Stäbe, die als Trimmvorrichtung dienen, gleichzeitig auch als Regel- und Sicherheitsstäbe wirken können. Dies ist lediglich eine Frage einer geeigneten Konstruktion. Es ist üblich, die Trimmstäbe so auszubilden, daß sie gleichzeitig als Sicherheitsstäbe für die Schnellabschaltung (englisch: „scram") dienen können. Nur die — automatische — Regelung pflegt man mit getrennten Organen vorzunehmen.
[3] Auch „jungfräulicher" Reaktor genannt.

des Pu-239 höher liegt als derjenige des U-235, so daß u. U. die Reaktivität mit zunehmendem Abbrand sogar ansteigen kann. Daraus ergibt sich also, daß im allgemeinen für Reaktoren mit natürlichem Uran eine Berücksichtigung des Abbrandes bei der Bemessung der eingebauten Überschußreaktivität nicht erforderlich ist. Daß die Spaltstoffelemente trotzdem ausgewechselt werden müssen und nicht beliebig lange im Reaktor bleiben können, liegt einmal daran, daß der maximale Anfall an Pu-239 einem Maximum, also einem Gleichgewichtszustand zustrebt, über den er nicht hinausgeht, und zum anderen daran, daß die Vergiftung der Elemente durch die Spaltprodukte ihrer Verwendbarkeit eine Grenze zieht.

2. Vergiftung. Mit anlaufender Kettenreaktion beginnt sofort die Entstehung der Spaltprodukte, für die wir bereits ein Beispiel in Gl. (25) angegeben haben. Von den Spaltprodukten sind die meisten in bezug auf ihre Wirkung auf den Neutronenfluß vernachlässigbar, weil sie entweder in sehr kleinen Mengen entstehen oder sehr kleine Absorptionswirkungsquerschnitte haben. Zwei von ihnen sind aber von einschneidender Wirkung auf das Betriebsverhalten eines Reaktors. Das sind die Isotope $^{135}_{54}$Xe des Xenons und $^{149}_{62}$Sm des Samariums. Von diesen beiden wiederum ist das Xenon das wichtigste, weil es in verhältnismäßig großen Mengen entsteht und einen Absorptionswirkungsquerschnitt von $\sigma_a = 3{,}5 \cdot 10^6$ b für thermische Neutronen hat. Zwar ist der Anteil des *direkt* bei der Spaltung entstehenden Xe-135 mit 0,3% verhältnismäßig gering. Es entsteht aber zusätzlich noch aus dem mit 5,6% als Spaltprodukt auftretenden Tellurisotop $^{135}_{52}$Te nach der folgenden Gleichung:

$$^{135}_{52}\text{Te} \xrightarrow[1\text{ Min}]{\beta^-} {}^{135}_{53}\text{J} \xrightarrow[6{,}7\text{ h}]{\beta^-} {}^{135}_{54}\text{Xe} \xrightarrow[9{,}2\text{ h}]{\beta^-} {}^{135}_{55}\text{Cs} \xrightarrow[2 \cdot 10^6 \text{ a}]{\beta^-} {}^{135}_{56}\text{Ba} \;, \qquad (237)$$

wo unterhalb der Pfeile, wie üblich, die Halbwertzeit T angeschrieben ist.

Wenn man die Gl. (237) genauer betrachtet, sieht man, daß die Halbwertzeit des Xenons mit 9,2 Stunden größer ist als diejenige des vorangehenden Jods mit 6,7 Stunden. Daraus ergibt sich, daß nach dem Abstellen eines Reaktors das bis dahin entstandene Jod weiter zerfallen und *zusätzlich* Xenon erzeugen wird, daß die Vergiftung durch Xenon also nach dem Abstellen weitergeht, mithin also die Reaktivität auch nach dem Abschalten weiter sinkt.

Da der Anteil des *direkt* entstehenden Xenons gegenüber dem aus dem Jodzerfall entstehenden kleiner ist, können wir zur näheren Betrachtung der Xenonvergiftung den ersteren Anteil einstweilen vernachlässigen. Weiterhin können wir annehmen, daß das Jod, welches sich in Xenon umwandelt, sofort entsteht, weil die Halbwertzeit des vorhergehenden Te vernachlässigbar klein ist gegenüber denjenigen des Jods und des Xenons. Wir sagten schon, daß der Anteil des J-135 an den Spaltprodukten 5,6% beträgt. Die Zahl der entstehenden Jodkerne je cm³ und sek wird, wie üblich, aus der Zahl der eintretenden Reaktionen, d.h. also in diesem Falle der Spaltreaktionen des U-235 nach Gl. (47a) bestimmt und ergibt sich damit zu $0{,}056 \cdot \Sigma_f \cdot \Phi$. Dieses Jod zerfällt nun einerseits zu Xenon. Wenn N_J Kerne je Kubikzentimeter vorhanden sind, werden davon mit der mittleren Lebensdauer $\lambda = (\ln 2)/T$ nach Gl. (19) $-N_J \cdot \lambda_J$ zerfallen. Ein weiterer Teil des Jods verschwindet durch Neutronenabsorption, die zur Bildung des Jodisotops J-136 führt. Er ist jedoch wegen des kleinen Absorptionswirkungsquerschnittes des Jods für thermische Neutronen unwesentlich. Daraus ergibt sich demnach die Konzentration des Jods in Abhängigkeit von der Zeit t wiederum mit Gl. (19) zu

$$\frac{dN_J}{dt} = 0{,}056 \, \Sigma_f \cdot \Phi - N_J \cdot \lambda_J \, . \tag{238}$$

Im Beharrungszustand ist $dN_J/dt = 0$ und damit wird die Konzentration des Jods im Reaktor

$$N_J = \frac{0{,}056}{\lambda_J} \cdot \Sigma_f \cdot \Phi \, , \tag{239}$$

also abhängig vom Fluß. Daraus ergibt sich die Konzentration des Xenons in der gleichen Weise: Wiederum ist mit Gl. (19) der entstehende Anteil von Xe in der Zeiteinheit durch $N_J \cdot \lambda_J$ gegeben. Das direkt entstehende Xenon von 0,3%, wie oben erwähnt, können wir jetzt mit berücksichtigen, indem wir seinen Anteil ebenfalls nach Gl. (47a) durch das Glied $0{,}003 \cdot \Sigma_f \cdot \Phi$ ausdrücken. Mit der Anzahl der zerfallenden Xenonkerne $-N_{Xe} \cdot \lambda_{Xe}$ und dem Verbrauch durch Neutronenabsorption —, die wir beim Xenon, im Gegensatz zum Jod, ja nicht vernachlässigen können, weil es uns darauf ja gerade ankommt und weil der Wirkungsquerschnitt dieses Vorganges mit $3{,}5 \cdot 10^6$ b sehr groß ist[1] — $-N_{Xe} \cdot \sigma_{Xe} \cdot \Phi$ [ebenfalls nach Gl. (47a)][2] erhalten wir für die zeitliche Änderung der Konzentration des Xenons, indem wir für N_J den Wert aus Gl. (239) einsetzen:

$$\frac{dN_{Xe}}{dt} = 0{,}056 \cdot \Sigma_f \cdot \Phi + 0{,}003 \cdot \Sigma_f \cdot \Phi - N_{Xe} \cdot \lambda_{Xe} - N_{Xe} \cdot \sigma_{Xe} \cdot \Phi \tag{240}$$

und für den stationären Zustand mit $dN_{Xe}/dt = 0$:

$$N_{Xe} = \frac{0{,}059 \cdot \Sigma_f \cdot \Phi}{\lambda_{Xe} + \sigma_{Xe} \cdot \Phi} \, [\text{cm}^{-3}] \, . \tag{241}$$

Gemäß Gl. (47a) über die Ausbeute einer Reaktion bildet man den Vergiftungsfaktor W durch das Verhältnis der Neutronenreaktionen im Spaltstoff, gegeben durch den Gesamtwirkungsquerschnitt $\sigma_{t(U)} = \sigma_a + \sigma_f$,

---

[1] Das Xenon ist ja das starke Spaltstoff- oder Neutronen-„*Gift*"!

[2] Da uns nur die Absorption von Neutronen im Xenon interessiert, können wir zur deutlicheren Kennzeichnung von der üblichen Schreibweise abweichen und den Absorptionswirkungsquerschnitt σ_a des Xenons mit σ_{Xe} bezeichnen.

multipliziert mit der Zahl der U-Kerne N_U, also durch das Produkt $\sigma_{t(U)} \cdot N_U = \Sigma_{t(U)}$ und der Neutronenreaktionen (also Absorptionen) im Xenon $\sigma_{Xe} \cdot N_{Xe} = \Sigma_{Xe}$. Mit Gl. (241) erhält man

$$W = \frac{\Sigma_{Xe}}{\Sigma_{t(U)}} = \frac{\sigma_{Xe} \cdot N_{Xe}}{\Sigma_{t(U)}} = \frac{0{,}059 \cdot \sigma_{Xe} \cdot \Sigma_f \cdot \Phi}{\Sigma_t (\lambda_{Xe} + \sigma_{Xe} \Phi)} . \qquad (242)$$

Der Wert von Σ_f/Σ_t ist immer identisch mit $\sigma_f/\sigma_t = 549/650 = 0{,}84$ [vgl. hierzu S. 144 und Gln. (31) und (131)]; ferner ist $\sigma_{Xe} = 3{,}5 \cdot 10^6$ b $= 3{,}5 \cdot 10^{-18}$ cm², $\lambda_{Xe} = \ln 2/T_{Xe} \approx 0{,}7/9{,}2 \cdot 3600 = 2{,}1 \cdot 10^{-5}$ sek⁻¹ [unter Beachtung von Gl. (237) und den Ausführungen auf S. 70]. Damit ergibt sich aus

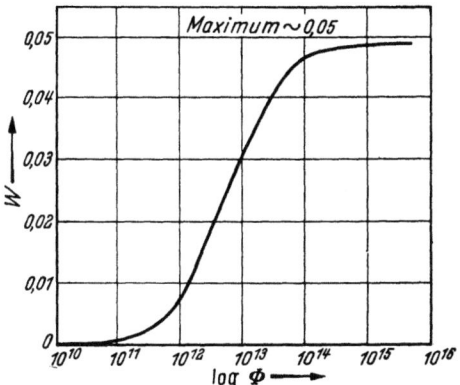

Abb. 114. Abhängigkeit der Xenonvergiftung W vom Neutronenfluß Φ im Reaktor (nach STEPHENSON)

Gl. (242) eine einfache Beziehung für die Abhängigkeit der Xenonvergiftung vom Neutronenfluß:

$$W = \frac{1{,}74 \cdot 10^{-19} \cdot \Phi}{2{,}1 \cdot 10^{-5} + 3{,}5 \cdot 10^{-18} \cdot \Phi} . \qquad (243)$$

Damit läßt sich der Vergiftungsfaktor W als Funktion von Φ darstellen, wie es in Abb. 114 geschehen ist. Man sieht, daß bei niedrigen Flüssen die Vergiftung keine nennenswerte Rolle spielt und schließlich einem Wert von $W = 0{,}05$ zustrebt. Das bedeutet, daß im Maximum etwa 5% Reaktivitätsreserve vorgesehen werden müssen, um die Verschlechterung der Neutronenbilanz durch die Xenonabsorption ausgleichen zu können.

Wenn der Reaktor abgestellt wird, werden das zweite und das letzte Glied in Gl. (240) Null, weil Φ verschwindet. Es wird also kein Xenon mehr durch Neutronenabsorption verbraucht, und es entsteht auch kein Xenon mehr direkt aus der Spaltung. Es bleibt also jetzt die Xenonerzeugung aus dem Zerfall des Jods, welches selbst, da kein neues Jod mehr nachgeliefert wird, von der Menge N_{J_0} im Augenblick des Abstellens gemäß Gl. (20a) abnimmt:

$$N_J = N_{J_0} \cdot e^{-\lambda_J \cdot t} .$$

Damit findet man die Änderung der Xenonmenge nach dem Abstellen des Reaktors aus Gl. (240) unter den oben gemachten Voraussetzungen zu

$$\frac{dN_{Xe}}{dt} + N_{Xe} \cdot \lambda_{Xe} = 0{,}056 \, \Sigma_f \cdot \Phi \cdot e^{-\lambda_J \cdot t}. \tag{244}$$

Gl. (244) stellt bekanntlich eine inhomogene Differentialgleichung 1. Ordnung für $N_{Xe}(t)$ dar, zu deren Lösung der Ansatz $N_{Xe}(t) = \Psi(t) \, e^{-\lambda_{Xe} \cdot t}$ führt, worin Ψ eine beliebige Funktion von t ist. Eingesetzt in Gl. (244) erhalten wir:

$$\frac{d\Psi}{dt} = 0{,}056 \, \Sigma_f \, \Phi \, e^{(-\lambda_J + \lambda_{Xe})t}$$

und daraus

$$\Psi = 0{,}056 \, \Sigma_f \, \Phi \, \frac{e^{(\lambda_{Xe} - \lambda_J)t}}{\lambda_{Xe} - \lambda_J} + C.$$

Die Bestimmung der Integrationskonstanten C aus den Anfangsbedingungen nach Gl. (241) ergibt:

$$N_{Xe(0)} = \frac{0{,}059 \, \Sigma_f \, \Phi}{\lambda_{Xe} + \sigma_{Xe} \, \Phi} = \frac{0{,}056 \, \Sigma_f \, \Phi}{\lambda_{Xe} - \lambda_J} + C$$

und damit

$$\Psi = \frac{0{,}059 \, \Sigma_f \, \Phi}{\lambda_{Xe} + \sigma_{Xe} \, \Phi} + \frac{0{,}056 \, \Sigma_f \, \Phi}{\lambda_{Xe} - \lambda_J} \left(e^{(\lambda_{Xe} - \lambda_J)t} - 1 \right),$$

$$N_{Xe} = \frac{0{,}059 \, \Sigma_f \, \Phi}{\lambda_{Xe} + \sigma_{Xe} \, \Phi} e^{-\lambda_{Xe} \cdot t} + \frac{0{,}056 \, \Sigma_f \, \Phi}{\lambda_{Xe} - \lambda_J} \left(e^{-\lambda_J t} - e^{-\lambda_{Xe} t} \right). \tag{244a}$$

Daraus ergibt sich die Xenonvergiftung W_a des Reaktors *nach dem Abstellen* als Funktion der Zeit und $W_a = \dfrac{\sigma_{Xe} \cdot N_{Xe}}{\Sigma_t}$, also nach Einsetzen von Gl. (244a) zu:

$$W_a = \sigma_{Xe} \cdot \Phi \cdot \frac{\Sigma_f}{\Sigma_t} \left(\frac{0{,}059}{\lambda_{Xe} + \sigma_{Xe} \cdot \Phi} \cdot e^{-\lambda_{Xe} \cdot t} + \frac{0{,}056}{\lambda_{Xe} - \lambda_J} \cdot (e^{-\lambda_J \cdot t} - e^{-\lambda_{Xe} \cdot t}) \right). \tag{245}$$

Abb. 115 zeigt den Verlauf von Gl. (245) für verschiedene Werte von Φ. Man erkennt, daß das Anwachsen der Vergiftung nach dem Abschalten erst bei Flüssen von $\Phi > 10^{13}$ cm$^{-2} \cdot$ sek^{-1} Bedeutung gewinnt. Erst bei einem Fluß von $\Phi = 10^{14}$ wächst die Vergiftung nach dem Abschalten so stark an, daß nach einer Betriebspause von etwa 12 Stunden einerseits ein Wiederanfahren nicht möglich ist, wenn nicht eine genügende Reaktivitätsreserve von vornherein vorgesehen ist. Andererseits wird das Anfahren nach einer Pause von etwa mehr als 15 Stunden gefährlich, weil die Reaktivität durch das Abklingen der Vergiftung u. U. erheblich ansteigt, so daß die Möglichkeit besteht, daß die Reaktorperiode zu kurz und damit eine Kompensation durch die Trimmstäbe schwierig oder gar unmöglich wird.

Die Samariumvergiftung ist praktisch in ähnlicher Weise zu bestimmen wie diejenige durch das Xenon. Sie ist gegenüber der Xenonvergiftung im allgemeinen jedoch von untergeordneter Bedeutung, und zwar sowohl während des Betriebes wie auch nach dem Abschalten[1].

3. Temperatureinfluß. Eine genaue Behandlung des Temperatureinflusses auf die Vorgänge im Reaktor würde verlangen, daß man die Änderungen aller Größen durch die Temperatur einzeln untersuchen müßte, also die Einflüsse z.B. auf die Spaltungsausbeute η und die drei anderen Faktoren ε, p und f der Vierfaktorenformel Gl. (113), auf die Diffusionslänge L und die Bremslänge $\sqrt{\tau}$ in Gl. (164); ferner weitere

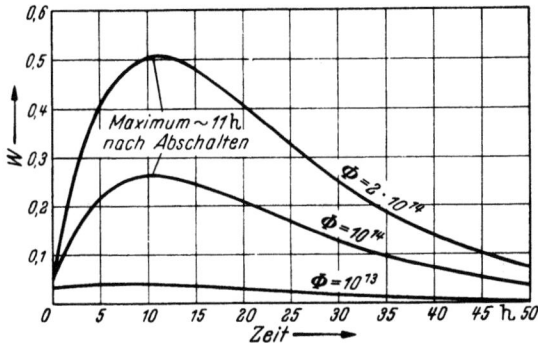

Abb. 115. Zeitliche Änderung der Xenonvergiftung Wa nach dem Abschalten des Reaktors für verschiedene Flußwerte Φ (nach STEPHENSON)

Einflüsse, die durch Dichteänderungen der Stoffe im Reaktor als Folge einer Temperaturerhöhung hervorgerufen werden u.a.m. Für technische Zwecke indessen würde das viel zu weit führen. Man begnügt sich zweckmäßig mit der Angabe eines „*durchschnittlichen oder gesamten Temperaturkoeffizienten*". Er wird auf die durchschnittliche Temperatur des Reaktors als Mittelwert der örtlichen Temperaturen bezogen, die aus Messungen mittels Thermoelementen an geeigneten Stellen bestimmt werden. Das läuft also im wesentlichen darauf hinaus, daß die Änderung der Reaktivität je Grad Temperaturänderung an einem gegebenen Reaktor experimentell bestimmt wird. Es ist dann natürlich möglich, ihn näherungsweise auf andere, der untersuchten Bauart ähnliche Konstruktionen zu übertragen.

Wir wollen uns hier damit begnügen, einen allgemeinen Überblick über die Art der einzelnen Einflüsse zu geben. Es sei vorweggenommen, daß im allgemeinen mit *zunehmender* Temperatur die Reaktivität ab-

---

[1] Nur bei *homogenen* Reaktoren tritt die Samariumvergiftung in den Vordergrund, weil das (gasförmige!) Xenon die Spaltstofflösung laufend verläßt (Gasspülung zur Knallgasbeseitigung, vgl. S. 228) und daher unwirksam wird, während das Samarium in Lösung bleibt.

nimmt. Man spricht dann von einem *negativen* Temperaturkoeffizienten. Im günstigsten Falle kann die Reaktivitätsabnahme mit steigender Temperatur einen solchen Wert erreichen, daß der Reaktor sich auf diese Weise selbst regelt, d. h. sich selbst davor schützt, durchzugehen: Er ist stabil unter allen Betriebsbedingungen. Aber auch ein *positiver* Temperaturkoeffizient ist möglich. Er bedeutet, daß die Reaktivität mit steigender Temperatur zunimmt. Das würde heißen, daß die Gefahr des Durchgehens mit steigender Temperatur ansteigt: Der Reaktor wäre instabil und ließe sich nicht oder nur mit großer Mühe regeln. Es muß daher gefordert werden, *daß für technische Reaktoren der Temperaturkoeffizient stets einen negativen Wert hat.*

Besonders *günstig* liegen die Verhältnisse bei *homogenen* Reaktoren: Mit steigender Temperatur nimmt die Dichte der Lösung ab. Damit sinkt die Konzentration von Spaltstoff und Moderator und mithin die Reaktivität. Der Wert des gesamten Temperaturkoeffizienten kann $-30 \cdot 10^{-5}$ je Grad Celsius betragen, während er bei einem heterogenen Reaktor mit natürlichem Uran nur etwa den zehnten Teil davon beträgt, also etwa $-3 \cdot 10^{-5}/°C$.

Ganz allgemein führt eine Temperaturzunahme zu einer Abnahme der Stoffdichte, also der Anzahl N der Atomkerne je Kubikzentimeter. Damit ergibt sich nach Gl. (31) eine Abnahme des makroskopischen Wirkungsquerschnittes und daher nach Gl. (48) eine Zunahme der mittleren freien Weglänge der Neutronen. Dadurch aber steigen gemäß Gl. (61) und (64b) die Neutronenausflußverluste, die Reaktivität würde also sinken. Indessen macht sich dieser Effekt nur in geringem Maße bemerkbar. Wirksamer ist die Dichteabnahme mit steigender Temperatur, nicht selten in ungünstigem Sinne: z. B. wird bei Wasserkühlung mit steigender Temperatur infolge der Dichteabnahme des Kühlmittels der Neutronenverlust durch Absorption im Kühlwasser kleiner. Damit steigt die thermische Ausnutzung und mit dieser die Reaktivität: Im ungünstigsten Falle kann dieser Effekt zu einem *positiven* Temperaturkoeffizienten führen!

Weiter verursacht die steigende Temperatur eine Abnahme der Wirkungsquerschnitte für thermische Neutronen. Wir müssen uns dazu an die Definition der thermischen Geschwindigkeit der Neutronen durch Gl. (41) erinnern: Mit wachsender Temperatur steigt die Gleichgewichtsgeschwindigkeit der Neutronen im Verhältnis zur umgebenden Materie. Da aber mit steigender Neutronengeschwindigkeit gemäß der $1/v$-Beziehung der Wirkungsquerschnitt abnimmt, wird also zweifellos ein Einfluß auf die Reaktivität zu erwarten sein. Indessen muß das nicht immer der Fall sein. Der Wert von η z. B. ist praktisch von der Temperatur unabhängig: Zwar nehmen die Wirkungsquerschnitte für Spaltung und Absorption in den beiden Uranisotopen U-235 und U-238 mit steigender Temperatur ab. Da die Änderung infolge der $1/v$-Abhängigkeit aber nach Gl. (131) relativ die gleiche ist, bleibt η unverändert. Aus dem gleichen Grunde bleibt auch der Wert von f im allgemeinen unverändert. Bei heterogenen Reaktoren jedoch wächst f mit steigender Temperatur im Zusammenhang mit der Änderung des thermischen Störfaktors (vgl. S. 152). Das kann ebenfalls zu einem positiven Temperaturkoeffizienten führen.

Der Resonanzfluchtfaktor p wird mit steigender Temperatur kleiner, weil der Resonanzeinfang infolge einer Verbreiterung der Resonanzbereiche (vgl. hierzu Abb. 48) mit zunehmender Temperatur ansteigt. Die Einzelheiten der Berechnung sind sehr kompliziert, und es muß dazu auf Spezialarbeiten, wie z. B. [66], verwiesen werden.

b) Regelorgane

Nach dem Vorangegangenen und dem früher (vgl. Abschn. 11 u. 13) Gesagten ist es zum Betrieb eines Kernreaktors also erforderlich, den Vermehrungsfaktor k_{eff} größer, gleich oder kleiner als Eins machen zu können. Nach unserer — vereinfachten — Definition der Reaktivität $\delta k = k_{eff} - 1$ muß also der Wert von δk sinngemäß positiv, auf Null oder negativ eingestellt werden können. Wenn wir es stets nur mit einem „*kalten, reinen*" Reaktor zu tun hätten, dürften die positiven Werte der Reaktivität nur zwischen Null und 0,0073, also im Bereich des Anteils der verzögerten Neutronen liegen. Mit anderen Worten: Der durch die Geometrie und die Spaltstoffmenge festgelegte höchste Wert des Vermehrungsfaktors wäre $k_{eff} = 1,0073$. Der Reaktor könnte dann nicht durchgehen, weil er nicht *prompt* kritisch werden kann. Um ihn stationär, also mit konstantem Neutronenfluß und damit mit konstanter Wärmeleistung betreiben zu können, müßten Vorkehrungen getroffen werden, um den Wert von k_{eff} auf Eins und zum Abstellen unter Eins zu bringen. Es muß also irgendwie der Überschuß[1] an Reaktivität $\delta k = 1,0073 - 1 = 0,0073$ kompensiert werden. Das kann technisch auf verschiedene Weise geschehen, z. B. durch Entfernung von Spaltstoff aus dem Reaktorkern, durch Entfernung von Teilen des Moderators oder des Reflektors oder durch Einführung von Körpern in den Reaktorkern, welche Neutronen absorbieren. Die letztere Methode ist die bei thermischen Reaktoren gebräuchlichste, worauf wir schon hingewiesen hatten. Wir beschränken uns daher hier auf diese Methode.

Nun haben wir aber bereits gesehen, daß eine Reihe von Einflüssen die Neutronenbilanz im praktischen Reaktorbetrieb verschlechtern. Ein Reaktor mit einem Überschuß an Reaktivität von höchstens 0,0073 würde diesen Überschuß schon bald eingebüßt haben, so daß der Wert

---
[1] Vgl. hierzu Fußnote S. 284.

von k_{eff} unter Eins sinken und damit die Kettenreaktion zum Erliegen kommen würde. Daher muß der Reaktor so bemessen werden, daß seine Überschußreaktivität *wesentlich* höher als der Anteil der verzögerten Neutronen liegt, um trotz aller neutronenverzehrenden Einflüsse $k_{eff} > 1$ halten zu können. Als Anhaltswerte mögen die in der folgenden Tab. 24 zusammengestellten Werte für einen Forschungs- und einen Leistungsreaktor dienen:

Tabelle 24 nach [3]

Einfluß	Forschungsreaktor	Leistungsreaktor
Temperatur	0,00375	0,008
Spaltstoffabbrand	0,0015	0,035
Xenon- und Samariumvergiftung	0,0045	0,050
Vergiftung nach dem Abstellen[1]	—	0,048
Andere Einflüsse	0,02	0,02
Anfahrreserve[2]	0,003	—
Reaktivitätsüberschuß	0,033	0,161

Dieser Reaktivitätsüberschuß muß also tatsächlich im Reaktor vorhanden sein, wenn er auf die Dauer praktisch betrieben werden können soll. Er beträgt, wie man sieht, beim Forschungsreaktor den etwa fünffachen, beim Leistungsreaktor den 20fachen Wert des Anteils der verzögerten Neutronen[3]!

Ein Reaktor mit diesem hohen Reaktivitätsüberschuß würde also schon weit im prompt-kritischen Bereich liegen, bei seinem Aufbau also sofort durchgehen. *Infolgedessen muß die Überschußreaktivität kompensiert werden.* Es müssen also so viel Neutronen wieder beseitigt werden, daß $k_{eff} \leq 1,0073$ bzw. im stationären Betrieb $k_{eff} = 1,000$ und damit $\delta k \leq 0,0073$ bzw. $\delta k = 0$ wird. Wie schon gesagt, ist die Anwendung von Absorptionskörpern das einfachste und am weitesten verbreitete Mittel,

---

[1] Vgl. hierzu Abb. 115: Nur bei Hochleistungs- (oder besser: *„Hochfluß"*-) reaktoren erforderlich.

[2] Diese Anfahrreserve pflegt man bei Forschungsreaktoren mit niedriger Belastung vorzusehen, weil sie ja, wie die Tab. zeigt, ohnehin eine niedrige Überschußreaktivität haben, um zum Anfahren nicht allzuviel Zeit zu benötigen. Im allgemeinen erwartet man, daß man einen Reaktor kurze Zeit nach dem Abstellen in 10 bis 20 Minuten wieder auf volle Leistung hochfahren kann. Das geht aber nur dann, wenn eine genügend große Überschußreaktivität vorhanden ist, denn je weniger k_{eff} den Wert von Eins überschreitet, desto länger dauert es natürlich, bis der Neutronenfluß den gewünschten Wert erreicht hat.

[3] Es sei, um Irrtümer zu vermeiden, noch einmal darauf hingewiesen, daß es, ebenso wie bei den Wirkungsgraden im Maschinenbau, auch möglich ist, die Reaktivität δk in Prozent anzugeben, indem man die Werte der Tab. 24 mit 100 multipliziert. Dann würde also der Anteil der verzögerten Neutronen 0,73% betragen (wovon schon mehrfach die Rede war) und die Überschußreaktivitäten für die beiden Reaktortypen 3,3% bzw. 16,1%.

obwohl es unwirtschaftlich ist, denn die überzähligen Neutronen in jeder Generation müssen entfernt werden und sind damit nutzlos vergeudet. Bei einem Forschungsreaktor mit niedriger Überschußreaktivität ist das noch nicht so schlimm, weil die Absorber im Betrieb meist vollständig herausgezogen sind, denn die an sich geringe Überschußreaktivität wird fast vollständig durch die neutronenverzehrenden Einflüsse und durch die experimentellen Prozesse verbraucht. Bei einem Leistungsreaktor hingegen macht sich das schon bemerkbar. Trotzdem ist das z.Z. die zuverlässigste und bewährteste Methode.

Die Absorber müssen also so groß bemessen werden, daß sie die gesamte Überschußreaktivität verzehren können. Das ist aber noch nicht ausreichend. Man muß davon ausgehen, daß es nötig werden kann, in einem Reaktor die Spaltstoffmenge zu vergrößern. Die dadurch steigende Überschußreaktivität muß von den Absorbern ebenfalls aufgenommen werden können. Ein Zuschlag von 50% ist dafür angebracht. Ein weiterer Zuschlag von ebenfalls etwa 50% soll zur sicheren Überdeckung aller Abweichungen gemacht werden. Infolgedessen wird die von den Absorbern zu kompensierende Überschußreaktivität gegenüber den in der Tab. 24 gegebenen Werten wenigstens verdoppelt werden müssen. Man wird sie so bemessen, daß sie beim Forschungsreaktor einen Reaktivitätsbereich von 0,08, also 8%, beim Leistungsreaktor von 0,4, also 40% überdecken können.

Die technische Ausführung besteht, wie bereits erwähnt, in der Anordnung von Stäben, Rohren oder Platten aus neutronenabsorbierendem Material im Reaktorkern — in Ausnahmefällen auch im Reflektor —, die nach Bedarf in diesen eingeführt und aus ihm herausgezogen werden können. Sie werden meist unter Verwendung von Kadmium oder Bor hergestellt, da beide sehr hohe Absorptionswirkungsquerschnitte für thermische Neutronen haben[1] und in Form von Plattierungen, Legierungszusätzen oder Rohrfüllungen mit Oxyden u.ä. angewendet werden. Ihre Größe hängt von der Größe des Reaktors bzw. der Höhe des Flusses ab, denn je höher der Neutronenfluß, desto höher die absolute Zahl der je Generation wegzufangenden Neutronen. Man kann den Reaktivitätsgegenwert — den „Wirkwert" — der Absorber in einem Stab vereinigen und man kann ihn auch auf mehrere Stäbe aufteilen. Das letztere wird im allgemeinen, wenigstens bei größeren Reaktoren, bevorzugt, schon um eine gleichmäßigere Verteilung des Neutronenflusses zu sichern, der ja durch die Absorber — sie stellen Neutronensenken dar — gestört wird. Man pflegt für einen einzelnen Stab im allgemeinen einen Reaktivitätsgegenwert oder Wirkwert von 0,05, das sind also 5%, vorzusehen.

---

[1] *Schnelle* Reaktoren kann man auf diese Weise nicht regeln, weil praktisch alle Elemente für schnelle Neutronen nur sehr kleine Absorptionswirkungsquerschnitte haben!

Die praktische Erfahrung hat gelehrt, daß es zweckmäßig ist, die verschiedenen Funktionen bei der Regelung eines Reaktors auf verschiedene Absorbersysteme zu verteilen, und zwar in Anpassung an die drei Grundaufgaben der Regelung:

1. Hochfahren des Reaktors zum kritischen Punkt und auf Leistung; Abstellen des Reaktors (Trimmen). — 2. Einregeln auf Leistung (Regeln). — 3. Abschalten bei Gefahr (Sichern = „Schnellabschalten").

Der ersten Aufgabe dienen die „*Trimmstäbe*". Sie müssen einen großen Reaktivitätsbereich überdecken, um den Reaktor kritisch machen und den Neutronenfluß bis zum Bereich des gewünschten Leistungsniveaus steigern zu können. Da der Leistungsanstieg, wie wir bereits gesehen haben, von der Reaktivitätsänderung beeinflußt wird, muß dafür Sorge getragen werden, daß die Trimmstäbe nicht mit zu hoher Geschwindigkeit herausgezogen werden können. Zum Abstellen des Reaktors werden die Trimmstäbe einfach bis zu ihrer tiefsten Endstellung hineingeschoben („eingefahren").

Sobald das gewünschte Leistungsniveau angenähert erreicht ist, werden die Trimmstäbe so weit zurückgeschoben, daß der Vermehrungsfaktor wieder nahe dem Wert Eins liegt. Jetzt übernimmt der „*Regelstab*" die weitere Steuerung. Sein Wirkwert soll unter dem Anteil der verzögerten Neutronen liegen, also kleiner als 0,0073 bzw. kleiner als 0,73% sein (dieses gilt immer nur für U-235 als Spaltstoff!). Auf diese Weise wird die Gefahr ausgeschlossen, durch ein Versehen oder eine Störung in der automatischen Steuerung den Reaktor vom kritischen Zustand im stationären Betrieb, also von $k_{eff} = 1$ in den prompt-kritischen Bereich zu bringen, wenn der Regelstab völlig herausgezogen wird. Mit Rücksicht auf seinen kleinen Wirkwert — etwa $1/10$ der Trimmstäbe; vgl. das Obengesagte — muß er *genügend schnell bewegt* werden können, um Belastungsschwankungen schnell folgen zu können. Da dieser Regelstab ständig die Änderungen in der Reaktivität des Reaktors durch Vergiftung, Abbrand und äußere Einflüsse kompensieren muß, wird er mit zunehmender Vergiftung allmählich in seine Endstellung gelangen, also vollständig herausgezogen sein. Um wieder wirksam zu werden, muß er wieder vollständig hereingeschoben werden. Die dadurch hervorgerufene Erhöhung der Reaktivitätskompensation muß dann durch ein Nachstellen, d.h. durch Herausziehen eines oder aller Trimmstäbe um einen entsprechenden Betrag ausgeglichen werden.

Zur *Abschaltung bei Gefahr*, die, wie auch bei anderen technischen Geräten (vgl. z.B. den Schnellschluß bei Turbinen) schnell vor sich gehen muß, dienen die „*Sicherheitsstäbe*". Ihr Wirkwert muß auf jeden Fall über demjenigen der höchsten Überschußreaktivität des Reaktors liegen. Im Prinzip müssen sie also die gleichen Abmessungen wie die Trimmstäbe haben. Es liegt daher nahe, durch geeignete *konstruktive*

Maßnahmen die Funktion der Trimm- und Sicherheitsstäbe durch ein und dieselbe Stabart ausüben zu lassen, da sie sich praktisch ja nur durch die vorgeschriebene bzw. zugelassene Bewegungsgeschwindigkeit unterscheiden. Eine beliebte Ausführung ist die in Abb. 116 schematisch dargestellte Anordnung: Der *gleichzeitig als Trimm- und Sicherheitsstab* dienende Neutronenabsorber ist über eine magnetische Kupplung mit dem Antriebssystem verbunden, welches aus Zahnstange und Ritzel oder einem Schraubentrieb besteht, von einem Elektromotor über ein Untersetzungsgetriebe angetrieben. Solange der Stab als Trimmstab dient, wird er mit der vorgeschriebenen Geschwindigkeit bewegt. Sobald eine Gefahr auftritt, wird der Stromkreis des Haltemagneten unterbrochen. Die magnetische Kupplung löst sich, und der Stab fällt, jetzt als Sicherheitsstab zur Schnellabschaltung dienend, unter der Wirkung der Schwerkraft in seine tiefste, also sicherste Stellung, so daß sofort sein ganzer Wirkwert zur Geltung kommt und damit die gesamte Überschußreaktivität des Reaktors kompensiert wird. Da die Summe der Wirkwerte der Sicherheitsstäbe größer ist als die Überschußreaktivität, wird der Vermehrungsfaktor erheblich unter Eins gesenkt. Man nennt den Wert Eins minus den Gesamtbetrag der Reaktivität, die noch übrigbleibt, wenn die Stäbe vollständig eingefahren sind, die „*Abstellreaktivität*" des Reaktors.

Der Wirkwert von Absorptionsstäben, also der Reaktivitätsgegenwert, läßt sich überschläglich nach der von GLASSTONE [3] angegebenen empirischen Formel auf der Grundlage der Eingruppentheorie mit einem Korrekturfaktor für die schnellen Neutronen in der Form

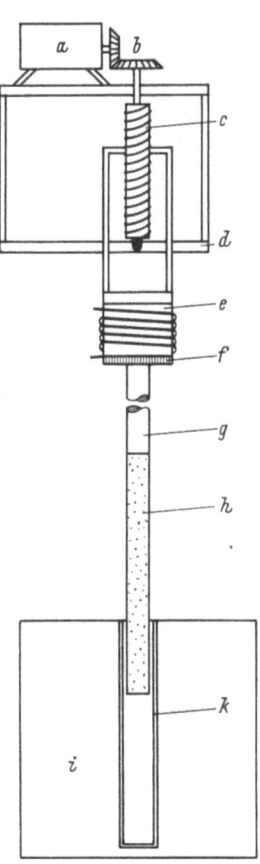

Abb. 116. Schematische Darstellung der Kombination von Trimm- und Sicherheitsstab
a Antriebsmotor; *b* Getriebe für die Trimmbewegung; *c* Schraubenspindel für die Trimmbewegung; *d* Antriebsgehäuse; *e* Kupplungsmagnet (Haltemagnet) für die Sicherheitsbewegung (d. h. Schnellabschaltung); *f* Anker des Stabes; *g* Stab; *h* Absorberfüllung; *i* Reaktorkern; *k* Stabführung (nach MURRAY)

$$\delta k = \frac{7{,}5\, L^2}{R^2 \left(2{,}3 \lg \dfrac{R}{R_0 - d} - 0{,}76\right)} \quad (246)$$

bestimmen. Darin ist L die bereits bekannte Diffusionslänge der thermischen Neutronen im Reaktor und d die aus Gl. (80) bekannte Extrapolationslänge. R ist der Radius des Reaktorkerns, R_0 derjenige des Absorberstabes.

Um eine Vorstellung von der Größenordnung zu geben, möge hier ein von GLASSTONE [3] angegebenes Beispiel wiedergegeben werden: Gegeben sei ein wassermoderierter Reaktor mit einem Kerndurchmesser von $2R = 50$ cm. Er soll einen Absorberstab von $2R_0 = 3$ cm Durchmesser in konzentrischer Anordnung erhalten. Die Diffusionslänge ergibt sich für Wasser (vgl. hierzu das Beispiel S. 126) zu $L = 2$ cm, der Diffusionskoeffizient $D = 0{,}18$ cm und damit aus Gl. (61) die mittlere freie Transportweglänge zu $\lambda_t = 0{,}54$ cm. Damit ergibt sich nach Gl. (80) $d = 0{,}36$ cm. Diese Werte in Gl. (246) eingesetzt, ergeben für den Wirkwert des Stabes bei vollständigem Eintauchen in den Reaktorkern $\delta k \approx 0{,}03$ oder in der üblichen Schreibweise mit Rücksicht darauf, daß k sich nur wenig von eins unterscheidet, $\delta k/k \approx 3\%$. Damit wäre also eine im Reaktor eingebaute Überschußreaktivität von höchstens der Hälfte, also 1,5%, etwa also das Doppelte des Anteils der verzögerten Neutronen, zulässig, wenn dieser Trimmstab mit ausreichender Sicherheit genügen soll.

Bei dieser Anordnung wird der Stab seine höchste Wirkung entfalten. Würde er *exzentrisch* eingebaut werden, würde sein Wirkwert sinken, und zwar etwa proportional dem Quadrat des Neutronenflusses.

Berechnungen des Wirkwertes δk der Absorberstäbe geben aber nur Anhaltswerte. Es ist notwendig, die Stäbe zu eichen, allein schon des-

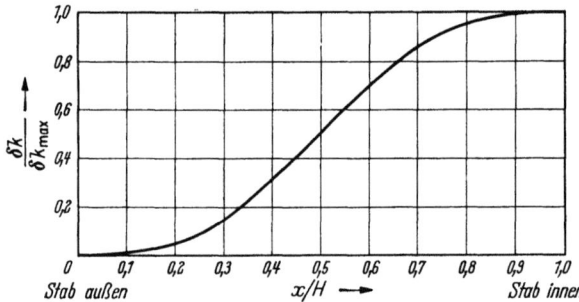

Abb. 117. Relative Absorberstabwirkung, bezogen auf den Wirkwert $\delta k_{\max}$ eines Trimmstabes, als Funktion der Eintauchtiefe x im Verhältnis zur Länge H des Reaktorkernes (höchstmögliche Eintauchtiefe) (nach MURRAY)

wegen, weil die von ihnen hervorgerufene Reaktivitätsänderung nicht linear über ihre gesamte Eintauchtiefe verläuft. Abb. 117 zeigt dieses Verhalten: Bei beginnendem Eintauchen ändert sich der Reaktivitätswert nur wenig mit der zunehmenden Eintauchtiefe. Dann wird die Änderung stärker, verläuft in der Mittellage linear und nimmt dann gegen Erreichen der Endstellung des Stabes wieder ab.

Die Berechnung wird weiter erschwert, wenn mehrere Stäbe verwendet werden. Infolge ihrer Absorptionswirkung verändern sie natürlich die Flußverteilung im Reaktorkern, wie Abb. 118 schematisch darstellt. Es fällt besonders auf, daß beim Einfahren des Regelstabes der Fluß weiter nach außen gedrängt wird, die Flußwölbung sich also ändert. Dadurch wird eine Erhöhung des Ausflußverlustes bewirkt.

Im allgemeinen wird bei zweckmäßiger, d.h. nicht zu dichter Anordnung mehrerer Stäbe ihre Gesamtwirkung nahezu gleich der Summe ihrer einzelnen Wirkwerte sein. Je dichter sie aber zusammenrücken, desto mehr werden sie sich gegenseitig beeinflussen, weil ihre Wirkung ja auch von der Größe des Neutronenflusses abhängt. Man kann von einer gegenseitigen „Schattenwirkung" sprechen. Die Schattenwirkung ist besonders bei Forschungsreaktoren zu beachten: Bringt man die Trimm- und Regelstäbe zu dicht an die Experimentierkanäle heran, wird man dort den Neutronenfluß senken und damit die Ausnutzbarkeit des Reaktors verringern!

Häufig wird außer den Sicherheitsstäben noch eine unabhängige Einrichtung zum *Notabschalten* des Reaktors vorgesehen. Sie kann erforder-

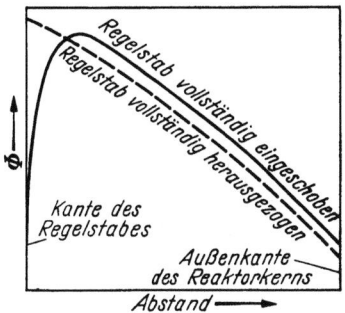

Abb. 118. Neutronenflußverteilung in einem Reaktor bei eingeschobenem und herausgezogenem Regel-(Trimm-)Stab (nach STEPHENSON)

lich werden, wenn z. B. durch eine Explosion die Führungen der Sicherheitsstäbe im Reaktor beschädigt werden, so daß die Stäbe klemmen und nicht mehr bewegt werden können. In Oak Ridge hat man z. B. an dem großen Forschungsreaktor X-10 einen Behälter mit Borstahlkugeln, die im Notfall in hierfür vorgesehene Kanäle im Reaktorkern hineinfallen können, angebracht. Damit ist es möglich, den Vermehrungsfaktor unter Eins zu senken. Anstatt dessen kann man auch stark absorbierende Flüssigkeiten verwenden, die man, wenn alle anderen Einrichtungen versagen, in den Reaktor einströmen läßt. Eine andere Lösung erweist sich bei Reaktoren mit flüssigem Moderator von Vorteil. So ist bei dem neuen Forschungsreaktor des *Massachusetts Institute of Technology* in *Boston* die Möglichkeit vorgesehen worden, so viel von dem als Moderator dienenden Schwerwasser aus dem Kerntank des Reaktors abzulassen, daß die Geometrie gestört wird und der Vermehrungsfaktor ebenfalls unter Eins sinkt. Die Wirkung beruht gleichzeitig darauf, daß die Reflektorwirkung der Wasserschicht im Tank oberhalb der Spaltstoffelemente aufgehoben wird. Die Einrichtung wird einfach durch ein geeignet angebrachtes Überlaufrohr und durch Betätigen eines Ablaufventiles in Gang gesetzt. Wesentlich dabei ist, daß der Flüssigkeitsspiegel nicht unter die Oberkante der aktiven Teile der senkrecht angeordneten Spaltstoffelemente sinken kann. Täte er das, würden die Spaltstoffelemente sich durch die Nachwirkung des Spaltvorganges so stark erhitzen, daß sie schmelzen oder aber wenigstens durch eintretende Luft beschädigt werden könnten. Das könnte u. U. bei Undichtheit zu einer radioaktiven Verseuchung, zum anderen zum Verlust der kostspieligen Spaltstoffelemente führen.

c) Anfahren von Reaktoren

Die schwierigste — und zugleich gefährlichste — Operation im Reaktorbetrieb ist das Anfahren aus dem „kalten Zustand", also dann, wenn ein „jungfräulicher" Reaktor zum ersten Male „kritisch" wird. Aber auch nach Betriebspausen ist der Reaktor „kalt", wenn nämlich der Neutronenfluß von der vorangegangenen Betriebsperiode so weit abgeklungen ist, daß er keinen merklichen Wert mehr hat. Außerdem sind noch andere Einflüsse zu beachten, die z. T. von der Konstruktion abhängen. Wir haben ja schon gesehen, daß ein Reaktor nur dann sicher beherrscht werden kann, wenn $1,00 < k_{eff} < 1,0073$ ist, der Reaktor also unter allen Umständen unterhalb des prompt kritischen Bereiches bleibt. Das Anfahren wäre also nur dann ungefährlich, wenn man k_{eff} stets bis auf Bruchteile eines Prozents ($\ll 0,73\%$) *genau* berechnen könnte. Das aber ist unmöglich. Die Neutronendiffusionstheorie liefert bis auf bestenfalls 10% genaue Werte. Die mit ihrer Hilfe ermittelte kritische Masse stellt also nur einen *Näherungswert* dar. Ebenso lassen sich die notwendige „eingebaute" Überschußreaktivität, die Wirkwerte der Trimmstäbe sowie ihre zeitlichen Änderungen nur näherungsweise angeben. *Das Anfahren muß deshalb selbst als „Experiment" durchgeführt werden!*

Um die Genauigkeit bei der Bestimmung der kritischen Masse zu erhöhen, pflegt man, insbesondere bei großen heterogenen Reaktoren, bei denen die Rechnung wegen der zahlreichen Grenzflächen zwischen den Spaltstoffelementen und dem Moderator *noch unsicherer* ist, die berechneten Ergebnisse durch Versuche zu verbessern. Diese haben Ähnlichkeit mit dem „Anfahrexperiment". Sie sollen zunächst besprochen werden.

Bei kleinen Reaktoren arbeitet man nach der Methode der sog. kritischen Anordnung: Spaltstoff und Moderator werden schrittweise vermehrt, bis die kritische Masse fast erreicht ist, insbesondere bei homogenen Reaktoren.

Im Prinzip geht man so vor, daß man zunächst eine künstliche Neutronenquelle in den Reaktor einführt, bevor Spaltstoff zugegeben wird. Diese Quelle kann klein sein, z.B. eine solche, die mittels Radium und Beryllium über eine (α, n)-Reaktion etwa $10^5 \ldots 10^6$ Neutronen je Sekunde abgibt. Um den Reaktorkern herum sind an geeigneten Stellen Neutronenzähler angebracht. Solange kein Spaltstoff im Reaktorkern enthalten ist, werden die Zähler einfach nur die Neutronen zählen, die aus der künstlichen Quelle stammen. Sobald Spaltstoff zugegeben wird, wird durch die von den Quellenneutronen hervorgerufenen Spaltungen eine Vermehrung der Neutronenzahl eintreten. Diese Vermehrung steigt mit zunehmender Spaltstoffmenge an. Solange der kritische Punkt noch nicht erreicht ist, also $k < 1$ ist[1], wird beim plötzlichen Herausziehen der Quelle aus dem Reaktor der Neutronenfluß wieder absinken. Sobald jedoch $k = 1$ geworden ist, wird der Neutronenfluß nach dem Herausziehen der Quelle konstant bleiben. Es würde aber ziemlich gefährlich sein, so vorzugehen, denn tatsächlich würde durch die Neutronen der Quelle zusammen mit von außen eintretenden Neutronen und mit spontanen Spaltungen[2] der Reaktor sofort prompt kritisch werden. Er würde also durchgehen und womöglich durch übermäßige Erwärmung zerstört werden. Die Folge davon wäre mindestens die Verseuchung der Anlage und ihrer Umgebung mit radioaktiven Stoffen.

Man muß deshalb bei $k < 1$ stehenbleiben. Bevor wir darauf eingehen, müssen wir zunächst das Verhalten eines Reaktors — ganz allgemein einer neutronenvermehrenden Spaltstoffanordnung — im unterkritischen Bereich, also für $k < 1$ betrachten, denn wir müssen ihn ja aus diesem Bereich hochfahren. Zweierlei ist also zu tun: Erhöhung des Vermehrungsfaktors bis $k = 1$ und Hochfahren auf Leistung im überkritischen Bereich $1{,}000 < k < 1{,}0073$, aber unterhalb des prompt kritischen Bereiches. Wir nehmen an, daß wir eine Spaltstoffanordnung haben, die unterkritisch ist. Eine selbsttätige Kettenreaktion kann also in ihr nicht aufrechterhalten werden, denn $k < 1$ bedeutet ja, daß die Neutronenzahl von Generation zu Generation abnimmt und schließlich Null wird. Bringen wir jedoch in ein solches System eine Neutronenquelle hinein, so werden die von ihr ausgesandten Neutronen ständig Spaltungen hervorrufen. Jedes Neutron aus der künstlichen Quelle wird also nach Abzug aller Verluste k Neutronen aus Spaltungen hervorrufen. Jedes dieser so entstandenen Neutronen wird wiederum k neue Neutronen erzeugen und so fort. Die Quelle strahlt nun ständig Q_0 Neutronen je Sekunde ab, so daß nach einer Generationsdauer l (vgl. S. 199), nach deren Ablauf gerade die ersten Spaltungen (von einem willkürlich gewählten Zeitnullpunkt gerechnet) einsetzen, im System $l \cdot Q_0$ Neutronen, nach $2\,l$ bereits $k \cdot l \cdot Q_0$, die von den ersten $l \cdot Q_0$ Neutronen durch

---

[1] Der Einfachheit halber wird k anstatt k_eff geschrieben, weil jetzt stets von endlich großen Reaktoren gesprochen wird und eine Verwechselung mit k_∞ daher nicht zu befürchten ist.

[2] Die Zahl der spontanen Spaltungen beträgt bei natürlichem Uran etwa 26 je Gramm und Stunde. Bei einem Reaktor mit z. B. 40 t Uran (BEPO) ergibt das eine Wärmeleistung von 10^{-5} Watt.

Spaltung erzeugt wurden, zuzüglich der $l \cdot Q_0$ von der Quelle nachgelieferten. Nach der Zeit $3\,l$ sind es dann bereits

$$Q = k^2 \cdot l \cdot Q_0 + k \cdot l \cdot Q_0 + l \cdot Q_0$$

Neutronen usw. Nach $m \cdot l$ Generationsdauern erhalten wir

$$Q_m = Q_0 \cdot l\,(1 + k + k^2 + \ldots + k^{m-1}) \qquad (247)$$

und als Summe dieser Reihe

$$Q_m = Q_0 \cdot l\,\frac{1-k^m}{1-k}\,. \qquad (248)$$

Da die Generationsdauer l sehr klein ($\approx 10^{-3}$ sek; vgl. S. 200) ist, wird alsbald der Grenzwert $m \to \infty$ erreicht, und wir erhalten

$$Q = Q_0 \cdot l\,\frac{1}{1-k}\,. \qquad (249)$$

Der Quotient $l/(1-k)$ oder genauer: $l/(1-k_{\text{eff}})$ wird oft als unter-

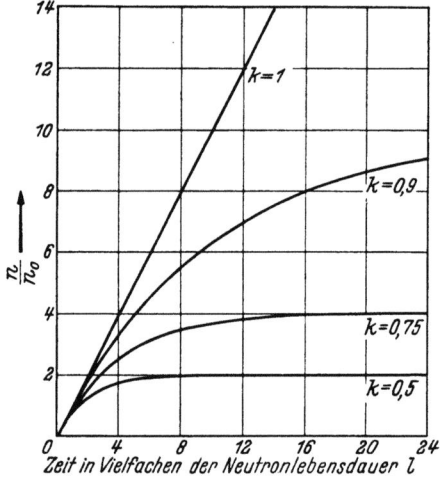

Abb. 119. Zunahme der Neutronenzahl im unterkritischen Bereich ($k_{\text{eff}} \leq 1$) (nach Schultz)

kritischer Vermehrungsfaktor bezeichnet. Aus Q_0 Neutronen, die die Quelle je Sekunde erzeugt, entstehen also $Q = Q_0/(1-k)$ Neutronen in jeder Sekunde. Natürlich bedarf es einer gewissen Zeit, bis Beharrungszustand erreicht ist, aber nach einer genügend großen Generationenzahl, einer Zeit also, die sich aus dem Produkt der mittleren Generationslebensdauer l und der Generationszahl ergibt, wird die Zahl der vom Zähler der neutronenvermehrenden Anordnung — in unserem Falle also des unterkritischen Reaktors — angezeigten Neutronen konstant sein. Wir können das in der Form

$$C = A\,\frac{Q_0}{1-k} \quad \text{bzw.} \quad C = A\,\frac{l}{1-k} \qquad (250)$$

schreiben, wobei A eine Apparatekonstante ist. Mit wachsendem k nähert sich der Nenner des Bruches dem Werte Null, und damit strebt C gegen unendlich. Die graphische Darstellung ergibt das Diagramm in Abb. 119. Wir sehen, daß z. B. für $k = 0{,}5$ sich $Q/Q_0 = 2$ ergibt, die Neutronenzahl aus der Quelle also verdoppelt ist. Wenn k auf $0{,}75$ — z. B. durch Herausziehen eines Regel- oder Trimmstabes — erhöht wird, steigt Q/Q_0 auf 4 usw. Je mehr sich k dem Wert 1 nähert, desto steiler wird der Anstieg: Q/Q_0 strebt dem Wert ∞ zu, d.h., daß bei $k = 1$ die Zahl der Neutronen unendlich werden würde.

Daraus ergibt sich eine Möglichkeit, die Annäherung an den kritischen Punkt experimentell zu bestimmen. Wird nämlich in Gl. (250) $C = \infty$,

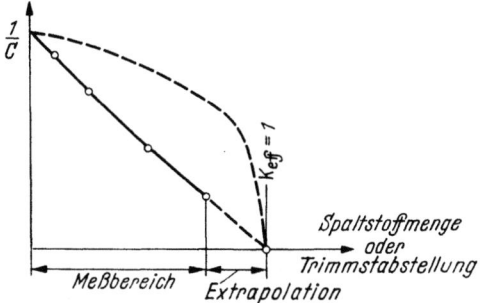

Abb. 120. Schema der graphischen Ermittlung der kritischen Masse bzw. der Trimmstabstellung für $k_{\text{eff}} = 1$ (nach STEPHENSON)

wird $1/C = 0$. Wenn man nun den reziproken Wert graphisch über der Menge des Spaltstoffes, der hinzugefügt wird oder über dem Weg der Trimmstäbe, die herausgezogen werden, aufträgt, erhält man im allgemeinen eine Gerade, deren Schnitt mit der Abszisse den Wert der kritischen Spaltstoffmenge oder der kritischen Stellung der Trimmstäbe angibt. Abb. 120 zeigt diese Methode. Man steigert die Spaltstoffmenge oder zieht die Trimmstäbe Schritt für Schritt heraus und trägt die so für $1/C$ gewonnenen Meßpunkte auf. In der Nähe des kritischen Punktes ergibt die Extrapolation den Schnitt mit der Abszisse und damit die kritische Menge des Spaltstoffes bzw. die kritische Stellung der Trimmstäbe. Genau ist die Extrapolation aber nur dann, wenn die Kurven wirklich geradlinig verlaufen. Das hängt nicht unwesentlich von der Stellung der Neutronenquelle im Reaktor ab: Sie muß möglichst in der Mitte des Kernes stehen, so daß die von ihr ausgehenden Neutronen auch wirklich auf dem Wege zum Zähler durch den Spaltstoff gehen und nicht direkt zum Zähler gelangen. Andernfalls würde sich die Zunahme des Spaltstoffes nur zu einem kleineren Anteil bemerkbar machen. Die gestrichelte Kurve in Abb. 120 zeigt diesen Fall: Anfänglich bleibt der am Zähler registrierte Neutronenfluß nahezu konstant. Würde man nun vom ersten, flachen Teil der gestrichelten Kurve extrapolieren, erhielte man eine zu große kritische Masse. Würde man aber das Experiment weiter treiben, könnte der kritische Punkt wegen des steilen Kurvenabfalles (eine *kleine* Änderung der Spaltstoffmenge oder Trimmstabstellung führt zu einer *großen* Änderung von $1/C$) leicht überschritten werden. Abb. 121 zeigt den Verlauf eines solchen ,,kritischen Experimentes".

Für große Reaktoren ist diese Methode im allgemeinen weniger geeignet. Man muß vielmehr danach streben, schon *vorher* die kritischen Daten möglichst genau festzulegen. Das geschieht durch sog. ,,*Exponentialuntersuchungen*". Im Prinzip bestehen sie darin, daß man ein

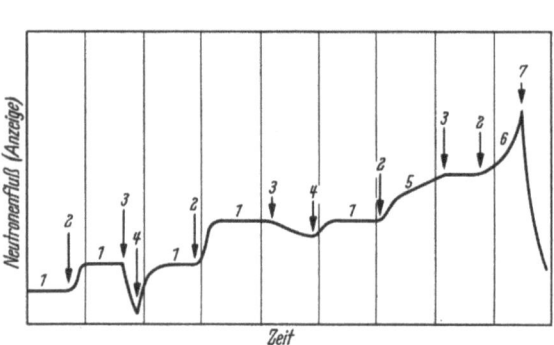

Abb. 121. Annäherung an den kritischen Punkt beim Anfahrexperiment
1 Stationärer Fluß, *2* Zugabe von Spaltstoff, *3* Herausziehen der Neutronenquelle, *4* Wiedereinführen der Neutronenquelle, *5* Linearer Anstieg des Neutronenflusses, *6* Exponentialer Anstieg des Neutronenflusses, *7* Einfahren der Sicherheitsstäbe

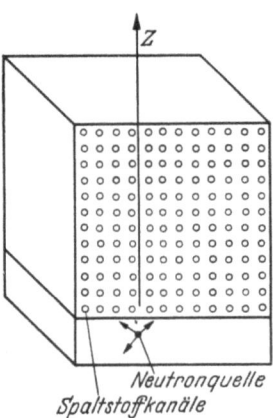

Abb. 122. Schema der Experimentieranordnung für eine Exponentialuntersuchung (nach STEPHENSON)

,,unterkritisches Modell" der geplanten Anordnung aufbaut. Es besitzt genau den gleichen Aufbau, also z. B. bei einem heterogenen Reaktor die gleiche Gitterzelle im Maßstab 1:1, jedoch nur einen *Bruchteil der kritischen Gitterzellenanzahl*. Durch eine künstliche Neutronenquelle wird in diesem Modell ein stationärer Fluß erzeugt. Dazu kann man unter Umständen einen Reaktor benutzen, aber auch eine kleinere künstliche Neutronenquelle wird häufig verwendet, wie Abb. 122 zeigt. Man mißt nun die exponentielle Abnahme des Flusses in der z-Richtung und bestimmt daraus die kritischen Abmessungen dieser Anordnung. Nach früheren Ausführungen galt als kritische Gleichung für große Reaktoren

$$\frac{k_\infty}{1 + M^2 B^2} = 1. \tag{165}$$

Hieraus ist die Flußwölbung B und über sie die kritische Größe zu bestimmen, wenn k_∞ und M berechnet werden können. Das ist für k_∞ genügend genau möglich, *nicht* aber für $M^2 = L^2 + \tau$. Deshalb wird B

direkt experimentell ermittelt. Für den Fall des stationären Flusses gilt in einiger Entfernung von der Neutronenquelle und den Grenzflächen wie früher

$$\nabla^2 \Phi + B^2 \Phi = 0 \,. \tag{136}$$

Dabei ist B^2 mit den Materialgrößen $k\infty$ und M^2 nach der kritischen Gleichung verknüpft. Diese gilt, solange Gl. (136) gültig ist, also *stets* für stationären Fluß unter den genannten Bedingungen; nur ist ein stationärer Fluß in einer *unterkritischen* Anordnung natürlich *allein mit einer künstlichen Quelle* möglich. Man kann demnach also B mit Hilfe einer beliebig unterkritisch stationär arbeitenden Anordnung ermitteln und dann mit diesem Wert in bekannter Weise (vgl. S. 173) über

$$B^2 = \frac{k_\infty - 1}{M^2} \tag{251}$$

die kritische Größe bestimmen.

Es sei der Ursprung des Koordinatensystems in die Grundfläche der Exponentialanordnung gelegt, so daß z in die Vertikale weist wie in Abb. 122. Die unterkritische Anordnung habe Quaderform mit den extrapolierten Kantenlängen a, b, c, die künstliche Quelle sei flächenhaft auf der Bodenfläche ($z=0$) angeordnet. Dann findet man als Lösung, die die üblichen Randbedingungen ($\Phi = 0$ an den extrapolierten Grenzen) erfüllt:

$$\Phi = A \cos\frac{\pi x}{a} \cos\frac{\pi y}{b} \cdot e^{-mz} \left[1 - e^{zm(z-c)}\right] \tag{252a}$$

und näherungsweise

$$\Phi \approx A \cos\frac{\pi x}{a} \cos\frac{\pi y}{b} \cdot e^{-mz} \,. \tag{252b}$$

Durch Einsetzen in die Differentialgl. (136) findet man leicht[1]

$$m^2 = \left(\frac{\pi}{a}\right)^2 + \left(\frac{\pi}{b}\right)^2 - B^2 \,. \tag{253}$$

Für gegebene Werte von x und y nimmt der Fluß exponentiell in der z-Richtung ab, daher der Name „Exponentialexperiment". Die mittlere freie Weglänge ist dann $\lambda = 1/m$ [vgl. Definition der mittleren freien Weglänge in Gl. (49b)]. Die Sättigungsaktivität einer zur Messung benutzten Folie logarithmisch über den Abstand z aufgetragen, ergibt dann eine gerade Linie mit der Neigung $-m$. Abb. 123 zeigt nach STEPHENSON [1] die Meßergebnisse für den Forschungsreaktor X-10 in

---

[1] Wir beschränken uns auf die „Grundschwingung" (vgl. S. 172), da die höheren Eigenfunktionen in z-Richtung schnell abklingen. Die Näherungslösung Gl. (252b) erfüllt ersichtlich die Randbedingung für $z=c$ nicht. Sie gilt also aus diesen Gründen nur in gewisser Entfernung von der unteren ($z=0$) und oberen ($z=c$) Grenzfläche.

Oak Ridge. Aus der Untersuchung ergibt sich der Wert für die Flußwölbung $B^2 = 63{,}5 \cdot 10^{-6}$ cm². Mit Gl. (161) findet man für einen würfelförmigen Reaktor $B^2 = 3\pi^2/x_0^2$ und damit $x_0^2 = 3\pi^2/63{,}5 \cdot 10^{-6} = 46{,}6 \cdot 10^4$ und daraus $x_0 = 682$ cm. Die tatsächliche Kantenlänge des X-10 beträgt $x = 730$ cm $= 7{,}3$ m.

Wenn man nun auch nach einer der beschriebenen Methoden die kritische Größe bestimmt hat, bleibt das Anfahren dennoch schwierig, wie bereits gesagt wurde. Die Gefahr besteht darin, daß die Trimmstäbe *zu schnell* herausgezogen und der Reaktor *bereits prompt kritisch* wird, *ehe die Meßinstrumente reagieren!* Man geht so vor, wie bereits bei der

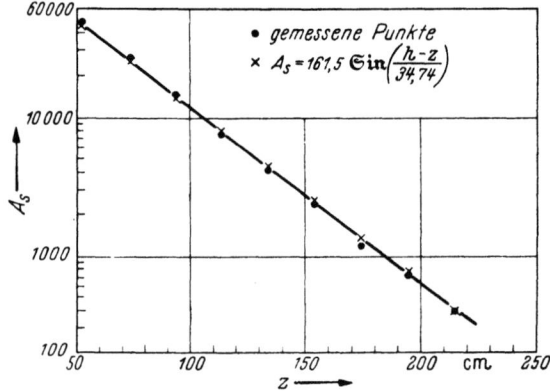

Abb. 123. Auswertung eines Exponentialexperimentes für die Gitterzellenanordnung des Forschungsreaktors X-10 in Oak Ridge aus der Sättigungsaktivität A_s der Meßfolien (nach STEPHENSON)

stufenweisen Spaltstoffzugabe (vgl. Abb. 120) beschrieben: Eine künstliche Neutronenquelle wird eingebaut, und die Trimmstäbe werden langsam, und zwar *schrittweise*, herausgezogen. Während jeder Pause mißt man den Neutronenfluß. Solange der Reaktor noch unterkritisch arbeitet (vgl. Abb. 119 u. 121), erreicht der Fluß in jeder Pause einen konstanten Wert. Im kritischen Bereich hingegen steigt er (je nach den Bedingungen linear oder exponentiell) an. Die künstliche Quelle muß dann (außer bei großen Energiereaktoren) entfernt werden.

Eine weitere Schwierigkeit beim Anfahren eines Reaktors liegt darin, daß der Vermehrungsfaktor ja durchaus nicht von der Stärke des Neutronenflusses Φ abhängt. Mit anderen Worten: ein Vermehrungsfaktor $k > 1$ kann ebensowohl bei *einem einzigen* Neutron wie bei *einer Million* Neutronen auftreten! Wäre $k = 1{,}1$, wenn der Reaktor *mit einem Neutron* zu arbeiten anfängt, so betrüge die Neutronenzahl, da er sich mit diesem k-Wert schon weit im prompt kritischen Bereich befindet, nach siebzig Generationen bei einer mittleren Lebensdauer von $l = 10^{-3}$ sek, also nach 0,07 sek, bereits 1000 Neutronen! Ein Anzeigegerät würde aber auf 1000 Neutronen noch gar nicht einmal besonders stark reagieren. Das bedeutet also, daß beim Start mit einem zu großen k-Wert die Anzeigegeräte nicht genügend empfindlich[1] reagieren, sondern erst zu einem Zeitpunkt die Gefahr anzeigen, wenn der Reaktor schon längst durchgegangen und durch keine Regel- oder Sicherheitsorgane mehr aufzuhalten ist. Infolgedessen muß *gerade zu Beginn* mit *besonders großer Sorgfalt und Vorsicht* vorgegangen werden. Da nun der Neutronenfluß vom ersten Start bis zur vollen Leistung um viele Zehnerpotenzen zunehmen muß, ist es erforderlich, den Meßbereich in verschiedene Gruppen aufzuteilen, weil ein einziges Zählgerät nicht in der Lage ist, den gesamten Bereich zu überdecken. Es ist in der amerikanischen Reaktortechnik üblich, den Flußbereich in folgende — praktische, d.h. durch die Leistungsfähigkeit der Meßgeräte begrenzte — Gruppen zu unterteilen, gekennzeichnet durch den relativen Neutronenfluß, bezogen auf den Fluß bei Vollast. Wenn dieser gleich Eins gesetzt wird, beginnt der Start des Reaktors mit der künstlichen Neutronenquelle:

a) Quellenbereich. Der Neutronenfluß beträgt etwa den $1/10^{11}$ten Teil, also 10^{-11} des Flusses bei Vollast. Das ergäbe bei einem Reaktor mit $\Phi = 10^{14}\,\mathrm{cm}^{-2}\cdot\mathrm{sek}^{-1}$ bei Vollast einen Fluß von $\Phi = 10^3\,\mathrm{cm}^{-2}\,\mathrm{sek}^{-1}$. Da die üblichen Neutronenzählrohre in diesem Bereich etwa eine Ausbeute von 1% haben, bedeutet das, daß nur zehn Impulse je Sekunde bei den üblichen Zählrohrgrößen gemessen werden. In Wirklichkeit liegt dieser Wert, meist noch niedriger, und man kann im Durchschnitt beim Anfahren mit einem Impuls je Sekunde rechnen. Da hier nur die Größe des Flusses interessiert, diese aber *schnell* ablesbar sein muß, werden direkte Flußmesser (u. a. Ionisationskammern ohne Impulsschaltung) oder Zähler mit integrierender, d. h. Mittelwertanzeige verwendet. Je geringer nun die Zahl der registrierten Neutronen ist, um so störender macht sich der statistische Charakter des Flusses (unregelmäßige zeitliche Aufeinanderfolge der Neutronen) durch *starke Schwankungen der Anzeige* bemerkbar. Deshalb ist es unmöglich, festzustellen, ob der Fluß so ansteigt, daß der k-Wert bereits im prompt kritischen Bereich liegt. Infolgedessen müssen in diesem Bereich die Sicherheits- und Trimmstäbe in ihrer *tiefsten Stellung* bleiben, um die Überschußreaktivität mit Sicherheit zu kompensieren, so daß der Reaktor auf keinen Fall schon bei diesen geringen absoluten Neutronenzahlen in den prompt kritischen Bereich geraten, also durchgehen kann.

b) Zählerbereich. Er wird im allgemeinen erreicht, wenn ein Reaktor mit einer genügend kräftigen künstlichen Neutronenquelle ausgestattet wird (beim Anfahren mit frischem Spaltstoff). Erst in diesem Bereich darf der effektive Vermehrungsfaktor auf $k_{\mathrm{eff}} = 1$ steigen: *Der Reaktor wird*

---

[1] Da ja nur ein Bruchteil von ihnen ins Zählvolumen gelangt, von denen wiederum wegen der geringen Zählwahrscheinlichkeit nur ein Teil registriert wird.

kritisch. Die Grenzen dieses Bereiches liegen zwischen 10^{-11} und 10^{-6} der Vollast. Bei einem Reaktor mit $\Phi = 10^{14}$ liegt der thermische Fluß Φ hier also zwischen 10^3 und 10^8 cm^{-2} sek^{-1}. Hier sprechen Zähler schon genügend kräftig an, so daß die Neutronenvermehrung sich deutlich von der statistischen Schwankung abhebt. Man kann also den Anstieg des Neutronenflusses mit Sicherheit messen. Daher ist es möglich, in diesem Bereich die Trimmstäbe zur Steigerung des k-Wertes auf den kritischen Punkt zu betätigen. Im allgemeinen werden die Zähler als anzeigende Instrumente, also integrierend, verwendet, so daß am Zeigerausschlag unmittelbar die Zahl der Impulse je Zeiteinheit bzw. bei entsprechender Eichung der Neutronenfluß abgelesen werden kann.

c) Periodenbereich. In diesem Bereich, der von 10^{-6} bis 10^{-2} des Vollastwertes, in unserem Beispiel also bei $\Phi = 10^8 \ldots 10^{12}$ cm^{-2} sek^{-1} geht, sprechen bereits die log N- und Periodenmesser an[1]. Hier besteht also die Möglichkeit, den Reaktor nach der stabilen Reaktorperiode, die dabei zwischen 10 und 20 sek liegen soll, zu betreiben. Man kann diesen Bereich auch in Anlehnung an den amerikanischen Brauch den *„Schnellstart"*-Bereich (restart range) nennen. Es ist nämlich möglich, den Reaktor einige Zeit nach dem Abstellen sehr schnell, also mit relativ starker Verstellung der Trimmstäbe wieder auf Leistung hochzufahren, weil der Neutronenfluß infolge der Wirkung der verzögerten Neutronen ziemlich lange Zeit nach dem Abstellen innerhalb dieses Bereiches bleibt.

d) Lastbereich. Er umfaßt den Bereich von 10^{-2} bis 1 der Vollast, also einen Fluß $\Phi = 10^{12} \ldots 10^{14}$ cm^{-2} sek^{-1}. Hier ist es sinnvoll, den Reaktor mit automatischer Regelung zu betreiben. Die Messung kann mit linear anzeigenden Geräten und mit Schreibgeräten erfolgen. Man verwendet dazu vorzugsweise nicht kompensierte Ionisationskammern. Es ist möglich, diese Instrumente direkt in Kilowatt zu eichen, weil der Neutronenfluß, wie wir schon früher gesehen haben, der Wärmeleistung des Reaktors direkt proportional ist.

Die wesentliche Gefahr beim Anfahren eines Reaktors liegt, wie wir gesehen haben, darin begründet, daß durch zu schnelles Herausziehen

---

[1] Da der Fluß während des Hochfahrens um mehrere Zehnerpotenzen ansteigt, wäre ein vernünftiges Ablesen mit linear anzeigenden Instrumenten praktisch unmöglich. Deshalb wird unter Ausnutzung der Eigenschaften einer sog. „Diode" (Typ einer Verstärkerröhre) ein logarithmischer Verstärker zwischen Ionisationskammer und Anzeigegerät geschaltet (wegen technischer Einzelheiten vgl. u. a. [8]), so daß der Fluß auf einer logarithmischen Skala angezeigt wird. Ein solches Instrument heißt *log N*-Messer.

Um die Periode T [sek] anzeigen zu können, muß eine Differentiation (wegen $\Phi = \Phi_0 e^{t/T}$ gemäß Gl. (204)) in der Meßschaltung ausgeführt werden. Sie verwendet im wesentlichen (wie bei Analogrechnern; vgl. S. 312 und [8]) Kondensatoren und Widerstände (sog. *RC*-Glieder). Die Spannung am Ausgang ist Null, wenn der Fluß stationär ist. Das entspricht einer Reaktorperiode $T = \infty$, vgl. S. 204.

der Trimmstäbe der Reaktor schon in einem Bereich prompt kritisch wird, wo der Periodenmesser noch nicht anzeigt. Das bedeutet also, daß die — noch nicht meßbare — Periode schon im Bereich niedriger, also schwer meßbarer Flußwerte viel zu kurz wird. Da im prompt kritischen Bereich die verzögerten Neutronen nicht mehr wirksam sind, ergibt sich für die Änderung des Flusses mit einer plötzlichen Änderung der Reaktivität unter Anwendung der Gl. (214a), wobei wir an Stelle der Neutronenzahl n den Neutronenfluß Φ setzen:

$$\frac{d\Phi}{dt} = \frac{\delta k}{l} \cdot \Phi. \tag{254}$$

Wenn wir nun annehmen, daß die Trimmstäbe in einer solchen Weise zurückgezogen werden, daß der kritische Faktor um einen bestimmten Wert Z, gemessen in Einheiten der Reaktivität, also z.B. in Prozent je Sekunde, zunimmt, so ist die Reaktivitätsänderung in der Zeit $t = Z \cdot t$ und wir können schreiben:

$$\frac{d\Phi}{dt} = \frac{Z \cdot t}{l} \cdot \Phi \tag{255}$$

oder nach Umformung und mit Berücksichtigung der Definition der Reaktorperiode nach Gl. (203) (wegen $Z \cdot t = \delta k$):

$$\frac{d(\ln \Phi)}{dt} = \frac{Z \cdot t}{l} = \frac{1}{T}. \tag{256}$$

Die Integration von Gl. (256) ergibt mit dem Fluß Φ_0 zur Zeit $t = 0$ und Φ zur Zeit $t = t$

$$\ln \frac{\Phi}{\Phi_0} = \frac{Z \cdot t^2}{2 l}, \tag{257}$$

und daraus ergibt sich durch Eliminierung der Zeit t mittels Gl. (256) für die Reaktorperiode die Beziehung

$$T = \sqrt{\frac{l}{2 Z \cdot \ln (\Phi/\Phi_0)}}. \tag{258}$$

Diese Periode ist zwar immer noch länger als diejenige, die eintreten würde, wenn alle Trimmstäbe vollständig herausgezogen sein würden, aber sie ist doch für eine vernünftige und betriebssichere Regelung viel zu kurz.

Wir hatten gesehen, daß es wegen der statistischen Unsicherheit unzulässig ist, die Regelstäbe im Quellenbereich herauszuziehen, weil der Reaktor in diesem Bereich ebenfalls bereits kritisch werden kann, denn das Kritischwerden hängt ja nicht von der absoluten Zahl der Neutronen, sondern von der Änderung des Neutronenflusses ab. Wir hatten bereits gesagt, daß der Reaktor auch kritisch werden kann, wenn nur *ein einziges* Neutron anfänglich vorhanden ist. Nehmen wir nun an, daß trotz dieser Gefahr die Trimmstäbe mit einer normalen, für den Periodenbereich ohne weiteres zulässigen Geschwindigkeit herausgezogen werden, die einer Reaktivitätsänderung von $Z = 0{,}05\%$ je Sekunde, also $0{,}0005$ sek^{-1} entspricht. In dem Quellbereich verhält sich der Fluß zu demjenigen bei Vollast wie $1 : 10^{-11}$, also

$\Phi/\Phi_0 = 10^{11}$. Mit einer mittleren Lebensdauer von $l = 10^{-3}$ sek, mit der wir früher schon (vgl. S. 200) gerechnet hatten, ergibt sich dann, eingesetzt in Gl. (258), für die Reaktorperiode beim Erreichen der Nennlast:

$$T = \sqrt{\frac{10^{-3}}{2 \cdot 0{,}0005 \cdot 22{,}4}} = 0{,}22 \text{ sek}.$$

Diese Reaktorperiode ist viel zu kurz, um den Reaktor in der Hand behalten zu können, denn wir müssen für die Arbeitsfähigkeit der Regelorgane, wie wir früher schon besprochen hatten, eine Reaktorperiode von wenigstens 10...20 sek fordern. Damit ist also gezeigt, wie gefährlich ein Herausziehen der Trimmstäbe im Quellenbereich des Reaktors beim Anfahren werden kann.

26. Reaktor-Simulatoren

Wir haben schon mehrfach gesehen, daß es auf Schwierigkeiten stößt, das Verhalten eines Reaktors exakt vorauszuberechnen und daß man häufig darauf angewiesen ist, Experimente zu Rate zu ziehen. Für die Untersuchung des Zeitverhaltens eines Reaktors bietet sich nun die Möglichkeit, wie es in anderen Bereichen der Technik schon üblich geworden ist und sich bewährt hat, eine Einrichtung heranzuziehen, die die wirklichen Vorgänge nachahmt. Man nennt solche Einrichtungen „Simulatoren". Ein Beispiel hierfür ist der Flugzeugsimulator zur Ausbildung von fliegendem Personal, mit dem die Vorgänge in einem fliegenden Flugzeug nachgeahmt und auf die Schalt-, Steuer- und Meßeinrichtungen einer Flugzeugkanzel übertragen werden, so daß der Flugschüler genau dieselben Vorgänge erlebt und sie durch Betätigung der Schalt- und Bedienungselemente in genau derselben Weise beeinflussen kann, wie wenn er sich in einem fliegenden Flugzeug befände. Der Vorteil einer solchen Einrichtung besteht darin, daß die Ausbildung unter den Bedingungen des wirklichen Fluges erfolgt, ohne daß das Risiko des wirklichen Fluges, welches sich aus falschem Verhalten des Flugschülers ergeben würde, eingegangen werden muß.

In der gleichen Weise ist es möglich, das *Verhalten eines Reaktors nachzuahmen* und derart auf Meßinstrumente zu übertragen, daß die Funktionen eines Reaktors genau der Wirklichkeit entsprechend dargestellt werden, denn auch die Funktionen eines „wirklichen" Reaktors sind ja nur aus der Anzeige der Meßgeräte zu erkennen, solange er normal arbeitet, d.h. also keine äußerlich erkennbaren Wirkungen durch Beschädigungen oder Zerstörungen eintreten. Infolgedessen kann Bedienungspersonal für den Reaktorbetrieb geschult werden, ohne daß die Gefahren einer Fehlbedienung eines wirklichen Reaktors in Kauf genommen werden müssen, ganz abgesehen davon, daß die Ausbildung am Reaktor selbst immer zu Störungen und Unbequemlichkeiten im Betrieb führt. Darüber hinaus vermag der „*Reaktor-Simulator*" noch mehr zu leisten: Er erlaubt das Studium des Betriebsverhaltens unter gewissen vorgegebenen Bedingungen und bietet z. B. die Möglichkeit, berechnete Neukonstruktionen auf ihr Verhalten zu prüfen bzw. mit seiner Hilfe Berechnungen durchzuführen; er ermöglicht es ferner, durch Versuche die Entwicklung von Steuer- und Regeleinrichtungen für Reaktoren wirksam zu unterstützen und vieles andere mehr. Es ist daher zu erwarten, daß die Reaktor-Simulatoren in der Technik eine bedeutende Rolle spielen und gerade dem Ingenieur bei seinen Entwicklungsarbeiten sehr nützlich sein werden, zumal die Kosten für solche Simulatoren relativ niedrig sind. In den USA werden heute bereits Simulatoren für Ausbildungszwecke serienmäßig hergestellt und geliefert.

Wie wir gesehen haben, läuft die Beschreibung des Zeitverhaltens von Reaktoren auf die Lösung partieller Differentialgleichungen hinaus oder auf die Lösung von Systemen gewöhnlicher Differentialgleichungen, wie z. B. im Fall des Einflusses der einzelnen Gruppen verzögerter Neutronen. Wir hatten uns bei der Besprechung der verzögerten Neutronen damit begnügt, die Gruppen zu einer einzigen Gruppe mit durchschnittlichen Werten zusammenzufassen. Die Lösung kann nun sehr vereinfacht werden, wenn man Analogieverfahren anwendet. Bekanntlich lassen sich häufig verschiedene physikalische Vorgänge durch dieselben Gleichungen beschreiben. Wir hatten bereits darauf hingewiesen, daß eine solche *Analogie* zwischen dem Neutronenfluß und dem Wärmefluß besteht, die die Vorgänge beschreibenden Gleichungen also dieselbe Form haben.

Es gibt verschiedene Methoden, solche Analogiemodelle herzustellen. Das bequemste und heute am weitesten entwickelte Verfahren ist die Anwendung elektrischer oder elektronischer Analogiesysteme, bekanntgeworden unter dem Namen *„Analogierechner"*. Ein *Reaktor-Simulator* ist im Prinzip eine *elektronische Analogierechenmaschine*.

Wegen der großen Wichtigkeit dieser Arbeitsmethode für den Ingenieur — nicht nur im Bereich der Kernreaktortechnik! — möge hier eine kurze Übersicht folgen. Ausführliche Darstellungen gibt es in der deutschen Literatur anscheinend bis heute noch nicht. Es sei daher für eingehenderes Studium auf einige amerikanische Veröffentlichungen [67, 68, 69] hingewiesen. Wir schließen uns in der folgenden Darstellung an die Ausführungen von GLASSTONE [3] an.

Wir sprechen von einem Simulator im engeren Sinne des Wortes, wenn er die Vorgänge im *gleichen* Zeitmaßstab darstellt wie das wirkliche, nachzuahmende System und von einem Analogierechner, wenn der zeitliche Ablauf gegenüber dem wirklichen Ablauf *verändert*, also schneller oder langsamer ablaufend dargestellt wird. Es ist ohne weiteres klar, daß, wenn man das Analogiegerät als Reaktor-Simulator in Verbindung mit anderen, „wirklichen" Systemen, also z. B. mit Steuermechanismen, welche untersucht und entwickelt werden sollen, benutzen will, der gleiche Zeitmaßstab wie beim wirklichen Reaktor angewendet werden muß.

Der Simulator arbeitet also genauso wie der Reaktor selbst. Indessen sind gewisse Einschränkungen bezüglich der strengen Gültigkeit der Analogie zu beachten: Es ist zwar ohne weiteres möglich, den Simulator so auszulegen, daß er den vorgegebenen Gleichungen streng gehorcht. Die einwandfreie Simulierung jedoch ist offenbar nur dann gesichert, wenn der nachzuahmende Vorgang auch tatsächlich genau durch die dem Simulator zugrunde gelegten Differentialgleichungen oder Gleichungssysteme beschrieben ist oder beschrieben werden kann. Es ist möglich, den Simulator so zu bauen, daß er die Gleichungen des Reaktorverhaltens befriedigt. Diese Gleichungen aber enthalten wegen der Komplexität des Vorganges eine ganze Reihe von Vereinfachungen und Annäherungen. Infolgedessen kann der Simulator das *wirkliche Reaktorverhalten* nur so weit nachahmen, als es durch die gewählten Gleichungen darstellbar oder tatsächlich dargestellt ist. Trotz dieser Schwierigkeit haben sich die Simulatoren bereits ausgezeichnet bewährt und geben wenigstens die gleichen Resultate, wie sie sonst nur mit meist sehr mühsamen und zeitraubenden mathematischen Methoden gewonnen werden können.

Der elektronische Simulator verwendet drei elektrische Elemente: OHMsche Widerstände (R), Kondensatoren (Kapazitäten C) und Induktionsspulen (Induktivitäten L). Die Stromstärke I in diesen Elementen hängt nun auf verschiedene Weise von der Spannung U ab:

Im OHMschen Widerstand: $\quad I = \dfrac{U}{R}$;

im Kondensator: $\quad I = C \cdot \dfrac{dU}{dt}$;

und in einer Induktionsspule: $\quad I = \dfrac{1}{L} \int U \, dt$.

Man kann also diese Elemente nach Belieben verwenden, um bestimmte, gewünschte Formen der Abhängigkeit des Stromes I von der Spannung U und von der Zeit t darzustellen. Allerdings macht die Anwendung von Induktivitäten insofern Schwierigkeiten, als es technisch kaum möglich ist, Induktionsspulen herzustellen, die frei von Kapazität und OHMschem Widerstand sind. Deswegen versucht man sie tunlichst zu vermeiden und mit Kondensatoren und OHMschen Widerständen allein auszukommen. In manchen Fällen ist es zweckmäßig, mechanische Glieder im Simulator zusätzlich heranzuziehen, insbesondere dann, wenn es sich darum handelt, Vorgänge darzustellen, die sehr lange dauern. Ein Beispiel hierfür wäre die Nachahmung der Xenon-Vergiftung, die sich, wie wir schon gesehen haben, über Stunden erstreckt.

Die grundsätzliche Arbeitsweise eines Reaktor-Simulators kann zunächst am einfachsten an der Wirkung der verzögerten Neutronen erläutert werden, wenn wir uns auf die Betrachtung einer einzigen Gruppe solcher Neutronen beschränken. Aus den Gln. (211) und (212) läßt sich unter Einführung eines Differentialoperators $\omega = d/dt$ und der Reaktivität $\varrho = (k_{\text{eff}}-1)/k_{\text{eff}}$ nach einiger Umrechnung mit der mittleren Neutronenlebensdauer l und der Zerfallskonstanten λ für eine Gruppe verzögerter Neutronen die Beziehung

$$\frac{\beta \omega}{\omega + \lambda} \Phi + \frac{l \cdot \omega}{k_{\text{eff}}} \Phi - \varrho \Phi = 0 \tag{259}$$

gewinnen, nämlich die Differentialgleichung für die zeitliche Änderung des Neutronenflusses bei gegebener Reaktivität ϱ. Wir betrachten nun eine elektrische Schaltung, wie sie Abb. 124 vereinfacht darstellt. Der Ver-

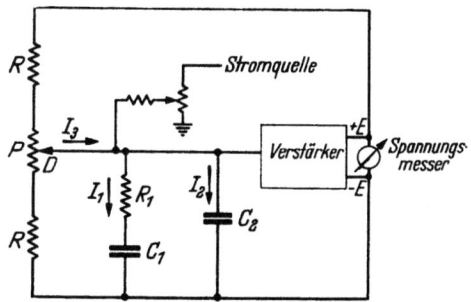

Abb. 124. Schematisches Schaltbild eines Reaktor-Simulators (nach GLASSTONE)

stärker ist so geschaltet, daß seine beiden Ausgänge die gleiche Spannung[1] E, jedoch mit entgegengesetztem Vorzeichen, abgeben. Wenn wir hier an Stelle von d/dt wiederum ω schreiben, können wir die Ströme I_1, I_2 und I_3 in den verschiedenen Teilen des Stromkreises wie folgt angeben:

$$\left. \begin{aligned} I_1 &= \frac{C_1 \cdot \omega}{R_1 \cdot C_1 \cdot \omega + 1} \cdot E, \\ I_2 &= C_2 \cdot \omega \cdot E, \\ I_3 &= f(D, P, R) \cdot E, \end{aligned} \right\} \tag{260}$$

worin $f(D, P, R)$ in einfacher Weise von den festen Widerständen P und R und von der durch D gemessenen veränderlichen Einstellung des Schleifkontaktes auf dem Potentiometer P abhängt. Die Anwendung des zweiten KIRCHHOFFschen Gesetzes ergibt

$$I_1 + I_2 - I_3 = 0.$$

Durch Einsetzen der Werte für I_1, I_2, und I_3 ergibt sich die Differentialgleichung, die durch den betrachteten Stromkreis befriedigt wird:

$$\frac{C_1 \cdot \omega}{R_1 C_1 \omega + 1} \cdot E + C_2 \omega E - f(D, P, R) E = 0. \tag{261}$$

---
[1] Hier wird, der Schreibweise von GLASSTONE folgend, für die Spannung E an Stelle des bei uns üblichen U verwendet.

Der Vergleich von Gl. (261) mit Gl. (259) zeigt, daß sie einander analog sind, wenn man R_1 und C_1 durch λ und β, C_2 durch l/k_{eff} ausdrückt und P und R so wählt, daß die Stellung D des Potentiometers ein Maß für die Reaktivität ϱ ist. Auf diese Weise wird, wenn die Widerstände und Kondensatoren geeignet gewählt werden, die Spannung E ein Maß für den Neutronenfluß Φ. Der Stromkreis in Abb. 124 verhält sich daher genauso *wie ein Reaktor*. Am Potentiometer können dann die Werte der „Reaktivität" nach Belieben eingestellt werden oder mit anderen Worten: Eine Reaktivitätsänderung am Potentiometer ruft dann eine zeitliche Änderung der Spannung E hervor, deren Verlauf genau der Änderung des Neutronenflusses im Reaktor bei der entsprechenden wirklichen Reaktivitätsänderung entspricht und die nun mit einem Voltmeter einfach gemessen werden kann. Man kann das Voltmeter sogar direkt in Einheiten des Neutronenflusses eichen, so daß man auf einem Schaltpult ähnlich einem solchen, wie es bei Reaktoren wirklich verwendet wird, Meßinstrumente vereinigen kann, die dasselbe Verhalten zeigen wie die Meßinstrumente eines wirklichen Reaktors.

Es ist nun keine besondere Schwierigkeit, anstatt *einer* Gruppe verzögerter Neutronen deren mehrere mit den entsprechenden Werten von β und λ einzuführen. Dazu ist es lediglich notwendig, mehrere R-C-Glieder anstatt des einen R_1-C_1 in Abb. 124 einzubauen. Die entsprechende Differentialgleichung, der die Schaltung genügt, enthält dann mehrere Ausdrücke für die verzögerten Neutronen entsprechend dem ersten Glied in Gl. (261), deren jedes einer Gruppe von verzögerten Neutronen entspricht. Auf diese Weise ist es möglich, das Verhalten des Reaktors *genauer* als unter Anwendung nur einer Gruppe mit durchschnittlichen Werten von β und λ zu verfolgen.

Durch entsprechende Maßnahmen ist es möglich, praktisch alle Vorgänge im Reaktor, also z. B. den Temperatureinfluß, die Xenonvergiftung usw. durch eine elektrische oder elektro-mechanische Analogie darzustellen.

VIII. Isotopentechnik

Bereits im dritten Kapitel war davon gesprochen worden, daß seit der Entdeckung von JOLIOT und CURIE (vgl. S. 72) die Technik der Herstellung künstlicher radioaktiver Isotope erhebliche Fortschritte gemacht hat. Einen mächtigen Auftrieb hat sie durch die Kernreaktoren erhalten; nicht etwa deswegen, weil *nur* auf diesem Wege Radioisotope herstellbar sind, sondern weil die Kernreaktoren Neutronenstrahler von ungeheurer, bis dahin nicht gekannter Intensität sind und überdies Ausführung von Kernreaktionen mit Neutronen relativ leicht ist. Da sie keine Ladung tragen, können sie bekanntlich leicht in den Atomkern eindringen. Die *Radioisotope* haben in der Technik und in der Industrie eine gewisse Bedeutung erlangt, die man allerdings auch nicht überschätzen soll. Ohne Zweifel erschließen sie eine Reihe neuer Möglichkeiten, die Fertigungsmethoden zu rationalisieren und die Erzeugnisse zu verbessern. Man darf jedoch nicht glauben, daß diese Strahler eine Art von Allheilmittel seien und daß die Anwendung von Radioisotopen unter allen Umständen eine Verbesserung in irgendeinem Betriebsablauf herbeiführen muß. Noch sind die Methoden in der Entwicklung, wenngleich nicht zu verkennen ist, daß dieser Industriezweig in den USA bereits einen erstaunlichen Aufschwung genommen hat. In Deutschland sind die Möglichkeiten z. Z. vor allem deswegen begrenzt, weil wir im eigenen Lande vorläufig keine Radioisotope hinreichender Intensität und Menge herstellen können.

Eine sehr große Rolle spielen die künstlichen Strahlungsquellen in der Forschung, in der Medizin und Biologie. Darauf können wir hier nicht eingehen. Wir beschränken uns auf die für den Ingenieur wichtigen und interessanten Radioisotope und deren Anwendung. Wir werden sehen, daß ihre Zahl, verglichen mit der Zahl der herstellbaren Strahler, recht bescheiden und ihre Anwendbarkeit noch sehr begrenzt ist. Vielleicht liegt aber gerade deswegen hier noch ein aussichtsreiches Entwicklungsgebiet für die Ingenieurtechnik vor.

27. Radioaktive Isotope und ihre Herstellung

Wir hatten bereits im III. Kapitel die Radioaktivität als Folge einer Instabilität der Atomkerne gekennzeichnet, die durch Abgabe eines solchen Energiebetrages ausgeglichen wird, daß der Kern in einen stabilen Zustand übergeht. Im Gegensatz zur natürlichen Radioaktivität tritt bei künstlich hergestellten Radioisotopen im allgemeinen nur β- und γ-Strahlung, nur ausnahmsweise eine n- oder eine α-Strahlung auf. Die β-Strahlung kann als Elektronen- oder als Positronenstrahlung erscheinen. Kerne mit Neutronenüberschuß betätigen sich im allgemeinen als β-Strahler, Kerne mit Protonenüberschuß als β^+-Strahler. Ein Proton kann sich statt durch β^+-Emission auch durch Einfang eines Elektrons aus der eigenen Hülle (meist aus der untersten, der K-Schale) in ein Neutron verwandeln (vgl. S. 73). Die so entstandene Lücke in der Schale wird dann durch Elektronenübergang aus einer äußeren Schale aufgefüllt. Das führt zur Emission von Röntgenstrahlung. Die γ-Strahlung tritt immer nur bei angeregten Kernen auf, wie wir ebenfalls schon gesehen hatten. Ob ein solcher Kern nun als künstlich radioaktiver Strahler in Betracht kommt oder nicht, hängt ganz davon ab, in welcher Zeit nach der Anregung die γ-Strahlung ausgesandt wird. Im allgemeinen tritt diese Ausstrahlung in der — für unsere Meßmittel — unmeßbar kurzen Zeit von $10^{-14}\ldots 10^{-13}$ sek auf. Liegt zwischen der Anregung und der Ausstrahlung ein größerer Zeitraum als 10^{-9} sek, pflegen wir von künstlicher γ-Radioaktivität zu sprechen. Man sieht also, daß die Definition recht willkürlich ist. In der Technik sind diese Zeiten noch völlig uninteressant.

Die Erzeugung radioaktiver Kerne ist auf sehr verschiedene Weise möglich. Die Anwendung von Neutronenstrahlung ist *nur eine* von vielen Möglichkeiten. Sie hat den besonderen Vorzug, daß in den Kernreaktoren eine energiereiche Neutronenstrahlung hoher Intensität zur Verfügung steht und daß Kernreaktionen mit Neutronen leichter als mit geladenen Teilchen durchzuführen sind, wie bereits gesagt, weil die Kernabstoßungskräfte auf Neutronen nicht wirken, diese also viel leichter eindringen können als z. B. α-Teilchen oder Protonen. Trotzdem dürfen wir die Erzeugung von Radioisotopen durch geladene Teilchen nicht außer acht lassen, weil mit den heutigen Teilchenbeschleunigern so hohe Energien erzeugt werden können, daß die geladenen Teilchen in der Lage sind, selbst das starke Abstoßungsfeld hochgeladener Kerne, also solcher mit hoher Kernladungszahl, zu überwinden. Hierfür kommen Hochspannungsgeneratoren – z. B. der sog. VAN DE GRAFF-Generator – oder Anlagen, die nach dem Prinzip des Zyklotrons arbeiten, in Frage[1].

Für technische Zwecke interessieren praktisch jedoch nur einige wenige derjenigen Radioisotope, die entweder durch Bestrahlung im Reaktor hergestellt oder aus den Spaltprodukten des Urans gewonnen werden. Tab. 25 gibt eine Übersicht über die heute in der Technik gebräuchlichen Strahler. Die Zahl derjenigen in Medizin und Biologie (Diagnose, Therapie, Forschung usw.) ist größer, interessiert uns hier aber nicht.

Es gibt bisher nur wenige Stellen auf der Welt, die betriebsmäßig Radioisotope herstellen und vertreiben. Abgesehen von den Erzeugern in Rußland, die uns praktisch nicht zugänglich sind, kommen hierfür nur *Harwell, England, Oak Ridge, USA,* und *Chalk River, Kanada* sowie *CEA, Frankreich*, in Betracht.

Die Herstellbarkeit von Isotopen im Reaktor wird entscheidend von der Größe des Reaktors, also dem zur Verfügung stehenden Volumen, und von dem Neutronenfluß bestimmt. Der Reaktor BEPO[2] (thermisch, heterogen, nat. Uran mit Graphitmoderator; $\Phi_{th} \approx 2 \cdot 10^{12}$ cm^{-2} · sek^{-1}; 6500 kW [therm.]) ist zur Isotopenherstellung besonders geeignet [*79*]: Er ist genügend groß und betriebssicher; in seinem Kern stehen außer den 900 Spaltstoffkanälen weitere 400 Kanäle zur Bestrahlung von Körpern zur Verfügung. Das zu bestrahlende Material wird meist in Alu-

---
[1] Die Erzeugungseinrichtungen sind aber im allgemeinen nicht gegeneinander austauschbar: Es gibt Radioisotope, die *nur* im Reaktor und solche, die *nur* in einem Teilchenbeschleuniger herstellbar sind.

[2] Vgl. auch Abb. 39 und Tab. 11.

Tabelle 25. *Übersicht über die industriell gebräuchlichen Radioisotope* [64]

Strahler	Isotop	Strahlungsenergie in MeV für β^*	Strahlungsenergie in MeV für γ^*	Halbwertzeit T [h;d;a]	Gamma-Dosisleistung in 1 m Abstand r/h · c	Preis DM/c	Anwendung
Kobalt	$^{60}_{27}$Co	(0,3)	1,17 / 1,33	5,3 a	1,35	500,-	Radiographie, Dicken-, Füllstand-, Verschleiß- und Lunkerprüfung
Caesium	$^{137}_{55}$Cs	(0,53)	0,67	33 a	0,3	1 100,-	Radiographie, Dicken-, Füllstand-, Verschleiß- und Lunkerprüfung
Iridium	$^{192}_{77}$Ir	(0,7)	0,60 / 0,13	74 d	0,27	170,-	Radiographie; Lunkerprüfung
Thulium	$^{170}_{69}$Tm	(0,97) / 0,88	0,084	129 d	0,045	550,-	Radiographie; Dickenmessung, Legierungskontrolle
Thallium	$^{204}_{81}$Tl	0,76		4 a	—	7 000,-	Flächengewichtsmessung; Ladungsabführung
Krypton (Gas)	$^{85}_{36}$Kr	0,7	(0,54)	9,4 a	—	5 000,-	Flächengewichtsmessung, vor allem mit linear ausgedehnter Quelle (Rohr)
Strontium	$^{90}_{38}$Sr	2,18	—	20 a	—	7 000,-	Flächengewichts- und Mengenmessung; Ladungsabführung
Brom	$^{82}_{35}$Br	0,46	0,55 / 1,31	36 h	—	1 000,-	Kontrolle von Wasserbewegungen
Radium (nat.)	$^{226}_{88}$Ra	3,15	1,7	~1600 a	0,85	130 000,-	Flächengewichts- und Füllstandmessung

* Die jeweils eingeklammerte Zahl deutet an, daß dieser Strahlungsanteil im allgemeinen *nicht* ausgenutzt wird.

miniumkapseln gefüllt und dann in den Reaktor eingeführt. Im allgemeinen ist eine Be- und Entladung nur bei abgeschaltetem Reaktor möglich. Er wird jeden Sonnabend abgeschaltet und montags wieder angefahren. Stoffe, die länger als eine Woche bestrahlt werden müssen, bleiben dann im Reaktor. Die fertig bestrahlten Körper werden entnommen und neue Stoffe wieder eingeführt. Für Bestrahlungszeiten, die kürzer als eine Woche sein sollen, stehen besondere Kanäle zur Verfügung, die auch während des Reaktorbetriebes bedient werden können. Meist wird dazu Preßluft benutzt, um die Kapseln mit den Proben nach Art einer Rohrpost schnell hinein- und vor allem hinauszubefördern zu können, ohne daß die Umwelt durch die strahlenden Stoffe gefährdet wird. Man verwendet dazu meist gekrümmte Kanäle, so daß keine Strahlung aus dem Reaktorinneren direkt austreten kann, wenn sie zum Einsetzen oder Herausnehmen der Proben geöffnet werden müssen.

Die Herstellung von Strahlungsquellen, also radioaktiven Isotopen oder kurz: Radioisotopen stellt auch besondere Anforderungen an die Regelung des Reaktors. Es handelt sich ja stets — das liegt in der Natur dieses Vorganges — um einen Verbrauch von Neutronen, die durch Absorption in dem zu bestrahlenden Stoff auf „Nimmerwiedersehen" verschwinden. Wird der Reaktor mit großen Mengen solcher Stoffe beladen, so muß ein entsprechender Betrag der Reaktivitätsreserve, also der Überschußreaktivität in Anspruch genommen werden. Bei Reaktoren wie BEPO ist die Überschußreaktivität meist so klein[1], daß bei beschicktem Reaktor die Trimm- und Regelstäbe im Betrieb fast vollständig herausgezogen sein müssen. Aber nicht nur in dieser Hinsicht machen sich die zu bestrahlenden Stoffe bemerkbar. Je nach der Größe ihres Absorptionswirkungsquerschnittes werden sie die Verteilung des Neutronenflusses im Reaktor mehr oder weniger stark stören. Ein Stück Kobalt z. B. von 12 mm Kantenlänge senkt den Neutronenfluß an der Stelle, wo es sich befindet, fast auf die Hälfte des Normalwertes! Es ist klar, daß sich die Stoffe, die zur Bestrahlung eingeführt werden, gegenseitig beeinflussen, indem sie einander sozusagen die Neutronen — je nach ihrem Absorptionswirkungsquerschnitt — „wegnehmen". Gold z. B. hat einen viel höheren Wirkungsquerschnitt als Kobalt und vermag noch auf Entfernungen von einem halben Meter den Neutronenfluß benachbarter Probekörper merklich zu beeinträchtigen. Auf diese Dinge muß also im praktischen Reaktorbetrieb sehr sorgfältig geachtet werden.

Eine weitere Frage ist die nach der erzielbaren *Aktivität* der bestrahlten Körper. Sie ist eine Funktion der Bestrahlungsdauer t, des Neutronenflusses Φ, der Halbwertzeit T, des Wirkungsquerschnittes[2] σ und der Anzahl der bestrahlten Atomkerne N. Sie läßt sich durch die Beziehung

$$A = \sigma \cdot \Phi \cdot N (1 - e^{-0{,}69\,t/T}) \qquad (262)$$

ausdrücken[3]. Indem man gemäß der Definition der Einheit Curie durch

---

[1] Weil k_∞ bei diesem Typ schon klein ist.

[2] Hier handelt es sich um den „*Aktivierungsquerschnitt*": Nur ein Teil der absorbierten Neutronen führt — ähnlich wie bei der Spaltung! — zur gewünschten Reaktion.

[3] Je nachdem, was man für N einsetzt, erhält man die Aktivität [sek^{-1}] je mol, Gewichts- oder Volumeneinheit. Die Gl. (262) ergibt sich wie folgt (vgl. S. 70):

Im Zeitelement dt werden $\sigma \Phi N\,dt$ Kerne aktiviert. Gleichzeitig zerfallen aber $\lambda R\,dt$ (R: Zahl der Kerne des Radioisotops), nach dem bekannten Zerfallsgesetz ist also

$$\frac{dR}{dt} = \sigma \Phi N - \lambda R$$

bzw.

$$\frac{dR}{dt} + \lambda R = \sigma \Phi N.$$

Mit dem Ansatz $R = \varphi(t)\,e^{-\lambda t}$ ergibt sich eingesetzt

$3{,}7 \cdot 10^{10}$ dividiert, erhält man den Wert von A in c, wenn der Fluß in cm$^{-2}\cdot$sek^{-1} und der Wirkungsquerschnitt in cm^2 eingesetzt wird.

Die Radionuklide (Radioisotope; vgl. S. 47) werden vor allem durch Neutronenanlagerung gebildet. Dabei stehen die Reaktionen (n, γ) und (n, p) an erster Stelle. Der (n, α)-Prozeß ist weniger ergiebig. Im ersten Fall bilden sich also radioaktive Isotope der inaktiven Ausgangssubstanz: Beide haben die gleiche Ordnungszahl Z und sind daher *chemisch nicht trennbar*. Deshalb ist die spezifische Aktivität (z. B. in mc je g gemessen; vgl. S. 239) durchweg gering. Bei den anderen Prozessen hingegen ist die aktive Substanz vom Ausgangsstoff chemisch trennbar, weil Z sich geändert hat. Man kann *„trägerfreie"*, d. h. nur aus aktiver Substanz bestehende und damit *hochkonzentrierte* Strahler auf chemischem Wege gewinnen.

Um z. B. trägerfreien Radiophosphor, also strahlenden Phosphor ohne Beimischung von inaktivem Phosphor, zu gewinnen, bestrahlt man Schwefel nach der Reaktion $^{32}_{16}$S (n, p) $^{32}_{15}$P. Bei einer Bestrahlungsdauer von einer Woche erhält man eine spezifische Aktivität von 62 μc/g und nach vier Wochen 180 μc/g. Die Aktivierung läßt sich nicht beliebig steigern, sondern strebt einer Sättigungsgrenze zu, die aus Gl. (262) entnommen werden kann[1]. Aus der Reaktionsgleichung ergibt sich, daß die Masse auf der rechten Seite der Gleichung, also in der Form $^{32}_{16}$S + $^{1}_{0}$n $\rightarrow$ $^{32}_{15}$P + $^{1}_{1}$H geschrieben, um etwa 1 TME größer ist als die Massensumme auf der linken Seite dieser Gleichung. Das Energieäquivalent beträgt nach Gl. (16) 0,931 MeV. Infolgedessen sind zu dieser Reaktion *schnelle* Neutronen erforderlich, denn die *thermischen* Neutronen haben ja nur eine durchschnittliche Energie von etwa 0,03 eV. Da schnelle Neutronen bei der Spaltung primär entstehen, stehen sie im Reaktorkern für diese Reaktion auch zur Verfügung. Immerhin muß man dabei daran denken, daß die Wirkungsquerschnitte mit abnehmender Neutronenenergie ansteigen. Infolgedessen ist die Gewinnung von Radiophosphor mit thermischen Neutronen wesentlich lukrativer. Sie kann nach der Reaktions-

---

und
$$\varphi\, e^{-\lambda t} = \sigma\, \Phi\, N$$

$$\varphi = \sigma\, \Phi\, N \int_0^t e^{\lambda t} dt = \frac{\sigma\, \Phi\, N}{\lambda} (e^{\lambda t} - 1).$$

Damit wird
$$R = \frac{\sigma\, \Phi\, N}{\lambda} (1 - e^{-\lambda t}).$$

Die Aktivität $A = dR/dt = \lambda R$ beträgt also am Ende der Bestrahlung
$$A = \sigma\, \Phi\, N\, (1 - e^{-\lambda t}) = \sigma\, \Phi\, N\, (1 - e^{-0{,}693\, t/T}).$$

Sie fällt dann natürlich — also nach der Entnahme zum praktischen Gebrauch — exponentiell ab.

[1] Es wird $A_s = \sigma\, \Phi\, N$.

gleichung $^{31}_{15}$P (n, γ) $^{32}_{15}$P ausgeführt werden. Dabei muß man aber in Kauf nehmen, daß das radioaktive Isotop P-32 mit inaktivem P-31 gemischt ist. Man erhält hierbei aber in einer Woche bereits 2,6 mc/g, nach vier Wochen 7,5 mc/g und bei Sättigung 12 mc/g. Jedoch ist der radioaktive Phosphor P-32 aus dem (n, α)-Prozeß chemisch konzentrierbar und so trägerfreier Radiophosphor zu gewinnen. Aber auch die Gewinnung des *trägerfreien* Radiophosphors aus der Schwefelreaktion ist immer noch schwierig genug. Zwar kann man, da es sich ja um zwei chemisch verschiedene Stoffe handelt, *chemische* Trennungsmethoden anwenden. Sie sind aber sehr kompliziert. Es ist dazu notwendig, ungefähr 10^{-6} g Phosphor aus 100...1000 g Schwefel zu gewinnen und außerdem noch die Verunreinigungen zu beseitigen!

Für manche Aufgaben reicht aber der Neutronenfluß des Reaktors[1] in *Harwell* nicht aus. So ist es z.B. dort nicht möglich, nennenswerte Mengen von Co-60, das ja gerade in der Technik so wichtig ist, herzustellen. Dieses Radioisotop kann z.Z. im wesentlichen nur aus den USA bezogen werden, wenn es sich um hohe Aktivitäten handelt.

28. Industrielle Anwendung von Radioisotopen

Es wurde bereits bemerkt, daß weite Kreise neuerdings dazu neigen, die Anwendbarkeit und den Nutzen der Radioisotope zu überschätzen, zumindest was ihre Anwendung in der Industrie betrifft, von der wir hier allein zu sprechen haben. Ganz grundsätzlich ist ihre Anwendbarkeit bestimmt durch ihre Halbwertzeit T, ihre Aktivität C und die Art der ausgesandten Strahlung mit der sie kennzeichnenden Energie (Strahlenhärte oder Durchdringungsfähigkeit, vgl. S. 246). Für die Industrie, abgesehen von einigen Forschungsproblemen, wo sie sogar wünschenswert sind, kommen Strahler mit *kurzen Halbwertzeiten*, etwa weniger als $T = 0,5\ a$ praktisch nicht in Betracht[2]. Ferner darf die spezifische Aktivität nicht zu klein sein, wenn z.B. bei Durchstrahlungen auf punktförmige Strahlungsquellen im Interesse einer scharfen Abbildung Wert gelegt werden muß.

Nach BERTHOLD [*64*] sind in die Bundesrepublik im Jahre 1954 für etwa 300000 DM Radioisotope eingeführt worden, davon etwa 20% für medizinische, 80% für industrielle Zwecke. Es handelte sich dabei im wesentlichen um folgende Mengen[3]:

24	Curie Kobalt-60	2 Curie Thallium-204
180	Curie Iridium-192	4,5 Curie Thulium-170
5,7	Curie Strontium-90	1,6 Curie Caesium-137

---

[1] Gemeint ist hier BEPO. Der seit einiger Zeit in Betrieb befindliche Reaktor DIDO liefert bereits etwa 30000 curie je Jahr als Co-60.

[2] Eine Ausnahme ist das Ir-192 mit T = 75 d (vgl. Tab. 25), welches gegenwärtig einer der industriell wichtigsten Strahler ist.

[3] Im Jahre 1957 liegen die Zahlen bereits wesentlich höher! (Vgl. hierzu [*80*]).

Jede Anwendung von Radioisotopen besteht grundsätzlich darin, daß die Intensitätsänderung der von ihnen ausgesandten Strahlung gemessen wird. Hierzu werden ganz allgemein die bereits früher (vgl. S. 260) besprochenen Meßgeräte, also Ionisationskammern, GEIGER-MÜLLER-Zählrohre, Proportionalzähler und Szintillationszähler verwendet. Als weiteres Meßmittel für Durchstrahlungen (Radiographie, Grobstrukturuntersuchung) kommt noch der *Röntgenfilm* hinzu[1].

γ-Strahlungsquellen müssen für die technische Anwendung, also die Benutzung durch nicht wissenschaftlich geschultes Personal, sehr sorgfältig geschützt werden. Das erfordert einen z.T. recht erheblichen Auf-

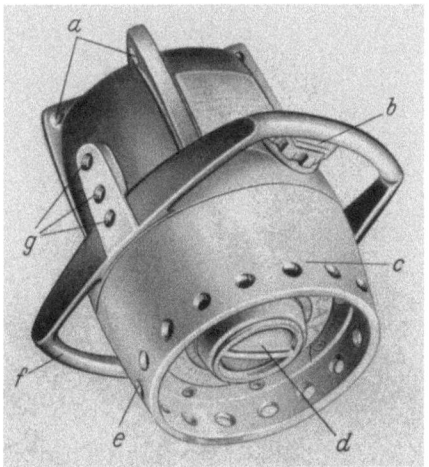

Abb. 125. Gamma-Strahler der Fa. *Kellog*
a Gehäuse, *b* Betätigung des Revolverkopfes, *c* Schutzmantel, *d* Verschluß der Strahlenaustrittsöffnung, *e* Belüftungslöcher, *f* Handgriff, *g* Befestigungslöcher zur Montage
Die Strahlungsquelle selbst befindet sich in einem Revolverkopf, der mittels der Betätigung *b* so gedreht werden kann, daß die Quelle im Betriebszustand der Öffnung *d* zugekehrt ist

wand. Da man im Gegensatz zur Röntgenröhre eine Strahlungsquelle nicht abstellen kann, muß besondere Sorgfalt darauf verwendet werden, die Umgebung vor Gefahren auch dann zu schützen, wenn die Quelle nicht benutzt wird. Die Zahl der hierfür entwickelten Konstruktionen ist bereits — insbesondere in den USA — so groß und die Entwicklung in ständigem Fluß, daß wir hier darauf nicht eingehen können. Abb. 125

---

[1] Man soll, daran sei hier erinnert, über den sich durch die γ-Strahler ergebenden Möglichkeiten die *Röntgenröhre* als γ-Strahler nicht ganz vergessen! Sie hat eine Reihe von Vorzügen, z.B. auch in der modernen Form des VAN DE GRAAFF-Generators, die sie unentbehrlich machen. Man denke nur daran, daß die Kontrastwirkung bei Durchstrahlungen wesentlich von der Wellenlänge, also der „Härte" der Strahlung abhängt. Während man diese bei der Röntgenröhre in weiten Grenzen nahezu beliebig einstellen und auswählen kann, sind die γ-Strahler in Form von Radioisotopen auf ganz bestimmte, eng begrenzte Spektralbereiche beschränkt!

und 126 zeigen zwei Ausführungsbeispiele von γ-Strahlenquellen für Durchleuchtungen.

Bei β-Strahlern sind die Schwierigkeiten der Abschirmung bei weitem nicht so groß, weil die Elektronenstrahlung, wie wir schon gesehen haben, eine viel geringere Durchdringungsfähigkeit hat. Nachfolgend wird eine Übersicht über die Anwendungsmöglichkeiten gegeben, die im wesentlichen der Darstellung von BERTHOLD [64] folgt.

a) Durchstrahlung. Hierfür kommen in erster Linie Kobalt-60, Caesium-137 und Iridium-192 trotz seiner relativ kurzen Halbwertzeit in

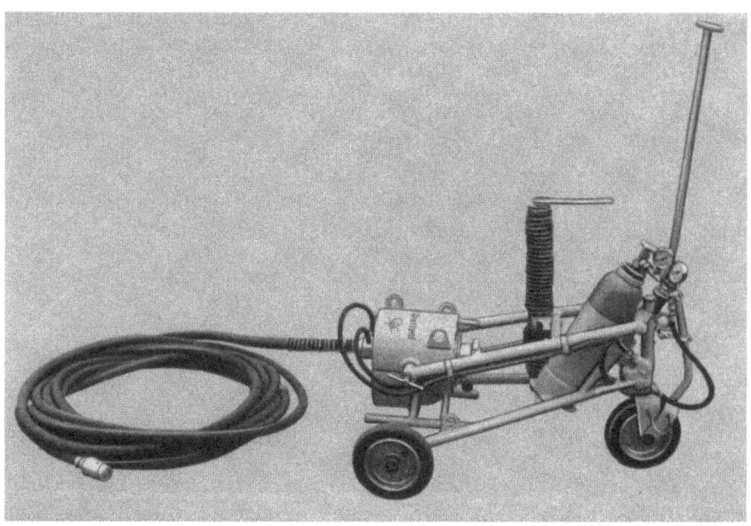

Abb. 126. Gammastrahler der *Bundesanstalt für Materialprüfung*. Die Strahlungsquelle befindet sich im bleigepanzerten zylindrischen Behälter auf dem Fahrgestell. Der Kopf am Schlauchende wird an den Ort gebracht, wo die Strahlung, z. B. für Durchleuchtungen, gebraucht wird. Durch Druckluft (Druckluftflasche rechts auf dem Fahrgestell) wird die Strahlungsquelle in dem Augenblick, in dem sie tatsächlich gebraucht wird, in den Kopf „geschossen". Nach Beendigung der Durchleuchtung (photographische Aufnahme) wird sie durch Umschalten der Druckluft wieder in den strahlensicheren Behälter zurückbefördert. Das wird durch Anwendung zweier konzentrischer Schläuche erreicht

Frage. Thulium-170 hat eine sehr geringe Strahlungsleistung (vgl. Tab. 25). Mit Ausnahme von Thulium[1] ist die Strahlung dieser Quellen erheblich härter als die einer technisch üblichen Röntgenröhre. Die Folge davon ist die Verringerung der Kontrastwirkung im Schirm- bzw. im Filmbild. Die Belichtungszeiten liegen durchweg höher als diejenigen bei Anwendung von üblichen Röntgenröhren. Mit einer Kobaltquelle von 1c kann man 100 mm starke Stahlteile durchstrahlen. Dabei muß man allerdings bereits Belichtungszeiten bis zu zehn Stunden in Kauf nehmen.

b) Beseitigung elektrostatischer Aufladungen. In der Papier-, Textil- und Kunststoffindustrie treten in den Verarbeitungsprozessen elektrische

---

[1] Thulium ist nach SCHMEISER [81] für Radiographie gut brauchbar.

Ladungen auf, die unangenehm und störend, mitunter sogar gefährlich werden können, insbesondere dann, wenn die Luft sehr trocken ist. Es gibt verschiedene Möglichkeiten, diese Ladungen abzuführen. Die beste Methode ist eine hinreichende Ionisierung der Luft. Anstatt aufwendiger Einrichtungen zur Ultraviolettbestrahlung (Quecksilberdampflampe) bewähren sich hier β-Strahler geeigneter Form, die zur Ionisierung der Luft verwendet werden können. In erster Linie kommen hierfür Thallium-204 und Strontium-90 in Betracht, die mit Aktivitäten von 0,1...0,5 mc/cm² bereits eine befriedigende Wirkung ergeben.

c) Ortsbestimmungen. Sie spielen wohl in unserer deutschen Industrie, soweit es sich um Feststellung der Lage eines „Molches" oder den Übergang einer Ölsorte in eine andere in Ölleitungen handelt, nur eine untergeordnete Rolle. In den USA und in anderen großen Ölgebieten mit langen Förderleitungen (pipe lines) hat die Anwendung von Radioisotopen sich sehr bewährt. Molche sind rotierende Körper, die durch die Ölleitungen getrieben werden, um Ablagerungen in den Rohrleitungen zu beseitigen. Sie werden durch den Ölstrom selbst bewegt. Mitunter bleiben sie irgendwo stecken. Sie wieder aufzufinden ist dann äußerst schwierig. Wenn man aber in den Molch eine Strahlungsquelle einbaut, braucht man die Leitung lediglich mit einem Zählgerät abzutasten, um ihn wiederzufinden.

Wenn in einer langen Ölleitung die Sorte gewechselt wird, dann ist es wünschenswert, an der Empfangsstelle genau feststellen zu können, wann die neue Sorte eintrifft, um die Entnahmeleitungen rechtzeitig umschalten zu können. Man setzt der neuen Ölsorte im Augenblick des Wechsels durch Einspritzung eine gewisse Menge eines löslichen Radioisotops, also in Form einer geeigneten Verbindung, zu und kann so den Augenblick der Ankunft, wie den amerikanischen Veröffentlichungen zu entnehmen ist, ziemlich genau bestimmen.

Eine interessante Anwendung ist auch die Beobachtung der axialen Verschiebung einer Welle, die bei Dampf- und Gasturbinen eine Rolle spielt, weil eine Berührung von Leitapparat und Läufer zu schweren Zerstörungen der Maschinen führen kann. Um diese Verschiebung von außen beobachten zu können, spannt man auf die Welle des Läufers eine Kobaltquelle in Form eines konzentrischen Drahtes auf. Seine nach außen gehende Strahlung wird mittels eines Spaltes in einem Bleiblock ausgeblendet, so daß ein scharf begrenzter Strahl austritt, der vom Zählrohr gemessen wird. Damit sollen noch Verschiebungen bis herab zu 0,2 mm nachweisbar sein.

d) Füllstandsmessungen. Die Messung von Flüssigkeitsständen spielt in der *Verfahrenstechnik* eine zunehmend große Rolle, weil diese Messungen durch die zunehmenden Drücke und Temperaturen ständig schwieriger werden. Abgesehen von den zahlreichen Sonderformen sind zwei Methoden kennzeichnend, wie sie in Abb. 127 schematisch dargestellt sind. Meist wird die Intensitätsänderung einer γ-Strahlung (Co-60 oder Cs-137) benutzt, die den Behälter von der Quelle zum Zählrohr durchsetzt. Man kann nun entweder, wie die linke Bildhälfte zeigt, den Durchgang des Flüssigkeitsniveaus durch die Meßstelle ermitteln oder man kann durch stabförmige Strahler, wie es die rechte Bildhälfte darstellt, die Niveauhöhe in einem bestimmten Bereich kontinuierlich messen. Die Methode ist bisher bis zu Behälterdurchmessern von 6 m und Wand-

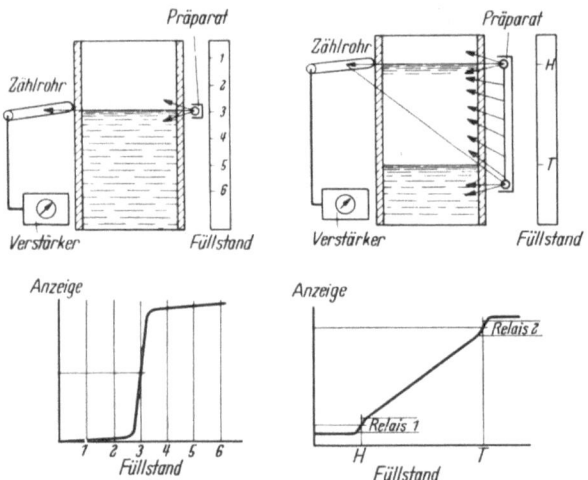

Abb. 127. Schema der Füllstandsmessung in Behältern mittels radioaktiver Strahler
Links: Anzeige eines bestimmten Flüssigkeitsstandes (Sollwert)
Rechts: Kontinuierliche Füllstandsanzeige (nach BERTHOLD [64])

stärken des Behälters bis zu 80 mm angewendet worden. Die Meßgenauigkeit kann bis auf 1,5 mm Niveaudifferenz getrieben werden.

e) Dickenmessung. Sie beruht ebenfalls auf der Intensitätsschwächung oder Rückstreuung einer γ- oder β-Strahlung durch den zu messenden Körper. Hierbei muß man sich von vornherein darüber klar sein, daß es sich eigentlich nicht um eine Dickenmessung, sondern um eine *Bestimmung des Flächengewichtes* handelt. Auch kann man einen für eine bestimmte Stoffart geeichten Dickenmesser mit radioaktiver Strahlung *nicht ohne weiteres* für beliebige andere Stoffe verwenden.

Es gibt Geräte, die dazu dienen, an fertigen Werkstücken die Wanddicke zu messen und solche, die die Dicke einer Schicht, z. B. einer Papierbahn, einer Kunststoffolie oder von Stahlblech laufend während der Herstellung messen oder sogar regelnd in den Fertigungsablauf eingreifen. Für beide Arten von Aufgaben stehen grundsätzlich zwei verschiedene Methoden zur Verfügung: die *Durchstrahlungsmessung* dort, wo der Werkstoff von beiden Seiten, und die *Rückstrahlmessung* dort, wo der Werkstoff nur von einer Seite zugänglich ist. Mit Sonderbauarten von Zählrohren für diesen Zweck kann man nun ohne große Schwierigkeiten mit einer Quelle von 0,3 mc Co-60 Stahlstücke bis 50 mm Wandstärke mit einer Genauigkeit von 0,2 mm ausmessen, wobei die Anzeige des Gerätes sich in 1...3 sek einstellt. Die Rückstrahlmessung beruht darauf, daß man die rückgestreute Strahlungsintensität, die von dem Atomgewicht und der Schichtdicke abhängig ist, mit einem geeigneten Zähler mißt.

Zur kontinuierlichen Dickenmessung an Folien werden vorwiegend β-Strahler und Ionisationskammern[1] als Meßgeräte benutzt. Ihre Emp-

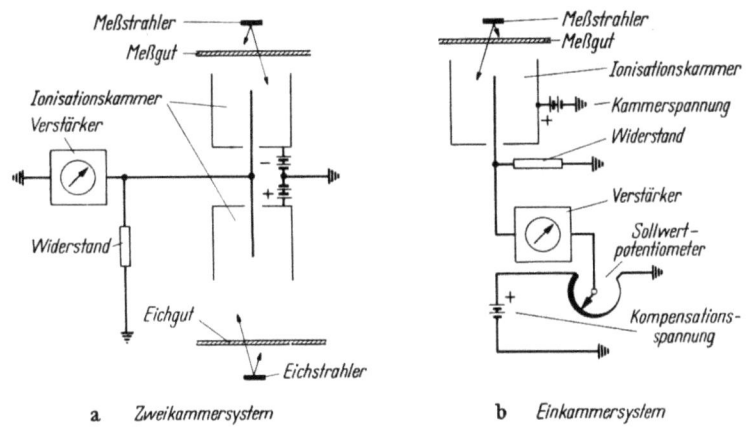

Abb. 128. Schematische Schaltbilder von Dickenmeßgeräten für Durchstrahlungsmessung
(nach BERTHOLD [*64*])

findlichkeit genügt im allgemeinen, weil Elektronen ja eine Zählwahrscheinlichkeit von 100% im Zähler ergeben. Die Messung wird allgemein nach der „*Nullmethode*" ausgeführt: Durch eine geeignete Schaltung wird der der Solldicke des Materials entsprechende, von der Ionisationskammer abgegebene Strom kompensiert, so daß die Anzeige Null wird, wenn der zu überwachende Stoff die vorgeschriebene Solldicke hat. Sobald Abweichungen auftreten, zeigt das Meßinstrument einen der Dickenabweichung proportionalen Ausschlag. Man kann also für jeden *speziellen Fall* das Anzeige- oder Schreibgerät unmittelbar in Maßeinheiten der Dickenabweichung eichen, z. B. in μ, denn die erzielte Genauigkeit liegt in der Größenordnung von μ. Bei Papier mit der Dichte Eins kann eine Abweichung von 1 μ vom Sollwert noch ohne nennenswerte Schwierigkeiten gemessen werden. Als Strahlungsquelle kommen Krypton, Thal-

---

[1] Da nur der *Teilchenstrom*, nicht aber der Nachweis *einzelner* Teilchen interessiert, kann man hier die weniger empfindlichen Ionisationskammern und Proportionalzählrohre anwenden.

lium und Strontium in Frage. Krypton hat den besonderen Vorzug, daß es als Gas in ein Rohr eingefüllt werden und damit als Strahlungsquelle größerer linearer Ausdehnung verwendet werden kann. Auf diese Weise kann man sehr bequem die Durchschnittsdichte oder -dicke einer Stoffbahn über die ganze Bahnbreite messen. Abb. 128 zeigt zwei schematische Schaltungsbeispiele für solche Meßeinrichtungen. Das Schaltungsschema b) stellt die oben beschriebene Kompensationsschaltung dar, bei der durch ein Potentiometer die vom Meßgerät ausgehende Spannung kompensiert wird. Der Sollwert der zu messenden Dicke wird also am Potentiometer eingestellt. Die Schaltung a) berücksichtigt Einflüsse der

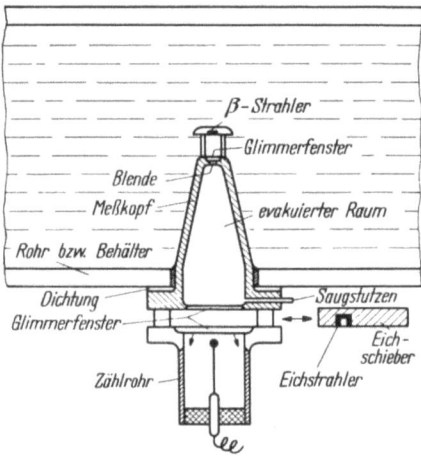

Abb. 129. Gerät zur Dichtemessung in Flüssigkeiten (nach BERTHOLD [64])

Umgebung durch Druck, Temperatur und Feuchtigkeit: Bei diesem sog. „Zweikammersystem" wird mittels eines zweiten Strahlers und einer zweiten Ionisationskammer ein Probestück des zu messenden Stoffes ständig durchstrahlt, so daß damit eine Vergleichsmessung an einem Standard ausgeführt wird. Ändern sich die Bedingungen an der Meßstrecke, so ändern sie sich auch an der Eichstrecke. Mit dieser Anordnung läßt sich sogar eine Änderung der Eichung, hervorgerufen durch die allmählich abnehmende Intensität der Strahlungsquelle, eliminieren.

Auch die Dichte von Flüssigkeiten und Gasen läßt sich auf diese Weise messen und auf ihre Konstanz überwachen[1]. Dieses ist ebenfalls eine für verfahrenstechnische Aufgaben äußerst wichtige Möglichkeit. Abb. 129 zeigt eine Meßanordnung zur Dichtemessung einer Flüssigkeit in einer Rohrleitung. Der Meßkopf besteht aus der Strahlungsquelle, dem

---

[1] An sich gibt es bereits zahlreiche und genügend genaue Meßmethoden. Sie versagen aber, wenn es um eine kontinuierliche Messung geht und eine laufende Probenahme unmöglich oder unzulässig ist.

Durchflußkanal und der Blende. Er wird in die Rohrleitung eingeschraubt und trägt am anderen Ende das Zählrohr. Um bei der Anwendung von β-Strahlen eine unnötige zusätzliche Schwächung der Strahlung zu vermeiden, ist der Raum zwischen der Blende und dem Strahlenaustritt zum Zählrohr evakuiert. Zwischen Meßkopf und Zählrohr ist ein Zwischenraum vorgesehen, in den man zur Kontrolle der Eichkonstanz eine Standardquelle einschieben kann.

Grundsätzlich kann für diese Methode sowohl β- wie auch γ-Strahlung verwendet werden. Je größer die Meßweglänge wird, desto empfindlicher wird die Anordnung unter sonst gleichen Umständen. Bei β-Strahlung ist jedoch die Meßweglänge wegen ihrer relativ geringen Durchdringungsfähigkeit begrenzt. γ-Strahlung erlaubt eine größere Meßweglänge. Ihre Ausnutzbarkeit ist jedoch durch die Stärke der Strahlungsquelle begrenzt, denn bei solchen technischen Meßeinrichtungen wird man stets danach streben, die Aktivität der Quelle so klein wie möglich zu wählen, um den Aufwand für den Strahlenschutz in erträglichen Grenzen zu halten. Ganz allgemein wird man β-Strahlung bevorzugen, weil mit ihr der Meßweg klein und damit die Abmessungen des Meßkopfes gering gehalten werden können. Nach BERTHOLD (a. a. O.) kann man relative Dichteänderungen von ± 0,4% noch sicher registrieren. Diese Ergebnisse erzielte er sowohl mit der β-Strahlung einer Strontiumquelle bei einer Meßweglänge von 6 mm als auch mit der γ-Strahlung von einer Kobaltquelle bei einer Meßweglänge von 1 m. Zur Dichtemessung von Gasen empfiehlt er Thallium- und Kryptonquellen. Es wäre schließlich noch auf das Fenster hinzuweisen, welches die Meßstrecke von dem evakuierten Strahlenkanal trennt. Diese dünnwandigen Fenster aus Glimmer halten Überdrücke bis 15 atü aus, ohne daß sie so dick gemacht werden müßten, als daß sie die β-Strahlung wesentlich schwächten.

Eine andere interessante Aufgabe ist die Messung der Stopfdichte von Zigaretten. Sie spielt heute in den USA bereits eine sehr große Rolle. Es gibt Firmen, die solche Meßgeräte serienmäßig herstellen. Diese Messung hat zwei Gründe: Einmal strebt man danach, das Übergewicht so klein wie möglich zu halten, um Tabak zu sparen. Zum anderen bevorzugt der Verbraucher Zigarettenmarken, bei denen die Stopfdichte und damit der Saugwiderstand beim Rauchen bei allen Zigaretten gleich sind. Das Prinzip der Messung ist das gleiche wie vorhin beschrieben. Der Zigarettenstrang wird durchstrahlt und damit seine Dichte in üblicher Weise gemessen. Als Strahler dienen für diese Zwecke meist Strontiumquellen. Die Abweichungen vom Sollwert werden unmittelbar zur Steuerung der Tabakzufuhr in der Maschine benutzt.

Schließlich wäre noch die Möglichkeit zu erwähnen, die Dicke von Deckschichten zu kontrollieren, also z.B. von Kunstharzüberzügen oder Plattierungen. Bei Plattierungen nicht-ferromagnetischer Werkstoffe ist diese Methode übrigens die einzig anwendbare. Man benutzt dazu das bereits erwähnte Rückstrahl- oder Rückstreuverfahren (backscattering). Abb. 130 zeigt eine solche Einrichtung im Prinzip: Konzentrisch über dem Zählrohrfenster — β-Strahlung — ist das Zählrohr angeordnet, welches die Intensität der rückgestreuten Strahlung mißt. Diese Rückstreuung ist von dem Atomgewicht bzw. der Ordnungszahl des Stoffes und von der Dicke der streuenden Schicht abhängig. Die Meßgenauigkeit wird allerdings auch von der Differenz der Ordnungszahlen der beiden Stoffe, der Grundschicht und der Deckschicht beeinflußt: Je größer die Differenz ist, desto höher wird die Meßgenauigkeit. Praktisch sind Genauigkeiten von 2...10% der Solldicke der Deckschicht zu erzielen. Bei

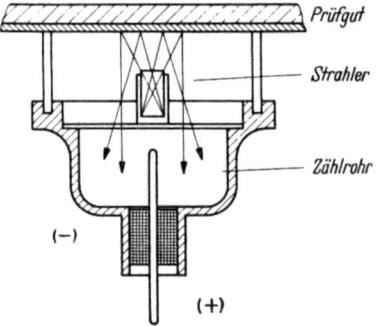

Abb. 130. Rückstrahlzähler zur Schichtdickenmessung (nach BERTHOLD [64])

Schichtdicken über 1000 g/m² ist das Verfahren nicht mehr anwendbar. Solche Schichtdicken sind jedoch sehr selten. Zum Beispiel beträgt die Dicke der Zinnschicht bei Weißblech etwa 30...60 g/m².

f) Verschleißmessung. Sie interessiert bei der Bestimmung des Verschleißes von Bearbeitungswerkzeugen bei der zerspanenden Verformung und bei der Bestimmung der Abnutzung von Maschinenteilen, z. B. also der Abnutzung von Zahnrädern oder Lagern. *Voraussetzung zu ihrer Durchführung ist die Möglichkeit, das zu untersuchende Teil in einem Kernreaktor bestrahlen zu können*[1]. Eine weitere Voraussetzung ist das Vorhandensein einer geeigneten Atomsorte in dem Werkstoff des zu untersuchenden Teiles, die durch Neutronenbestrahlung ein Radioisotop von genügend langer Halbwertzeit und geeigneter Strahlungsintensität bildet. Diese Meßmethoden spielen im wesentlichen nur für Entwicklungsarbeiten und in der Forschung eine Rolle, nicht jedoch für laufende Betriebsuntersuchungen. (Würde man anstreben, auch Fertigungsteile auf diese Weise zu untersuchen, die serienmäßig hergestellt und verkauft werden, müßte man darauf achten, daß das entstehende Isotop, welches zur Mes-

---

[1] Das zu untersuchende Konstruktionsteil wirkt selbst als Strahlungsquelle!

sung benutzt werden soll, eine genügend kurze Halbwertzeit hat, also genügend schnell abklingt, um nicht den Verbraucher dieser Teile durch Strahlung zu gefährden, insbesondere dann, wenn es sich um eine γ-Strahlung handelt!)

Auf Einzelheiten dieser Methode können wir hier nicht eingehen. Alle diese Verfahren beruhen darauf, daß der Abrieb durch seine mitgeführte Radioaktivität in einer Trägersubstanz, z.B. in dem Schmieröl der betreffenden Maschine suspendiert und dort durch Zähleinrichtungen quantitativ ermittelt wird. Es gibt hierüber bereits zahlreiche Veröffentlichungen, auf die wegen technischer Einzelheiten verwiesen sei.

Schließlich wären noch eine Reihe weiterer Anwendungsmöglichkeiten zu erwähnen, z.B. hydrologische Untersuchungen oder die Ermittlung der Struktur von Erdölen u.a.m. Sie haben vorläufig aber nur Interesse für die Forschung oder für die Durchführung grundsätzlicher Betriebsuntersuchungen, weniger aber für laufende Betriebsüberwachung und Kontrollen mit dem Ziel, die Fertigung zu verbessern oder zu automatisieren. Deswegen verzichten wir hier auf eine nähere Beschreibung und verweisen ganz allgemein auf das Fachschrifttum.

IX. Wärmeübertragung

Vom Ingenieurstandpunkt aus interessiert uns der Kernreaktor einstweilen nur als *Wärmequelle*. Beim heutigen Stande der Technik — der sich, solange wir die Kernenergie nur in Form von Kernspaltprozessen nutzbar machen können, grundsätzlich nicht mehr ändern wird, weil, wie wir gesehen haben (vgl. S. 15), die *unmittelbare* Gewinnung elektrischer Energie aus solchen Prozessen unmöglich ist — ersetzt der Reaktor als Energiequelle für die *Erzeugung elektrischer Energie* lediglich die herkömmlichen Feuerungen für feste, gasförmige oder flüssige Brennstoffe. Er hat aber einige abweichende, für den Ingenieur neue Eigenschaften, die bei der Konstruktion und im Betrieb berücksichtigt werden müssen. Dabei tritt eine — einstweilen wenigstens — sehr störende Eigenschaft besonders in den Vordergrund: Nach dem heutigen Stande der Technik ist es noch nicht möglich, Temperaturen wesentlich über 500° zu erzeugen[1],

---

[1] Ganz grundsätzlich ist die Höhe der Temperatur, die bei einer Kernspaltreaktion auftritt, nahezu unbegrenzt. Ein Beispiel dafür ist die Atombombe, deren Wirkung ja gerade mit auf den extrem hohen Temperaturen beruht, die ihrerseits wieder als Grundlage zu einer Einleitung von thermonuklearen Reaktionen benutzt werden können, wie es die Wasserstoffbombe zeigt. Für die technische Ausnutzung hingegen sind die Temperaturen begrenzt, weil die Spaltstoffe und die Hilfsmittel, die zum Betrieb des Reaktors dienen, in erster Linie nach kernphysikalischen Gesichtspunkten ausgewählt werden müssen, die oft den konstruktiven Anforderungen zuwiderlaufen. Die Temperaturbeschränkung hat also nur einen praktischen, technischen Grund, nicht jedoch einen physikalischen.

weil die Spaltstoffelemente und ihre Schutzhülsen einstweilen höhere Temperaturen nicht ertragen können. Es ist jedoch anzunehmen, daß diese Schwierigkeiten im Laufe der nächsten Jahre durch andere Reaktorkonstruktionen und Spaltstoffanordnungen überwunden werden. Es gibt in dieser Richtung zahlreiche Vorschläge, und es laufen sehr viele Entwicklungsarbeiten mit dem Ziel, die Temperatur heraufzusetzen. Indessen sind sie alle wohl noch weit von ihrer technischen, d. h. *betriebssicheren* Verwirklichung entfernt. Eine der wichtigsten Entwicklungsrichtungen scheint sich auf den heterogenen, schnellen Brutreaktor mit Kühlung durch flüssige Metalle hinzubewegen. Aber auch andere Wege,

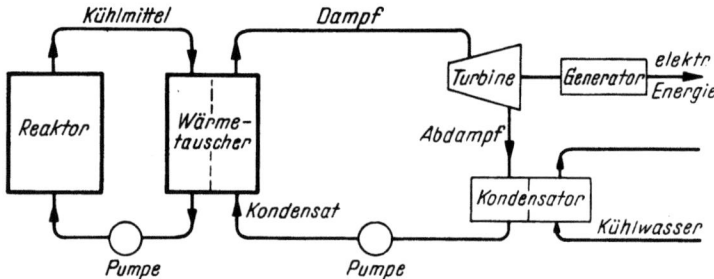

Abb. 131. Schema eines Dampfkraftwerkes mit Kernspaltreaktor als Wärmequelle

die jetzt diskutiert werden, sind sicherlich aussichtsreich. Zum heutigen Zeitpunkt tut man jedenfalls gut daran, in der Beurteilung dieser Systeme sehr vorsichtig zu sein und die sich abzeichnenden Möglichkeiten nicht zu überschätzen. Ein Beispiel für diese Vorsicht ist die vorbildliche englische Entwicklung, die sich ganz bewußt auf den „klassischen" Reaktor als Kraftwerksreaktor stützt, nämlich, wie wir früher schon gesagt hatten (vgl. S. 92), den heterogenen thermischen Reaktor mit natürlichem Uran und Graphitmoderator, wie er 1956 in *Calder Hall* in Betrieb gesetzt worden ist. Aber auch der in *Rußland* beschrittene Weg im Versuchskraftwerk *Obrinskoje* ist sicherlich von zukunftsträchtiger Bedeutung. Dort wird ein Reaktor mit Wasserkühlung, leicht angereichertem Uran und Graphitmoderator verwendet.

Ganz grundsätzlich sieht ein *Kernkraftwerk* im Prinzip genauso aus wie ein herkömmliches Kraftwerk, nur daß die Feuerung eben durch den Reaktor und die Dampfkessel durch geeignete, z. T. recht komplizierte Wärmeaustauscheranlagen ersetzt sind. Abb. 131 zeigt diese Anordnung schematisch: Die im Reaktor aus der Umwandlung der kinetischen Energie der auseinanderfliegenden Spaltprodukte entstehende fühlbare Wärme wird durch ein Kühlmittel, welches den Reaktor durchströmt, abgeleitet und einem Wärmeaustauscher zugeführt. Dieses Kühlmittel kann z. B. Wasser sein. Es kann aber auch gasförmig sein oder aus *flüssi-*

gen Metallen bestehen. Wir werden später sehen, warum gerade die letzteren eine besondere Bedeutung für die Zukunft haben dürften. In einem Wärmeaustauscher, z. B. vom Rohrbündeltyp, überträgt dieses Kühlmittel seine im Reaktor aufgenommene Wärme auf Wasser, welches dabei verdampft. Dieser Dampf wird in üblicher Weise als Treibmittel einer Turbine zugeführt. Der Abdampf der Turbine wird in gewöhnlicher Weise kondensiert und tritt als Speisewasser wieder in den Verdampfer ein. Die technischen Variationsmöglichkeiten sind nun ungemein groß. Wir können und wollen sie hier nicht behandeln, zumal sie sich bisher in überwiegender Mehrzahl noch im Stadium von Vorprojekten befinden. Bei MÜNZINGER [*60*] findet man eine ganze Reihe von solchen Beispielen, deren Ausführung z. T. außerordentlich kompliziert ist. Wir beschränken uns auch hier wieder auf die wichtigsten Grundzüge, um lediglich einen Überblick zu gewinnen und die Gesamtübersicht nicht durch allzuweit gehende Einzelheiten zu erschweren.

Die Auswahl des Kühlmittels nun ist in doppelter Hinsicht von Bedeutung: Einmal soll es möglichst günstige Eigenschaften vom Standpunkt des Wärmetechnikers haben, andererseits muß es auch den kernphysikalischen Forderungen des Physikers bezüglich seiner Wirkung auf den Kernspaltprozeß genügen. Da das Kühlmittel ja die „eigentlichen" Wärmeerzeuger, nämlich im heterogenen Reaktor die Spaltstoffelemente, berühren muß, bewegt es sich im thermischen Reaktor — wir betrachten hier nur den heterogenen thermischen Reaktor — zwischen Spaltstoffelement und Moderator. Es wird also auf die Neutronenbilanz im Reaktor von erheblichem Einfluß sein. Deswegen ist leicht einzusehen, *daß man weder den Reaktor ohne Rücksicht auf die Wärmeübertragung, noch die Wärmeaustauscheinrichtungen ohne Rücksicht auf den Reaktor und den Ablauf der Kernspaltreaktionen entwerfen und bauen kann!*

29. Allgemeine Gesichtspunkte

Grundsätzlich gelten für die Berechnung der wärmeübertragenden Elemente in einem Reaktor und den anderen Teilen der Wärmeübertragungsanlage die gleichen Gesichtspunkte und Gesetzmäßigkeiten, wie sie im Apparatebau ganz allgemein gültig sind. Bei einem heterogenen thermischen Reaktor wird es immer so sein, daß das Kühlmittel durch einen Ringkanal zwischen Spaltstoffelement und Moderator strömt. Nur in Sonderfällen — wie z. B. beim russischen Kraftwerksreaktor APS-1 — strömt das Kühlmittel durch einen zentralen Kanal im rohrförmig ausgebildeten Spaltstoffelement.

Das Prinzip dieser Anordnung ist in Abb. 132 dargestellt. Das Schema stellt eine Gitterzelle in einem heterogenen Reaktor dar. Das Spaltstoffelement ist konzentrisch von dem Kühlmittelkanal umgeben, der nach außen wiederum vom Moderator begrenzt wird. Das Kühlmittel strömt links mit der Eintrittstemperatur t_e ein und rechts mit der Austrittstemperatur t_a aus. Dabei nimmt es die Wärmemenge W auf. Der Spaltstoffstab hat im Inneren die Temperatur t_0 und an der Begrenzungswand die Temperatur t_w. Die Abmessungen des Kühlkanals sind durch die Länge L und durch die Radien r_0 und r_1 bestimmt. Die Grundaufgabe besteht nun darin, die durchströmende Kühlmittelmenge G in der Zeiteinheit so zu bestimmen, daß die höchstzulässige Temperatur $t_{0,max}$ im Inneren des Spaltstoffelementes, festgelegt durch die technologischen Eigenschaften des Urans, und die höchst zulässige Wandtemperatur $t_{w,max}$, begrenzt durch die Stoffeigenschaften des Hülsenwerkstoffes, bei möglichst hoher Kühlmittelaustrittstemperatur t_a *an keiner Stelle* überschritten werden. Die Lösung ist nicht einfach, weil weder die Wärme-

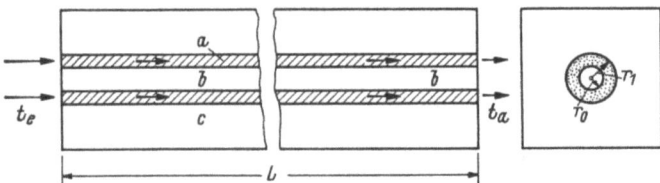

Abb. 132. Gitterzelle eines heterogenen Reaktors im Längsschnitt
a Kühlmittel im Ringkanal, *b* Zylindrisches Spaltstoffelement, *c* Moderator

erzeugung im einzelnen Spaltstoffstab über seine Länge noch über alle Spaltstoffstäbe im Reaktor konstant ist. Damit werden wir uns in den folgenden Abschnitten zu beschäftigen haben.

Aber nicht nur durch die Wärmeübertragung selbst wird die Konstruktion bestimmt. Eine Reihe weiterer Gesichtspunkte sind zu berücksichtigen, um das Kühlsystem allen technischen Anforderungen anzupassen:

1. An die Dichtheit des Kühlmittelkreislaufes werden ganz besonders hohe Anforderungen gestellt, weit höhere jedenfalls, als sie der Ingenieur in anderen Bereichen der Technik gewohnt ist. Wird z. B. schweres Wasser als Kühlmittel verwendet, so müssen Verluste an diesem kostspieligen Stoff durch Leckstellen vermieden werden. Wenn alle Undichtigkeiten an der Anlage zusammen nur zu einem Verlust von 1 cm³/min führen, würde das bereits etwa 70000,— DM im Jahr kosten, wenn man den heutigen Marktpreis von D_2O zugrunde legt. Wird mit flüssigen Metallen gekühlt, könnte der Austritt von flüssigem, also sehr heißem Natrium zu Bränden oder zu schweren Verätzungen führen. Schließlich besteht die Gefahr, daß durch Undichtigkeiten radioaktive Substanzen aus dem Kühlmittel in die Umgebung getragen werden. Aus diesen und ähnlichen Gründen also muß von vornherein durch geeignete konstruktive Maßnahmen dafür gesorgt werden, daß Undichtigkeiten an Rohrleitungen, Flanschen, Ventilen, Stopfbüchsen, Verschraubungen usw. unmöglich sind.

2. Reparaturen an der Reaktoranlage sind im Betrieb praktisch ausgeschlossen. Während z. B. Rohrreißer an Wasserrohrkesseln zwar unangenehm, aber nicht besonders schwierig zu beheben sind, ohne daß der Betrieb der Anlage zum Erliegen kommt, sind Undichtigkeiten an Kühlmittelkreisläufen in Reaktoren fast stets eine Katastrophe. Die auch nach dem Abschalten noch langanhaltende intensive Strahlung des Reaktorinneren macht ihn unzugänglich. Das kann unter Umständen bedeuten, daß er monatelang stilliegen muß, bis er wieder instand gesetzt werden kann. Ein Kraftwerk aber, welches monatelang stilliegen muß, gefährdet die Energieversorgung erheblich, ganz zu schweigen von den dadurch entstehenden finanziellen Verlusten.

3. Zahlreiche Kleinigkeiten spielen eine mitunter ausschlaggebende Rolle. Zum Beispiel muß man Öl als Schmiermittel für die Pumpen tunlichst vermeiden, weil es beim — meist unvermeidlichen — Übertritt in das Kühlmittel durch Filmbildung auf den Austauscherflächen den Wärmeübergang verschlechtert und weil es unter Umständen durch Bestrahlung CO_2 bildet, welches zu Korrosionen durch Änderung des pH-Wertes im Kühlwasser führen kann.

4. Bei Kühlung mit Na und insbesondere mit dem sehr teuren D_2O muß man sich darum bemühen, den Flüssigkeitsinhalt des ganzen Systems so klein wie möglich zu halten, um nicht allzuviel von dem kostbaren Stoff einfüllen zu müssen und damit die Anlagekosten unnötig in die Höhe zu treiben. Das gilt auch für homogene Reaktoren in besonderem Maße, bei denen die Spaltstofflösung gleichzeitig als Wärmeübertragungsmittel dient und daher im System umläuft, denn nur der Spaltstoff im Reaktor selbst ist wirksam, während der Anteil in den Leitungen außerhalb des Reaktors eine nutzlose Investition bedeutet. Ein weiteres Problem für den Konstrukteur ist die Strahlenabschirmung des Kühlmittelkreislaufes. Das gilt ganz besonders für Na-Kühlung, weil durch die Bestrahlung im Reaktor ein Natriumisotop mit unangenehmer γ-Strahlung relativ langer Halbwertzeit entsteht.

5. Für Pumpen und Ventile sind meist erheblich von den gewohnten Bauformen abweichende Konstruktionen notwendig, z. B. Ventile ohne Stopfbüchsen oder Pumpen unter hermetischem Abschluß usw.

6. Bei homogenen Reaktoren und Reaktoren mit Wasserkühlung (Druckwasserreaktor, Siedewasserreaktor) muß dafür gesorgt werden, daß das unter der Bestrahlung im Reaktor aus dem Wasser entstehende Knallgas unschädlich gemacht wird, vgl. hierzu Abb. 175. Die Ansprüche an die Wasserreinigung sind jedoch nicht höher als diejenigen, die der Ingenieur bei hochgezüchteten Dampfkesseln gewohnt ist.

7. Bei natriumgekühlten Reaktoren tritt eine weitere Schwierigkeit auf: Heißes Natrium führt bei Berührung mit Wasser oder Wasserdampf zu explosionsartigen Reaktionen. Infolgedessen muß unter allen Um-

ständen dafür gesorgt werden, daß diese beiden Stoffe *niemals miteinander in Berührung kommen können*. Eine mögliche konstruktive Lösung, die übrigens dem Apparatebauer aus anderen Bereichen der Verfahrenstechnik nicht fremd ist, ist die Anwendung von Doppelrohr-Wärmeaustauschern. Darauf wird später noch zurückzukommen sein.

30. Grundzüge der Wärmeübertragung im Reaktor

a) Temperaturverteilung

Um einen ersten Überblick zu gewinnen, betrachten wir zunächst ein einzelnes Spaltstoffelement und gehen davon aus, daß die Wärmeerzeugung über seine ganze Länge und seinen Querschnitt gleichmäßig verteilt und zeitlich konstant ist. Wir vernachlässigen dabei diejenige Wärmemenge, die im Moderator und in der Abschirmung entsteht, da ihr Anteil

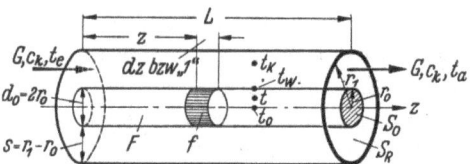

Abb. 133. Zylindrisches Spaltstoffelement im konzentrischen Ringkanal

ja ohnehin mit etwa 10% (vgl. S. 88) gering ist. Mit den Bezeichnungen der Abb. 133 ergibt sich die abzuführende Wärmemenge zu

$$W = G \cdot c_k (t_a - t_e) \text{ [kcal/h]}, \qquad (263)$$

worin c_k die mittlere spezifische Wärme des Kühlmittels unter den gegebenen Bedingungen ist. Der Kühlmittelstrom ist durch

$$G = \gamma \cdot w \cdot S_R \text{ [kg/h]} \qquad (264)$$

bestimmt, wobei $S_R = \pi \cdot (r_1^2 - r_0^2)$ der Querschnitt des Ringkanales ist. Die vom Spaltstoffelement auf das Kühlmittel übertragene Wärmemenge ist durch

$$W = \alpha \cdot F \cdot \Delta t_m \left[\frac{\text{kcal}}{\text{h}} \right] \qquad (265)$$

gegeben, wo F die vom Kühlmittel umströmte Gesamtoberfläche des Spaltstoffelementes unter Vernachlässigung der Stirnflächen, α die Wärmeübergangszahl und Δt_m die mittlere Temperaturdifferenz zwischen der Wand des Spaltstoffelementes und dem Kühlmittel im *Beharrungszustand* darstellen. Zur Vereinfachung des Bildes betrachten wir, Abb. 133, ein Längenelement des Spaltstoffelementes von der Länge Eins mit der Oberfläche f [m²/m] $= F/L$ und können dann annehmen, daß über die Länge dieses Stückes die Temperatur der Wand t_w und des Kühlmittels

t_k konstant sind. Wir erhalten dann die Wärmemenge je Längeneinheit

$$W_L = \varkappa \cdot f \cdot (t_w - t_k) \left[\frac{\text{kcal}}{\text{h} \cdot \text{m}}\right]. \tag{266}$$

Wir können nun unterstellen, daß die Kühlmitteltemperatur am Ende des Kanals ein Maximum und die Temperaturdifferenz $(t_w - t_k)$ konstant sein werden. Infolgedessen muß die Höchsttemperatur der Wand dort liegen, wo die Kühlmitteltemperatur t_k am höchsten ist, nämlich am Austritt aus dem Kanal, wo also $t_k = t_a$ ist. Wenn wir nun, der Aufgabenstellung entsprechend, einen Höchstwert der Wandtemperatur $t_{w\max}$ vorschreiben und von einer *vorgegebenen* Eintrittstemperatur t_e des Kühlmittels ausgehen, können wir die unter dieser Bedingung durch das Kühlmittel abführbare Wärmemenge bestimmen, indem wir t_a, ausgehend von Gln. (263) und (266), eliminieren und $t_{w\max}$ einführen:

$$W = G \cdot c_k (t_a - t_e) \left[\frac{\text{kcal}}{\text{h}}\right],$$

$$W_L = \frac{W}{L} = \alpha \cdot f (t_{w\max} - t_a) \left[\frac{\text{kcal}}{\text{h} \cdot \text{m}}\right].$$

Daraus erhalten wir mit $F = f \cdot L$

$$W = \frac{t_{w\max} - t_e}{\dfrac{1}{\alpha \cdot F} + \dfrac{1}{G \cdot c_k}} \left[\frac{\text{kcal}}{\text{h}}\right]. \tag{267}$$

Damit ist die von einem Spaltstoffelement übertragbare Wärmemenge W als Funktion der zulässigen höchsten Wandtemperatur $t_{w\max}$ bei gegebener Kühlmitteleintrittstemperatur t_e bestimmt. Es fehlt aber noch die Kenntnis der Stabachsentemperatur t_0 bzw. die Angabe der zulässigen Belastung W des Spaltstoffelementes in Abhängigkeit von der höchstzulässigen Spaltstofftemperatur $t_{0\max}$ im Inneren des Elements, die entscheidend durch die technologischen Eigenschaften des Spaltstoffes (z. B. β-Umwandlung des Urans, vgl. S. 225) begrenzt wird. Wir gehen dabei davon aus, daß die im Inneren des Spaltstoffelementes erzeugte Wärmemenge W durch die Wandfläche F abfließen muß, wenn Gleichgewicht, also Beharrungszustand eintreten soll. Ferner nehmen wir an, daß die je Zeit- und Volumeneinheit erzeugte Wärmemenge Q über das ganze Spaltstoffelement konstant sei[1], ein Fall also, wie er etwa bei der Erwärmung eines stromdurchflossenen, homogenen, zylindrischen elektrischen Leiters auftreten mag. Er habe, wie in Abb. 134 angeschrieben ist, den Durchmesser $2R$. Die Wandtemperatur betrage t_w und die Temperatur in der Stabachse t_0. Für eine koaxiale Fläche im Inneren des

---

[1] Sie entspricht der dem Ingenieur geläufigen „*Feuerraumbelastung*" in kcal/m³ h, kann also auch als eine spezifische Leistung oder „*Volumleistung*" bezeichnet werden.

Elementes mit dem Radius r gilt dann die POISSONsche Differentialgleichung $\nabla^2 t = $ const, in Zylinderkoordinaten für gleichmäßige Wärmeerzeugung über das Volumen des Spaltstoffelementes und mit der Wärmeleitzahl λ in der Form

$$\frac{d^2 t}{dr^2} + \frac{1}{r}\frac{dt}{dr} + \frac{Q}{\lambda} = 0. \tag{268}$$

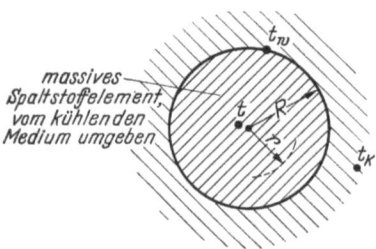

Abb. 134. Zur Bestimmung des radialen Temperaturgefälles in einem massiven, zylindrischen Spaltstoffelement

Wir setzen $dt/dr = u$ und schreiben

$$\frac{du}{dr} + \frac{1}{r}\cdot u + \frac{Q}{\lambda} = 0,$$

multiplizieren mit $r\,dr$ und erhalten:

$$r\,du + u\,dr + \frac{Q}{\lambda} r\,dr = 0.$$

Die Integration ergibt

$$r\frac{dt}{dr} = -\frac{Q}{\lambda}\cdot\frac{r^2}{2} + C_1$$

oder

$$\frac{dt}{dr} = -\frac{Q}{\lambda}\cdot\frac{r}{2} + \frac{C_1}{r}. \tag{269}$$

Die nochmalige Integration ergibt

$$t = -\frac{Q}{4\lambda}r^2 + C_1 \ln r + C_2. \tag{270}$$

Es ist nun erforderlich, die Integrationskonstanten C_1 und C_2 zu bestimmen. In der Mitte des Spaltstoffelementes, also für $r = 0$, muß $dt/dr = 0$ sein. Dann muß aber nach Gl. (269) auch $C_1 = 0$ sein. Den Wert von C_2 können wir aus der Bedingung für das Gleichgewicht an der Oberfläche des Elementes entnehmen. Wir hatten bereits gesagt, daß die im Element erzeugte Wärme durch die Oberfläche abfließen muß, wenn Gleichgewicht bestehen soll, also nach Gln. (265) und (266) mit $F = f\cdot L$

$$W = -\lambda \cdot F \left(\frac{dt}{dr}\right)_R = \alpha \cdot F\,(t_w - t_k)$$

oder

$$-\lambda\left(\frac{dt}{dr}\right)_R = \alpha\,(t_w - t_k). \tag{271}$$

Indem wir dt/dr aus Gl. (269) und $t_w = t$ aus Gl. (270) für $r = R$ einsetzen und beachten, daß $C_1 = 0$ ist, erhalten wir

$$-\lambda\left(-\frac{Q}{\lambda}\cdot\frac{R}{2}\right) = \alpha\left(-\frac{Q}{4\lambda}\cdot R^2 + C_2 - t_k\right) \tag{272}$$

und nach C_2 aufgelöst:

$$C_2 = t_k + \frac{Q}{4\lambda}R^2\left(1 + \frac{2\lambda}{\alpha R}\right).$$

Eingesetzt in Gl. (270) ergibt sich damit

$$t = -\frac{Q}{4\lambda}r^2 + t_k + \frac{Q}{4\lambda}R^2 + \frac{Q}{4\lambda}R^2\frac{2\lambda}{\alpha R}$$

und nach Umstellen und Vereinfachen schließlich

$$t = t_k + \frac{Q}{4\lambda}R^2\left(1 + \frac{2\lambda}{\alpha R} - \frac{r^2}{R^2}\right). \qquad (273)$$

Daraus erhalten wir die Temperatur in der Achse mit $r = 0$:

$$t_0 = t_k + \frac{Q}{4\lambda}R^2\left(1 + \frac{2\lambda}{\alpha R}\right)$$

und für die Wandtemperatur mit $r = R$:

$$t_w = t_k + \frac{Q}{4\lambda}R^2\frac{2\lambda}{\alpha R} = t_k + \frac{Q}{2\alpha}\cdot R.$$

Damit finden wir schließlich die Temperaturdifferenz zwischen der Achse des Spaltstoffelementes t_0 und der Wandtemperatur t_w:

$$t_0 - t_w = \frac{Q}{4\lambda}\cdot R^2. \qquad (274)$$

Wir fragen nun nach der Temperaturdifferenz für das ganze Spaltstoffelement unter den vorher getroffenen Vereinbarungen. Da das Volumen des vollständigen Spaltstoffelementes $V = \pi \cdot R^2 \cdot L$ ist, ist die insgesamt abgegebene Wärme $W = Q \cdot V = Q\pi R^2 \cdot L$, und mit $Q = W/(\pi R^2 \cdot L)$ ergibt sich schließlich

$$t_0 - t_w = \frac{W}{4\pi\lambda\cdot L}. \qquad (275)$$

Wenn wir nun diesen Wert unter Einsetzen der sich aus den vorgegebenen, zulässigen Höchsttemperaturen $t_{0\max}$ und $t_{w\max}$, also mit $t_{0\max} - t_{w\max}$ in Gl. (267) einführen, erhalten wir für eine in der Achse des Spaltstoffelementes zulässige Höchsttemperatur $t_{0\max}$ die erreichbare Belastung des Spaltstoffelementes bei vorgegebener Kühlmitteleintrittstemperatur t_e:

$$W = \frac{t_{0\max} - t_e}{\dfrac{1}{\alpha\cdot F} + \dfrac{1}{G\cdot c_k} + \dfrac{1}{4\pi\lambda\cdot L}}. \qquad (276)$$

Wäre die Wärmeerzeugung nun nicht nur in einem einzelnen Element, sondern auch über alle Elemente in einem Reaktorkern gleichmäßig verteilt, könnte man die Gesamtleistung W_{ges} des Reaktors einfach dadurch erhalten, daß man den mittels Gl. (276) erhaltenen Wert der Belastung W eines einzelnen Elementes mit der Zahl n der im Reaktor vorhandenen Elemente multipliziert, also $W_{ges} = W \cdot n$ [kcal/h] oder [kW]. Wir wissen aber bereits aus den früheren Untersuchungen, daß das nicht annähernd der Fall ist. Der Neutronenfluß verteilt sich über den Reaktor je nach

338 Wärmeübertragung

seiner Geometrie in Form einer Bessel- oder Sinusfunktion (vgl. Tab. 12), wie es in Abb. 135 für einen zylindrischen Reaktorkern dargestellt ist. Bei wirklich ausgeführten Reaktoren wird die Flußverteilung je nach der Konstruktion noch komplizierter, wie Abb. 136 zeigt. Da nun die Wärmeerzeugung der Flußverteilung direkt proportional ist[1], können wir die letztere der Ermittlung des Temperaturverlaufes zugrunde legen. Wir gehen dazu wieder vom *zylindrischen* heterogenen Reaktor ohne Reflektor aus und betrachten zunächst ein Spaltstoffelement bzw. eine einzelne Gitterzelle. Für die Flußverteilung in axialer Richtung ist Gl. (163) bestimmend. Wir haben lediglich $x_0 = L$, die Stablänge, zu setzen und können dann, wie Abb. 137 zeigt, mit dem maximalen Fluß Φ_0 in der Mitte des Stabes an der Stelle $z = 0$

$$\Phi = \Phi_0 \cos \frac{\pi z}{L} \ [\text{cm}^{-2} \cdot \text{sek}^{-1}] \tag{277}$$

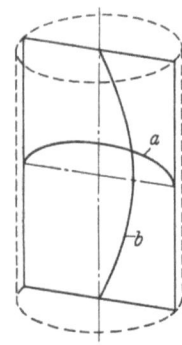

Abb. 135. Ideale Flußverteilung in radialer (a) und axialer (b) Richtung in einem zylindrischen Reaktor (nach SCHWENK [70])

und damit die Volumleistung Q sinngemäß mit der maximalen Volumleistung Q_0

$$Q = Q_0 \cos \frac{\pi z}{L} \left[\frac{\text{kcal}}{\text{m}^3 \cdot \text{h}} \right] \tag{278}$$

schreiben.

Diese Darstellung ist nun zwar anschaulich, aber nicht sehr bequem. Wir gehen zur weiteren Durchführung der Bestimmung des Temperaturverlaufs bei ungleichmäßiger Neutronenflußverteilung bzw. also auch Wärmeerzeugung unmittelbar von Gl. (163) aus und schreiben für die

---

[1] Daß die Wärmeerzeugung der Neutronenflußdichte im Reaktor direkt proportional ist, geht aus folgender Überlegung hervor: Die Zahl der Spaltungen je Sekunde und Kubikzentimeter ist durch das Produkt $\Phi \cdot \Sigma_f = n \cdot v \cdot N \cdot \sigma_f$ [vgl. Gl. (47a)] gegeben. Σ_f ist darin also das Produkt aus der Zahl der spaltbaren Kerne N je Kubikzentimeter und dem Spaltungswirkungsquerschnitt σ_f. Da nun, wie wir früher gesehen haben, der Wärmeleistung von 1 Watt die Spaltung von ungefähr $3 \cdot 10^{10}$ Kernen je Sekunde entspricht, ergibt sich die Wärmeleistung des Reaktors als Volumleistung $Q \ [\text{Watt/cm}^3] = \dfrac{\Phi \cdot \Sigma_f}{3 \cdot 10^{10}}$. Für einen gegebenen Reaktor, dessen Spaltstoffelemente (bei natürlichem Uran also *einschließlich* des nicht spaltbaren Isotops U-238) das Volumen $V \ [\text{cm}^3]$ haben, ergibt sich die Wärmeleistung $Q \cdot V = W_{\text{ges}} = \dfrac{\Phi \cdot \Sigma_f}{3 \cdot 10^{10}} \cdot V \ [\text{W}]$ bzw. $W_{\text{ges}} = \dfrac{\Phi \cdot \Sigma_f}{3 \cdot 10^{13}} \cdot V \ [\text{kW}]$ oder $W_{\text{ges}} = 860 \cdot \dfrac{\Phi \cdot \Sigma_f}{3 \cdot 10^{13}} \cdot V \left[\dfrac{\text{kcal}}{\text{h}} \right]$. Damit zeigt sich also, daß die Volumleistung Q dem Fluß Φ direkt proportional ist, denn $\Sigma_f = N \cdot \sigma_f$ ist für einen gegebenen Reaktor — wenigstens im Prinzip — eine Konstante ebenso wie die Anzahl $3 \cdot 10^{10}$ der Spaltungen je Wattsekunde.

Grundzüge der Wärmeübertragung im Reaktor

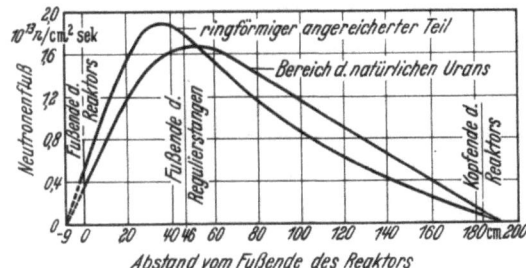
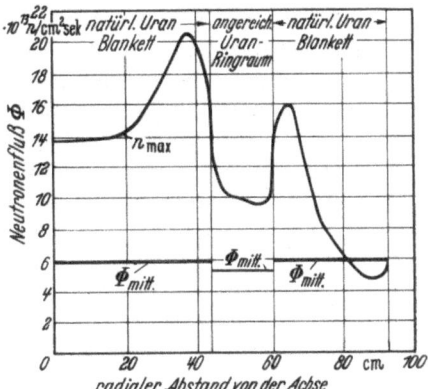

Abb. 136. Wirkliche Flußverteilung in radialer (rechts) und axialer (links) Richtung in einem zylindrischen Reaktor (Shippinport-Reaktor) (nach MÜNZINGER)

Wärmemenge dW, die in einem Längenelement dz des Spaltstoffelementes von der Länge L entwickelt wird (wobei wir der Bequemlichkeit halber den Nullpunkt des Koordinatensystems $z = 0$ an den *Anfang* des Stabes, wie in Abb. 138 gezeigt wird, legen),

$$dW = C_1 \cdot \sin \frac{\pi z}{L} dz . \qquad (279)$$

Die gesamte, im Spaltstoffelement entwickelte Wärmemenge ist dann

$$W = \int_{z=0}^{z=L} dW = C_1 \int_0^L \sin \frac{\pi z}{L} dz ,$$

also

$$W = 2 C_1 \frac{L}{\pi} . \qquad (280)$$

Wir können jetzt die Konstante C_1 eliminieren, indem wir Gl. (280) nach C_1 auflösen. Der so gefundene Wert in Gl. (279) eingesetzt, ergibt

$$dW = \frac{\pi}{2L} W \cdot \sin \frac{\pi z}{L} dz . \qquad (281)$$

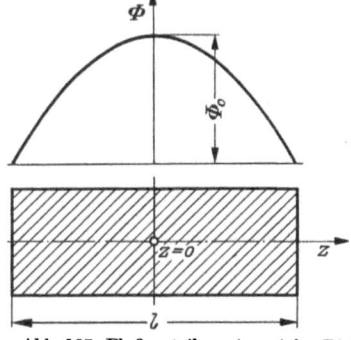

Abb. 137. Flußverteilung in axialer Richtung in einem zylindrischen Spaltstoffelement der Länge L

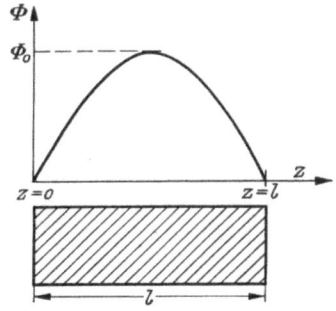

Abb. 138. Flußverteilung in axialer Richtung wie Abb. 137, jedoch ans Stabende verschobener Anfangspunkt des Koordinatensystems

Wir fragen nun nach dem Anstieg der Kühlmitteltemperatur t_k in Abhängigkeit von der Änderung von dW als Funktion von z. Die Temperaturerhöhung des Kühlmittels in jedem Stück dz errechnet sich aus der ihm in diesem Stück vom Spaltstoffelement zugeführten Wärmemenge dW, dividiert durch das Produkt aus der Kühlmittelmenge G und seiner spezifischen Wärme c_k, also $dW/G \cdot c_k$. Der gesamte Anstieg von der Temperatur t_e auf die Temperatur t_k an der Stelle z beträgt demnach (vgl. auch Abb. 133)

$$t_k = t_e + \int_{z=0}^{z=z} \frac{dW}{G \cdot c_k},$$

und mit dW aus Gl. (281) ergibt sich

$$t_k = t_e + \frac{\pi}{2L} \cdot W \cdot \frac{1}{G \cdot c_k} \int_0^z \sin \frac{\pi z}{L} dz. \tag{282}$$

Zwischen den Grenzen $z = 0$ und $z = z$ integriert, ergibt sich

$$t_k = t_e + \frac{\pi}{2L} W \frac{1}{G \cdot c_k} \left(\frac{-L}{\pi} \cos \frac{\pi z}{L} - \frac{-L}{\pi} \right)$$

und daraus

$$t_k = t_e + \frac{W}{2 G \cdot c_k} \left(1 - \cos \frac{\pi z}{L} \right). \tag{283}$$

Bei $z = L$, also am Austrittsende des Kühlmittels, muß die gesamte Wärmemenge W, die in dem Spaltstoffelement erzeugt ist, abgeführt und die Kühlmitteltemperatur t_k vom Wert t_e auf t_a gestiegen sein. Da nach Gl. (263) $W = G \cdot c_k \cdot (t_a - t_e)$ und nach dem oben gesagten $t_k = t_a$ am Stabende sein muß, müßte Gl. (283) diese Bedingung erfüllen. Das ist in der Tat der Fall, denn sie geht für $z = L$ in Gl. (263) über, weil der Klammerausdruck den Wert 2 annimmt.

Wir fragen jetzt wiederum nach der Beziehung zwischen der Wandtemperatur t_w und der Kühlmitteltemperatur t_k unter der gleichen Voraussetzung, d.h. unter der Bedingung, daß die Wärmeerzeugung im Spaltstoffelement sich zwischen $z = 0$ und $z = L$ mit einer Sinusfunktion ändert. Aus Gl. (266), in der Form $dW = \alpha \cdot f \cdot dz (t_w - t_k)$ geschrieben (dW/dz ist dimensionsgleich mit W_L), denn wiederum, wie vorher (vgl. S. 335), muß die im Spaltstoffelement erzeugte Wärme durch die Oberfläche desselben im Beharrungszustand abfließen, können wir durch Gleichsetzen mit Gl. (281) die Form

$$dW = \alpha \cdot f \cdot dz (t_w - t_k) = \frac{\pi}{2L} \cdot W \cdot \sin \frac{\pi z}{L} dz \tag{284}$$

gewinnen. Damit finden wir für den Verlauf der Temperaturdifferenz zwischen Wand und Kühlmittel über die Länge L des Spaltstoffelementes

$$t_w - t_k = \frac{\pi}{2L \cdot \alpha \cdot f} \cdot W \sin \frac{\pi z}{L}, \qquad (285)$$

also ebenfalls sinusförmig.

Schließlich brauchen wir noch den Verlauf der Temperaturdifferenz $t_0 - t_w$ zwischen der Achsentemperatur t_0 und der Wandtemperatur t_w des Elementes. Sie hängt natürlich auch von der Verteilung der Wärmeerzeugung nach Gl. (281) ab, so daß wir in Analogie zu Gl. (275) ohne weiteres

$$t_0 - t_w = \frac{\dfrac{\pi W}{2L} \cdot \sin \dfrac{\pi z}{L}}{4 \pi \lambda} = \frac{W}{8 \lambda L} \cdot \sin \frac{\pi z}{L} \qquad (286)$$

anschreiben können.

Gl. (286) ist ungenau, weil sie vernachlässigt, daß der thermische Neutronenfluß Φ sich ja auch, worauf wir früher (vgl. S. 153) bereits hingewiesen hatten, in

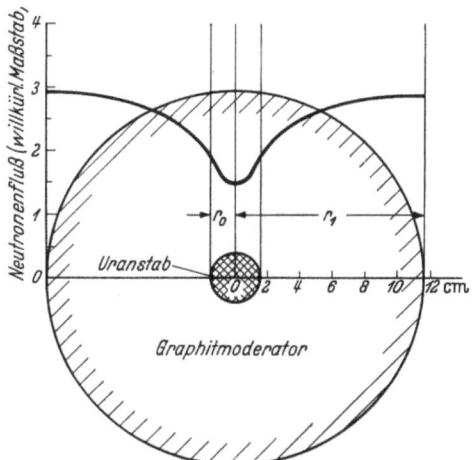

Abb. 139. Stationäre radiale Flußverteilung in einer zylindrischen Gitterzelle mit konzentrischem Spaltstoffelement (nach MÜNZINGER)

radialer Richtung im stationären Zustand ändert. In einem heterogenen Reaktor wird außerdem die Flußverteilung im Moderator anders sein als in den Spaltstoffelementen, denn diese *verbrauchen* nämlich thermische Neutronen (ihre Produktion an *schnellen* Neutronen dürfen wir bei der Untersuchung der thermischen Flußverteilung ja nicht berücksichtigen), denn thermische Neutronen werden doch erst im Moderator „erzeugt"!), sind also eine Neutronensenke. Abb. 139 zeigt schematisch diese Verteilung. Wir hatten bereits angegeben (vgl. Tab. 12), daß in radialer Richtung im zylindrischen Reaktor die Verteilung einer BESSELschen Funktion folgt. Aus Gl. (72) ergibt sich nach MURRAY [2] für den *Moderator* mit der Erzeugung q_M an thermischen Neutronen, dem thermischen Fluß Φ_M im Moderator, dem makroskopischen Wirkungsquerschnitt Σ_M und der Diffusionskonstanten D_M

$$\nabla^2 \Phi_M - \frac{\Sigma_M}{D_M} \Phi_M + \frac{q_M}{D_M} = 0$$

und für ein einzelnes *Spaltstoffelement* mit $q_U = 0$ (weil ja keine Neutronenbremsung, also keine Erzeugung thermischer Neutronen stattfindet)

$$\nabla^2 \Phi_U - \frac{\Sigma_U}{D_U} \Phi_U = 0 .$$

Unter Zuhilfenahme von Gl. (74b) können wir auch

$$\nabla^2 \Phi_M - K^2{}_M \Phi_M + \frac{q_M}{D_M} = 0 \tag{287a}$$

und
$$\nabla^2 \Phi_U - K^2{}_U \Phi_U = 0 \tag{287b}$$

schreiben, wobei, wie früher definiert, K der Kehrwert der Diffusionslänge L [vgl. Gl. (75b)] ist. Für eine zylindrische Gitterzelle ergeben sich dann unter Einführung der entsprechenden Koordinaten für ∇^2 für die *radiale* Verteilung *allein* die BESSELschen Differentialgleichungen nullter Ordnung

$$\frac{d^2 \Phi_M}{dr^2} + \frac{1}{r} \frac{d \Phi_M}{dr} - K^2{}_M \Phi_M + \frac{q_M}{D_M} = 0 ,$$

$$\frac{d^2 \Phi_U}{dr^2} + \frac{1}{r} \frac{d \Phi_U}{dr} - K^2{}_U \Phi_U = 0$$

und deren Lösungen:

$$\Phi_M = C_1 \mathfrak{J}_0 (K_M r) + C_2 \mathfrak{N}_0 (K_M r) + \frac{q_M}{D_M} , \tag{288a}$$

$$\Phi_U = C \mathfrak{J}_0 (K_U r) , \tag{288b}$$

worin C, C_1, C_2 und q_M Konstanten sind und $\mathfrak{J}_0$ bzw. $\mathfrak{N}_0$ BESSELsche Funktionen. Die letzteren und ihre Ableitungen $\mathfrak{J}_1$ bzw. $\mathfrak{N}_1$ (BESSELsche Funktionen erster Ordnung) sind den üblichen Tabellen zu entnehmen, die ersteren müssen aus den Randbedingungen bestimmt werden. Eine von ihnen ist z.B. dadurch gegeben, daß die Flüsse im Moderator und im Spaltstoff in der Grenzfläche zwischen Moderator und Spaltstoffstab, also bei $r = r_0$ einander gleich sein müssen, also $\Phi_M = \Phi_U$. Das ist in Abb. 139, wie man sieht, beachtet. Wir brauchen darauf nicht weiter einzugehen, weil uns für die Wärmeentwicklung im Spaltstoff nur Gl. (288b) interessiert. Da die Wärmeerzeugung dem Neutronenfluß proportional ist, worauf schon mehrfach hingewiesen wurde, können wir daher nach Gl. (288b) [wobei wir jetzt wieder wie in Gl. (75b) K anstatt K_U schreiben, da eine Verwechslung nicht mehr möglich ist], für die Wärmeerzeugung in dem Volumen Eins an der Stelle $r = r$

$$Q = C \mathfrak{J}_0 (K r) \tag{289}$$

schreiben. Dann ist die Wärmeerzeugung im Spaltstoff, begrenzt durch eine von r bestimmte Oberfläche

$$Q_r = \int_0^r Q \, 2 \pi \, r \, dr ,$$

und mit dem durch Gl. (289) bestimmten Wert von Q erhalten wir

$$Q_r = 2 \pi C \int_0^r r \mathfrak{J}_0 (K r) \, dr . \tag{290}$$

Die Integration ergibt aus der Reihendarstellung der Besselfunktion (s. S. 343) die Lösung

$$Q_r = 2 \pi r \frac{C}{K} \mathfrak{J}_1 (K r) . \tag{291}$$

Die gesamte Wärmemenge Q_1 in der Einheitslänge des Stabes, also eines Stückes mit dem Radius $r = r_0$ beträgt dann

$$Q_1 = 2\pi r_0 \frac{C}{K} \mathfrak{J}_1(Kr)$$

und demnach

$$Q_r = Q_1 \frac{r}{r_0} \frac{\mathfrak{J}_1(Kr)}{\mathfrak{J}_1(Kr_0)} \ . \tag{292}$$

Damit ist die Konstante C eliminiert. Wir wollen nun das Temperaturgefälle $t_0 - t_w$ als Funktion der radialen Neutronenflußverteilung angeben. Dazu gehen wir von der Grundgleichung der Wärmeleitung aus und schreiben

$$Q_r = -\lambda f \frac{dt}{dr} = -\lambda 2\pi r \frac{dt}{dr} \ .$$

Indem wir nach dt auflösen und den Ausdruck für Q_r aus Gl. (292) einsetzen, erhalten wir

$$dt = -\frac{Q_1}{2\pi\lambda r_0} \cdot \frac{\mathfrak{J}_1(Kr)}{\mathfrak{J}_1(Kr_0)} dr \ . \tag{293}$$

Die Integration zwischen den Grenzen $t = t_0$ an der Stelle $r = 0$ und $t = t_w$ ergibt dann die gesuchte Temperaturdifferenz

$$t_0 - t_w = \frac{Q_1 [\mathfrak{J}_0(Kr_0) - 1]}{2\pi\lambda(Kr_0) \cdot \mathfrak{J}_1(Kr_0)} \ . \tag{294}$$

Da die BESSELsche Funktion wegen der absoluten und gleichmäßigen Konvergenz schnell abfällt, können wir uns zur angenäherten Bestimmung des Temperaturabfalles $(t_0 - t_w)$ mit den ersten Gliedern der Reihe für $\mathfrak{J}_0$ und $\mathfrak{J}_1$ begnügen:

$$\mathfrak{J}_0(x) = 1 - \left(\frac{x}{2}\right)^2 + \frac{1}{4}\left(\frac{x}{2}\right)^4 + \ldots$$

$$\mathfrak{J}_1(x) = \frac{x}{2} - \frac{1}{2}\left(\frac{x}{2}\right)^3 + \ldots$$

Ausgerechnet ergibt sich

$$t_0 - t_w \approx \frac{Q_1}{4\pi\lambda} \cdot \left[\frac{-1 + \frac{(Kr_0)^2}{16}}{1 - \frac{(Kr_0)^2}{8}}\right] = \frac{Q_1}{4\pi\lambda} \cdot \zeta, \tag{295}$$

wenn wir zur Vereinfachung der Schreibweise $[1 - (Kr_0)^2/16] = \zeta$ setzen.
Wir gehen nun wieder zur Berechnung der Wärmeabgabe über und müssen dazu $Q_1 = \frac{\pi W}{2L} \cdot \sin\frac{\pi z}{L}$ setzen. Wir können demnach Gl. (286) in der Form

$$t_0 - t_w = \zeta \cdot \frac{\frac{\pi W}{2L} \cdot \sin\frac{\pi z}{L}}{4\pi\lambda} = \zeta \cdot \frac{W}{8\lambda L} \cdot \sin\frac{\pi z}{L} \tag{296}$$

schreiben. Es fragt sich nun, wie groß der Wert von ζ ist. Er hängt offensichtlich von der jeweiligen Reaktorkonstruktion ab, denn er ist durch den Radius r_0 der Spaltstoffelemente und durch K, nämlich den Kehrwert der Diffusionslänge L der Neutronen im Uran bestimmt. Im allgemeinen ergibt sich für ζ bei heterogenen Reaktoren ein Wert zwischen 0,9 und 0,98, wobei für metallisches Uran etwa $K_U = K = 0{,}41$ verwendet werden mag. Die Abweichung bei Anwendung von Gl. (286) ist also in diesem Falle verhältnismäßig gering.

Im Sinne unserer ursprünglichen Aufgabenstellung wollen wir auch jetzt wieder die Belastbarkeit des Uranstabes als Funktion der Differenz zwischen Eintrittstemperatur des Kühlmittels t_e und der Spaltstoffhöchsttemperatur $t_{0\,max}$ ermitteln, wie wir es schon vorher mittels Gl. (267) für gleichmäßige Wärmeerzeugung im Uranstab getan haben. Durch Zusammenfassung der Gln. (283), (285) und (296) erhalten wir schließlich

$$t_0 = t_e + \frac{W}{2G \cdot c_k}\left(1 - \cos\frac{\pi z}{L}\right) + \frac{\pi W}{2L}\left(\frac{1}{\alpha f} + \frac{\zeta}{4\pi\lambda}\right)\sin\frac{\pi z}{L}. \quad (297a)$$

Die graphische Darstellung von t_0 nach Gl. (297a) ist in Abb. 140 wiedergegeben. Man sieht, daß die t_0-Kurve ein Maximum hat, welches zwischen

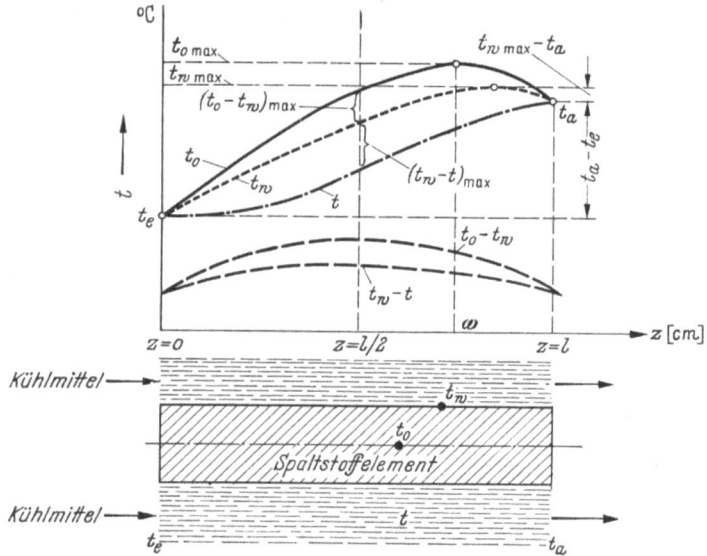

Abb. 140. Temperaturverlauf bei einem zylindrischen, massiven Spaltstoffelement: t_0 Temperatur in der Elementachse, t_w Wandtemperatur des Elements, t Kühlmitteltemperatur (t_e Eintritt, t_a Austritt) (nach Murray [2] und Baur [63])

der Stabmitte $z = L/2$ und dem Stabende $z = L$ liegt. Am Stabende liegt die Temperatur t_0 wieder tiefer und fällt praktisch mit der Kühlmittelaustrittstemperatur t_e zusammen oder nähert sich ihr zumindest. Weiterhin sind noch die Temperaturdifferenzen $t_0 - t_w$ und $t_w - t_k$ als Funktionen von z zwischen $z = 0$ und $z = L$ aufgetragen. Es ist nun von Interesse, diejenige Stelle aufzufinden, wo t_0 seinen höchsten Wert erreicht. Ferner ist es erforderlich, da jetzt die Spaltstofftemperatur *nicht* über die ganze Länge des Spaltstoffstabes konstant ist, die zulässige Belastung W des Elementes als Funktion der Differenz zwischen $t_{0\,max}$ und t_e anzugeben, denn der durch die technologischen Eigenschaften vorgegebene Wert von $t_{0\,max}$ darf ja an *keiner Stelle* im Spaltstoffstab überschritten werden. Zur Vereinfachung der Rechnung fassen wir die Ausdrücke $\dfrac{\pi z}{L} = \omega$ und den Klammerausdruck $\left(\dfrac{1}{\alpha f} + \dfrac{\zeta}{4\pi\lambda}\right) = \varrho$ zusammen und schreiben damit Gl. (297a) in der Form

$$t_0 = t_e + \frac{W}{2\,G\,c_k}(1 - \cos\omega) + \frac{\pi\,W}{2\,L}\varrho \cdot \sin\omega\,. \qquad (297\mathrm{b})$$

Die höchste Temperatur $t_{0\,\mathrm{max}}$ ist dann eindeutig dem „Winkel" ω, wie in Abb. 140 angedeutet, zugeordnet. Wir differentiieren Gl. (297b) nach ω und setzen gleich Null:

$$\frac{dt_0}{d\omega} = \frac{W}{2\,G\,c_k}\sin\omega + \frac{\pi\,W}{2\,L}\varrho\cos\omega = 0\,.$$

Auflösen nach ω ergibt die Stelle des Maximums:

$$\frac{\sin\omega}{\cos\omega} = tg\,\omega_{\mathrm{max}} = -\frac{\pi\,G\cdot c_k\cdot\varrho}{L}\,. \qquad (298)$$

Damit ist die Stelle ω_{max} gefunden, wo die Achsentemperatur t_0 ihren höchsten Wert $t_{0\,\mathrm{max}}$ erreicht. Die höchstzulässige Belastung W ergibt sich in ähnlicher Weise, wie wir sie in Gl. (276) ermittelt haben, aus Gl. (297b), indem wir $t_0 = t_{0\,\mathrm{max}}$ setzen und nach W auflösen:

$$W_{\mathrm{max}} = \frac{t_{0\,\mathrm{max}} - t_e}{\dfrac{1}{2\,G\,c_k}(1 - \cos\omega_{\mathrm{max}}) + \dfrac{\pi}{2\,L}\varrho\sin\omega_{\mathrm{max}}}\,. \qquad (299)$$

Mit Hilfe von Gl. (298) läßt sich Gl. (299) noch übersichtlicher schreiben:

$$W_{\mathrm{max}} = 2\,G\,c_k\cdot\frac{t_{0\,\mathrm{max}} - t_e}{1 - \dfrac{1}{\cos\omega_{\mathrm{max}}}}\;\left[\frac{\mathrm{kcal}}{\mathrm{h}}\right]\,. \qquad (300)$$

Damit ist grundsätzlich die Möglichkeit gewonnen, bei gegebenen Daten des Reaktors die Wärmebelastung jedes einzelnen Spaltstoffelementes zu berechnen, denn in ω und ϱ sind die Abmessungen enthalten: L ist die Länge des Spaltstoffelementes, und im Wert von $f = F/L$ steckt der Durchmesser, während λ die Wärmeleitzahl des Spaltstoffes ist. Das Kühlmittel wird durch die Durchflußmenge G [kg/h], seine mittlere spezifische Wärme c_k [kcal/kg · grd] und die Wärmeübergangszahl α charakterisiert, in die wiederum Werte wie Strömungsgeschwindigkeit w [m/sek] u.a. eingehen.

Für technische Zwecke wäre es aber bequemer, wenn man die Wärmeleistung des Reaktors auf einen kennzeichnenden, einen „spezifischen" Wert beziehen und gleichzeitig den Einfluß der Abmessungen von Spaltstoffelement und Kühlkanal, des Kühlmittels und seiner Strömungsgeschwindigkeit und selbstverständlich — wie wir es schon getan haben — der kennzeichnenden Temperaturen, also vor allem der Achsentemperatur t_0 und der Kühlmittelaustrittstemperatur t_a (erstere wird durch die technologischen Eigenschaften des Spaltstoffes nach oben begrenzt, letztere soll mit Rücksicht auf den Wirkungsgrad des nachgeschalteten Kraftmaschinenprozesses so hoch wie möglich sein) darstellen könnte. Als eine solche spezifische Leistung bietet sich vorteilhaft die spezifische Wärmeleistung oder die *Volumleistung Q*, wie wir sie bereits verwendet haben, an, und zwar nach dem Vorschlag von BAUR [63] als *mittlere spezifische Wärmeleistung* oder als *mittlere Volumleistung Q_m* [kcal/m³h] bzw. [tkW/m³].[1] Das scheint auch aus dem Grunde zweckmäßig, weil ja bekanntlich die Wärmeleistung eines Reaktors nicht von seiner Spaltstoffbeschickung, sondern lediglich davon abhängt, wieviel Wärme je Volumeinheit betriebssicher abgeführt werden kann. Wir definieren also die mittlere Volumleistung Q_m als die Gesamtleistung W des Spaltstoffelementes, bezogen auf das Volumen $V = S_0 \cdot L$, worin $S_0 = \pi \cdot r_0^2$ der Querschnitt des Elementes und L seine Länge sind (vgl. Abb. 133):

$$Q_m = \frac{W}{V} = \frac{W}{S_0 \cdot L} \left[\frac{\text{kcal}}{\text{m}^3 \text{h}}\right]. \tag{301}$$

Um diese mittlere Volumleistung mit den Temperaturen in Verbindung zu bringen, führen wir zunächst in Gl. (283) den Wert von Q_m ein und erhalten mittels Gl. (301)

$$t_k = t_e + \frac{Q_m}{2 G \cdot c_k} \cdot S_0 \cdot L \left(1 - \cos\frac{\pi z}{L}\right). \tag{302}$$

Entsprechend verfahren wir mit Gl. (285) und erhalten zunächst

$$t_w - t_k = \frac{\pi}{2 \alpha} \cdot Q_m \cdot \frac{S_0 \cdot L}{L \cdot f} \cdot \sin\frac{\pi z}{L}.$$

Zur Vereinfachung führen wir die *spezifische Oberfläche Ω* (m²/m³) an Stelle der Oberfläche je Längeneinheit f (m²/m) ein. Da im Zähler $S_0 \cdot L = V$ (m³) das Gesamtvolumen und im Nenner $L \cdot f = F$ (m²) die Gesamtoberfläche des Spaltstoffelementes darstellen, können wir die spezifische Oberfläche $\Omega = F/V$ (m²/m³) einsetzen und erhalten

$$t_w - t_k = \frac{\pi}{2 \alpha} Q_m \frac{V}{F} \sin\frac{\pi z}{L}$$

bzw.
$$t_w - t_k = \frac{\pi \cdot Q_m}{2 \alpha \Omega} \sin\frac{\pi z}{L}. \tag{303}$$

Wir führen nunmehr die Austrittstemperatur t_a des Kühlmittels ein.

---

[1] Da es sich immer mehr einbürgert, auch Wärmeleistungen in Kilowatt auszudrücken, sollte eine geeignete Unterscheidung zwischen elektrischer und Wärmeleistung vorgesehen werden. Die Gepflogenheit, elektrische Leistungen mit MW und Wärmeleistungen mit kW zu bezeichnen, ist unbefriedigend. Besser wäre es, für die Wärmeleistung tkW bzw. tMW und für die elektrische Leistung ekW bzw. eMW zu verwenden.

Grundzüge der Wärmeübertragung im Reaktor

Wenn wir in Gl. (263) mittels Gl. (301) die mittlere Volumleistung einsetzen, erhalten wir, anders geordnet,

$$t_a - t_e = \frac{Q_m \cdot S_0 \cdot L}{G \cdot c_k}. \tag{304}$$

Diese Gleichung (304) ergibt zusammen mit Gl. (302) den Verlauf der Kühlmitteltemperatur längs des Spaltstoffelementes, nämlich

$$t_k = t_a - \frac{t_a - t_e}{2}\left(1 + \cos\frac{\pi z}{L}\right). \tag{305}$$

Wenn wir diesen Wert von t_k in Gl. (303) einsetzen, erhalten wir den Verlauf der Oberflächentemperatur des Spaltstoffelementes:

$$t_w = t_a - \frac{t_a - t_e}{2}\left(1 + \cos\frac{\pi z}{L}\right) + \frac{\pi \cdot Q_m}{2\alpha\Omega}\sin\frac{\pi z}{L}. \tag{306}$$

Um auch jetzt wiederum die Stelle der höchsten Temperatur $t_{w\,\mathrm{max}}$ zu finden, verfahren wir so, wie wir es bei Gl. (297b) für $t_{0\,\mathrm{max}}$ getan haben, d.h., wir differentiieren und setzen gleich Null. Damit erhalten wir sinngemäß

$$tg\,\omega_{\mathrm{max}} = -\frac{\pi Q_m}{\alpha\Omega \cdot (t_a - t_e)} \tag{307a}$$

und

$$\omega_{\mathrm{max}} = -\mathrm{arc\,tg}\,\frac{\pi Q_m}{\alpha\Omega(t_a - t_e)}. \tag{307b}$$

Wenn wir den Wert von Gl. (307a) (es ist zu beachten, daß wir $\frac{\pi z}{L} = \omega$, vgl. S. 345, gesetzt haben) in Gl. (306) einsetzen, erhalten wir

$$t_{w\,\mathrm{max}} = t_a - \frac{t_a - t_e}{2}(1 + \cos\omega_{\mathrm{max}}) + \frac{\pi Q_m}{2\alpha\Omega}\sin\omega_{\mathrm{max}}. \tag{308}$$

Da nach Gl. (307a)

$$\frac{\pi \cdot Q_m}{2\alpha\Omega} = -\frac{t_a - t_e}{2}\,tg\,\omega_{\mathrm{max}}$$

ist, so läßt sich Gl. (308) nach Einsetzen

$$t_{w\,\mathrm{max}} - t_a = -\frac{t_a - t_e}{2}(1 + \cos\omega_{\mathrm{max}}) + \frac{t_a - t_e}{2}\,tg\,\omega_{\mathrm{max}} \cdot \sin\omega_{\mathrm{max}}$$

und nach Umformung

$$t_{w\,\mathrm{max}} - t_a = -\frac{t_a - t_e}{2}\left(1 + \frac{1}{\cos\omega_{\mathrm{max}}}\right), \tag{309a}$$

bzw. durch Auflösen nach ω_{max}

$$\omega_{\mathrm{max}} = -\mathrm{arc\,cos}\,\frac{1}{\dfrac{2(t_{w\,\mathrm{max}} - t_a)}{t_a - t_e} + 1} \tag{309b}$$

schreiben. Durch Gleichsetzen mit Gl. (307b) erhalten wir

$$\operatorname{arc\,cos} \frac{1}{\dfrac{2(t_{w\,\max} - t_a)}{t_a - t_e} + 1} = \operatorname{arc\,tg} \frac{\pi Q_m}{\alpha \Omega (t_a - t_e)}. \tag{310}$$

Da $\operatorname{arc\,cos} x = \operatorname{arc\,tg} \sqrt{1-x^2}/x = \operatorname{arc\,tg} \sqrt{1/x^2 - 1}$ ist, können wir Gl. (310)

$$\frac{\pi Q_m}{\alpha \Omega (t_a - t_e)} = \sqrt{\frac{1}{\dfrac{1}{\left(\dfrac{2(t_{w\,\max} - t_a)}{t_a - t_e} + 1\right)^2}} - 1}$$

oder nach Q_m aufgelöst,

$$Q_m = \frac{\alpha \Omega}{\pi}(t_a - t_e) \cdot \sqrt{\left(\frac{2(t_{w\,\max} - t_a)}{t_a - t_e} + 1\right)^2 - 1}$$

schreiben. Die weitere Ausrechnung führt schließlich zu

$$Q_m = \frac{\alpha \Omega}{\pi}(t_a - t_e) \cdot 2 \cdot \frac{t_{w\,\max} - t_a}{t_a - t_e} \sqrt{1 + \frac{t_a - t_e}{t_{w\,\max} - t_a}}$$

und nach Kürzung zu

$$Q_m = \frac{2\alpha\Omega}{\pi}(t_{w\,\max} - t_a)\sqrt{1 + \frac{t_a - t_e}{t_{w\,\max} - t_a}} \left[\frac{\text{kcal}}{\text{m}^3 \text{h}}\right]. \tag{311a}$$

Damit ist die Beziehung zwischen der mittleren Volumleistung Q_m einerseits und der höchstzulässigen Wandtemperatur $t_{w\,\max}$ und der Kühlmittelaustrittstemperatur t_a andererseits hergestellt. Für den uns interessierenden Fall des zylindrischen Spaltstoffelementes ergibt sich mit $\Omega = \dfrac{2\pi r_0 L}{\pi r_0^2 L} = \dfrac{2}{r_0}$ [m²/m³] für

$$Q_m = \frac{4\alpha}{\pi r_0}(t_{w\,\max} - t_a)\sqrt{1 + \frac{t_a - t_e}{t_{w\,\max} - t_a}} \left[\frac{\text{kcal}}{\text{m}^3 \text{h}}\right]. \tag{311b}$$

Um die Achsentemperatur t_0 des Spaltstoffelementes berücksichtigen zu können, steht uns Gl. (286) zur Verfügung, die wir unter Einführung von Q_m mit Hilfe von $Q_m = W/V = W/\pi r_0^2 L$ in der Form (man beachte das zu Gl. (297b), S. 345, Gesagte)

$$t_0 - t_w = \frac{Q_m \pi r_0^2}{8 \lambda} \cdot \sin \omega \tag{286a}$$

schreiben können. Da außer $\sin \omega$ alle Glieder konstant sind, ergibt die Differentiation $\cos \omega$. Diese Gleichung, zur Auffindung des Maximums gleich Null gesetzt, ist für $\cos \omega = 0$ erfüllt. Daraus ergibt sich, daß $\omega_{\max} = \dfrac{\pi z}{L} = \dfrac{\pi}{2}$ ist. Mithin findet man daraus die maximale Differenz zwischen Achsen- und Wandtemperatur für zylindrische Spaltstoffelemente

$$(t_0 - t_w)_{\max} = \frac{Q_m \pi r_0^2}{8 \lambda} \tag{312}$$

und mit genügender Genauigkeit auch $(t_0 - t_w)_{\max} \approx t_{0\,\max} - t_{w\,\max}$ für $z = L/2$, vgl. hierzu Abb. 140. Damit ist es möglich, aus der zulässigen höchsten Achsentemperatur $t_{0\,\max}$ des Spaltstoffelementes die zulässige Wandtemperatur $t_{w\,\max}$ zu ermitteln. Mit dieser und den gegebenen Kühlmitteleintritts- und Austrittstemperaturen t_e und t_a kann dann die mittlere Volumleistung Q_m bestimmt werden. Es ist zweckmäßig, sich der üblichen Angabe der mittleren Volumleistung q_m in tkW/kg anzugleichen. Dann ist nach entsprechender Umrechnung (Multiplikation mit $\dfrac{1}{860 \cdot 18700}$,

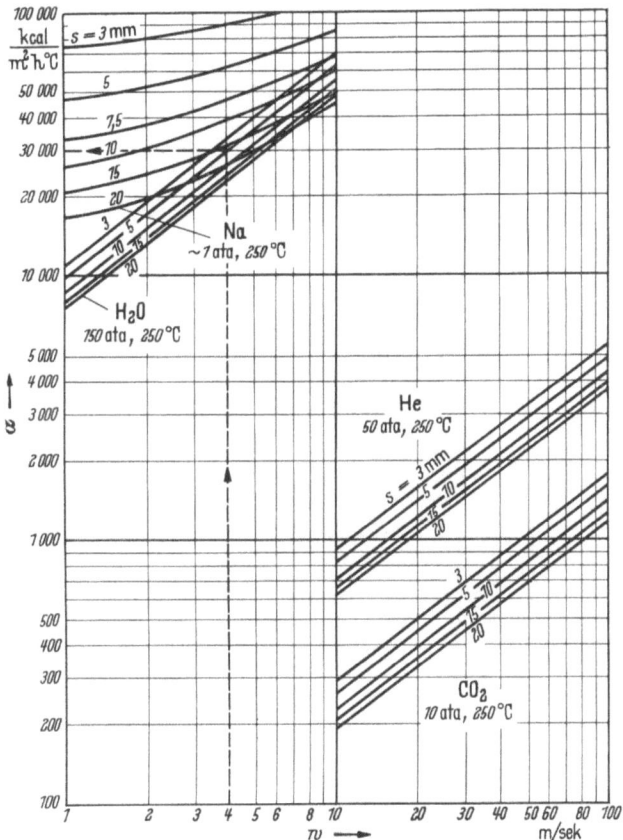

Abb. 141. Wärmeübergangszahl α als Funktion der Strömungsgeschwindigkeit w für verschiedene Kühlmittel und Ringspaltweiten s (nach BAUR)

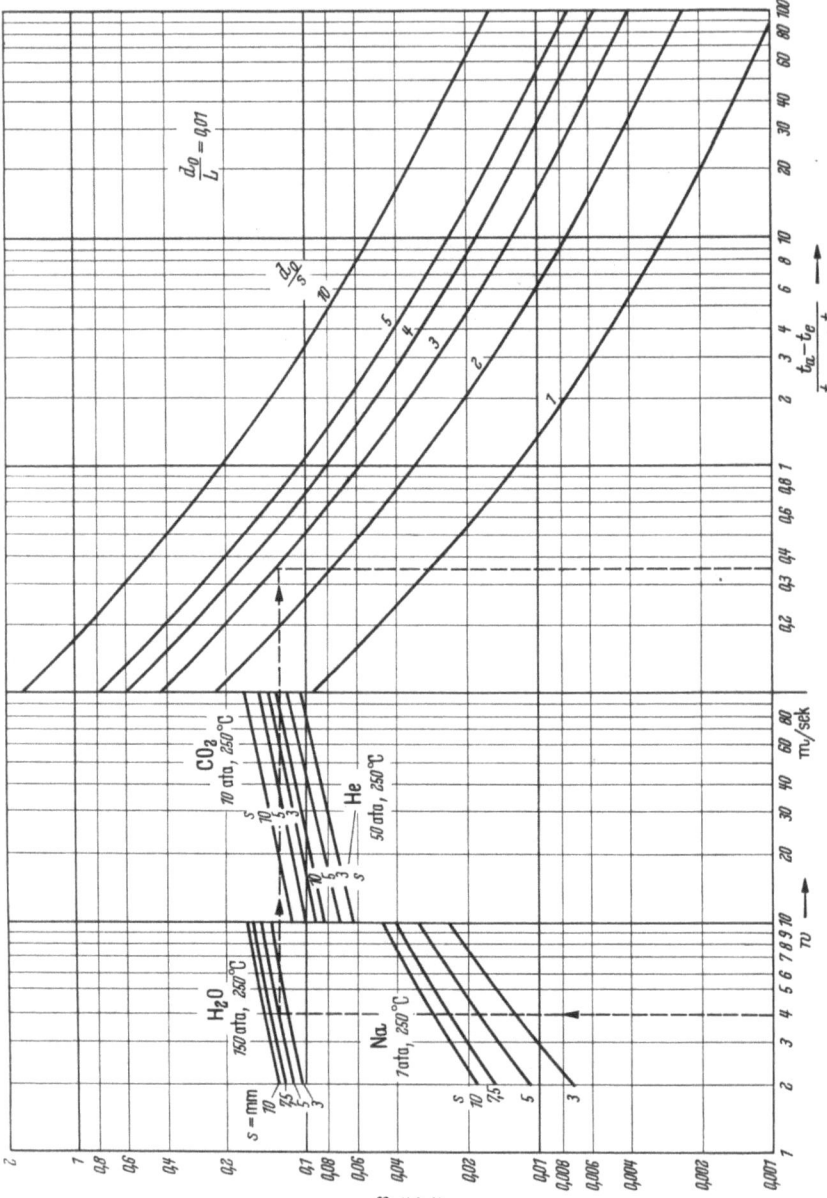

Abb. 142. Diagramm zur Ermittlung des Temperaturdifferenzverhältnisses $(t_a - t_e)/(t_{w\,max} - t_a)$ für verschiedene Kühlmittel als Funktion der Strömungsgeschwindigkeit w, der Ringspaltweite s und dem Verhältnis des Elementdurchmessers d_0 zur Spaltweite s (nach BAUR)

Grundzüge der Wärmeübertragung im Reaktor

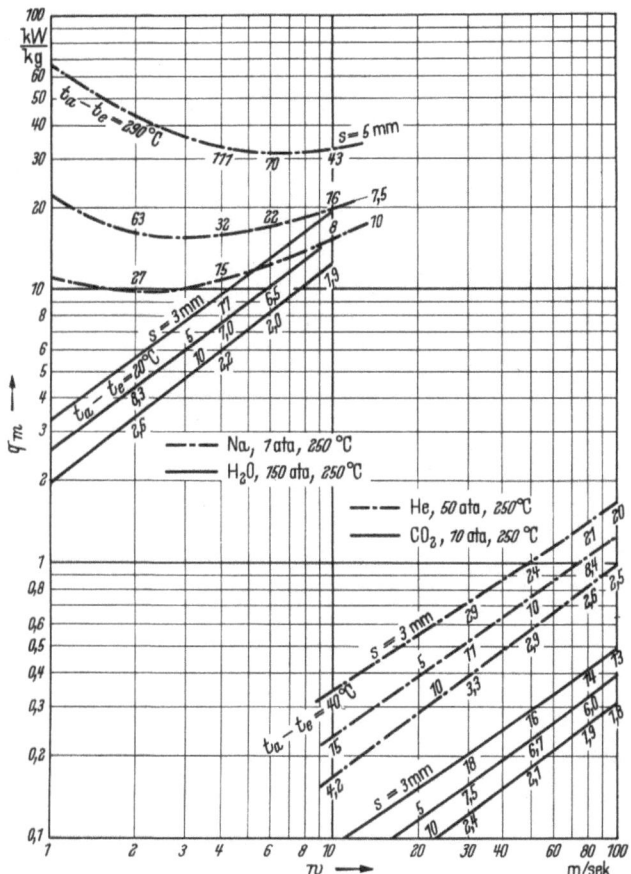

Abb. 143. Abhängigkeit der mittleren Volumleistung q_m (auf das *Spaltstoffgewicht* bezogen) von der Kühlmittelgeschwindigkeit w für verschiedene Kühlmittel, Ringspaltweiten s und Temperaturdifferenzen $t_a - t_e$ (nach BAUR)

worin 1 tkW = 860 kcal/h und 1 m³ = 18700 kg Uran enthalten ist) Gl. (311b) in der Form (mit r_0 in mm!)

$$q_n = 8{,}8 \frac{\alpha}{r_0} \cdot 10^{-4} (t_{w\,max} - t_a) \sqrt{1 + \frac{t_a - t_e}{t_{w\,max} - t_a}} \left[\frac{\text{tkW}}{\text{kg}} \right] \quad (311\text{c})$$

zu schreiben.

In Abb. 141 ist der Zusammenhang zwischen der Wärmeübergangszahl α für verschiedene Kühlmittel mit der Strömungsgeschwindigkeit in konzentrischen Ringspalten wiedergegeben. Abb. 142 stellt ein Diagramm dar, aus welchem die Beziehung zwischen den Stoffwerten des Kühlmittels und seiner Strömungsgeschwindigkeit zu dem Temperaturdifferenzverhältnis $(t_a - t_e)/(t_{w\,max} - t_a)$ unter der Wurzel der Gleichungen

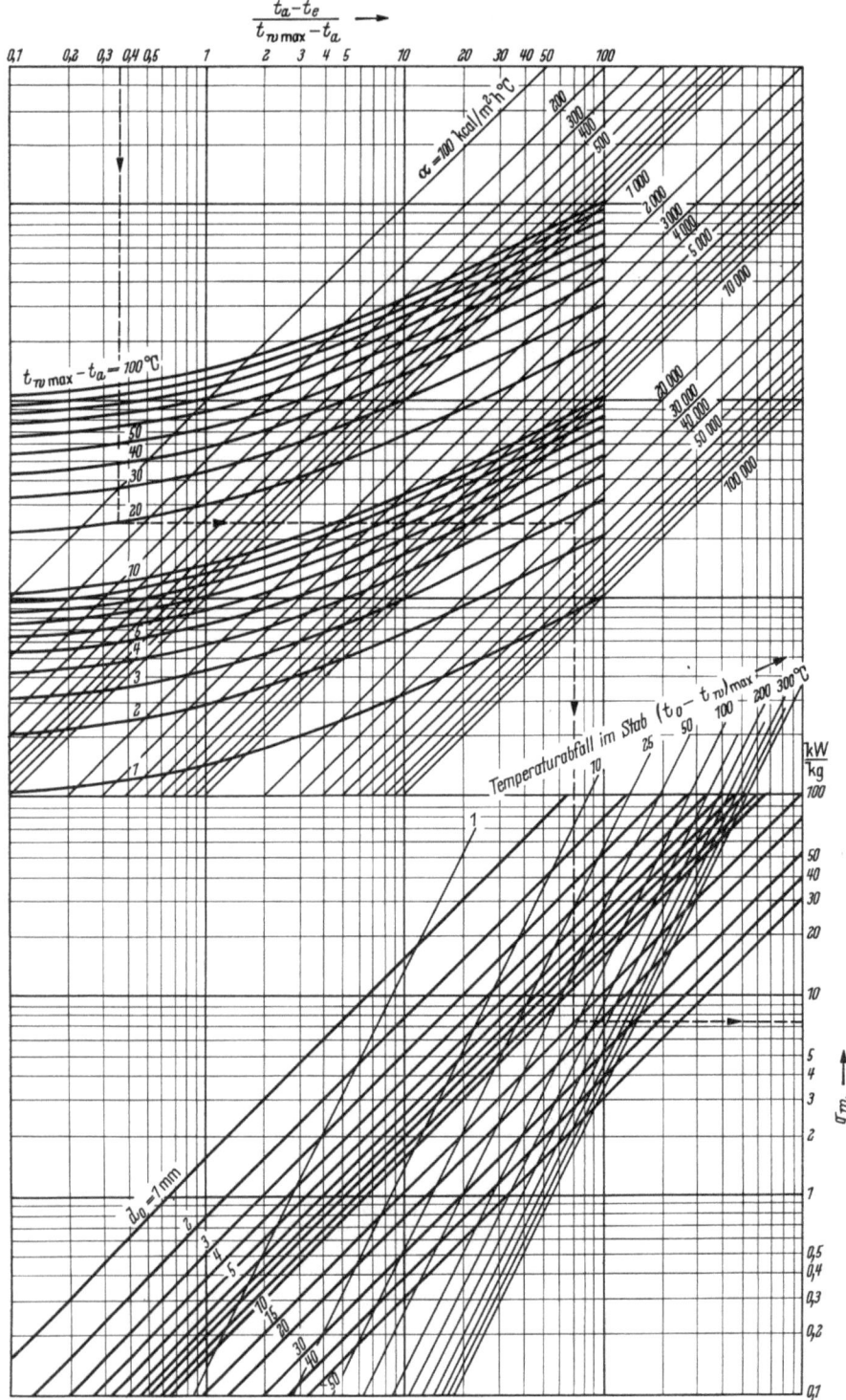

(311a, b, c) zu entnehmen ist[1]. Abb. 143 zeigt nun schließlich die Auswertung von Gl. (311c) für verschiedene Kühlmittel, und weiterhin ist in Abb. 144 ein von BAUR [63] entworfenes Diagramm zur Berechnung der mittleren Volumleistung von zylindrischen Spaltstoffelementen aus metallischem Uran wiedergegeben.

b) Wärmeübergang

Wir beschränken uns auf die Wärmeübertragung in Leistungsreaktoren mit strömendem Kühlmittel ohne Zustandsänderung, verzichten also auf die Besprechung des Wärmeüberganges bei verdampfender Flüssigkeit. Die letztere ist ohnehin schon kompliziert, weil sie sich nicht geschlossen behandeln läßt. Im Verdampfungsreaktor treten noch weitere Komplikationen hinzu, so daß eine hinreichende Erörterung den Rahmen dieser Einführung sprengen würde.

Aber auch die Besprechung der Wärmeübertragung durch strömende Medien *ohne* Zustandsänderung selbst wollen wir noch enger auf den Fall der erzwungenen turbulenten Strömung beschränken, weil zumindest bei Reaktoren mit höherer Wärmeleistung mit Rücksicht auf die sehr hohen Wärmestromdichten und Heizflächenbelastungen wohl immer so hohe Strömungsgeschwindigkeiten angewendet werden müssen, daß im allgemeinen $Re \gg 2300$ sein wird[2]. Das bedeutet sicher hohe Druckverluste und damit hohe Pumpenleistungen, wird aber wohl kaum zu vermeiden sein. Tab. 26 gibt einige Vergleichswerte von Feuerraum- und Heizflächenbelastungen. Man sieht daraus, daß wassergekühlte Reaktoren um eine Zehnerpotenz, metallgekühlte um mehr als zwei Zehnerpotenzen über den Werten der Feuerraumbelastung bzw. der Heizflächenbelastung moderner Schmelzkammer-Zyklonfeuerungen liegen. Wenn man dabei noch berücksichtigt, daß aus technologischen Gründen vorläufig wohl nicht damit zu rechnen ist, daß die Temperatur der Spaltstoffelemente eines Reaktors wesentlich über 400...500 °C getrieben werden kann, sieht man ohne weiteres, daß die Schwierigkeiten der

---

[1] Wegen Einzelheiten sei auf die Originalarbeit von BAUR [63] verwiesen.

[2] Der Wert der REYNOLDschen Zahl Re, bei der die laminare Strömung in eine turbulente umschlägt, schwankt je nach den Einlaufbedingungen. Unterhalb von $Re = 2300$ ist eine laminare Strömung zwar stabil. Es ist aber auch möglich, oberhalb von $Re = 2300$ eine laminare Strömung aufrechtzuerhalten. Wenn dafür gesorgt wird, daß Einlaufstörungen unterdrückt werden, z.B. durch sorgfältige Ausbildung der Rohrmündung usw., kann auch im Bereich von $2300 < Re < 10000$ noch eine laminare Strömung erzielt werden. Auf Einzelheiten kann hier nicht eingegangen werden. Dazu sei auf Lehrbücher, die diese Dinge eingehender behandeln, wie [46, 71], verwiesen.

Abb. 144. (s. nebenstehend) Diagramm zur Bestimmung der mittleren, auf das *Spaltstoffgewicht* bezogenen Volumleistung q_m [kW/kg] in Abhängigkeit von dem Temperaturdifferenzverhältnis $(t_a - t_e)/(t_w\max - t_a)$, der Wärmeübergangszahl α, dem Temperaturabfall $(t_o - t_w)\max$ im Spaltstoffelement, dem Elementdurchmesser d_0 und der Differenz zwischen der höchsten Oberflächentemperatur $t_w\max$ und der Austrittstemperatur des Kühlmittels t_a (nach BAUR)

Tabelle 26. *Vergleichswerte von Reaktor- und Feuerungsbelastungen* [3, 60]

Wärmequelle	Wärmeentbindung je Volumeneinheit		Wärmebelastung der Kühlflächen kcal/m² · h
	kW/dm³	kcal/m³ · h	
Brookhaven (~30000 kW)	0,06	$52 \cdot 10^3$	
HRE-Reaktor (1000 kW)	20	$17 \cdot 10^5$	
EBR-Reaktor (1000 kW)	240	$20 \cdot 10^6$	
MTR-Reaktor (30000 kW)	300	$26 \cdot 10^6$	
Leistungsreaktoren:			
wassergekühlt	200 ÷ 450	$17 \div 35 \cdot 10^6$	$0,3 \div 1,0 \cdot 10^6$
metallgekühlt	4600 ÷ 10000	$400 \div 850 \cdot 10^6$	$20 \div 25 \cdot 10^6$
Normale Staubfeuerung		$0,15 \div 0,25 \cdot 10^6$	~100 000
Zyklonbrenner		$3,5 \div 4 \cdot 10^6$	~500 000
V-2-Raketenbrenner	20 000	$1700 \cdot 10^6$	

Wärmeübertragung in Reaktoren wesentlich größer sind als bei ,,normalen" Feuerungen. Wahrscheinlich wird einer der aussichtsreichsten Wege der Zukunft die Anwendung flüssiger Metalle zur Kühlung sein, ganz abgesehen davon, daß für *schnelle* Reaktoren Wasser als Kühlmittel ohnehin aus kernphysikalischen Gründen, wie wir gesehen haben, nämlich wegen seiner moderierenden, also neutronenbremsenden Wirkung überhaupt nicht in Frage kommt. Auf die Wärmeübertragung durch flüssige Metalle kommen wir im nächsten Abschnitt zu sprechen.

Im heterogenen Reaktor haben wir es vorzugsweise mit der Strömung des Kühlmittels in Kreisrohren und Ringrohren zu tun. Der Wärmeübergang läßt sich für diese Fälle sehr bequem durch dimensionslose Potenzformeln darstellen, wenngleich man sich auch darüber klar sein muß, daß es wegen der komplizierten Vorgänge und der großen Zahl der Parameter — man denke nur an die Temperaturabhängigkeit der Viskosität — unmöglich ist, alle Vorgänge in einer einzigen Gleichung darzustellen und gleichzeitig zu fordern, daß sie noch dazu möglichst einfach aufgebaut sei. Wir können hier nicht auf die Theorie der dimensionslosen Kennzahlen eingehen, sondern müssen dazu auf die einschlägigen Lehrbücher, z.B. [46, 71] verweisen. Jedenfalls existiert eine Reihe von Gebrauchsformeln, die empirisch aufgestellt sind und Vorzügliches leisten, wenn man sich nur ihrer Grenzen in der Anwendbarkeit bewußt bleibt. Sie stützen sich stets nach dem Vorschlag von NUSSELT auf die dimensionslosen Kennzahlen:

$$Nu = \frac{\alpha \cdot d}{\lambda}$$ mit der Wärmeübergangszahl α, einer kennzeichnenden Länge (z.B. dem Rohrdurchmesser d oder der Spaltweite s) d und der Wärmeleitzahl λ (NUSSELT-Zahl).

$$Pr = \frac{\nu}{a}$$ mit der kinematischen Zähigkeit ν und der *Temperaturleitzahl*

$$a = \frac{\lambda}{c \cdot \varrho} \ [m^2/h],$$ worin c die spezifische Wärme und ϱ die Dichte des strömenden Stoffes sind (PRANDTL-Zahl).

$Re = \dfrac{w \cdot d}{\nu}$ mit der Strömungsgeschwindigkeit w, einer kennzeichnenden Abmessung d wie bei der NUSSELT-Zahl und mit der kinematischen Zähigkeit ν (REYNOLDS-Zahl).

d/l ist das Verhältnis von Durchmesser zu Länge des Strömungskanals und daher also ebenfalls dimensionslos.

Schließlich sind noch einige andere Kennzahlen gebräuchlich, die hier und da bequem in der Handhabung sind. Sie sind, wie z. B. die PÉCLETsche Zahl $Pe = \dfrac{w \cdot d}{a} = \dfrac{w \cdot d}{\nu} \cdot \dfrac{\nu}{a} = Re \cdot Pr$ aus anderen Kennzahlen abgeleitet und bedürfen daher hier keiner besonderen Erwähnung. Mit diesen Kennzahlen lautet der NUSSELTsche Ansatz

$$Nu = \text{const } Re^m \cdot Pr^n \left(\dfrac{d}{l}\right)^p. \tag{313}$$

KRAUSSOLD [46] gibt sie für Flüssigkeiten in der Form

$$Nu = 0{,}032 \cdot Re^{0,8} \cdot Pr^n \cdot \left(\dfrac{d}{l}\right)^{0,054} \tag{314a}$$

mit $n = 0{,}37$ für Erwärmung und $n = 0{,}30$ für Abkühlung der Flüssigkeit an, während NUSSELT sie für ein mittleres Durchmesserverhältnis $l/d \approx 200$, also mit $(d/l)^{0,054} \approx 0{,}75$ vereinfacht wegen $0{,}032 \cdot 0{,}75 = 0{,}024$

$$Nu = 0{,}024\, Re^{0,8} \cdot Pr^n \tag{315}$$

schreibt. Für Werte von $l/d < 10$ sind die obigen Gleichungen nicht mehr brauchbar. HAUSEN [71] hat diesen Mangel behoben, indem er die Form

$$Nu = 0{,}027 \left[1 + \left(\dfrac{d}{l}\right)^{2/3}\right] \cdot Re^{0,8} \cdot Pr^n \tag{316}$$

verwendet.

Für andere als kreisförmige Rohre pflegt man den „gleichwertigen" oder „hydraulischen" Durchmesser D_h zu verwenden. Für konzentrische Ringrohre ergibt er sich einfach als die doppelte Spaltweite $D_a - D_i = D_h = 2s$, wobei D_a der Außendurchmesser, D_i der Innendurchmesser des Ringrohres ist. Auch für den Ringspalt gibt es eine Reihe von Formeln. Für die Wärmeübertragung an der Innenseite des Ringspaltes, also z. B. bei einem zylindrischen Spaltstoffelement mit darumliegendem, vom Kühlmittel durchströmtem Ringrohr lautet die Formel

$$Nu = 0{,}021 \cdot Re^{0,8} \cdot Pr^{1/3} \left(\dfrac{\eta_{fl}}{\eta_w}\right)^{0,14} \cdot \left(\dfrac{D_a}{D_i}\right)^{0,45}, \tag{317}$$

wobei für d in Nu und Re der jeweilige Wert von D_h einzusetzen ist. (η_{fl}/η_w) ist das Verhältnis der Zähigkeitswerte der Flüssigkeit in der Mitte und in der Wandnähe.

Für die turbulente Strömung im Rohr gibt HAUSEN eine Erweiterung der Gl. (316) in folgender Form an:

$$Nu = 0{,}116 \left[1 + \left(\frac{d}{l}\right)^{2/3}\right] (Re^{2/3} - 125)\, Pr^{1/3} \left(\frac{\eta_{fl}}{\eta_w}\right)^{0{,}14}. \tag{318}$$

Sie berücksichtigt das Übergangsgebiet zwischen $Re = 2300$ und $10\,000$ besser als die vorher angegebenen Potenzformeln. Sie gilt zwischen $Re = 2300$ und $Re\ 150\,000$ für die mittlere Flüssigkeitstemperatur. Dagegen kann Gl. (302), die natürlich für praktische Rechnungen viel bequemer ist, sinngemäß nur von $Re > 10\,000$ an aufwärts verwendet werden. Bei Wasser genügt sie noch bis zu $Re = 500\,000$, bei anderen Flüssigkeiten, z.B. Ölen jedoch nur bis $Re = 100\,000$. Ferner ist sie begrenzt auf $0{,}7 < Pr < 370$.

Für *Gase* wird insbesondere noch gern die Gl.

$$Nu = 0{,}027\, (Re \cdot Pr)^{0{,}78} \tag{319}$$

benutzt, wobei für die kennzeichnende Länge der Rohrdurchmesser d einzusetzen ist.

Diese und andere Formeln werden nun noch in sehr verschiedenen Schreibweisen dargestellt. Wenn man z.B. die REYNOLDSsche Zahl anstatt mit der Geschwindigkeit w mit der durch den Querschnitt strömenden Stoffmenge $G = w \cdot \varrho \cdot S = w \cdot \varrho \cdot \pi \cdot d^2/4$ bildet, erhält man

$$Re = \frac{w\, d \cdot \varrho}{\eta} = \frac{4\, G}{\pi\, d\, \eta} = 1{,}273\, \frac{G}{d \cdot \eta}.$$

Diesen Wert in Gl. (314) eingesetzt, erhalten wir die Schreibweise:

$$Nu = 0{,}039 \left(\frac{G}{d \cdot \eta}\right)^{0{,}8} \cdot Pr^n \cdot \left(\frac{d}{l}\right)^{0{,}054}. \tag{314b}$$

In Abb. 145 sind die Gln. (314a), (318) und (319) mit verschiedenen Werten von Pr dargestellt, um ein Gefühl für die Größenordnung zu vermitteln.

In der NUSSELTschen Zahl ist der Rohrdurchmesser d enthalten, so daß sich der Zahlenwert, der uns letztlich interessiert, nämlich die Wärmeübergangszahl

$$\alpha = \frac{Nu \cdot \lambda}{d}$$

ergibt. α wird also mit steigendem d kleiner. Ferner ist in der REYNOLDschen Zahl Re die Geschwindigkeit w enthalten, und zwar so, daß mit steigender Geschwindigkeit w die REYNOLDsche Zahl und damit schließlich auch α ansteigt. Da die übertragene Wärme aber nach Gl. (265) bei gegebener Fläche und gegebener Temperaturdifferenz — beide Größen können wir im Reaktor im allgemeinen nicht verändern — von α und da ferner die abtransportierte Wärmemenge nach Gl. (263) von der durchströmenden Kühlmittelmenge abhängt, müssen wir bestrebt sein,

w so hoch wie möglich zu halten. Mit steigender Strömungsgeschwindigkeit steigt aber bei sonst gleichen Bedingungen der Druckverlust an, der sich in der aufzubringenden Pumpenleistung auswirkt. Auf die Bewegungsgleichungen zäher Flüssigkeiten können wir hier nicht eingehen, zumal sie für die meisten praktischen Fälle ohnehin nicht lösbar sind. Für die Ermittlung des Druckverlustes Δp in Rohrströmungen mit der Rohrlänge l und dem Rohrdurchmesser d verwendet man praktisch die Formel

$$\Delta p = \Lambda \frac{l}{d} \cdot \frac{\gamma}{2g} \cdot w^2. \qquad (320\mathrm{a})$$

Darin ist Λ ein dimensionsloser „Reibungsfaktor", der von Re und von der

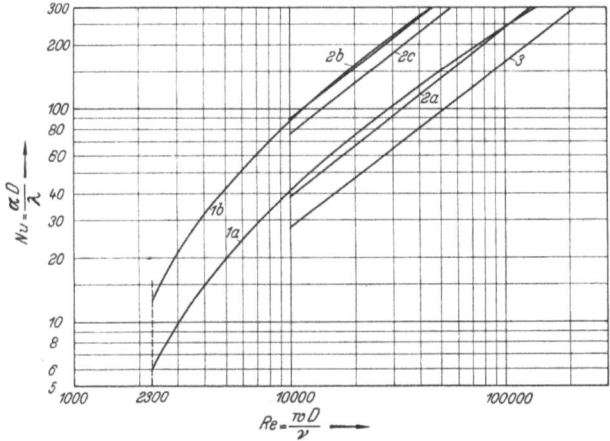

Abb. 145. Nu als Funktion von Re
1a nach Gl. (318) mit $Pr = 1$ und $\eta_w = \eta_{fl}$, *1b* wie vor, jedoch mit $Pr = 10$ und $\eta_w = \eta_{fl}$, *2a* nach Gl. (314a) mit $Pr = 1$, *2b* wie vor mit $Pr = 10$ für Heizung der Flüssigkeit, *2c* wie vor, für Kühlung der Flüssigkeit, *3* nach Gl. (319) für Gase mit $Pr = 0{,}72$ (nach GRÖBER/ERK/GRIGULL)

Wandrauhigkeit im Rohr abhängt. Im laminaren Bereich, also auf jeden Fall bis $Re = 2300$, ergibt sich $\Lambda = 64/Re$. Wegen der Form des Strömungsprofiles ist der Einfluß der Wand in diesem Gebiet zu vernachlässigen. Sobald die Strömung aber turbulent wird, legt sich das Strömungsprofil bekanntlich satter an die Wand an, es wird also mehr und mehr abgeflacht. Damit wird der Wandeinfluß spürbar. Im laminaren Gebiet ergibt sich

$$\Delta p = 32 \frac{l}{d^2} \cdot \nu \cdot \frac{\gamma}{g} \cdot w, \qquad (320\mathrm{b})$$

der Druckverlust ist also der Geschwindigkeit direkt proportional.

Bei turbulenter Strömung ändert sich die Abhängigkeit infolge des zunehmenden Wandeinflusses erheblich, und der Druckverlust wird etwa dem Quadrat der Geschwindigkeit proportional. Auch hierfür gibt es eine Reihe von empirischen Formeln. Bei rauhen Rohren wird das Verhalten noch komplizierter. Wir können hier davon absehen und uns auf glatte Rohre beschränken. Bis zu $Re = 100\,000$ pflegt man die Formel

$$\varLambda = \frac{0{,}316}{\sqrt[4]{Re}}, \tag{321a}$$

in der amerikanischen Literatur häufig die Beziehung

$$\varLambda = \frac{0{,}184}{\sqrt[5]{Re}} \tag{321b}$$

zu verwenden. Abb. 146 zeigt den Verlauf von $\varLambda$ im glatten Rohr als Funktion von Re. Für Querschnitte, die vom Kreisrohr abweichen, führt

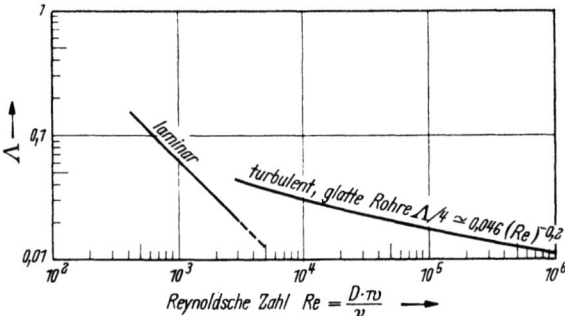

Abb. 146. Reibungsfaktor $\varLambda$ als Funktion von Re für laminare und turbulente Strömung (nach Murray)

man auch hier wieder den hydraulischen Durchmesser, den wir bereits vorher kennengelernt hatten, ein. Im Ringrohr gilt also wieder $D_h = 2s = D_a - D_i$.

31. Wärmeübertragung durch flüssige Metalle

Wir hatten schon mehrfach erwähnt, daß flüssige Metalle in der Technik der Energiereaktoren eine besonders wichtige Rolle zu spielen berufen sind. Einige dieser Metalle zeichnen sich vor allem dadurch aus, daß sie auch bei Temperaturen von 600 °C und mehr einen sehr niedrigen Dampfdruck haben und außerordentlich hohe Werte der Wärmeübergangszahl α erreichen lassen, verbunden mit niedriger Viskosität. Natürlich haben sie auch eine Reihe von Nachteilen, wie z. B. hohe Reaktionsfreudigkeit mit Luftsauerstoff und Wasser, Entstehung radioaktiver Isotope und Korrosionsneigung mit den Baustoffen der Rohrsysteme, wenn wir in erster Linie an das geeignetste Metall, nämlich das Alkalimetall *Natrium* und seine Legierungen mit *Kalium* denken.

Die hervorragenden Eigenschaften des Natriums sind schon früh erkannt worden. Man hat u. a. die thermisch hochbelasteten Auslaßventile von Verbrennungsmotoren, insbesondere von Flugmotoren, durch eine Natriumfüllung erfolgreich gekühlt, um nur ein Beispiel zu nennen.

Dem Ingenieur sind diese Stoffe zunächst wenig vertraut. Zum Beispiel ist es oft schwer vorstellbar, daß geschmolzenes Natrium etwa die gleiche Viskosität wie Wasser und auch nahezu die gleiche Dichte hat. Ferner ist häufig nicht bekannt, daß das Natrium mit Kalium Legierungen bildet, die bereits bei Umgebungstemperatur flüssig sind. Eine gebräuchliche Legierung mit 44% Kalium und 56% Natrium hat einen

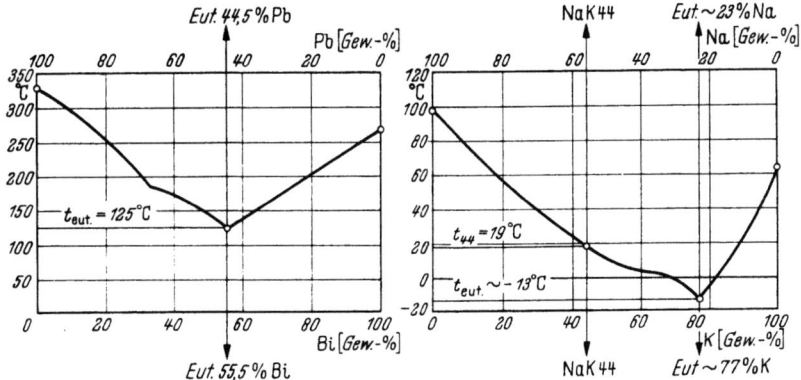

Abb. 147. Liquiduskurven von Blei-Wismut- und Natrium-Kalium-Legierungen (nach LYON [65])

Schmelzpunkt von 19 °C. Tab. 27 gibt eine Übersicht über die wichtigsten Stoffeigenschaften von Metallen, deren Schmelzpunkt unter 660 °C liegt. Für die Reaktortechnik spielen zunächst nur die bereits genannten Metalle Natrium und Kalium eine Rolle, das letztere nur als Legierungsbestandteil von Na-K-Legierungen. Indessen werden aber auch Wismut, Blei und Quecksilber Bedeutung erlangen. Wir beschränken uns hier auf die Besprechung des Natriums. Natrium-Kalium-Legierungen verhalten sich weitgehend ähnlich. Abb. 147 zeigt die Liquiduskurve des Systems Na-K.

Natrium [65] ist ein silberweißes Metall, dessen Stoffwerte aus Tafel 27 zu entnehmen sind. Es ist sehr reaktionslustig, und darin liegt die Hauptschwierigkeit seiner Handhabung begründet. Wie alle *Alkalimetalle* reagiert es schon bei Umgebungstemperatur heftig mit Wasser, aber auch merklich mit dem Sauerstoff der Luft unter Bildung von Natriumoxyd Na_2O bzw. von Natriumhydroxyd $NaOH$, landläufig unter dem Namen „*Ätznatron*" in festem Zustand bzw. „*Natronlauge*" in wäßriger Lösung bekannt. Der Name sagt bereits schon, daß es stark ätzende, also

Tabelle 27. *Stoffwerte der Metalle mit*

Symbol	Name	Z	Atom-gewicht (chemisch)	Schmelz-temperatur °C	Schmelz-wärme kcal/kg	Verd.-Temp. °C bei 760 Torr	Verd.-Wärme kcal/kg	Dampfdruck bei	
								Torr	°C
Li	Lithium	3	6,9	179	158	1 317	4 680	1	745
								400	1 236
Na	Natrium	11	23,0	98	27	883	1 005	1	440
								100	696
								400	815
Mg	Magnesium	12	24,3	651	82	1 103	1 337	1	621
								400	1 034
Al	Aluminium	13	26,9	660	96	2 450	3 050	1	1 537
								400	2 360
K	Kalium	19	39,1	64	15	760	496	1	342
								100	581
								400	696
Zn	Zink	30	65,4	420	24	906	420	1	487
								400	844
Ga	Gallium	31	69,7	30	19	1 983	1 014	1	1 315
								400	1 895
Rb	Rubidium	37	85,5	39	6	688	212	1	294
								400	628
Cd	Cadmium	48	112,4	321	13	765	286	1	394
								400	711
Sn	Zinn	50	118,7	232	15	2 270	573	1	1 492
								400	2 169
Hg	Quecksilber	80	200,6	— 39	3	357	70	1	126
								400	323
Pb	Blei	82	207,2	327	6	1 737	205	1	987
								400	1 611
Bi	Wismut	83	209,0	271	12	1 477	204	1	917
								400	1 400
H_2O	Wasser		18	0	80	100	539	760	100

einem Schmelzpunkt unter 660 °C [65]

Spezifische Wärme bei		Wärmeleitzahl bei		Dynamische Zähigkeit bei		Dichte bei	
$\frac{\text{kcal}}{\text{kg}\cdot\text{grd}}$	°C	$\frac{\text{kcal}}{\text{m}\cdot\text{h}\cdot\text{grd}}$	°C	cP	°C	g/cm³	°C
1,0	200	32,4	220	0,59	183	0,53	20
1,0	1 000			0,46	285	0,49	400
0,33	100	73,9	100	0,68	104	0,97	20
0,31	400	70,2	200	0,38	250	0,93	100
0,30	800	61,2	400	0,27	400	0,85	400
		57,3	500	0,18	700	0,78	700
0,32	651					1,74	20
						1,57	651
0,26	660			2,9	700	2,7	20
				1,4	800	2,4	660
0,20	75	38,6	200	0,52	70	0,86	20
0,19	200	34,5	400	0,26	250	0,82	100
0,18	400	30,5	600	0,19	400	0,78	250
				0,14	700	0,67	700
0,12	420	49,8	500	3,2	450	7,1	20
0,11	800			1,9	700	6,8	600
0,08	100	31,5	100	1,9	53	5,9	20
				0,8	500	5,7	600
0,09	100	27,0	100	0,63	50	1,53	20
				0,32	220	1,47	39
0,06	350	38,2	355	2,4	350	8,6	20
		42,8	435	1,5	600	7,7	600
0,06	250	28,8	240	1,9	240	7,3	20
0,08	1 100	28,0	500	1,05	600	6,6	700
0,03	100	6,9	0	1,55	20	13,6	20
0,03	450	11,0	220	1,01	200	12,9	300
0,04	327	14,1	330	2,1	440	11,3	20
0,04	500	12,9	700	1,2	845	10,5	400
						9,8	1 000
0,03	271	14,7	300	1,66	304	9,9	400
0,04	800	13,3	700	1,28	451	9,4	800
				0,99	600		
1,01	100	0,58	100	0,28	100	0,96	100

gewebezerstörende Wirkung auf den lebenden Organismus hervorruft. Die Alkalimetalle wirken also reduzierend und bilden einwertige Kationen. Sie reagieren aber auch mit anderen gasförmigen und flüssigen Stoffen außer mit den Edelgasen und mit Stickstoff. Mit steigender Temperatur steigt die Reaktionsgeschwindigkeit, und daraus entsteht ein konstruktives Problem: Wenn man Wasser mittels heißen Natriums erhitzen oder verdampfen will, muß man einerseits einen möglichst guten Kontakt zur Wärmeübertragung herstellen, andererseits aber unter allen Umständen eine Berührung beider Stoffe miteinander ausschließen, weil bei hohen Temperaturen die Reaktionen meist *explosionsartig* verlaufen.

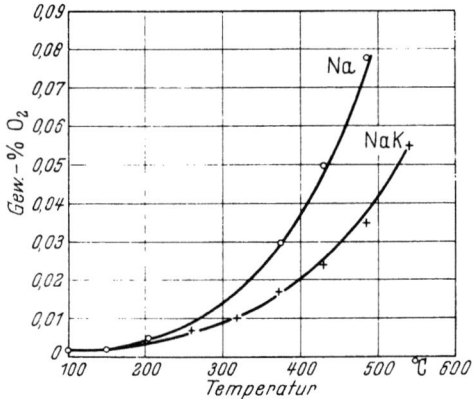

Abb. 148. Löslichkeit von Na_2O in Natrium und Natrium-Kalium (nach Lyon [65])

Ein Rohrreißer z. B., der im normalen Dampfkesselbetrieb zwar schlimm, aber keine Katastrophe ist, kann bei einer Anlage mit Natrium als Wärmeübertragungsmittel verheerende Folgen haben. Selbst kleine Undichtigkeiten können schon zu schweren Störungen führen. Daraus geht also von vornherein hervor, *daß die Sicherheit einer solchen Anlage weit über das gewohnte Maß hinaus getrieben werden muß!*

Festes Natrium überzieht sich an der Luft mit einem Oxydfilm, geschmolzenes Natrium brennt an der Luft ohne weiteres mit heller Flamme und bildet dabei einen dichten weißen Rauch von Na_2O. Die Reaktion von geschmolzenem Natrium mit Wasser ist äußerst heftig und verläuft unter Flammenerscheinung.

Handelsübliches Natrium, dessen Preis übrigens — im Gegensatz z. B. zu Kalium — verhältnismäßig niedrig ist, hat eine Reinheit von etwa 99,95%. Die Verunreinigungen bestehen meist aus anderen Metallen. Für das Korrosionsverhalten sind jedoch nicht diese Verunreinigungen, sondern in erster Linie der Gehalt an Sauerstoff in Form von Na_2O maßgebend. Abb. 148 zeigt die Abhängigkeit der Löslichkeit von Sauerstoff in Natrium und in der Legierung NaK-44 (44% Kalium) von der Temperatur: Mit steigender Temperatur nimmt die Löslichkeit zu. Soweit es sich um fest ausgeschiedenes Na_2O handelt, kann man die Verunreinigung bis zu einem gewissen Grad durch *Filtration* beseitigen. Als Filter kommen gesinterte Stahlfilter aus korrosionsbeständigen Stahllegierungen in Frage, in denen sich im allgemeinen ohne Schwierigkeiten ein Filterkuchen aus Natriumoxyd bildet. Man kann durch mehrmalige Filtration die Reinigung bis zu dem der Filtriertemperatur entsprechenden Na-Na_2O-Gleichgewicht treiben. Eine zweckmäßige konstruktive Lösung besteht z. B. darin, daß man einen Teilstrom des umlaufenden Natriums abzweigt und über ein Filter führt, dessen Temperatur möglichst niedrig, also möglichst dicht an der Erstarrungstemperatur gehalten wird, um so die relativ geringere Löslichkeit des Na_2O bei niedriger Temperatur nach Abb. 148 auszunutzen.

Das Korrosionsverhalten des Natriums ist bestimmend für die Auswahl der Baustoffe. Die Angaben hierüber sind recht spärlich. Bisher scheinen in erster Linie rostfreier Stahl mit 18% Chrom und 8% Nickel und ferner Zirkon in Betracht zu kommen, wie es z. B. bei dem Versuchsreaktor SRE der *North American Aviation*, der mit flüssigem reinem Natrium gekühlt wird, verwendet worden ist. Besonders zu beachten ist die Diffusion des flüssigen Natriums in Graphit, welcher merkliche Mengen aufnimmt und sich dabei bis zu einem Prozent seines ursprünglichen Volumens ausdehnt. Abgesehen von der mechanischen Beanspruchung des Graphits bedeutet das eine Vergrößerung seines Absorptionswirkungsquerschnittes und damit eine erhebliche Verschlechterung seiner Moderierfähigkeit. Tab. 28 gibt über die kernphysikalischen Eigenschaften des Natriums Auskunft. Sein Absorptionswirkungsquerschnitt für thermische Neutronen ist über hundertmal größer als derjenige des Graphits. Aus diesem Grunde kann man das Natrium nicht ohne weiteres durch die die Spaltstoffelemente enthaltenden Kanäle im Graphit strömen lassen, sondern muß auch diese auskleiden. Beim SRE-Reaktor ist dazu Zirkon verwendet worden.

Weitere Korrosionsgefahren, auf die aber hier nicht näher eingegangen werden kann, entstehen durch das Herauslösen von Graphit aus dem Eisen, durch Legierungsbildung (gegenseitige Löslichkeit von Metallen) und durch die Reaktion mit Verunreinigungen in Schweißstellen. Auf die Herstellung der Schweißverbindungen ist daher ganz besondere Sorgfalt zu verwenden.

Wie aus Tab. 27 zu entnehmen ist, sinkt die Viskosität des flüssigen Natriums schon dicht oberhalb seiner Schmelztemperatur auf Werte, die der Zähigkeit des Wassers ziemlich nahe kommen. Bezüglich seines Strömungsverhaltens kann es daher wie Wasser behandelt werden. FRITZSCHE [72] berichtet an Hand russischer Untersuchungen, daß für flüssiges Natrium die gebräuchlichen Formeln [vgl. Gl. 320a] ohne weiteres ver-

Tabelle 28. *Kernphysikalische Stoffwerte flüssiger Metalle*
(Die Angabe des Absorptions-Wirkungsquerschnittes σ_a bezieht sich auf thermische Neutronen mit v 2200 m/sek entsprechend $E = 0{,}025$ eV)

Stoff	Absorptions- querschnitt σ_a [b]	Streu- querschnitt σ_s [b]	Logarithm. Energieverlust ξ	Brems- verhältnis VM
Lithium	65	1,5	0,27	0,006
Natrium	0,45	4	0,083	0,89
Magnesium	0,3	3,5		
Aluminium	0,21	1,35		
Kalium	2,5	1,5	0,03	0,018
Zink	0,9	3,6		
Gallium	2,2	4		
Rubidium	0,56	12		
Cadmium	2 900	6,5		
Zinn	0,555	4,3		
Quecksilber	430	(5...15)		
Blei	0,2	11	0,0097	0,53
Wismut	0,015	9	0,0096	5,75
NaK (44% K)	1,1	3,2	0,077	0,225
NaK (78% K)	1,7	2,3		
PBi (55,5% Bi)	0,17	9,9	0,0096	0,56

wendet werden können. Es soll dabei auch nicht darauf ankommen, ob die Wandflächen des Strömungskanals vom flüssigen Metall benetzt werden oder nicht. Auch die Dichte des flüssigen Natriums liegt nahe derjenigen des Wassers. Dagegen ist die spezifische Wärme merklich kleiner, die Wärmeleitzahl jedoch wesentlich höher als diejenige des Wassers. Diese hohe Wärmeleitzahl zusammen mit dem *hohen Siedepunkt* sind diejenigen Eigenschaften, die das flüssige Natrium für die Wärmeabfuhr aus Energiereaktoren so besonders vorteilhaft erscheinen lassen: Wie bereits erwähnt, ergibt sich daraus die Möglichkeit, auch bei hohen Kühlmittelaustrittstemperaturen den Kreislauf praktisch *ohne Überdruck* auszuführen.

Die Untersuchung der Wärmeübertragung kann sich auf den Fall der erzwungenen turbulenten Strömung beschränken, weil für technische Anlagen wohl immer so hohe Strömungsgeschwindigkeiten angewendet werden müssen, daß $Re \gg 2300$ sein wird. Grundsätzlich sind dieselben Überlegungen wie bei jeder anderen nichtmetallischen Flüssigkeit anwendbar. Drei Gesichtspunkte sind aber besonders in den Vordergrund zu rücken:

1. Die hohe Wärmeleitzahl erhöht den relativen Einfluß der Wärmeleitung der Trennwand und damit auch den Einfluß von Verschmutzungen der Wand (z.B. Oxydschichten) bei der Ermittlung der Wärmedurchgangszahl.

2. Die hohe Wärmeleitzahl tritt merklich gegenüber der Turbulenzwirkung beim Wärmeübergang bei erzwungener turbulenter Strömung in Erscheinung.

3. Es ist von Bedeutung, ob das flüssige Metall die Wand benetzt oder nicht.

Man wird auch bei der Wärmeübertragung durch flüssige Metalle danach streben, den Wärmeübergang mit dimensionslosen Kennzahlen als Potenzprodukte in der NUSSELTschen Form nach Gl. (313) zu beschreiben, wenn es sich um turbulente Strömung handelt. Daß das zu erwarten ist, möge an einem angenommenen Beispiel überschlagen werden:

Der Kühlrohrdurchmesser betrage $d = 0{,}01$ m und die Geschwindigkeit $w = 1$ m/sek. Dann ergibt sich bei einer Temperatur des Natriums von 400 °C eine kinematische Zähigkeit (vgl. Tab. 27) $\nu = 0{,}318 \cdot 10^{-6}$ m² · sek^{-1}, also wenig verschieden von derjenigen des Wassers bei 100 °C, die $\nu = 0{,}295 \cdot 10^{-6}$ m² sek^{-1} beträgt. Damit findet man für Natrium einen Wert von $Re = 31500$, während derjenige für Wasser von 100 °C unter gleichen Strömungsbedingungen $Re_w = 34000$ beträgt. Die Strömung befindet sich also weit oberhalb von $Re = 10000$, der praktischen unteren Grenze einer turbulenten Strömung. In der technischen Ausführung werden aber (allein schon mit Rücksicht darauf, daß man eine möglichst kleine umlaufende Menge anstreben wird) die Werte von Re noch höher, in der Größenordnung von 10^5 und mehr liegen.

Wenn man nun eine der bekannten empirischen Formeln, wie sie in den Gln. (314) bis (318) angegeben worden sind, anwenden will, wird man zu prüfen haben, ob die Voraussetzungen für ihre Gültigkeit erfüllt sind, worauf wir schon früher (vgl. S. 354) hingewiesen haben. Die sehr handliche Gl. (314) gilt, wie bereits erwähnt wurde, für $Re > 10000$ und im Bereich von $0{,}7 < Pr < 370$. Es ist nun zu prüfen, ob das Natrium diese Voraussetzungen erfüllt. Man sieht sofort, daß Pr bei Natrium *wesentlich kleiner* sein muß als bei Wasser, denn seine Wärmeleitzahl ist etwa hundertmal größer als diejenige des Wassers. Bei Temperaturen von 100 bis 300 °C ergibt sich der Wert der PRANDTL-Zahl für Wasser zwischen 1,75 und 1,00, für Natrium von 400 °C jedoch mit der Temperaturleitzahl $a = \lambda/c \cdot \gamma = 0{,}232$ — gegenüber Wasser von 100 °C mit $a = 0{,}607 \cdot 10^{-3}$ — zu $Pr_{Na} = 5{,}12 \cdot 10^{-3}$ und bei 700 °C zu $Pr_{Na} = 3{,}5 \cdot 10^{-3}$, also weit unter der für Gl. (314) zulässigen unteren Grenze von $Pr = 0{,}7$. Mithin ist also Gl. (314) nicht für die Berechnung des Wärmeüberganges bei flüssigem Natrium zu verwenden. Das leuchtet auch ein, wenn man sich an den physikalischen Sinn der PRANDTL-Zahl erinnert:

Die PRANDTLsche Zahl ist mit der REYNOLDschen Zahl durch die Beziehung — die wir bereits früher erwähnt haben — $Pr \cdot Re = Pe$ verknüpft. Dabei ist $Pe = w \cdot d/a$, wofür wir mit $a = \lambda/c \cdot \gamma$ auch

$$Pe = \frac{w \cdot c \cdot \gamma}{\lambda/\delta} \qquad (322)$$

schreiben können. Darin stellt der Zähler das Produkt aus der Strömungsgeschwindigkeit w und dem „*Wasserwert*" $c \cdot \gamma$ dar, also die durch Konvektion transportierte Wärme, während der Nenner bei gleichem

Temperaturgefälle den Wärmestrom kennzeichnet, der durch Leitung durch die Schichtdicke δ der Flüssigkeit gefördert wird. Damit ist also die PECLETsche Zahl das Verhältnis von Konvektionsübertragung zur Leitungsübertragung aufzufassen: Wenn Pe groß wird, überwiegt die Konvektion, also der Wärmetransport durch *makroskopische* Stoffbewegung gegenüber der Wärmeleitung. Wenn Pe sehr klein wird, überwiegt offenbar der Wärmetransport durch Leitung, also durch die Bewegung *mikroskopischer* Massen, also durch die Molekülbewegung. Bei Metallen tritt der Energietransport durch freie Elektronen hinzu bzw.

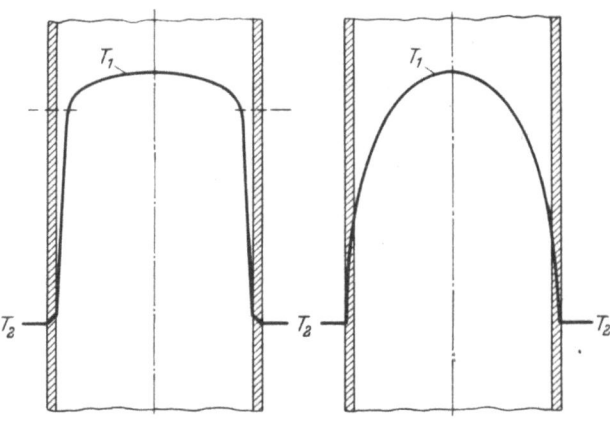

Abb. 149. Temperaturprofile der Rohrströmung eines flüssigen Metalls (links) und von Wasser (rechts) (nach STEPHENSON)

überwiegt er sogar denjenigen durch Molekülbewegung, wie sich ohne weiteres aus der WIEDEMANN-FRANZschen Regel ergibt, welche aussagt, daß Wärmeleitfähigkeit und spezifische elektrische Leitfähigkeit einander proportional sind. Da jedoch in reinen Metallen eine Ionenleitung der Elektrizität praktisch nicht existiert, sondern nur Elektronenleitung in Betracht kommt, sind diese freien Elektronen im Metall offenbar auch wesentlich für die Wärmeleitung verantwortlich, da der Quotient aus den beiden Leitfähigkeiten zumindest im Bereich technisch interessierender höherer Temperaturen für alle Metalle sehr ähnliche Werte hat. Aus diesen Überlegungen ergibt sich, daß offenbar die Wärmeleitung bei flüssigen Metallen — ganz im Gegensatz zu anderen Flüssigkeiten — weit in das turbulente Gebiet hineinreichen und die Wärmeübertragungsverhältnisse wesentlich beeinflussen muß. Daher wird das Temperaturgefälle in der Rohrströmung wesentlich von demjenigen nichtmetallischer Flüssigkeiten abweichen, wie es in Abb. 149 schematisch dargestellt ist.

Nach amerikanischen Untersuchungen [65] haben sich für die Berechnung des Wärmeüberganges von flüssigen Metallen, insbesondere von Na und seinen Legierungen, die empirischen Formeln

$$Nu = 7 + 0{,}025 \cdot Pe^{0,8} \text{ für Kreisrohre} \tag{323}$$

und

$$Nu = 5{,}8 + 0{,}02\, Pe^{0,8} \text{ für Ringspalte mit kleiner Spaltweite } s \tag{324}$$

bewährt. Für lange saubere Rohre mit *verschiedenen* Querschnittsformen wird von russischen Autoren (vgl. [*72*]) die Formel

$$Nu = 4{,}5 + 0{,}014\, (Re \cdot Pr)^{0,8} \tag{325}$$

empfohlen. Sie soll in den Bereichen

$0{,}1 < w < 20$ m/sek, $10^4 < Re < 6{,}5 \cdot 10^5$, $4 \cdot 10^{-3} < Pr < 3{,}2 \cdot 10^{-2}$
und $2 \cdot 10^4 < q < 10^6$ kcal/m²h

gültig sein. Als Bezugslänge wird der hydraulische Durchmesser verwendet und die Stoffwerte sind auf die mittlere Flüssigkeitstemperatur bezogen. Für kurze Rohre $5 < l/d < 30$ ist in Gl. (325) noch eine Korrektur vorzunehmen, indem die ermittelten Nu-Werte mit $\xi = 1{,}72 \cdot (d/l)^{0,16}$ zu multiplizieren sind. Für oxydierte Rohre finden sie niedrigere Werte von Nu, was nach unseren vorher angestellten Betrachtungen zu erwarten ist. Sie geben dafür $Nu_{ox} = Nu - 1$ als Korrektur an.

Ganz allgemein ergeben sich α-Werte für flüssiges Natrium, die *wesentlich höher* als diejenigen von Wasser liegen. Die Untersuchungen von BAUR [*63*], vgl. S. 349, befassen sich damit eingehend. Die Auswertung von Gl. (311c) ermöglicht den zahlenmäßigen Vergleich verschiedener Kühlmittel. Solche Zahlen sind in Tab. 29 für einen Ringspalt

Tabelle 29. *Wärmeübergang in einem 5 mm breiten Ringspalt* [*63*] (vgl. hierzu Abb. 141)

Strömungsgeschwindigkeit w [m/sek]	1	10	100
Wärmeübergangszahl α [kcal/m²hgrd] bei 250 °C:			
CO_2 bei 10 ata	—	260	1 600
He bei 50 ata	—	820	5 000
H_2O bei 150 ata	10 000	62 000	
Na bei 1 ata	46 000	86 000	

von $s = 5$ mm zusammengestellt. Man sieht daraus, daß bei gleichen Strömungsgeschwindigkeiten das Natrium dem Wasser weit überlegen ist, ganz zu schweigen von Gasen wie CO_2 oder He. Abb. 141 zeigt die Wärmeübergangszahl als Funktion der Strömungsgeschwindigkeit für verschiedene Kühlmittel bei verschiedenen Ringspaltweiten s, und Tab. 30 gibt die spezifische Wärmeleistung verschiedener Kühlmittel an. Schließlich ist in Abb. 143 die mittlere spezifische Wärmeleistung von Spaltstoffstäben in Abhängigkeit von der Kühlmittelgeschwindigkeit dargestellt. Auch hier sieht man wieder, daß das flüssige Natrium über-

Tabelle 30. *Spezifische Wärmeübertragungsleistung verschiedener Kühlmittel* [63]
(vgl. hierzu Abb. 143)

Die Werte gelten für:
Kühlmittelgeschwindigkeit $W = 10$ m/sek
Differenz zwischen maximaler Oberflächentemperatur $t_{w\,max}$ und Kühlmittelaustrittstemperatur t_a:
$$t_{w\,max} - t_e = 20\ °C$$
Elementdurchmesser $d_0 = 15$ mm
Ringspaltbreite $s = 5$ mm

Kühlmittel	Kühlmittel-erwärmung $t_a - t_e$ [grd]	Spezifische Wärmeleistung q_m [tkW/kg]	Wirksame Temperaturdifferenz $(t_{w\,max} - t_a)\sqrt{1 + \dfrac{t_a - t_e}{t_{w\,max} - t_a}}$
CO_2	9,9	0,067	24,4
He	14,76	0,228	26,4
H_2O	5,76	15,0	22,7
Na	43,4	32,2	35,6

legene Eigenschaften aufweist. Endlich sind in Tab. 31 noch einmal die wichtigsten Werte für die Berechnung der spezifischen Wärmeleistung zylindrischer Spaltstoffstäbe zusammengestellt, um Wasser und Natrium miteinander vergleichen zu können. Als ein besonderer Vorzug des Natriums wird noch herausgestellt, daß flüssiges Natrium im Gegensatz zu Wasser und Gasen schon bei niedrigen Geschwindigkeiten und kleinen Temperaturdifferenzen zwischen Spaltstoffoberfläche und Kühlmittel hohe spezifische Wärmeleistungen in der Übertragung ergibt.

Tabelle 31. *Vergleich der spezifischen Wärmeleistung zylindrischer Spaltstoffelemente bei Wasser- und Natriumkühlung* [63]

Benennung	Größe	Dimension	Kühlung durch Wasser		Kühlung durch Natrium	
Elementdurchmesser	d_0	mm	15	15	10	10
Ringspaltweite	s	mm	5	5	5	3
Kühlmittelgeschwindigkeit	w	m/sek	4	4	4	3
Wärmeübergangszahl	α	$\dfrac{kcal}{m^2\,h\,grd}$	30 000	61 200	61 200	86 000
Kühlmittelerwärmung	$t_a - t_e$	grd	7	112	48	105
Temperaturdifferenz	$t_{w\,max} - t_a$	grd	20	20	20	5
Temperaturverhältnis	$\dfrac{t_a - t_e}{t_{w\,max} - t_a}$	—	0,35	5,60	2,4	21,0
Spezifische Wärmeleistung	q_m	$\dfrac{tkW}{kg}$	**7,3**	**33**	**35**	**33**
Zulässige Oberflächentemperatur	$t_{w\,max}$	°C	300	300	300	500
Elementinnentemperatur	$t_{0\,max}$	°C	393	722	500	685
Temperaturgefälle im Stab	$(t_0 - t_w)_{max}$	grd	93	422	200	185
Kühlmittel-Austrittstemperatur	t_a	°C	280	280	280	495

Leider wird die Ausnutzung dieser günstigen Eigenschaften nicht nur durch das Korrosionsverhalten und die hohe Reaktionsfreudigkeit erschwert, sondern auch durch die kernphysikalischen Eigenschaften des Natriums.

Zunächst einmal muß beachtet werden, daß es unter Neutronenbestrahlung das radioaktive Isotop Na-24 bildet. Dieser Strahler hat eine Halbwertzeit von etwa 15 Stunden und emittiert außer unwesentlicher β-Strahlung je Zerfallsakt zwei γ-Quanten mit 1,4 und 2,7 MeV, also sehr hoher Energie. Daher ist es unerläßlich, den Natriumkreislauf sorgfältig abzuschirmen. Das führt zu der Aufgabe, den abzuschirmenden Bereich so klein wie möglich zu halten und damit zu der Folgerung, daß es am besten ist, die Wärmeübertragung auf zwei Kreisläufe aufzuteilen. Das kann entweder so geschehen, daß man zwei Natriumkreisläufe hintereinanderschaltet (denn im zweiten Kreislauf kann keine Radioaktivität mehr entstehen, weil keine Neutronenstrahlung vorhanden ist) oder daß man auch gleich die Gefahr einer Berührung zwischen Natrium und Wasser ausschließt, indem man im zweiten Kreislauf z.B. Quecksilber umlaufen läßt.

Weiterhin muß bei der Auslegung des Reaktors beachtet werden, daß der Absorptionsquerschnitt von Natrium für thermische Neutronen mit $\sigma_a = 0,5$ b, verglichen mit demjenigen des Graphits ($\sigma_a = 0,0045$ b) recht hoch ist. Der dadurch hervorgerufene Neutronenverlust beeinflußt den Vermehrungsfaktor. Man wird daher danach streben, die Menge des die Spaltstoffelemente umgebenden Natriums so klein wie möglich, den Ringspalt demnach so eng wie möglich zu halten.

Schließlich ist noch darauf hinzuweisen, daß es bei Anwendung von Natrium nicht möglich ist, für die Schutzhülsen der Spaltstoffelemente Aluminium oder Magnesium zu wählen, weil die Korrosionsgefahr zu groß ist[1]. Infolgedessen wird man zu Zirkon- oder Stahlhülsen greifen müssen. Im letzteren Falle ist es aber nicht mehr möglich, mit natürlichem Uran auszukommen, sondern man wird angereicherten Spaltsoff, etwa mit 5% U-235, verwenden müssen.

Wir hatten bereits erwähnt, daß es erforderlich ist, die Berührung von Wasser und Natrium unter allen Umständen auszuschließen. Die Zahl der hierfür vorgeschlagenen Konstruktionen der Wärmeaustauscher ist bereits sehr groß. Man kann nun entweder, wie ebenfalls bereits erwähnt wurde, den zweiten Kreislauf anstatt mit Natrium mit Quecksilber

---

[1] Die Schutzhülsen sollen ja, wie bereits erwähnt wurde, einerseits die Berührung von Spaltstoff und Kühlmittel verhindern, andererseits den Austritt von Spaltprodukten in das Kühlmittel ausschließen. Bei der Auswahl der Schutzhülsen muß aber auch beachtet werden, daß sie sich möglichst günstig verhalten, d.h. also ebenfalls einen möglichst kleinen Absorptionswirkungsquerschnitt für thermische Neutronen haben.

füllen. Man kann aber auch die Quecksilber-Trennschicht in den Wärmeaustauscher selbst legen, wie es Abb. 150 zeigt. Durch die Doppelrohrkonstruktion läßt sich eine Undichtigkeit leicht feststellen: Sinkt nämlich der Druck im Quecksilberraum, der normalerweise 15 at beträgt, so liegt eine Undichtigkeit zwischen Natriumkreislauf und Quecksilberraum vor. Steigt der Druck, so liegt die Undichtigkeit zwischen Quecksilberraum

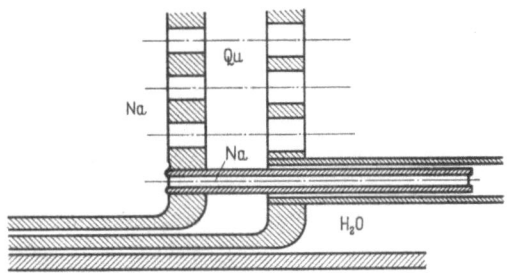

Abb. 150. Doppelrohrwärmetauscher für flüssiges Natrium. Wasser und Natrium sind durch Quecksilber voneinander getrennt, so daß bei Undichtigkeiten kein unmittelbarer Kontakt möglich ist (nach MÜNZINGER)

und Wasserraum. Eine andere Ausführungsform zeigt Abb. 151. Das flüssige Natrium fließt durch das Innenrohr, während das Außenrohr von dem zu erhitzenden Wasser umspült wird. Der Zwischenraum zwischen beiden Rohren ist durch ein schraubenförmig aufgewickeltes Kupferband hergestellt, dessen Hohlraum von Argon unter dem Überdruck einiger

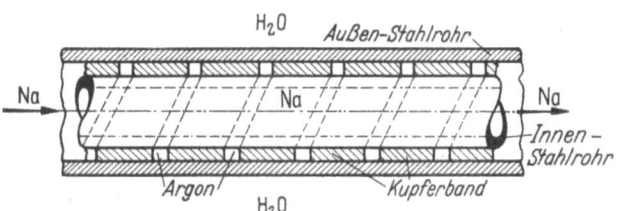

Abb. 151. Wärmetauscher für flüssiges Natrium mit Kupferbandwicklung zur Wärmeübertragung und Argonfüllung (nach MÜNZINGER)

Atmosphären durchströmt wird. Undichtigkeiten würden sich auch hier durch Druckänderung im Gasraum bemerkbar machen.

Eine weitere Erschwerung der Verwendung von flüssigem Natrium als Kühlmittel wird durch die Pumpen verursacht. Stopfbüchsen für flüssiges Natrium sind bezüglich ihrer Betriebssicherheit nicht einfach. Es gibt Konstruktionen, bei denen das Natrium selbst als Dichtung verwendet wird, indem man durch Kühlung des Außenlagers erreicht, daß das austretende Metall „einfriert" und damit selbst die Stopfbüchspackung bildet. Diese Konstruktion in Verbindung mit einer hermetischen Abdichtung der Pumpe durch ein Gehäuse, welches mit einem inerten Gas (Stickstoff oder Edelgas) gefüllt ist, scheint aussichtsreich zu sein, wenngleich man auch nicht die Schwierigkeiten verkennen darf, die in der Förderung eines geschmolzenen Metalles liegen, welches unter Umständen mit Temperaturen von 600 bis 700 °C, also bei Rotglut, umläuft!

Einen Ausweg aus diesen Schwierigkeiten bietet die Anwendung *elektromagnetischer Pumpen*, weil sie weder Stopfbüchsen noch bewegte Teile brauchen. Abb. 152 zeigt das Prinzip — welches übrigens schon sehr alt ist — einer der einfachsten Formen, der sog. ,,FARADAY-Pumpe'': Das zu fördernde flüssige Metall strömt durch ein dünnwandiges Rohr, welches einerseits senkrecht zur Strömungsrichtung von einem elektrischen Strom durchflossen, andererseits von einem senkrecht auf der durch den elektrischen Stromfluß und die Strömungsrichtung des Metalles gebildeten Ebene stehenden Magnetfeld durchsetzt wird. Grundsätzlich ist das sowohl mit Gleichstrom wie mit Wechselstrom durchführbar. Das Magnetfeld übt nun auf den schmalen, stromdurchflossenen Teil des flüssigen Metalles eine Kraft aus, die das Metall in der Pfeilrichtung bewegt, also nicht anders, wie sich ein stromdurchflossener Leiter im Magnetfeld, z. B. in einem Elektromotor, verhält. Leider ist der Wirkungsgrad dieser Pumpen an sich schlecht und noch schlechter bei Wechselstrom. Er beträgt etwa 15%. Immerhin sind solche Pumpen — aber auch in vielfältigen anderen Formen — häufig gebaut und bis zu Förderleistungen von über 1000 kg/h und für Förderhöhen bis zu 30 m ausgeführt worden. Überschlägig läßt sich der Förderdruck nach der Formel

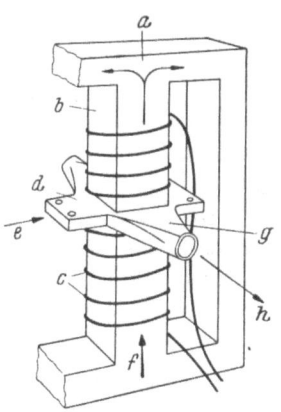

Abb. 152.
Elektromagnetische Pumpe zur Förderung flüssiger Metalle
a Elektromagnet, *b* Magnetschenkel, *c* Magnetwicklung, *d* Stromzuführung, *e* Richtung des Gleichstroms, *f* Richtung der Feldlinien, *g* Durchflußrohr, *h* Richtung des Metallstromes (nach MÜNZINGER)

$$p = 0{,}0095 \frac{\mathfrak{B} \cdot I}{d} \; [\text{kg/cm}^2] \qquad (326)$$

bestimmen, worin der magnetische Fluß $\mathfrak{B}$ [kilogauß], die Stromstärke I [kiloampere] und die Weite d [cm] des Förderrohres in Richtung des Magnetfeldes einzusetzen ist.

X. Spaltstoffherstellung und -aufbereitung

Die Durchführbarkeit der technisch und wirtschaftlich befriedigenden Kernspaltung im Reaktor steht und fällt mit der Bereitstellung von Spaltstoffen in geeigneter Form und mit der Aufarbeitung der Spaltstoffreste, die im Reaktor nicht mehr ausgenutzt werden können. Wenn es nicht gelingt, Spaltstoff in genügenden Mengen und zu erträglichen Preisen herzustellen und den erschöpften Spaltstoff ebenfalls unter vernünftigen Bedingungen wieder aufzubereiten und unbrauchbare Abfälle unschädlich zu machen, bleibt der Kernreaktor ein zwar wissenschaftlich interessantes, wirtschaftlich aber nutzloses Instrument. Mit der Aufstellung und dem Betrieb von Reaktoren ist daher nichts getan, solange die Spaltstoffverarbeitung nicht befriedigend gelöst ist. Hier eröffnet sich dem Verfahrensingenieur ein weites und interessantes Betätigungsfeld voller Probleme und Schwierigkeiten, von deren befriedigender Bewältigung wir heute noch weit entfernt sind. Es gibt kaum ein Grundverfahren (vgl. S. 6), das nicht in diesem Aufgabenkomplex, von der einfachen Hartzerkleinerung über komplizierteste Apparate zum Stoff- und Wärmeaustausch bis zur Isotopentrennung, Anwendung findet. Wir dürfen daher, ohne uns der Übertreibung schuldig zu machen, sagen, daß die wirtschaftliche Ausnutzung der Kernspaltung in Reaktoren zur Energiegewinnung erst dann gesichert sein wird, wenn die Verfahren zur Herstellung und Aufbereitung der Spaltstoffe so weit entwickelt sind, daß sie betriebssicher und preisgünstig durchgeführt werden können, mit anderen Worten: wenn die *Verfahrenstechnik* der Spaltstoffe einen befriedigenden Stand erreicht haben wird.

Wenn man will, kann man den Aufgabenbereich in zwei Gruppen unterteilen:

1. Gewinnung der Spaltstoffe aus den Rohstoffen und Herstellung von Spaltstoffelementen und -lösungen.

2. Aufbereitung „ausgebrannter" Spaltstoffe zur Beseitigung der Spaltprodukte und zur Wiedergewinnung der Spaltstoffreste.

Wir sind bisher davon ausgegangen, daß der Spaltstoff für den Reaktorbetrieb zur Verfügung steht und haben nicht danach gefragt, woher er kommt und ob auf der Erde überhaupt genügend Spaltstoff oder Ausgangsstoff für die Erzeugung von Spaltstoffen (fertile materials) vorhanden ist. Wir wissen bereits, daß als natürlicher Spaltstoff nur das Isotop U-235 des Urans mit einem Gehalt von etwa 0,7% im natürlichen Uran auf der Erde vorkommt. Es wird angenommen, daß die Gesamtmenge des Urans in der Erdrinde etwa 10^{14} t beträgt. Davon ist aber nach dem heutigen Stande der Technik nur ein winziger Bruchteil ausnutzbar, weil die Konzentration des Urans weit unter der Grenze liegt, bis zu der herab eine Gewinnung mit erträglichem Aufwand, d. h. also zu einem vertretbaren Preis, möglich ist. Diese Grenze dürfte heute etwa bei 0,1% Urangehalt im Erz liegen. Die meisten Vorkommen haben jedoch nur Gehalte in der Größenordnung von 0,001% oder noch weniger, sind also unverwertbar. Es ergibt sich nach dem heutigen Stande des Wissens, daß das gewinnbare Uran wahrscheinlich nicht ausreichen würde, den steigenden Energiebedarf der Welt auf längere Zeit zu decken, wenn wir auf die Energieerzeugung allein durch die Spaltung von U-235 angewiesen wären. Die technische Ausnutzung der Kernspaltung ist auf lange Sicht nur möglich, wenn genügend neue spaltbare Substanz durch Brutprozesse aus U-238 und Th-232 erzeugt werden kann. Infolgedessen werden wir von einer zuverlässigen Deckung des Weltenergiebedarfs erst dann sprechen können, wenn die Energiereaktoren als Brutreaktoren mit einem Konversionsfaktor $C_f \geq 1$ arbeiten werden, wir also jeden *unwiederbringlich* verbrauchten U-235-Kern durch einen Pu-239- oder U-233-Kern ersetzen können! Wie wir bereits wissen, entsteht aus dem U-238 durch Neutronenabsorption Pu-239. Indessen ist das Pu-239 ein Spaltstoff, der eine Reihe unbequemer Eigenschaften hat, so daß er technisch nicht sehr vorteilhaft ist. Einer seiner wesentlichsten Mängel ist der erheblich niedrigere Schmelzpunkt gegenüber dem Uran. Deswegen ist die laienhafte Erwartung, daß auch das U-238 ausgenutzt werden kann, nicht unbedingt berechtigt.

Wie dem aber auch sein mag: Auf jeden Fall ist es erforderlich, das Uran und — als Ausgangsstoff für U-233 — das Thorium zu gewinnen und in eine Form zu bringen, daß es als Spaltstoff bzw. als Brutstoff im Reaktor eingesetzt werden kann.

32. Gewinnung von Uran

Die Gewinnungsverfahren für Uran und Thorium richten sich nach der Zusammensetzung des Ausgangserzes. Grundsätzlich sind aber die Verfahrensschritte immer wieder die gleichen. Wir beschränken uns daher im folgenden auf zwei Beispiele, denn sie sind kennzeichnend für alle Verfahren, mögen sie sich auch in ihrem Chemismus noch so stark von diesen Beispielen unterscheiden.

Der Gehalt der Uranerze an Uran schwankt je nach Art und Herkunft außerordentlich stark. Es gibt Erze, wie z. B. die *Pechblende* aus Belgisch-Kongo, die 4% Uran und mehr enthalten, und wiederum andere, wie z. B. der Carnotit aus Kanada und Australien, die nur 0,1 bis 0,5% Uran enthalten. Während in der Pechblende das Uran als Oxyd in verschiedenen Oxydationsstufen zwischen UO_2 und U_3O_8 vorliegt, findet man es im Carnotit als komplizierte Verbindung mit Vanadium. Diese Erze wurden früher überhaupt nur zur Vanadiumgewinnung abgebaut, weil ja vor dem Kriege kein nennenswerter Bedarf an Uran bestand. Infolgedessen waren die Gewinnungsverfahren für Uran bis dahin auch noch recht unvollkommen. Erst der gewaltig ansteigende Uranbedarf zur Atombombenherstellung trieb die Entwicklung dieser Gewinnungsverfahren voran.

Die Endstufen der Urangewinnung sind entweder metallisches Uran zur Herstellung von Spaltstoffelementen aus natürlichem Uran für heterogene Reaktoren oder Uranhexafluorid UF_6 zur Anreicherung des Isotops U-235 mit anschließender Umwandlung in metallisches Uran oder in Uransalze (letztere für homogene Reaktoren in der Form von Uranylnitrat oder Uranylsulfat). Welches Verfahren auch immer angewendet werden mag, der Weg geht stets in den gleichen Schritten vom Erz bis zum fertigen Erzeugnis voran, von der Erzgewinnung über die Anreicherung des Urans (nicht zu verwechseln mit der Isotopenanreicherung!), über die Trennung durch Solventextraktion, über das Uranoxyd bis zum Urantetrafluorid. Dieses wird entweder durch Reduktion zu Metall verarbeitet oder es wird durch Fluorierung in Uranhexafluorid umgewandelt. Abb. 153 zeigt ganz schematisch die aufeinanderfolgenden Verfahrensschritte vom Erz bis zum Metall bzw. zum UF_6.

Der erste Schritt ist immer die Anreicherung des Urans mit dem Ziel, Uranoxyd zu gewinnen. Reiche Erze wie die Pechblende lassen sich auf mechanischem Wege durch die üblichen Methoden wie: Zerkleinern, Sieben (Sichten), Waschen, Flotieren oder Sedimentieren schon im Grubenbetrieb auf Gehalte bis zu 50% Uran im Erz anreichern. Arme Erze hingegen erfordern auch für diesen ersten Schritt schon die Anwendung chemischer Methoden wie (z.B. bei uranarmer Pechblende oder bei den Abfällen der mechanischen Aufbereitung reicher Uranerze) Auslaugen mit verdünnter Schwefelsäure in Gegenwart oxydierender Agentien mit anschließendem Absetzen, Filtrieren und Fällen. Bei den Carnotiten verlangt der Vanadiumgehalt bei der Wahl der Verfahren besondere Berücksichtigung. Hier stehen zwei Verfahren im Vordergrund, das *„saure"* und das *„Karbonat"*-Verfahren. Der Ablauf der beiden Verfahren ist schematisch in Abb. 154 dargestellt.

Das Carnotiterz wird zunächst zerkleinert und mit Natriumchlorid geröstet. (Zur Verbesserung der Wirtschaftlichkeit wird der dabei freiwerdende Chlorwasserstoff nebenher zu Salzsäure verarbeitet, die später im Ablauf des sauren Prozesses gebraucht wird.) Beim sauren Prozeß (linker Teil der Abb. 154) wird das Röstgut mit Wasser ausgelaugt, wodurch das Vanadium bereits zum größten Teil als wasserlösliches Natriumvanadat $NaVO_3$ in der Lösung abgeht. Der feste Rückstand wird dann weiter mit Salzsäure und Schwefelsäure behandelt. Jetzt gehen etwa 90% des vorhandenen Urans und nahezu der Rest des Vanadiums in Lösung, die vom unlöslichen Rückstand abfiltriert wird. Der Lösung wird jetzt zur Reduktion Eisen zugesetzt und dann das Uran — zusammen mit anderen in der Lösung befindlichen Metallen, also auch mit dem Eisen —

Gewinnung von Uran

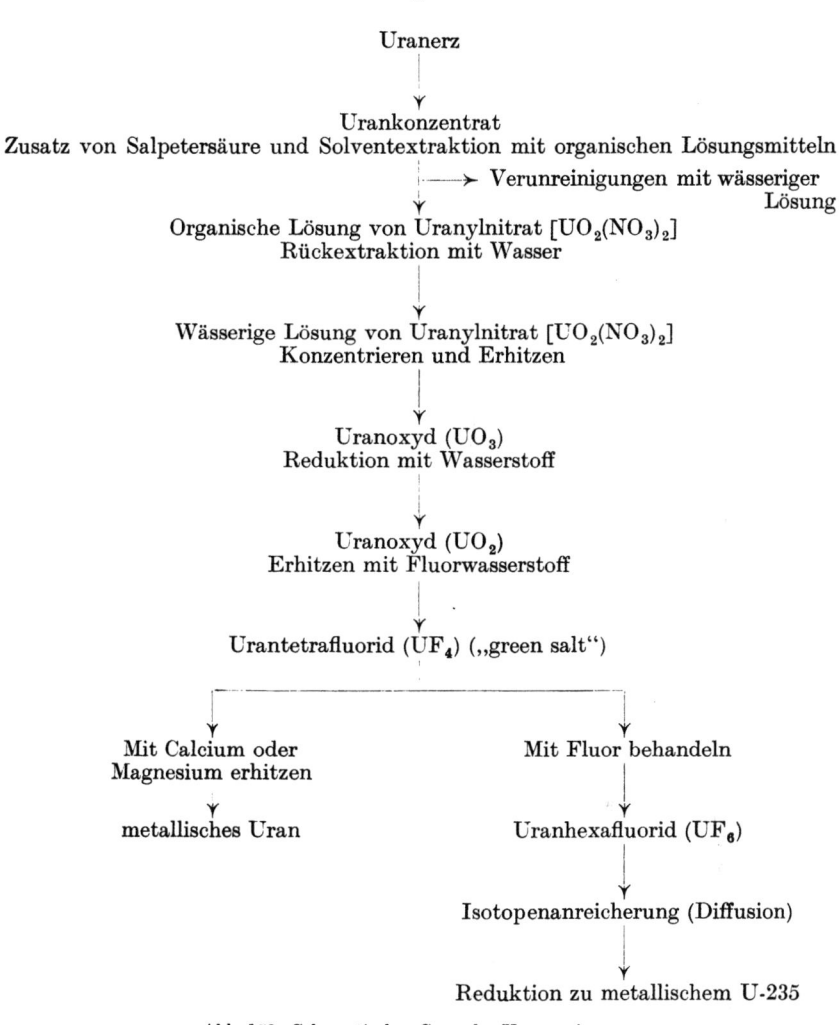

Abb. 153. Schematischer Gang der Urangewinnung
(Nach GLASSTONE)

mit Ammoniumhydroxyd NH_4OH gefällt. Der so entstehende „*grüne Schlamm*" wird abfiltriert und der Rückstand der weiteren Verarbeitung zugeführt, indem er in Schwefelsäure wieder gelöst und die Lösung mit Natriumchlorat $NaClO_3$ oxydiert wird. Bei pH = 3 fällt das in der Lösung befindliche restliche Vanadium — welches vorher zusammen mit dem Uran in Lösung gegangen war — als Eisenvanadat $FeVO_4$ aus. Die abfiltrierte Lösung enthält nunmehr fast nur noch Uran mit einigen metallischen Verunreinigungen. Nach deren Ausfällung mit Soda Na_2CO_3 und erneuter Filtration wird eine Lösung gewonnen, die neben über-

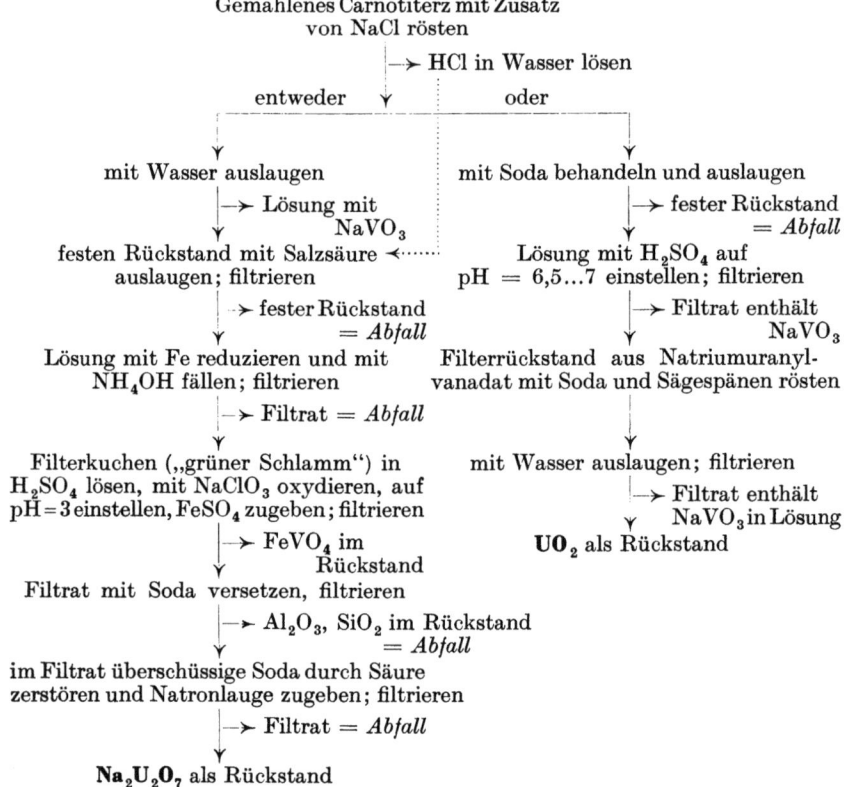

Abb. 154. Saurer und Karbonatprozeß (schematisiert) der Urangewinnung aus Carnotit
(nach GLASSTONE)

schüssigem Natriumkarbonat nur noch Uran enthält. Das erstere wird durch Säure zerstört, und dann wird das Uran mittels Natronlauge NaOH als *Natriumdiuranat* $Na_2U_2O_7$ („Sodazalz") gefällt.

Beim Karbonatprozeß (vgl. rechten Teil der Abb. 154) wird nach dem Rösten nicht mit Wasser, sondern mit Sodalösung ausgelaugt. Nach der Filtration enthält das Filtrat praktisch alles Uran und Vanadium. Durch Einstellung eines geeigneten pH-Wertes mittels Schwefelsäure wird die Ausfällung des Urans als Natrium-Uranylvanadat herbeigeführt, während überschüssiges Vanadium in Lösung bleibt. Der Rückstand der anschließenden Filtration wird mit einer geeigneten Mischung aus Soda, Kochsalz und Sägespänen geröstet und der Kuchen mit Wasser ausgelaugt. Dabei geht das Vanadium als Natriumvanadat Na_2VO_3 in Lösung, und das Uran bleibt als Uranoxyd UO_2 im Rückstand.

Der zweite Schritt der Verarbeitung besteht darin, das Uran aus den Produkten der Anreicherungsverfahren auf den höchstmöglichen Reinheitsgrad zu bringen. Wir erinnern daran, daß Verunreinigungen mit Elementen, deren Isotope hohe Absorptionswirkungsquerschnitte für thermische Neutronen haben, das Material als Spaltstoff unbrauchbar machen können. Deswegen muß auf sehr sorgfältige Reindarstellung des Urans nachdrücklicher Wert gelegt werden. Als beste Methode dazu hat sich bisher die „*Solventextraktion*" erwiesen. Wir werden ihr später noch einmal bei der Aufarbeitung von erschöpften Spaltstoffen begegnen. Sie beruht auf der selektiven Löslichkeit verschiedener Stoffe in organischen Lösungsmitteln, die ihrerseits nicht in Wasser löslich bzw. nicht mit Wasser mischbar sind. Die Durchführung beruht im wesentlichen darauf, daß man die wäßrige Lösung mit dem rein zu gewinnenden Stoff — in unserem Falle also mit der geeigneten Uranverbindung — im Gegenstrom mit einem passenden organischen Lösungsmittel — in diesem Falle z.B. Diäthyläther oder n-Tributhylphosphat (das letztere ist zwar nicht so selektiv wie Äther, aber weniger gefährlich, weil es nicht so leicht entflammbar ist und nicht zu Explosionen neigt) — in Berührung bringt. Das kann z.B. in einer Füllkörpersäule geschehen. Auf Einzelheiten können wir hier nicht eingehen. Es muß vielmehr auf das Fachschrifttum über die Trennverfahren [22] verwiesen werden. Zur Durchführung der Extraktion wird das Uran aus den vorangegangenen Anreicherungsverfahren in Uranylnitratlösung übergeführt, die abfiltriert werden muß, insbesondere dann, wenn vorher noch Verunreinigungen, z.B. Blei oder Radium, ausgefällt worden sind. Nach der Extraktion wird die organische Flüssigkeit, die jetzt das reine Uranylnitrat enthält, mit verdünnter Salpetersäure in einer Kolonne ausgewaschen und schließlich das Uranylnitrat wieder in wäßrige Lösung übergeführt, aus der es durch Eindampfen gewonnen werden kann[1].

Der dritte Schritt führt schließlich zur Gewinnung des *Uranmetalls* oder des *Uranhexafluorids* über das Urantetrafluorid als Zwischenstufe, vgl. Abb. 153. Die Methoden, die angewendet werden, sind verschiedener Art. Das Uranylnitrat (meist in konzentrierter Lösung) kann unmittelbar durch Erhitzen in UO_3 übergeführt werden, welches dann in bekannter, technisch üblicher Weise, z.B. mit Wasserstoff bei höherer Temperatur, zum Uranoxyd UO_2 reduziert werden kann. Anscheinend wird aber oft zum UO_3 auch ein Umweg über Ammoniumuranat oder Uranperoxyd mit entsprechenden Fällungsreaktionen gewählt. Das auf diese

---

[1] Diese Uranylnitratlösung enthält *natürliches* Uran, also das Isotopengemisch mit 99,3% U-238 und 0,7% U-235. Es ist in dieser Form *nicht* für homogene Reaktoren verwendbar. Wir hatten früher (vgl. S. 189) gesehen, daß natürliches Uran nur in heterogener Anordnung einer Kettenreaktion unterzogen werden kann. Zum Betrieb von homogenen Reaktoren ist in jedem Falle eine Anreicherung an U-235 auf verhältnismäßig hohe Werte, es sei denn, daß es in einer Lösung von schwerem Wasser benutzt wird, notwendig.

Weise schließlich gewonnene Uranoxyd UO_2 wird nun nach der Reaktion

$$UO_2 + 4\,HF \rightleftharpoons 2\,H_2O + UF_4 \qquad (327)$$

in das Urantetrafluorid umgewandelt, das sog. *„grüne Salz"* (green salt). Das Verfahren besteht darin, daß das Uranoxyd in einem Reaktionsgefäß erhitzt und dabei Fluorwasserstoff hindurchgeleitet wird. Die

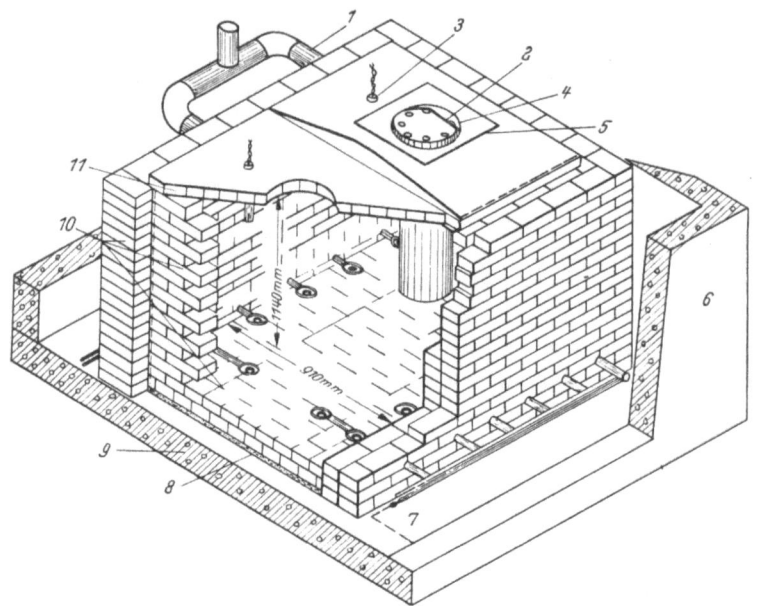

Abb. 155. Schema eines gasgeheizten Reaktionsofens für die Gewinnung von metallischem Uran
1 Abgasstutzen; *2* Reaktionskontrolle (akustisch); *3* Thermoelement; *4* Reaktionsbombe; *5* Verschlußdeckel für die Einhängeöffnung; *6* Außenwand; *7* Gas-Luft-Gemisch zu den Brennern; *8* Sandisolierung; *9* Betonfundament; *10* Feuerfeste Ofenmauerung; *11* Deckenisolierung aus feuerfesten Steinen (in Haltekonstruktion aus zunderfreiem Stahl (nach GURINSKY u. DIENES [62]

wesentliche Schwierigkeit dieses Verfahrensschrittes liegt in der starken Korrosion durch die Flußsäure.

Dieses grüne Salz ist nun entweder der Ausgangsstoff für die Gewinnung metallischen Urans oder es wird weiter zu UF_6 verarbeitet, wenn nämlich die Absicht besteht, das Isotop U-235 anzureichern. Darauf kommen wir im nächsten Abschnitt zu sprechen. Die Metallgewinnung kann durch Reduktion mit Kalzium oder Magnesium, z. B. nach der Reaktionsgleichung

$$UF_4 + 2\,Ca \rightleftharpoons U + 2\,CaF_2 \qquad (328)$$

erfolgen: In einer Bombe aus Stahl mit einer Ausfütterung aus Kalziumfluorid wird eine richtig bemessene Mischung aus UF_4 und Spänen metallischen Kalziums (oder auch Magnesiums) unter Verschluß entzündet. Die Zündung erfolgt meist durch Beheizung von außen in einem Ofen.

Die Reaktion läuft dann von selbst weiter, und es bildet sich ein Regulus aus metallischem Uran, bedeckt mit Kalziumfluorid.

Abb. 155 zeigt den Aufbau einer solchen Einrichtung, Abb. 156 ein Ausführungsbeispiel der Bombe. Der Reaktionsofen ist meist gasgefeuert und für die Aufnahme mehrerer Reaktionsbomben eingerichtet. Das in

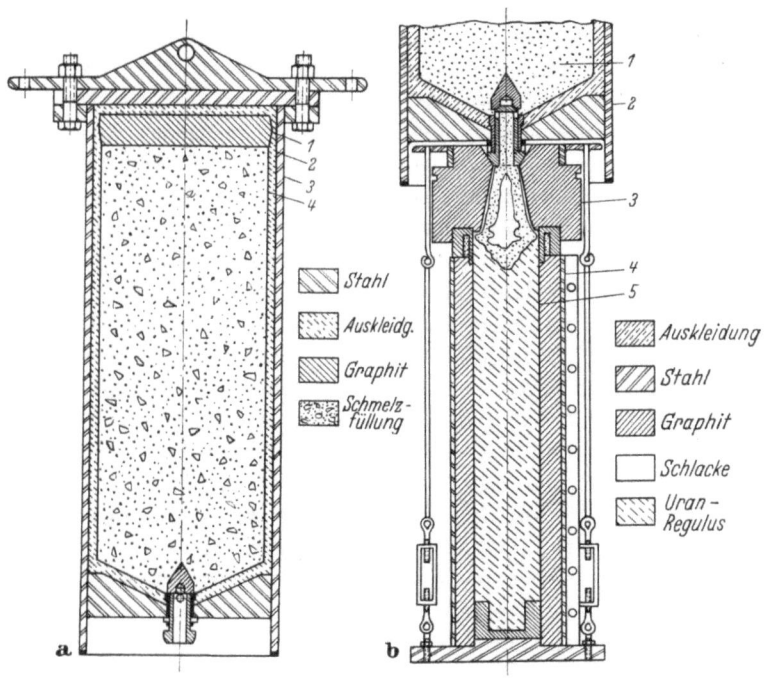

Abb. 156. Reaktionsbombe zur Gewinnung metallischen Urans
a Bombe (Oberteil)
   1 Graphitabdeckung; *2* Auskleidung; *3* Mantel; *4* Reaktionsgemisch
b Aufnahmebehälter für die Schmelze (Unterteil). (Darüber ist das untere Ende der Bombe, abgebrochen gezeichnet, dargestellt. Das Bodenventil der Bombe ist jetzt — im Gegensatz zu seiner Stellung im Bildteil *a* — geöffnet, so daß die Schmelze abfließen kann.)
   1 Schlacke in der Reaktionsbombe; *2* unteres Ende der Bombe; *3* Deckel des Aufnahmebehälters; *4* Außenmantel; *5* Uranregulus (nach GURINSKY u. DIENES)

Abb. 155 gezeigte Ausführungsbeispiel kann zwei Bomben aufnehmen. Die günstigste Temperatur in der Muffel hängt von vielen Umständen ab, auf die hier einzugehen im einzelnen zu weit führen würde, ihre richtige Messung jedenfalls auch von der Anordnung der Meßstelle (Thermoelement). Im allgemeinen kann man mit einer mittleren Temperatur von 550 bis 700 °C rechnen. Je nach Größe der eingebrachten Reaktionsbombe beträgt die Anheizzeit 1 bis 3 Stunden, während die Reaktion selbst, einmal eingeleitet, sehr schnell abläuft, etwa in *einer Minute*! Das Metall bleibt dann etwa noch 10 Minuten im geschmolzenen Zustand.

Die Bombe selbst, deren Oberteil vor der Reaktion und deren Unterteil nach der Reaktion in Abb. 156 dargestellt sind, wird aus nahtlos gezogenem Stahlrohr bis zu 300 mm Durchmesser ausgeführt. Da neuerdings die Reaktion

$$UF_4 + 2\,Mg \rightleftharpoons U + 2\,MgF_2 \tag{329}$$

meist an Stelle der Verwendung von Kalzium [vgl. Gl. (328)] verwendet wird, wählt man für die Auskleidung gern Dolomit, ein Doppelsalz von Kalzium- und Magnesiumkarbonat, an. Sie wird eingestampft. Die vorher maschinell zerkleinerte und gemischte Ladung aus UF_4 und Magnesiumspänen wird dann ebenfalls eingestampft und mit einem Graphitdeckel oben abgeschlossen, der seinerseits wiederum mit dem Auskleidungsmaterial überdeckt wird. Schließlich wird die Bombe mit einem Deckel verschlossen, der ein Joch zum Einhängen in den Reaktionsofen trägt. Während man früher den gewonnenen Metallregulus in der Bombe erstarren ließ und ihn dann daraus entfernen und von dem anhaftenden Magnesiumfluorid befreien mußte, wurde im Laufe der Entwicklung die Form eingeführt, wie sie Abb. 156 darstellt: Die eigentliche Reaktionsbombe (linke Bildhälfte) hat am Boden einen ventilartigen Verschluß aus Graphit, welcher den Abfluß in die untere Gießform (rechte Bildhälfte), die mit Graphit ausgekleidet ist, ermöglicht. Das Ventil wird nach dem Füllen der Bombe dadurch geöffnet, daß beim Anschließen der Gießform durch das Heranziehen des Gehäuses der Ventilteller abgehoben wird, wie es ein Vergleich der beiden Bildhälften in Abb. 156 zeigt. Die gebräuchlichen Bomben nehmen eine Füllung von etwa 150 kg Urantetrafluorid auf und ergeben etwa 100 kg metallisches Uran. Bei der Füllung ist es erforderlich, etwa 5% mehr metallisches Kalzium bzw. Magnesium zuzugeben, als es das stöchiometrische Gemisch erfordert.

Der Ablauf der Reaktion hängt von verschiedenen Umständen ab. Während die Reaktion nach Gl. (328), also mit Kalzium, so viel Wärme entwickelt, daß lediglich eine Zündung (ähnlich wie bei dem zum Schweißen von Schienen benutzten Aluminiumthermit) erforderlich ist, um das Schmelzen von Uran und Kalziumfluorid zu erreichen (sie trennen sich in der Schmelze dank ihrer verschiedenen spezifischen Gewichte), reicht die Reaktionswärme nach Gl. (329) dazu nicht aus. Infolgedessen muß Wärme von außen, nämlich mittels des Reaktionsofens nach Abb. 155 (oder in einer geeigneten anderen Weise z.B. mit elektrischer Widerstandsheizung) zugeführt werden, um die erforderliche Schmelztemperatur zu erreichen[1]. Die Verwendung von Magnesium hat jedoch einige

---

[1] Man kann die notwendige Temperatur auch auf anderem Wege erreichen, z.B. durch Zusatz von Kaliumchlorat $KClO_3$ zu der Mischung. Indessen hat sich anscheinend die Durchführung der Reaktion im Reaktionsofen, also unter Zufuhr von Wärme von außen bewährt, weil die Reaktionsbedingungen leichter beeinflußt werden können.

Vorzüge. Die Reinheit des gewonnenen Urans hängt nämlich u. a. auch von der Reinheit der zugesetzten Stoffe ab. Nun ist handelsübliches Magnesium meist weniger verunreinigt als Kalzium. Außerdem braucht man für die Reaktion nach Gl. (328) etwa 50 Gewichtsprozent mehr Kalzium als Magnesium für die Reaktion nach Gl. (329), bezogen auf die Gewichtseinheit des erzeugten Urans. Schließlich ist der Preis des Kalziums wesentlich höher als der des Magnesiums.

Die Heizdauer — die Reaktionszeit selbst ist dagegen vernachlässigbar, wie schon erwähnt wurde — hängt außer von der Größe der Bombe auch von der Ofentemperatur ab. Abb. 157 stellt diese Beziehung für

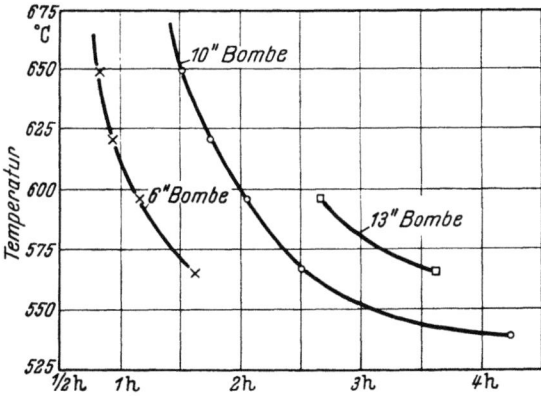

Abb. 157. Abhängigkeit der Beheizungsdauer von der Ofentemperatur für verschiedene Durchmesser der Reaktionsbombe (nach GURINSKY u. DIENES)

verschiedene Bombendurchmesser dar. Je höher also die Temperatur ist, desto kürzer ist die Heizzeit. Indessen muß man bei der Wahl der Bedingungen auch beachten, daß die Ausbeute an Uranmetall im erschmolzenen Regulus ebenfalls von der Temperatur und von der Bombengröße abhängt, abgesehen von anderen Einflüssen. Abb. 158 zeigt, daß die maximale Ausbeute an erschmolzenem Uranmetall, bezogen auf den Einsatz an UF_4, nur in einem eng begrenzten Temperaturgebiet zwischen etwa 580 und 600 °C erzielbar ist. Aber auch von der Beschaffenheit des Magnesiums — z. B. von seiner Lagerdauer — und von der Bombengröße hängt die Ausbeute wesentlich ab, wie man sieht.

Nach Beendigung der Reaktion wird die Bombe aus dem Ofen herausgezogen. Man läßt sie an der Luft bis auf etwa 100 °C abkühlen und kühlt dann durch Berieseln mit Wasser weiter auf Raumtemperatur ab. Im Anschluß daran kann der Uranbarren der Bombe oder der an ihr angebrachten Gießform entnommen und zur Weiterverarbeitung gegeben werden. Der Umgang mit metallischem Uran bedarf keiner besonderen Vorsichtsmaßregeln, solange es nicht einer Neutronenbestrahlung ausgesetzt wurde oder auf höhere als Raumtemperatur erwärmt ist.

Zur Gewinnung gebrauchsfertigen Uranmetalls muß es nach der Erzeugung in der Reaktionsbombe umgeschmolzen werden. Wegen seiner Reaktionsfreudigkeit mit Sauerstoff — in feiner Verteilung ist Uranmetall pyrophor! — muß das unter Schutzgas oder besser noch im Vakuum geschehen. Die Technik der Vakuumschmelzung von Metallen ist heute weit entwickelt. Das Uran stellt keine besonderen Anforderungen, abgesehen von dem notwendigen hohen Reinheitsgrad[1] und von der Möglichkeit, die Umgebung mit flüchtigen radioaktiven oder giftigen Stoffen, wenn auch nicht in besonders hohem Maße, zu verunreinigen. Zum Schmelzen kann sowohl das Lichtbogen-

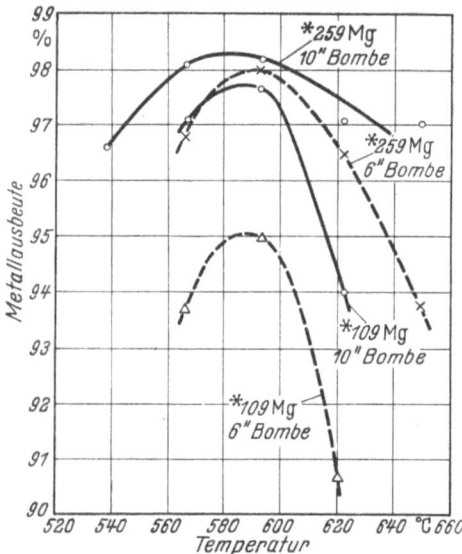

Abb. 158. Abhängigkeit der Ausbeute an metallischem Uran von der Ofentemperatur für verschiedene Durchmesser der Reaktionsbombe und verschiedene Magnesiumsorten
(*259 Mg 5 Tage vor dem Versuch zerkleinert; *109 Mg 5 Monate vor dem Versuch in zerkleinertem Zustand gelagert) (nach GURINSKY u. DIENES)

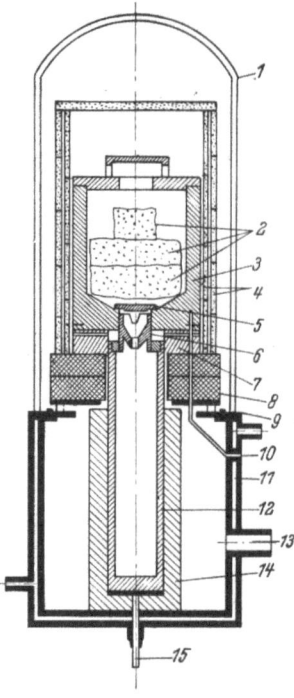

Abb. 159. Vakuumschmelzofen zum Umschmelzen von Uran
1 Mantel; 2 Uranmetall; 3 Graphittiegel; 4 Sillimanit-(Aluminiumsilikat-)Isolierung; 5 Bodenablaufventil aus Graphit (vgl. auch Abb. 156); 6 Hebevorrichtung für das Ventil; 7 Graphitsockel; 8 feuerfeste Isolierung; 9 Abdichtung; 10 Thermoelement; 11 wassergekühlter Stahlmantel; 12 Graphitform zur Aufnahme des geschmolzenen Metalls; 13 Anschluß der Vakuumpumpe; 14 Schutzbehälter für die Graphitform; 15 Ausschiebevorrichtung für die Graphitform. (Die Induktionsheizung ist weggelassen) (nach GURINSKY u. DIENES)

wie das Induktions- oder Widerstandsheizverfahren verwendet werden. Abb. 159 zeigt ein Ausführungsbeispiel eines Induktionsofens schematisch.

---

[1] Hierbei spielt die temperaturabhängige Verunreinigung durch das Tiegelmaterial eine Rolle. Es hat sich gezeigt, daß Graphit den zu stellenden Ansprüchen auch bei Temperaturen weit über der Schmelztemperatur, etwa zwischen 1130 und 1300 °C, als Gießform vollkommen genügt.

Die weitere Verarbeitung des Urans ist nach den gewöhnlichen Verfahren möglich. Es ist lediglich zu beachten, daß sie unter Schutzgas erfolgen muß und daß z. B. Arbeitsgänge wie Walzen praktisch nur in der α-Phase (vgl. S. 225) ausführbar sind.

33. Isotopentrennung

Die Herstellung angereicherter Spaltstoffe — im Grenzfall die Gewinnung des reinen Isotops U-235, wie es zuerst für die Atombombe gebraucht wurde — erfordert die Trennung der beiden Isotope U-238 und U-235. Auf chemischem Wege ist die Trennung nicht möglich, weil, wie der Name sagt, Isotope am gleichen Platz im periodischen System stehen, sich *chemisch also gleichartig* verhalten. Hingegen ist die Gewinnung von Pu-239 aus dem U-238, in welchem es ja durch Neutronenabsorption entsteht, wenn auch mit Schwierigkeiten, auf chemischem Wege möglich[1].

Zur Trennung der Isotope U-238 und U-235 müssen also physikalische Mittel herangezogen werden. Es gibt deren eine ganze Reihe, aber nicht alle sind technisch befriedigend[2].

Folgende Verfahren sind bisher eingehender erprobt worden:

1. Thermodiffusion (CLUSIUS, DICKEL [22, 82]; — 2. Massenspektrographie („Calutron"); — 3. Gaszentrifuge; — 4. Gasdiffusion (HERTZ [22, 83]; — 5. Destillation (Rektifikation); — 6. Elektrolyse.

Alle diese Verfahren sind in den USA eingehend geprüft und probeweise angewendet worden. Schließlich hat sich aus technischen Gründen

---

[1] Die Erwartung, daß die Gewinnung dieses Stoffes für Atombomben leichter möglich sein würde als diejenige des U-235 war mit einer der ausschlaggebenden Gründen für den Entschluß, Reaktoranlagen (*Hanford*) im großen Stil zur Plutoniumerzeugung zu bauen. Indessen ging die Hoffnung nicht so in Erfüllung, wie man erwartet hatte. Es zeigte sich nämlich, daß Plutonium und Uran sich doch chemisch nicht so stark unterscheiden, wie es für eine bequeme Trennung wünschenswert wäre. Das hängt mit dem Aufbau der Elektronenschalen zusammen: Uran und Plutonium unterscheiden sich wesentlich durch die Elektronenkonfiguration der *inneren* Schalen während für das chemische Verhalten vor allem der Aufbau der *äußeren* Schalen (vgl. S. 39) maßgebend ist.

[2] Genaugenommen ist eigentlich überhaupt keines der bekannten und angewendeten Verfahren befriedigend, auch nicht die wohl am ausgedehntesten verwendete *Gasdiffusion*, weil sie geradezu ungeheuerliche Kosten durch ihre Anlage und durch ihren Energiebedarf verursacht. Wenn nicht die Atombombe im Hintergrunde gestanden hätte, hätten sich wohl selbst die USA nicht dazu entschließen können, diese Riesensummen dafür auszugeben, wie sie es tatsächlich im Kriege getan haben. Eine neue Hoffnung auf einen technischen und wirtschaftlichen Fortschritt in dieser Hinsicht erweckt die „*Trenndüse*" von BECKER, die laboratoriumsmäßig weit entwickelt ist und zu erfreulichen Erwartungen berechtigt. Indessen ist der Weg bis zu einer Erprobung im technischen Maßstab noch weit, und daher sind die Aussichten auf einen wirtschaftlichen Erfolg noch durchaus unsicher. Wir sehen deswegen davon ab, sie hier zu besprechen und verweisen auf die einschlägigen Veröffentlichungen des Erfinders [84].

die Isotopentrennung auf die elektromagnetische Trennung nach dem Prinzip des Massenspektrographen (vgl. S. 44, Abb. 18) und auf die Gasdiffusion konzentriert.

Für die erste Atombombe wurde das U-235 im wesentlichen wohl elektromagnetisch in sog. ,,*Calutrons*", ins riesenhafte vergrößerten Massenspektrographen, gewonnen. Der Name stammt von der Stelle, die diese — man kann schon mit gutem Recht sagen — riesigen Maschinen entwickelte, nämlich der Universität von Californien (,,*Cal*"ifornia ,,*U*"niversity Cyclo,,*tron*"). Abb. 160 zeigt das Schema dieser Einrichtung. Ver-

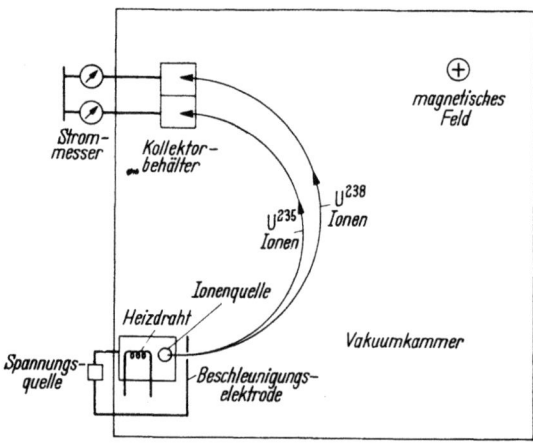

Abb. 160. Schema der Arbeitsweise eines Calutrons. Die Kraftlinien des Magnetfeldes stehen senkrecht auf der Bildebene (nach MURRAY)

dampftes Uranchlorid UCl_4 oder Uranbromid UBr_4 wird einem Elektronenstrahl ausgesetzt, so daß u.a. U^+-Ionen entstehen. Sie werden in üblicher Weise durch geeignet angeordnete Elektroden, also durch ein elektrisches Feld, auf hohe Geschwindigkeiten beschleunigt und treten in eine Vakuumkammer von bedeutenden Abmessungen ein, die von einem starken Magnetfeld durchsetzt ist (ein mittelgroßes Calutron, wie es z.B. auch in Harwell, England, verwendet wird, hat eine Kammerhöhe von etwa 2 m und eine Kammerbreite von etwa $1/2$ m). Die schwereren U-238-Ionen werden dann in diesem Feld gemäß ihrer höheren Masse einen etwas größeren Kreisbogen[1] beschreiben als die leichteren U-235-Ionen. Infolgedessen kann man sie in zwei verschiedenen Sammlern (Kollektoren) auffangen. Die niedergeschlagenen Mengen können mittels der von ihnen mitgeführten Ladung bestimmt werden, die sie an der negativen Elektrode, dem Auffänger, abgeben: Man mißt einfach die Stromstärke. Mit diesen Geräten ist es möglich gewesen, das Isotop U-235

---
[1] Vgl. S. 76.

schließlich kilogrammweise, wenn auch in verhältnismäßig langen Zeiträumen, zu gewinnen. Der Aufwand allerdings dazu war für deutsche Begriffe wohl unvorstellbar!

Als Methode, in kürzeren Zeiten größere Mengen des begehrten Isotops zu gewinnen, wenn auch mit einem noch größeren materiellen und finanziellen Aufwand, hat sich die *Gasdiffusion* erwiesen. Unter den damaligen Aspekten kam es ja auch gar nicht darauf an, wieviel es kostete, sondern nur darauf, in möglichst kurzer Zeit so viel U-235 zu gewinnen, daß man daraus wenigstens einige Atombomben herstellen konnte. Die Kosten dieser Anlage in *Oak Ridge* werden auf etwa 2 Milliarden Mark geschätzt. Der elektrische Anschlußwert für die Tausende von Pumpen — für jede Trennstufe werden zwei Pumpen benötigt — und anderen Aggregate beträgt 250 000 kW. Über 40 000 Meßinstrumente sind zur Überwachung des Prozesses eingebaut, und die Diffusionsmembranen haben zusammen eine Fläche von einigen hunderttausend Quadratmetern! Man darf mit vollem Recht sagen, daß es sich hierbei um eine bewunderungswürdige Gemeinschaftsleistung von Wissenschaftlern und Ingenieuren handelt, bewunderungswürdig wegen der kurzen Zeit, in der die Anlage ohne jedes Vorbild errichtet und in Betrieb genommen wurde, und wegen des Umstandes, daß die Planung der riesigen Anlagen sich nur auf Experimente stützen konnte, die mit Bruchteilen eines Gramms des zu erzeugenden Isotops durchgeführt werden mußten.

Das Verfahren wurde zuerst von HERTZ schon im Jahre 1932 erprobt und erwies, daß man Isotope, z. B. diejenigen des Wasserstoffes ^1_1H und ^2_1H und andere trennen kann, indem man sie durch geeignete Membranen strömen läßt. Die Methode stützt sich auf die Feststellung, die GRAHAM vor etwa 100 Jahren getroffen hatte, daß nämlich die Gasmenge, die durch eine poröse Membran unter Mitwirkung eines Druckgefälles strömt, umgekehrt proportional der Quadratwurzel des Molekulargewichtes ist: Wenn man also zwei Gase mit verschiedenen Molekulargewichten durch eine Membran von geeigneter Porengröße[1] strömen läßt, wird das Gas mit dem geringeren Molekulargewicht mit einem größeren Anteil durchtreten als dasjenige mit höherem Molekulargewicht. Das ergibt sich einfach aus der kinetischen Wärmetheorie, die aussagt, daß die Gasmoleküle bei gleicher Temperatur durchschnittlich die gleiche kinetische Energie haben. Wenn wir das leichtere Gas mit dem Index l und das schwerere mit dem Index s kennzeichnen, muß $M_l \cdot v_l^2 = M_s \cdot v_s^2$ sein. Daraus ergibt sich das Geschwindigkeitsverhältnis $v_l/v_s = \sqrt{M_s/M_l}$.

---

[1] Die Porengröße muß kleiner sein als die mittlere freie Weglänge der Gasmoleküle. Schon aus diesem Grunde wird man anstreben, das Druckgefälle durch Vakuum auf der Unterdruckseite zu erzeugen, um die Porengröße nicht zu klein machen zu müssen.

Daraus gewinnt man den „*Trennfaktor*"[1]

$$\alpha_0 = \sqrt{\frac{M_s}{M_l}}. \qquad (330)$$

Um die Trennung der beiden Uranisotope durchzuführen, ist es zunächst erforderlich, sie unter vernünftigen Bedingungen in den gasförmigen Zustand zu bringen. Mit dem Dampf des Uranmetalles selbst wäre das ja wegen der dazu erforderlichen Temperaturen gänzlich undurchführbar. Im Uranhexafluorid UF_6 bietet sich nun eine Möglichkeit, das Uran in den gasförmigen Zustand zu bringen, ohne unerträglich hohe Temperaturen anwenden zu müssen. Es wird aus dem Tetrafluorid gewonnen, indem man es einem Strom von Fluor aussetzt. Fluor ist bei Normalbedingungen gasförmig. Sein Siedepunkt liegt bei -188 °C. Bei etwa 250 °C verläuft die Reaktion nach der Gleichung

$$UF_4 + F_2 \rightleftharpoons UF_6. \qquad (331)$$

Diese Uranverbindung ist im Gegensatz zum Urantetrafluorid leichtflüchtig. Sie ist bei Normaltemperatur zwar fest, aber schon bei 56,5 °C beträgt ihr Dampfdruck 760 mm Hg, mit anderen Worten: Das Hexafluorid „*sublimiert*" bei dieser Temperatur. Der Tripelpunkt liegt bei 64 °C und 1134 mm Hg. Eine Verflüssigung ist also erst oberhalb dieses Punktes möglich. Infolgedessen ist es bei der Reaktion nach Gl. (331) gasförmig und muß (nach Beendigung des Diffusionsprozesses) durch Abkühlung — üblicherweise auf 0 °C — in den festen Zustand gebracht werden. Auch diese Reaktion macht in ihrer praktischen Durchführung erhebliche Schwierigkeiten, einmal wegen der Reaktionslust des Fluors

---

[1] Als Trennfaktor α bezeichnet man das Konzentrations- (oder Mol-) Verhältnis der Mischungskomponente y' nach und y vor der Trennung. Es ist also bei einem binären Gemisch (mit der Molkonzentration x_l der leichteren und x_s der schwereren Komponente)

$$\alpha = \frac{y'}{y} = \frac{x'_l/x'_s}{x_l/x_s}.$$

Zu Beginn der Diffusion ist die Dichte des Stromes durch die Poren für jedes Isotop offensichtlich proportional zu $x \cdot v$, folglich

$$\frac{x'_l}{x'_s} = \frac{x_l v_l}{x_s v_s}$$

und damit (wenn der Index o den Beginn der Diffusion bezeichnet)

$$\alpha_0 = \frac{v_l}{v_s} = \sqrt{\frac{M_s}{M_l}}.$$

Mit zunehmender Anreicherung vermindert sich aber der treibende Partialdruck und damit auch α; es sei denn, daß der Druck durch Pumpeinrichtungen aufrechterhalten wird.

und zum anderen wegen der Empfindlichkeit des UF_6 gegen Feuchtigkeit, mit der es Uranylfluorid UO_2F_2 bildet.

Das *gasförmige* Uranhexafluorid wird nun für die Trennung verwendet. Da das Fluor das Atomgewicht 19 hat, ergeben sich für die beiden Molekülsorten der Uranisotope die Molekulargewichte $M_s = 238 + 19 \cdot 6 = 352$ und $M_l = 235 + 19 \cdot 6 = 349$. Daraus ergibt sich der Trennfaktor

$$\alpha_0 = \sqrt{\frac{352}{349}} = 1{,}0043\,. \tag{332}$$

Man sieht daraus, daß es günstig ist, daß das Fluor ein niedriges Atomgewicht hat. Es hat aber noch einen weiteren Vorzug: Fluor hat nur ein einziges Isotop $^{19}_{9}F$. Wäre das nicht der Fall, dann würden mehr als zwei Molekülsorten auftreten und damit die Trennung wesentlich erschweren!

Wir sehen weiter aus Gl. (332), daß der Trennfaktor — wir wollen α_0 fortan als *„theoretischen Trennfaktor"* bezeichnen — sich nur wenig von Eins unterscheidet, mithin also bei *einmaligem* Durchströmen des Gases durch eine Membran nur eine sehr geringe Anreicherung — wir nennen $(\alpha_0 - 1)$ die *„theoretische Anreicherung"* —, nämlich 0,0043 erzielbar ist. Daraus ergibt sich sofort die Folgerung, daß eine nennenswerte Anreicherung des leichten Isotops U-235 nur dann zu erzielen sein wird, wenn man den Prozeß mehrmals wiederholt. Eine Einrichtung dazu nennt man eine *„Kaskade"*. Sie hat hinsichtlich des physikalischen Ablaufes einige Ähnlichkeit mit einer Rektifizierkolonne mit Trennböden für stetigen Betrieb, wenngleich die technische Ausführungsform einer Diffusionskaskade und einer Rektifiziersäule überhaupt nicht miteinander verglichen werden können.

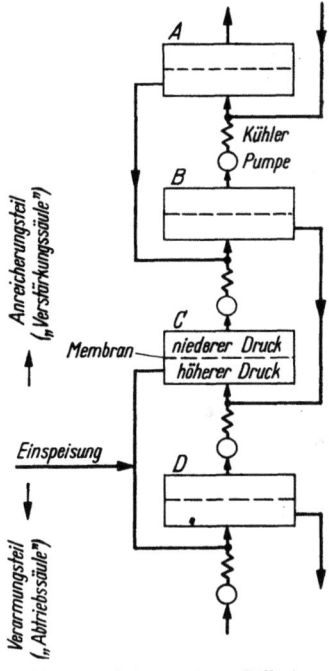

Abb. 161. Schema einer Diffusionskaskade mit 4 Stufen A, B, C, D (nach GLASSTONE)

Abb. 161 zeigt das Prinzip einer Kaskade mit vier Trennstufen, deren jede eine Trennmembran enthält, deren Poren, wie bereits gesagt, klein sein müssen im Vergleich zur mittleren freien Weglänge der Moleküle unter den Betriebsbedingungen. Jeweils auf der oberen Seite der Membran wird mittels Pumpen und Drosselventilen ein niedriger Druck aufrechterhalten als unterhalb der Membran. Wie bei einer Rektifiziersäule wird das zu trennende Isotopengemisch so eingespeist, daß die Kaskade oberhalb der Einspeisung ähnlich der Verstärkungssäule einer Rektifizierkolonne als „*Anreicherungsteil*" für das leichtere Isotop, unterhalb der Einspeisung als Abtriebsäule, also als „*Verarmungsteil*" an dem leichteren Isotop arbeitet. Dabei entsprechen die Membranen der Kaskade den Trennböden der Rektifiziersäule, deren jedem einzelnen von unten nach oben der mit der leichter siedenden Komponente angereicherte Dampf vom vorhergehenden Boden, von oben nach unten dagegen die mit der schwerer siedenden Komponente angereicherte Flüssigkeit vom nächstfolgenden Boden zuströmt (vgl. hierzu [22], S. 430). Mittels Pumpen wird nun ein Gasstrom von unten nach oben durch die Kaskade gedrückt. Die Bedingungen sind so gewählt, daß nur die Hälfte der unterhalb der Membran eintretenden Gasmenge durch die Membran hindurchtritt. Dabei reichert sich das Gas um einen gewissen, durch den Trennfaktor bestimmten Betrag an dem leichteren Isotop an. Diese Anreicherung setzt sich von Stufe zu Stufe fort. Die andere Hälfte des Gases wird unter die Membran der vorhergehenden Stufe zurückgeleitet. Hier mischt sie sich mit dem aufsteigenden Gas und gibt dabei wiederum einen Teil des leichteren Isotops ab, so daß sie weiter an diesem verarmt. Das von oben nach unten rückströmende Gas wird also von Stufe zu Stufe ärmer an dem leichten Isotop, so daß schließlich am unteren Ende der Kaskade das schwere Isotop als Abfall abgezogen werden kann. Wenn die Gemischkonzentration des aufsteigenden Gases gleich derjenigen des zurückströmenden in jeder Stufe ist, beim Zusammentreffen beider Ströme unterhalb jeder Membran also keine Konzentrationsänderungen eintreten, spricht man von einer „*idealen*" Kaskade. Die Stoffbilanz der Kaskade ergibt sich dann aus der eingespeisten Gemischmenge M, also dem natürlichen Uran-Isotopengemisch, dem Erzeugnis E und dem Abfall A zu

$$M = E + A \tag{333}$$

bzw. mit den Konzentrationen des leichteren Isotops U-235 x_M, x_E und x_A in der Form

$$x_M \cdot M = x_E \cdot E + x_A \cdot A, \tag{334}$$

worin die Produkte jeweils die Mengen an U-235 im Zulauf, im Erzeugnis und im Abfall sind. Wenn beispielsweise die geforderte Anreicherung 80% und die Erzeugnismenge mit 80% U-235 240 g an U-235 je Tag betragen soll, ist die Erzeugnismenge $E = 240/0{,}8 = 300$ g. Weiter möge gefordert sein, daß das Uran von ursprünglich 0,7% auf 0,6% U-235 verarmt werden soll. Dann findet man mit Hilfe der Gln. (333) und (334):

$$M = 300 + A$$

$$0{,}007\, M = 300 \cdot 0{,}8 + 0{,}006\, A$$

und daraus mit $A = M - 300$:

$$0{,}007\,M - 0{,}006\,(M - 300) = 240$$

und schließlich

$$M = 241\,800\text{ g} \approx 242 \text{ kg je Tag}.$$

Die durchzusetzende Menge beträgt demnach ein Vielfaches der gewonnenen Menge an U-235: Nur etwa 0,1% der eingesetzten Menge werden gewonnen, allerdings immerhin etwa 14% des im Gemisch zugeführten Isotops U-235.

Es erhebt sich nun die Frage, wieviel Trennstufen man denn braucht, um diesen Prozeß durchzuführen. An Stelle des üblichen Molenbruches x des leichteren Isotops verwenden wir hier das Verhältnis der Atomzahlen des leichteren Isotops zu der Atomzahl des Isotopengemisches je Volumeneinheit, also $x = N_L/(N_L + N_S)$, und das Isotopenverhältnis $y = N_L/N_S$ können wir miteinander verknüpfen: $x = \dfrac{y}{y+1}$ und $y = \dfrac{x}{1-x}$. Damit läßt sich die Anreicherung durch *eine* Stufe bestimmen. Die Isotopenverhältnisse $N_L/N_S = y$ vor der Membran und $N'_L/N'_S = y'$ hinter der Membran sind miteinander durch den Trennfaktor α verknüpft, nämlich $y' = \alpha \cdot y$, und sinngemäß gilt natürlich auch $x' = \dfrac{y'}{y'+1}$. Mit genügender Genauigkeit gilt für α-Werte, die nur wenig von Eins verschieden sind, $x' \approx \alpha \cdot x$. Betrachten wir nun eine Anzahl aufeinanderfolgender Trennstufen, die wir vom Eintritt des zu trennenden Gemisches M bis zum Ende der Kaskade mit 0, 1, 2...n durchnumerieren, so können wir nach MURRAY schreiben[1]:

$$y_1 = \alpha \cdot y_0 = \alpha \cdot y_M;$$
$$y_2 = \alpha\, y_1$$
$$y_3 = \alpha\, y_2$$
$$\cdots\cdots\cdots$$
$$y_n = \alpha \cdot y_{n-1}.$$

Daraus ergibt sich

$$y_n = \alpha^n \cdot y_M \qquad (335)$$

bzw.

$$\ln y_n = \ln \alpha^n + \ln y_M,$$

und nach n aufgelöst:

$$n = \frac{\ln y_n/y_M}{\ln \alpha}. \qquad (336)$$

---

[1] Diese Betrachtung gilt für die ideale Kaskade. Das schließt die Voraussetzung ein, daß α = const für alle Stufen ist. Genau müßte $y_1' = \alpha_1\, y_0$ usw. geschrieben werden. Für diese überschlägige Rechnung braucht darauf aber nicht Rücksicht genommen zu werden.

Wenn wir berücksichtigen, daß α nahezu gleich Eins ist, können wir für ln α angenähert $\alpha - 1$, die theoretische Anreicherung[1], wie wir sie vorher (vgl. S. 387) schon genannt hatten, einsetzen und erhalten damit die Trennstufenzahl

$$n \approx \frac{1}{\alpha - 1} \ln \frac{y_n}{y_M}. \tag{337}$$

Damit ergibt sich die Stufenzahl für das vorher berechnete Beispiel mit einem Gehalt von $x_E = 80\%$ U-235 im Erzeugnis, wenn wir noch berücksichtigen, daß der effektive Trennfaktor praktisch nicht erreicht wird, sondern anstatt 1,0043 praktisch etwa nur $\alpha_{eff} = 1,0030$ betragen dürfte, also mit $(\alpha_{eff} - 1) = 0,003$, $y_M = 0,007$ und $y_E = 0,8/(1 - 0,8) = 4$

$$n = \frac{1}{0,003} \cdot \ln \frac{4}{0,007} \approx 2100$$

für den Anreicherungsteil[2]. Mit Gl. (337) kann in der gleichen Weise auch die Stufenzahl des Verarmungsteiles der Kaskade bestimmt werden, wenn man die Nummern der Stufen von der Einspeisungsstufe 0 negativ, also -1, -2 usw. zählt[3]. Abb. 162 stellt die Abhängigkeit der Stufenzahl von der gewünschten Anreicherung im Erzeugnis und der Verarmung im Abfall dar.

Wir kennen nun die Stufenzahlen und die Menge des einzuspeisenden Materials zur Gewinnung einer bestimmten Menge an U-235 von vorgegebener Konzentration. Es wäre jetzt noch danach zu fragen, welche Mengen denn tatsächlich in der Kaskade umlaufen müssen. In jeder Stufe strömt die „*innere*" Umlaufmenge L, die nichts mit der eingespeisten Menge M, der als Erzeugnis entnommenen Menge E und dem

---

[1] Genau eigentlich nur für $\alpha = \alpha_0$.

[2] Der Wert von $y_M = 0,007$ ist nur angenähert richtig, denn der (abgerundete) Anteil des U-235 mit 0,7% bezieht sich auf das Isotopengemisch, stellt also in unserer Schreibweise x_M dar. Nach dem oben Gesagten ist aber

$$y_M = \frac{x_M}{1 - x_M} = \frac{0,007}{1 - 0,007} = \frac{0,007}{0,993} = 0,00705.$$

Die Abweichung ist für unsere rohe Abschätzung vernachlässigbar klein, nachdem wir ohnehin mit mehreren anderen Näherungswerten gerechnet haben.

[3] Genaugenommen, muß man rückwärts rechnen, denn nach Gl. (337) ergäbe sich $n < 0$, wäre also als negative Zahl sinnlos:

$$y_{n-1} = \alpha \, y_n$$
$$\ldots\ldots\ldots\ldots$$
$$y_M = \alpha^n \, y_n;$$
$$\frac{\ln y_M}{y_n} = n \ln \alpha,$$
$$n \approx \frac{1}{\alpha - 1} \ln \frac{y_M}{y_n}.$$

Hier wird wieder $n > 0$, also als positive Zahl.

unten an der Kaskade abgeführten Abfall A zu tun hat. Die Pumpen zwischen den Trennstufen wälzen die in der Anlage enthaltene Menge auch dann um, wenn alle Verbindungen nach außen abgeschlossen sind[1]. Mit der Konzentration x des leichteren Isotops in einer Stufe ist

$$L_A = \frac{2E}{\alpha_{\text{eff}} - 1} \cdot \frac{x_E - x}{x(1-x)} \qquad (338a)$$

für den Anreicherungsteil und

$$L_V = \frac{2A}{\alpha_{\text{eff}} - 1} \cdot \frac{x_A - x}{x(1-x)} \qquad (338b)$$

für den Verarmungsteil der sog. „idealen" Kaskade.

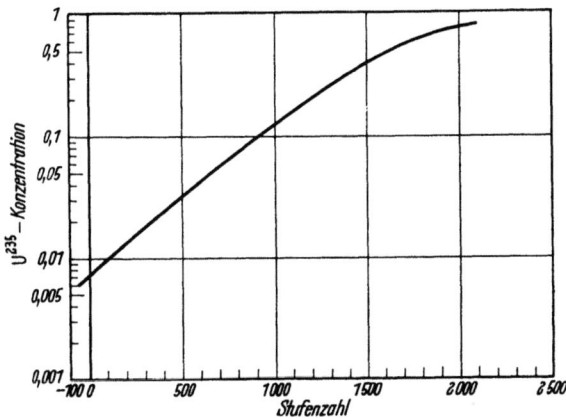

Abb. 162. Beziehung zwischen der Stufenzahl n einer Kaskade und der Anreicherung y_E des Isotops U-235 (nach MURRAY)

Die Gl. (338a) [und sinngemäß Gl. (338b)] ergibt sich auf folgende Weise [*3, 85, 86*]:

In der idealen Kaskade ist vorausgesetzt, daß in irgendeiner Stufe das von der vorhergehenden Stufe kommende angereicherte Gas dieselbe Konzentration hat wie das von der folgenden Stufe zurückströmende verarmte Gas. Abb. 163 zeigt die Mengen und Konzentrationen der umlaufenden Gasmengen schematisch. Danach gilt für die $(n+1)$. Stufe $x'_n = x_{n+2}$, wenn mit x' der Molenbruch des leichteren Isotops im aufströmenden, also angereicherten Gas und mit x der Molenbruch des leichteren Isotops im abströmenden, also verarmten Gas bezeichnet wird. Es war für die n. Stufe

$$\alpha_n = \frac{y'_n}{y_n} = \frac{x'_n (1 - x_n)}{x_n (1 - x'_n)} \qquad (339)$$

Indem wir x'_n durch x_{n+2} ersetzen, erhalten wir

$$\frac{x_{n+2}}{1 - x_{n+2}} = \alpha_n \frac{x_n}{1 - x_n}.$$

---

[1] Das entspricht dem Rücklaufverhältnis $v = \infty$ bei einer Rektifiziersäule.

Wenn die Anreicherung zwischen den Stufen n und $(n+1)$ die gleiche ist wie zwischen den Stufen $(n+1)$ und $(n+2)$, ergibt sich

$$\frac{x_{n+1}}{1-x_{n+1}} = \sqrt{\alpha_n}\,\frac{x_n}{1-x_n}$$

und daraus

$$\frac{x_{n+1}}{1-x_{n+1}} \approx \left[1 + \frac{1}{2}(\alpha_n - 1)\right]\frac{x_n}{1-x_n}\;.$$

Mit Rücksicht darauf, daß die Anreicherung in jeder Stufe nur gering ist, also $1 - x_{n+1} \approx 1 - x_n$, kann dafür

$$x_{n+1} - x_n = \frac{1}{2}(\alpha_n - 1)\,x_n(1-x_n)$$

mit hinreichender Annäherung gesetzt werden. Wenn wir wieder annehmen, daß

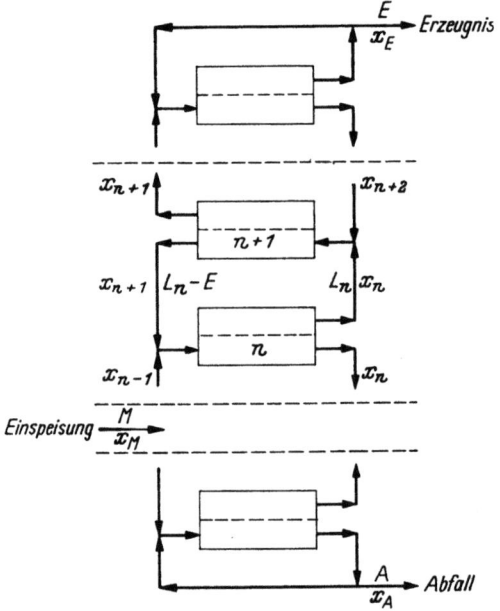

Abb. 163. Zur Bestimmung der inneren Umlaufmenge in den Stufen einer Kaskade (nach GLASSTONE)

die Konzentration x sich mit der Stufenzahl stetig ändert, können wir schließlich schreiben[1]:

$$\frac{dx}{dn} = \frac{1}{2}(\alpha - 1)\,x\,(1-x)\;. \qquad (340)$$

Wenn nun die „innere" Umlaufmenge, d.h. die gesamte durch die Membran der n-ten Stufe aufwärts strömende Menge in der Zeiteinheit L_n ist, dann ist die Menge, welche zurückströmt, $L_n - E$, also vermindert um die Entnahme des Erzeugnisses am Kopf der Kaskade. Im Beharrungszustand muß dann

$$L_n \cdot x'_n - (L_n - E)\,x_{n+1} = x_E \cdot E \qquad (341)$$

sein. Aus Abb. 163 ergibt sich dann die Mengenbilanz, daß nämlich in Gl. (341) auf

---
[1] Mit der Annahme also, daß $\alpha_n = \alpha$ den gleichen Wert für alle Stufen hat.

der linken Seite die tatsächlich aufwärts strömende Menge des leichteren Isotops und auf der rechten Seite die entnommene Menge des leichteren Isotops stehen, die einander gleich sein müssen. Die theoretische Anreicherung einer Stufe ($\alpha - 1$) ist dann aus Gl. (339) zu entnehmen:

$$\alpha - 1 = \frac{x'_n - x_n}{x_n(1 - x'_n)}. \tag{342a}$$

Unter Berücksichtigung des Umstandes, daß die Anreicherung in einer Stufe sehr gering ist, können wir $1 - x'_n$ durch $1 - x_n$ wie oben ersetzen. Damit erhalten wir

$$\alpha - 1 \approx \frac{x'_n - x_n}{x_n(1 - x_n)}. \tag{342b}$$

Aus den Gln. (341) und (342b) ergibt sich

$$x_{n+1} - x_n = \frac{L_n}{L_n - E}\left[(\alpha - 1)\, x_n(1 - x_n) - \frac{E}{L_n}(x_E - x_n)\right]. \tag{343}$$

Da die Änderung der Konzentration von Stufe zu Stufe sehr klein ist, können wir wiederum, wie wir es in Gl. (340) getan haben, unterstellen, daß sie stetig ist und damit Gl. (343) in der Form, wobei wir noch $L_n/(L_n - E) \approx 1$ setzen können,

$$\frac{dx}{dn} = (\alpha - 1)\, x(1 - x) - \frac{E}{L}(x_E - x) \tag{344}$$

schreiben. Eine entsprechende Gleichung ergibt sich für den Verarmungsteil der Kaskade. In Analogie zur Rektifiziersäule können wir auch bei der Kaskade eine Art von unendlichem Rücklaufverhältnis definieren, nämlich dann, wenn überhaupt kein Erzeugnis entnommen wird, also für den Fall $E = 0$. Damit nimmt Gl. (344) die Form

$$\frac{dx}{dn} = (\alpha - 1)\, x(1 - x) \tag{345}$$

an. Um die Zahl der Stufen zu ermitteln, die erforderlich sind, von der Konzentration des eingespeisten Gases x_M auf die Konzentration x zu kommen, integrieren wir Gl. (345) zwischen x_M und x und erhalten

$$n_{\min} = \frac{1}{\alpha - 1} \ln \frac{x(1 - x_M)}{x_M(1 - x)}. \tag{346}$$

Wenn wir Gl. (345) mit Gl. (340) vergleichen, sehen wir, daß bei der idealen Kaskade die Anreicherung gerade halb so stark ist wie beim unendlichen Rücklaufverhältnis, also bei $E = 0$. Infolgedessen muß die Zahl der erforderlichen Trennstufen zur Erzielung der Konzentration x für ein endliches Rücklaufverhältnis

$$n_{\text{ideal}} = 2\, n_{\min} = \frac{2}{\alpha - 1} \ln \frac{x(1 - x_E)}{x_E(1 - x)} \tag{347}$$

sein. Aus Gl. (340) und Gl. (344) ergibt sich schließlich

$$\frac{1}{2}(\alpha - 1)\, x(1 - x) = \frac{E}{L}(x_E - x)$$

und daraus die Gl. (338a):

$$L_{\text{ideal}} = \frac{2E}{\alpha - 1} \cdot \frac{x_E - x}{x(1 - x)}. \tag{338a}$$

Sinngemäß ist Gl. (338b) abzuleiten.

Die Auswertung der Gln. (338a) und (338b) für unser Beispiel ergibt die Abhängigkeit der inneren Umlaufmenge von der jeweiligen Konzentration in graphischer Darstellung, wie sie Abb. 164 wiedergibt. Es wäre in unserem Zahlenbeispiel in der Stufe mit der Konzentration von $x = 5\%$ die Umlaufmenge nach Gl. (338a) $L = \dfrac{2 \cdot 0{,}3}{0{,}003} \cdot \dfrac{0{,}8 - 0{,}05}{0{,}05\,(1 - 0{,}05)} \approx 3000$ kg je Tag. Die *gesamte* umlaufende Menge ist natürlich viel größer. Sie wird durch die Fläche unter der Kurve in Abb. 164 dargestellt. Entsprechend dieser Verteilung der inneren Umlaufmenge müssen auch die Abmessungen der Trennstufen gewählt werden. Es wäre nun technisch unzweckmäßig, eine große Zahl verschieden großer Trennstufen zu bauen. Deswegen begnügt man sich mit einigen wenigen Größen und ordnet die

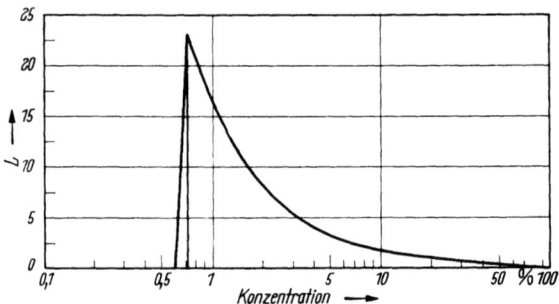

Abb. 164. Abhängigkeit der inneren Umlaufmenge $L \cdot 10^3$ kg je Tag von der Konzentration x in den Stufen (nach MURRAY)

Stufen wie in Abb. 165 an. Mit der durch Gl. (345) gegebenen Bedingung erhalten wir

$$L_{ges} = \frac{(\alpha - 1)^2}{4}\left[E\,(2\,x_E - 1)\ln\frac{x_E}{1 - x_E} + A\,(2\,x_A - 1)\ln\frac{x_A}{1 - x_A} - M\,(2\,x_M - 1)\ln\frac{x_M}{1 - x_M} \right]. \tag{348}$$

Für unser Beispiel ergibt sich damit die gesamte Umlaufmenge je Tag zu etwa 10^7 kg, also ungeheuer viel mehr als die tatsächlich zugeführte Menge! Das macht wohl am besten anschaulich, warum diese Diffusionsanlagen trotz relativ kleiner Ausbeuten einen riesigen Stromverbrauch haben, denn diese Mengen müssen ja durch Pumpen umgewälzt werden.

Schließlich mag noch die Pumpenleistung überschlagen werden, um ein Gefühl für die Größenordnung zu gewinnen. Wir nehmen an, daß das Verdichtungsverhältnis in den Trennstufen, also das Verhältnis der Drücke vor und hinter den Membranen bei einem Druck von 0,1 ata auf der Niederdruckseite und bei einer Druckdifferenz von 0,9 at etwa $p/p_0 = 10$ sein möge. Dann ist die aufzuwendende Arbeit je mol

$$A = R \cdot T \cdot \ln\frac{p}{p_0},$$

wobei wir unterstellen, daß das Gas sich als ideales Gas verhält und die

Verdichtung isotherm erfolgt. Mit $R = 8{,}3 \cdot 10^7$ erg/mol · grd ergibt sich in unserem Beispiel $A = 7 \cdot 10^{10}$ erg/mol oder $A = 7 \cdot 10^3$ Wattsek/mol für $T = 373$ °K. Die gesamte innere Umlaufmenge, in mol ausgedrückt, beträgt $L \approx 4{,}3 \cdot 10^7$ mol UF$_6$ je Tag. Damit ergibt sich die Pumpenleistung $N = A \cdot L \approx 10^3$ kW. Bei einem Wirkungsgrad dieser Pumpen von etwa 10% benötigt man also 35000 kW!

Aber damit sind die Schwierigkeiten nicht erschöpft. Abgesehen von der Korrosion durch das Uranhexafluorid ist es ein Problem, die Membranen, die Millionen von Poren je cm² mit einem mittleren Durch-

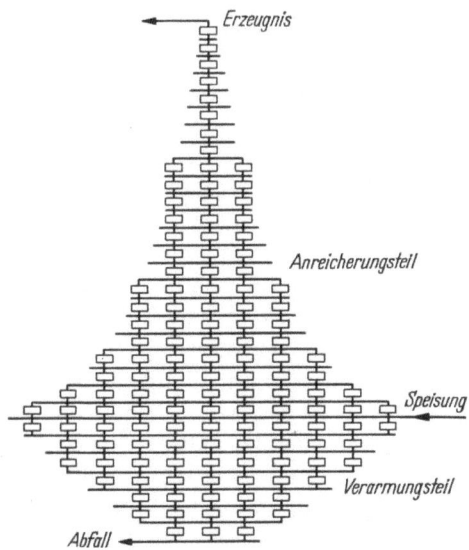

Abb. 165. Schema des Aufbaues der einzelnen Stufen einer Diffusionskaskade aus einzelnen Membrangehäusen, um der nach Abb. 164 verteilten inneren Umlaufmenge angenähert Rechnung zu tragen und doch mit einer Membrangröße auszukommen (nach MURRAY)

messer von etwa 10^{-6} mm haben, vor Verstopfung oder aber auch vor einer Aufweitung zu schützen, zumal diese Membranen sehr dünn sein und doch die Druckdifferenz von etwa 1 at aushalten müssen. Die Gefahr der Verstopfung entsteht durch die Abscheidung von dem bereits erwähnten Uranylfluorid, welches durch Feuchtigkeit entstehen kann. Schließlich ist noch daran zu denken, daß aus denselben Gründen Ablagerungen entstehen können — denn das Uranylfluorid ist unter den gegebenen Betriebsbedingungen fest —, die zur kritischen Masse anwachsen und damit eine Explosionskatastrophe hervorrufen können, weil womöglich eine Kettenreaktion im hochangereicherten Isotop U-235 einsetzen kann. Ferner muß *absolute Dichtheit* gefordert werden, um einerseits das Eindringen von Feuchtigkeit in die Anlage (Gefahr der Bildung von Ablagerungen von Uranylfluorid), andererseits das Austreten von UF_6 zu verhüten. Die Gefahren durch Radioaktivität sind hingegen nicht besonders groß, weil Uran ja (vgl. S. 68, Abb. 28) nur ein α-Strahler, eine besondere Abschirmung daher unnötig ist. Viel gefährlicher ist aber das UF_6, welches als starkes Atemgift wirkt.

34. Herstellung von Spaltstoffelementen

Für heterogene Reaktoren werden bisher nur metallische Spaltstoffelemente verwendet, die entweder reines metallisches Uran oder Legierungen von Uran enthalten. Dabei kann das Uran sowohl die natürliche Isotopenzusammensetzung haben als auch angereichert sein. Es werden Anreicherungen bis zu 90% U-235 verwendet.

Ganz grundsätzlich kommt es stets darauf an, den eigentlichen Spaltstoff, also das Uran oder die Uranlegierung mit einer Hülse (can) zu umgeben. Es war bereits darauf hingewiesen worden, daß das erforderlich ist, um einerseits den Austritt von Spaltprodukten ins Kühlmittel, andererseits Korrosionen zwischen Kühlmittel und Spaltstoff zu verhüten. Der Hülsenwerkstoff muß so ausgewählt werden, daß er möglichst wenig thermische Neutronen absorbiert, daß er genügend Festigkeit hat, um den mechanischen und thermischen Beanspruchungen zu widerstehen, daß er korrosionsfest ist, die Spaltprodukte nicht hindurchtreten läßt und trotzdem aber dem Wärmestrom einen möglichst geringen Widerstand entgegensetzt, also ein möglichst guter Wärmeleiter ist und es erlaubt, den Temperatursprung vom Uran zum Kühlmittel in der Hülsenwand so klein wie möglich zu halten. Aus dem letzteren Grunde muß auch sorgfältig darauf geachtet werden, daß der Hülsenwerkstoff einwandfrei an der Spaltstoffüllung anliegt. Einen Überblick über die Beanspruchungen und Belastungen von Spaltstoffelementen mit Stahlhülse gibt Tab. 32. Man sieht, daß sie hoch sind. Sie können noch durch Ausdehnung des Spaltstoffes ansteigen. Infolgedessen werden nur verhältnismäßig dünne Stäbe, etwa bis 30 mm Durchmesser verwendet, die

Tabelle 32. *Beanspruchung zylindrischer Spaltstoffelemente mit Stahlhülsen von 0,8 mm Wandstärke* [60]
Wärmeabgabe des Urans: 180 000 kcal/dm³ · h
Kühlwassergeschwindigkeit: 7,5 m/sek
Kanallänge: 2,4 m
Temperaturgefälle zwischen Kühlwasser und Wand: 55 °C

Durchmesser der Spaltstoffelemente	mm	12,7	19,0	25,4
Mittlere Wärmebelastung	kcal/m²·h	565 000	850 000	1 130 000
Höchste Wärmebelastung	kcal/m²·h	845 000	1 270 000	1 690 000
Temperaturgefälle zwischen Uranstabmitte und Hülsenaußenwand	grd	24,7	37,4	50
Wärmespannung zwischen Uran und Stahlhülse	kg/cm²	675	1 130	1 500

gegebenenfalls zu Bündeln vereinigt werden, um zu verhüten, daß sie sich werfen (das könnte zu Störungen im Kühlkanal, dessen Ringspalt meist aus früher erörterten Gründen sehr eng ist, führen) und um sie leichter auswechseln zu können. Die heute gebräuchlichen Formen der Spaltstoffelemente sind bereits äußerst vielfältig und verwirrend. Abb. 166 zeigt verschiedene Typen von Elementen nur einer einzigen

Abb. 166. Muster von Spaltstoffelementen der Fa. Sylvania Corning Nuclear Corp. (nach MÜNZINGER)

amerikanischen Herstellerfirma. MÜNZINGER [*60*] beschreibt eine Anzahl verschiedener Ausführungsformen.

Bei heterogenen Reaktoren scheint sich eine Bauform ganz besonders durchzusetzen, das sog. „*MTR-Element*". Es wurde wohl zum erstenmal für den **M**aterials **T**esting **R**eactor entwickelt und hat sich so bewährt, daß es in den USA in steigendem Maße in verschiedenen Varianten verwendet wird. Die ihm zugrunde liegende Idee geht davon aus, daß reines metallisches Uran verschiedene unangenehme technologische Eigenschaften hat, vor allem seine komplizierte Formänderung bei Erwärmung und bei häufigem Temperaturwechsel, die im Reaktorbetrieb fast stets zu Schwierigkeiten führt. Infolgedessen verließ man die ursprüngliche Form des Uranstabes mit entsprechender Hülse, wie sie in Abb. 167 dargestellt ist und auf der man sieht, welcher Art die Verformungen durch die Verwendung im Reaktor — oft „*Bestrahlung*" genannt — sein können. Anstatt also das reine Uranmetall zu verwenden, ging man dazu über, das

Uran mit Aluminium zu legieren und diese Legierung in Plattenform mit Aluminiumblech zu plattieren. Abb. 168 stellt die Methode im Prinzip dar: Eine Platte aus Al-U-Legierung — es kann auch eine gesinterte Metallpulvermischung sein — wird in einen Rahmen eingelegt und dann mit zwei Deckplatten zusammen heiß auf die erforderliche Blechstärke, etwa 6 mm ausgewalzt. Aus den so hergestellten Elementplatten („sandwich") wird dann das Element zusammengelötet, wie es in Abb. 169 zu sehen ist. Abb. 170 gibt einen Blick von oben auf das Kopfende eines so hergestellten „Register"-Elementes wieder, Abb. 171 zeigt das vollständig

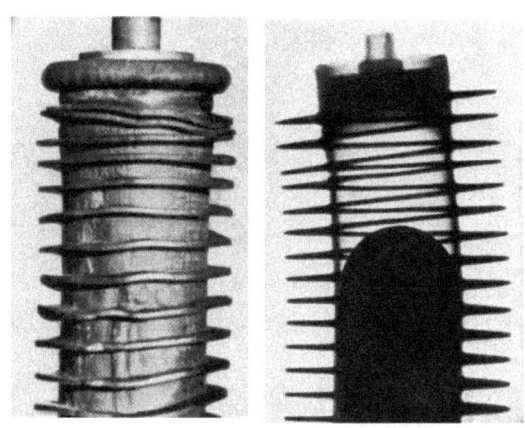

Abb. 167. Zylindrisches Spaltstoffelement mit massivem Uran. Die Röntgenaufnahme in der rechten Bildhälfte läßt die Volumänderung des Urans in der Metallhülse erkennen (nach MÜNZINGER)

zusammengebaute Spaltstoffelement. Es wird mit dem unteren — im Bilde rechten — Zapfen in die Bodenplatte des Reaktorkerns eingesetzt. Das Gewinde im oberen — linken — Ende dient zum Fassen des Elementes beim Einsetzen oder Herausziehen aus dem Reaktor. Das Register wird mit anderen gleichartigen zu einem Block vereinigt, wenn es sich um einen Reaktor mit flüssigem Moderator wie bei Tank- oder Badreaktoren handelt. Es ist klar, daß damit die Gefahr des Verziehens weitgehend ausgeschlossen und gleichzeitig eine große Kühlfläche je Gewichtseinheit Spaltstoff erreicht wird.

Die Herstellung von Spaltstoffelementen im einzelnen ist ziemlich kompliziert, weil vor allem sehr hohe Anforderungen an die Dichtheit und an den guten Kontakt der Hülse mit dem Uran gestellt werden müssen. Um einen allgemeinen Überblick über diese Fertigungsmethode zu gewinnen[1], soll nachfolgend ein kurzer Überblick über die Herstellung der Spaltstoffelemente für den großen Forschungsreaktor in *Brookhaven* gegeben werden [62].

---
[1] Massive Uranelemente mit Leichtmetallhülsen spielen auch für Kraftwerksreaktoren eine große Rolle, wie das Beispiel von Calder Hall zeigt. Dort sind die zylindrischen Uranstücke in Hülsen aus Magnesium eingeschlossen.

Der Reaktor in *Brookhaven* ist ein heterogener, thermischer Reaktor mit Graphitmoderator, natürlichem Uran und Luftkühlung. Bei einem mittleren thermischen Fluß von $\Phi = 4 \cdot 10^{12}$ cm$^{-2} \cdot$ sek^{-1} — das natürliche Uran befindet sich in Metallform in Aluminiumhülsen, welche Kühlrippen tragen — ergibt sich eine Temperatur an der Berüh-

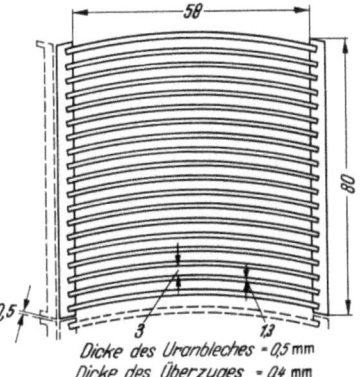

Abb. 169. Zusammenbau von Spaltstoffplatten zum MTR-Element. Die gestrichelten Linien deuten den Zusammenbau mehrerer Elemente zu einem Reaktorkern, z. B. für einen Tank- oder Swimmingpool-Reaktor

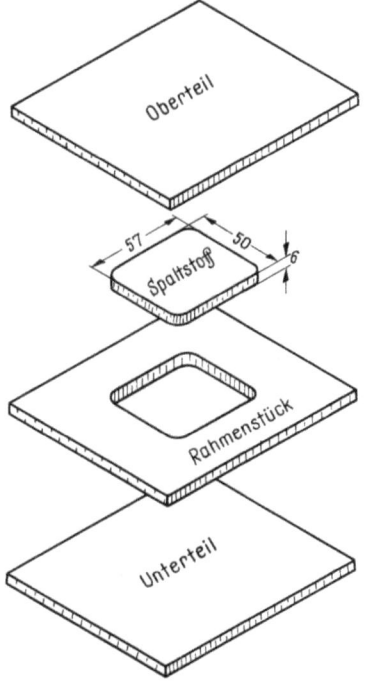

Abb. 168. Schematische Darstellung des Aufbaues einer „*Sandwich*"-Platte eines MTR-Spaltstoffelementes vor dem Zusammenwalzen (Maße in mm)

Abb. 170. Draufsicht auf das obere Ende des MTR-Elementes in seiner Ummantelung (nach MÜNZINGER)

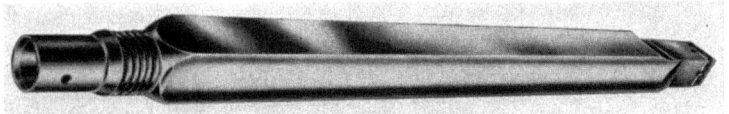

Abb. 171. Gesamtansicht eines betriebsfertigen MTR-Elementes (nach MÜNZINGER)

rungsfläche zwischen dem Uran und der Aluminiumhülse von 350 °C. Da aber bereits bei 250 °C Reaktionen zwischen Al und U auftreten, war es von vornherein erforderlich, die Innenseite der Aluminiumhülse gegen das Uran zu isolieren. Eine Eloxalschicht (**elektrisch anodisch oxydiertes Aluminium**) erwies sich als brauchbar. Zur Kontrolle auf Undichtigkeiten werden die Hülsen der Elemente mit Helium gefüllt. Druckänderungen der Heliumfüllung zeigen Leckstellen an. Außerdem wird durch einen angemessenen Überdruck des Heliums innerhalb des Elementes verhindert, daß durch Leckstellen Luft von außen eintreten und Korrosionen des Urans hervorrufen kann. Bei der Bemessung der Heliumfüllung und ihres Druckes ist jedoch darauf zu achten, daß das Element beim Anfahren und Abschalten des Reaktors Temperaturänderungen ausgesetzt ist. Deswegen wird sich auch der Druck der Heliumfüllung ändern. Auf dieses „*Atmen*" des Elementes ist dabei ebenfalls Rücksicht zu nehmen.

Die Elemente bestehen aus der Hülse und den in ihr befindlichen Uranpatronen. Abb. 172 gibt die Abmessungen der Uranpatronen und der Hülsen, welche zur besseren Kühlung Rippen tragen, wieder. Die Uranpatronen haben einen Durchmesser von etwa 28 mm und eine Länge von etwa 100 mm. Jedes Spaltstoffelement ist etwa 3500 mm lang. Infolgedessen nimmt jede Hülse 33 Uranpatronen auf. Die Wandstärke der Hülse beträgt etwa 0,75 mm (um den Durchtritt von Spaltprodukten zu verhindern, würde bereits eine Wandstärke des Aluminiums von etwa 0,025 mm genügen; aus Festigkeitsgründen wählt man jedoch größere Wandstärken).

Die Ansprüche an die Bearbeitungsgenauigkeit sind recht hoch, um von vornherein einen guten Kontakt zwischen Hülse und Spaltstoff zu sichern. Die Uranpatronen werden von Stangenmaterial auf Maß gedreht. Nach dem Vordrehen werden sie zwölf Stunden bei 600 °C, nach der Fertigstellung vier Stunden bei 400 °C in Argon getempert. Die Aluminiumhülsen werden mit den Kühlrippen in Spritzguß hergestellt und dann kalt nachgezogen. Nach der Fertigstellung werden sie der anodischen Oxydation unterworfen, wobei eine Schichtdicke von etwa 0,02 mm erzeugt wird.

Im nächsten Arbeitsgang wird die Hülse mit einem Boden versehen. Um ein sicheres und zuverlässig dichtes Einschweißen des Bodens zu erzielen, wird die anodische Oxydschicht am Hülsenende innen so weit entfernt, wie es die Schweißung erfordert, nämlich etwa 5 mm. Durch geeignete Einrichtungen wird dafür gesorgt, daß das Maß genau eingehalten wird, damit nicht eine Fläche frei von der Oxydschicht bleibt, die später mit dem Uran in Berührung kommen kann. Das Einschweißen des Bodens erfolgt dann durch Lichtbogenschweißung unter Argon als Schutzgas. Im Anschluß daran wird die Hülse auf 200 °C erhitzt, um das in der Oxydschicht adsorbierte Wasser auszutreiben. Es zeigte sich bei den angestellten Untersuchungen, daß aus jeder Hülse immerhin noch

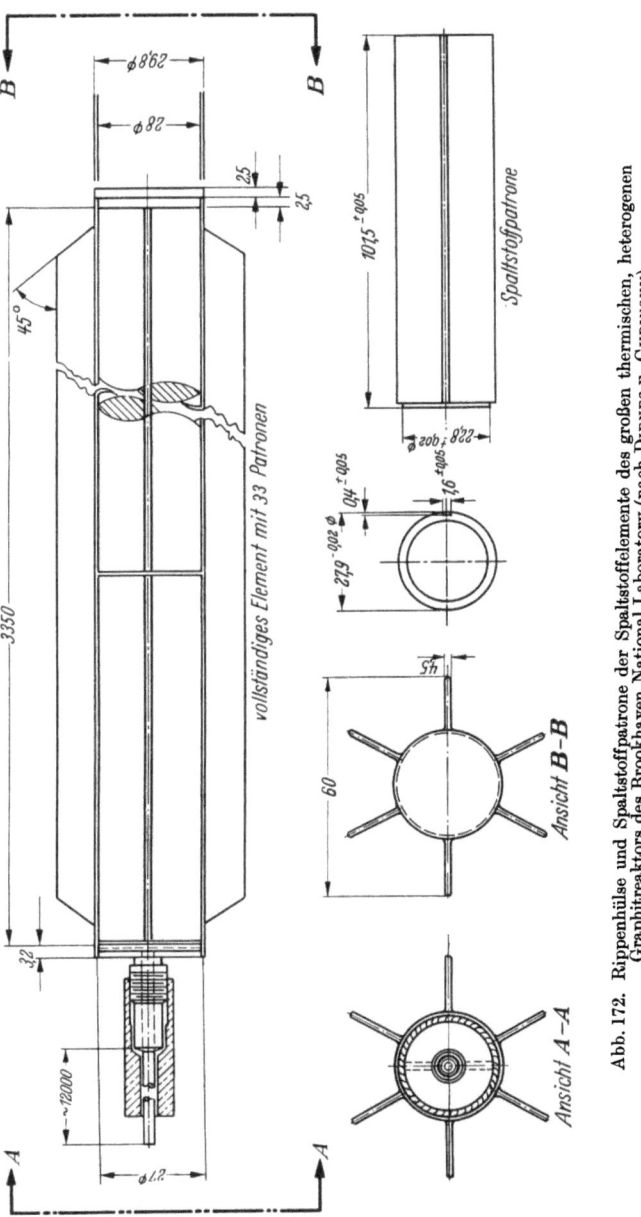

Abb. 172. Rippenhülse und Spaltstoffpatrone der Spaltstoffelemente des großen thermischen, heterogenen Graphitreaktors des Brookhaven National Laboratory (nach DIENES u. GURINSKY)

1 cm³ Wasser austrat, eine Menge, die zu unangenehmen Korrosionen mit dem Uran ausreichen würde.

Danach wird die *erste Dichtigkeitsprobe* ausgeführt. Sie erfolgt unter Vakuum mit Helium als Testgas, dessen Austritt massenspektrometrisch ermittelt wird. Dieses Verfahren ist in der Vakuumtechnik gebräuchlich und daher bekannt. Nachdem die undichten Hülsen ausgesondert sind, werden die als brauchbar befundenen mit Uran gefüllt. Dabei muß vermieden werden, die anodische Schutzschicht abzureiben. Deswegen wird sie nach dem Eloxieren auf ihre Abriebfestigkeit geprüft. Die Uranpatronen werden fest eingepreßt, so daß sie stramm aufeinandersitzen. Daher muß bei ihrer Herstellung Wert darauf gelegt werden, daß ihre Stirnflächen genau planparallel sind.

Nach der Füllung wird der obere Deckel mit dem Anschluß für die Heliumfüllung aufgelötet. Man hat sich an Stelle der für den Boden verwendeten Schweißung hier für das Hartlöten entschieden, weil es leichter möglich ist, Leckstellen, die sich hier zeigen, zu reparieren als bei einer Schweißnaht. Außerdem besteht auf diese Weise die Möglichkeit, gewisse, unvermeidliche Maßungenauigkeiten auszugleichen, um unter allen Umständen eine Berührung des Urans mit dem ungeschützten Aluminium zu verhüten. Die Schutzschicht wird daher an diesem Ende nicht wie an der Bodenschweißstelle chemisch, sondern durch Schaben von Hand entfernt.

Nach dem Auflöten des Deckels wird die Hülse einer weiteren Dichtigkeitsprüfung unterzogen. Die Methode ist die gleiche wie bei der Prüfung der leeren Hülsen. Danach wird sie durch äußeren Überdruck fest an das Uran gepreßt. Das geschieht einfach genug dadurch, daß man mit geeigneten Vorrichtungen das fertige Element in ein Gefäß bringt, welches verschlossen und mit Preßwasser gefüllt werden kann, indem man die Apparatur mit einer Pumpe, ähnlich wie sie zum Abdrücken von Behältern benutzt wird, unter einen Druck von etwa 150 atü setzt.

Damit ist das Element im wesentlichen fertig, nachdem es getrocknet worden ist. Es ist jetzt lediglich der Heliumanschluß anzubringen, der aus einem aufgewickelten Aluminiumrohr von etwa 12 m Länge und 3 mm Durchmesser besteht. Dieses Aluminiumrohr wird in dem Stutzen des Deckels untergebracht, der dann verschlossen wird. Zum Schluß wird das fertige Element noch einmal einer Dichtigkeitsprüfung, in ähnlicher Weise wie vorher beschrieben, unterzogen.

Man sieht, daß, obwohl diese Schilderung nur die wichtigsten technischen Grundzüge der Herstellung beschreibt, ohne auf die zahlreichen Einzelheiten, Hilfsmittel und Vorrichtungen einzugehen, die Herstellung von Spaltstoffelementen sehr aufwendig und kompliziert ist. Der Ingenieur sollte daran denken, daß es für die Wirtschaftlichkeit der Kernenergie sehr darauf ankommt, alle Teile so billig wie möglich herzustellen. Hier ist offenbar noch viel Raum für neue technische Ideen. Es kommt nämlich nicht so sehr darauf an, raffiniert ausgeklügelte Elementkonstruktionen zu entwickeln, sondern viel wichtiger ist es, die Fertigung der Elemente soweit wie möglich zu vereinfachen und zu verbilligen.

Eine andere Gruppe von Spaltstoffelementen wird unter Verwendung von *festen Spaltstoffdispersionen* in anderen Metallen hergestellt. Ihr Vorteil liegt vor allem darin, daß sie nicht mehr von den unangenehmen Eigenschaften des Urans bezüglich der Änderung seiner Modifikation und der Auswirkung der verschiedenen Wärmeausdehnungskoeffizienten abhängig sind. Vor allem aber bietet sich auf diesem Wege die Möglichkeit, von der störenden Temperaturbeschränkung frei zu werden und zu wesentlich höheren Betriebstemperaturen mit ihren bekannten Vorteilen vorzudringen. Der Möglichkeiten, solche Dispersionssysteme aufzubauen, gibt es viele. Tab. 33 enthält eine Übersicht über die heute diskutierten und zum Teil auch schon verwendeten Uranverbindungen und die als Einbettung in Betracht kommenden Metalle. Als Herstellungsmethoden stehen sowohl das Gießen wie pulvermetallurgische Verfahren zur Auswahl. Eine dieser Möglichkeiten haben wir bereits bei der Besprechung des MTR-Elementes kennengelernt. Auch hier bietet sich dem Ingenieur noch ein weites Entwicklungsfeld.

Tabelle 33. *a) Spaltstoffkombinationen in Metalldispersionen* [62]

Verbindung	Dichte g/cm³	Urangehalt %	Schmelzpunkt °C
U	18,9	100	1 133
UAl_2	8,1	35	1 590
UAl_3	6,7	26	1 320
UAl_4	6,0	22	730
UBe_{13}	4,37	15	2 000
UC	13,6	69	2 270
UC_2	11,7	56	2 400
UO_2	10,96	53	2 500
U_6Fe	17,7	91	815
UFe_2	13,2	48	1 235
UN	14,3	71	2 630
UPb	14,5	41	1 280
U_3Si	15,6	77	930
U_3Si_2	12,2	59	1 665
U_5Sn_6	13,0	49	1 500

b) Übersicht über einige zum Mischen mit Uran geeignete Metalle [62]

Metall	Schmelzpunkt °C	Mikr. Absorptionsquerschnitt σa^* [b]	Makr. Absorptionsquerschnitt Σa [cm^{-1}]
Al	660	0,22	0,013
Be	1 282	0,009	0,0013
Fe	1 539	2,4	0,20
Mg	651	0,059	0,0025
Mo	2 625	2,4	0,15
Nb	2 415	1,1	0,061
Ni	1 455	4,5	0,41
Ti	1 670	5,8	0,33
V	1 900	4,7	0,33
Zr	1 852	0,18	0,008

* Für thermische Neutronen.

35. Spaltstofflösungen

Homogene Reaktoren arbeiten mit Spaltstoffen, die in Lösungen fein verteilt sind. Wir haben bereits früher gesehen, daß das nur mit angereichertem Spaltstoff möglich ist, nicht aber mit natürlichem Uran. Als Lösungsmittel für den Spaltstoff kann entweder Wasser oder ein flüssiges Metall verwendet werden. Die besonderen Vorzüge der gelösten Spaltstoffe liegen darin, daß hohe spezifische Leistungen erreicht werden können, die lediglich durch die anzuwendende Pumpenarbeit und die zulässige Temperatur der Spaltstofflösung begrenzt sind; daß sie einen höheren Ausbrand erlauben, weil die Vergiftung durch die Spaltprodukte durch deren laufende Entfernung unterdrückt werden kann; daß der Spaltstoff einfach herzustellen und aufzubereiten ist, weil die kostspielige Anfertigung der Spaltstoffelemente wegfällt; daß die Reaktoren leicht mit Spaltstoffen während des Betriebes beschickt werden können und daß diese Systeme schließlich eine gute Neutronenökonomie haben und leicht regelbar sind („Selbstregelung" durch den hohen negativen Temperaturkoeffizienten).

Wie aber immer in der Technik, so müssen auch hier die Vorteile mit Nachteilen bezahlt werden, so daß man durchaus nicht etwa von einer eindeutigen Überlegenheit der homogenen Reaktoren gegenüber den heterogenen sprechen kann. Eine der größten Schwierigkeiten liegt in der Korrosion, insbesondere dann, wenn man hohe Temperaturen anwenden will. Aber auch der Umlauf der Spaltstofflösung außerhalb des eigentlichen Reaktorkernes zur Wärmeübertragung ist ein ernstes Problem. Einmal wird dadurch die Abschirmung komplizierter und zum anderen wird mehr Spaltstoff gebraucht, als für die Kettenreaktion im Reaktor selbst erforderlich wäre, denn es müssen ja alle Leitungen, Wärmeaustauscher usw. mit Spaltstofflösung, die nicht an der Energieerzeugung unmittelbar beteiligt ist, gefüllt werden. Schließlich liegt eine Schwierigkeit darin, daß nur begrenzte Spaltstoffkonzentrationen verwendet werden können, weil entweder die Löslichkeit gering oder aber die Korrosionsgefahr zu groß ist. Bei wäßrigen Spaltstofflösungen kommt noch das Problem der Stabilität des Reaktors hinzu, die durch Dampfblasenbildung und Gasentwicklung durch die Bestrahlung gestört wird, indem Reaktivitätsschwankungen entstehen. Ferner ist die erreichbare Temperatur bei homogenen Reaktoren mit Wasser als Lösungsmittel begrenzt, weil die Drücke unbeherrschbar groß werden können. Bei metallischen Spaltstofflösungen — als Lösungsmittel kommt in erster Linie Wismut in Betracht — entstehen zusätzliche Schwierigkeiten durch den hohen Schmelzpunkt (Gefahr des „Einfrierens") des Metalles, durch die Poloniumerzeugung infolge Neutronenabsorption und durch die hohe erforderliche Pumpenleistung als Folge der hohen Dichte des Wismuts. Die

Wahl eines Reaktorsystems wird durch diese und andere Schwierigkeiten nicht erleichtert, und es wird noch vieler Entwicklungsarbeit bedürfen, bis *technisch* und *wirtschaftlich* wirklich befriedigende Lösungen geschaffen sein werden, denn noch sind wir gerade auf diesem Gebiet allenthalben im ersten Experimentierstadium, mögen die veröffentlichten Vorschläge und Projekte noch so hoffnungsvoll aussehen.

Als wässerige Spaltstofflösung kommen in erster Linie die Systeme UO_2SO_4-H_2O und $UO_2(NO_3)_2$-H_2O in Betracht. Sie verhalten sich in

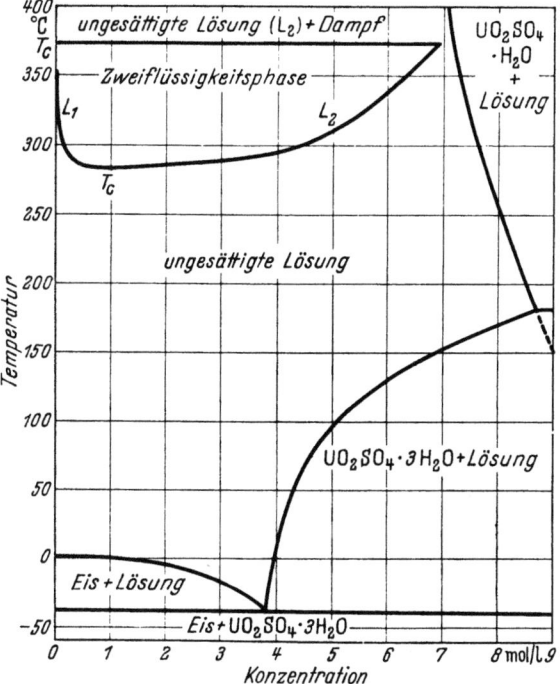

Abb. 173. Zustandsdiagramm von Uranylsulfat in wässeriger Lösung (nach DIENES u. GURINSKY)

großen Zügen ähnlich, so daß wir uns auf die Besprechung eines der beiden Systeme beschränken können.

Die erste Voraussetzung für einen befriedigenden Reaktorbetrieb ist die physikalische und chemische Stabilität der Lösung unter den gewählten Betriebsbedingungen, insbesondere muß sie *stets homogen* bleiben. Abb. 173 gibt das Zustandsdiagramm für das System $UO_2SO_4 + H_2O$ wieder. Die Löslichkeit im Temperaturbereich bis zu 370 °C ist höher, als sie für die Auslegung von homogenen Reaktoren benötigt wird, wenn entsprechend hohe Anreicherungen des Isotops U-235 verwendet werden.

Uranylsulfatlösungen sind nicht neutral, weil Hydrolyse, also die Bildung freier Schwefelsäure eintritt. Die Azidität nimmt mit steigender

Konzentration zu, der pH-Wert also ab. Auch mit steigender Temperatur wird die Lösung saurer, wie das Diagramm in Abb. 174 zeigt, wo über dem pH-Wert die Konzentration in mol/l aufgetragen ist.

Die Lösung ist bei Bestrahlung stabil. Sie entwickelt lediglich durch Spaltung der Wassermoleküle als Folge der Bestrahlung $2 H_2 + O_2$, also

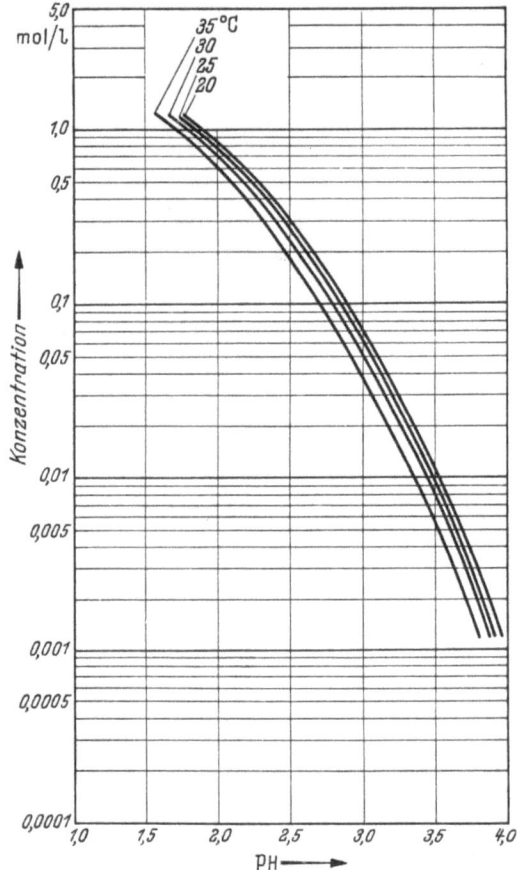

Abb. 174. Abhängigkeit des pH-Wertes einer wässerigen Uranylsulfatlösung von Molkonzentration und Temperatur (nach DIENES u. GURINSKY)

Knallgas, welches dadurch unschädlich gemacht werden muß, daß es über einem Katalysator wieder zu Wasser vereinigt wird. Abb. 175 zeigt schematisch die Anordnung einer solchen Einrichtung, wie sie schon vorher (vgl. S. 228) kurz beschrieben worden ist.

Die Dichte der Lösung ist stark temperaturabhängig. Sie ist in Abb. 176 als Funktion der Temperatur für leichtes und schweres Wasser dargestellt.

Die Viskosität von Uranylsulfatlsöungen liegt in der Größenordnung von Wasser, also bei Raumtemperatur etwa bei $\eta = 1$ cP. Während sie bei niedrigen Temperaturen mit der Konzentration merklich ansteigt, ändert sie sich bei höheren Temperaturen nur wenig. Bei 300 °C bleibt sie bis zu hohen Konzentrationen praktisch in der Größenordnung des

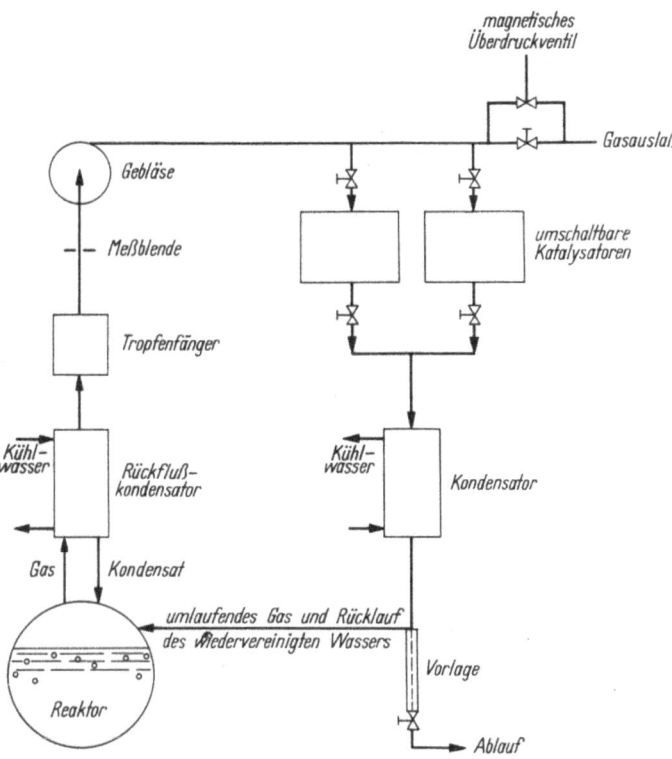

Abb. 175. Schema einer katalytischen Einrichtung zur Wiedervereinigung von Wasserstoff und Sauerstoff, die durch Neutronenstrahlung im homogenen Reaktor aus dem als Lösungsmittel für den Spaltstoff benutzten Wasser entstehen (nach STEPHENSON)

reinen Wassers. Die spezifische Wärme hingegen nimmt mit steigender Konzentration erheblich ab, und zwar nahezu linear. Sie sinkt bei 80 Gew.-% Uranylsulfat auf 0,2 kcal/kg·grad bei einer Bezugstemperatur von 25 °C. Mit steigender Temperatur ändert sie sich dagegen nur unwesentlich.

Von den möglichen metallischen Spaltstofflösungen scheint einstweilen das U-Bi-System im Vordergrund der Untersuchungen zu stehen. Hier spielt das Verhalten von Uran-Wismut-Lösungen gegenüber Graphit eine Rolle, aber auch das Verhalten gegenüber anderen Stoffen, die als Reaktorbaustoffe in Frage kommen, wie Eisen, Zirkon, Nickel u. a.

Die Löslichkeit von Uran in Wismut ist gering und stark temperaturabhängig, wie Abb. 177 zeigt. Die Forschung ist auf diesem Gebiet noch stark im Fluß, so daß es verfrüht wäre, hier darauf näher einzugehen.

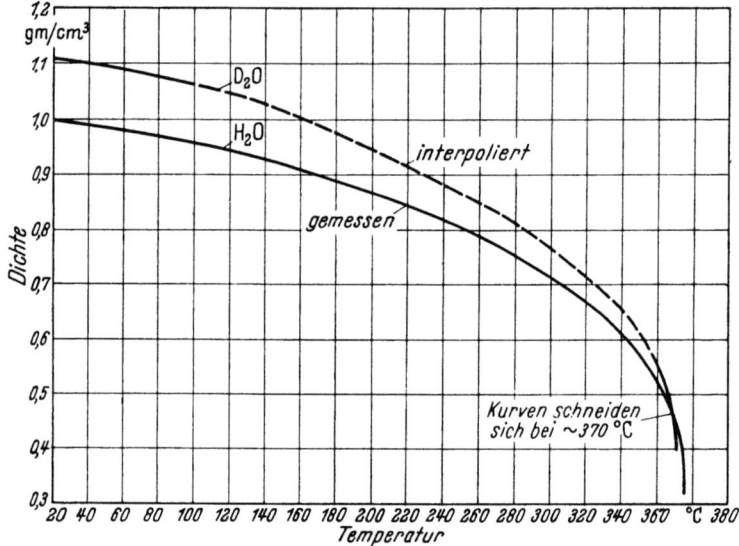

Abb. 176. Dichte von Uranylsulfatlösungen in Wasser (H_2O) und schwerem Wasser (D_2O) in Abhängigkeit von der Temperatur (nach DIENES u. GURINSKY)

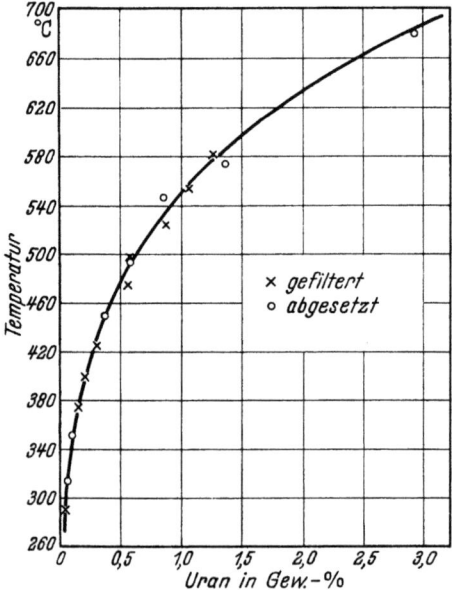

Abb. 177. Löslichkeit von Uran in Wismut als Funktion der Temperatur (nach DIENES u. GURINSKY

36. Aufbereitung von Spaltstoffen

Mit zunehmendem Abbrand des Spaltstoffes und damit zunehmender Erzeugung von neutronenabsorbierenden Spaltprodukten — in erster Näherung entsteht ebensoviel Spaltproduktmasse, wie spaltbare Substanz verbraucht wird, weil sich ja nur ungefähr 0,1% der Masse in Energie verwandelt — sinkt die Reaktivität des Reaktors. Infolgedessen müssen bei heterogenen Reaktoren die Spaltstoffelemente durch neue ersetzt und muß bei homogenen Reaktoren die Spaltstofflösung von den Spaltprodukten befreit und der verbrauchte Spaltstoff ergänzt werden, sofern es sich um hochangereicherte Spaltstoffe handelt. Besteht der Spaltstoff aus natürlichem oder schwach angereichertem Uran, entsteht unweigerlich eine gewisse Menge Plutonium aus dem U-238, vgl. Abb. 7, S. 22. Da der Spaltstoff kostbar ist und nur zum geringen Teil, etwa bis zu 20%, in heterogenen Reaktoren verbraucht werden kann, ist es erforderlich, ihn aus den erschöpften Spaltstoffelementen zurückzugewinnen und wieder so weit anzureichern, daß er in dem Reaktor, für den er bestimmt ist, erneut verwendet werden kann. Da auch das Plutonium ein Spaltstoff ist, muß es, abgesehen davon, daß es vorläufig meist nur zur Herstellung von Atombomben verwendet wird — die *Hanford-* und *Windscale-*Reaktoren waren ja ursprünglich reine Plutoniumerzeuger — ebenfalls gewonnen werden. Schließlich ist es erforderlich, die störenden Spaltprodukte zu entfernen.

Auf den komplizierten Chemismus der schweren Elemente können wir hier nicht eingehen. Wir beschränken uns vielmehr auf eine Darstellung der Verfahren in großen Zügen. Die Spaltprodukte liegen zwischen $Z = 30$ und $Z = 64$. Von den rund dreißig verschiedenen Elementen, die als Spaltprodukte erscheinen (vgl. S. 85, Abb. 36), sind rund zweihundert Isotope bekannt, von denen die meisten primäre Spaltprodukte und samt und sonders radioaktiv sind. Für die chemische Trennung ist zwar die Unterscheidung der einzelnen Isotope ein und desselben Elementes uninteressant, nicht aber vom Standpunkt der Radioaktivität und der daraus resultierenden Schwierigkeiten der technischen Handhabung. Wenn man auch sagen kann, daß die meisten der angewendeten Verfahren technisch für den Verfahrensingenieur nichts Neues darstellen, so treten aber doch eine Reihe zusätzlicher Probleme auf, mit denen sich der planende und konstruierende Ingenieur auseinanderzusetzen hat.

Die Reaktionsgefäße, Leitungen und Maschinen wie Filter, Zentrifugen, Pumpen usw. müssen abgeschirmt werden. Fast alle Prozesse können nur durch Fernbedienung gesteuert werden. Daher sind auch alle Kontrollen sehr erschwert. Außerdem müssen alle Gefäße und Leitungen völlig gas- und flüssigkeitsdicht sein. Darüber hinaus wird man meist gezwungen sein, mit einem gewissen Unterdruck in den Reaktionsapparaturen zu arbeiten, um das Austreten von Gasen und Dämpfen durch Undichtigkeiten von vornherein zu verhüten. Schließlich kehrt das Problem immer wieder, welches dem Ingenieur wohl vorläufig das am wenigsten geläufige ist: *Es muß stets bei der Bemessung der Anlagenteile daran gedacht werden, daß nirgendwo Mengen an spaltbarer Substanz zusammenkommen können, die die kritische Masse überschreiten und kritische Abmessungen haben.*

Die Spaltstoffelemente, die nach ihrer Erschöpfung aus heterogenen Reaktoren entnommen werden, müssen zunächst auf jeden Fall ,,gekühlt" werden. Darunter ist beides zu verstehen: eine thermische Kühlung zur Abführung der durch die noch lange anhaltenden Zerfallsprozesse erzeugten Wärme und eine strahlungsgeschützte Aufbewahrung, um wenigstens einem Teil der strahlenden Stoffe Zeit zu geben, so weit abzuklingen, daß die größte Gefahr bei der Handhabung der Elemente beseitigt ist. Dabei darf aber nicht übersehen werden, daß auch solche ,,abgekühlten" Spaltstoffelemente noch äußerst starke Strahler sind, die lebensgefährlich wirken, wenn man sich ihnen ohne Schutz nähern würde. Die ,,Abkühlungszeit" beträgt zwei bis drei Monate. Außerdem soll bei Spaltstoffen mit hohem Gehalt an U-238 dem entstandenen Np-239 Zeit gegeben werden, sich möglichst weitgehend in Pu-239 umzuwandeln.

Diese Kühlung wird in unmittelbarer Nähe des Reaktors vorgenommen. Die Elemente werden strahlungsgeschützt mit einer ,,*Ladeflasche*" (coffin) dem Reaktor entnommen und dem Kühlbehälter, meist ein Betonbecken von etwa 3 bis 4 m Tiefe, welches im Boden eingelassen und mit Wasser gefüllt ist, zugeführt. Es muß darauf geachtet werden, daß nicht hier schon beim Einbringen mehrerer Elemente *wieder eine kritische Anordnung entsteht* und womöglich eine Kettenreaktion unbeabsichtigt anläuft! Eine der zuverlässigsten Sicherheitsmaßnahmen gegen diese Gefahr ist die Anwendung von mit Kadmium überzogenen Schutzhülsen für die einzelnen Elemente, denn Kadmium wirkt ja als Neutronenabsorber und hält ohne weiteres den Wert von k_{eff} unter Eins. Diese Aufbewahrungsart hat den Vorteil, daß die zur Abkühlung im Becken befindlichen Elemente als ausgezeichnete γ-Strahlenquelle für Forschungs- oder für technische Zwecke verwendet werden können.

Die Menge der erzeugten Spaltprodukte hängt von der Reaktorleistung ab. Da für 1000 tkW je Tag, also 24 000 tkWh, rund 1 g U-235 verbraucht wird, entsteht auch wieder ein Gramm an Spaltprodukten und unter günstigen Umständen etwa die gleiche Menge Plutonium. Bei einem Reaktor mit 100 tMW sind das im Jahr immerhin rund 35 kg Spaltprodukte. Die Schwierigkeit besteht aber darin, daß sie aus einer sehr viel größeren Menge Uran abgetrennt werden müssen. Bei natürlichem Uran liegt der Anteil in der Größenordnung von 0,02% der zu behandelnden Spaltstoffmenge. Demnach ergeben 5000 kg Uran, die durch die Anlage gehen, etwa 1 kg Spaltprodukte. Die Radioaktivität dieser Spaltprodukte ist nicht klein. In Abb. 178 ist die Abhängigkeit der Aktivität in Curie je Watt Reaktorleistung von der Kühlzeit für verschiedene Bestrahlungszeiten T_0 im Reaktor als Parameter angegeben. Wenn der Spaltstoff ein Jahr im Reaktor von 100000 tkW (also thermischer Leistung) geblieben ist, beträgt die Radioaktivität der Spaltprodukte nach einer Kühlzeit von hundert Tagen immerhin noch rund

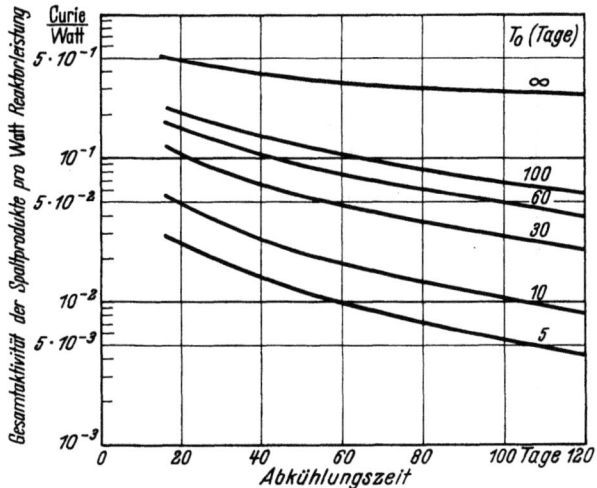

Abb. 178 Gesamtaktivität der Spaltprodukte je Watt (thermisch) Reaktorleistung in Abhängigkeit von der Kühlzeit und der „Bestrahlungszeit" T_0 im Reaktor (nach GLASSTONE)

$2 \cdot 10^7$ c. Wenn die gesamte Spaltstoffmenge des Reaktors 180 t beträgt, ergibt das rund 100 Curie je kg oder 100 Millicurie je g erschöpften Spaltstoffes.

Die Abtrennung der einzelnen Bestandteile Uran, Plutonium und Spaltprodukte kann nach sehr verschiedenen Methoden erfolgen. Während man in *Hanford* das Plutonium mit Fällungsmethoden gewinnt und sich dabei um das Uran und die Spaltprodukte nicht kümmert — sie werden einfach einstweilen in unterirdischen Lagerbehältern untergebracht —, versucht man andern Ortes durch die Anwendung der Solventextraktion zum Ziel zu gelangen. Es sind aber auch an vielen Stellen, z. B. in *Harwell*, Versuche im Gange, ohne *nasse Verfahren* auszukommen und die Trennung *unmittelbar auf pyrometallurgischem Wege* — Metallverdampfung u. ä. — vorzunehmen. Vorläufig aber ist wohl die Solventextraktion, von der wir bereits bei der Erörterung der Urangewinnung gesprochen haben (vgl. S. 377), das im Vordergrund stehende Verfahren, obwohl z. B. auch das Ionenaustauschverfahren durchaus von Interesse sein mag.

Die Solventextraktion hat zur Voraussetzung, daß die aus dem Reaktor bzw. dem Kühlbecken kommenden Spaltstoffelemente zunächst in Lösung gebracht werden. Man pflegt sie, soweit der Hülsenwerkstoff aus Aluminium besteht, sozusagen mit Haut und Haaren aufzulösen, macht sich also nicht die Mühe, die Hülse vom Spaltstoff zu trennen. Das wäre meist auch sehr schwierig, weil auf die Dauer trotz aller Vorsichtsmaßnahmen das Ineinanderdiffundieren der Stoffe doch nicht ganz vermieden werden kann. Ein „Ausschälen" aus den Hülsen würde aber wegen der Radioaktivität der Elemente dann sehr schwierig sein, weil es ja nur voll-

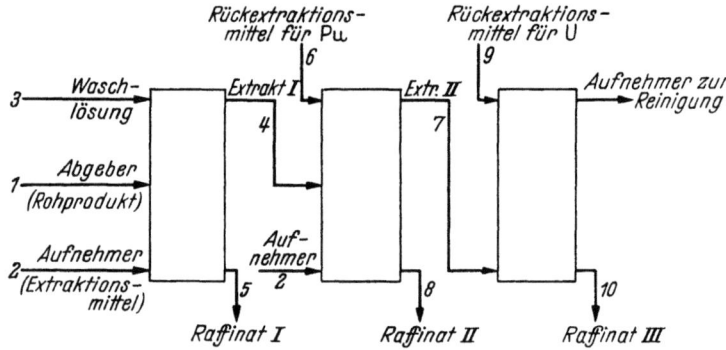

Abb. 179. Solventextraktion von Spaltstoff

1 Abgeber: Lösung der Spaltstoffelemente in HNO$_3$ und Oxydation. — Die Lösung enthält UO$_2$(NO$_3$)$_2$, PuO$_2$(NO$_3$)$_2$ und Nitrate der Spaltprodukte
2 Aufnehmer: Organische Lösungsmittel wie Äther, Tributylphosphat u. a.
3 Waschlösung: Wässerige NaNO$_3$-Lösung zur Rückextraktion von in den Aufnehmer übergegangenen Spaltprodukten
4 Extrakt I: Lösung von U und Pu im Aufnehmer
5 Raffinat I: Verarmter Abgeber, d. h. wässerige Lösung der Spaltprodukte
6 Rückextraktionsmittel für Pu: Eine wässerige NaNO$_3$-Lösung mit Reduktionsmittel
7 Extrakt II: Lösung von U allein im Aufnehmer
8 Raffinat II: Wässerige Lösung von Plutonium in dreiwertiger Form
9 Rückextraktionsmittel für U: Wasser
10 Raffinat III: Wässerige Uransalzlösung

(nach GLASSTONE)

automatisch oder durch Fernsteuerung ausgeführt werden könnte. Abb. 179 stellt das Schema einer solchen Trennanlage dar:

Die Spaltstoffelemente werden in Salpetersäure aufgelöst und dann die gelösten Stoffe aufoxydiert, so daß auf jeden Fall das Uran und das Plutonium als UO$_2$(NO$_3$)$_2$ bzw. PuO$_2$(NO$_3$)$_2$ vorliegen. Die Spaltprodukte existieren dann als Nitrate in der Lösung. In der ersten Säule wird diese Lösung der bereits bekannten Solventextraktion unterzogen (in Wirklichkeit müssen die Prozesse viele Male wiederholt werden, weil beim ersten Trenngang bei weitem nicht eine vollständige Trennung gelingt). Die Lösung wird der ersten Säule (z. B. einer Füllkörpersäule) in der Mitte zugeführt und strömt nach unten. Von unten nach oben strömt das organische Lösungsmittel (weil es spezifisch leichter ist als die Lösung). Im oberen Teil der Säule wird die organische Lösung, die nun schon merkliche Anteile des Urans und Plutoniums aufgenommen hat, mit einer Natriumnitratlösung gewaschen. Dadurch werden Spaltprodukte, die mit übergegangen sein sollten, wieder in die wäßrige Lösung zurückgeführt, indem sie in einen Zustand gebracht werden, in welchem sie im organischen Lösungsmittel unlöslich sind. Die unten abfallende wäßrige Lösung enthält jetzt nur noch — wenigstens im Prinzip — die Spaltprodukte. Gleichzeitig wird durch diese Waschflüssigkeit eine Rückführung des Urans und des Plutoniums verhindert. Diese Lösung der Spaltprodukte, die nun natürlich hoch radioaktiv ist, wird der weiteren Verarbeitung zur Beseitigung dieser Stoffe zugeführt, auf die wir im nächsten Abschnitt zurückkommen.

Die organische Lösung von Uran und Plutonium wird jetzt der nächsten Kolonne zugeführt. Hier strömt sie aufwärts im Gegenstrom zum Wasser, in welchem wiederum $NaNO_3$ zusammen mit einem reduzierenden Stoff gelöst ist. Durch die so eintretende Reduktion wird das $PuO_2(NO_3)_2$ in eine niedrigere Oxydationsstufe übergeführt, so daß es im organischen Lösungsmittel unlöslich wird, ausfällt und in die wäßrige Lösung übergeht, also zurückextrahiert wird[1]. Dieser Lösung fließt von unten wieder ein organisches Lösungsmittel entgegen, welches alles Uran, das etwa in die wäßrige Lösung mit übergegangen sein sollte, wieder zurückextrahiert. Die wäßrige Lösung, die nun Plutonium in dreiwertigem Zustand als Nitrat enthält, wird unten abgezogen und der weiteren Verarbeitung zugeführt.

In einer dritten Kolonne wird schließlich das Uran aus der organischen Lösung als sechswertiges Nitrat durch Auswaschen mit reinem Wasser extrahiert und ebenfalls der Weiterverarbeitung zugeführt, während das organische Lösungsmittel nach entsprechender Aufbereitung wieder verwendet werden kann.

Auf die Ausführung solcher Anlagen im einzelnen können wir hier nicht eingehen. Die Solventextraktion wird in anderen Bereichen der chemischen Industrie vielfach angewendet und bietet hier daher grundsätzlich dem Verfahrensingenieur nichts Neues. Es sei nur noch darauf hingewiesen, daß außer Füllkörperkolonnen neuerdings die auch an anderen Stellen bekanntgewordene *„Pulsierende Kolonne"* an Interesse gewinnt. Außerdem sind die sog. Extraktoren (Podbielnak, Luwesta) noch zu erwähnen [22].

Die Ingenieurprobleme beim Entwerfen und dem Bau solcher Anlagen erstrecken sich von der Werkstoffwahl bis zur Berücksichtigung besonderer kernphysikalischer Probleme. Hier soll abschließend nur eines herausgestellt werden: Unter allen Umständen muß vermieden werden, daß,

---

[1] Engl. Bezeichnung für Rückextraktion: stripping. Vgl. hierzu auch die betr. Stichworte in [78].

insbesondere bei hoch angereicherten Spaltstoffen, irgendwo in der Anlage eine Kettenreaktion von selbst anlaufen kann. Dazu sind folgende Gesichtspunkte zu beachten:

1. Die Konzentration der Spaltstofflösungen muß stets so niedrig gehalten werden, daß $k_{eff} < 1$ bleibt. Die Erfüllung dieser Forderung wird dadurch erleichtert, daß der Wasserstoff im Wasser einen ziemlich hohen Absorptionswirkungsquerschnitt hat und damit die Neutronenbilanz verschlechtert. Falls es aus verfahrenstechnischen Gründen nicht möglich sein sollte, die Konzentration so niedrig zu halten, gilt als weitere Regel:

2. Nirgendwo darf die kritische Menge erreicht oder überschritten werden.

3. Größere Wasserbehälter können als Reflektoren wirken, also die Neutronenbilanz verbessern und damit den Anlauf einer Kettenreaktion fördern, wenn sie in irgendeiner Weise die Lösung umgeben.

4. Behälter und Reaktionsgefäße können unter passenden Bedingungen als Reaktoren wirken, wenn ihre Abmessungen den kritischen Werten entsprechen. Für einen Zylinder entnehmen wir aus Tab. 12, daß

$$B^2 = \left(\frac{2,405}{R}\right)^2 + \left(\frac{\pi}{H}\right)^2$$

gilt, worin R der Radius des Gefäßes und H seine Höhe ist. Für eine bestimmte Lösung, d.h. also für eine bestimmte Spaltstoffkonzentration, hat B^2 (die Flußwölbung) einen bestimmten Wert. Daher muß die Höhe des Behälters zunehmen, wenn der Durchmesser abnimmt, um eine kritische Abmessung aufrechtzuerhalten. Wenn aber $R = 2,405/B$ wird, ist die erforderliche Höhe $H = \infty$, weil der zweite Summand auf der rechten Seite Null werden muß, um die Gleichung zu erfüllen. Daraus ergibt sich, daß man jeden Behälter so konstruieren kann, daß er unterhalb eines bestimmten Wertes des Durchmessers, gegeben durch die Flußwölbung, niemals kritisch werden kann, wie groß seine Höhe auch immer gewählt werden mag.

5. Aber selbst wenn man die Behälter nach Punkt 4 konstruiert, sie als solche also „absolut sicher" sind, besteht immer noch die Gefahr, daß sie mit ihrer Füllung kritisch werden können, wenn mehrere solche Behälter in unmittelbarer Nachbarschaft zueinander aufgestellt werden, so daß sie, zusammengenommen, doch wieder eine kritische Anordnung ergeben.

Es schien wichtig, auf diese Punkte besonders hinzuweisen, weil sie ja dem Apparatebauer zunächst völlig fremd sind. Praktisch heißt das also, daß bei der Konstruktion der Reaktionsgefäße und Behälter die Prinzipien der Reaktorberechnung angewendet werden müssen, wenn überhaupt damit zu rechnen ist, daß die Lösungen bezüglich ihrer Konzentration, ihrer Menge und der Behälterabmessungen in den kritischen Bereich kommen können.

Die Weiterverarbeitung der Plutonium- und Uranlösungen erfolgt in der gleichen Weise, wie wir sie bereits bei der Urangewinnung (vgl. S. 377) kennengelernt haben: Sie bilden das Ausgangsprodukt zur Erzeugung von Tetrafluorid bzw. Hexafluorid.

37. Beseitigung der radioaktiven Abfälle

Der *„Atommüll"*, also die radioaktiven Spaltprodukte aus dem ersten Trennungsgang der Aufbereitungsanlage liegen in wäßriger, meist sehr stark verdünnter Lösung vor. Man kann sie wenigstens zum Teil zur Herstellung von technisch oder wissenschaftlich verwertbaren Radioisotopen heranziehen. Mit zunehmender Energieerzeugung werden diese Mengen jedoch allmählich größer und größer werden, so daß sie den Bedarf an Radioisotopen weit übersteigen dürften, ganz abgesehen davon, daß viele von den Spaltprodukten und deren Nachfolgern im Ablauf des Zerfalls meist überhaupt unverwendbar bleiben, weil sie bezüglich ihrer Energie, ihrer Halbwertzeit oder ihres Spektrums und ihrer Strahlenart ungeeignet sind. Damit entsteht das Problem, diese Abfälle zu beseitigen und absolut, d. h. für beliebig lange Zeiten, unschädlich zu machen. Einstweilen kann man sich noch damit helfen, daß man hinreichend schwache Aktivitäten versickern oder ablaufen läßt. Die Mengen aber, mit denen wir in den kommenden Jahren und Jahrzehnten zu rechnen haben, sind so groß, daß dieser Weg nicht mehr gangbar ist, wenn nicht eine ernstliche Gefährdung für alle Lebewesen auf der Erde eintreten soll. Wir müssen uns dabei immer vor Augen halten, *daß wir heute tatsächlich ja gar nicht genau wissen, wie diese zunehmenden Strahlungsdosen sich auswirken werden.* Noch sind Schäden im allgemeinen, abgesehen von Sonderfällen, die durch den „fall-out" der Atombombenexperimente hervorgerufen wurden, nicht festzustellen. Wir müssen aber daran denken, daß es dann, wenn wir später solche Schäden feststellen sollten, *zu spät ist, da die erzeugte Radioaktivität dann nicht mehr beseitigt werden kann!*

Von amerikanischer Seite wird geschätzt, daß im Jahre 2000, also schon in vierzig Jahren, eine Leistung von $3 \cdot 10^6$ tMW in Form von Kernkraftwerken installiert sein wird. Da 1 tMW täglich 1 g Spaltstoff verbraucht und damit 1 g Spaltprodukte erzeugt, wird diese Leistung einen Anfall von *3 Tonnen Spaltprodukten je Tag* ergeben! In fünfzig Jahren würde der Betrieb dieser Anlagen allein aus dem Spaltprodukt Sr-90 mit einer Halbwertzeit $T = 20$ Jahre eine Anhäufung von $8{,}6 \cdot 10^{10}$ Curie erzeugen. Wenn man für Wasser eine höchste Aktivität an Sr-90 mit $8 \cdot 10^{-7}$ c/ml als biologisch vertretbare Aktivität zuläßt, wäre zur Verdünnung des Sr-90 in fünfzig Jahren bereits eine Wassermenge von 10^2 km^3 erforderlich.

416 Spaltstoffherstellung und -aufbereitung

Man sieht, daß es so nicht geht[1]. Nach heutiger Einsicht bleibt eigentlich nur die Möglichkeit, die Spaltprodukte zu konzentrieren, so daß man sie auf kleinstmöglichem Raum sicher unterbringen und unzugänglich machen kann, da es ja auf keine Weise möglich ist, die radioaktiven Stoffe so zu zerstören, daß sie nicht mehr strahlen. Man kann sie beispielsweise also auch nicht dadurch unschädlich machen, daß man sie verbrennt. Deswegen ist die Bezeichnung „Atommüll" irreführend und sollte vermieden werden.

Die nach dem heutigen Stand des Wissens zulässigen Konzentrationen von radioaktiven Stoffen in Wasser und in der Luft sind in Tab. 34 zusammengestellt. Es ist Sache der Ingenieure, ihre Vorkehrungen nun so zu treffen, daß diese Konzentrationen nirgendwo und zu keiner Zeit überschritten werden. Bisher stehen nur folgende Möglichkeiten zur Beseitigung radioaktiver Abfälle zur Verfügung:

Lagern in unterirdischen Behältern — Verdünnung in Wasser oder in Luft — Versenken im Meer in dichtschließenden Behältern — Vergraben.

Tabelle 34. *Höchstwerte der Konzentration von Radioisotopen, die noch als unbedenklich gelten* [73]

Radioisotop	Konzentration 10^{-6} c/cm³	
	Wasser	Luft
Natürliches Uran (löslich)	$7 \cdot 10^{-5}$	$1{,}7 \cdot 10^{-11}$
226 Ra	$4 \cdot 10^{-8}$	$8 \cdot 10^{-12}$
222 Rn	$2 \cdot 10^{-6}$	10^{-8}
239 Pu (löslich)	$1{,}5 \cdot 10^{-6}$	$2 \cdot 10^{-12}$
14 C	$3 \cdot 10^{-3}$	$1 \cdot 10^{-6}$
3 H	$0{,}2$	$2 \cdot 10^{-5}$
32 P	$2 \cdot 10^{-4}$	$1 \cdot 10^{-7}$
42 K	$1 \cdot 10^{-2}$	$2 \cdot 10^{-6}$
24 Na	$8 \cdot 10^{-3}$	$2 \cdot 10^{-6}$
131 I	$3 \cdot 10^{-5}$	$3 \cdot 10^{-9}$
90 Sr	$8 \cdot 10^{-7}$	$2 \cdot 10^{-6}$
41 Ar	$5 \cdot 10^{-4}$	$5 \cdot 10^{-7}$
60 Co	$2 \cdot 10^{-2}$	$1 \cdot 10^{-6}$
140 Ba	$2 \cdot 10^{-3}$	$6 \cdot 10^{-8}$
137 Cs	$1{,}5 \cdot 10^{-3}$	$2 \cdot 10^{-7}$

Um radioaktive Abfälle vergraben oder ins Meer versenken zu können, ist es im allgemeinen erforderlich, sie zu konzentrieren, um die zu handhabenden Volumina so klein wie möglich zu halten. Im Gegensatz dazu wird man sehr stark verdünnen müssen, wenn man die Abfälle in die Atmosphäre entlassen oder im Boden versickern lassen will.

Für die Kernenergietechnik steht die Beseitigung der Spaltprodukte im Vordergrund. Darüber darf aber nicht vergessen werden, daß auch

---
[1] Wie schwierig die Lösung dieses Problems ist, mag man daraus entnehmen, daß namhafte Wissenschaftler allen Ernstes vorgeschlagen haben, die Spaltprodukte in Raketen zu packen und auf den Mond zu schießen oder sie im Polareis einzufrieren.

eine Reihe anderer radioaktiver Stoffe ständig anfallen und im Laufe der Zeit in zunehmendem Maße anfallen werden. Das sind einmal die radioaktiven Abfälle aller derjenigen Betriebe und Laboratorien, die mit radioaktiven Isotopen arbeiten, und zum anderen alle diejenigen Teile aus Apparaturen und Maschinenanlagen, die durch Neutronenbestrahlung (insbesondere also Teile aus Reaktoren) radioaktiv geworden und damit verseucht worden sind. Es wird darauf ankommen, zu klären, ob es besser ist, diese Teile von vornherein in irgendeiner Weise zu beseitigen, d. h. zu vernichten und durch Vergraben oder ähnliche Methoden unschädlich zu machen, oder ob es gelingen und wirtschaftlich vertretbar sein wird, sie, wie z. B. Apparate- und Maschinenteile, zu „entseuchen" und wieder brauchbar zu machen.

Die Spaltprodukte, mit denen wir es hier in der Hauptsache zu tun haben, treten, wie gesagt, als wäßrige Lösung aus dem Aufbereitungsprozeß in Erscheinung. Sie enthalten hohe Aktivitäten. Hier wird der gangbare Weg in erster Linie wohl der sein, sie zu konzentrieren und entweder in Behälter einzuschließen, die auf Jahrhunderte dicht bleiben, mögen sie nun vergraben oder ins Meer versenkt werden, oder aber sie an feste Stoffe so zu binden, daß sie vollkommen wasserunlöslich werden.

Die nächstliegende Konzentrierungsmethode ist das *Eindampfen* der Lösungen. Leider ist dieses Verfahren aber ziemlich teuer und wirtschaftlich wahrscheinlich in größerem Maßstab nur dort anwendbar, wo billiger Abdampf zur Verfügung steht. Auch die Technik des Eindampfens bedeutet für den Verfahrensingenieur nichts Neues [22]. Erschwert werden die Arbeitsmethoden und die konstruktiven Lösungen für die Anlagen nur dadurch, daß auch hier alles sorgfältig abgeschirmt werden muß und daß Undichtigkeiten unter allen Umständen vermieden werden müssen. Im übrigen steht dem aber nichts im Wege, z. B. mehrstufige Eindampfanlagen mit Brüdenverdichtung, wie sie auch sonst verwendet werden, zu benutzen. Man wird gerade hier den Dampfstrahlpumpen als Brüdenverdichter den Vorzug geben, weil sie keine bewegten Teile haben und daher wenig anfällig gegen Störungen durch Korrosion sind und auch leicht gereinigt werden können [22].

Eine andere Möglichkeit ist die Bindung durch *Ionenaustausch*. Dieses Verfahren bleibt aber auf sehr geringe Konzentrationen beschränkt. Aussichtsreich erscheinen *Adsorptionsverfahren* zu sein. Man kann die radioaktiven Stoffe an Adsorber, z. B. Aktivkohle, Silicagel, Lehm und Ton, so binden, daß sie nahezu wasserunlöslich werden. Ein solches Verfahren besteht z. B. darin, die radioaktiven Stoffe an Ton unter Zusatz von Phosphaten aus der Lösung zu binden und die Masse dann zu ziegelsteinartigen Körpern zu brennen. Die Bindung ist dann so, daß die adsorbierten Stoffe praktisch wasserunlöslich geworden und daher also fest an die Körper gebunden sind. Es ist an sich möglich, diese Körper ohne besondere Schutzmaßnahmen zu vergraben. Allerdings darf man dabei nicht vergessen, daß sie nun die Aktivität der von ihnen adsorbierten Strahlern emittieren. Man muß sie also in einer solchen Weise vergraben, daß das Gelände nicht strahlenverseucht und damit unzugänglich wird, oder aber es muß als großer ,,Friedhof" dem öffentlichen Verkehr entzogen werden. Wenn man diese Körper im Meer versenken will, wird man wohl doch nicht darauf verzichten können, sie zu umhüllen, um ganz sicherzugehen, daß nicht doch im Laufe von Jahren oder Jahrzehnten radioaktive Substanz in Lösung geht und das Meerwasser allmählich in zunehmendem Maße verseucht.

Der ganze Komplex der Abfallbeseitigung steckt immer noch in den ersten Anfängen, obwohl an vielen Stellen intensiv daran gearbeitet wird. Auch hier öffnet sich den entwickelnden und konstruierenden Verfahrensingenieuren noch ein außerordentlich weites und auf jeden Fall äußerst wichtiges, wenn nicht überhaupt das wichtigste Arbeitsgebiet.

Anhang 1
Maßeinheiten und deren Umrechnung; Stoffwerte; Formeln und Formelzeichen

Tabelle 1. *Umrechnung amerikanischer in metrische Einheiten*

	Die amerikanische Einheit		multipliziert mit dem Faktor	ergibt die metrische Einheit
Länge	mil = $^1/_{1000}$ inch		0,0254	mm
	inch	in. (1″)	25,40	mm
	foot (1′ = 12″)	ft. (1′)	0,3048	m
	yard (= 3′)	yd.	0,9144	m
Fläche	square inch	sq. in., in²	6,4516	cm²
	square foot	sq. ft., ft²	0,0929	m²
	square yard	sq. yd., yd²	0,8361	m²
	acre (= 4840 yd²)		40,47	a
Volumen	cubic inch	cu. in., in³	16,387	cm³
	cubic foot	cu. ft., ft³	0,0283	m³
			28,31	dm³ (Liter)
	cubic yard	cu. yd., yd³	0,7646	m³
	Imperial gallon	Imp. gal.	4,546	dm³ (Liter)
	gallon (USA)	gal.	3,785	dm³ (Liter)
Gewicht	troy grain		0,0648	g
	ounce	oz.	28,3495	g
	pound (= 16 ozs.)	lb.	0,4536	kg
	short ton (= 2000 lbs.)		907,19	kg
	long ton (= 2240 lbs.)		1,016	t
Druck	inch of mercury	in. Hg	345,3	mm W.S.
			25,4	mm Hg (Torr)
			0,0345	kg/cm² (at)
	ounce/square inch	oz/in²	43,94	mm W.S.
	pound/square inch	lb/in², psi[1]	0,0703	kg/cm² (at)[1]
	pound/square foot	lb/ft²	4,882	kg/m²
Spezifisches Gewicht	ounce/cubic inch	oz/in³	1,730	g/cm³
	ounce/cubic foot	oz/ft³	1,001	kg/m³
	pound/cubic foot	lb/ft³	16,02	kg/m³
	pound/gallon (USA)	lb/gal	0,1198	kg/dm³
Geschwindigkeit	foot/min	fpm	0,508	cm/sek
	inch/sec	ips	2,540	cm/sek
Energie	footpound		0,1383	kgm
	Horse Power hour	HPh	0,7453	kWh
	British Thermal Unit[2]	BTU	0,252	kcal
Konzentration s. spez. Gewicht, außerdem:	part per million	ppm	10^{-4}	Gew.-%
Zähigkeit kinematisch	square foot per second	ft²/sec	0,093	m²/sek
			334,5	m²/h
	square foot per hour	ft²/h	$25,8 \cdot 10^{-6}$	m²/sek
			0,093	m²/h
dynamisch	pound(mass) per	lb-mass / ft sec	14,88	Poise
	foot-second		1,488	$\frac{kg}{m\ sek}$
	(British viscosity unit)	(Bvu)	5357	$\frac{kg}{m\ h}$
	pound (force)-second per squarefoot	lb-force sec / ft²	478,8	Poise
			47,88	$\frac{kg}{m\ sek}$
			$172,4 \cdot 10^3$	$\frac{kg}{m\ h}$

[1] Die Bezeichnung psia entspricht unserer Bezeichnung ata und psig unserem atü.
[2] Vgl. Tabelle 2.

Tabelle 2. *Umrechnung wärmetechnischer Größen aus amerikanischen in metrische Einheiten*

Englische Benennung	Deutsche Benennung	Amerikanische Einheit	multipliziert mit dem Faktor	ergibt die metrische Einheit	bzw. mit dem Faktor	die metr. Einheit
British Thermal Unit	Kilokalorie (15 °C)	BTU[1]	0,252	kcal	2,93	kWh
Centigrade heat unit Pound centigrade unit	Kilokalorie (15 °C)	Chu Pcu	0,454	kcal	5,28	kWh
Heat flow rate	Wärmestrom	BTU/h	0,252	kcal/h	2,93	kW
Heat flux	Wärmestromdichte (Heizflächenbelastung)	$\dfrac{\text{BTU}}{\text{ft}^2\,\text{h}}$	2,713	kcal/m² h	$31{,}54 \cdot 10^{-8}$	kW/cm²
Conductivity k	Wärmeleitzahl λ	$\dfrac{\text{BTU}}{\text{ft h °F}}$	1,488	kcal/m h grd	$1{,}73 \cdot 10^{-2}$	$\dfrac{\text{Watt}}{\text{cm grd}}$
Heat transfer coefficient h	Wärmeübergangszahl α	$\dfrac{\text{BTU}}{\text{ft}^2\,\text{h °F}}$	4,886	kcal/m² h grd	$5{,}68 \cdot 10^{-4}$	$\dfrac{\text{Watt}}{\text{cm}^2\,\text{grd}}$
Specific heat c	Spezifische Wärme c	BTU/lb °F	1,000	kcal/kg grd		
	Feuerraumbelastung	BTU/ft³ h	8,899	kcal/m³ h		
Heat capacity	Wärmekapazität	BTU/lb	0,556	kcal/kg		

[1] Es ist an sich zwischen den verschieden definierten Einheiten zu unterscheiden:

$\quad$ 1 BTU$_{30°}$ $\;= 1054{,}53$ Joule (abs): 1 lb von 60 °F auf 61 °F
$\quad$ 1 BTU$_{39°}$ $\;= 1059{,}37$ Joule (abs): 1 lb von 39,1 °F auf 40,1 °F
$\quad$ 1 BTU$_{\text{mean}} = 1055{,}79$ Joule (abs): 1 lb von 32 °F auf 212 °F, geteilt durch 180
$\quad$ 1 BTU$_{IT}$ $\;\;\;= 1055{,}07$ Joule (abs)

Ferner: 1 kcal (15 °C) $= 4185{,}4$ Joule (abs)
$\qquad\;\;$ 1 kcal$_{IT}$ $\quad\;\;= 4186{,}84$ Joule (abs) (sog. Internationale Tafelkalorie)

Schließlich: 1 Joule (abs) $= 10^7$ erg $= 1$ Wattsekunde
$\qquad\qquad\;$ 1 Joule (int) $= 1{,}00019$ Joule (abs)
$\qquad\;\,$ 860 kcal$_{IT}$ $\;\;\;= 3{,}6 \cdot 10^6$ Joule (int) $= 1$ kWh (int)

Für technische Berechnungen sind diese Unterscheidungen jedoch unerheblich, so daß man einfach mit 1 BTU = 0,252 kcal und 860 kcal = 1 kWh rechnen kann.

Maßeinheiten und deren Umrechnung 421

Tabelle 3. *Umrechnung von Temperaturen*

Temperatur in Grad Celsius t_C aus Grad Fahrenheit t_F: $t_C = \frac{5}{9}(t_F - 32)$ oder $t_C = \frac{5}{9}(t_F + 40) - 40$

und umgekehrt: $t_F = 1{,}8\,t_C + 32$ oder $t_F = 1{,}8\,(t_C + 40) - 40$.

Temperatur in Grad Kelvin (°K) t_K aus Grad Rankine (°R) t_R: $t_K = \frac{5}{9}\,t_R$.

Temperaturdifferenz in grd Δt_C aus Temperaturdifferenz in °F Δt_F: Δt_C (grd) $= \frac{5}{9}\,\Delta t_F$ [°F].

Tabelle 4. *Umrechnung von Energieeinheiten*
(Es ist 1 Joule $= 10^7$ erg $= 1$ Wattsekunde)

	kcal	BTU	kWh	Joule (Wattsek)	erg	eV	MeV	TME
1 kcal =	1	3,967	$1{,}163 \cdot 10^{-3}$	4185	$4{,}19 \cdot 10^{10}$	$2{,}6 \cdot 10^{22}$	$2{,}6 \cdot 10^{16}$	$2{,}8 \cdot 10^{16}$
1 BTU =	0,252	1	$2{,}93 \cdot 10^{-4}$	1055	$1{,}06 \cdot 10^{10}$	$6{,}55 \cdot 10^{21}$	$6{,}55 \cdot 10^{15}$	$7{,}06 \cdot 10^{15}$
1 kWh =	860	3412	1	$3{,}6 \cdot 10^6$	$3{,}6 \cdot 10^{13}$	$2{,}25 \cdot 10^{25}$	$2{,}25 \cdot 10^{19}$	$2{,}41 \cdot 10^{19}$
1 Joule =	$2{,}39 \cdot 10^{-4}$	$0{,}95 \cdot 10^{-3}$	$2{,}78 \cdot 10^{-7}$	1	10^7	$0{,}624 \cdot 10^{19}$	$0{,}624 \cdot 10^{13}$	$0{,}67 \cdot 10^{13}$
1 erg =	$2{,}39 \cdot 10^{-11}$	$0{,}6 \cdot 10^{-11}$	$2{,}78 \cdot 10^{-14}$	10^{-7}	1	$0{,}624 \cdot 10^{12}$	$0{,}624 \cdot 10^6$	$0{,}67 \cdot 10^6$
1 eV =	$3{,}83 \cdot 10^{-23}$	$0{,}96 \cdot 10^{-23}$	$4{,}45 \cdot 10^{-26}$	$1{,}6 \cdot 10^{-19}$	$1{,}6 \cdot 10^{-12}$	1	10^{-6}	$1{,}07 \cdot 10^{-6}$
1 MeV =	$3{,}83 \cdot 10^{-17}$	$0{,}96 \cdot 10^{-17}$	$4{,}45 \cdot 10^{-20}$	$1{,}6 \cdot 10^{-13}$	$1{,}6 \cdot 10^{-6}$	10^6	1	1,07
1 TME =	$3{,}56 \cdot 10^{-17}$	$0{,}9 \cdot 10^{-17}$	$4{,}14 \cdot 10^{-20}$	$1{,}49 \cdot 10^{-13}$	$1{,}49 \cdot 10^{-6}$	$0{,}931 \cdot 10^6$	0,931	1

Tabelle 5. *Physikalische Konstanten* [39]

a) Allgemeine Konstanten:

Molvolumen idealer Gase (0 °C, 760 Torr)	$V_m = 22{,}42$ dm³/mol
Allgemeine Gaskonstante	$R = 8{,}314 \cdot 10^7$ erg/mol grd
Loschmidtsche Zahl	$N_L = 6{,}023 \cdot 10^{23}$ mol⁻¹
Avogadro-Konstante (0 °C, 760 Torr)	$N_A = 2{,}687 \cdot 10^{19}$ cm⁻³
Vakuumlichtgeschwindigkeit	$c_0 = 2{,}99790 \cdot 10^{10}$ cm/sek

b) Atomare Konstanten:

Boltzmannsche Konstante	$k = 1{,}38 \cdot 10^{-16}$ erg/grd $= 9{,}1 \cdot 10^{-5}$ eV/grd
Plancksches Wirkungsquantum	$h = 6{,}625 \cdot 10^{-27}$ erg · sek $= 6{,}625 \cdot 10^{-34}$ Watt · sek²
Elektrische Elementarladung	$e = 1{,}602 \cdot 10^{-19}$ Coul. $= 1{,}602 \cdot 10^{-19}$ Amp · sek
Protonenmasse/Elektronenmasse	$m_p/m_0 = 1836{,}3$
Kleinster Bahnradius des Wasserstoffatoms	$a_H = 5{,}292 \cdot 10^{-9}$ cm

Teilchen	Massenwert [ME]	Masse (Ruhmasse) [g]	Ruheenergie = Massenäquivalent [MeV]
Elektron	$5{,}487 \cdot 10^{-4}$	$0{,}9107 \cdot 10^{-27}$	$0{,}5109$
Neutron	$1{,}008981$	$1{,}675 \cdot 10^{-24}$	$0{,}939 \cdot 10^3$
Proton	$1{,}007592$	$1{,}672 \cdot 10^{-24}$	$0{,}938 \cdot 10^3$
Heliumkern $^4_2$He	$4{,}00276$	$6{,}643 \cdot 10^{-24}$	$3{,}82 \cdot 10^3$
(gedachtes) Teilchen vom Massenwert 1	$1{,}0000$	$1{,}6597 \cdot 10^{-24}$	$0{,}9311 \cdot 10^3$

Tabelle 6. *Alphabetisches Verzeichnis der Elemente*

Name	Z	Symbol	Name	Z	Symbol
Actinium	89	Ac	Neodym	60	Nd
Aluminium	13	Al	Neon	10	Ne
Americium	95	Am	Neptunium	93	Np
Antimon	51	Sb	Nickel	28	Ni
Argon	18	Ar	Niobium	41	Nb
Arsen	33	As	Osmium	76	Os
Astatin	85	At	Palladium	46	Pd
Barium	56	Ba	Phosphor	15	P
Berkelium	97	Bk	Platin	78	Pt
Beryllium	4	Be	Plutonium	94	Pu
Blei	82	Pb	Polonium	84	Po
Bor	5	B	Praseodym	59	Pr
Brom	35	Br	Promethium	61	Pm
Cadmium	48	Cd	Protactinium	91	Pa
Caesium	55	Cs	Quecksilber	80	Hg
Calcium	20	Ca	Radium	88	Ra
Californium	98	Cf	Radon	86	Rn
Cer	58	Ce	Rhenium	75	Re
Chlor	17	Cl	Rhodium	45	Rh
Chrom	24	Cr	Rubidium	37	Rb
Curium	96	Cm	Ruthenium	44	Ru
Dysprosium	66	Dy	Samarium	62	Sm
Eisen	26	Fe	Sauerstoff	8	O
Erbium	68	Er	Scandium	21	Sc
Europium	63	Eu	Schwefel	16	S
Fluor	9	F	Selen	34	Se
Francium	87	Fr	Silber	47	Ag
Gadolinium	64	Gd	Silicium	14	Si
Gallium	31	Ga	Stickstoff	7	N
Germanium	32	Ge	Strontium	38	Sr
Gold	79	Au	Tantal	73	Ta
Hafnium	72	Hf	Technetium	43	Tc
Helium	2	He	Tellur	52	Te
Holmium	67	Ho	Terbium	65	Tb
Indium	49	In	Thallium	81	Tl
Iridium	77	Ir	Thorium	90	Th
Jod	53	J	Thulium	69	Tm
Kalium	19	K	Titan	22	Ti
Kobalt	27	Co	Uran	92	U
Kohlenstoff	6	C	Vanadium	23	V
Krypton	36	Kr	Wasserstoff	1	H
Kupfer	29	Cu	Wismut	83	Bi
Lanthan	57	La	Wolfram	74	W
Lithium	3	Li	Xenon	54	X
Lutetium	71	Lu	Ytterbium	70	Yb
Magnesium	12	Mg	Yttrium	39	Y
Mangan	25	Mn	Zink	30	Zn
Molybdän	42	Mo	Zinn	50	Sn
Natrium	11	Na	Zirkonium	40	Zr

Tabelle 7. *Radioaktive Spaltprodukte* [34]
Hauptträger der Radioaktivität sind, geordnet nach ihrem Anteil an der Gesamtstrahlung, mit zunehmender Zeit nach der Spaltung:

nach 1 Stunde	nach 1 Tag	nach 1 Woche	nach 1 Monat	nach 6 Monaten
Seltene Erden[1]	Seltene Erden	Seltene Erden	Seltene Erden	Seltene Erden
Tellur (52)	Jod (53)	Jod (53)	Barium (56)	Columbium (41)
Barium (56)	Zirkon (40)	Tellur (52)	Zirkon (40)	Zirkon (40)
Jod (53)	Columbium (41)[2]	Barium (56)	Strontium (38)	Strontium (38)
Rubidium (37)	Xenon (54)	Molybdän (42)	Ruthenium (44)	Ruthenium (44)
Krypton (36)	Strontium (38)	Xenon (54)	Rhodium (45)	Rhodium (45)
Strontium (38)	Molybdän (42)	Zirkon (40)	Columbium (41)	Barium (56)
Xenon (54)	Tellur (52)	Strontium (38)	Jod (53)	
Molybdän (42)	Rhodium (45)	Ruthenium (44)	Xenon (54)	

[1] Zu den seltenen Erden („Lanthaniden") rechnen folgende Elemente: Cer (58) — Praseodym (59) — Neodym (60) — Promethium (61) — Samarium (62) — Europium (63) — Gadolinium (64) — Terbium (65) — Dysprosium (66) — Holmium (67) — Erbium (68) — Thulium (69) — Ytterbium (70) — Lutetium (71). (Ordnungszahlen Z in ( ); vgl. periodisches System, S. 38).
[2] Alte Bezeichnung: Niobium.

Tabelle 8. *Zulässige Aktivität verschiedener Radioisotope* [43]
Der Berechnung ist zugrunde gelegt, daß die Dosisleistung 0,015 rem/Tag nicht überschreiten soll [73][1].

Radioisotop		Maximal zulässige Aktivität C		
		im menschl. Körper [μc]	in der Luft [μc/cm^3]	im Trinkwasser [μc/cm^3]
Tritium	$^{3}_{1}$H	10^4	$5 \cdot 10^{-5}$	0,4
Kohlenstoff	$^{14}_{6}$C	30	$1 \cdot 10^{-6}$	—
Natrium	$^{24}_{11}$Na	15	$1 \cdot 10^{-6}$	$0,8 \cdot 10^{-2}$
Phosphor	$^{32}_{15}$P	10	$2 \cdot 10^{-8}$	$2 \cdot 10^{-4}$
Schwefel	$^{35}_{16}$S	200	$1 \cdot 10^{-6}$	$1 \cdot 10^{-2}$
Kobalt	$^{60}_{27}$Co	1	$2 \cdot 10^{-9}$	$1 \cdot 10^{-5}$
Strontium	$^{89}_{38}$Sr	2	$2 \cdot 10^{-10}$	$5 \cdot 10^{-6}$
Jod	$^{131}_{53}$J	0,3	$3 \cdot 10^{-9}$	$3 \cdot 10^{-5}$
Polonium	$^{210}_{84}$Po	0,005	$3 \cdot 10^{-13}$	$3 \cdot 10^{-5}$
Radon	$^{222}_{86}$Rn	—	$5 \cdot 10^{-8}$	—
Radium	$^{226}_{88}$Ra	0,1	$8 \cdot 10^{-12}$	$4 \cdot 10^{-8}$
Plutonium	$^{239}_{94}$Pu	0,04	$2 \cdot 10^{-12}$	$1,5 \cdot 10^{-6}$

[1] Die Dosis 1 rem ist die Energie einer beliebigen Strahlung, die denselben biologischen Effekt verursacht wie 1 r von γ-Strahlung [73], vgl. S. 241.

Tabelle 9. *Klinische Symptome bei Strahlungserkrankung* [43][1]

Zeit nach Bestrahlung	Letale Dosis 600 r	Dosis für 50% Letalität 400 r	Mäßige Dosis 300 bis 100 r	Hilfe
1. Woche	Übelkeit und Erbrechen (nach 1 bis 2 Stunden) Depressionen, Müdigkeit Diarrhöe, Rachenentzündung	Übelkeit und Erbrechen (nach 1 bis 2 Stunden) Schlaffheit, Appetitlosigkeit	keine deutlichen Symptome	
2. Woche	Fieber schneller Kräfteverfall (Coma, Delirien) Tod	beginnender Haarausfall		Streptomycin u. ä.
3. Woche		Schlaffheit, Appetitlosigkeit Fieber starke Entzündung von Mund und Rachen	mäßiger Haarausfall Schwäche, Appetitlosigkeit	Bluttransfusion (100 cm³/Tag)
4. Woche		Diarrhöe, Petechien, Nasenbluten	Halsschmerzen Schlaffheit Blutbläschen unter der Haut mäßiger Kräfteverfall	intravenöse Ernährung (Zucker, B₂-Vitamine u. a.)
5. Woche		schneller Kräfteverfall Tod (50%)	Gesundung bei guter Konstitution bei überlagerter Infektion: Tod	völlige Ruhe

[1] Die Angaben gelten für den Fall, daß die Dosis (γ- oder gleichwertige n-Strahlung) in kurzer Zeit (Minuten bis Stunden) aufgenommen worden ist.

Tabelle 10. *Isotope der Elemente* [2, 3, 33, 34]

Ordnungszahl Z	Name	Symbol	Massenzahl A	Anteil im natürlichen Gemisch[3] [%]	Dichte a) g/cm³ oder b) g/dm³	Wirkungsquerschnitte[1]		cos ψ	Energieverlust ξ [—]	chem. Atomgewicht bzw. Massenwert[2] [ME]
						σ_s [b]	σ_a [b]			
1	Wasserstoff	H	1	~100	b) 0,08988	20...80	0,33	0,667	1,0	*1,0080* 1,008144
	(Deuterium)	(D)	2	0,015	0,17	5,4	0,46·10⁻³	0,333	0,7261	2,014738
2	Helium	He	3	1,3·10⁻⁴	b) 0,177	0,8	~0	0,168	0,4281	*4,003* 3,016981
			4	~100			5200 (n,α)[6] 0			4,003874
3	Lithium	Li	6	7,5	a) 0,534	1,4	70	0,097	0,2634	*6,940* 6,01703
			7	92,5			910 (n,α)			7,01822
4	Beryllium	Be	9	100	a) 1,85	7	1·10⁻²	0,074	0,2078	*9,013* 9,01504
5	Bor	B	10	18,8	a) 2,34	4	750	0,062	0,1756	*10,82* 10,01611
			11	81,2			3990 (n,α)			11,01280
6	Kohlenstoff	C	12	98,9	a) 1,65	4,8	4,5·10⁻³	0,056	0,1589	*12,010* 12,00383
			13	1,1						13,00749
7	Stickstoff	N	14	99,635	b) 1,2506	10	{1,78 1,7 (n,p) 0,1 (n,γ)}	0,048	0,1373	*14,008* 14,00753
			15	0,365						15,00488
8	Sauerstoff	O	16	99,76	b) 1,429	4,2	0,2·10⁻³	0,0142	0,1209	*16,0000* 16,00000
			17	0,037						17,00453
			18	0,20						18,00487
9	Fluor	F	19	100	b) 1,69	4,1	1·10⁻²	0,035	0,1025	*19,00* 19,00444

Maßeinheiten und deren Umrechnung

10	Neon	Ne	20 21 22	90,9 0,26 8,8	b) 0,8990	2,4	2,8	0,033	0,0967	20,183 19,99877 21,00049 21,99835
11	Natrium	Na	23	100	a) 0,971	4,0	0,49	0,029	0,0852	22,997 22,99705
12	Magnesium	Mg	24 25 26	78,6 10,1 11,3	a) 1,74	3,6	$59 \cdot 10^{-3}$ $33 \cdot 10^{-3}$ $270 \cdot 10^{-3}$ $60 \cdot 10^{-3}$	0,028	0,0807	24,32 23,99264 24,99374 25,99081
13	Aluminium	Al	27	100	a) 2,699	1,4	0,215	0,025	0,073	26,98 26,99010
14	Silizium	Si	28 29 30	92,18 4,71 3,12	a) 2,42	1,7	0,13 $80 \cdot 10^{-3}$ 0,27 0,41	0,024	0,0702	28,09 27,98580 28,98570 29,98327
15	Phosphor	P	31	100	a) 1,82 (gelb)	10	0,19	0,022	0,0637	30,975 30,98359
16	Schwefel	S	32 33 34 36	95,1 0,74 4,2 0,016	a) 2,07 (rhomb.)	1,1	0,49	0,021	0,0616	32,06
17	Chlor	Cl	35 37	75,4 24,6	b) 3,214	—	31,6	0,019	0,0558	35,457 34,98006 36,97767
18	Argon	Ar	36 38 40	0,32 0,08 99,6	b) 1,784	1,5	0,62	0,017	0,0497	39,944 35,97900 37,97491 39,97515

Tabelle 10 (*Fortsetzung*)

Ordnungszahl Z	Name	Symbol	Massenzahl A	Anteil im natürlichen Gemisch[3] [%]	Dichte a) g/cm³ oder b) g/dm³	Wirkungsquerschnitte[1]		$\cos \Psi$	Energieverlust ξ [—]	chem. Atomgewicht bzw. Massenwert[2] [ME]
						σ_s [b]	σ_a [b]			
19	Kalium	K	39 [40][4] 41	93,1 0,012 6,9	a) 0,87	1,5	1,97 1,87 70 1,19	0,017[5] Strahlung β^-	0,0507[5] Halbwertzeit	39,100 38,97604 39,97674 40,97490
20	Calcium	Ca	40 42 43 44 46 48	96,9 0,64 0,13 2,1 0,003 0,18	a) 1,55	9	0,43 0,22 40			40,08 39,97545 41,97216 42,97251 43,96924
21	Scandium	Sc	45	100	a) 3,02 a) 3,02		23 23			47,96778 44,96 44,97010
22	Titan	Ti	46 47 48 49 50	8,0 7,8 73,4 5,5 5,3	a) 4,5	6	5,6 0,6 1,6 8,0 1,8 ~0,2			47,90 45,96697 46,96668 47,96317 48,96358 49,96077
23	Vanadium	V	50 51	0,2 99,8	a) 5,96	5	4,7			50,95 49,9635 50,96052
24	Chrom	Cr	50 52 53 54	4,4 83,7 9,5 2,4	a) 7,1	3,0	2,9 16,3 0,73 17,5 ~0,3			52,01 49,96210 51,95707 52,95772 53,9563
25	Mangan	Mn	55	100	a) 7,2	2,3	12,6			54,93 54,95581

26	Eisen	Fe	54	5,9	a) 7,85		2,43	55,85
			56	91,6			2,2	53,95704
			57	2,2			2,6	55,95272
			58	0,33			2,4	56,95359
							2,5	57,9520
27	Kobalt	Co	59	100		11	34,8	58,94
								58,9513
28	Nickel	Ni	58	67,9	a) 8,9	5	4,5	58,69
			60	26,2	a) 8,9	17,5	4,2	57,95345
			61	1,2			2,7	59,9490
			62	3,7			1,8	60,9491
			64	1,0			15	61,9468
							2,6	63,94755
29	Kupfer	Cu	63	69,0	a) 8,93	7,2	3,59	63,54
			65	31,0			4,3	62,94926
							2,11	64,94835
30	Zink	Zn	64	48,9	a) 7,14	3,6	1,06	65,38
			66	27,8				63,94955
			67	4,1				65,94722
			68	18,6				66,94815
			70	0,63				67,94686
								69,94779
31	Gallium	Ga	69	60,2	a) 5,91	4	2,71	69,72
			71	39,8			2,0	68,94778
							4,9	70,94752
32	Germanium	Ge	70	20,4	a) 5,36	3	2,35	72,60
			72	27,4			3,3	69,94637
			73	7,8			0,94	71,94462
			74	36,6			13,7	72,94669
			76	7,8			0,6	73,94466
							0,35	75,94559
33	Arsen	As	75	100	a) 5,73	6	4,1	74,91
								74,94570

Tabelle 10 (*Fortsetzung*)

Ordnungszahl Z	Name	Symbol	Massenzahl A	Anteil im natürlichen Gemisch[3] [%]	Dichte a) g/cm³ oder b) g/dm³	Wirkungsquerschnitte[1] σ_s [b]	σ_a [b]	Strahlung	Halbwertzeit	chem. Atomgewicht bzw. Massenwert[2] [ME]
34	Selen	Se	74	0,87	a) 4,8 (*grau*)	13	11,8			*78,96*
			76	9,0			48			73,94620
			77	7,6			82			75,94357
			78	23,5			40			76,94459
			80	49,8			0,4			77,94232
			82	9,2			0,59			79,94205
							2,0			81,94285
35	Brom	Br	79	50,5	*a)* 3,12	6	6,5			*79,92*
			81	49,5	b) 7,59		10,4			78,94365
							2,6			80,94232
36	Krypton	Kr	78	0,35	b) 3,71	7,2	28			*83,80*
			80	2,27			95			77,94513
			82	11,6			45			79,94194
			83	11,6			205			81,93967
			84	57,0			~2			82,94059
			86	17,4			~2			83,93836
										85,93825
37	Rubidium	Rb	85	72,2	*a)* 1,53	12	0,7			*85,48*
			[87][4]	27,8				β^-		84,93920
										86,93709
38	Strontium	Sr	84	0,55	*a)* 2,54	10	1,16			*87,63*
			86	9,8						83,94011
			87	7,0						85,93684
			88	82,7						86,93677
										87,93408
39	Yttrium	Y	89		*a)* 5,51	3	1,38			*88,92*
										88,93421

40	Zirkon	Zr	90 91 92 94 96	51,5 11,2 17,1 17,4 2,8	a) 6,4	8	0,18 0,1 1,52 0,25 0,08 0,1	*91,22* 89,93311
41	Columbium (Niob)	Cb (Nb)	93	100			1,1	*92,91* 92,93540
42	Molybdän	Mo	92 94 95 96 97 98 100	15,8 9,1 15,7 16,5 9,5 23,8 9,6	a) 8,4	5	2,4 ~0,3 13,4 1,2 2,1 0,4 0,2	*95,95* 93,934 94,946 95,944 96,945 97,9361 99,945
43	Technetium	Tc	[99]⁴		a) 10,2	7		
44	Ruthenium	Ru	96 98 99 100 101 102 104	5,7 2,22 12,8 12,7 17,0 31,3 18,3	a) 12,2	6	2,46	*101,7* 95,945 97,943 98,944 99,942 100,946 101,941
45	Rhodium	Rh	103	100	a) 12,5	6	150	*102,91* 102,941
46	Palladium	Pd	102 104 105 106 108 110	0,8 9,3 22,6 27,1 26,7 13,5	a) 12,16	3,6	8,0	*106,7* 101,9375 103,9366 104,9384 105,9368 107,9380 109,9396

Tabelle 10 *(Fortsetzung)*

Ordnungszahl Z	Name	Symbol	Massenzahl A	Anteil im natürlichen Gemisch[3] [%]	Dichte a) g/cm³ oder b) g/dm³	Wirkungsquerschnitte[1] σ_s [b]	Wirkungsquerschnitte[1] σ_a [b]	Strahlung	Halbwertszeit	chem. Atomgewicht bzw. Massenwert[2] [ME]
47	Silber	Ag	107	51,9	a) 10,5	6	60			*107,88*
			109	48,1			30			106,9387
							84			108,9394
48	Cadmium	Cd	106	1,22	a) 8,65	7	2400			*112,41*
			108	0,88						105,9398
			110	12,4						107,9386
			111	12,8						109,9386
			112	24,0						110,9398
			113	12,3			19500(!)			111,9388
			114	28,8						112,9406
			116	7,8						113,9400
										115,9420
49	Indium	In	113	4,2	a) 7,28	2,2	190			*114,76*
			115	95,8						112,9404
										114,9404
50	Zinn	Sn	112	0,95	a) 7,31	4	0,65			*118,70*
			114	0,65						111,9407
			115	0,34						113,9394
			116	14,4						114,9401
			117	7,6						115,9393
			118	24,0						116,9405
			119	8,6						117,9398
			120	33,0						118,9412
			122	4,7						119,9406
			124	6,0						121,9425
										123,9449
51	Antimon	Sb	121	57,2	a) 6,7	4,3	5,5			*121,76*
			123	42,8						120,9426
										122,9430

Z	Element	Symbol	A	Häufigkeit %					Masse
52	Tellur	Te	120	0,09	a) 6,24	5	4,5		127,61
			122	2,5			70		121,9422
			123	0,85			2,7		122,9439
			124	4,6			390		123,9428
			125	7,0			6,5		124,9450
			126	18,7			1,5		125,9444
			128	31,8			0,8		127,9465
			130	34,4			0,3		129,9495
							0,5		
53	Jod	J	127	100		3,6	6,7		126,91
									126,9453
54	Xenon	X (Xe)	124	0,096	a) 4,93	4,3	35		131,3
			126	0,090 (20)	b) 11,27				123,9458
			128	1,92	b) 5,85		~5		125,9448
			129	26,4			45		127,9445
			130	4,08			~5		128,9460
			131	21,2			120		129,9450
			132	26,9			~5		130,9467
			134	10,4			3,5·10⁶		131,9462
			[135]	—			~5	9,2 h β⁻	133,9480
	[aus Jod]		136	8,9					—
									135,9505
55	Cäsium	Cs	133	100	a) 1,87	20	29		132,91
									132,933
56	Barium	Ba	130	0,1	a) 3,5	8	1,17		137,36
			132	0,098			2		
			134	2,42			5,6		
			135	6,6			0,4		
			136	7,8			4,9		
			137	11,3			0,68		
			138	71,7					
57	Lanthan	La	138	0,09	a) 6,15	18	8,9		138,92
			139	99,9			8,4		135,949
									136,950
									137,950
									138,953

28 Mialki, Kernverfahrenstechnik

Tabelle 10 *(Fortsetzung)*

Ord-nungs-zahl Z	Name	Sym-bol	Massen-zahl A	Anteil im natürlichen Gemisch[3] [%]	Dichte a) g/cm³ oder b) g/dm³	Wirkungsquerschnitte[1] σ_s [b]	Wirkungsquerschnitte[1] σ_a [b]	Strahlung	Halbwert-zeit	chem. Atom-gewicht bzw. Massenwert[2] [ME]
58	Cer	Ce	136	0,19	a) 6,9	9	0,7			140,13
			138	0,26			25			139,949
			140	88,4			9			
			142	11,08			0,63			141,954
							1,8			
59	Praseodym	Pr	141	100	a) 6,5		11,2			140,92
										140,951
60	Neodym	Nd	142	27,1	a) 6,95	25	44			144,27
			143	12,2			18,5			143,956
			144	23,9			290			144,962
			145	8,3			4,8			145,962
			146	17,2			52			147,962
			148	5,7			9,8			149,969
			150	5,6			3,3			
							2,9			
61	Promethium	Pm	[149]							
62	Samarium	Sm	144	3,1	a) 7,7		6 500	α		150,43
			[147]	15,0			~0,25			
			148	11,2						
			149	13,8			50 000			
			150	7,4			150			
			152	26,7			5,5			
			154	22,5						
63	Europium	Eu	151	47,8			4 500			152,0
			153	52,2			9 000			
							420			

64	Gadolinium	Gd	152 154 155 156 157 158 160	0,2 2,15 14,8 20,4 15,7 24,6 21,8	44 000 70 000 160 000 4 1,5	153,971 154,971 155,972 156,973 157,973 159,974
						156,9
65	Terbium	Tb	159	100	44	*159,2*
66	Dysprosium	Dy	156 158 160 161 162 163 164	0,05 0,09 2,29 18,9 25,5 25,0 28,2	1 100	*162,46*
67	Holmium	Ho	165	100	2 600	*164,94*
68	Erbium	Er	162 164 166 167 168 170	0,154 1,606 33,36 22,82 27,02 15,04	64 166 *a)* 4,77	*167,2*
69	Thulium	Tm	169	100	~7 ·12·	*169,4*
70	Ytterbium	Yb	168 170 171 172 173 174 176	0,14 3,03 14,3 21,8 16,1 31,8 12,7	118 36 11 000 60 5,5	*173,04*

Maßeinheiten und deren Umrechnung

Tabelle 10 *(Fortsetzung)*

Ordnungszahl Z	Name	Symbol	Massenzahl A	Anteil im natürlichen Gemisch[3] [%]	Dichte a) g/cm³ oder b) g/dm³	Wirkungsquerschnitte[1]		Strahlung	Halbwertzeit	chem. Atomgewicht bzw. Massenwert[2] [ME]
						σ_s [b]	σ_a [b]			
71	Lutetium	Lu	175	97,4			108			*174,99*
			[176]	2,6			35	β^-		
72	Hafnium	Hf	174	0,18	a) 13,3		4000			*178,6*
			176	5,2			115			175,992
			177	18,4			1500			177,994
			178	27,1			15			180,003
			179	13,8			380			
			180	35,4			75			
							65			
							13			
73	Tantal	Ta	180	0,012						*180,88*
			181	~100		5	21,3			181,003
74	Wolfram	W	180	0,14	a) 19,3	5	19,2			*183,92*
			182	26,4			60			182,003
			183	14,4			19			183,006
			184	30,6			11			184,005
			186	28,4			2,0			
							34			
75	Rhenium	Re	185	37,1	a) 20,53	14	84			*186,31*
			[187]	62,9			100	β^-		186,981
							63			
76	Osmium	Os	184	0,018	a) 22,48	11	14,7			*190,2*
			186	1,58						189,04
			187	1,64						190,030
			188	13,3						192,038
			189	16,1						
			190	26,4						
			192	41,0						

Z	Element	Symbol	Isotope	Abundance %	Density			Decay	Atomic mass
77	Iridium	Ir	191 193	38,5 61,5	a) 22,4		440		*193,1* 191,040 193,040
78	Platin	Pt	190 192 194 195 196 198	0,012 0,78 32,8 33,7 25,4 7,2	a) 21,37	10	8,1		195,23 194,026 195,039 196,027 198,050
79	Gold	Au	197	100	a) 19,3	9,3	94		*197,2* 197,039
80	Quecksilber	Hg	196 198 199 200 201 202 204	0,15 10,1 17,0 23,1 13,2 29,8 6,8	a) 13,55	10	380 3 100 2 500 ~60 ~60		200,61 200,028 202,03767
81	Thallium	Tl	203 205	29,5 70,5	a) 11,85	14	3,3 11		204,39 203,04041 205,04442
	Actinium C″ *Thorium C″* *Radium C*		[207] [208] [210]				0,77	β^- β^- β^-	
82	Blei	Pb	204 206 207 208	1,5 22,6 22,6 53,2	a) 11,35	11			207,21 204,04081 206,04519 207,04725 208,04754
	Radium D *Actinium B* *Thorium B* *Radium B*		[210] [211] [212] [214]				0,17 0,8 26·10⁻³ 0,69 ~30·10⁻³	β^- β^- β^- β^-	

Tabelle 10 *(Fortsetzung)*

Ord-nungs-zahl Z	Name	Sym-bol	Massen-zahl A	Anteil im natürlichen Gemisch[3] [%]	Dichte a) g/cm³ oder b) g/dm³	Wirkungsquerschnitte[1] σ_s [b]	Wirkungsquerschnitte[1] σ_a [b]	Strahlung	Halbwert-zeit	chem. Atom-gewicht bzw. Massenwert[2] [ME]
83	Wismut	Bi	209	100	a) 9,75	9	$32 \cdot 10^{-3}$			209,0 209,0466
	Radium E		[210]					β^-		
	Actinium C		[211]					α, β^-		
	Thorium C		[212]					β^-		
	Radium C		[214]					β^-, α		
84	Polonium	Po	[210]					α		210,00 210,05488
	Actinium C'		[211]					α		
	Thorium C'		[212]					α		
	Radium C'		[214]					α		
	Actinium A		[215]					α, β^-		
	Thorium A		[216]					α, β^-		
	Radium A		[218]					α, β^-		
85	Astatin		210							211,05938
			[215]					β^-		
			[216]					β^-		
			[218]					β^-		
86	Radon	Rn	[219]					α		222,00
	(An)		[220]					α		
	(Tn)		[222]					α		222,09397
	(Rn)									
87	Francium		[223]					β^-	σ_f[7] [b]	223,09697
88	Radium	Ra	[223]		a) 5		15	α (11,2d)	<100	226,05
	Actinium X		[224]					α		
	Thorium X		[226]				36	α (1580a)	$0,1 \cdot 10^{-3}$	226,10309
	Radium		[228]					β^- (6,7a)	<2	
	Mesothorium 1									

Maßeinheiten und deren Umrechnung 439

Z	Name	Symbol	[A]	%	Dichte	Zerfall	σₐ	σ_f	Atomgewicht
89	Actinium	Ac	[227]				500		227,05 / 227,10666
90	Thorium	Th							232,12
	Radio-Actinium		[227]			β^-, α (18,6a)		<2	
	Radio-Thorium		[228]			α (1,9a)		1500	
	Ionium		[230]			α (8·10⁴a)		<0,3	
	Uran Y		[231]			β^-		<10⁻³	
	Thorium		[232]	100	a) 11,3	α (1,4·10¹⁰a)	7,0	<0,2·10⁻³	232,1093
	Uran X 1		[234]			β^- (24d)	1,8		
91	Protactinium	Pa	[231]	100		α (3,4·10⁴a)	260	10	231,0 / 231,11607
92	Uran	U							238,07
	Uran Z		[234]			β^- (6,7h)	7,42		
	Uran II		[234]	0,006	a) 18,68	α (2,5·10⁵a)	89	3,92	234,1130
			[235]	0,720		α (8,8·10⁸a)	650	<0,65	235,12517
			[238]	99,274		α (4,5·10⁹a)	2,8	549	238,13232
					8,?			0	
93	Neptunium	Np	[234]						
			[236]				150	19·10⁻³	
			[237]					1600	
			[238]						
			[239]					3	239
94	Plutonium	Pu	[239]				1025	664	
			[241]				400	1080	
			[242]				40		
95	Americium		[242]						
			[243]						
96	Curium		[240]						
			[242]						
97	Berkelium	Bk	[243]						
98	Californium	Cf	[244]						

¹ Streu-(σ_s) und Absorptions-(σₐ)Querschnitt für thermische Neutronen. Die jeweils in der Zeile mit der Ordnungszahl Z und dem chemischen Symbol ohne Angabe der Massenzahl A eingetragenen, kursiv gedruckten Werte sind diejenigen für das natürliche Isotopengemisch. Die Querschnitte der einzelnen Isotope können erheblich davon abweichen. — ² Die kursiv gedruckten Zahlen sind die auf das Sauerstoffisotopengemisch O = 16,000 bezogenen chemischen Atomgewichte, die bei den Isotopen angeschriebenen Werte die auf das Sauerstoffisotop ¹⁶O = 16,0000 bezogenen physikalischen Massenwerte. — ³ Infolge Abrundung ist die Prozentsumme der Isotopanteile nicht bei allen Elementen genau 100%. — ⁴ In Parenthese gesetzte Massenzahl bedeutet, daß das Isotop instabil ist. — ⁵ Mit A > 40 kann cos ψ nach Gl. (58) und ξ nach Gl. (40a) mit genügender Genauigkeit berechnet werden. — ⁶ Die Buchstaben in Klammern hinter dem Wert von σₐ geben die Absorptionsreaktion an. — ⁷ Mit σ_f wird der Spaltungsquerschnitt für thermische Neutronen bezeichnet.

Tabelle 11. *Von Amersham lieferbare β-Strahler für Dickenmessung* [74]; vgl. auch [34], Tabelle 14, S. 168; ferner ds. Buch, Tabelle 25, S. 317

Element	Massenzahl A	β-Energie MeV	γ-Energie MeV	Halbwert-zeit[1] T	Aktivität [mc]	Spezifische Aktivität[2] [mc/cm]	Länge der aktiven Zone [mm]	Länge der gesamten Quelle [mm]	Breite der aktiven Zone [mm]	Breite der gesamten Quelle [mm]	Preis £. s.
Cer[5]	144	0,304; 0,17	0,134	290d	10	2	50	90	3	20	10·10
					20	2	100	140	3	20	14
Promethium[5]	147	0,223	0,121	2,52a	10	2	100	140	12,5	25	21·10
					20	2	200	240	12,5	25	38·10
Ruthenium[5]	106	0,04	—	1a	10	2	50	90	3	20	12·10
					20	2	100	140	3	20	17·10
Strontium[4]	90	2,18	—	20a	5	0,3	175	215	3	20	10·10
					10	1	100	140	3	20	10·10
					10	4	25	65	12,5	25	10·10
					15	3	50	75	3	20	19
					20	2	114	128	3	20	21
					40	4	100	140	12,5	25	24
Thallium[3]	204	0,76	0,38	4a	1,5	0,5	30	50	10	20	Preis auf Anfrage
					5	0,3	170	200	17	30	
					10	0,6	170	200	17	30	
					15	0,9	170	200	17	30	
					20	0,8	250	300	17	30	
					30	1,2	250	300	17	30	

[1] Die Halbwertzeit ist wie üblich mit a = Jahr, d = Tag usw. bezeichnet.
[2] Die „spezifische" Aktivität ist hier nicht, wie üblich, auf das Gewicht, sondern auf die Länge der aktiven Zone in der Fassung der Strahlenquelle bezogen.
[3] Die Angaben streuen. HANLE [34] gibt 0,8 MeV und 2,7 Jahre an, SULLIVAN [58] dagegen 0,765 MeV und 3 Jahre.
[4] Nach Trilinear Chart of Nuclides [58]: 0,61 MeV β-Energie und 28 Jahre Halbwertzeit.
[5] Nach SULLIVAN [58].

Maßeinheiten und deren Umrechnung

Tabelle 12. *Stoffwerte einiger Reaktorbaustoffe* [3]

Werkstoff	Spez. Gewicht γ [kg/dm³]	Therm. Abs.-Querschnitt σa [b]	Thermischer Ausdehnungskoeffizient $10^6 \cdot \alpha$ m/(m·grd)	bei °C	Spezifische Wärme c kcal/(kg·grd)	bei °C	Wärmeleitzahl λ kcal/(m·h·grd)	bei °C	Elastizitätsmodul E kg/mm²	bei °C	Querzahl $\mu = \frac{1}{m}$	bei °C	Zugfestigkeit kg/mm²	bei °C	Schmelztemperatur °C
Aluminium (99,5%)	2,7	0,22	23,8	20 bis 100	0,22	0	190	0 bis 100	7 000	25	0,33	25	9,1	25	659
			26,0	20 bis 300	0,23	100			5 960	260			2,5	260	
					0,25	300			2 800	370			1,1	370	
Magnesium	1,74	0,069	26	20 bis 100	0,24	20	147	0 bis 100	4 000	20					650
Elektron (Magnewin)	1,80		25	20 bis 100			115	0 bis 100	4 400	20					635
Beryllium	1,85	0,009	17,3	200	0,47	25	119	100	28 000	~25	0,024	25	42,4	100	1280
			18,3	320	0,57	320	108	200					28,6	320	
			20,3	540	0,7	520	91	430					18,9	430	
Berylliumoxyd	2,2 bis 2,8	0,009	5,7	bis 100	0,22	0	43	200	27 400	bis 700	0,34	bis 600	10,5	bis 400	2530
			9,7	bis 600	0,31	100	27	430	7 000	1200					
					0,42	400									
Graphit (handelsübl. Blöcke, „reaktorrein")	1,49 bis 1,68	0,0045	7,3	0	0,172	25	113	320	850	500			2,2	0	3540 (sublim.)
			8,2	250	0,238	130	87	540					2,3	540	
			9,7	600	0,336	325									
V 2 A-Stahl, rostfrei 17...19% Cr 9...12% Ni	7,88	2,4	16,8	100	0,12	25	18	100	20 300	25	0,28	25	60	25	1400
			18,3	600									48	260	
													39	600	
Thorium	11,7		11,7	100	0,028	100	33	100	7 000	25	0,25	25	22	25	1827
			12,1	500					5 000	540			8,5	200	
Uran (gegossen)	18,5		22	bis 120	0,028	20	21,6	20	21 000		0,21	25	63,3	20	1133
			36	bis 600									22,5	300	
													7,0	500	
U-Al-Legierung (22 Gew.-% U)	~3,2		20,3	bis 100			144	200	8 000	25			13	25	
			23,0	bis 500			139	300					9,8	150	
							136	400					5,7	300	
Zirkon	6,4	0,18	6,2	25	0,069	25	17	100	10 000	25	0,32	25	21,6	40	1845
					0,082	430							11,0	320	

Tabelle 13.
Spaltprodukte, Zerfallsreihen und Ausbeuten bei der Spaltung von Uran durch thermische Neutronen[1]

Z \ M	30 Zn	31 Ga	32 Ge	33 As	34 Se	35 Br	36 Kr	37 Rb	38 Sr	39 Y	40 Zr	Spaltungsausbeute in %
71		st										
72	49 h → 14 h →	st	.									$1{,}5 \cdot 10^{-5}$
73	<2 m → 5 h →		st					st stabiles Endprodukt				$1{,}0 \cdot 10^{-1}$
74			(80 m)→	st				a Zerfallszeit in Jahren				
75			st	←18 d →	st			d „ „ Tagen				
76								h „ „ Stunden				0,0091
77			12 h → 40 h →		st			m „ „ Minuten				
78			2,1 h → 90 m →		st			s „ „ Sekunden				0,02
79					>7·10⁶ a →	st		k „ „ kurz				
80					st			l „ „ lang				
81					→ 59 m			n Zerfall momentan durch Neutronenemission				0,003
82				<10 m → 17 m →	st							0,125
83					st	34 h →	st					$(2{,}8 \cdot 10^{-5})$
					25 m → 2,4 h → 113 m							0,40
84					67 s							
85					~2 m → 30 m →	st						0,65
					3,0 m → 4,5 h →	st						
86						→~10 a →	st					0,24
							n ←					$(2 \cdot 10^{-5})$
					56 s →		19,5 d → st					(0,026)
87						75 m → 6,3·10¹⁰ a→	st					
88					15 s → 3 h →	18 m → st						
89					4,5 s → 2,6 m →	15,4 m → 53 d → st						
90						~33 s → k → 25 a → 65 h → st						4,6
						→ 51 m						
91						9,8 s → k → 9,7 h → 57 d → st						5,9
92						3 s → k → 2,7 h → 3,5 h → st						5,1

Maßeinheiten und deren Umrechnung 443

Tabelle 13 *(Fortsetzung)*

Z \ M	36 Kr	37 Rb	38 Sr	39 Y	40 Zr	41 Cb	42 Mo	43 Tc	44 Ru	45 Rh	46 Pd	47 Ag	48 Cd	49 In	50 Sn	Spaltungsausbeute in %
93	$2{,}0s \to k \to$	$7m \to 10h \to 1 \to st$														~ 5
94	$1{,}4s \to k \to$	$\sim 2m \to 20m \to st$			$\to 90h$											$\sim 6{,}4$
95					$<1{,}5h \to 65d \to 35d \to st$											
96		$k \to k \to$	$k \to$	$k \to 17h \to 75m \to st$												
97						st										
98																6,2
99						$67h \to 3\cdot 10^5 a \to st$	$\to 5{,}9h$									
100						$14{,}6m \to 14m \to st$										3,7
101						$12m \to <1m \to st$										
102								$\to 56m$								$\sim 0{,}9$
103								$42d \to st$								0,5
104						$k \to k$		$\to 4{,}5h \to 37h \to st$								
105								$1{,}0a \to 30s \to st$								
106								$4m \to 24m \to 3\cdot 10^8 a \to st$								
107																
108									$\to 40s$							0,028
109									$<1h \to 13{,}4h \to st$							
110											$49m \to st$					
111										$26m \to 7{,}6d \to st$						0,018
112										$21h \to 3{,}2h \to st$						0,011
113										$5{,}3h \to st$						
114										$2m \to st$						0,011
115									$20m \to 44d \to 4{,}5h \to st$							
116											$2{,}3d \to st$					0,0008
117											$2{,}8h \to 2h \to st$					0,01

444 Anhang 1

Tabelle 13 *(Fortsetzung)*

Z → M ↓	50 Sn	51 Sb	52 Te	53 J	54 Xe	55 Cs	56 Ba	57 La	Spaltungsausbeute in %
118	st	. .	. .	. .	. .	. .	. .	. .	
119	st	. .	. .	. .	. .	. .	. .	. .	
120	st	. .	. .	. .	. .	. .	. .	. .	
121	27 h →	st	. .	. .	. .	. .	. .	. .	0,014
122	st	. .	. .	. .	. .	. .	. .	. .	0,0012
123	130 d →	st	. .	. .	. .	. .	. .	. .	0,0044
124	st	. .	. .	. .	. .	. .	. .	. .	
125	10 d →	~2,7 a →	st	. .	. .	. .	. .	. .	0,023
(125)	~20 m →								0,1
126	70 m →	60 m →	90 d →	st	. .	. .	. .	. .	0,033
127	.	93 h →	st	.	. .	. .	. .	. .	
128	.	.	32 d →	st	. .	. .	. .	. .	0,19
129	.	4,2 h →	70 m →	1 → st	. .	. .	. .	. .	
130	.	.	st 30 h →	.	. .	. .	. .	. .	
131	.	~5 m →	25 m →	8,0 d →	st	.	. .	. .	~0,5
132	.	<10 m →	77 h →	2,4 h →	st	.	. .	. .	2,8
133	.	<10 m →	60 m →	22 h →	5,3 d →	st	.	. .	3,6
134	.	.	43 m →	54 m →	st	.	. .	. .	~4,5
. . .			~1 m	?	13 m ↓				~5,7
135	.	.	.	.	9,2 h →	~10⁶ a →	st	.	5,9
136	.	.	<2 m →	.	st ←	13 d →	st	.	(0,01)
137	.	.	.	22 s →	n 3,4 m →	33 a →	st	.	(0,17)
138	.	.	.	6 s →	17 m →	32 m →	st	.	
139	.	.	.	2,7 s →	41 s →	7 m →	85 m →	st	

st stabiles Endprodukt
a Zerfallszeit in Jahren
d " " Tagen
h " " Stunden
m " " Minuten
s " " Sekunden
k " " kurz
l " " lang
n Zerfall momentan durch Neutronenemission

Maßeinheiten und deren Umrechnung

Tabelle 13 *(Fortsetzung)*

Z	54	55	56	57	58	59	60	61	62	63	64	Spaltungsausbeute in %
M	Xe	Cs	Ba	La	Ce	Pr	Nd	Pm	Sm	Eu	Gd	
138	17 m →	32 m →	st	.	.	.	.	.	.	.	.	6,3
139	41 s →	7 m →	85 m →	st	.	.	.	.	.	.	.	6,1
140	16 s →	40 s →	13 d →	40 h →	st	.	.	.	.	.	.	5,7
141	3 s →	k →	18 m →	3,7 h →	28 d →	st	.	.	.	.	.	
(142)		→ 1-2 m →	6 m →	74 m →	st	.	.	.	.	.	.	
143	~1 s →	k →	<0,5 m →	19 m →	33 h →	14 d →	st	.	.	.	.	5,4
144	k →	k →	k →	k →	275 d →	18 m →	st	.	.	.	.	5,3
145	0,8 s →	k →	k →	k →	1,8 d →	4,5 h →	st	.	.	.	.	
(146)	(68 m)											
147					15 m →	25 m →	st	.	.	.	.	2,6
148							11 d →	3,7 a →	st	.	.	
149							st	5 d →	st	.	.	1,4
150							(1,7 h) →	47 h →	st	.	.	
151							st		st	.	.	
152							(k) →	12 m →	10^3 a →	st	.	
153							.	.	st	.	.	0,15
154							.	<5 m →	47 h →	st	.	
155							.	.	st	2 a →	st	~0,03
156							.	<5 m →	25 m → ~10 h →	15 d →	st	0,013
157							.	.	.	15 h →	st	0,0074
158							.	.	.	60 m →	st	0,002

[1] Nach W. HANLE, Künstliche Radioaktivität, Tab. 9.

Anhang 1

Tabelle 14. *Zusammenstellung der wichtigsten Formelzeichen*

Zeichen	Dimension	Bedeutung
a	m	Länge, Plattendicke
A	—	Massenzahl Gl. (12)
A	kcal/m kg	Mechanisches Wärmeäquivalent
A	kg, kg/h	Abfallmenge einer Stofftrennanlage Gl. (333)
b	10^{-24} cm^2	Barn, Einheit des Wirkungsquerschnittes
B^2	cm^{-2}	Flußwölbung (Buckling) Gl. (137)
B	—	Korrekturfaktor für Streustrahlung Gl. (232)
$\mathfrak{B}$	Gauß	Magnetische Flußdichte
c, c_0	m/sek	Lichtgeschwindigkeit
c	Curie	Aktivität einer Strahlungsquelle
c, c_p, c_k	kcal/kg grd	Spezifische Wärme
C	sek^{-1}	Trefferzahl, Stärke einer Strahlungsquelle
C	—	Integrationskonstante
C	cm^{-3}	Konzentration
C	Farad	Kapazität eines Kondensators
C_f	—	Konversionsfaktor Gl. (223)
D, D_0	cm	Diffusionskoeffizient Gln. (46, 56)
D_a, D_i	cm	Rohrdurchmesser
d	cm	Kennzeichnende Länge in dimensionslosen Kennzahlen, Extrapolationslänge Gl. (80)
e, e_0	Coulomb	Elektrische Elementarladung
e	—	Basis des natürlichen Logarithmus
E	eV	Energie
E	kg, kg/h	Erzeugnismenge einer Trennanlage (Gl. 333)
f	—	Thermische Ausnutzung Gl. (113)
f	m^2/m	Oberfläche eines Spaltstoffelementes
F	m^2	Oberfläche
F	—	Störfaktor (Disadvantage Factor)
G	kg/h	Strömungsmenge eines Kühlmittels
H	m, cm	Dicke, Höhe
h	erg · sek	Plancksches Wirkungsquantum Gl. (1)
$I, \mathfrak{J}$	cm^{-2} · sek^{-1}	Intensität eines Korpuskularstrahles
I	Amp	Stromstärke
I_h	—	Reaktivität (Inhour) Gl. (220)
k	erg/grd	Boltzmann-Konstante
k	kcal/m^2 h grd	Wärmedurchgangszahl
k_∞, k_{eff}	—	Vermehrungsfaktor Gln. (113, 153)
K^2	cm^{-2}	Kehrwert der Diffusionslänge Gl. (75b)
l	sek	Mittlere Lebensdauer eines Neutrons Gl. (203)
l	cm	Länge
L	kg/h	Innere Umlaufmenge einer Kaskade Gln. (338a, b)
L	—	Induktion
L	cm	Länge eines Spaltstoffelementes, Diffusionslänge Gl. (75a)
$L, \mathfrak{L}$	sek^{-1}	Neutronenausfluß Gl. (64b)
m, M	g	Masse
M	kg/h	Gemischmenge Gl. (333)
M	cm	Wanderungslänge Gl. (164)
ΔM	—	Massendefekt Gl. (13)

Maßeinheiten und deren Umrechnung

Tabelle 14. *Fortsetzung*

Zeichen	Dimension	Bedeutung
ME	—	Masseneinheit
n	sek^{-1}	Neutronendichte
n	—	Stufenzahl einer Trennanlage Gl. (337)
N	cm^{-3}	Teilchendichte
O	m^2	Kugeloberfläche
p	—	Proton $_1^1$H ($v \neq 0$), Resonanzfluchtfaktor Gl. (113)
p	kg/cm^2	Förderdruck
$\triangle p$	kg/cm^2	Druckverlust
P	sek^{-1}	Neutronenausflußverlust S. 144
Q	kcal/m^{3}h	Volumleistung Gl. (301)
q	Coulomb	Elektrische Ladung
q	kcal/m^{2}h	Wärmestromdichte (Heizflächenbelastung)
q	cm$^{-3}\cdot$sek^{-1}	Bremsdichte (slowing down density) Gl. (98), Neutronenerzeugung Gl. (72)
r	cm	Radius, Länge, insbes. Weglänge eines Neutrons Gl. (111)
r	erg/cm^{3}sek	Dosiseinheit Röntgen
rd	—	
rem	—	} Dosiseinheiten
rep	—	
R	cm	Radius
R	Ohm	Ohmscher Widerstand
R	erg/(grd$\cdot$mol)	Gaskonstante
RBW	—	Relative biologische Wirkung
s	cm	Wandstärke, Spaltweite
S	cm^2	Fläche
S	cm^{-3} sek^{-1}	Quellstärke Gl. (233)
S	sek^{-1}	Stoßzahl
t	sek	Zeit
t	°C	Temperatur
t_D	sek	Verdoppelungszeit Gl. (229)
T	sek	Halbwertzeit S. 70, Reaktorperiode Gl. (203)
T	°K	Absolute Temperatur
TME	—	Tausendstel Masseneinheit
U	Volt	Elektrische Spannung
v, V	cm/sek	Geschwindigkeit
V	cm^3	Volumen
V	Volt	Zählrohrspannung
V_M	—	Bremsverhältnis Gl. (90)
w	m/sek	Geschwindigkeit
W	—	Wahrscheinlichkeit
W	kcal/h	Wärmemenge
x	cm	Länge, Schichtdicke
x	—	Molenbruch Gl. (334)
y	—	Anreicherungsverhältnis Gl. (335)
z	cm	Länge
z	—	Verhältnis von Absorptionswirkungsquerschnitten, Neutronenzahlen, Reaktivitätsänderung
Z	—	Kernladungszahl Gl. (12)

Tabelle 14. *Fortsetzung*

Zeichen	Dimension	Bedeutung
α	—	Heliumkern $^{4}_{2}$He ($v \neq 0$), maximaler Energieverlust Gl. (38a), relativer Neutronenverlust vgl. S. 144, Trennfaktor Gl. (332)
α	kcal/m²h grd	Wärmeübergangszahl
β	—	Elektronenstrahlung $_{-1}^{0}e$ ($v \neq 0$), Anteil verzögerter Neutronen Gl. (209)
γ	—	Gamma- (Photonen-) Strahlung, Winkel
γ	kg/dm³	Spezifisches Gewicht
δ	cm	Reflexionsgewinn Gl. (183), Grenzschichtdicke
δk	—	Reaktivität Gl. (201)
ε	A·sek·V⁻¹·m⁻¹	Dielektrizitätskonstante
ε	—	Schneller Spaltfaktor Gl. (113)
ζ	—	Korrektur der radialen Flußänderung Gl. (295)
η	—	Thermische Spaltungsausbeute Gl. (113)
η	kg/m h	Dynamische Zähigkeit
ϑ	—	Winkel
λ	sek⁻¹	Zerfallskonstante Gl. (19)
λ	cm	Mittlere freie Weglänge Gl. (48)
λ	kcal/m h grad	Wärmeleitzahl
Λ	—	Reibungsverlust Gl. (321a)
μ_0	—	Neutronenstreuung Gl. (58)
μ	—	Absorptionskoeffizient
ν	Hz	Frequenz
ν	—	Durchschnittliche Zahl der Spaltneutronen, vgl. S. 144
ν	m²/h	Kinematische Zähigkeit
ξ	—	Logarithmischer Energieverlust Gln. (39, 40, 40a)
ϱ	—	Rückstrahlungsvermögen Gl. (179), Reaktivität
ϱ	g/cm³	Dichte
σ	cm²	Wirkungsquerschnitt, mikroskopisch Gl. (28b)
Σ	cm⁻¹	Wirkungsquerschnitt, makroskopisch Gl. (31)
τ	cm²	Fermi-Alter Gl. (110)
τ	sek	Mittlere Lebensdauer, vgl. S. 70
φ	—	Winkel
φ	cm⁻² sek⁻¹	Fluß einer Gammastrahlung
Φ	cm⁻² · sek⁻¹	Neutronenfluß Gl. (45)
Ψ	—	Streuwinkel Gl. (58)
Ω	m²/m³	Spezifische Oberfläche eines Spaltstoffelementes Gl. (303)

Anhang 2

Englisch-deutsches Fachwörterverzeichnis [1]

Die Auswahl beschränkt sich vorzugsweise auf diejenigen Ausdrücke, die in der deutschen Sprache nicht als die gleichen Fremdwörter (z. B. absorption = Absorption) auftreten. Weitere Erläuterung findet man, wenn man das deutsche Wort im Sachverzeichnis aufsucht und die betr. Stelle nachschlägt.

Abundance ratio Anreicherungsverhältnis
activation Anregung
age Alter (Fermi-Alter: Quadrat der Bremslänge)
amplifier Verstärker
annihilation radiation Vernichtungsstrahlung, Zerstrahlung
Avogadro's number Loschmidtsche Zahl

Barn Einheit des Wirkungsquerschnittes ($1 b = 10^{-24}$ cm^2)
barrier Trennfläche, spez.: Diaphragma, Membran
binding energy Bindungsenergie
blanket Mantel (spez.: Brutmantel in Brutreaktoren)
boron Bor
boundary conditions Randbedingungen einer Differentialgleichung
breeder reactor Brutreaktor
breeding Erzeugung von Spaltstoff aus nicht spaltfähigen Nukliden („Brüten")
buckling Flußwölbung
build-up factor Korrekturfaktor für Streustrahlung
built-in reactivity im Reaktor vorgesehene Überschußreaktivität
bulk shielding Abschirmung (z. B. beim swimming-pool reactor)
burn-up Spaltstoffabbrand

Can (canning) Hülse, Umhüllung, spez. von Spaltstoffelementen

capture gamma rays γ-Strahlung aus Neutroneneinfangsprozessen
carrier Stoffe, die andere Stoffe durch Adsorption binden und deren Reaktion in einem Prozeß verhindern oder erschweren
cascade Kaskade, spez.: Stufenfolge bei Gasdiffusionsanlagen zur Isotopenanreicherung
center-of-mass (C-) system Stoßvorgang bei ruhendem gemeinsamem Schwerpunkt
cent unit Maßeinheit der Reaktivität
cermets metallkeramische Körper, z. B. Spaltstoffelemente
chain reaction Kettenreaktion
chamber Kammer, spez.: Ionisationskammer (i. allg. im weiteren Sinne als im Deutschen gebraucht)
chelate compounds organische Metallverbindungen, z. B. bei der Solventextraktion
circulating fuel reactors Reaktoren mit umlaufender Spaltstofflösung oder Suspension
classified klassifiziert, d. h. geheim
coffin Ladeflasche (zur Entnahme von Spaltstoffelementen aus dem Reaktor)
collision Stoß, spez.: Neutronenreaktionen
compound nucleus Verbundkern (Bohrsche Theorie)
concrete Beton
conduction Leitung, spez.: Wärmeleitung

---

[1] Während der Drucklegung erschienen: F. Franzen, L. Hardt, G. Muszynski, Wörterbuch der Kernenergie, Düsseldorf 1957.

conductivity (thermal c.) Leitfähigkeit, spez.: Wärmeleitfähigkeit
control rod Regelstab
convection Konvektion
conversion factor Umwandlungsfaktor beim Brutvorgang
coolant Kühlmittel
counter Zähler
creep fließen, plastische Verformung (eines Werkstoffes)
critical assembly kritische Anordnung (eines Reaktors)
critical equation kritische Gleichung (Reaktorgleichung)
critical mass kritische Masse (eines Reaktors)
cross section Querschnitt, spez.: Wirkungsquerschnitt
current (neutron) Strom (Neutronenstrom)

Damage Schädigung, Schaden (z. B. durch Strahlung)
dead time Totzeit (bei Zählrohren)
decay Zerfall, spez.: radioaktiver Zerfall
declassified svw. aus der Geheimhaltung freigegeben
decontamination Entgiftung, spez.: Entfernung radioaktiver Stoffe
decrease Abnahme
delayed neutrons verzögerte Neutronen
density Dichte
detector Strahlungsempfänger
diffusion length Diffusionslänge (von Neutronen)
disadvantage factor Störfaktor
distribution coefficient Verteilungskoeffizient (z. B. bei der Solventextraktion)
dollar unit Maßeinheit der Reaktivität
doubling time Verdoppelungszeit (beim Brutvorgang und bei der Reaktorperiode)

Effective multiplication factor Vermehrungsfaktor des endlichen Reaktors
e-folding time Reaktorperiode
eluate aufnehmen (beim Ionenaustausch)
eluent Aufnehmer (beim Ionenaustausch)
elution Trennvorgang beim Ionenaustausch
epithermal neutrons mittelschnelle Neutronen (mit höherer als thermischer Energie)
equilibrium Gleichgewicht
equivalent diameter gleichwertiger (oder hydraulischer) Durchmesser
evaporation Eindampfung (z. B. zur Konzentrierung von Abfallösungen)
even gerade (Zahl)
excess reactivity Überschußreaktivität
exitation energy Anregungsenergie
exited state angeregter Zustand
exponential experiment Exponentialexperiment
exponential pile Versuchsanordnung zum Exponentialexperiment
extrapolation distance Extrapolationslänge

Fast fission factor schneller Spaltreaktor
fast neutron leakage Ausfluß schneller Neutronen
fast neutrons schnelle Neutronen
fast reactor „schneller" Reaktor, d. h. ein Reaktor, der ohne Moderator arbeitet
Fermi age Fermi-Alter (Quadrat der Bremslänge)
fertile materials Ausgangsstoffe zur Herstellung spaltbaren Materials („brütbare" Stoffe)
film badge (an der Kleidung zu tragende) Filmplakette zur Strahlungsüberwachung
fission Spaltung
fissionable materials spaltbares Material
fission chamber Zählrohr zur Neutronenmessung, das auf der Anwendung spaltbaren Materials beruht (Spaltungszähler)
fission cross section Spaltungsquerschnitt
fission products Spaltprodukte
fission yield Spaltungsanteil
flattening Abflachung (der Flußverteilung)
fluid flow Flüssigkeitsströmung
flux (neutron-, gamma-) Fluß (Neutronen-, γ-)
flux distribution Flußverteilung

foil detector Folienzähler (zur Bestimmung des Neutronenflusses im Reaktor)
four-factor formula Vierfaktorenformel
friction factor Reibungsbeiwert
fuel Spaltstoff (Kernbrennstoff)
fuel assembly Spaltstoffanordnung
fuel depletion Spaltstofferschöpfung
fuel element Spaltstoffelement
fusion (Kern-) Verschmelzung

Gamma attenuation Schwächung der γ-Strahlung
gamma rays γ-Strahlen
gas amplification Gasverstärkung (in Zählrohren)
gaseous diffusion Gasdiffusion (insbes. zur Isotopenanreicherung)
gauge allg. ein Maß oder Meßgerät
generating process Erzeugungsverfahren
glory hole Hauptkanal (vorzugsweise ein Kanal, der zur Mitte des Reaktorkernes führt)
green salt „grünes Salz": UF_4 (Urantetraflourid)
grid Netz (Röhrengitter)
group method (one-group, multi-group) Gruppenmethode (in der Reaktortheorie: Ein- und Mehrgruppentheorie, d. h. Geschwindigkeitsgruppen der Neutronen bei der mathematischen Behandlung)

Half-life Halbwertzeit T von Radioisotopen
half-value layer Halbwertdicke (oder -schicht), d. h. eine Stoffdicke, die eine Strahlung um die Hälfte schwächt
handling Handhabung
hardening Zunahme der durchschnittlichen Energie einer Strahlung (durch Absorption der energieärmeren Anteile)
hazard Gefahr
health physics Strahlenschutz
heat conductivity k Wärmeleitzahl λ
heat conversion factor Umrechnungsfaktor (z. B. vom britischen zum metrischen System) (vgl. Anhang 1)
heat exchanger Wärmetauscher
heat flow Wärmestrom (kcal/h)
heat flux Wärmestromdichte (kcal/m²h)

heat transfer Wärmeübergang
heat transfer coefficient h Wärmeübergangszahl α
heat transfer coefficient U_b Wärmedurchgangszahl k
heat transmission by conduction Wärmeleitung
heavy water schweres Wasser D_2O
heterogeneous reactor heterogener Reaktor
"hex" Uranhexaflourid HF_6
high-energy energiereich
high-flux reactor Reaktor mit hohem Neutronenfluß ($\Phi > 10^{13}$) „Hochflußreaktor"
highly excited level hochangeregter Zustand
homogeneous reactor homogener Reaktor
hot heiß (hochaktiv)
hot cell abgeschirmter Behälter für hochaktive Strahler
hot lab (-oratory) Labor für hochaktive Strahler
hydrogen Wasserstoff

Impact Stoß
impeller Schaufelrad
impinge stoßen
incident einfallend
increase Zunahme
induced radioactivity angeregte (künstl. erzeugte) Radioaktivität (z. B. durch Neutronenbestrahlung)
inelastic scattering unelastische Streuung
infinite multiplication factor Vermehrungsfaktor k_∞ des unendlich großen Reaktors
in hour (formula) „inverse Stunde" als Reaktivitätseinheit
interaction Wechselwirkung
interlock Verriegelung (Blocksystem)
intermediate reactor Reaktor, der mit einer Neutronenenergie zwischen thermischen und schnellen Neutronen ($E \approx 36$ eV) arbeitet
interstage flow „innerer" Umlauf (bei Diffusionskaskaden)
irradiated fuel bestrahlter Spaltstoff, d. h. Spaltstoff, der im Reaktor in Gebrauch war

irradiation hole (channel) Bestrahlungskanal (im Reaktor)
isotope separation Isotopentrennung

Kernel (Gaußscher) Integralkern
knocking-out effect Atomverlagerung im Kristallgitter (durch Strahlung)
k-value Vermehrungsfaktor k

Laboratory (L-) system (Ggs.: Center-of-mass system) „Beobachter"-System: Stoßversuch, bei dem der außenstehende Beobachter den gestoßenen Körper ruhend sieht (Ggs.: Schwerpunktsystem)
Laplacian Laplacescher Operator ∇ (Nabla)
lattice Gitter (Gitterteilung eines heterogenen Reaktors)
lattice cell Gitterzelle (eines heterogenen Reaktors)
layer Schicht, Lage
layout Entwurf (einer Anlage)
leakage (of neutrons) allg.: Undichtigkeit, Ausfluß; spez.: Neutronenverlust des endlichen Reaktors
leak detection Leckanzeige
leak test Dichtigkeitsprüfung
lineac = linear accelerator Linearbeschleuniger (für geladene Korpuskeln)
liquid-drop model Tröpfchenmodell
liquid metals flüssige Metalle
liquid metals fuel reactor (homogener) Reaktor mit metallisch flüssiger Spaltstofflösung (z. B. U-Bi)
loading (Spaltstoff-) Ladung im Reaktor
logarithmic amplifier logarithmischer Verstärker
logarithmic energy decrement logarithmischer Energieverlust (ξ)
log-n-meter logarithmisches Neutronenmeßgerät
lump Stück, Block, Brocken

Macroscopic cross-section makroskopischer Wirkungsquerschnitt ($\Sigma = \sigma \cdot N$)
magnetic resonance accelerator Zyklotron
maintenance Wartung

manipulator ("master-slave" manipulator) (Fern-) Bedienungsgerät zur strahlengeschützten Handhabung hochaktiver Strahler
(master-handle) (Steuerglied)
(slave-handle) (Folgewerkzeug)
material inventory Stoffeinsatz
mean free path mittlere freie Weglänge
mercury Quecksilber
mica Glimmer
microscopic cross-section mikroskopischer Wirkungsquerschnitt (je Atom) σ
migration length Wanderungslänge M
mill $1/_{1000}$ Dollar (bei Energiekosten gebrauchte Geldeinheit)
moderating power Bremsvermögen (für Neutronen)
moderator Moderator (des thermischen Reaktors)
momentum Impuls
monitoring Überwachung, Kontrolle
monoergic (= monoenergetic) monoenergetisch (z. B. Neutronenstrahl, in dem alle Neutronen die gleiche Energie haben)
multiplication factor Vermehrungsfaktor k
multiplier Vervielfacher
multiplying system (Neutronen) vermehrendes System (Reaktor)

NaK ("Nack") Natrium-Kalium-Legierung
negative temperature coefficient negativer Temperaturkoeffizient (bei Reaktoren, deren Reaktivität mit steigender Temperatur abnimmt)
neutron capture gamma rays γ-Strahlung aus (n, γ)-Prozeß
neutron cross-section Wirkungsquerschnitt eines Atomkernes gegenüber Neutronen
neutron flux Neutronenfluß Φ
neutron flux distribution flattening Abflachung der Verteilungskurve des Neutronenflusses im Reaktor (z. B. durch einen Neutronenreflektor)
neutron leakage Neutronenausfluß (-verlust)
neutron lifetime Neutronenlebensdauer (von der Entstehung bei der Spaltung bis zur Absorption)

neutron source Neutronenquelle
neutron yield Neutronenausbeute
non-leakage probability Kehrwert des Ausflußverlustes (Verbleibwarscheinlichkeit)
nuclear energy Kernenergie
nucleus (pl.: nuclei) Atomkern
nuclide Nuklid (Oberbegriff der Isotope; Sortierung der Atomkerne nach ihrer Massenzahl ohne Rücksicht auf die Ordnungszahl)

Observation Beobachtung
odd ungerade (Zahl)
odd-odd nucleus Kern mit ungerader Massen- und Ordnungszahl
once-through flow Zwangsdurchlauf
once-through fuel cycle Spaltstoffdurchsatz ohne Wiederaufbereitung (z. B. bei der Plutoniumerzeugung)
one-group theory Eingruppentheorie (wenn in der Reaktortheorie nur mit Neutronen ein und derselben Energie gerechnet wird)
operator Wärter (Bedienungsmann)
orbit Umlaufbahn (z.B. Elektronenbahn)
ore Erz
output Ausgang (Ausgangsstufe bei Verstärkern)
overall-heat transfer coefficient U_b Wärmedurchgangszahl k
oxygen Sauerstoff

Package reactor transportabler Reaktor
packed column, packed tower Füllkörpersäule (z. B. zur Extraktion)
parasitic capture unerwünschter Neutroneneinfang (z. B. durch Spaltprodukte)
pattern Muster
PCP detector (parallel circulate plate chamber) Parallelplattenzähler (spez. zur Neutronenzählung)
peak Maximum, Scheitelwert
period (Reaktor-) Periode
period meter Anzeigegerät für Reaktorperiode
permeability Durchlässigkeit
perturbation Störung
photomultiplier Sekundärelektronenvervielfacher

pile Reaktor (wörtl.: Haufen, Meiler; stammt von den ersten Reaktoren, bei denen Graphit und Uran „angehäuft" wurden)
(exponential pile) (Exponentialanordnung zur Bestimmung der kritischen Größe eines Reaktors)
plant Fabrik, Anlage (Kraftwerk)
(pilot plant) (Versuchsanlage, „Technikum")
plate column Bodenkolonne (Extraktion, Rektifikation)
plot Darstellung, Schaubild (Diagramm)
plug Verschlußstopfen
pocket chamber Taschendosimeter
poison Neutronengift, d. s. Spaltprodukte im Reaktor (Xenon), die Neutronen verzehren, d. h. die Neutronenbilanz verschlechtern
poisoning override Ausgleich der Reaktorvergiftung durch entsprechende Überschußreaktivität
power Leistung
power plant Kraftwerk
pre-amplifier Vorverstärker
precipitate fällen (chem. Reaktion), Niederschlag
precursor Vorstufe (beim radioaktiven Zerfall, insbesondere bei der Aussendung der sog. verzögerten Neutronen)
preheater Vorwärmer
pressure Druck
pressure drop Druckverlust
pressure gauge (gage) Manometer
pressure vessel Druckgefäß, Kessel
probability Wahrscheinlichkeit
probe Sonde, Suchgerät
processing Aufbereitung
pulse amplifier Impulsverstärker
pulse column pulsierende Kolonne (z. B. zur Extraktion)

Quench löschen (bei Zählrohren)

Rabbit druckluftgeförderte Büchse, um Radioisotope in Rohrleitungen zu fördern, eine Art Rohrpost
radiation Strahlung
(irradiation) (Bestrahlung)
radiation attenuation Strahlungsschwächung

radiation capture Einfangreaktion mit Strahlungsemission (n, γ)
radiation damage Strahlungsschädigung von Stoffen
radiation detector Strahlungsanzeiger
radiation hazard Strahlungsgefährdung
radiation monitor Strahlungswarngerät
radiation shielding Strahlenabschirmung
radioactive decay radioaktiver Zerfall
radioactive fission product radioaktives Spaltprodukt (im Reaktor)
radioactive waste radioaktiver Abfall (von der Aufbereitung erschöpften Spaltstoffes)
range Bereich
ratio Verhältnis
ray Strahl
reactivity Reaktivität (eines Reaktors)
reactor blanket Brutmantel
reactor control Reaktorregelung
reactor core Reaktorkern
reactor period Reaktorperiode
recoil nucleus Rückstoßkern
recombination Wiedervereinigung (insbes. von Wasserstoff und Sauerstoff in Reaktoren, die durch Neutronenbestrahlung aus Wasser entstanden sind)
recorder Schreibgerät
recovery time Erholungszeit (bei Zählrohren)
refine veredeln
reflector Neutronenreflektor bei Reaktoren
remote control Fernsteuerung
remote handling device Fernbedienungsgerät
remove beseitigen
reprocessing Aufbereitung, Rückgewinnung von Stoffen
reproduction factor Vermehrungsfaktor k (identisch mit Multiplikationsfaktor)
residual Rest
resin Harz (z. B. bei Ionenaustauschern)
resistor Widerstand (elektr.)
resolve auflösen
resonance capture Resonanzeinfang
resonance escape probability Resonanzfluchtfaktor p
rod Stab: Regelstab, Sicherheitsstab, Trimmstab zur Reaktorregelung
runaway durchgehen

Salting agent Aussalzmittel
sample Probe
saturated activity Sättigungsaktivität (**saturation activity**) (bei der Herstellung von Isotopen im Reaktor)
saving Ersparnis (z. B. an Neutronen durch einen Reflektor)
scaler Untersetzer
scanning Registrierung
scattering Streuung
scattering cross-section Streuwirkungsquerschnitt σ_s
scram Notabschaltung, Schnellabschaltung von Reaktoren
scram rod (safety rod) Sicherheitsstab
separating column Trennsäule
separation Trennung
separation factor Trennfaktor
separation process Trennprozeß
shadow effect Abschattung (z. B. von Trimmstäben in Reaktoren)
shape Form, Gestalt
sheath Umhüllung
shell-and-tube heat exchanger Rohrbündelwärmetauscher
shield, shielding Abschirmung
shim rod Trimmstab zur Grobregelung von Reaktoren
shut-down, shut-off Abschalten (eines Reaktors)
site Gelände
size-shape factor Formfaktor
skin Haut
slab Platte
slave Folgewerkzeug bei Fernbedienungsgeräten
slowing-down Abbremsen (von Neutronen)
slowing-down density Bremsdichte
slowing-down length Bremslänge
slug Stück, Brocken, Block
slurry Schlamm
sodium Natrium
solution Lösung
solvent extraction Solvent- (flüssig-flüssig-) Extraktion
source Quelle
spatial distribution räumliche Verteilung
specimen Probe
spent fuel verbrauchter Spaltstoff
stage Stufe (z. B. in Diffusionsanlagen)
start-up Anfahren (eines Reaktors)

start-up accident Störung beim Anfahren
storage Lagerung
stress (thermal) (Wärme-) Dehnung
stringer Verschluß
stripping column Säule zur Rückextraktion bei der Solventextraktion
structural materials Konstruktionswerkstoffe (Hilfsstoffe)

Tamper Reflektor
target Zielscheibe, Auffänger
tenth-value layer Zehntelwertschicht (Schichtdicke, in der eine Strahlung auf $1/10$ ihrer Anfangsintensität geschwächt wird)
theoretical plate theoretischer Boden (einer Rektifiziersäule)
thermal column thermische Säule (in einem Reaktor, aus dem thermische Neutronen entnommen werden können)
thermal conductivity (factor) Wärmeleitzahl λ
thermal fission yield thermische Spaltungsausbeute η
thermal neutrons Neutronen thermischer Energie
thermal utilization thermische Ausnutzung f
thermonuclear reaction (vgl. fusion) Kernverschmelzungsreaktion
thimble channel Sackrohr (im Reaktor)
threshold Schwelle
tissue Gewebe
tracer Indikator
transient period Übergangsperiode
transport mean free path mittlere freie Transportweglänge

trial-and-error method Näherungsverfahren

Unclassified nicht klassifiziert, d. h. nicht geheim
uniform gleichförmig

Valence Wertigkeit
vault Behälter
velocity distribution Geschwindigkeitsverteilung
vessel Behälter, Kessel, Tank
viewing window Beobachtungsfenster
volatile fission product flüchtiges Spaltprodukt
voltage gain Spannungsverstärkung

Waste Abfall
waste-disposal Abfallbeseitigung
wave Welle
wear studies (with isotopes) Abriebuntersuchung (mit Isotopen)
whole-body irradiation Ganzkörperbestrahlung

X-rays Röntgenstrahlen

Yield Ausbeute

Zero-power reactor Nullenergiereaktor (ein Reaktor, der nur als Strahlen-[Neutronen-] Quelle dient und eine Wärmeleistung von wenigen Watt oder Bruchteilen von einem Watt hat)

Anhang 3. Übersicht über die

Reaktor	In Betrieb seit	Moderator	Kühlung kg/sek	Neutronenenergie	Spaltstoff	Leistung tMW	eMW
Druckwasser (H_2O)							
S 2 W (USA)	1955	H_2O	H_2O	therm.	U hoch anger.		
PWR (USA)	1957	H_2O	H_2O/17,5	therm.	nat. U + h. ang.	260	60
Siedewasser (H_2O)							
BORAX III (USA)	1955	H_2O	H_2O	therm.	90% U-235	12	2,3
EBWR (USA)	1957	H_2O	H_2O/4,4	therm.	nat. U + 1,4% U-235	20	5
Swimming Pool							
BSR (USA)	1950	H_2O	H_2O Konvt.	therm.	90% U-235	1	—
LIDO (Engl.)	1956	H_2O	H_2O	therm.	anger. U	0,1	—
Münchener Reaktor	1957	H_2O	H_2O/4,4	therm.	20% U-235	1	—
MERLIN (Engl.)	1957	H_2O	H_2O/7,0	therm.	20% U-235	5	—
Tankreaktoren							
MTR (USA)	1952	H_2O	H_2O/8,8	therm.	90% U-235	40	—
RFT (UdSSR)		H_2O	H_2O/4,5	therm.	10% U-235	0,3	—
ETR (USA)		H_2O	H_2O/193	therm.	90% U-235	175	—
Homogenreaktoren							
LAPRE-1 (USA)	1956	H_2O	H_2O/0,05	therm.	~90% UO_3 + H_3PO_4	2	—
Res.-React. (Japan)	1957	H_2O	H_2O/0,06	therm.	20% UO_2SO_4	0,05	—
Graphitreaktoren							
X-10 (USA)	1943	Graphit	Luft/50	therm.	nat. U	3,5	—
BEPO (England)	1948	Graphit	Luft/100	therm.	nat. U	6,5	—
APS-1 (UdSSR)	1954	Graphit	H_2O/5,7	therm.	5% U-235	30	5
Schwerwasser-Reaktoren							
CP-5 (USA)	1954	D_2O	D_2O/4,5	therm.	90% U-235	2	—
NRU (Kanada)	1956	D_2O	D_2O/120	therm.	nat. U	200	—
Natrium-Graphit							
SRE (USA)	1957	Graphit	Na/5,2	therm.	2,8% U-235	21	6
Schneller Reaktor							
EBR-2 (USA)	1959	—	Na/4,4	schnell	50% U-235	60	20

wichtigsten Reaktortypen [47]

Conversions-Faktor C_f	Brutmantel	Verwendungszweck	Eigentümer	Spaltstofferneuerung	Geschätzte Gesamtkosten $\$ \cdot 10^6$	Reflektor
—	—	U-Boot-Antr.	US-Marine			H_2O
0,8	nat. U	Stromerzeug.	AEC		107	H_2O
—	—	Versuchsanl. Energieerzeug.	AEC		0,55	H_2O 120 mm
0,76	—	Versuchsanl. Energieerzeug.	ANL			H_2O 450 mm
—	—	Forschung	AEC-ORNL		0,5	$BeO + H_2O$
—	—	Forschung	AERE, Harwell		1	
—	—	Forschung	TH München	855 MW-Tage		
—	—	Forschung	Ass.El.Ind./Engl.		0,2	H_2O 100 mm
—	—	Materialprüfg.	AEC	alle 10 Tage	18	Be, Graphit
—	—	Forschung	Univ. Moskau?			H_2O
—	—	Forschung	AEC	alle 20 Tage		Be 110 mm
0	—	Versuchsanl. Energieerzeug.	AEC			H_2O 75 mm
—	—	Forschung	Japan	nach Bedarf		Graphit 0,3 m
—	—	Forschung, Isotope	AEC-ORNL		5,2	0,8 m Graphit
—	—	Forschung, Isotope	AERE, Harwell			0,9 m Graphit
0,32	—	Stromerzeug.	UdSSR	~2½ Monate		0,75 m Graphit
—	—	Forschung	AEC-ANL	~8 Monate	2,25	0,6 m D_2O; 0,6 m Graphit
	Thorium	Forschung	AEC		50	0,3 m H_2O
	—	Versuchsanl. Energieerzeug.	AEC	300 Tage		0,6 m Graphit
1,2	erschöpft. Spaltstoff	Versuchsanl. Energieerzeug.	AEC	3 Monate		0,4 m erschöpft. U

Reaktor	Abschirmung	Regelung	Kühlmittelaustritt °C	ata
Druckwasser (H_2O)				
S 2 W (USA)			250	140
PWR (USA)		32 Hf-Stäbe	280	140
Siedewasser (H_2O)				
BORAX III (USA)	2 m Beton; 1,2 m H_2O	4 Platten, Bor+Hf	220	22
EBWR (USA)	20 mm St, 75 mm Pb, 2,2 m Beton	5 Hf-Stäbe, 4 Borst.	250	43
Swimming Pool				
BSR (USA)	H_2O 5,1 m mindest.	3 Borkarbidstäbe	20...60	1
LIDO (Engl.)	H_2O, 2,1 m Beton	4 Cd-Stäbe	20...60	1
Münchener Reaktor	1,5 m H_2O; 1,5 m Beton	5+1 Borstäbe	~35	1
MERLIN (Engl.)	0,32 m H_2O; 1,9 m Barytbeton	4 Cd-Stäbe in Al	~50	1
Tankreaktoren				
MTR (USA)	200 mm Eisen; 2,7 m Barytbeton	Cd, B-Stäbe	~50	2,5
RFT (UdSSR)	H_2O, Gußeisen (3,5 m)	4 Borkarbidstäbe	~35	1
ETR (USA)	2,4 m Magnetitbeton	18 Stäbe	~60	~10
Homogenreaktoren				
LAPRE-1 (USA)	1,2 m H_2O; 0,2 m Pb; 1,5 m Beton	5 Borstäbe	430	245
Res.-React. (Japan)	1,5 m Schwerbeton	4 Borkarbidstäbe	~45	~1,4
Graphitreaktoren				
X-10 (USA)	2,2 m Beton	11 Stäbe mit B u. Cd	~90	1
BEPO (England)	150 mm Eisen, 1,95 m Beton	14 Stäbe Borkarbid	85	0,8
APS-1 (UdSSR)	1 m H_2O; 3 m Beton	18 Stäbe Borkarbid	260	105
Schwerwasser-Reaktoren				
CP-5 (USA)	Blei 85 mm, 1,4 m Beton	4 Cd-Platten, 1,2 m lang	50	1
NRU (Kanada)	0,3 m Stahl, 2,9 m Beton	16 Cd-Stäbe	75	niedrig
Natrium-Graphit				
SRE (USA)	Schwerbeton	4 Bor-Ni-Stäbe	510	~1
Schneller Reaktor				
EBR-2 (USA)	0,6 m Graphit, 1,8 m Beton	12 Spaltstoffelementgruppen	485	~1,6

Übersicht über die wichtigsten Reaktortypen

(Fortsetzung)

Erzeugter Dampf °C	ata	Sekundär-kreis-lauf	Konstruktions-werkstoffe	Daten des Reaktorkernes	Temperatur-koeffizient $\frac{1}{°C}$	Spezifische Leistung tkW/kg
—	—	—	leg. Stahl			
250	42	—	leg. Stahl	1,8 m ⌀, 1,8 m Höhe	$-3,6 \cdot 10^{-4}$	1000
220	22	—	C-Stahl, leg. Stahl	108 cm ⌀, 65,5 cm Höhe	$-5,2 \cdot 10^{-5}$	870
250	43	—		1,2 m ⌀, 1,2 m Höhe	$-1 \cdot 10^{-4}$	400
—	—	—	Betonbecken	0,37 × 0,45 × 0,6 m	$-8 \cdot 10^{-5}$	~280
—	—	—	Al, leg. Stahl	0,4 × 0,48 × 0,6 m 0,68 × 0,68 × 0,6 m	$-9 \cdot 10^{-5}$	~220
—	—	—	Al, leg. Stahl	0,38 × 0,68 × 0,61 m, 3 × 9 Elemente	$-1,7 \cdot 10^{-2}$	8900
—	—	—	Al	0,4 m ⌀, 0,5 m Höhe	$-3 \cdot 10^{-5}$	~86
—	—	—	leg. Stahl	0,75 × 0,75 × 0,75 m	$-3,5 \cdot 10^{-4}$	12500
—	—	—	leg. Stahl	0,38 m ⌀, 0,4 m Höhe	$-7 \cdot 10^{-4}$	470
—	—	—	Al, leg. Stahl	0,39 m Kugeldurchmesser	$-3 \cdot 10^{-2}$	31
—	—	—	—	Würfel 5,5 m Kantenlänge, 1247 Kanäle	$-2,86 \cdot 10^{-5}$	10
				6 m ⌀, 6 m Höhe, 900 Kanäle	~$1 \cdot 10^{-5}$	
250	12,5		leg. Stahl	0,15 m ⌀, 0,17 m Höhe, 128 Kanäle		~1100
				0,6 m ⌀, 0,6 m Höhe, 17 Kanäle		
—	—		Al, leg. Stahl	0,86 m ⌀, 0,6 m Höhe		18
460	42	Na	Cr-Ni-Stahl	1,8 m ⌀, 1,8 m Höhe	$-1,25 \cdot 10^{-5}$	340
460	90	Na	leg. Stahl	0,47 m ⌀, 0,35 m Höhe	$-8 \cdot 10^{-5}$	300

Reaktor	Leistungs-dichte tkW/dm³	Baustoffe im Reaktorkern	Spaltstoff Einsatz kg	kritische Masse kg
Druckwasser (H₂O)				
S 2 W (USA)		Zirkon		
PWR (USA)	277 (max)	Zirkonleg.	15 t U; 75 U-235	
Siedewasser (H₂O)				
BORAX III (USA)	20	Al, leg. Stahl	13,8 U-235	
EBWR (USA)	15	Zirkonleg.	~75 U-235	~50
Swimming Pool				
BSR (USA)	14	Al		3,5 mit H₂O-Refl.
LIDO (Engl.)			3,5 (U-235)	
Münchener Reaktor	8,9	Al	~8 (U-235)	3,7
MERLIN (Engl.)			4,5 (U-235)	
Tankreaktoren				
MTR (USA)	416	Al	4,5 (U-235)	3
RFT (UdSSR)	~4,8	Al-Legierung	3,5 (U-235)	3,2
ETR (USA)	500	Al, leg. Stahl	14 (U-235)	~14
Homogenreaktoren				
LAPRE-1 (USA)	46	leg. Stahl m. Goldplattierung	9 (U-235)	4,2 im Kern
Res.-React. (Japan)	1,8	leg. Stahl	1,6 (U-235)	~1,45
Graphitreaktoren				
X-10 (USA)	$1,9 \cdot 10^{-3}$	Al, Graphit	49,2 t U	27,2 t U
BEPO (England)		Al	40 t U	26 t U
APS-1 (UdSSR)	~10	leg. Stahl	~27,5 (U-235)	~13
Schwerwasser-Reaktoren				
CP-5 (USA)				
NRU (Kanada)	9	Al	12 t nat. U	~3,2 t
Natrium-Graphit				
SRE (USA)		Zirkon, Cr-Ni-Stahl	71,4 (U-235)	40
Schneller Reaktor				
EBR-2 (USA)	1000	leg. Stahl	350 (U-235)	~200

(Fortsetzung)

Neutronenfluß im Mittel [cm^{-2} · sek^{-1}]		Ab-brand	Spaltstoffelemente (Anzahl — Type — Abmessung)	Wärme-belastung	Ober-flächen-temperatur
thermisch	schnell	%		kcal/m² h	°C
			Stäbe und Platten	1 040 000	325
3 · 10^{13}			87 Elemente	185 000	230
1 · 10^{13}	3,5 · 10^{13}		112 Elem. m. 6 Platten, 90 × 130 cm	120 000	255
10^{13}	3 · 10^{13}		MTR-Typ mit 18 Platten, 75 × 75 × 130 cm		
1,5 · 10^{12}					
1,8 · 10^{13}	5 · 10^{13}	25	22 MTR-Typ mit 18 Platten Plattenelemente	21 000	
5 · 10^{13}	2 · 10^{14}				80
5,5 · 10^{14}	3 · 10^{14}	30	MTR-Typ, 19 Platten	1 080 000	110
~2 · 10^{12}			504 Elem., 9 mm ⌀, 50 cm lang		~70
5 · 10^{14}	1,7 · 10^{14}	~30	49 MTR-Elem. m. 19 Platten	1 250 000	~140
2,6 · 10^{13}	1,4 · 10^{14}		Lösg. 0,55 mol UO$_3$ + 7,5 mol H$_3$PO$_4$		
~10^{12}	~3 · 10^{12}		Lösung in H$_2$O		
1,1 · 10^{12}	1,0 · 10^{12}		1247 Kanäle mit Patronen, 27,5 × 1200 mm	7 200	150
2 · 10^{12}			Patronen 22,5 mm ⌀, 300 mm lang		250 im Spaltst.
5 · 10^{13}			118 Elemente mit Innenkanal	1 490 000	
	1,5 · 10^{13}				
3 · 10^{14}	2,3 · 10^{14}		200 Rohre	1 350 000	~195
2,5 · 10^{13}	1,5 · 10^{12}	12,5	31 Gruppen zu 7 Elementen	920 000	430
	~2,5 · 10^{15}	4	~4500 Stifte	~2 000 000	~510

Literaturverzeichnis

[1] STEPHENSON, R.: Introduction to Nuclear Engineering. New York: McGraw Hill 1954.
[2] MURRAY, R. L.: Introduction to Nuclear Engineering. New York: Prentice Hall 1954.
[3] GLASSTONE, S.: Principles of Nuclear Engineering. New York: Van Nostrand 1955.
[4] GLASSTONE, S., and M. C. EDLUND: Elements of Nuclear Reactor Theory. London: McMillan 1953.
[5] SOODAK, H., and E. C. CAMPBELL: Elementary Pile Theory. London: Chapman & Hall 1950.
[6] CAP, F.: Physik und Technik der Atomreaktoren. Wien: Springer 1957.
[7] ARENDT, P. R.: Reaktortechnik. Phys. Schriften, 1957, H. 5.
[8] RIEZLER, W., u. W. WALCHER: Kerntechnik (erscheint in Lieferungen; z. Z. 1. u. 2. Lieferung), Stuttgart 1958.
[9] OETJEN, G. W.: Aufgaben der Kernverfahrenstechnik in: Physikertagung Hamburg, S. 189. Mosbach: Physik-Verlag 1955.
[10] FRANZKE, L.: Der Arbeitskräftemangel in der Atomwirtschaft. Atomwirtschaft Bd. 1 (1956) Nr. 4, S. 153.
[11] SEIDL, H.: Woher kommen die Ingenieure ? Atomwirtschaft Bd. 1 (1956) Nr. 1, S. 30.
[12] Kernverfahrenstechnik (Bericht Jahrestreffen der Verfahrensingenieure). BWK 6 (1954) H. 12, S. 486.
[13] GRAUL, E. H.: Thermonukleare Reaktionen als mögliche Energiequelle. Atompraxis 2 (1956) Nr. 2, S. 62.
[14] WEISS, G.: Kontrollierte Energiegewinnung aus Kernverschmelzung. Atomwirtschaft Bd. 2 (1957) Nr. 9, S. 1.
[15] BECHERT, K. R.: Der Wahnsinn des Atomkrieges. Düsseldorf 1956.
[16] Die Atomwirtschaft (seit 1956).
[17] Die Atompraxis (seit 1955).
[18] Atomkernenergie (seit 1956).
[19] Nucleonics (seit 1946).
[20] Nuclear Engineering (seit 1956).
[20a] Nukleonik. Hrsg. v. BOETTCHER u. FINKELNBURG. Berlin: Springer (seit 1958).
[21] KIESSKALT, S.: Verfahrenstechnik. München 1951.
[22] ULLMANNS Encyklopädie der technischen Chemie, Bd. I: Chemische Verfahrenstechnik. München 1951.
[23] BADGER, W. L., and W. L. MCCABE: Elements of Chemical Engineering. New York: McGraw Hill 1936.
[24] Fortschritte der Verfahrenstechnik, 1. u. 2. Bd. Weinheim 1954 u. 1956.
[25] TEGEDER, F.: Verfahren der Chemie-Industrie, Bd. 1: Anorganische Verfahren. Braunschweig 1955.
[26] LINZ, A.: Uranium Oxyde from Ores. Chem. Eng. Progr. Bd. 52 (1956) Nr. 5, S. 205.
[27] WIRTHS, G.: Überblick über Verfahren der Herstellung von metallischem Uran und Thorium. Z. f. Metallk. Bd. 47 (1956) Nr. 5, S. 281.
[28] Reactor Handbook, Bd. 6: Chemical Processing and Equipment, S. 4. New York 1955.

[29] WILLIAMS, C., and F. T. MILES: Liquid Metals Fuel Reactor Systems. Nucl. Eng., Part I, S. 245.
[30] SCHÄFF, K.: Sinnbilder für Kernkraftanlagen. Energiewirtsch. Tagesfragen Bd. 6 (1956) Nr. 46/47, S. 16.
[31] SCHÄFF, K.: Sinnbilder für Atomkraftwerke. DIN-Mitteilungen Bd. 35 (1956) Nr. 5, S. 220.
[32] FEDER, H. M.: Pyrometallurgical Processing of Nuclear Materials. Geneva Conf. Bd. 9, S. 586 (P/544). New York 1956.
[33] FINKELNBURG, W.: Einführung in die Atomphysik, 4. Aufl. Berlin/Göttingen/Heidelberg: Springer 1956.
[34] HANLE, W.: Künstliche Radioaktivität, 2. Aufl. Stuttgart 1952.
[35] RIEZLER, W.: Einführung in die Kernphysik, 2. Aufl. München 1953.
[36] WATZLAWEK, H.: Lehrbuch der technischen Kernphysik. Wien 1948.
[37] ZIMMER, E.: Umsturz im Weltbild der Physik, 10. Aufl. München 1954.
[38] HEISENBERG, W.: Physik der Atomkerne. Braunschweig 1943.
[39] WESTPHAL, W. H.: Physik, 17. Aufl. Berlin/Göttingen/Heidelberg: Springer 1953.
[40] FUCKS, W., u. H. MANDEL: Atomenergie und Elektrizitätserzeugung. München 1956.
[41] SCHWENKHAGEN, H. F.: Atomphysik. Iserlohn 1948.
[42] POHL, R. W.: Einführung in die Physik, 3. Bd., 9. Aufl. Berlin/Göttingen/Heidelberg: Springer 1954.
[43] ARDENNE, M. V.: Tabellen zur angewandten Kernphysik. Berlin 1956.
[44] HUMBACH, W.: Entwicklungstendenzen im Bau von Kraftwerkreaktoren. Atompraxis 2 (1956) Nr. 5/6, S. 170.
[45] BOLTZMANN, L.: Vorlesung über kinetische Gastheorie, Bd. I, S. 74. Leipzig 1898.
[46] GRÖBER, H., u. S. ERK: Wärmeübertragung, 3. Aufl. Berlin/Göttingen/Heidelberg: Springer 1955.
[47] RAYTHEON MAN. Co.: Nuclear Reactors Data 2. Waltham, Mass. USA 1956.
[48] Die Reaktoren der Welt. Atomwirtschaft Juli/Aug. 1956, Sept. 1956, Okt. 1956.
[49] Atomenergie (Stand vom Oktober 1955), hrsg. Vereinigung Deutscher Elektrizitätswerke 1956.
[50] HEISENBERG, W.: Theorie des Atomkerns. Göttingen 1951.
[51] ATKINSON, C. C., and R. L. MURRAY: Optimizing Multiplication Factors of Heterogeneous Reactors. Nucleonics Bd. 12 (1954) Nr. 4, S. 50.
[52] SCHULTZ, M. A.: Control of Nuclear Reactors and Power Plants. New York. 1955.
[53] ZINN, W. H.: Betrachtung von mit schnellen Neutronen arbeitenden Leistungsreaktoren. Geneva Conf. Bd. 8, P/814.
[54] BAGGE, E.: Thermisches Brüten von Plutonium und Vergüten von natürlichem Uran im Zweistufenreaktor. Atomkernenergie Bd. 1 (1956) Nr. 10, S. 337.
[55] MCLAIN, ST.: Reactor Engineering Lectures. ANL-5424. Chicago 1955.
[56] LINTNER, K., u. E. SCHMID: Werkstofffragen des Reaktors. Z. Elektrotechn. u. Maschinenbau 72 (1955) H. 15/16, S. 334.
[57] FÜNFER, E., u. H. NEUERT: Zählrohre und Szintillationszähler. Karlsruhe 1954.
[58] SULLIVAN, W. H.: Trilinear Chart of Nuclides. ORNL, USAEC. Washington 1957.
[59] WIESENACK, G.: Bau und Betriebsstoffe für Kernreaktoren. BWK 6 (1954) Nr. 4, S. 146.
[60] MÜNZINGER, F.: Atomkraft, 2. Aufl. Berlin/Göttingen/Heidelberg: Springer 1957.
[61] WESTPHAL, W. H.: Physikalisches Wörterbuch. Berlin/Göttingen/Heidelberg: Springer 1952.

[62] GURINSKY, H., and G. J. DIENES: Nuclear Fuels. London 1956 (The Geneva Series on the Peaceful Uses of Atomic Energy).
[63] BAUR, G.: Beitrag zur Untersuchung der Wärmeübertragung in heterogenen Kernreaktoren. AEG-Mitt. Bd. 47 (1957) H. 1/2, S. 29.
[64] BERTHOLD, R.: Die Anwendung radioaktiver Isotope in der Technik. Atompraxis Bd. 2 (1956) Nr. 5/6, S. 181.
[65] LYON, R. N.: Liquid Metals Handbook, 2. Aufl. (und Ergänzungsband). Washington D.C. 1954.
[66] SCHULTEN, R., u. H. GAUS: Über den Zusammenhang der Temperatur und der Leistung eines Reaktors. Z. Naturforschg. Bd. 9a (1954) S. 964.
[67] KORN, G. A., and TH. M. KORN: Electronic Analog Computers, 2. Aufl. New York: McGraw Hill 1956.
[68] SOROKA, W. W.: Analog Methods in Computation and Simulation. New York: McGraw Hill 1954.
[69] JOHNSON, CL. L.: Analog Computer Techniques. New York: McGraw Hill 1956.
[70] SCHWENK, H. C., and R. H. SHANNON: Nuclear-Energy Study Course No. 1 to 17. Power (Juli 1954 bis Februar 1956).
[71] HAUSEN, H.: Wärmeübertragung im Gegenstrom, Gleichstrom und Kreuzstrom. Berlin 1950.
[72] FRITZSCHE, A. F.: Wärmeübergang an flüssigen Metallen. Forsch. Ing.-Wes. Bd. 22 (1956) Nr. 1, S. 33.
[73] ZIMEN, K.-E.: Angewandte Radioaktivität. Berlin 1952.
[74] The Radiochemical Centre Amersham, Buckinghamshire (Engl.). Katalog vom 1. 6. 1956 UKAEA.
[75] FRANZEN, F., L. HARDT u. G. MUSZYNSKI: Wörterbuch der Kernenergie, englisch-deutsch. Düsseldorf: VDI-Verlag 1957.
[76] SARTORIUS, H., u. H. MATUSCHKA: Grundlagen der Reaktordynamik. Regelungstechnik 4 (1956) Nr. 7, S. 165.
[77] GRAUL, E. H.: Sicherheits- und Schutzprobleme bei Reaktorprojekten und Umgang mit Radioisotopen. Atompraxis Bd. 3 (1957) S. 468. VI. Mitt.: Versuch zur Beurteilung von Kernreaktorkatastrophen.
[78] HÖCKER, K.-H.: Reaktorlexikon. In Vorb.
[79] SELIGMAN, H.: Die Gewinnung von radioaktiven Isotopen in der Pile. Angew. Chem. 66 (1954) Nr. 4, S. 95.
[80] POHLAND, E.: Die Anwendung radioaktiver Isotope in der Bundesrepublik. Atomwirtschaft Bd. 2 (1957) Nr. 9, S. 279.
[81] SCHMEISER, K.: Radioaktive Isotope, ihre Herstellung und Anwendung. Berlin/Göttingen/Heidelberg: Springer 1957.
[82] CLUSIUS, K., u. G. DICKEL: Das Trennrohr. Z. phys. Chem. (B) 44 (1939) S. 397.
[83] EUCKEN, A.: Lehrbuch der chemischen Physik, Bd. II/1, 3. Aufl., S. 336. Leipzig 1948.
[84] BECKER, E. W.: Die Anreicherung des leichten Uranisotops nach dem Diffusionsverfahren. Chem.-Ing.-Techn. Bd. 29 (1957) Nr. 6, S. 365.
[85] COHEN, K.: The Theory of Isotope Separation. Nucleonics 2 (1948) Nr. 6, S. 3.
[86] COHEN, K.: The Theory of Isotope Separations as Applied to the Large-scale Production of U-235. National Nuclear Energy Series III, Bd. 1B. New York: McGraw Hill 1952.
[87] FREUND, G. A.: Organic Coolant-Moderators for Power Reactors. Nucleonics 14 (1956) Nr. 8, S. 62.
[88] BONILLA, C. F.: Nuclear Engineering. New York: McGraw Hill 1957.

Namenverzeichnis

Aston, F.W. 44
Avogadro, A. 144

Bagge, E. 217
Baur, G. 346, 353
Becquerel, H. 59
Berthold, R. 320, 322, 327
Bohr, N. 30, 41, 83, 98, 102, 130
Boltzmann, L. 106, 120
Braun, F. 45

Clusius, K. 383
Compton, A.H. 246, 249, 282
Coulomb, C.A. 31, 41, 83, 95, 103
Curie, P. 72, 314

Dickel, G. 383
Dirac, P. 62
Doppler, C. 152

Edlund, M.C. 118, 135
Einstein, A. 52

Faraday, M. 371
Fermi, E. 14, 73, 138, 141, 168, 169, 174, 216, 226
Finkelnburg, W. 174
Franz, R. 366
Frederking, T. 231

Frisch, O.R. 2
Fritzsche, A.F. 363
Fünfer, E. 266

Gamow, G. 49, 50, 52, 67
Geiger, H. 321
Glasstone, S. 118, 135, 184, 297, 298, 311
Graaff, G., van de 74, 249, 316

Hahn, O. 2
Hausen, H. 355, 356
Heisenberg, W. 27, 29, 174
Hertz, H. 383, 385

Joliot, F. 2, 72, 314

Kay, J.M. 73
Kiesskalt, S. 8
Kirchhoff, G.R. 27, 313
Kraussold, H. 355

Loschmidt, J. 54, 114, 188

Mattauch, J. 44
Maxwell, J.C. 33
Meitner, L. 2
Mendelejeff, D.I. 37
Meyer, L. 37
Münzinger, F. 397
Murray, R.L. 341, 389

Neuert, H. 266
Nusselt, W. 354, 365

Oetjen, G.W. 1, 17, 24
Ohm, G.S. 312

Pauli, W. 39
Planck, M. 29, 31, 32, 33, 63
Pohl, R.W. 33, 72
Prandtl, L. 354, 365

Reynolds, O. 355, 356, 365
Röntgen, W.C. 59
Rutherford, E. 2, 30, 31, 42, 70, 79
Rydberg, J.R. 35

Schäff, K. 25
Schrödinger, E. 29
Schultz, M.A. 207
Schwenkhagen, H.F. 57
Stephenson, R. 19, 135, 139, 173, 180, 195, 254, 305

Tegeder, F. 14

Westphal, W.H. 62
Wheeler, R. 83
Wiedemann, G. 366

Zinn, W.H. 215

Sachverzeichnis

Abbrand 155, 285, 286
Abbremsung (s.a. Neutronen-
  bremsung) 100, 105, 138, 147
Abbrems-weg 138
— -zeit 138, 176, 199
Abfälle 24, 415
Abschirmung 22, 249, 252, 258, 333, 369
Absorber 199, 295
Absorption 98, 102, 125, 280
Absorptions-koeffizient 244
— -weglänge 117, 138
— -(wirkungs-)querschnitt 129, 184, 198, 222, 227, 256, 287, 318, 369, 377
— — —, effektiver 150
Abstellreaktivität 297

Actinium 68
Adsorption 417
Age 138
Aktivierungs-energie 83, 84, 109
— -methode 283
Aktivität 237, 244, 318, 327
—, spezifische 239
Albedo 182
Alter 138, 166
Aluminium 23, 162, 222, 231, 250, 252, 369, 398
Amplitudenwähler s. Diskriminator
Analogierechner 311
Anfahren (von Reaktoren) 283, 300
Anfahrexperiment 300

Annäherung, asymptotische 136
Anregungsenergie
 s. Aktivierungsenergie
Anreicherung, theoretische 387
Anreicherungs-teil 388
— -verfahren 375
Anziehungskraft, Coulombsche 31
Apparatebauer 3, 331, 334, 414
Äquivalenzgesetz 52, 87
Arbeitsgruppe
 für Kernverfahrenstechnik 1
Argon 267, 370, 400
Atom-durchmesser 41
— -energie s. Kernenergie
Atom-gewicht 42
— -hülle 30
— -kern 31, 41
— -meiler s. Reaktor, Kernreaktor
— -modell 28, 30
— -ofen s. Reaktor, Kernreaktor
— -physik 29
— -zertrümmerung 70
Aufbereitung 21, 409
Aufladung, elektrostatische 322
Auflösungsvermögen 267, 268
Ausbildung von Ingenieuren 2
Ausbrand 214, 404
Ausflußverlust (s. a. Neutronen-
 ausfluß) 113, 139, 144, 146, 177, 199,
 298
Auslöse-bereich 265
— -zähler 265
Austrittsarbeit 249
— (Elektronen) 64
Axialverschiebung 323

backscattering 328
Bandgenerator 74
Barn 95
Baryt 230, 259
Bau-elemente 158
— -stoffe 221
— -teile 158
Beobachtersystem 121, 130
Beryllium 159, 176, 227
Beschleunigungsmaschinen
 s. Teilchenbeschleuniger
Bestrahlung 397
Betatron 78
Beton 230
— -abschirmung 259
— -mantel 162

Betriebsstoffe 221
BF 3-Zähler 281
Bindungsenergie 35, 50, 53, 56, 66, 103
biologische Wirksamkeit 235, 236, 241
biologischer Schirm 163, 230
Blanket 215
Blei 69, 250
Boltzmannkonstante 106
Bor 159, 227, 256, 281, 295
Bortrifluorid 281
Brems-dichte 135, 137, 166, 178
— -kraftzahl 134
— -länge 141, 169
— -strahlung 258
Bremsung s. Neutronenbremsung
Brems-verhältnis 134, 227
— -zeit s. Abbremszeit
Brennelement s. Spaltstoffelement
Bruchstücke s. Spaltprodukte
Brüdenverdichtung 417
brüten 213
Brut-mantel 215
— -reaktor 157, 213
— -verfahren 211, 373
— -verhältnis s. Konversionsfaktor
„build up"-Korrekturfaktor 253

Can s. Ummantelung, Hülse
Calutron 384
Carnotit 19, 373
Cent 211
Charakteristik s. Zählrohr
Comptoneffekt 246, 250, 254
Core (s. auch Reaktorkern, Kern) 15
Curie 237, 244

Dee 76
Deuterium 100
Deuteron 56, 72, 81
Diäthyläther 19, 377
Dichte s. Neutronendichte
Dichtemessung (von Flüssigkeiten) 326
Dickenmessung 324
Diffusion (s. a. Neutronendiffusion) 113
— thermischer Neutronen 115
Diffusions-gleichung 122, 125
— -kaskade s. Kaskade
— -koeffizient 115, 120, 121
— -länge 126, 138, 176, 180
— -membran 395
— -zeit 176, 200
Diskriminator 278

Sachverzeichnis

Dollar	210
Dosis	237, 244, 254
Dosisleistung	237, 241, 244, 254, 260
Druckverlust	357
Dunkelstrom, thermischer	275
Durchdringungsfähigkeit	320
Durchstrahlung	322, 324
Eindampfen	24, 417
Einfang, fruchtloser	105, 113
Einfangprozeß s. K-Einfang	
Eingruppentheorie	165, 179
Eintrittsfenster s. Zählrohrfenster	
Eisen-oxyd	230
— -schrott	230
Elektron	31, 46, 60, 248, 315, 366
Elektronen-schalen	39, 315
— -schleuder	78
— -synchrotron	79
— -turbine	78
— -vervielfacher (s. a. Szintillationszähler)	262
— -volt	53, 74
Elementar-teilchen	47
— -quanten	31
Emission, thermische s. Dunkelstrom	
Energie bei einer Spaltung	88
— einer Strahlung	239, 244
—, thermische	113
— -äquivalent	73
— -niveau	36, 59
— -reaktor	157
— -spektrum	278
— -spektrum der Neutronen	135
— -tal	66
— -verlust beim Stoß	100, 132
— —, logarithmischer	101, 133, 227
Erden, seltene	18
Erholungszeit	269
Erzaufbereitung	17, 374
Exponentialuntersuchung	304
Extraktor	413
Extrapolationslänge	127, 129
Fällungsverfahren, nasse	411
Fermi-Age	138
— —-Theorie	138, 141
Fermi-Alter	138
Filter	23, 363
Flächengewicht	324
Fließbild	5, 6, 25
—, konstruktives	13
—, schematisches	8
Flow sheet	8
Fluor	386
Fluß s. Neutronenfluß, Photonenfluß	
Fluß-messung	260
— -verteilung	152, 338
— -wölbung	166, 170, 183, 414
Forschungsreaktor	157
fruchtbare Stoffe	212
fruchtloser Einfang	105, 113, 144
Füllkörpersäule	377, 412
Füllstandsmessung	323
Gamma-dosis	241
— -strahlung	229, 236, 240, 258, 315, 410
— -(γ-) Quanten	62, 244, 246
Gas-diffusion	115, 385
— -kühlung	159
— -verstärkung	262
Generationsdauer	199, 301
Genfer Konferenz	3
Geometrie eines Reaktors s. Reaktorgeometrie	
geometrische Flußwölbung s. Flußwölbung	
Geschwindigkeit, mittl., thermische von Neutronen	114
Gitter	187
— -teilung	116, 154, 157, 190
— -zelle	190, 192, 195, 304, 331, 338
Gleichgewicht, thermisches von Neutronen	107, 113
Graphit	100, 159, 176, 187, 227, 252, 369
— -reflektor	127, 182
green salt	21, 378
Grundverfahren	5, 6, 17, 372
Gruppe (s. a. Eingruppen- und Mehrgruppentheorie)	165
Hafnium	227
Halbwertzeit	70, 88, 202, 212, 287
Heliumkerne	60, 69
Hülse (eines Spaltstoffelementes)	396, 400
Ingenieuraufgaben	1, 311, 315, 329, 402, 409
Inhour s. inverse Stunde	
Intensitätsminderung	251, 321, 324
inverse Stunde	211
Ionenaustausch	411, 417
Ionisation	37, 240, 261, 323
Ionisationskammer	263, 321, 325
Ionisierungsarbeit	240, 260

Sachverzeichnis

Isobar 59
Isobarenschnitt 66
Isoton 64
Isotop (s. a. Radioisotop) 42, 44, 45, 48, 58, 212, 385
Isotopentrennung 383

Jod 287

Kadmium 159, 227, 295, 410
Kanalstrahlröhre 74
Karbonatverfahren 374
Kaskade 387, 395
—, ideale 388
Kaskadenvervielfacher 74
Katalysator 228
K-Einfang 73, 315
Kern (s. a. Reaktorkern, Atomkern) 15
—, angeregter 102
— -bindungskräfte 49
— -brennstoff s. Spaltstoff
— -durchmesser 41
— -kräfte 49
— -kraftwerk 330
— -ladungszahl 42, 45
— -reaktion 51, 54, 70
— -spaltprozeß als Wärmequelle 14, 329
— -spaltung (s. a. Spaltung) 80, 92, 104, 155
— -technik, Stand der 5
— -umwandlung s. Kernreaktion
— -verfahrenstechnik 1, 44, 47
Kettenreaktion 81, 92, 112, 142, 155, 165, 169, 186
Knallgas 228, 333, 406
Körpergewebe, menschliches 241
Kohlendioxyd 232
Kompensationskammer 282
Konstruktionsteile 158
Kontaktapparat s. Katalysator
Konversionsfaktor 216, 373
Konzentration 206, 416
Konzentrationsgefälle 113
Korrosion 231, 362, 369, 401, 404
Korpuskel 59, 63
Kristallgitter 224
kritische Abmessung 169, 410, 414
kritische Gleichung 166, 181, 414
kritische Größe 164, 175
kritische Masse s. kritische Menge
kritische Menge 156, 169, 186, 395, 410, 414
kritischer Faktor 113, 128, 144, 170, 197
kritisches Experiment 304

kritisches Volumen 171, 185
Kritischwerden (eines Reaktors) 145, 166, 169, 307
K-Strahler 73
Kühlmittel 158, 222, 231, 330
—, Eintrittstemperatur 332, 346
—, Austrittstemperatur 332, 346
— -menge 332

Ladeflasche 410
Lastbereich 308
Lebensdauer des Neutrons
 (s. a. Generationsdauer) 134, 200, 310
— des Zwischenkernes 99
—, mittlere 70
Legierung 226
Leistungs-reaktor s. Energiereaktor
— -regelung (s. a. Regelung) 198
Leuchtelektronen 39
lichtelektrischer Effekt 63
Licht-geschwindigkeit 52, 61
— -quanten 29, 62
Linearbeschleuniger 76
Löchertheorie 62
Löschen (von Zählrohren) 266

magische Zahlen 58, 84
Magnesium 222, 231, 369, 380
Maßeinheiten für radioaktive
 Strahlung 236
Massen-absorptionskoeffizient 252
— -defekt 51, 84
— -einheit 42
— -spektrograph 44
— -spektrum 45
— -verhältnis 184, 186, 191
— -wert 42
— -zahl 42
— -zuwachs, relativistischer 60, 78
Mehrgruppentheorie 138, 178
Meiler s. Reaktor
Membran s. Diffusionsmembran
Menge, kritische 156
Meßfolie 283
Meßtechnik 260
Metalle, flüssige 159, 234, 358
Metallregulus 380
Mischungsverhältnis s. Massen-
 verhältnis
mittlere Lebensdauer beim radioaktiven Zerfall 70
— — eines Neutrons 202

Sachverzeichnis

Modell	28
Moderator	91, 101, 109, 129, 133, 157, 158, 226, 331
—, Güteziffer des	134
Moderatoren, organische	159
Moderatorgraphit	117
Moderierfähigkeit	133
Molch	323
Molverhältnis	187
Molvolumen	114
Monazitsand	18
MTR-Element	397
Multiplikationsfaktor	93
Nachweisempfindlichkeit	261
NaK	232
Natrium	234, 333, 358
Nennleistung	199
Neutrino	73
Neutron	43, 80
Neutronen, epithermische	156
—, gebremste, s. Neutron	
—, prompte	88, 201, 258
—, schnelle	84, 108, 156, 241, 248, 258, 280, 319
—, thermische	84, 107, 108, 124, 142, 157, 165, 179, 186, 241, 280, 369
—, verzögerte	88, 201, 204, 258, 284, 312
— -absorber	199, 284, 295
— -alter	141
— -ausfluß	113, 122, 177, 292
— -bilanz	113, 122, 125, 170, 184, 221, 285
— -bremsung	100, 105, 129, 138, 157, 166, 227
— -dichte	114, 115, 197
— -diffusion	112
— -diffusionsgleichung	125
— -einfang (s. a. Resonanz)	111
— -energie	97
— -erzeugung (s. a. Neutronenquelle)	80, 124, 166, 168, 206
— -fluß	114, 165, 178, 197, 198, 204, 282, 306, 318, 338
— -generation	93, 142
— -messung	279
— -quelle	80, 145, 300
— -reaktionen	94, 98
— -strahl	116
— -strahlung	229, 256, 316
— -streuung	118, 258
— -strom	115, 119

Neutronen-verbleibwahrscheinlichkeit s. Verbleibwahrscheinlichkeit	
— -wirkungsquerschnitt, makroskopischer	97, 292
— —, mikroskopischer	96
Nichtausflußwahrscheinlichkeit s. Verbleibwahrscheinlichkeit	
Niveauhöhe	324
Notabschaltung	299
Nuclear Engineering	1
Nukleon	44, 51
Nuklide	47, 60, 319
Nullmethode	325
N-Z-Diagramm	64
Oberfläche, spezifische	346
Oberflächenspannung	50
Ölleitung	323
Ordnungszahl	37
Ortsbestimmung	323
Oszillator	31
Paarbildung	62, 246, 249
parasitärer Einfang	142
Pechblende	19, 373
Periode s. Reaktorperiode	
Periodenbereich	308
periodisches System	37
Photo-effekt	246, 249
— -elektronen	102, 246, 266, 273
— -kathode	275
Photonen	62, 246
Photoneutronen	258
Pile s. Reaktor, Kernreaktor	
Plateau s. Zählrohr	
Platin	228
Plattierung	327
Plutonium	21, 211, 373, 409
Positron	61, 248, 315
Potential-topf	49
— -wall	67, 73
prompte Neutronen s. Neutronen	
Proton	42, 47, 248, 315
Protonensynchrotron	79
Proportional-bereich	262
— -zähler	262, 321
pulsierende Kolonne	413
Pumpe	370
—, elektromagnetische	371
Pumpleistung	394, 404
pyrometallurgische Trennung	411

Sachverzeichnis

Quanten-bahn 33
— -elektrodynamik 29
— -mechanik 27, 95
— -theorie 63
— -zahl 34
Quantum 32
Quelldichte 206
Quellenbereich 307

radioaktive Strahlung 236
Radioaktivität, künstliche 72, 224, 409
—, natürliche 59, 315
Radioisotop 60, 314, 320, 415
Radium 69
Radiumemanation 69
Radon 69
RBW 241
Reaktions-bombe 379
— -gleichung 70
Reaktivität 170, 197, 203, 284, 309, 404
—, eingebaute 285
Reaktivitätsreserve 284
Reaktor, endlicher 128
—, epithermischer 156
—, heterogener 89, 151, 153, 157, 159, 187, 304, 331, 354, 396, 399
—, homogener 150, 152, 157, 163, 184, 228, 292, 404
—, kalter, reiner 286, 293
—, prompt kritischer 204, 308
—, schneller 156, 330
—, thermischer 155, 186, 330, 399
—, thermischer, heterogener 90
—, unendlich großer 127, 135, 142
—, Zeitverhalten des 125
— -abschirmung 258
— -geometrie 112, 128, 157, 171, 182
— -gitter 90
— -gleichung 125
— -graphit 115
— -herz (s. a. Reaktorkern) 15
— -kern 91, 112, 177
— -kühlung 231
— -periode 204, 283, 308
— —, stabile 209
— —, vorübergehende 209
Reaktor-regelung s. Regelung
— -simulator 310
— -technik 89
— -typen 157
Reduktion 378
Reflektor 127, 177, 197, 217, 226, 414

Reflexions-gewinn 179, 182, 197
— -winkel 101
Regeleinrichtungen 158, 198, 226
Regelstab (s. a. Trimmstab) 198, 296
Regelung 197, 260, 283
Reinheitsgrad 17, 19
Rekombination s. Wiedervereinigung
relative biologische Wirksamkeit 241
relativer Neutronenverlust 144
Relaxationszeit (s. a. Reaktorperiode) 204
rem 241
rep 241
Resonanz 111
— -absorption 111, 129, 137, 151
— -ausnutzungsfaktor 191
— -energieintervall 137
— -einfang 111, 143, 188, 216
— -fluchtfaktor 111, 143, 149, 187, 190, 293
— -integral 150, 188, 190, 195
— -stelle 111
— -störfaktor 191
Ringkanal 331, 354
röntgen (als Dosiseinheit) 237, 240
Röntgenstrahlung 41, 73, 240, 246, 315
Rückstoß-kern 246, 256, 280
— -zähler 281
Rückstrahlmessung 325
Rückstrahlungsvermögen 182
Ruhmasse (Elektron) 60
rutherford (als Aktivitätseinheit) 239

Samarium 287
Sandwich 398
Sauerstoff 46
saures Verfahren 374
Schalenmodell 58
Schattenwirkung 299
Schirmwirkung 252
Schnellabschaltung 286, 296
schnelle Neutronen s. Neutron
schneller Reaktor s. Reaktor
Schnellstartbereich 308
Schutzatmosphäre 226
Schutzhülse 226
schweres Wasser 159, 163, 176, 227, 332
Schwerpunkt-(koordinaten-)system 121, 130
Schwerspat s. Baryt
Schwerwasserreaktor 162

Sachverzeichnis

Sekundär-elektronenemission	274
— -elektronenverstärker (s. a. Szintillationszähler)	262
Sicherheit	4
Sicherheitselemente	226, 296
Simulator s. Reaktorsimulator	
Solventextraktion	22, 23, 377, 411
Spalt-faktor, schneller	143, 146
— -gase s. Zersetzung, Zersetzungsgase	
— -neutronen	108, 144, 167
— -produkte	85, 87, 201, 285, 287, 316, 409, 417
Spaltstoff	157, 158, 212, 225, 373
— -abbrand s. Abbrand	
— -dispersion	403
— -element	22, 91, 187, 190, 214, 226, 231, 285, 331, 338, 346, 369, 396, 410
— -lösung	157, 158, 164, 404
— -temperatur	335
Spaltung s. Kernspaltung	
—, spontane	81
—, thermische	109
Spaltungs-ausbeute, thermische	144, 154, 214
— -energie	88, 198
— -(wirkungs-)querschnitt	98, 104, 155
Spaltungszähler	280
Spektrum	32
Spektrum d. Neutronenenergie	135
Stabilität	59, 64, 67
Stabilitätstal	66
Stickstoff	159
Störfaktor	152, 191, 195, 293
Stoff-trennung	7
— -vereinigung	7
Stoß, elastischer	98
—, unelastischer	98
— -ionisation	261
— -zahl	134
Strahlen (α, β, γ)	60, 62
Strahlendosis	237
Strahlenhärtung	257
Strahler s. Radioisotop	
Strahlungs-einfang	102
— -quelle	253
— -schutz (s.a. Abschirmung)	158, 229, 235
Streckgrenze	224
Streu-(wirkungs-)querschnitt	129, 188, 227
Streustrahlung	253
Streuung	98, 142, 147, 253
Streuweglänge	120
Swimmingpool-Reaktor (s. a. Wasserbadreaktor)	162
Synchrotron s. Elektronen- bzw. Protonensynchrotron	
Synchrozyklotron	78
Szintillations-kristalle	278
— -zähler	174, 321
TBP	19
Teilchenbeschleuniger	74, 316
— -zählung	260
Temperatur	332
— -koeffizient	156, 285, 291, 404
— -verteilung	334, 344
Termschema	36
thermische Ausnutzung	143, 152, 187, 192, 195
thermische Neutronen s. Neutronen	
thermischer Reaktor s. Reaktor	
thermischer Schirm (s. a. Wärmeschirm)	163
thermisches Gleichgewicht von Neutronen	107, 113
Terphenyl	159, 228
Thorium	18, 68, 212, 373
Toleranzdosis	241
Totzeit	267
trägerfreies Radioisotop	319
Translationsgeschwindigkeit	106
Transport-dichte	115
— -weglänge, mittlere	121, 138
Transuran	211
Trennfaktor	386
Trennstufe	389
Tributylphosphat	19, 377
Trimmstab	91, 103, 198, 286, 296, 300, 308
Tropfenmodell	49, 50, 56, 83
Tumor	243
Tunneleffekt	67
Überschuß-faktor (s. a. Reaktivität)	204, 210
— -reaktivität	284, 294, 296, 300, 318
Umlaufmenge, gesamte	394
—, innere	390
Ummantelung (s.a. Hülsen)	231
unterkritische Anordnung	145, 301, 304
Untersetzerschaltung	270

Sachverzeichnis

Uran 19, 68, 225, 373
—, angereichertes 91, 162, 163, 225, 369, 383
—, natürliches 90, 108, 154, 159, 225, 369
— -erz 373
— -hexafluorid 374, 386
— -legierung 226
— -oxyd 19, 374
— -patrone 400
— -spaltung s. Kernspaltung
— -tetrafluorid 19, 377, 386
Uranylnitrat 19, 163, 226, 374, 405
Uranylsulfat 226, 374, 405

Vakuum 21, 402
— -schmelzung 382
Valenzelektronen 39
Van-de-Graaff-Generator 74
Verarmungsteil 388
Verbleib-faktor s. Verbleibwahrscheinlichkeit
— -wahrscheinlichkeit 146, 165, 170
Verbrauchsgüterindustrie 4, 5
Verdoppelungszeit 218
Verfahrenstechnik 6, 323, 372
Vergiftung 285, 287, 312
Vergiftungsfaktor 288
Vermehrungsfaktor 93, 113, 142, 144, 170, 187, 293
Vernichtungsstrahlung (s. a. Zerstrahlung) 248, 258
Verschleißmessung 328
Versprödung 224
Verunreinigungen 224, 228, 377
Verweilzeit 105
verzögerte Neutronen s. Neutron
Verzögerungszeit 202
Vielfachbeschleuniger 76
Vierfaktorenformel 142, 144, 155, 187
Volumleistung 335, 346
—, mittlere 349
Volumverhältnis 117, 191, 192
Vorläuferkern 202
Vorwärtsstreuung 121

Wärmeleistung 198
—, spezifische s. Volumleistung
Wärme-leitfähigkeit 221
— -leitzahl 336, 354, 364
— -menge 332
— -schirm 230

Wärme-tauscher 163, 330, 370
— -übertragung 353
— -übergangszahl 334, 354
— -übertragung 15, 329, 368, 404
Wanderungs-fläche 174, 177
— -länge 174
Wasser 159, 163, 176, 227, 330, 362
— -badreaktor 162
— -stoff 252, 257
— -reinigung 235
— -zersetzung s. Zersetzung
Wechselwirkung 245
Weglänge, mittlere freie 116, 252
Werkstoffe 219
Wiedervereinigung (von Spaltgasen) 228
Wirkwert (von Neutronenabsorbern) 295, 300
Wirkung einer Strahlung 240
Wirkungsquantum 29, 32, 33, 63
Wirkungsquerschnitt 95, 147
(s. a. Spaltungs-, Absorptions-, Neutronen-Streuungs-Wirkungsquerschnitt) 250
Wismut 226, 404

Xenon 287

Zählerbereich 307
Zählrate 270
Zählrohr 260, 321
—, selbstlöschend 266
— -charakteristik 268
— -fenster 271
— -plateau 268
Zählwahrscheinlichkeit 271
Zählwerk 270
Zeitverhalten 125, 199, 310
Zelle s. Gitterzelle
Zellradius 192
Zerfall, radioaktiver 60, 64
Zerfalls-konstante 69, 203, 206
— -reihe 68
Zersetzung (von Wasser) 228, 406
Zersetzungsgase 228, 406
Zerstrahlung 62, 87, 248
Zugfestigkeit 224
Zweikammersystem 326
Zwillingsbildung 62
Zwischenkern 80, 84, 98, 131, 206
Zwischenkerntheorie 130
Zyklotron 76, 316

Gedruckt im Druckhaus Tempelhof, Berlin

If you have any concerns about our products,
you can contact us on
ProductSafety@springernature.com

In case Publisher is established outside the EU,
the EU authorized representative is:
**Springer Nature Customer Service Center GmbH
Europaplatz 3, 69115 Heidelberg, Germany**

Printed by Libri Plureos GmbH
in Hamburg, Germany